环境影响评价系列丛书

环境影响评价理论与实践

（2007—2012）

环境保护部环境工程评估中心　编著

中国环境科学出版社·北京

图书在版编目(CIP)数据

环境影响评价理论与实践（2007—2012）/ 环境保护部环境工程评估中心编著. —北京：中国环境科学出版社，2012.10

（环境影响评价系列丛书）

ISBN 978-7-5111-1161-6

Ⅰ. ①环…　Ⅱ. ①环…　Ⅲ. ①环境影响—评价　Ⅳ. ①X820.3

中国版本图书馆 CIP 数据核字（2012）第 234702 号

审图号：GS（2012）2141 号

责任编辑　黄晓燕
文字编辑　李兰兰
责任校对　扣志红
封面设计　宋　瑞

出版发行　中国环境科学出版社
（100062　北京东城区广渠门内大街 16 号）
网　　址：http://www.cesp.com.cn
电子邮箱：bjgl@cesp.com.cn
联系电话：010-67112765（编辑管理部）
010-67112735（环评与监察图书出版中心）
发行热线：010-67125803，010-67113405（传真）
印装质量热线：010-67113404

印　　刷　北京市联华印刷厂
经　　销　各地新华书店
版　　次　2012 年 10 月第 1 版
印　　次　2012 年 10 月第 1 次印刷
开　　本　787×960　1/16
印　　张　33.5
字　　数　664 千字
定　　价　90.00 元

《环境影响评价系列丛书》
编写委员会

序

今年是《中华人民共和国环境影响评价法》(以下简称《环评法》)颁布十周年,《环评法》的颁布,是环保人和社会各界共同努力的结果,体现了党和国家对环境保护工作的高度重视,也凝聚了环保人在《环评法》立法准备、配套法规、导则体系研究、调研和技术支持上倾注的心血。

我国是最早实施环境影响评价制度的发展中国家之一。自从1979年的《中华人民共和国环境保护法(试行)》,首次将建设项目环评制度作为法律确定下来后的二十多年间,环境影响评价在防治建设项目污染和推进产业的合理布局,加快污染治理设施的建设等方面,发挥了积极作用,成为在控制环境污染和生态破坏方面最为有效的措施。2002年10月颁布《环评法》,进一步强化环境影响评价制度在法律体系中的地位,确立了我国的规划环境影响评价制度。

《环评法》颁布的十年,是践行加强环境保护,建设生态文明的十年。十年间,环境影响评价主动参与综合决策,积极加强宏观调控,优化产业结构,大力促进节能减排,着力维护群众环境权益,充分发挥了从源头防治环境污染和生态破坏的作用,为探索环境保护新道路作出了重要贡献。

加强环境综合管理,是党中央、国务院赋予环保部门的重要职责。规划环评和战略环评是环保参与综合决策的重要契合点,开展规划环评、探索战略环评,是环境综合管理的重要体现。我们应当抓住当前宏观调控的重要机遇,主动参与,大力推进规划环评、战略环评,在为国家拉动内需的投资举措把好关、服好务的同时促进决策环评、规划环评方面实现大的跨越。

今年是七次大会精神的宣传贯彻年,国家环境保护"十二五"规划转型的关键之年,环境保护作为建设生态文明的主阵地,需要根据新形势,新任务，及时出台新措施。当前环评工作任务异常繁重，因此要求我们必须坚持创新理念，从过于单纯注重环境问题向综合关注环境、健康、安全和社会影响转变；必须坚持创新机制，充分发挥“控制闸”“调节器”和“杀手锏”的效能；必须坚持创新方法，推进环评管理方式改革，提高审批效率；必须坚持创新手段，逐步提高参与宏观调控的预见性、主动性和有效性，着力强化项目环评，切实加强规划环评，积极探索战略环评，超前谋划工作思路，自觉遵循经济规律和自然规律，增强环境保护参与宏观调控的预见性、主动性和有效性。建立环评、评估、审批责任制，加大责任追究和环境执法处罚力度，做到出了问题有据可查，谁的问题谁负责；提高技术筛选和评估的质量，要加快实现联网审批系统建设，加强国家和地方评估管理部门的互相监督。

要实现以上目标，不仅需要在宏观层面进行制度建设，完善环评机制，更要强化行业管理，推进技术队伍和技术体系建设。因此需要加强新形势下环评中介、技术评估、行政审批三支队伍的能力建设，提高评价服务机构、技术人员和审批人员的专业技术水平，进一步规范环境影响评价行业的从业秩序和从业行为。

本套《环境影响评价系列丛书》总结了我国三十多年以来各行业从事开发建设环境影响评价和管理工作经验，归纳了各行业环评特点及重点。内容涉及不同行业规划环评、建设项目环境影响评价的有关法律法规、环保政策及产业政策，环评技术方法等，具有较强的实践性、典型性、针对性。对提高环评从业人员工作能力和技术水平具有一定的帮助作用；对加强新形势下环境影响评价服务机构、技术人员和审批人员的管理，进一步规范环境影响评价行业的从业秩序和从业行为方面具有重要意义。

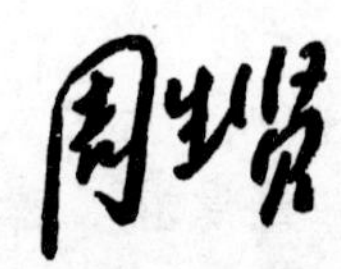

前　言

自 20 世纪 70 年代，环境影响评价制度在我国逐渐兴起、确立和发展起来，并被誉为当代最重要的环境保护政策创新。中国改革开放以来经济持续高速发展，却未造成重大污染倾向与生态灾难，与中国在世界范围内最早成为施行环境影响评价制度的国家之一密不可分。在中国经济与社会发展的关键时期，环境影响评价制度为其注入了理性的思维与科学的机制，为资源环境的协调发展做出了决定性的制度安排，契合了中国社会和谐共赢与全球和平发展的时代总趋势。

感谢为环评事业辛勤工作的人们，他们凭借深邃与睿智的预见和决断，敏锐地抓住了环境影响评价发展过程中的每一个重要节点和瞬息万变的机会，适时推进了环境影响评价事业的发展与进步。

为祝贺《中华人民共和国环境影响评价法》颁布 10 周年，祝贺环境保护部环境工程评估中心成立 20 周年，评估中心组织出版了系列丛书，《环境影响评价理论与实践（2007—2012）》是系列丛书之一。

《环境影响评价理论与实践（2007—2012）》收集了自 2007 年以来，评估中心对经济发展过程中的环境保护问题的思考与建议的相关文章，反映了当前环评工作的阶段性情况，分析了环评中出现的问题，总结回顾了环评取得的成果，凝集了评估中心的集体智慧，体现了科学评估与阳光评估的精神。理论性与实践性俱佳，对环评工作将起到重要的指导与借鉴作用。

编者根据文章的类型，将本书分为对策建议、观察思考、政策研究、调研报告、“十一五”回顾展望五部分。内容涵盖了项目、规划、政策环评与环评管理等诸多领域和层面。

本书是在评估中心主任李海生的建议和主持下完成的；参与本书编辑的人员有：梁学功、苏艺、戴文楠、刘驰等；孔令辉、刘振起对本书给予了编辑指导；陈帆对编辑工作提出了重要的建设性意见。本书编排中的不当之处，敬请读者批评指正。

编　者

2012年9月

目　录

一、对策建议

二、观察思考

三、政策研究

四、调研报告

五、“十一五”回顾展望

一、对策建议

农药行业环保问题与对策

周学双

摘　要：目前使用的农药从研制、生产、包装、运输、使用直至废弃物处置等诸多环节，均存在严重的环保问题：不仅存在废水、废气和危险废物处理处置以及使用等环节的技术问题，还存在全过程的环境监管、质量监督等管理问题；不仅存在水体污染、生物多样性减少、土壤污染与退化等生态环境影响问题，还存在食物链污染、基因变异、食品安全等长期隐患。农药的环境问题直接关系到我国农药行业的健康发展与子孙后代的身体健康，应引起相关部门的高度重视。

主题词：农药行业　环保问题　对策

一、我国农药行业存在的主要环保问题

1. 农药生产企业点多面广，环境敏感，污染严重

据统计，除西藏外，全国30个省市均有农药生产企业。实际上国内原药生产企业有600～700家、加工和分装企业近2 000家（国家发改委发证的合法企业原药为450多家、加工和分装为1 350家），原药企业平均生产能力不足2 000 t；只生产1个品种的企业占了近1/4，有的产品十几家、甚至几十家企业生产，规模普遍较小，设备落后，几乎没有自控系统，均为人工手动操作；产品回收率低，平均仅30%左右，“三废”产生量大；治理水平低，中小型企业基本没有能力治理污染，污染严重。我国农药销售总额只相当于国外一个大公司的销售额，在国际上，除价格外，我国农药企业和产品缺乏竞争力。

2. 污染进入食物链，危及人体健康

目前，我国许多农药制剂均是采用“三废”配制而成的，如10%草甘膦、18%杀虫双、5%～40%乙酰甲胺磷、0.2%～5%阿维菌素乳油等，几乎都是采用离心母液和溶剂配制，有效成分很少，最低的不足1%，其中含有大量的无机盐、芳烃类有机物、难降解的有机氯化物、重金属等有毒有害化学品；这样的产品直接在市场上销售、农民使用，其污染后果与生态危害难以想象。

农药行业的现状是大量的农药“三废”未经处理通过多种渠道直接进入环境和食物链，污染农田、水体、食品、药品等，危害人体健康，破坏生态环境，加速农

田盐碱化趋势。

3．企业环保投资低，“三废”治理效果差

根据原国家环保总局2005年以来受理的农药项目统计，平均环保投资约占总投资的4.86%，而国外农药项目环保投资占总投资的30%～40%，由此可见，我国农药生产企业的环保投资极低，不可能解决“三废”的治理问题。

农药企业废水普遍采用中和后生化处理的工艺技术，实际上效果很差，都难以做到达标排放；目前仅除虫菊酯类杀虫剂等少数农药品种的废水可采用生化处理技术，大多数农药废水都不宜采用生化处理技术，尤其是杀菌剂和除草剂的废水。国外大型农药企业对农药废水大都采用焚烧法处理，而我国农药废水排放量大，加上企业之间的恶性竞争以及各地区间环境监管力度相差甚多，用焚烧法处理在经济上企业难以承受，基本不采用。

4．大量危险废物未纳入环境监控范围

农药生产过程中产生大量的母液、高浓度残液、含污染物的无机盐、废酸（主要为废盐酸和硫酸）以及使用后遗弃的包装物等危险废物，仅沙隆达集团公司年产废盐酸就高达5万t和高浓度废液（COD超过1%）约60万t；目前这些大量含有农药残留物的农药包装容器还未回收利用，绝大部分散落丢弃于广大农村，已成为严重危害环境的主要污染源。除此之外，相当数量的失效、过期农药根本未进入政府管理的视野，它们的处理处置就更无从谈起。据估计全行业危险废物的总量应在千万吨以上。而中国环境状况公报中显示，2003年全国危险废物总量仅1 171万t。

5．有机溶剂、助剂污染严重

我国农药制剂剂型落后，目前40%左右制剂为乳油，缺乏环保型的水基化剂型。制剂加工中使用的有机溶剂主要为甲苯、二甲苯、乙醇等，甲苯、二甲苯的年用量为30万～40万t；我国普遍使用的助剂主要是壬基酚和磷酸酯类，属具有潜在的致癌危险物质，年用量在10万t以上，国外均已禁止使用，这些有机溶剂和助剂在农药的使用过程中全部进入环境，不仅造成严重的环境污染，而且损害人体健康，尤其农民的身体健康。

农药生产过程中同样使用大量有机溶剂，主要有甲醇、乙二醇、已烷、乙酸乙酯、二甲基甲酰胺（DMF）、石油醚、乙醚、丙酮、异丙醇、乙腈、二甲基亚砜、已烷、四氢呋喃等，企业从生产成本角度选择有机溶剂种类，往往选择成本低、毒性大的溶剂，且大部分进入环境，污染周边环境。

6．国际性农药污染转移正在高度向中国聚集

我国农药企业数目与产能的快速增长主要来自于国际市场需求，很大比例的原药产量用于出口，为40万～50万t/a。我国进出口具有如下特点：① 技术含量低，价格低；② 出口以原药为主，约占出口总量的80%，制剂量很小，进口正好相反，主要为制剂；③ 出口品种大都是发达国家由于环保原因不生产或因为与中国企业打

不起价格战而放弃的品种；④ 很难进入对环保要求严格的欧洲市场；⑤ 出口产品的价格已严重扭曲，仅相当于原材料成本，远低于总成本；⑥ 相比国内产品质量，“精品出口、垃圾自用”。

7．科研力量薄弱，品种创制和环保能力弱

根据2005年年初不完全统计，我国目前生产的农药品种313个，其中具有我国自主知识产权的产品仅13个，占4.15%；目前我国还没有一家国际认可的GLP（良好实验室规范）实验室从事环境毒理、残留以及代谢等研究；列入欧盟“黑名单”的200多种农药还有许多在我国普遍生产；国家明令禁止或淘汰的工艺技术仍然在使用，国外已禁止使用的有机溶剂和助剂在我国普遍使用，制剂品种少、包装水平低、施药器械差等；生产工艺技术落后、产品质量差、物耗高、污染严重、劳动生产率低。氯氟氰菊酯中破坏臭氧层的三氯三氟乙烷以及部分应全面禁止使用的高毒农药等缺乏替代产品。

8．农药使用流失严重，生态环境影响重视不够

农药使用效率低、施药机械落后，农民超量、超范围使用现象相当严重，农药有效利用率不到30%，其余部分包括有毒有机溶剂和助剂经迁移转化残留于土壤、水体及大气环境中，对环境和人体健康构成潜在的危害。据统计，中国每年农药的使用面积达1.67亿hm^2以上，受农药严重污染的面积达0.13亿hm^2，占全国耕地面积的1/7以上，土壤的农药污染状况相当严重。

目前，我国农药生产和使用对生态环境的影响还没有引起重视，如在磺酰脲类除草剂的生产过程中，尤其在原药的包装过程中，如果不严格控制粉尘和废气的排放，会对周围植物产生严重的危害，乃至于寸草不生，实际上目前大多数磺酰脲类农药生产企业基本没有控制措施，仅上海杜邦农化有限公司在这方面的控制较为完善。农药的使用尤其是含有“三致”物质、环境累积污染物和“三废”的农药，长期后果和对生态系统的影响将会如何？目前还没有明确的说法。如有机氯类杀虫剂的降解速度非常慢，在干旱环境下它的半衰期可以达到几年甚至几十年。这些问题还没有引起人们足够的重视。

二、原因分析

1．农药行业的准入门槛过低

农药企业设备投资少，自动化程度不高，基本为人工操作；近几年农药企业简单重复建设相当多，农药行业核准门槛2006年7月开始抬高。原药生产企业最低资本金不能低于3 000万元，制剂企业不低于1 000万元，其他没有可具操作性的考核指标，基本不具约束力。原药生产属于重污染，环保基本没有能做到达标的企业，可地方环保部门却能出具符合环保要求的手续。环保是决定农药行业健康发展的关键，却没有具体指标。因此，目前的准入门槛基本控制不住企业数目的快速增加。

2．标准体系存在致命缺陷

首先，产品质量标准体系存在致命缺陷。虽然有国家标准和企业标准，但产品质量中没有环保指标，只给出有效成分，对农药中无效有毒有害成分未做任何检出限制，从而直接导致全行业普遍存在母液可以配制成农药、“三废当成农药卖”等现象。欧盟要求农药中 0.5%的杂质都必须明确其成分。

其次，现有的排放标准缺乏针对性。虽然现有的“三废”排放标准包括了废水、废气、恶臭等，但对农药行业并不适用；目前只管理了少数污染物，缺少农药行业的特征因子和农药等毒性因子，对于杂环类污染物 COD 并不高的现象无法考核，高含盐量废水、除草剂粉尘等特性问题，现有的排放标准都无法解决，影响了监督执法。我国农药行业废水仅以 COD 值作为考核标准，显然不符合行业特点。

3．环保执法与监管不到位

原药生产属于重污染行业。2005 年以前，所有农药企业的环评均由地方环保部门批复，近两年环评审批权上收到原国家环保总局后，发现农药企业存在严重的环保问题，已处于无序混乱的发展状态；诸如危险废物越境转移、“三废当成农药卖”、污染大搬迁等现象，无一不与环保部门执法与监管不力有关。环保部门的职责不仅针对原药生产，还应包括研制开发、使用以及废弃物的处理处置等农药的全过程。

4．农药管理法律法规不健全，管理体系不协调

目前，我国现有的《农药管理条例》仅规定了农业部负责全国的农药登记和农药监督管理工作，虽然发改、环保、工商、商务、质检、科技等部门从不同角度参与农药管理，但相关责权并不明确，没有对失职、渎职行为的具体惩处条款。如农药行业的规划与布局、农药使用后长期后果的跟踪、无证产品和企业充斥市场、重污染产品低价出口等方面的失职行为如何惩处；现有的管理模式缺少责任追究与监督等诸多问题。美国农药管理完全由美国 EPA 负责。

5．出口政策损害国家利益

目前，我国农药价格是根据不包含环保费用的非完全成本测算的，因此只是跨国公司销售成本的一小部分。实际上许多农药的“三废”治理费用与直接成本相比不相上下，有的产品甚至超过直接成本，如草甘膦直接成本约 2.5 万元/t，而环保成本却在 4 万元左右；根据国家税务总局国税函[2003]1158 号，我国 48 种农药出口享受 11%的出口退税率；现有的出口政策直接刺激企业积极出口，而这种出口价格对于企业有利可图，但牺牲的是环境资源与国家利益。

6．农药产品研发和环保投入少，产品登记投入过多

目前我国生产（包括完成中试）的农药品种绝大多数处于仿制阶段，企业缺少科研投入，产品更新速度慢，相应的环保技术与设施研发更为落后，甚至基本空白；环保投资仅为国外农药项目环保投资的 1/10。

现行农药登记按产品登记而非按品种登记，意味着相同产品登记时要重复进行

药效、毒性、环境、残留等试验，企业需要重复投入大量资金；截至 2005 年年底，农药登记产品约 19 100 个（生产品种 300 多个，常年生产品种 250 多个），其中正式登记的约 2 850 个，占 15%，约 16 000 个临时登记的产品若转为正式登记产品，需耗资近 100 亿元，这笔费用最终都将转嫁于到农民，创新型企业在该过程中却没有得到任何补偿；目前这种登记管理制度过分强调前期资料过程，对生产过程与市场产品的质量缺乏监督，不仅容易滋生造假，而且对鼓励研发、提高产品质量起不到任何作用，已经引发各方面的不满。

7. 环保成本差别大，不利于市场的公平竞争

美国研究表明，每销售 1 美元农药，相应就应该有 5～10 美元的环境治理成本。相信在中国，其环境治理成本绝不会低于这个数值，由此可见，如果考虑农药的环境治理成本，我国众多农药企业如何生存。

大多数中小企业没有“三废”治理设施，或措施不合理，做不到达标排放；或有装置不运转，造成现有农药产品价格中未考虑此部分成本，如有企业遵守环保法律法规，其生产成本将大大提高，失去市场竞争力。由此可见，统一尺度的环保执法，将环保成本纳入农药成本是维持我国现有市场经济公平竞争的有效途径。另一方面是执法环境差别大，国家审批的项目要求高，环保投资大，地方环保要求松，有的地方审批项目环保基本没有投入；不同的地方，环境管理要求不一样，把握的尺度不一致，对于同类企业、同种产品，环保成本相差甚远。对于农药这种重污染精细化工行业，可以说环保成本决定企业是否赢利、能否生存。

8. 审批制度存在“漏洞”

原国家环境保护总局环发[2004]164号文明确规定农药原药项目环评由原国家环保总局负责审批，但许多企业为了规避原国家环保总局的审批，以农药中间体名义上报项目，均由当地环保部门进行审批。目前已有这些地区受到严重污染的报道，造成了跨省的“污染大迁移”。

现有原药生产企业的改扩建项目，仍由地方环保部门审批，对于处于环境敏感区域的企业无法控制其污染的进一步扩大；如位于钱塘江源头的浙江新安化工集团股份有限公司还在不断扩产，对杭州水源的威胁不断加大。

三、对策与建议

1. 制定行业发展规划，整合现有农药企业

对于农药这样的重污染行业，必须由国家进行规划布局与宏观调控，不能任由市场无序发展。按照“企业总数大幅度削减、强化环保、做大做强、提升竞争力”的可持续发展原则，针对现状，制定农药行业分阶段的发展规划，原则上应不再布设新的农药企业。目标应为：十年内企业总数最终控制在 50 家以内，扶持几家企业具备国际竞争力，企业原药的最小规模不低于 2 万 t，环保标准按国际大型同类公司要求，鼓励高端产品出口。

2. 提高农药行业准入门槛，制定环保准入条件

农药行业环保成本所占比重较大，污染治理成本左右农药企业生死，因此，必须从环境保护角度提高准入门槛，控制农药企业的无序发展。

（1）针对现有企业：进行环保审计或环境评估，对环境敏感区域如位于水源地上游、地下水补给区、城区、城市主导上风向、居民区等企业采取关停并转；对没有环保设施或环保设施不运转、扰民、不达标的小企业，限期关停；对环保不符合要求的骨干企业，采取挂牌督办限期治理等，加大力度关掉一批没有实力治污的企业。

（2）针对新建企业：鉴于农药污染治理难度较大，水污染严重，存在较大环境风险，现阶段原则上应禁止在内陆省份布设新的农药原药生产点；新建或者新增产能原则必须具备一定规模、多品种农药生产，具备相应的科研能力和环保技术能力；原药与制剂企业必须进入专业化的化工类园区，该类园区应具有能力供应农药生产中使用的环境风险大的原料如氯气、氰化钠等，须配套各种危险废物焚烧装置、污水处理设施等基础设施，并应进行规划环评。

3. 重新设置标准体系，杜绝“三废当农药卖”

新的标准体系应包括产品质量标准、农药企业标准和环保标准等。

（1）产品质量标准：农药产品质量、副产品和制剂质量都必须有严格、明确、细化的环保指标包括有害物质或不明杂质限制。

（2）农药企业标准：针对农药行业的特点，鉴于中小企业极不规范，为保证产品质量和规范市场成本，应制定农药企业标准，包括硬件与软件，从生产条件、生产工艺、设备、管道、操作环境、自控、检测仪器、包装到技术力量配备等。在农药企业推广实施 GMP 认证制度。

（3）环保标准：针对农药行业的特点，分产品或分类制定排放标准、处理要求与规范以及监测分析方法等，应控制农药等毒性因子。

4. 调整农药的出口政策，维护国家利益

现有的农药出口政策已经不适应要求，严重损害了国家利益，应尽快调整，立即取消出口退税政策；目前阶段，污染治理不规范，应根据不同产品的污染情况，征收高额“环境资源税”或“环境污染税”，控制原药出口，如果环保成本完全计入价格，出口可类比其他化工产品，无须特别控制。

5. 完善法律法规，加强环保执法与监管

建议修改《农药管理条例》，明确发改、环保、农业、工商、商务、质检、科技等部门的相关职责，严格环保措施，规范对失职、渎职行为的具体惩处条款。坚决杜绝“三废当产品或副产品卖”进入食物链的现象，并增加相应严惩条款。应增加相应跟踪长期生态环境影响等条款；建议增加“设立农药生态环境风险基金”条款，农药企业设立之初交纳，用于赔偿或补偿。

6. 加大环保投入，推广行之有效的治污技术

农药行业“三废”治理难度大，必须大幅提高环保投资比例，并在价格中完全体现；鉴于农药废水普遍难以生化处理，必须扭转常规的污水处理概念，大力推广焚烧法处理农药行业“三废”，焚烧装置应为农药企业必备的“三废”设施。可行的方法是：废气、废水和废渣应根据其特性分别焚烧，也许1个企业有2台以上的焚烧炉，但生化处理却不是必需的。

7. 完善环保审批制度

农药行业的建设项目包括现有企业扩产改造等，均应上收至原国家环保总局审批；除此之外，由于农药中间体的污染很严重，应将与农药相关的中间体建设项目一并纳入农药的管理程序，从严把关，避免企业钻空子。

8. 简化登记管理制度，强化市场监督

由于我国农药产品基本为仿制，在完善标准体系的基础上，完全可以借鉴国际上已有的成果，进行必要的验证后，可实行“对仿制产品按品种登记，创制产品按产品登记”的登记管理制度，同时强化市场监督和使用效果跟踪，将节省的大量资金用于科研和环保投入。

9. 建立国家级产品研发和环保技术中心

国家应投资建立国家级产品研发和环保技术中心，开发具有自主知识产权的农药品种，在产品创制的同时开发“三废”处理技术，新产品是否具有生命力必须在解决环保问题的前提下综合评判。及时跟踪国际动态，为国家不定期颁布淘汰、限制、禁止生产和使用产品目录以及工艺技术、“三废”治理技术与环境管理建议等提供技术支持，提升我国农药的整体水平，确保食品安全。

10. 限制有毒有机溶剂和助剂的使用

为保护农民的身体健康，应减少或限制乳油的生产；对生产中使用的有毒有机溶剂和助剂，从环保角度，应定期颁布禁止使用目录，鼓励开发和使用环保型的水基化等环境友好的农药制剂。

（2007年）

我国煤炭产业可持续发展形势分析和对策建议

郭二民

摘　要：我国煤炭的生产、加工、利用方式不合理，是造成资源利用率低和环境污染的最主要原因，尤以大气污染最为突出：我国煤炭洗选不到33%，而发达国家平均在70%以上，由此导致燃煤含硫、灰分居高不下，热效率低，仅2006年煤炭利用排出的二氧化硫约为2 400万t，预计2010年煤炭产能达26亿t时，二氧化硫减排将面临严峻的考验。最为有效的节能减排方法就是大幅度提高煤炭资源利用率，从合理利用资源的角度，不仅要考虑煤炭资源的赋存条件，而且必须从污染控制和生态安全的战略高度，开展煤炭战略环评，从决策源头对煤炭工业发展布局、结构、规模等进行优化调整，贯彻循环经济与节约资源的理念，保障煤炭工业可持续发展，实现社会主义的生态文明。

主题词：煤炭现状　存在问题　对策建议

现阶段，煤炭在我国能源消费构成中一直占70%以上，煤炭作为我国的基础能源，对于保障国家能源安全、支撑国民经济快速发展，具有举足轻重的作用。这种格局在未来较长时期内随着经济的快速发展，煤炭的大规模开发不可避免。我国煤炭中长期发展规划预测，到2010年全国煤炭年产量将达26亿t，2015年将达28亿t，2020年将达30亿t。

煤炭开采产生的生态问题，突出表现在地表沉陷、地下水破坏、煤矸石堆存占地和大气污染等一系列的环境问题以及移民安置等社会问题，这些问题具有影响突出、地域分布集中和环境管理难度大等特点，随着煤炭开发强度的增大，存在的生态问题日益突出，已成为近年来关注的焦点。

我国在煤炭资源开发与利用方面出台了一系列煤炭行业节能减排意见及措施，如："生态补偿试点工作""矸石、矿井水综合利用政策""水土保持与土地复垦政策"，这些政策措施对缓解煤炭产区的生态压力起到了积极作用，但是随着煤炭生产规模的快速增长，只从项目层次解决上述问题犹如"舍本逐末"，效果有限。因此，只有进一步加强政策导向，通过对煤炭工业进行战略环境评价，优化合理的生产力布局和产能规模，才能实现可持续发展，落实社会主义的生态文明。

一、煤炭工业发展的现状及必要性

（一）煤炭生产现状及生产力布局

我国煤炭已查明资源储量1万亿t，居世界第三位。在查明资源储量中，晋陕蒙宁占67%；新甘青、云贵川渝占20%；其他地区仅占13%。已探明储量中可供露天矿开采的资源极少，与国外主要采煤国家相比，我国煤炭资源开采条件属中等偏下水平。机械化煤矿开采与小型房柱式煤矿落后开采并存是我国现阶段煤炭的生产现状。

我国煤炭开采根据煤炭资源赋存、区位、市场等情况，将全国分成三个煤炭功能区，即煤炭调入区、煤炭调出区和煤炭自给区。

目前我国煤炭供需的总体形势是：煤炭调出区调出煤炭达9亿t/a左右。煤炭调入区煤炭调入量达8.68亿t/a左右；西部煤炭后备区带的西南规划区煤炭产量在逐年稳步上升，调出量逐年加大，新甘宁青规划区从东向西煤炭开发逐步热化，以上都标志着我国煤炭开发布局在逐步西移。

（二）煤炭工业可持续发展是国家能源安全的保证

优质动力用煤、优质高炉喷吹用煤、化工用煤、优质炼焦用煤和无烟块煤生产是我国未来煤炭的主要利用方向，“十一五”煤炭需求量大约在26亿t。煤炭工业是关系能源安全和国民经济命脉的基础产业，是全面建设小康社会的资源、能源保证。例如，煤炭液化替代石油，将成为未来我国煤炭洁净利用的重要发展途径。煤炭作为石油替代品已成为解决国家能源危机的主要途径之一。

二、煤炭工业环境保护存在的主要问题

（一）资源无序开发，消耗高、浪费大

矿权设置与矿区总体规划脱节，一些大型整装煤田被肢解，严重影响了区域开发的整体布局。一些煤矿建设项目边勘探、边设计、边施工、边报批，违反基本建设程序。煤炭市场的好转，导致了各大型、中型、小型煤炭企业都加大煤炭资源的开发，在煤炭开发中，采用粗放型开采，吃肥弃瘦、采厚丢薄，回采率低，全行业煤炭资源回采率平均仅有35%。据典型调查，目前每开采1t煤炭，平均要消耗4～5t煤炭资源，资源回收率仅为30%，甚至更低，较20世纪60—70年代下降了一半左右。如果继续下去，我国雄厚的煤炭资源将在短短的百年之内消耗殆尽，煤炭可持续发展的前景堪忧。据初步统计，现阶段我国煤炭生产矿井及在建矿井规模已接近30亿t，已经大大超过煤炭工业中长期发展规划和煤炭“十一五”规划的生产能力。

目前，我国是世界上煤炭自燃灾害最严重的国家，据统计，新疆、宁夏、内蒙古和山西等产煤大省都存在不同程度的自燃现象。在全国自燃面积已达 720 km^2，正在燃烧的煤田和矿区有 62 处，形成了煤炭北方燃烧带，在浪费大量煤炭资源的同时也极大地污染了环境。

（二）老矿区、破产和关闭矿井环保欠账严重

我国煤炭业长期受计划经济的影响，在“重生产、轻治理，重开采、轻恢复，先生产、后生活”等方针的影响下，长期以来治理滞后，设施不全，甚至没有环保设施和能力。近 20 年来环境保护仅依据 1990 年七部委联合下发的文件精神：环境治理金只提取技改资金的 7%用于煤炭环保企业的环保费，比例很低。自 20 世纪 80 年代至今，由于破产和关井压产，整顿煤炭工业生产秩序，先后关闭 5 万多座矿井，这些破产和关闭的矿井造成的环境问题一直没有得到合理解决。据不完全统计，阜新、抚顺和黑龙江等一些老矿破产后造成的地表沉陷和生态破坏面积达 3 万 hm^2，治理资金需数十亿元。

（三）煤炭主要生产区面临巨大的生态压力，且未进行战略环境影响评价

据统计，2005 年我国煤矸石、矿井水、瓦斯产出量和采煤沉陷面积产生量分别为：3.5 亿 t、45.4 亿 m^3、150 亿 m^3 和 4.5 万 hm^2。预计到 2010 年煤矸石、矿井水、瓦斯产出量和采煤沉陷面积产生量分别为：5.5 亿 t、50 亿 m^3、177 亿 m^3 和 5.3 万 hm^2。水土流失面积由 2005 年的 5.4 万 hm^2 增加至 2010 年的 6.3 万 hm^2。

以我国规划中的煤炭调出区——晋陕蒙宁区域为例，这一区域作为我国的主产煤区和外调量的主要供煤区，是未来煤炭生产的主战场。规划 2010 年产量将达到 13.15 亿 t，比 2005 年增加 3.26 亿 t，占全国煤炭增量的 82.5%。预计将产生煤矸石 2.6 亿 t、矿井水 11.6 亿 m^3、矿井瓦斯 68 亿 m^3，形成土地沉陷面积 2.6 万 hm^2，水土流失面积 3.2 万 hm^2。而这些区域属半干旱大陆性气候的黄土高原和毛乌素沙漠的高原地貌，是我国水土流失最严重的地区。煤炭开采带来的突出环境问题是地下水资源的破坏和流失，并将加剧水土流失和土地荒漠化，使原本脆弱的生态系统进一步恶化。

再如，我国在新疆规划的《新疆伊犁伊宁矿区总体规划》，伊犁伊宁矿区总体规划了伊南、伊北煤田、煤化工基地以及矿区自备电厂三部分，煤炭规划的生产总规模为 2 500 万 t/a，该矿区煤炭运输条件不好，只能就地转化，可是就地转化涉及伊犁河这条国际河流的环境保护问题。如果该矿区规划煤化工项目和电厂项目不能同步有序衔接，煤炭运到电厂发电要修路，修路就要用钢材、水泥，用那些钢材、水泥又要大规模地耗电，就形成了缺电、挖煤、修路、发电，出现高耗能、高污染

这一发展怪圈，这些将可能引起边界争端，影响我国的外交形象。

只有从战略环评的高度，才能解决好煤炭开采规模、强度与环境保护的关系，有效遏制矿区生态环境恶化、超负荷污染的趋势。

（四）煤炭质量与污染物排放的矛盾

未经洗选加工的煤炭利用、转化将不可避免地增大二氧化硫的排放，将导致煤炭消耗和环境容量协调性越来越趋向不平衡，且矛盾日益突出。

现在我国商品煤硫分仍保持在 0.72%～0.78%，预计“十一五”期间电煤每年平均增长 0.5 亿～1.0 亿 t，五年增长 3 亿～4 亿 t，总量将达到 14 亿～15 亿 t（电煤在全国煤炭消耗中占到 60%以上）。2006 年我国煤炭产量达到 22 亿 t，洗选煤炭不到 33%，而发达国家如德国为 95%、英国为 75%，导致二氧化硫排出量为 2 400 万 t 左右（国家原计划只有 1 800 万 t）。预计到 2010 年煤炭产能达到 26 亿 t 时，燃煤二氧化硫排出量将在 3 300 万 t 左右（到 2010 年，全国二氧化硫的总量计划控制在 2 290 万 t 之内），假如煤炭质量得不到提高，二氧化硫减排仍将超出国家总量控制。现阶段我国炼焦精煤灰分平均为 9.5%，比美国、日本高 2～2.5 个百分点；比俄罗斯高 1.5 个百分点。全国商品煤灰分平均在 20.5%左右，特别是发电用煤的灰分，我国为 25%～28%，而美国只有 9.5%，煤中灰分高将产生大量粉尘，并导致我国工业产品单位能耗比其他国家高得多。

（五）多部门参与环境管理，职责交叉职能冲突

在我国，有以下三个部门对煤炭建设项目进行行政性审批和管理涉及煤矿的环境管理。一是环境保护行政主管部门的“环境影响评价”，结合煤炭建设项目实施后可能造成的环境影响进行分析、预测和评估，提出预防或者减轻不良环境影响的对策和措施，并进行跟踪监测的方法与制度。主要内容包括地下水资源保护、生态保护和矸石处理处置措施，在生态保护中注重生态系统功能的恢复和保护，包括水土流失及农田生产力的恢复措施；二是水利行政主管部门对煤炭开发建设项目进行“开发建设项目水土保持方案”的审查和管理（自 1994 年 11 月 22 日水利部、国家计委、国家环境保护局水保[1994]513 号颁布开始）。其主要职责是结合采煤场地建设和采煤地表扰动提出控制水土流失和土地沙化措施并进行监督；三是国土资源行政主管部门对煤炭开发建设项目“土地复垦方案”的审批和管理（自 2006 年开始），主要职责是：结合采煤场地占用和采煤对土地的破坏，提出土地复垦措施并进行监督，以全国重点煤炭基地采煤废弃地为基础、补充耕地和环境治理为目标，选择重点区域进行规模复垦。

煤炭开发建设的生态问题主要集中在采煤沉陷区，而关于沉陷区的生态治理和恢复，至今国家没有一部独立的法律法规；体制上涉及环保、水利、国土、农业、

林业、地方政府、农民和煤炭八个方面；缺乏一套完整的煤矿生态恢复与治理政策措施（主要指财税政策）；缺乏针对不同区域生态恢复与治理的技术标准；尚未建立采沉陷生态恢复与治理的市场机制。

三、煤炭工业可持续发展的对策与建议

煤炭工业应本着循环经济与可持续发展的理念，站在注重牢固树立社会主义生态文明的历史高度，在保证基础能源安全的战略要求下，以煤炭整合、有序开发为重点，综合评估分析资源区域煤炭储量、市场分布与生态现状三大因素，以促进产业结构调整、淘汰落后产能为前提，通过煤炭工业战略环评，坚持节约发展、清洁生产，鼓励建设大型煤炭基地和一体化、多联产循环经济发展模式，统筹煤炭分布、交通运输与区域市场需求，合理规划布局、稳步有序发展资源节约型、环境友好型的绿色煤炭产业。

（一）提高资源回收率，培育大型煤炭企业，力争实现一个矿区设置一个开发主体，严格控制产能规模

目前，国家出台的煤炭工业发展规划布局了“十三个大型煤炭基地98个矿区”（附表一），该规划主要是从煤炭资源赋存的角度出发，未结合区域生态现状、地下水资源现状和区域环境承载力等进行充分论证。矿区开发根据《环境影响评价法》的规定须进行规划环境影响评价。2005—2007年，国家环境保护总局共受理了16个煤炭矿区的规划环评报告书，受多元开发主体的影响，矿区中建设项目开发的时序难以准确界定。因此，其对生态系统、地下水资源等的累积性影响不能得到预测和有效预防，煤炭产生的固体废物循环利用不能在开发初期得到合理规划、有序落实，严重影响了矿区规划环境影响评价的指导性作用。

如内蒙古东部地区的伊敏河流域，伊敏河西岸为华能伊敏露天矿（1 100万t/a），河东岸为鲁能集团的伊敏井工矿（1 000万t/a），伊敏河上游又有为该区域电厂配套的红花尔基水库截流河水，这些项目的上马，如果不从大区域和流域的角度去统筹规划，仅依靠小范围和小矿区分散进行环境影响评价和进行项目开发，势必难以控制多头开发对水资源和区域生态系统的不利影响。

建议从国家整体利益出发，对煤炭工业发展规划进行战略环境影响评价，合理解决煤炭资源区域内煤炭开采和环境承载力的冲突，结合我国宏观经济发展趋势，前瞻性提出煤、电、化综合一体化的超大产业群，做到煤炭资源的合理开采和利用，避免因盲目开采发展导致区域性不可逆的生态环境破坏。加强小煤矿资源整合力度，完善资源有偿使用制度，建立煤炭资源税费与动用储量挂钩的机制，加大资源监管力度，提高煤炭资源回收率。充分调动社会各界力量，增加煤田灭火工程投资，加快煤田火区治理，保护煤炭资源和生态环境。

（二）建立矿区生态环境恢复补偿制度，落实补偿资金的长效机制

对老矿区、老矿井生产要按照《环境保护法》《清洁生产促进法》等的相关规定，补建环保设施，做到达标排放。

对原有煤矿历史形成的采煤沉陷的环境治理欠账，应按照“国家统筹管理，企业合理负担”的要求，结合《国务院关于促进煤炭工业健康发展的若干意见》要求，“制定专项规划，继续实施综合治理，中央政府给予必要的资金和政策支持，地方政府和煤炭企业要按规定安排配套资金”，逐步使矿区环境治理步入良性循环。

当前，非常迫切的任务是建立矿区生态恢复补偿机制，落实补偿资金，在全国煤炭企业推广实施。建立国家煤炭生态损害专项补偿基金或开征煤炭产品环境资源补偿基金，多方开辟环境保护资金渠道。运用政策加经济的双重杠杆切实保证煤炭环境保护落到实处，有效补偿历史欠账。建立关闭矿井管理制度和预收补偿金、抵押金制度。大力发展煤矿环境保护与区域经济发展和区域环境保护发展结合起来，充分利用区域政策，搞好矿区环境保护。

（三）大力发展以矿区为依托的规模化循环经济，高效利用共伴生物和废物综合利用，互补延伸产业链

2005 年我国煤矸石、矿井水产生量分别为 3.5 亿 t、45.4 亿 m^3，煤矸石、矿井水利用率仅分别为 30%、26%，预计到 2010 年煤矸石、矿井水产生量分别为 5.5 亿 t、50 亿 m^3。综合利用煤炭生产产生的“三废”是实现节能减排的关键因素之一。

建议从矿区规划阶段，结合矿区规划环评的要求综合考虑煤矸石、矿井水等废物的综合利用，将资源综合利用作为整个矿区开发的准入条件。煤炭企业应打破单一煤炭生产的狭隘基础行业模式，实现煤炭企业对煤系地层中各种共伴生资源（煤、水、气、固废等）的全面开发和加工利用。在环境政策、经济政策上大力鼓励发展矿区循环经济，尽快建立起适合矿区循环经济发展模式的法律、法规，通过煤电、煤化工、煤建材综合开发，实现矿井水、煤矸石、矿井瓦斯的“变废为宝”，将煤炭生产的共伴生物综合治理纳入法制规定。

（四）开展战略规划环评，落实国家四类主体功能区划分要求

国家煤炭规划应进行战略环评，主要着眼解决规划总体开发规模、开发时序与环境承载力等问题，通过战略（规划）环评，从决策源头上对煤炭发展布局、结构、规模等进行优化调整，变过度开发为适度开发，变无序开发为有序开发，变短期开发为持久开发。对全国煤炭资源区明确划分优化开发、重点开发、限制开发三类区域，明确煤炭利用的方向，从区域开发的角度避免因条块分割、行政区

域分割等导致区域发展难以得到统筹兼顾，造成过度开发、无序开发和短期开发盛行的局面。

原则上优先在煤炭丰富、环境承载力较大区域，进行重点开发。建设坑口煤转化基地，延长煤炭产业链，尽可能延伸到市场终端产品，减轻煤炭运输压力。

在有一定环境承载力的富煤区域，结合生态现状及水资源，适度控制开发，以满足区域自给为目标，发展规模及煤炭加工利用的产业。

在生态环境脆弱或具有重要生态功能的煤炭资源区域，应明确限制开发，作为煤炭开发的后备区，如青海西南部和西藏地区、蒙东森林草原、草甸草原区。这些区域的限制性措施开发将确保我国的生态屏障安全和煤炭资源的可持续性保障。

从政策层面指导煤炭工业健康发展，确保煤炭工业在有序开发利中合理解决“矿业、矿山、矿工、矿城”的四矿问题和“农业、牧业、农村、牧场、农民、牧民”的“三农、三牧”问题，将煤炭矿区建设成资源节约型、环境友好型和谐社会，实现煤炭工业的可持续发展。

（五）大力发展以煤炭洗选加工为重点的洁净煤技术，提高煤炭产品质量，确保节能减排目标的实现

目前，国家在煤炭洗选加工方面出台了一些政策、措施，如2005年国家环境保护总局、国土资源部、科技部以《矿山生态环境保护与污染防治技术政策》（环发[2005]109号）的通知中要求“禁止新建煤层含硫量大于3%的煤矿”“对新建硫分大于1.5%的煤矿，应配套建设煤炭洗选设施。对现有硫分大于2%的煤矿，应补建配套煤炭洗选设施”。但数据统计结果表明，全国有入洗原煤能力15万t/a以上的选煤厂961座，入选能力为8.37亿t，2005年全国实际入选原煤7.02亿t，入选率为32.1%。由于电煤增加量过大过快，导致电煤供应质量难以保证，电厂运行中煤的硫分及灰分高于设计煤种，节能减排压力增大。可喜的是“十五”期间所建设的大型煤炭项目90%以上都配备了选煤厂。

因此，从政策层面而言，应把发展煤炭洗选加工作为煤炭转化、煤制油等的先决条件，鼓励企业结合区域煤炭生产实际大力建设选煤场，提高煤炭质量、提高煤炭利用效率、节约煤炭、减少运力、降低燃煤对大气的污染。

进一步提高洗选加工后动力煤产品价格，应从节能、环保效益出发，规定最低限价或者予以补贴，确保煤电双方均有积极性。环保部门应研究如何改变过去按照排污量收费为按单位热量排放污染物收取排污费的办法，确保节能减排目标的实现。淘汰落后的选煤方式、方法，运用先进、适用的技术改造现有选煤场，全面提高选煤场的技术水平。

（六）建立部门协调机制，确保矿区开发与生态恢复的统一

为解决矿区生态恢复、建设中部门监督管理的职能重叠交叉问题，建议结合党的“十七大”上提出的：“加大机构整合力度，探索实行职能有机统一的大部门体制，健全部门间协调配合机制”这一精神要求，建立部门协调工作平台，着力解决政出多门问题，建立起“要求统一、目标统一、措施统一”的管理机制，确保矿区开发与生态恢复的统一。

煤炭工业大规模发展是大势所趋，实施煤炭工业战略环评，合理布置煤炭生产力布局和规模，通过煤炭洗选加工，降低含硫量和灰分，建立实行矿区生态补偿机制，大力推行矿区循环经济，经各部门通力协调合作，煤炭工业一定能实现节能减排、资源利用率高、矿区生态良好的目标。

表1　我国大型煤炭基地和国家规划矿区分布情况

基地	矿区数	矿　区　名　称
神东	6	神东、万利、准格尔、包头、乌海、府谷
陕北	2	榆神、榆横
黄陇	8	彬长（含永陇）、黄陵、旬耀、铜川、蒲白、澄合、韩城、华亭
晋北	6	大同、平朔、朔南、轩岗、河保偏、岚县
晋中	8	西山、东山、汾西、霍州、离柳、乡宁、霍东、石隰
晋东	4	晋城、潞安、阳泉、武夏
蒙东	16	扎赉诺尔、宝日希勒、伊敏、大雁、霍林河、平庄、白音华、胜利、阜新、铁法、沈阳、抚顺、鸡西、七台河、双鸭山、鹤岗
两淮	2	淮南、淮北
鲁西	9	兖州、济宁、新汶、枣滕、龙口、淄博、肥城、巨野、黄河北
河南	6	鹤壁、焦作、义马、郑州、平顶山、永夏
冀中	9	峰峰、邯郸、邢台、井陉、开滦、蔚县、宣化下花园、张家口北部、平原大型煤田
云贵	13	盘县、普兴、水城、六枝、织纳、黔北、老厂、小龙潭、昭通、雄镇、恩洪、筠连、古叙
宁东	9	石嘴山、石炭井、灵武、鸳鸯湖、横城、韦州、马家滩、积家井、萌城

（2007年11月）

钢铁工业节能减排与可持续发展对策建议

祝兴祥　苏　艺

摘　要：钢铁工业是我国近年来宏观调控的重点领域，其生产具有规模大、能耗高、排放量大的特点。目前产能总体过剩、落后产能所占比例较大，无序发展、违规建设现象屡禁不绝，局部问题依然突出。淘汰落后产能、优化产业布局、采用节能减排技术、立足国内需求、适度出口是钢铁工业实现绿色制造和可持续发展的必然选择。

主题词：钢铁工业现状　存在问题　对策建议

钢铁工业是国民经济的重要基础产业，是人类社会工业化、城市化的支撑材料。同时也是技术、资金、资源、能源密集型产业。在国民经济中占有举足轻重的地位。

目前，我国钢铁工业总产值占GDP的11%左右，能耗占全国一次能源消耗量的15%左右，年耗新水量约占全国工业耗水的10%，外排废水量约占全国总外排废水量的8%，外排SO_2量约占7%，烟尘量约占8%，粉尘量约占15%，固废产生量约占13%。

改革开放以来，尤其是“十五”以后，我国钢铁产能持续高速增长，但增长方式仍然没有摆脱消耗资源能源的粗放增长方式，低水平重复建设现象十分严重。2003年国家对钢铁行业果断采取宏观调控政策，对抑制投资过热、低水平重复建设起到了明显效果，2006年在全社会固定资产投资比上年增长24%[①]的情况下，钢铁行业投资额2 247亿元，比上年下降2.5%，宏观调控的效果初步显现。

我国钢铁工业规模大而不强，落后产能占有较大比重，技术水平参差不齐，物耗、能耗和环境保护方面与国际先进水平相比还有不小差距。按照党中央国务院提出的转变依靠资源能源消耗的粗放式经济增长方式，实施可持续发展战略的要求，实现我国钢铁工业科学健康可持续发展，实现绿色制造还要付出更大的努力。淘汰落后、节能减排是我国钢铁工业实现可持续发展的内在要求和必由之路。

一、钢铁工业发展现状分析

（一）钢铁产能仍保持较快增长

2006年，全国粗钢产量4.226 6亿t[①]，比上年增长19.7%，相当于世界排名第

① 数据来源：中华人民共和国2006年国民经济和社会发展统计公报。

二、第三、第四、第五的日本、美国、俄罗斯、韩国钢产量之和。

我国钢产量1996年达到1亿t，2003年超过2亿t，从1亿t到2亿t用了7年，而从2亿t到3亿t仅用2年，3亿t到4亿t更是仅用1年，预计2007年将接近或超过5亿t。截至2006年已连续11年位居世界钢产量第一，占世界粗钢产量的比重由2000年的15.26%上升到2006年的34.1%，占全世界钢产量的1/3。

（二）产品结构优化，实现净出口

1. 产品的结构进一步优化

2006年全行业钢铁产品的结构调整和优化实现了重大的突破。高附加值产品自给率明显提高。

2006年全行业生产钢材47 339.6万t①（含重复材，下同），比上年增长25.3%。其中，板材（不含窄带钢）15 402.46万t②，比上年增长36.54%，比钢材总量增幅高12.09个百分点。冷轧薄板、冷轧薄宽带钢、镀层板、电工钢板均比上年有较大幅度增长，国内市场占有率大幅度提高。尤其是专用钢材生产明显增长，集装箱板、桥梁板增长60%以上；造船板、压力容器板增长25%以上。不锈钢比上年增长67.68%；特殊钢比上年增长10.46%。

2. 实现净出口

2006年结束了我国多年来钢材净进口的历史，变为净出口国。钢材、钢坯进口、出口相抵并折合成粗钢，全年净出口粗钢3 472.57万t，占粗钢生产总量的8.3%，占全年增钢总量的52.75%。

从2006年钢材出口的产品价格看，进口钢材平均到岸价格1 071.18美元/t，出口钢材平均离岸价格610.2美元/t，差价460.98美元/t。说明高技术含量、高附加值的钢材出口少，低端产品出口多。

有11个国家采取了27项反倾销、反补贴等措施，对我国钢铁企业的调查、贸易摩擦矛盾不断增加。

（三）资源能源消耗进一步增长

1. 铁矿石

2006年呈现国产矿、进口矿消耗同步高增长态势，铁矿石资源对外依存度逐步增高的局面。

2006年大中型矿山生产铁矿石（低品位）58 817.14万t②，比上年增长37.99%，把地方中小矿山产量包括在内，全年总量64 817万t，折合铁精矿30 865万t。

---

① 数据来源：中华人民共和国2006年国民经济和社会发展统计公报。

② 数据来源：中国钢铁工业协会2007年第一次行业信息发布会新闻稿。

全年进口铁矿石 32 630.33 万 t，比上年增加 5 107.41 万 t，增长 18.56%，占全球铁矿石海运贸易总量的 46.6%，按含铁量计算，全年生产生铁的 51.1%使用进口铁矿石。

中国钢铁产能的迅速增长引起全球铁矿石价格大幅上涨。据不完全统计，2000 年至 2006 年，铁矿石价格上涨 164%。

2．能耗

2006 年纳入统计的大中型钢铁企业总能耗 19 779.05 万 t，比上年同期增加 1 540.55 万 t 煤耗，增长 8.45%。

2006 年吨钢综合能耗 645.12 kg 煤/t，同比下降 7.06%；吨钢可比能耗 623.04 kg 煤/t，同比下降 6.19%；吨钢消耗新水 6.56 t/t，同比下降 14.9%。

由于钢铁总产量大幅增长，虽吨钢可比能耗下降，但总能耗上升。

据统计，2005 年我国大中型钢铁企业吨钢可比能耗比发达国家高出 9.85%，全行业能耗平均水平与国外先进水平差距保守估计在 15%左右。

（四）污染物排放

据统计，钢铁行业外排废水量约占全国总外排废水量的 8%，外排 SO_2 量约占 7%，烟尘量约占 8%、粉尘量约占 15%，固废产生量约占 13%。

据国家统计局《2006 统计年鉴》，全国工业按行业统计排放量，钢铁行业 SO_2 排放量占 7.18%。按钢铁行业 SO_2 排放量 4 kg/t 钢计算，SO_2 排放量 169.06 万 t，占全国 SO_2 排放总量 2 594.4 万 t[①]的 6.5%左右。

（五）落后生产能力所占比例依然较高

2006 年我国钢铁行业的铁、钢和钢材的产量都超过了 4 亿 t，但是按照“钢铁产业发展政策”的要求，到 2005 年年底，钢铁行业的落后产能炼铁 9 880 万 t，占总生产能力的 24.2%；炼钢 5 500 万 t，占总生产能力的 13.29%；轧钢 7 900 万 t，占总生产能力的 18.81%。

（六）产业布局

我国钢铁生产主要集中在华北、华东和东北地区。目前钢铁行业对进口矿石依赖程度不断上升，占到 50%以上，大量内地钢铁企业通过铁路、公路运输进口矿石和煤炭焦炭等原材料，造成运力紧张和不必要的能源消耗，从全社会看，不利于节能减排。我国北方地区生态环境脆弱，水资源紧缺，盲目扩大钢铁产能不利于北方缺水地区的可持续发展，北方地区应以铁矿石资源量、水资源承载力、运输条件等

---

① 数据来源：中国环境统计年报（2005 年）。

科学合理确定生产力布局。

总体而言，我国钢铁工业发展速度过快、落后产能比例较大，低端产品供略大于求，高端产品不能全部满足国内需求，能耗物耗高、生产力布局不尽合理。

二、钢铁行业存在的主要问题

（一）违规建设现象依然存在，淘汰落后困难重重

虽然全行业固定资产投资趋缓，但受局部利益驱使，以及企业生产经营竞争需要，部分地区和部分企业依然违规投资建设项目，盲目增加钢铁生产能力，且投资规模较大、装备水平不高。

盲目扩张的结果一方面造成资源、能源、电力供应进一步紧张，加重铁路、公路运输负荷，全行业污染物排放总量增加，节能减排压力增大；另一方面，行业产业集中度下降，2006 年产钢 500 万 t 以上企业 21 家，比上年增加 4 家，占全年粗钢总产量的 51.32%[①]，比上年同口径下降 2.77 个百分点。不利于我国钢铁工业兼并重组、做大做强。

根据国家发改委《关于对河北省新增钢铁产能进行清理推动钢铁工业结构调整步伐的通知》（2006 年 11 月），在国家对钢铁工业加大宏观调控力度的这 3 年间，河北省粗钢产量居然增长了 3 351 万 t，年均增长率 35%，比全国平均水平高 10.6%。预计 2006 年全年河北粗钢产量将达到 9 000 万 t，占全国钢产量的 21%。来自国家发改委的数据显示，目前，河北省钢铁企业达 202 家，2005 年河北省粗钢产量超过 500 万 t 的钢铁企业只有 3 家，仅占河北省总产量的 38.5%，炼钢企业平均产量仅为 83.9 万 t，低于全国平均水平。另外，截至 2004 年年底，河北省炼铁能力为 7 703 万 t，其中属于被淘汰改造的 300 m^3 以下高炉炼铁能力就占到 47%。

由此可见，宏观调控虽然初见成效，但局部问题依然突出，落后产能比例较大，淘汰落后产能的任务艰巨。

（二）产业布局与城市发展的矛盾日益突出

据统计，我国 75 家重点钢铁企业中，有 26 家建在直辖市和省会城市，如太钢、济钢、石钢、武钢、杭钢、广钢等，34 家建在百万人口以上大城市，如鞍钢、邯钢、青钢、攀钢等。由于改革开放以来城市规模的扩张和居民区建设，城区与厂区已经没有缓冲空间，随着城市居民环境意识越来越强，城市对环保要求越来越高，钢铁企业面临巨大环保压力，一些企业不得不面临搬迁的境地。例如，由于北京市将举办 2008 年奥运会，以及首都政治、文化中心的定位，使得首钢不得不进行搬迁改造，在河北

---

① 数据来源：中国钢铁工业协会 2007 年第一次行业信息发布会新闻稿。

唐山曹妃甸建设新厂。还有一些钢铁企业，如攀钢、酒钢等，是钢铁厂建设促进和带动了城市的形成和发展，但随着人民生活水平的提高，对这些钢铁企业的环保要求和期望值也越来越高，企业的进一步发展和环境保护的矛盾日益突出。

由于我国进口铁矿石资源占到 50%以上，绝大部分是从澳大利亚、巴西、印度海运进口。北方内陆钢铁企业大量占用公共运输资源从沿海码头运输原料到内地，既造成运力紧张又浪费燃料和运输资源；另外，北方地区水资源缺乏，地下水严重超采，钢铁生产发展加剧了这一趋势。因此，应结合资源、市场、运输、环境容量、淘汰落后生产能力等情况，调整钢铁产业布局。

（三）资源难以支撑高速发展

我国铁矿石对外依存度达到 50%以上，铁矿石进口绝对数量大、价格也持续上涨，铁矿石供应存在较大风险，一旦进口供应不畅或价格超过企业承受能力，将对我国钢铁工业造成严重影响。

三、落后产能与先进水平的差距

目前我国仅宝钢的整体装备水平、能耗物耗、污染物排放指标等方面与国外先进企业基本处于同一水平。国内其他企业清洁生产水平则良莠并存，差异很大。

（一）生产装置大型化与节能技术存在差距

全国现有高炉 1 250 座，300 m^3 以下的有 700 多座，占炼铁能力的 25%，20 t 以下转炉年生产能力约占产能的 11%。而日本生产 8 000 万 t 生铁，仅用 28 座高炉。在生产装备大型化方面，我国钢铁行业还有较大的差距。

2006 年年底对大中型钢铁企业进行统计，高炉安装炉顶压差发电装置（TRT）的座数，仅占总数的 31%；安装高炉煤气回收装置的高炉，占总数的 77%；安装转炉煤气回收装置的转炉，占总数的 64%；安装转炉余热蒸汽回收装置的转炉，占总数的 68%。

节能技术应用方面还有较大空间和潜力。如：烧结矿余热回收、高风温热风炉、高炉余压发电（TRT）、高炉喷煤、干熄焦（CDQ）、转炉负能炼钢、转炉烟道汽化冷却、轧钢蓄热式加热炉等，进一步提高高炉煤气、转炉煤气等二次能源回收利用率。

应加大节能减排资金的投入，进一步提高节能减排先进工艺技术的普及面，提高回收利用的有效率。

（二）能耗差距

正是由于在节能技术应用方面的不足，使我国钢铁行业能耗方面与国际先进水平相比还有较大差距。另外，由于我国的一次工业能源以煤炭为主，占能源消费量的 70%以上，能源利用效率较低。

据统计，2005 年我国大中型钢铁企业吨钢可比能耗比发达国家高出 9.85%，全行业能耗平均水平与国外先进水平差距保守估计在 20%以上。

（三）环保装备与指标差距

目前，发达国家在气体污染物控制方面已完成了烟粉尘、SO_2、NO_x的治理，开始着手治理 CO_2、二噁英和烟粉尘中的重金属。如烧结、电炉烟气经活性炭吸附或湿法急冷及除尘处理，二噁英排放浓度一般小于 0.4 ng/m^3，欧洲小于 0.1 ng/m^3；电厂、烧结烟气经 4～6 电场电除尘后，又经脱硫、脱硝处理，烟尘排放浓度小于 10 mg/m^3。而国内目前尚处于基本控制烟粉尘的排放，刚刚启动烧结烟气 SO_2 的污染治理的阶段，对钢铁行业二噁英和烟粉尘中的重金属及 CO_2 尚未采取控制措施。

（四）落后与先进之间的差距

钢铁产业政策中“淘汰类”落后装备与“发展类”大型装备之间的差距主要表现在：资源、能源消耗量大，利用效率低；缺少环保设施，环境污染严重；二次能源回收利用率低，节能技术如 TRT、转炉煤气回收等基本上无法应用。因此，淘汰落后势在必行。

以 300 m^3 高炉 20 t 转炉生产线与 1 000 m^3 高炉 120 t 转炉生产线之间的指标为例进行比较。落后产能生产成本高 50 元/t 铁、人均产铁量低 11 900 t/（人·a）、烟粉尘排放量高 10 倍以上、二氧化硫排放量高 3 倍以上、能耗高 19%左右。

四、实现钢铁工业可持续发展的对策建议

钢铁工业是我国为数不多的有望成为世界上具有竞争力的行业之一。实现我国钢铁工业可持续发展，完成“十一五”可持续发展节能减排既定目标，实现绿色制造，应将淘汰落后产能与大力应用节能环保技术两项措施并举，采取规划先行、有序发展等措施，坚决制止乱铺摊子、违规建设。

（一）淘汰落后是目标实现的基本保障

实现我国钢铁工业可持续发展的战略目标，当前采取的首要措施是淘汰落后产能。

目前，不符合产业政策的落后炼铁能力约 1 亿 t，落后炼钢能力约 5 500 万 t，这些设备容量小、效率低、污染重，单位能耗通常要比大型设备高 10%～15%，物耗高 7%～10%，水耗高 1 倍左右，二氧化硫排放高 3 倍以上。把落后的钢铁产能淘汰掉，一年可以节能 5 000 多万 t 标准煤，节水 1 亿 t，减少二氧化硫排放 40 多万 t，对于实现“十一五”可持续发展目标十分重要。

各地各级环保主管部门要加大执法力度，对不符合国家产业政策、未经环保审批的落后钢铁企业协同有关部门依法关停。

（二）节能减排是全行业必须做好的功课

除了淘汰落后产能之外，还要在全行业大力推进节能减排技术的应用，缩小在能耗、新水消耗、污染物排放等方面与国际先进水平的差距。

“三干”与“三利用”（分别指干熄焦、高炉煤气干式除尘、转炉煤气干式除尘；水的综合利用、副产煤气二次能源利用及高炉渣、转炉渣等固体废物综合利用）技术，被认为是我国钢铁工业节能环保的发展方向。推广应用该技术，能够提高能源的一次使用效率和能源的二次回收利用率，减排二氧化碳，减少粉尘、废水、固体废物对环境的污染。同时可以尽量多地回收电能，减少发电用煤量，提高企业用电自给率，使固体废物资源化，推动节能环保增效。

国家、地方和企业都应加大投入，大力推进企业节能降耗减排工作。

（三）合理布局、优化发展、规划先行是必要条件

通过规划促进行业健康有序发展，通过规划环评优化发展和布局。钢铁生产重点省份，均已编制“十一五”钢铁工业发展规划。应在此基础上，尽快开展规划环评，从环境容量、资源承载力、节能减排、淘汰落后产能等角度优化发展规模、调整发展思路，使之符合可持续发展的要求，实现绿色制造。

建议钢产量大省和环境问题突出的地区，如河北、辽宁、山东、江苏、上海等省市，优先开展钢铁工业可持续发展规划环评。上述区域内钢铁项目必须在钢铁工业规划环评通过后受理和审批。

大中城市周围的钢铁企业要加大节能环保投入，严格限制发展规模。北方内陆钢铁企业要根据铁矿石和水资源情况，确定合理的发展规模，不能盲目扩大生产规模。

优先受理和审批兼并、联合、重组的钢铁项目，对没有完成淘汰落后产能的省市暂不受理和审批钢铁项目。以此促进钢铁产业布局调整、淘汰落后和兼并重组。

（四）立足国内、适度出口是发展的原则

当前不少钢铁产品出口的比较优势，是建立在资源能源、劳动工资、社会保障和环境保护等必要开支没有完全计入成本基础上的，代价很大，难以持续。出口越多，意味着国内能源消耗越多、污染物排放越多，对我国环境资源的压力越大，不利于节能减排工作的贯彻落实。

钢铁生产应当立足于满足国内对钢铁产品品种、数量需求，适度出口高附加值产品，满足国际市场需要。那些钢坯等半成品和低端产品应严禁出口，建议加征粗放产品的环境污染税。

（五）着力创造企业公平竞争环境

严格执法、监督到位，坚决取缔违规违法建设项目，为大企业发展创造公平竞争环境。

目前一些违规建设项目，尤其小钢铁项目，抢占资源能源，节能环保投入少，严重扰乱了市场秩序。由于体制、机制、地方利益和社会等关系的制约，造成了市场竞争环境不公平。各级环保部门要加强监督检查力度、坚决制止违法行为，为企业创造公平竞争环境。

（2007年10月）

我国煤化工产业发展现状、存在问题及对策建议

周学双　薛其福

摘　要：最为有效的节能减排手段就是大幅度提高资源利用率，而我国煤炭的利用方式不合理，是造成环境污染和资源利用率低的主要原因，尤其以大气环境污染最为突出；以火电厂脱硫效率90%进行比较，1 t煤用于发电最终排入环境的SO_2、NO_x、粉尘分别是煤化工的23倍、14倍、9倍；煤炭在我国一次能源生产总量中占76%，而温室气体、酸雨、城市大气污染、大量固废堆存、水体富营养化等诸多环境问题无不与煤炭使用相关。因此，无论从能源替代，还是从节能减排的角度考虑，我国都必须发展煤化工。现代煤化工与IGCC（蒸汽—燃气联合循环）发电等新技术集成的多联产系统是未来可能成为煤炭洁净发电的主要途径。国家和地方煤化工发展规划仅局限于煤化工产业本身，已不符合形势发展的需要。发展煤化工产业是大势所趋，但现阶段因技术和市场的缘故，不宜大规模发展；必须在充分考虑能源规划包括火电发展规划、结合资源环境等要素、科学合理规划的基础上，从国家利益出发，根本性改变现有的煤炭利用方式，审时度势、循序渐进，贯彻循环经济与节约资源的理念，做到可持续的有序发展。

主题词：煤化工现状　存在问题　对策建议

根据2006年国土资源部矿产资源通报，我国预测煤炭总资源量55 697亿t，查明资源储量10 430亿t；2006年，我国煤炭消费量为23.7亿t，初步统计，我国煤炭消费主要集中在发电、建材、钢铁、化工四大领域，占消费总量85%以上，其中电力行业煤炭用量最大，占53%，建材用煤占15%，钢铁用煤（包括钢铁用焦炭）占13%，化工用煤1亿t左右，占5%。我国煤化工的主要产品产能均位居世界首位，其中电石、焦炭占全球产量近2/3（见表1）。

表1　世界煤化工产品产量现状（2005年）

产品名称	世界产量/万t	中国产量/万t	世界排名	我国产量所占比重/%
焦炭	42 260	25 412	1	60.13
电石	1 243.7	895	1	71.96
化肥（氮肥）	11 562	3 580	1	30.96
甲醇	3 600	720	1	20.00
其中煤制甲醇	700	536	1	76.57
二甲醚	20	10	1	50.00

温室气体、酸雨、城市大气污染、大量固废堆存、水体富营养化等诸多环境问题无不与煤炭使用相关；我国单位 GDP 能耗是日本的 8 倍、美国的 3 倍，而我国煤炭在一次能源生产总量中占 76%等，都充分说明煤炭的有效合理利用直接关系到可持续发展与节能减排的成败。

一、煤化工产业发展的必要性

（一）国际油价高涨直接威胁我国能源安全

2006 年我国能源消费总量仅次于美国，一次能源消耗主要是煤炭和石油，原油消费量达到 3.75 亿 t，进口石油 1.65 亿 t，对外依存度已达 44%，到 2020 年中国石油消费量将占全球的 1/10，对外进口依存度将达到 60%～70%；可见，我国能源消耗高度依赖进口石油，严重危及我国能源安全。国际油价已超过每桶 80 美元，煤炭作为石油替代品已成为解决国家能源危机的主要途径之一。

（二）煤炭不合理的利用方式是造成环境污染的主要原因，尤其以大气环境污染最为突出

目前，煤炭主要用于直接燃烧，其中用于发电的煤高达 53%，加上民用等其他燃烧用煤总比例为 70%～80%，而作为原料的化工用煤仅占 5%；通过对比分析，煤炭用于直接燃烧和用于煤化工，资源的转化效率、利用效率与污染物的排放，煤化工都大大优于直接燃烧。以火电厂脱硫效率 90%进行比较，1 t 煤用于发电最终排入环境的 SO_2、NO_x、粉尘分别是煤化工的 23 倍、14 倍、9 倍；2006 年全国二氧化硫排放量 2 588 万 t，其中大部分来源于煤炭直接燃烧，如火电厂全部脱硫需花费数百亿投资，还只是将二氧化硫从大气转变到固体废物，仍需占用大量土地存放，但通过煤化工技术，不仅最终排放量只有电厂脱硫后的 1/20 左右，而且还可回收近千万吨硫磺，有效解决我国硫磺资源的短缺（2006 年我国进口硫磺数量 881 万 t，预计 2007 年我国硫磺的进口量将突破 1 000 万 t）。因此，这种以燃烧为主的利用方式，不但污染环境，而且造成大量资源浪费，对我国环境与资源的压力太大，应尽快改变（见表 2）。

表 2　煤作为燃料发电与煤作为原料的煤化工吨煤污染物排放水平

吨煤污染物排放量	燃烧发电	煤化工	煤化工占燃烧发电的比重/%
CO_2/t	1.87	1.5	80.21
SO_2/kg	1.36	0.06	4.41
NO_x/kg	4.73	0.35	7.40
粉尘/kg	0.53	0.06	11.32
碳元素转化效率/%	80～85	99	116.5～123.75

注：以煤中含碳 60%、含硫 1%；电站脱硫效率 90%，煤化工脱硫效率 99.3%计算。

（三）现代煤化工技术的发展可有效利用劣质资源和回收大量资源

现代煤化工技术对煤质适应能力较强，能很好地利用我国量大、面广、廉价的高硫煤和劣质煤以及石油焦等劣质资源，提高我国煤炭资源的回采率与资源利用率。

现代煤化工涉及电力（IGCC）、煤制油和二氧化碳回收利用等更广泛的领域，将极大提高煤炭、水等多种资源利用率，大幅度减排二氧化碳、二氧化硫、氮氧化物、尘、渣等污染物，回收大量资源（见表3）。

表3 IGCC（蒸汽—燃气联合循环）与常规电厂清洁生产指标比较

名　称	常规电厂	IGCC	IGCC占常规电的百分比/%
发电标准煤耗/[kg/（kW·h）]	285	254.03	89.1
单位发电量耗淡水指标/[m^3/（GW·s）]	0.751	0.347	46.2
单位发电量SO_2排放量/[g/（kW·h）]	0.2	0.027 9	13.95
单位发电量烟尘排放量/[g/（kW·h）]	0.10	0.008	8
单位发电量NO_x排放量/[g/（kW·h）]	2	0.62	31
单位发电量CO_2排放量/[kg/（kW·h）]	700	745.7	106.53

（四）煤化工将在解决油气时代过后全球能源、化工、环境等问题上，发挥不可替代的积极作用

甲醇分子结构具有氧化、重排、聚合等有机特性，从甲醇出发可生产数百种化工产品，是第四大基础有机化工原料，在化工产品中有着广泛的应用；同时，甲醇可作为汽车发动机燃料，随着技术不断进步，将成为石油资源日渐减少和枯竭的重大替代能源产品。随着二甲醚作为燃料国家标准的发布，使煤成为煤化工制二甲醚等清洁燃料的原料。发展煤化工最为典型的是煤制甲醇为代表的相关产业链，最近，美国南加州大学著名有机化学家、1994年诺贝尔化学奖得主奥拉教授提出的新概念"甲醇经济"值得我们认真思考，其主要观点是：把甲醇作为一种方便和较安全的液体储能介质、燃料、基础化工原料以及二氧化碳回收制品，来解决油气时代过后全球能源、化工、环境等问题。

因此，无论从能源替代，还是从节能减排的角度考虑，我国都必须发展煤化工，但不是当前这种传统意义的煤化工产品，而是包括火电在内的新型煤化工的有序发展；所谓"有序发展"，既包括时间上与先进清洁技术的有序跟进，也包括空间上与水等资源和市场的有序合理布局，绝不是各自为政、"一哄而上"的盲目无序发展。

二、煤炭利用和煤化工发展中存在的问题

（1）煤炭资源与水资源呈现逆向分布，制约煤化工发展。

已查明的资源储量中，晋陕蒙宁四省煤炭资源占有量为67%，甘、青、新、川、渝、黔、滇占20%，其他地区仅占13%。而晋陕蒙宁四省水资源仅仅占全国水资源的3.85%，我国水资源分布以昆仑山—秦岭—大别山一线为界，以南水资源较丰富，占78.6%，以北水资源短缺，仅占21.4%。

煤化工产业发展需要自然资源、技术装备、产品市场和资金投入作为支撑，但煤炭资源丰富的地区，往往水资源匮乏、生态环境脆弱，经济发展水平较低、远离产品消费市场；生产要素分布不匹配制约着煤化工的发展。

（2）煤化工发展规划着眼于煤炭资源而规划，未统筹考虑能源、水资源分布与利用和交通运输等相关规划，存在较大局限性，且未进行战略环境影响评价。

目前，拟定的国家和地方煤化工发展规划仅局限于煤化工产业本身，较为单一，而全球煤化工发展趋势已经与解决能源问题密不可分，现代煤化工与IGCC（蒸汽—燃气联合循环）发电等新技术集成的多联产系统是未来可能成为煤炭洁净发电的主要途径。如IGCC与配套的热电相比可减排二氧化硫90%以上、氮氧化物70%以上、水耗可减少60%左右（见表4）。

表4　甲醇厂配IGCC与甲醇厂配常规电站的污染物排放水平

项目	煤制甲醇厂配常规电站	煤制甲醇厂配IGCC	IGCC占常规电的百分比/%
单位产品煤耗/（t/t甲醇）	1.917	1.50	78
单位产品水耗/（m^3/t甲醇）	12.68	7.11	56
单位产品SO_2排放量/（kg/t甲醇）	0.40	0.022	5.5
单位产品烟尘排放量/（kg/t甲醇）	0.095	0.064	67
单位产品NO_x排放量/（kg/t甲醇）	1.59	0.293	18

煤化工为高耗水行业，与水资源分布密不可分，大规模发展煤化工，将加大用水，必然会挤占农业、生态用水，恶化脆弱的生态环境，危及生态环境安全。

煤化工产品大多为危险化学品，而我国消费市场现高度集中于东南沿海经济发达、煤炭资源并不富裕的省份，势必导致煤化工产品的长距离运输，增加我国交通运输压力。

（3）现阶段煤化工发展过热，盲目无序发展。

陕西、内蒙古、宁夏、山西等资源性省几乎都在启动并实施煤制甲醇、煤制油等宏大的煤化工规划，煤制甲醇和煤制油的建设规模均1 000万t以上，如鄂尔多斯规划四个煤化工基地、榆林市规划两个煤化工基地与一个盐化工基地、宁夏规划了宁东能源重化工基地，山西省为了实现“变山西煤炭基地为煤化工基地，变煤炭能源大省

为煤化工大省”目标，制定了《加快发展具有山西优势的煤化工产业三年推进计划》，上述区域均位于典型的干旱或半干旱严重缺水地区，但却蕴藏着丰富的煤炭资源；此外，云南、安徽、山东、新疆等诸多省份都已启动或规划建设规模宏大的煤化工项目，据预测，到“十一五”末期，我国煤制甲醇生产企业将达 200 家左右，产能将达到 2 500 万～3 200 万 t，实现甲醇产能翻两番左右，导致我国煤化工发展过热。

（4）现有煤化工企业多、布局分散、规模小、能耗高、污染重。

目前，我国煤化工行业企业多，焦炭、电石、煤制化肥和煤制甲醇企业分别为 1 300 家、400 家、500 家和 100 家；以甲醇行业为例，2006 年我国共有甲醇生产企业 167 家，产能 1 344 万 t/a，产量 874 万 t，甲醇产能万 t 以上的企业约 135 家，10 万 t 以下企业占 60%，分布遍及除北京、西藏外的全国各地。焦炭、电石和煤制甲醇企业平均规模分别仅为 20 万 t/a、2.2 万 t/a、3.5 万 t/a，规模普遍偏小。电石行业大部分以开放式电石炉为主，焦化的煤气、煤焦油大多未综合利用，煤制化肥以固定床间歇式煤制气，现有煤化工企业大都能耗高、污染严重，大部分不是长链加工企业（见表 5）。

表 5 我国煤化工产业现状（2005 年）

产品名称	企业数/家	能力/万 t	产量/万 t	平均规模
焦炭	1 300	30 000	25 412	20
电石	400	1 700	895	2.2
化肥（氮肥）	571	4 000	3 580	7
其中煤制化肥	500	2 600	2 500	5
甲醇	131	720	536	4
其中煤制甲醇	100	400	350	3.5

（5）现有煤化工以传统产品（焦炭、电石、化肥）为主，档次低、产能过剩，市场竞争能力差。

2005 年，我国焦炭、电石、煤制化肥及甲醇等主要传统煤化工产品产量均居世界首位，其中焦炭、电石生产能力分别过剩 1/4 和 1/2，超过“十一五”预期市场需求；总体上，我国现有煤化工行业，落后产能比重偏大，长期占有宝贵资源和环境容量等重要生产要素，影响整个行业的优势企业和现代煤化工产业的发展，相当一部分现有企业是区域的环境污染大户，属于需要淘汰的“两高一资”企业。

目前，煤炭利用与煤化工存在诸多问题，主要是地方政府政绩冲动，盲目追求经济发展，忽略煤化工发展与环境的冲突；多种渠道投资纷纷涌现资源性行业，占有稀缺的煤炭资源；各地出台地方政策，要求地方煤炭资源必须 50%以上就地深加工；国家宏观调控力度不够，收效甚微。

三、煤化工产业发展的对策与建议

发展煤化工产业应本着循环经济与可持续发展的理念，站在推动能源替代的战略高度，综合评估分析资源区域煤炭、水资源与市场分布三大因素，以促进产业结构调整、淘汰落后产能为前提，坚持节约发展、清洁生产，鼓励大型化、一体化、多联产循环经济发展模式，统筹煤炭分布、水资源分布与利用、交通运输与区域市场需求，合理规划布局、稳步有序发展资源节约型、环境友好型煤化工产业。

（1）科学规划，有序发展，严格控制发展节奏。

目前，国家拟出台的煤化工产业发展规划布局了“七大煤化工基地”，该规划仅是从煤炭资源角度因煤而划的规划，未结合水资源、能源等配套规划充分论证，难以解决远离市场、水资源缺乏、生态脆弱等制约因素，如规划中的黄河中上游煤化工产业区位于晋陕蒙宁四省的交会地区，均属于缺水地区，不解决水资源问题，将引发严重的生态环境问题。

建议从国家利益出发，不能各自为政，合理解决资源区域内水、煤、市场资源的冲突，结合世界现代煤化工发展趋势，前瞻性提出煤、电、化综合一体化的超大型煤化工产业群，严格控制新布设独立的火电厂，最终解决能源危机替代产品与基础化工产品需求，做到资源充分利用，节能减排，避免因盲目发展导致区域性不可逆的生态环境破坏。

（2）超大型煤化工产业群应区域集聚，互补延伸产业链，形成规模化循环经济（见下图）。

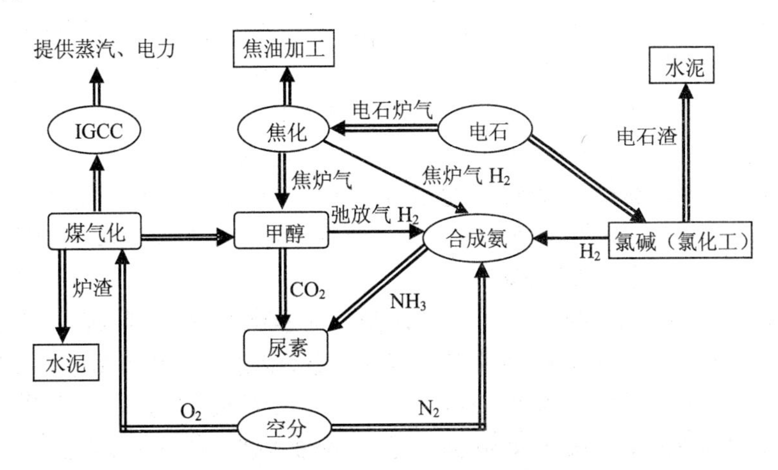

煤化工循环经济产业链概念示意

注：以煤气化制甲醇配套IGCC发电和煤焦化制焦炭为主线，可实现电石炉气、焦炉气、弛放气等大气污染源，电石渣、炉渣等固废以及废水多级回用，可副产水泥、合成氨尿素等，如突破氢源的制约，几乎可将二氧化碳全部回收利用。

煤气化制甲醇和合成氨、煤焦化、电石、IGCC发电等煤化工技术单元工艺具有很大的互补性，将不同的工艺进行优化组合实现多联产，通过资源的充分利用及联产系统，形成闭合产业链，即上游的废弃物作为下游的原料，废水回用，废渣综合利用，规模化集中治理污染，减少污染物排放，实现环境友好。实现区域内循环经济，资源最大化利用、污染物最小化排放，提高整体项目的经济性和环境效益。因此，煤炭深加工的多联产应是今后大型煤化工和能源综合产业的技术发展方向。

（3）制定相关资源综合利用政策，引导煤化工的健康发展。

目前，虽然国家已出台了高能耗、高污染的电石、焦化等单个行业产业政策，但还是顾此失彼，不利于总体行业的产业衔接和高效发展；应着眼于碳元素循环利用，以减少温室气体二氧化碳为目标，将电石、焦化、煤化、氯碱、电力、水泥等行业有机结合，实现煤中碳源、硫元素的最大化资源利用，尽快制定大煤化工的整体循环经济政策。从环境保护角度考虑，我国应尽快研究制定排放二氧化碳的相关经济政策，引导碳元素的循环使用，减少温室气体排放。

因此，从政策层面，鼓励先进煤化工企业发展走循环经济路线，借助市场价格杠杆，促进现有煤化工企业淘汰和优化整合，协调煤化工行业健康发展。尽快制定煤化工的清洁生产标准或相关排放标准。

（4）结合国家四类主体功能区划分，对国家煤化工规划，开展战略规划环评。

国家煤化工规划应进行战略环评，主要着眼解决规划布点、水资源分布与利用、生态环境冲突、环境承载力等问题，对全国煤炭资源区明确划分不宜发展、适度发展、大规模发展三类区域，明确煤化工发展的方向，避免误导地方。原则上优先在富煤富水区域，建设坑口煤化工基地，延长煤化工产业链，尽可能延伸到市场终端产品，减轻化学品运输压力和环境风险；在有一定水资源的富煤区域，量水而行，鼓励建设大型煤制甲醇项目，可采用甲醇管道运输至市场区域进行深加工；水资源不支持的富煤区域，明确不宜发展煤化工行业。从政策层面指导地方健康发展煤化工，确保煤化工发展不挤占居民、农业和生态用水，保护生态环境，做到可持续发展。

（5）完善煤化工环评审批的监督管理，将煤制油、煤制烯烃以及相关新兴的煤化工产业纳入现有分级审批目录。

现执行的环发函[2004]164号文，未详细明确煤制油、煤制烯烃等相关煤化工审批权限，导致目前煤化工行业环评审批存在漏洞，结果造成地方加速审批煤化工项目。对煤制油、煤制烯烃等缺少工程实例的技术，应严格限制各地盲目发展。

（6）建议对煤化工和煤炭使用的相关产业进行主要资源利用率的考核。

最为有效的节能减排手段就是大幅度提高资源利用率，虽然我国煤炭资源丰富，但人均资源占有量只有世界平均水平的1/2左右，仅相当于多数煤炭资源大国平均水平的1/10左右。煤炭作为不可再生的化石资源，我们应珍惜、慎重使用，目前资源浪费严重，应该对煤炭使用中碳、硫以及渣等主要资源制定利用率考核标准，以经济手段促进资源利用的同时也可节能减排。

国家应控制关键技术的重复引进，鼓励自有技术的推广与使用。集中技术与资金力量，开发关键技术，如经济可接受的制氢技术，突破煤化工的氢源制约，将实现煤化工中包括碳源在内的主要元素几乎全部利用和单位产能翻番，达到环保与经济的双赢，实现革命性的突破。

发展煤化工产业是大势所趋，但现阶段因技术和市场的缘故，不宜大规模发展；必须在充分考虑能源规划包括火电发展规划、结合资源环境等要素、科学合理规划的基础上，从国家利益出发，根本性改变现有的煤炭利用方式，审时度势、循序渐进，贯彻循环经济与节约资源的理念，做到可持续的有序发展。

（2007年10月）

重大建设项目布局应尽可能避开强地震带
——“5·12”汶川大地震的启示

段飞舟　任景明

摘　要：强地震会造成严重的人员伤亡和重大的经济损失。重大建设项目具有很强的聚集效应，是推动产业结构优化升级的重要途径，对区域经济和相关产业发展及城市化进程具有很强的带动作用。关注强地震灾害对重大建设项目的破坏，科学规划工业特别是重大建设项目的空间布局，对于保障经济正常运行、预防环境污染事故、保障民生具有重要的意义。本文分析了强地震灾害对经济社会的影响，结合我国强地震带分布特点及近年来地震灾害发生特点，指出我国重大建设项目布局存在的环境风险，认为应从科学布局重大项目、提高已有项目的抗震等级、加强灾害预警、加强灾害条件下事故处置能力等方面入手，降低我国重大项目的强地震灾害风险。

主题词：重大建设项目　布局　强地震带

2008年5月12日发生在四川省汶川地区发生8.0级的强地震，在四川、甘肃、陕西、重庆、云南等地造成巨大的生命财产损失。截至6月11日，四川汶川地震已造成69 146人遇难，374 131人受伤，17 516人失踪，累计受灾人数4 550.924 1万人。仅四川一省直接经济损失就超过2 000亿元。

本次地震震级高、烈度大、破坏性强，大量民用设施和重大工业项目在地震中损毁。国务院总理温家宝6月11日主持召开国务院常务会议，研究部署地震灾区恢复生产工作，提出及早谋划和适时开展恢复生产和灾后重建工作。

灾后重建必然涉及大量建设项目的规划、设计和建设，环境保护部门应当充分发挥环境影响评价制度在预防或减轻不良环境影响等方面的功能和作用，为科学规划城镇建设和合理进行生产力布局提供技术支持和保障。

一、汶川地震对区域产业及重大项目的影响严重

汶川大地震导致四川省几个重点工业城市和一些大型企业损毁严重，人员及经济损失巨大。截至5月25日，四川全省有22 428家企业受到不同程度的灾害，经济损失超过2 000亿元，企业职工遇难4 414人，受伤12 545人。2007年GDP总量占到全省的50%以上的德阳、成都、阿坝、绵阳、广元、绵竹六个城市属重灾区，

经济损失约 1 800 亿元，占全部损失的 95%以上。

重要产业和重大工业项目在地震中损毁严重。根据四川省信息产业局统计，这次全省信息产业因灾受损 42.8 亿元，均集中在信息产业发达的成都、德阳、绵阳三市。地震导致位于四川震区的德阳、绵阳、什邡等市工业陷入停顿，仅德阳一市的工业损失就超过 750 亿元。震区内的东风汽轮机厂、长虹电子、剑南春酒业等重点企业和龙头企业的厂房、设备、人员损失严重，生产完全停止。地震还导致岷江上游 26 座发电厂因灾停运。其中，离震中较近的太平驿、映秀湾、渔子溪、金龙潭、耿达五座水电站受影响较大。

成渝地区是我国重要的工业生产基地之一，工业集中度高，57%的规模以上工业企业分布在成都、重庆、德阳、绵阳、乐山等城市，工业增加值、销售收入、利润总额等指标均占西南地区亿元规模以上工业的一半以上。成渝地区还是我国“一五”“二五”和“三线”建设时期重点布局建设地区，是十分重要的国防科技工业和装备制造业基地。2006 年，成渝地区国防科技工业和装备制造业总产值分别占西南地区的 40%和 47.6%，其中重型机械、军用飞机、电子信息、汽车、核工业和其他军事工业研制在全国占有重要地位。可以说，强地震灾害对四川省经济社会生活各方面的影响是巨大的，导致一些城市社会经济发展的“停顿”甚至“倒退”。

二、我国建设项目面临较高的强地震灾害风险

（一）我国地震带分布广，强地震灾害风险高

中国地处环太平洋地震带与欧亚地震带之间，属地震多发国家，也是受地震灾害影响较大的国家之一。我国地震带广泛分布于东南——台湾和福建沿海一带，华北——太行山沿线和京津唐渤地区，西南——青藏高原、云南和四川西部，西北——新疆和陕甘宁部分地区，大陆地区发生的地震具有频度高、分布广、震源浅、强度大和成灾率高等特点。20 世纪有 1/3 的陆上破坏性地震发生在我国，死亡人数约 60 万，占全世界同期因地震死亡人数的一半左右。20 世纪全球共发生两次死亡 20 万人以上的大地震，都发生在中国。

目前，我国正处于 1900 年以来的第 5 个活跃期。1990—2004 年，我国发生 5 级以上地震 405 次，其中 6.0～6.9 级 59 次，7.0 级以上地震 10 次，强地震灾害风险不容忽视（见表 1）。频繁且高强度的地震给人民生命财产和国民经济造成了严重损失。近 15 年来，我国平均每年因地震灾害死亡人数达到 4 580 人，1996 年和 2003 年的经济损失分别达到 46.03 亿元和 46.6 亿元。由于我国发生的地震震源深度大都在 20 km 以内，所以破坏性极大。而且随着我国经济的发展，单一地震事

件的经济损失呈上升趋势[①]。

表 1　1988 年以来中国大陆地区地震统计[②]

震级	Ms≥5.0	Ms≥6.0	Ms≥7.0
地震次数	405	59	10

（二）建设项目的布局不甚合理，灾害次生风险突出

我国建设项目普遍存在布局不合理、次生灾害风险高的问题。以高环境风险的石化类建设项目为例，2005 年松花江水污染事件后原国家环保总局启动的全国化工石化项目环境风险排查结果显示，全国总投资近 10 152 亿元的 7 555 个化工石化建设项目中，81%布设在江河水域、人口密集区等环境敏感区域；45%存在重大风险源（见表 2）。

表 2　我国石化类项目布局特征

布设位置	数量	占项目总数比例/%
江、河、湖、海、水库沿岸	1 354	17.9
城市附近或人口稠密区	2 489	32.4
饮用水水源保护区上游（10 km 内）	280	3.7
大江大河干流	535	7
南水北调水源地及沿线	100	1.3
三峡库区	86	1.1

在 127 个国家级项目中，布设在江河湖海沿岸的 87 个（占 68.5%），其中在长江沿线建设的项目有 18 个（占 14.2%），在黄河沿线建设的项目有 9 个（占 7.1%）；布设于城市附近或人口稠密区的 60 个，占总数的 42.7%；布设于生活（生产）水源取水口或自然保护区、重要渔业水域和珍稀水生物栖息地的 37 个（占 29.1%）。

化工石化项目布局性风险较高，而相应的环境风险防范机制却存在明显缺陷[③]。相关研究显示，我国石化企业重大环境影响的事故概率为 7.1×10^{-4}，而国外这一数据为 3.3×10^{-4}，即我国石化企业发生重大环境影响事故风险的概率是国外企业的 2

① 李永. 巨灾给我国造成的经济损失与补偿机制研究. 华北地震科学，2007，25（1）：6-10.

② 数据来源：北京市地震局网站. http://www.bjdzj.gov.cn/html/kpzs.htm#本世纪的中国地震活动.

③ 何一磊，鲍先立，汤亚飞.合成氨企业环境风险评价的探讨——以湖北某公司 SCGP 法合成氨工艺为例. 武汉工程大学学报，2008，30（1）：41-43.

倍以上[①]。对2006年和2007年国家环保总局审批的化工类及危险废弃物处置项目进行的初步分析结果显示，在全部27个石化类建设项目中，有12个位于地震带及其周边区域，且这些项目很多位于我国重要的河流水系或重要水源地附近。如果这些区域发生类似汶川大地震这样的强地震灾害，在对重大建设项目造成破坏的同时，还极可能导致次生环境风险。不但造成巨大的经济损失，还会对震区环境和人群健康产生极大的威胁，甚至影响流域下游地区的环境安全[②]。

石化类项目相似，我国的水电开发项目也存在开发强度大、区域地质灾害风险高的问题。以西南地区为例，该区域是我国水能资源蕴藏丰富的地区，同时又是我国主要的地震活跃带之一，地质条件复杂，地震灾害风险极高[③]。本次发生强地震的龙门山地震带沿龙门山断裂带绵延约400 km，宽约70 km，北起青川向南西经北川、茂县、大邑至沪定附近。位于该断裂带的岷江上游流域目前共投运水电站大坝29座，其中10座位于岷江干流、19座位于岷江支流，水资源开发强度极高。

石化和水利水电建设项目面临的强地震灾害风险在本次汶川地震中均有体现。受地震影响，震区两个化工厂厂区坍塌，造成80余t液氨泄漏。水利部对灾区及相邻地区的初步统计，地震影响水库896座，其中较大影响187座，出现险情的16座，出大问题的2座中型水库，至少有1座水库溃坝。尽管泄漏被有效控制，受损水库也出于严密监控下未出现大的险情，但是强震区内建设项目、特别是重大项目存在的次生环境风险仍然是不可忽视的安全隐患。

三、环境影响评价应强化对强地震灾害风险的防控

强地震灾害会严重影响震区及周边区域经济社会生活的正常运行，随着地区间经济联系的日益加强，由地震灾害引起的相关区域和相关产业的经济损失也将增加。如1999年台湾集集大地震造成新竹园区高新技术产业停产影响了全球的IT行业芯片的供应，2007年7月发生在日本中部地区的里氏6.8级强烈地震使日本汽车行业受到巨大冲击[④,⑤]。此外，地震还会造成更大范围、更大强度的次生灾害。1964年日本中部新澙地震使安装在储油罐上的化学灭火装置操作失效，导致相邻工厂发生新的爆炸和火灾，烧毁工厂进而蔓延到油罐区及邻近住房，造成500人死伤，75%的煤气管道和电站遭到破坏。1999年8月土耳其伊兹米特地区发生的7.4级地震，给伊兹米特附近的蒂普拉什炼油厂造成约50亿美元的损失，占到地震造成总经济损失的1/3～1/2。

---

① 邵占杰，邢伟，张海峰，等. 乙烯技术改造项目环境风险评价. 化工科技，2005，13（3）：55-56.

② 王金伟，赵东风，李伟东. 石化企业多米诺效应引起的环境风险分析. 工业安全与环保，2008，34（4）：52-54.

③ 毛玉平，艾永平，邵德盛，等.水库地震安全问题分析. 地震研究，2007，30（3）：253-257.

④ 林均岐，钟江荣. 地震灾害产业管理损失评估. 世界地震工程，2007，23（2）：37-40.

⑤ 资料来源：新华网. http://news.xinhuanet.com/world/2007-07/24/content_6423121.htm.

我国正处于经济社会发展的重要时期，重大建设项目具有很强的聚集效应，对区域经济和相关产业发展具有很强的带动作用，是推动产业结构优化升级的重要途径。同时，很多重大工业类建设项目属于高环境风险项目（如石化、核电等），重大建设项目的生产、储运设施在地震灾害中受损不但会直接影响国民经济的正常运行，还会导致严重的环境污染事件。

有鉴于此，必须通过科学论证产业规划、合理布局新建项目、提高已有项目的抗震等级、建立重大项目的预警应急机制，最大限度地降低强地震灾害对重大项目造成的影响和次生灾害风险。

1. 坚持预防为主，加强震区重建规划环评

预防为主是我国环评制度的指导原则之一，这一原则也很好地体现在对重大建设项目选址的指导性上。灾后重建，必须从源头进行预防，从重大项目选址的科学性入手，加强新建项目的强地震风险控制。

（1）进行灾害风险分区，合理规划布局。从选址期进行预防是重大建设项目防范强地震灾害最有效的手段。尽管现有科技手段无法对强地震灾害进行准确的预测，但是对我国总体的地震灾害分布和发生特点已有一定的研究积累[①,②]，可以对重大项目的选址进行更为科学的论证。通过灾害风险分区，合理规划城镇建设和重大项目布局，降低强地震灾害给人民生命财产带来的损失和给工业经济带来的影响。

（2）识别高风险项目，进行分类管理。对于受地震影响较大的行业包括化工、石化、水利水电、危险废物处置、P3 实验室、造纸、有色、冶金等，新建重大项目时应注意规避强地震带，切实考虑强地震发生时污染物对大江大河、饮用水水源地、集中居民区、自然保护区等环境敏感目标的影响，贯彻流域一体、区域一体的理念，避免选址不当造成的污染事故风险，从源头控制强地震可能导致的环境风险。

（3）整合中小项目，促进产业等级。震区重建应当坚持恢复生产与调整区域生产力布局和产业结构相结合，以重建为契机，对区域内的中小型工业项目进行整合。特别应对石化类企业等资源环境成本较高的项目进行产业重组，通过“压小上大”，淘汰落后生产能力，推动产业升级。在降低产业环境风险的同时，促进区域产业的升级。

（4）严格把关，加快灾区重建环评文件的评估与审批进程。灾后重建的重大项目应当在确保选址合理、环境安全的前提下，从快从严进行审批，充分发挥环境影响评价制度为灾区重建及今后经济社会“又好又快”发展保驾护航的作用。

---

①高庆华. 中国自然灾害的分布与分区减灾对策. 地学前缘，2003，10（特刊）：258-264.

②李忠生. 国内外地震滑坡灾害研究综述. 灾害学，2003，18（4）：64-70.

2. 筛查强地震带已有项目，加强已建重大项目的跟踪评估

应对强地震带的重大项目进行全面的梳理、清查，对位于地震带的重化工、重污染项目进行地震危害排查，对包括已建成、已批在建、已批未建、待批的项目，进行分类排查，重点检查现有重大项目土木结构、主辅设施及储运等重要环节的防震、抗震性能，有针对性地采取补救措施。

（1）已建成项目。应减少危险化学品储存量、在线量；增加危险源的抗震等级；强化事故发生时的应急处理措施。

（2）已批未建项目。应当结合当地的地震资料，在设计与施工中加强防震要求，针对重大危险源、污染源以及可能发生次生污染的生产装置区，提高抗震等级，强化防渗措施，完善应急预案。

（3）新建项目。结合环评预防为主的指导原则，强化选址的合理性论证。在四类主体功能区的构架下，结合全国地震带的分布，综合论证重点项目特别是大型石化、化工项目选址的合理性，评估强地震灾害引起的环境事故影响。此外，在规划输油输气管线及炼厂选址时，也要结合考虑可能的震灾影响。

（4）强震区内的重大项目。位于强地震带的重大项目，应尽可能通过搬迁规避强地震风险。对于确实不具备搬迁条件的项目，应通过预防性工程措施提高其防震、抗震能力。抗震等级应达到防 7 级以上强地震的水平，同时进行全面的风险评估，制定完善的应急预案、应急监测体系和风险防范措施。

特殊的构筑物、建筑物或重大工程，包括躲不开不利地段的建筑，可以采取特殊的技术措施，如基底隔震、活动地基、屋顶电动平衡装置等，采用软性接头、基底隔震、智能平衡减震等先进结构抗震技术。

3. 强化环境影响评价的风险控制作用

（1）建立重大项目的强地震预警应急机制，消除次生灾害隐患。地震预警技术是为适应减轻地震灾害的要求而出现的，目前已广泛应用到很多国家的各个领域①。对于强地震带的已有项目，即使提高防震等级，也不能保证地震发生时厂房、设备不受到损坏，因此，不但要做好预防性措施，还应建立完善的灾害预警应急机制。

通过地震预警技术，在地震发生后而破坏性地震波尚未来袭的极短时间内，采取相应措施，如关闭生产线，切断电源、火源，停止危险品输送，启动消防设施，保证在灾害发生后能够有效避免爆炸、火灾、泄漏等次生环境风险，把损失降到最低。

（2）将地震预警纳入强震区建设项目“三同时”验收工作。根据建设项目基本程序，灾后重建，仍应强化环境准入，严格环评和“三同时”监管工作。建议将强

---

① 袁志祥，单修政，许世芳，等. 地震预警技术综述. 自然灾害学报，2007，16（6）：216-223.

地震带重大项目的地震灾害预警机制纳入“三同时”验收程序，进一步提高重大项目的选址科学性和防灾减灾的有效性。对于地震灾害预警机制不健全或不完备的重大项目，应不予通过验收。

四、结语

工业布局的环境风险在松花江特大水污染事故中已经充分显现出来，本次“5·12”汶川大地震更为我们敲响了警钟。国内外众多强地震灾害案例有力地说明，由于准确地预报地震仍然是一个科学难题，今后石化、钢铁、水电、核电等重大建设项目布局过程中必须充分考虑强地震等地质灾害给建设项目带来的重大环境风险。因此，预防和避免强地震灾害对重大建设项目造成破坏所导致的巨大环境风险，必须从建设项目的布局着手，合理布局建设项目。对国计民生具有重要影响重大建设项目，应当避免建在强地震带。

（2008年6月）

小煤矿资源整合中的环境问题和对策建议

宋 鹭

摘 要：我国小煤矿产能占当前我国煤炭产能的1/3。2005年起全国已经关闭11 155处小煤矿，并开始进行资源整合。在关闭和整合工作中存在的主要环境问题为：多年开采遗留的地面沉陷、土地整治和村庄搬迁等生态问题点多、面广，需要地方政府和企业花大力气进行治理；关闭小煤矿工业场地遗留的环境污染和整合期间部分小煤矿的违法排污行为；整合煤矿老窖突水引发的矿井水排放的环境污染风险；小煤矿对周围农民的生产和生活影响的经济补偿在煤矿整合后得不到落实、小煤矿整合后未经验收违法生产引起的村民房屋损坏和搬迁安置等。因此，整顿小煤矿的工作仅仅关注安全生产是不够的，环境保护方面也应引起政府高层领导的关注。

主题词：环评 小煤矿 整合 对策 报告

我国是煤炭生产大国，煤炭在我国一次能源中所占比例大于70%。国家规定，年产30万t以下的煤矿为小煤矿，统计资料表明，2005年前小煤矿占我国煤炭产能的40%以上。与大矿相比，小煤矿生产中的安全隐患、资源浪费和环境破坏等诸多弊端更多。为改变这种局面，2005年6月7日国务院发布了《国务院关于促进煤炭工业健康发展的若干意见》（国发[2005]18号），要求进一步改造整顿和规范小煤矿；提出“争取用三年左右的时间完成小煤矿的整顿工作”的目标。自2005年下半年开始，各产煤省（区）在国务院安全生产管理部门和其他部委的领导、督察下，启动了为期近三年、分三个阶段的小煤矿全面整顿关闭工作。

小煤矿的整顿关闭工作并非一关了之。为进一步规范矿业开发秩序，2005年8月18日，国务院又发布了《国务院关于全面整顿和规范矿产资源开发秩序的通知》（国发[2005]28号），提出整顿矿业秩序，集中解决矿山布局不合理问题，各地要统一组织制订小矿整合方案，整顿矿山类型从煤矿扩大到15个矿种。2006年12月31日，国务院办公厅发布《国务院办公厅转发国土资源部等部门对矿产资源开发进行整合意见的通知》（国办发[2006]108号），明确国家环保总局为国务院矿业秩序整顿部际联席会议成员单位，环保部门负责审批整合矿山的环境影响报告书，要求在2008年年底之前基本完成整合工作。

小煤矿的整顿关闭工作进入第二阶段后，按照国发[2005]28号和国办发

[2006]108 号的要求，纳入了煤炭资源整合的内容，要求 2007 年年底完成煤炭资源整合工作。国家安监总局发布的消息表明，近三年来全国已经公告关闭煤矿 11 618 处，至 2007 年 12 月底已经关闭 11 155 处矿井，淘汰落后产能 2.5 亿 t。据不完全统计，全国列入整合的煤矿 8 821 处，计划整合为 3 747 处矿井。

自 2006 年下半年特别是 2007 年以来，全国部分省（市）环保主管部门在煤炭资源整合项目环境影响评价管理方面，取得了较大进展，也取得了较为丰富的经验，发现了不少煤炭资源整合项目中存在的环境问题。在本文中，我们试图进行系统总结，以完善国内小煤矿整合领域环境影响评价技术和政策的需求，为国内大多尚未进行整合的煤炭项目环境影响报告书的评估和审批提供指导，同时也可为正在整合和将要整合的其他 14 种矿山项目的环境影响评价工作提供借鉴。

一、小煤矿关停整顿进展

根据煤炭行业“十一五”规划的要求，我国小煤矿的整合目标为 2005—2007 年年底关闭约 10 000 处小煤矿，到 2010 年小煤矿数量限制在 10 000 处左右，产能从 2005 年的大于 40%降低到 28%左右。全国小煤矿主要分布在西南的贵州、四川、云南和重庆四省（市），晋陕蒙三省，中南的湖南和河南两省，及东北的黑龙江和辽宁两省，这些省份占全国小煤矿的 79%。小煤矿分布情况和 2010 年全国小煤矿规划分布情况见表 1。

表 1 2005 年年末全国小煤矿分布情况和 2010 年全国规划控制小煤矿数量分布情况

序号	省份	2005 年年末/个	2010 年/个
1	山西	3 124	1 100
2	贵州	2 143	1 000
3	四川	1 975	1 300
4	云南	1 806	757
5	湖南	1 646	1 100
6	黑龙江	1 330	600
7	重庆	＞1 000	700
8	辽宁	939	300
9	陕西	769	—
10	江西	767	400
11	河南	698	500
12	湖北	691	—
13	内蒙古	602	—
14	河北	600	300
15	福建	—	300
	合计	＞18 090	＞8 357

根据国家安全生产监督管理总局公告的信息和省（区）环保部门提供的信息，目前全国各地小煤矿关停和整合的进度各地不一，在关停的第一阶段（2005 年 7 月—2006 年 6 月），主要为关闭小煤矿；第二阶段（2006 年 7 月—2007 年 6 月），部分省（区）在关闭小煤矿的同时，进行了卓有成效的整合工作，一部分整合项目的环评报告书已审批。进展较快的省份有内蒙古、河南、贵州等；第三阶段（2007 年 7 月），大部分省份已完成小煤矿关闭工作，整合工作方案的审批和整合实施工作正在进行，部分省（区）已基本完成整合项目的环境影响报告书审批工作，如内蒙古和河南；完成 30%左右的如贵州等；多数省份进展缓慢，如四川、河北、湖南、黑龙江、云南等。该阶段小煤矿关闭整合难度加大，整合项目的实施方案和环境影响评价工作进展缓慢，预计 2008 年将有超过 2 000 个煤炭整合项目，需要小煤矿分布集中的 7～8 个省的省级或省、市两级环保局进行审批。全国主要省份煤炭资源整合项目环评审批情况见表 2。

表 2　全国小煤矿关闭整合情况统计

序号	省（市）	2005—2007 年关闭数量/处	至 2008 年剩余数量/处	整合和独立扩能矿井的数量/处	环保审批数量/处
1	山西	2 109	2 142	630	100
2	贵州	1 025	1 000	621	156
3	河南	1 002	567	577	550
4	湖南	1 096	1 120	未定	0
5	四川	991	1 193	831	0
6	内蒙古	812	498	498	448
7	黑龙江	706	1 062	177	0
8	甘肃	703	443	未定	<10
9	云南	638	1 473	未定	<110（改扩）
10	重庆	605	1 005	500	18
11	河北	437	500	未定	0
12	辽宁	353	600	—	—
13	陕西	251	569	未定	0
14	湖北	243	475	—	—
15	江西	65	712	—	—
全国		11 155		整合 3 747	

注：1. 全国数据来源于国家安监总局 2008 年 1 月初发布的消息；各省（区）数据来自各省（区）环保局 2007 年 12 月提供的信息。
2. 15 个省小煤矿关闭数量占全国总数的 99%；前 10 省占全国总数的 87%。
3. 关闭和整合是个动态过程，获取准确的数据较难，上述所列数据为相对粗略的数据。
4. 整合项目涉及多种利益的博弈，进展较为缓慢，不少省份整合方案或整合数量尚不明确，国家安监总局公布的数据也是不完全统计数据。

二、小煤矿整合中存在的环境问题

小煤矿关闭和整合过程中，存在着多种利益的冲突，在以关闭为主体的煤矿整顿中，因各种政策和保障措施的不完备及环境监管的缺位，历史形成的负面环境影响的积累，造成了种种被忽视的环境和社会问题。

（一）关闭整合小煤矿遗留了大量生态欠账

小煤矿开采深度一般相对较浅，其对地表造成的影响更为明显，主要表现为较多的采掘迹地、程度不同的地表沉陷台阶、裂缝、岩溶塌陷和地下水的漏失（见图 1、图 2）。

图 1 河南小煤矿采煤后水渠断裂，至今未予解决

图 2 河南小煤矿开采后地面严重倾斜，地表裂缝，水浇地无法浇灌，粮食减产 50%～60%，补偿问题未得到解决

如：内蒙古呼伦贝尔草原一些小煤矿煤层埋藏浅，房柱式开采后，形成的连片的沉陷坑，破坏了草原植被和地貌，沉陷区内极易发生塌陷，成了牧民和羊群进出的“禁区”（见图 3）。

江西某地小煤矿开采后，受岩溶沉陷的影响，出现直径 10 多 m 的岩溶沉陷坑，影响当地农民的田间耕作（见图 4）。

河南新密市小煤矿开采后，村民井水干枯，只好自建水窖，接存雨雪水备用，干旱季节和春节期间需要买水喝，一箱水花费数十元，这样的情况已经持续近十年。四川宜宾市一些小煤矿开采后，山区农民饮用的泉水几近干涸，干旱季节居民不得不每日去挑池塘里鸭子的“洗澡水”，一水多用，用水极度困难。

图 3　呼伦贝尔草原小煤矿采煤后留下的连片的塌陷坑

图 4　江西小煤矿开采引起的地面岩溶塌陷坑，严重影响农业生产

上述种种情况表明，采煤企业和地方政府如不采取措施，将会对居民生产和生活用水及农业生产造成长期的影响；小煤矿开采期间到处堆放的没有利用的煤矸石造成的水土流失、大气污染等（见图 5），都会对煤矿整合地区的生态系统的可持续发展带来长远的影响。

图 5　陕西小煤矿关闭后的迹地

（煤炭、煤渣、矸石到处堆放，易引发水土流失和扬尘）

（二）煤矿整合的环境污染问题较为突出

由几个老矿重新组合而成的资源整合项目，在一些地方，存在废弃矿井无人管理的问题，工业场地的生态恢复、废弃物及污染土壤处理等都缺乏“以新带老”措施。

一些整合煤矿原来办理过环保审批手续，但未办理环保竣工验收手续，本次煤矿再整合后需要重新办理环保审批手续，部分矿主认为待再次整合后的环保审批手续办完后再上环保设施，存在生产期间无环保措施，排污已对环境造成污染的现象。

如：贵州某地小煤矿采煤导致井水干枯，污废水未经处理直接排放，村民只好翻山越岭到数千米外挑水（见图6）。重庆奉节某煤矿煤渣沿河堆放，污染了河流；湖南郴州小煤矿排水对农田和河道的污染，影响农作物生长等（见图7）。

图6 贵州某小煤矿废污水未经处理排放河道，污染河水

图7 湖南某村的许多良田被小煤矿污水浸泡

（三）整合煤矿未考虑煤炭洗选加工因素

我国大部分地区的小煤矿，普遍存在着煤炭出井后，不经洗选，直接销售的情况，不仅浪费了宝贵的运能，也造成了大量固体废物的分散处置问题，不符合煤炭行业提高原煤入洗率的要求。这种现象在中南和西南煤炭产地的整合煤矿中普遍存在。

（四）关闭整合过程中矿区居民的权益受到损害

小煤矿的关闭整合工作涉及多个利益群体，是一个系统工程。在国务院、部委及地方政府整顿关闭煤矿的文件中，重点关注了对整合和关闭煤矿之间的公平问题及矿工生活安置问题，在小煤矿整顿关闭实施进程中，不少地方没有或较少考虑历史采煤遗留的地表沉陷和生态破坏对矿区农民生产和生活的直接影响，存在着政策不配套的问题。进入整合第三阶段后，关闭小煤矿的遗留问题和整合煤矿的不规范开采行为使得矿区周围农民利益受侵害问题日益凸显。在一些由地方政府主导、引入国有大型企业或外省企业整合地方小煤矿的地方，这种现象尤为突出。

(1) 关闭和整合小煤矿历史欠账引发的补偿问题。该类问题在全国各地发生的较多。例如，河南省某小煤矿资源被大型煤炭企业集团整合，该矿周围多年采煤已造成土地裂缝，水渠断裂，水浇地不能浇灌，漏水严重，粮食每年减产 50%～60%（见图 2）。未整合前，均由小窑主对每年受损的农作物进行补偿，由国有大矿整合技改后大矿以种种理由拒绝对其进行补偿，地方政府又没有建立相应生态恢复保证金支付制度，或虽已建立，但集中在省级财政，未分拨于矿区所在地的基层政府。

由于无资金预算，矿区村民种植的农作物的损失得不到补偿，投诉无门，生活受到了影响（见图 8）。

（来源：山西新闻网 2007）

图 8 整合煤矿的开采造成大片耕地被损坏，尚没有得到补偿，村民们祷告苍天救救他们

地处内蒙古神府—东胜煤田腹地的某村庄村民面对日益沉陷的土地问题，与矿主之间的矛盾日益尖锐，2006 年“两会”期间集体拦堵煤矿窑口，3 月 11 日发生打斗，有的村民被活活打死，还有的村民被打断腰、打断腿、打破头。所有这些，无一不是由损坏土地的恢复和补偿问题而引发的。

（2）沉陷所致的矿区农民房屋损坏和搬迁安置问题。近几年来煤炭市场形势好，受经济利益的驱动，小煤矿整合期间不顾群众利益，无序开采，造成居民房屋受损，引发了一系列社会不稳定因素（见图 9）。

（来源： 华商报，2006-12-30 报道 担惊受冻 村民遭灾 谁之过？）

图 9 陕西陇县某村，曾深受采煤之害的村民，经历了近三年的困苦，终于有望在 2008 年搬进新房了，回想三年来受过的苦难，那是怎样刻骨铭心的情景啊！

（左图：2006 年 12 月，快倒的危房不能住人了，矿方提供了帐篷，夜里下起了大雪，帐篷里太冷了，住了两晚，村民们受不了，便又搬回危房住了；右图：地面上的缝裂得一天比一天大。）

最近一年来，煤炭整合企业特别是国有大型煤炭企业整合小煤矿后，违反国家法律、法规的要求和违法开工的现象屡屡发生，值得引起相关部门的关注。

如河南某地被大型煤炭企业集团整合的小煤矿技改项目，未向审批该项目的省级环保主管部门申请试生产和竣工验收，即开始生产，已对采掘面附近村庄村民的房屋造成不同程度的影响，严重的墙体开裂宽度已达 5 cm 以上，房梁损坏，成为危房（见图 10）。这种情况已持续近半年之久，至今搬迁地尚未确定。

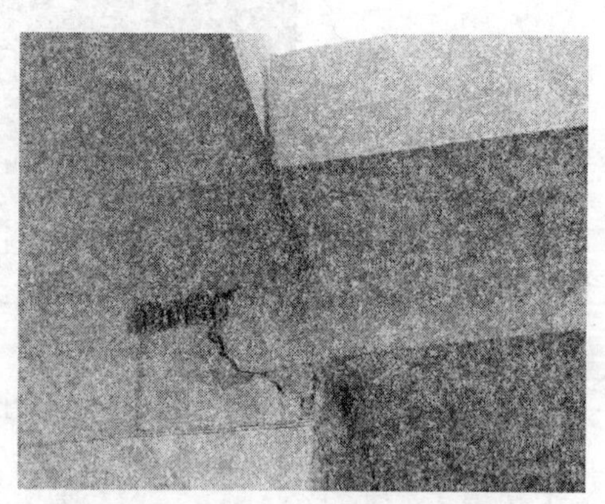

图 10 河南某地，大型煤炭集团整合小煤矿后未经批准试生产、未经验收，采煤后造成附近村民住宅墙体变形，开裂大于 5cm，房梁即将塌落，至今仍未找到合适的搬迁地。企业仍在附近采煤，裂缝一天天在增大。再过几个月将到雨季，如不尽快解决，这些房屋将会四处漏水，存在更大的危险，为此村民人心惶惶

（2008 年 2 月拍摄）

煤炭资源整合工作按照国家规定，需要先关闭后整合，严格按照整合实施方案进行；需要经过环境影响评价、重新设计、重新施工，整合过程需要相对较长的时间，如不解决这些问题、加强环境监管，将会对矿区居民的生产和生活产生持续的和严重的影响。

三、小煤矿整合项目环境影响评价中存在的问题

（一）突击编制环境影响报告书造成评价质量下降

在小煤矿关闭整合的重点省份如山西、内蒙古、河南、四川、重庆、贵州、湖南、黑龙江、云南等，在短期内要审批数量如此大的环境影响报告书，全国有煤炭采掘项目环评经验和相应评价资质的环评单位不多，环评周期又较长，不少省份整合煤矿数量在 500 个以上，地方政府为赶进度给环保主管部门施压，一些从未进行过煤炭行业环评的评价单位也做起了煤炭项目的环境影响报告书。

煤炭行业环境影响评价涉及内容多，专业性强，难度较大，专业的煤炭设计院的评价机构所作的环境影响报告书都会经常出现问题，更不用说从未接触过该类环评的评价单位，“萝卜快了不洗泥”，客观上造成了报告书质量的下降。

（二）整合项目报告书的编制缺乏针对性

整合煤矿是在原有煤矿的基础上重新设计采煤和建井方案，决定了整合煤矿环境影响的复杂性。整合煤矿与新建煤矿有着明显的不同，这些不同常被评价单位忽略。从国家环保总局评估中心评估的和地方环保主管部门审查的整合煤矿环境影响报告书反映的情况来看，主要存在以下三个方面的问题：

（1）将整合项目等同于新建项目，相当数量的环境影响报告书未对老矿山遗留的生态影响予以充分关注，缺少“以新带老”措施。

（2）有多层可采煤炭资源的矿井，已开采的与未开采的区域可能在空间上叠置，地表沉陷的影响和防治对策相对新建项目复杂，报告书对此反映不足。

（3）报告书对多矿井整合煤矿老窑积水的环境影响关注不够，缺乏应对措施。多矿井整合煤矿老窑积水对矿井涌水量的影响难以预料，发生井下突水事故淹井的概率大，事故时若地面排水和污水处理设施不配套，污水不经处理外排会造成地面水体污染。废水中的煤岩粉若不经处理排入河道，沉淀于河床形成一定厚度后会变成阻水层，将改变河床的渗透性能，影响河水对地下水的补给量，同时改变下游河流生态系统，影响地表河道的水文特性。

典型的案例如湖北松宜煤矿猴子洞矿井，煤矿开采后使附近的两条河的渗透条件发生了截然不同的变化。南部洛溪河，开采前属常年性河流，开采后在流经栖霞灰岩的 250 m 长度内，相继出现 13 个塌洞，河水流失，当流量小于 0.3 m^3/s 时，河道断流；北部干沟河，开采前河流下游近于断流状态，煤炭开采中，受上游携带大量煤粉（泥）的矿井水补给，煤粉（泥）沉淀充填于河床碎石孔隙中，形成防渗层，河水由漏水转变为不漏水，河水补给量从占总涌水量的 20%～30%，逐渐降至 10% 以下，由几乎断流的河流转为常年性河流。

河南新密市的一座小煤矿 2006 年 10 月初发生井下突水淹井事故，含大量氧化铁的褐黄色酸性矿井水未经处理，直接排向下游荥阳市寺河水库（郑州市的风景区）达 20 多天之久，并威胁寺河水库下游 8 km 的郑州市备用水源地——常庄水库，造成了恶劣的社会影响（见图 11）。

图 11　河南省新密市小煤矿发生地下突水事故，矿井水未经处理排入下游河道，对郑州市备用饮用水水源造成威胁，产生了恶劣的社会影响

（4）整合煤矿对沉陷区“先搬后采”的村庄搬迁要求执行中打折扣。早在《国务院关于解决矿区村庄压煤和搬迁工作的通知》（国发[1980]176 号）中已明确压覆煤炭资源的村庄搬迁执行“先搬后采”“不得造成二次搬迁”的原则，在近些年的煤炭项目环评审查和审批中严格按照首采区投产前一次搬迁到位、不得造成二次搬迁的原则进行要求，但我们也发现一些地方环保部门审查的煤炭资源整合项目的环境影响报告书中“先搬后采”的搬迁原则没有得到很好的执行，这也是造成部分煤炭生产企业屡屡发生矿区村民房屋损坏，引发群众抱怨的因素之一。

四、对策与建议

（一）整合煤矿的环境管理对策

（1）加强历史遗留的沉陷区生态恢复治理监管，落实生态恢复措施。

历史遗留的沉陷区的土地复垦和生态恢复欠账，是当前矿区生态系统恶化的根源。自 20 世纪 90 年代开始至 2005 年前，国家历次的小煤矿关停工作遗留了约 6 万余处的持证小煤矿和更多的非法小煤矿开采迹地，需要进行生态恢复，因为管理体制的原因一直没有得到很好的解决。本次 2005—2007 年的新一轮小煤矿关闭和整合工作，又将留下约 8 000 处持证小矿和 1.7 万处非法小煤矿开垦后的迹地。在国家已明确要求各地尽快建立矿山生态恢复保障金，要求中央和地方政府加大财政投入，治理老矿山生态问题的前提下，如何抓好落实，是摆在矿山环境保护管理机构面前的一项任务。对于本次的整合项目，原则上应由整合企业承担老矿造成的生态影响的恢复任务；对于关闭矿井，由地方政府按照即将建立的矿山生态恢复保障金机制，根据老矿区不同的生态影响状况，制定相应的土地复垦规划，按计划逐年进行落实。矿区土地复垦和生态恢复工作将是今后矿区所在地土地管理和环保主管部门承担的一项长期而艰巨的监管工作。

（2）加强废弃矿井工业场地污染治理和生态恢复工作。

资源整合项目要求一矿一井，单独设计。多余的废弃的矿井的工业场地和已造成的环境污染理应得到合理的处置。可以结合未来矿区村庄的搬迁安置，将工业场地封井并拆除地面建构筑物，清理已有的环境污染后作为搬迁安置点考虑；未能作为安置点的，则应尽可能恢复其土地使用功能。对遗留的排矸场（矸石山）加强管理，进行生态恢复或做好防止自燃工作。

（3）加强煤炭洗选要求，鼓励建设群井型选煤厂。

随着我国煤炭工业的发展，对煤炭产品质量提出了更高要求，原煤运输浪费运能，由矿区向输出地的污染扩散影响越来越受到关注。国家发展改革委和国家环保总局联合下发的《关于印发煤炭工业节能减排工作意见的通知》（发改能源[2007]1456 号，2007 年 7 月 3 日）中明确提出：到“十一五”末，原煤入洗率由 2005 年的 32%提高到 50%；煤矿应就近配套建设选煤厂或集中选煤厂，新建选煤厂规模原则上不小于 30 万 t/a。

我国现阶段整合的小煤矿中除山西、内蒙古和陕西单井规模要求达到 30 万 t/a 以上，其他地区符合要求的小煤矿的规模都较小，尤其是西南的贵州、四川、重庆、云南和中南的湖南、湖北、江西等，要求不低于 9 万 t/a，不少地区承担着供应山区民用煤的任务；西南地区的煤矿煤质多为高硫煤，从环境保护的角度，也必须加强洗选。单个矿井建设不小于 30 万 t/a 的选煤厂可操作性差，根据这些地区煤炭项目现场调研和环境评估的经验，建议对于生产高含硫的煤矿，应鼓励位置较近的若干个小煤矿合作建设群井型选煤厂，这样做既保护了环境，又可满足国家相关政策的要求。

（4）建立矿区农民生产和生活损失经济补偿机制，确保煤矿整合和建设期间居民利益不受影响。

矿区农民是采矿活动的直接受影响者，在矿区采矿活动中他们付出了很多的代价，在煤炭资源整合工作中理应考虑他们的利益诉求。

“十七大报告”指出，今后在我国的经济建设和社会发展进程中，必须坚持以人为本，全面建设和谐社会，使人民在良好的生态环境中生产生活。小煤矿关闭和整合工作是从国家矿山安全、能源安全、资源节约和环境保护的大局出发而采取的一项国家行动，虽然具有明显的改善环境的作用，但不能因政策不连贯等原因而损害矿区农民的利益。在尚未建立矿山生态恢复保障金制度之前，地方政府和煤炭企业应采取切实可行的措施，保障受影响居民的生产和生活用水的供应，确保减产的粮食得到合理的补偿，避免造成严重的社会问题。

（5）在报告书审查和审批中严格执行“先搬后采”原则。

历史上老矿区形成的沉陷区的社会和生态问题已成为我国政府面临的老大难问

题，最近两年来我国已投入数百亿元资金用于国有老矿区治理，2008 年 2 月，国家发改委又将全国 22 个国有老矿区的沉陷治理纳入本年度财政预算。“前事不忘，后事之师”，目前我国大部分资源整合矿区的沉陷区治理还有很多历史遗留问题尚待解决，在新建和扩建煤炭采掘工程中，应按照“多还旧账，不欠新账”的原则，将“先搬后采”的村庄搬迁原则落实到地方审批的项目环评和项目建设之中，加强对矿区群众的人文关怀，建设和谐矿区。

（6）加强环境影响报告书审批和项目竣工验收工作。

在整合项目环境影响报告书的审查和审批中，加强对公众参与工作的关注，建议对矿区居民利益有损害但不采取措施的，停止单个项目或该地区同类项目的审批；对上市的大型煤炭企业集团，实行集团层次的项目限批，同时向国家证监会通报其不良的环境行为。

对于整合项目，报告书未制定废弃矿井和老矿区生态恢复措施的，建议不予审批；竣工验收前未启动老矿区生态恢复计划的，建议不予验收。

（二）整合煤矿环境影响评价的管理建议

（1）尽快制定小煤矿环境管理政策。

建议国家环保总局尽快组织专家和行业协会，就小煤矿环评审批和环境监管中存在的问题提出明确要求，颁布实行。需要对小煤矿环境管理中存在的老矿井生态恢复问题、地下水资源保护和环境风险问题、老矿井工业场地环境污染问题、原煤洗选加工问题、村庄搬迁原则问题等纳入环境管理要点。

（2）加强环评人员和评估人员技术培训。

2008 年对尚未完成整合煤矿项目环评审批的省（区）来说，工作压力会很大。虽然国家环保总局评估中心在 2007 年先后举办过煤炭开发项目环评专题培训班、采掘业环评工程师登记培训班和技术评估类环评工程师登记培训班，培训了一些煤炭行业的环评人员和技术评估人员，但与今年部分地区面临的庞大的工作量来说，仍然显得不够。需要加强环评人员和技术评估人员的专题培训工作，以适应实际工作需要。

（三）全国部分地区雪灾后煤炭生产形势、小煤矿国家整治行动及环保对策

（1）部分地区雪灾发生后国家采取的紧急应对措施

国家发改委和国家安监总局认为，雪灾发生后煤炭供应紧张的主要原因与电力企业储煤量少、雪灾造成的运煤交通障碍、电网破坏导致的南方四省的煤矿大面积停产及小煤矿整顿中部分地区对所有小煤矿一律停产的错误做法等有关。

为此，国家发改委 1 月 16 日发出《国家发展改革委关于做好当前煤炭和电力生

产供应工作的紧急通知》(发改运行[2008]152 号),要求:“产煤省(区、市)要督促煤炭企业依法搞好生产经营,规范市场行为,切实履行社会责任……各地要从积极排查治理安全隐患入手,提高煤矿安全生产能力,坚决纠正对所有煤矿一律停产、停而不整的消极做法;对符合安全生产条件而停产的煤矿,必须恢复生产、保证供应;对正常生产煤矿要安排好春节期间的生产供应。”

(2)通知发布后煤炭生产的形势。

通知发布后,国有煤矿在超负荷生产的同时,一些原来停产的小煤矿也开始大量生产。从国家发改委网站每日公布的全国煤电油运和抢险抗灾工作进展情况看,至 2 月 22 日,全国主要电厂存煤已保持正常水平,达到 14 天存量,此后发改委不再公布煤电供应方面的消息,表明我国煤炭供应已趋正常。2 月 25 日《华夏时报》报道,中国煤炭市场网市场观察员李朝林认为,“春节期间的煤炭供应严重紧缺被天灾放大了,政府一旦介入,煤矿增加产量,其实 20 来天供求形势就会回转。经过一次煤矿紧急抢产的危机后,各地方政府余惊未定,对小煤窑也采取了放任的态度”。“因天灾凸显的煤电供求紧张已经转向平衡,而全国各大国有煤矿仍在大幅度增产、增大库存,中小地方煤矿也纷纷盲目复产,照此发展下去,煤炭最迟到 4 月份必然出现供应过度,从而使得煤炭行业陷入新的问题中。”

上述的分析也被新闻媒体在各地的报道所证实,在小煤矿复产中,有相当数量已被关闭的不符合安全生产的小煤矿。媒体评论为,小煤矿“一管就死,一放就乱”。

(3)国家部委近期对小煤矿的政策。

随着全国“两会”的召开,国家安监总局的领导 3 月 6 日表示,要在近期聘用 3 000 名专业检测人员对小煤矿复产进行验收把关,“两会”后还将有 1 万处小煤矿复产。同时也表示:在雪灾的特殊时期,国有重点煤矿“挑起大梁”抗战冰雪,发挥了重要作用。

由于雪灾后相当数量的非法小煤矿打着复产的幌子进行了生产,同时矿产资源整合整顿工作并未完成,以国土资源部为牵头单位的国务院矿产资源整顿领导小组九个部委(含国家环保总局和国家安监总局)2 月 27 日联合发出《关于开展整顿和规范矿产资源开发秩序“回头看”行动的通知》(国土资发[2008]40 号),并召开了全国电视电话会议,国家环保总局张力军副局长参加了会议并作了讲话。会议要求深入清理超层越界开采等违法违规行为。以煤炭资源开发为重点,对所有矿山企业开采活动进行全面清查,严肃查处超越批准矿区范围采矿等违法违规行为,进一步规范采矿权人的开采活动。严肃查处污染破坏矿山环境等违法违规行为。对建立矿山环境治理和生态恢复责任机制情况进行检查,坚决关闭在各类保护区的禁采区内进行开采的矿山企业。对污染破坏环境、不符合安全生产要求的矿山企业,要责令其停产整顿;对情节严重的,要依法予以关闭。

通过开展“回头看”行动,进一步全面清查矿产资源开发领域的违法违规行为,对存在问题的重点矿区进行专项整治，严肃查处违法违规案件，彻底清除整顿工作死角，维护正常的矿产资源开发秩序；全面检查矿产资源开发管理各项制度落实情况，进一步规范管理行为，提升矿产资源开发管理水平。完善矿产资源开发整合实施方案，加快推进整合工作，促进矿山开发合理布局，提高矿产资源开发利用水平；对整合方案的编制和实施情况进行全面检查，落实整合矿种、整合矿区、参与整合的矿业权名单和整合后拟设置矿业权方案，加大工作力度，确保2008年年底前基本完成整合任务。

“回头看”行动从2008年3月1日开始，到5月31日结束，分两阶段进行：清查处理阶段（2008年3月1日至4月30日），各省（市、区）自查；检查验收阶段（2008年5月5日至5月31日），九部委派联合工作组到各地验收。

（4）对当前小煤矿整顿工作环境政策的建议。

雪灾爆发后，国家发改委发布的通知明确对符合安全生产条件的煤矿要求恢复生产；雪灾事件过后国务院煤电油运和抢险抗灾应急指挥中心2月15日发出第20号公告，已明确指出，要求产煤省（区、市）各级地方政府和相关部门做好节日停产放假检修煤矿、受灾停电停产煤矿的复产验收工作，确保安全生产、确保煤炭供应。

指挥中心要求，对资源整合技改的煤矿，要尽快审批实施方案，确定资源整合主体，规范进入技改程序。节后恢复施工的矿井要认真组织复工前检查，经验收合格后方可恢复施工。此外，要严厉打击非法开采等违法行为，坚决取缔非法采煤窝点，严防已经关闭煤矿死灰复燃。这些情况已经表明，对小煤矿的整顿工作已经恢复至正常状态。

“两会”期间，代表和委员对政府工作报告中提出的“加强土地、水、草原、森林、矿产资源的保护和节约集约利用，严厉查处乱采滥挖矿产资源等违法违规行为”等内容进行了深入审议和讨论，认为：为数众多的小煤矿安全保障能力仍然低下，与清洁发展、节约发展、安全发展，实现可持续发展的要求还有很大差距，煤炭产业资源整合的力度还要进一步加大。

从国家环保总局评估中心掌握的资料看，2003—2005 年国家环保总局审批的大型煤炭项目已陆续投入生产，其中 2007 年经国家环保总局验收通过的 10 个煤炭建设项目的产能累计为 5 000 万 t/a，还有一些煤炭项目已建成等待验收，加上地方审批的中型煤矿也有一些建成投产，特别是单井规模 800 万～2 000 万 t/a 的一些煤矿预计将在2008年建成投产，这些都为小煤矿的整顿和产能替换提供了现实保障。

面对仍有众多需要整顿的小煤矿和相当数量因雪灾尚存的非法小煤矿，建议按照国家的相关要求，做好整合小煤矿的环评审批和竣工验收工作，加大违法违规小煤矿处罚力度，保护和改善矿区民生环境和自然生态环境。在小煤矿整合整顿工作中，做到环保部门执法不缺位，切实履行行政职责，不负人民所望。

（5）雪灾引发的思考。

① 加强全国环境统计信息网络建设工作。本政策建议从搜集资料到完成，反复修改历时数月，由于国家环保总局只负责审批国务院批准的和国家发改委核准的大型煤炭建设项目，对中小煤炭项目的环境信息、产能及分布并不掌握，在向省级环保部门了解相关环境信息时，也常常不能得到及时的回答，他们也需层层了解，花费相当的时间。由此可以看出，在充分利用和共享其他部门相关信息的同时，全国环境信息联网建设的必要性。各级环保局都掌握着各自项目审批、验收和日常监管的信息，如果能及时动态地更新，对于及时了解相关信息，为各种政策的制定和执法能够提供快捷有效的服务，尤其在突发事件发生时对制订具体的应对措施将有很大的帮助。建议在机构设置中，适当加强这方面的力量配置。

② 加强全国环境政策的研究，积极应对各种压力。雪灾事件发生后，缺煤的信息经媒体放大后在社会上造成了较大的影响。我们已经看到，2006 年被国家环保总局以宏观调控名义暂缓审批的鄂尔多斯泊江海子矿井（位于保护遗鸥的国际重要湿地和国家级自然保护区附近）重新被内蒙古自治区列入建设计划，并被国家发改委列为“十一五”期间拟批准的建设项目，近来建设单位又提出审批申请。对于类似的敏感项目，不仅应从规划环评、主体功能区，还应该从全国煤炭总体规划、煤炭产能需求与经济增长的协调性方面进行研究，研究总体的环保对策，明确项目建设的合适地点和建设时序及规模，只有这些环境影响信息清楚了，才能更有把握地审批项目，而所有这些都需要进行深入研究。

建议逐步加强对全行业（不局限于环境保护部审查层次）的环境政策研究，通过全国性的行业环境政策研究，可以逐渐增强环境保护参与国家宏观决策的能力。

（四）其他建议

《国务院关于全面整顿和规范矿产资源开发秩序的通知》和《国务院办公厅转发国土资源部等部门对矿产资源开发进行整合意见的通知》中明确指出，2008 年年底也是除煤炭项目之外的其他 14 个矿种完成资源整合的最后期限，建议环境保护部和各省环保主管部门组织力量，参照煤炭资源整合的做法，及早出台相关主要矿种的环境保护政策，以指导小矿山的环境保护监管工作。

（2008 年 5 月）

我国输变电行业环境管理与科学发展政策研究与建议

王　圣

摘　要：我国输变电行业是随着电源建设而发展的，特别是改革开放以后我国输变电行业建设获得很大的发展。2004 年、2005 年、2006 年，我国发电装机容量同比分别增长 12.6%、15.4%、22.3%，至 2006 年年底全国 220 kV 以上的电力线路约为 28.44 万 km，变电站容量 97 831 万 kVA。目前我国 500 kV 超高压线路已成为各大电力系统的骨架和跨省、跨地区的联络线，电网发展滞后的矛盾正逐步得到缓解。随着在建项目的逐步投产以及三峡等水电站投入运行，今后输变电建设必然还要高速发展，由此产生的环境问题、社会问题也将日益突出。在加速能源结构调整、加速电力结构优化的基础上，构建和谐社会将成为输变电行业科学发展的重点和方向。

主题词：输变电行业　环境管理　科学发展　政策研究

一、我国输变电行业发展现状及趋势

（一）我国输变电现状

我国电网目前已形成华东、华中、华北、东北、西北和南方电网共 6 个跨省区电网以及西藏电网和台湾电网两个独立省网。其中，华东电网、华中电网、华北电网、东北电网、西北电网、西藏电网属于国家电网公司。

截至 2006 年年底，我国 220 kV 电压等级以上输电线路长度为 284 432 km，同比增长幅度为 11.71%。其中 330 kV 电压等级以上的占 31.80%。

截至 2006 年年底，我国 220 kV 电压等级以上变电容量为 97 831 万 kVA，同比增长幅度为 12.87%。其中 330 kV 电压等级以上的占 33.41%。

目前，我国已运行的交流电压、直流电压等级最高分别为 750 kV、±500 kV，正在建设的交流电压、直流电压等级最高分别为 1 000 kV、±800 kV。

（二）我国输变电电磁环境现状

根据环境影响评估及评价要求，同时结合大量的竣工验收及类比监测实践可以得出，在采取了环评报告书中提出的环保措施后各个等级的变电站外产生的工频电场强度和工频磁感应强度数值均能够小于推荐标准限值，在边导线外 20 m 处产生的无线电干扰均小于标准限值；对于大量已运行的 500 kV、220 kV、110 kV 输电线路的验收结果及类比监测结果来看，输变电线路产生的工频磁感应强度、无线电干扰场强均能满足推荐的标准限值要求；从验收结果及类比监测结果来看，有些以前建设的老变电站噪声有超标现象，500 kV 高压输变电线路在阴雨天电磁噪声有扰民现象。

（三）我国输变电引起的社会问题现状

随着输变电工程的建设，所引起的信访也逐步增多，信访投诉逐渐成了主要的社会问题。据统计，2005 年、2006 年、2007 年我国关于建设项目的信访分别为 46 件、78 件、151 件，其中关于输变电的信访分别为 6 件、10 件、46 件，分别占本年度的 13.1%、12.8%、30.5%。可以看出，近年来输变电项目信访事件增加迅速。

在 2007 年的信访当中，关于输变电的信访数量位于第一。据统计，所有输变电信访涉及从 500 kV 到 10 kV 不同等级的输变电线路及变电站项目，包括了 10 个省份/市，主要集中在沿海发达地区，位于前四位的省份/市是上海（8 件）、浙江（5 件）、江苏（4 件）、安徽（3 件）。可以看出，输变电信访事件目前主要集中在经济发达的东部区域以及中部地区。

通过分析，2007 年的输变电信访事件原因主要有：景观要求与物权要求（20 件）、拆迁与赔偿要求（10 件）、影响健康（5 件）、环评手续不完善（2 件）、占用基本农田（1 件）、无理由反对（8 件）。

（四）我国输变电行业发展趋势

我国目前输变电线路发展趋势是以 220 kV 电网为基础，逐步成熟 500 kV 电网结构，并发展特高压技术。西北 750 kV 输变电示范工程标志着我国交流输电工程跨入世界先进行列；在直流高压输电方面，自 1990 年±500 kV 葛上直流输电工程建成投产，加上在建的直流输电工程投运后，我国±500 kV 直流输电工程总长度将达 4 691 km，规模之大，居世界前列。

变电站发展在发达城市主城区则逐步以室内变电站、地下变电站为发展趋势。据统计，北京全市 220 kV 以下电压等级电缆率为 10.19%，五环之内 220 kV 以下电缆率达到了 43.45%，而韩国电力公司所属 345 kV 以下电压等级电缆率为 8.44%，法国 RTE 电力公司所属 225 kV 以下电压等级电缆率为 3.38%，日本中部电力公司所属各电压等级电缆率为 2.80%。

但是与发达国家相比，在电网输送能力、节约输电走廊等方面还需要进一步提高。我国高压输电线路的发展比电力发达国家滞后约 20 年，目前国外 440 kV 及 500 kV 超高压输电电网已经进入成熟期，而我国 500 kV 高压输电电网还处于发展、成长期；我国目前500 kV长距离送电线路输送能力在60万～100万kW，与国外相比有40万～80万kW的差距；我国500 kV紧凑型线路的应用尚处于起步阶段，送电线路铁塔基础设计与国外相比在设计方法、施工技术、环保要求和地质勘探深度方面有一定的差距。

二、我国输变电行业存在的主要问题

（一）电源建设与电网建设不同步

随着我国电力体制改革的逐步深入，电厂与电网已彻底分离，成立了发电公司和电网公司。随着2003—2006年的电源快速建设，电源投资的大幅增长加剧了电源建设与电网建设的失衡。不包括农网改造，国家电网公司“十一五”期间电网投资总额约为9 000亿元，南方电网公司的投资总额在3 000亿元左右，合计总投资额将在1.2万亿元左右，主要是解决大量电源投产后的外送、全国区域电网的互联以及优化能源地区分布，如西电东送、三峡送出等。由于电源建设与电网建设脱节严重，所以将来的电力投资重点将更加倾向于输变电网络，尤其以超高压等级为主。展望未来10～20年，持续加大输变电领域投资、提高电网资产比例，是我国电力工业长期发展的必然趋势。

由此可见，电网薄弱已成为国内电力建设的瓶颈，近两年输变电的加大投入建设是由于电源建设过快导致。

（二）电源规划与电网规划不尽匹配，电网规划过于宏观

厂网分开后的这几年，各电源建设集团“跑马圈地”，没有统一布局、合理可行的电源建设规划，各集团“大干快上”造成部分发电项目盲目布点。同时，在电网建设的过程中普遍存在“重项目、轻规划”的思想，编制的规划总体过于宏观；规划编制过程中缺少纵向和横向沟通，电源规划与电网规划脱节。

对于电源和电网的规划部门来说，如何从全国能源资源的整体利益出发定义其各自的规划目标，建立新的规划原则从而协调相互之间的利益关系已成为主要的任务。

（三）由于输变电工程快速建设，环境问题逐步凸显

高压、超高压输变电工程的环境影响，一般包括电磁环境影响、噪声环境影响、生态环境影响、景观影响、水土流失影响、选线选址与相关规划的相符性等，当输变电工程建成投运后，其电磁环境成为主要的环境影响问题，尤其是我国现行推荐标准中所没有的阴雨天情况下的电磁环境已经成为老百姓投诉的焦点之一。

如何客观认识输变电工程的环境问题、如何正确认识世界发达国家输变电工程

的环境状况及环境标准、如何采取一定的技术措施和管理措施，从而最大限度地降低输变电工程对环境的影响是当前输变电环境管理的主要任务。

（四）输变电工程竣工验收工作尚待进一步严格要求

由于输变电工程属于线性工程，存在着路线长、敏感点多、拆迁工作复杂、生态及景观影响明显等诸多特点，有时还涉及自然保护区、风景名胜区等生态敏感区，所以输变电建设经常会出现设计阶段的线路与最终运行的线路不一致的现象。同时，建设期也是社会问题较突出的阶段，主要包括老百姓拆迁赔偿问题以及对选址选线的不认可。而运行期突出的主要问题是电磁环境及噪声问题，主要集中在静电感应方面。

输变电工程的环保竣工验收环节是对建设期与运行期的环境问题进行最终验收阶段，如何准确反映项目在建设期与运行期对环境的影响程度以及公众对项目过程的态度很重要。科学客观并实事求是的环保竣工验收总结工作能够为将来的输变电环境管理工作起到重要示范作用。

（五）由于输变电工程快速建设，社会问题也逐步凸显

由于输变电建设存在大量拆迁工作，以及拆迁带来的经济赔偿问题，所以必然存在由于赔偿引起的社会问题。

对于 330 kV 等级以上的输变电线路，线路下的居民都是全部拆迁的，在线路走廊附近超过工程拆迁及环保拆迁距离的民房不进行拆迁。由于工程拆迁及环保拆迁只能解决达标的问题，却不能完全解决高压输变电线路引起的静电感应以及阴雨天里的静电问题，这便是投诉问题产生原因之一。同时，建设单位关于拆迁赔偿问题是与地方政府达成协议的，地方乡镇以及村委会不能专款专用也是产生地方社会问题的原因之一。

因此，国家电网公司与南方电网公司如何建设一个有效的监督机制以确保赔偿款专款专用是解决社会问题的关键环节。

三、我国输变电行业环境管理与科学发展的对策与建议

（一）以统筹考虑电源与电网关系为基础，建议电网规划引导电源规划，优化电网结构，实现电网与电源协调发展

国家电力体制改革相继取消了电力工业部及国家电力公司，电力投资主体多元化，片面追求 GDP 及电源规模，电力规划（含电源与电网）缺乏全局性，大量电厂建设势头过猛造成了当前输变电建设也处于较混乱的局面。根据有关资料，发达国家输变电和发电资产比例约是 6∶4，2005 年前我国两者的比例关系是 4∶6，

2006—2007年新增投资更是达到了3∶7，近年来输变电的投资远远落后于发电资产的投资。

对于电源与电网的建设，建议国家统一机构，科学安排，明确电网规划引导电源规划的原则，以电网的安全、稳定、经济供电为目标，提出对电源建设的要求，对于电网安全稳定具有支撑作用的电源要优先建设，从而优化电网结构，实现电网与电源协调发展。

（二）开展国家层面的电网发展规划及相关环境政策的战略环评，加强省级电网发展规划环评，实现科学规划、有序发展

加快电网建设是贯彻落实国家电力发展政策、优化电力资源配置的客观需求，是推进全国工业化进程以及社会主义新农村建设的关键环节，是构建和谐社会的具体实践。但是，如何保证以科学发展观统领来进行电网建设，实现又好又快的发展是目前亟须解决的问题。

所以，必须从源头上进行合理规划。首先结合我国火电基地、煤炭基地依法开展对国家级电网规划的战略环评工作，对我国整个输变电网络的大规划进行合理性审查，前瞻性地分析其宏观布局的合理性，得出合理科学的主体构架体系。其次，还要同步开展省级电网发展规划的规划环境影响评价工作，通过规划环境影响评价，可以从区域的角度避免线路穿越自然保护区、风景名胜区等敏感目标；通过规划环境影响评价，可以避免输变电线路无序架设，输变电走廊占地越来越多的现象；通过规划环境影响评价来分析并实现省级电网规划与国家产业政策的协调性、与国家电网发展规划的协调性、与地方国民经济发展的协调性、与地方环境保护规划协调性、与地方生态建设规划协调性、与地方土地利用规划协调性、与地方电源点建设规划协调性等，并以此实现科学规划、有序发展。同时，省级电网规划还必须纳入地方国民经济和社会发展总体规划以及其他相关规划，与基础设施的重点工程统一协调和管理，着力为电网建设创造良好的外部环境和有利条件，并加大电网规划的透明度。

（三）由于输变电信访事件增多，在客观分析信访事件基础上建议针对局部敏感地区实行“区域限批”制度

由于目前500 kV输变电项目的环境审批权在国家环保总局，同时对于输变电的信访事件也集中在国家环保总局，所以国家环保总局批的输变电项目越多接受到的信访事件也越多，压力越大。

针对沿海地区的输变电信访事件增多的情况，可以建议在部分典型地区实行输变电区域限批制度，从而责成国家电网公司及南方电网公司从自身角度出发，分析问题、解决问题，为解决我国输变电信访事件树立模式。

同时，由于目前的输变电信访与投诉已不仅仅集中在环保本身的问题，还包括安全问题、赔偿问题等，并且有时候老百姓的投诉还不一定是合法投诉（如在划定的禁止建设范围内违建、在输变电线路建成后为了索取赔偿而建设、有些后期建筑还没有土地许可证等）。所以，建议国家环保总局对于输变电信访事件进行客观地分析，分清哪些信访属于环境类的问题，哪些不属于环境类的问题；哪些信访属于合法信访，哪些信访属于不合法信访；哪些信访属于有效信访，哪些属于无效信访。在此基础上，采取不同的方式区别对待，主要解决环境类问题，同时可以出台相应的文件予以支撑，依法行政。

（四）建议在输变电竣工验收阶段实行输变电后评价制度

针对沿海地区及全国输变电信访事件逐渐增多的现象，建议对已建成项目的竣工环境保护验收工作进一步严格要求，对验收阶段的运行线路与环评阶段的设计线路有调整的需要进行相应的手续，以避免出现随意变更线路的情况。

建议对部分环境敏感或者社会敏感的项目实行输变电后评价制度，重点是输变电建设期与运行期存在的问题，通过后评价工作来透视我国输变电环境管理方面还存在的问题，从而促进输变电环境管理工作，并为环境评价、环境评估及环境纠纷的处理积累经验。

同时建议国家电网以及南方电网公司设立专项基金，专门用于处理输变电投诉的一些相关问题，包括解决老百姓电视信号问题、解决老百姓输变电线下建筑接地问题等。

（五）科学界定电磁环境概念，科学分析输变电工频电磁场的影响，完善电磁环境标准并加强输变电宣传工作

由于输变电线路产生的电磁场属于工频电磁场，与电磁辐射有本质区别，根据国际非离子辐射防护委员会（ICNIRP）的划分，输变电电磁环境属于非离子辐射，其能量不足以导致其他分子发生电离，因此不能等同于现行的“电磁辐射”说法。建议与国际接轨，对输变电的电磁场称为“电磁环境”，以降低对群众的负面影响。

作为电磁最权威机构世界卫生组织（WHO）对输变电工频电磁场的观点包括：没有一致的证据表明，暴露在我们生活环境中所经历的极低频场会对生物的分子（包括 DNA）引起直接伤害。迄今为止进行的动物实验结果提示：ELF 场（由极低频率所产生的电场和磁场称为 ELF 场）并不能始发或促进癌症；没有一个权威的委员会已经得出低水平的场确实存在危害性的结论；在输电线和配电线周围的 ELF 场水平并不考虑为对健康有危险。

虽然我国输变电工程建设发展迅速，但是对输变电环境保护的标准还不是很完

善，建议结合国际上认可的世界卫生组织对“国际电磁场计划”的评估结论对我国现行的电磁环境执行标准进行完善。

同时对输变电的有关环境保护问题宣传不够，甚至有关媒体报道不实，造成老百姓对输变电工程本身以及其产生的环境问题产生误解造成投诉信访事件。因此，建议电网公司及国家环保总局联合加强对输变电的宣传力度，按照世界卫生组织的建议，改变国内电磁场公共健康信息严重失衡的状况。同时，还应加强对发达国家的输变电调研工作，了解发达国家输变电环境保护工作，并作为宣传内容之一。

（六）进一步加强开展输变电新课题的研究，为将来可能出现的环境问题做技术储备

随着我国输变电工程建设的不断发展，尤其是随着目前世界上开工建设的电压等级最高、输送距离最远、容量最大的直流输电工程（四川至上海±800 kV 高压直流输电示范工程）在我国的展开，以及将来与国家“西电东输”战略相关的1 000 kV交流输变电工程的建设，与输变电工程直接相关的工艺问题、工程问题、环境问题等新课题不断出现，同时考虑在极不利气候条件下的抗外界干扰能力，也会不断出现一些新问题，例如：如何采取新技术以降低输变电工程的电磁环境影响、直流输电的合成电场评价、离子流分布和离子流吸附灰尘的污染、大气环境质量对电力设备污染的影响、天气变化对电场分布和人体作用的影响、气候变化对输变电安全生产的影响、对畸变电场的预估模型以及暂态电击的评价等，这些课题的研究都能够为将来输变电的环境管理与科学评价提供较高的参考价值。

因此，积极开展输变电工艺、工程、环保新问题的研究，使电网环保工作由被动变为主动，而这项工作需要以电网公司为主导。

（七）提高降低输变电电磁环境影响的技术措施，进一步加强并提高输变电行业的准入条件

建议国家电网公司及南方电网公司从工程自身出发，主动研究一些降低输变电电磁环境影响的技术措施，依靠自身革新来赢取社会的认可，可以围绕如何采取技术措施进一步降低输变电电磁环境影响进行专题讨论，例如：对于是否可以在500 kV输变电线路边导线 5 m 拆迁范围种植树木来减少电磁辐射的影响；是否可以采取屏蔽线以减少电磁辐射的影响；是否可以推广 GIS 设备、采取室内变电站、采取地下电缆、同塔双回（四回）等措施；建设单位是否可以主动为老百姓采取一些接地措施减少静电影响等。

在提高输变电行业准入条件方面，可以进一步加强，例如：把电网规划环评作为准入条件之一，从而在一定程度上规避输变电工程选址不合理带来的隐患；把规

划环评中输变电专题作为规划环评的审查条件之一，解决景观与物权问题；把输变电环评工作前期介入作为准入条件之一，从而避免选址选线结束后才展开环评工作；城市建成区尽量采用室内变电所以及电缆走线；为减少输变电线路走廊占地，尽量利用现有走廊，或者尽量采用同塔双回（四回），或者采用紧凑型塔型等。

总之，近年来加大输变电建设是我国电力工业发展的必然趋势，但必须要在科学调整与发展电力消费产业结构的基础上，合理优化电力资源配置，科学进行电网布局，坚持以人为本，最终实现输变电行业的科学健康发展。

（2008年5月）

我国燃煤电厂固体废物处置相关问题分析及对策建议

莫　华　多金环

摘　要：我国煤在能源构成中占75%以上，而火电用煤又占煤炭消耗的50%以上，燃煤发电机组容量、燃煤消耗量及灰渣产生量均居世界第一。如何最大限度地利用粉煤灰，使其资源化，是节约石灰石矿产资源、土地资源，改善环境、保护生态的重要内容，将成为继污染物总量控制之后的又一重要任务。燃煤电厂固体废物综合利用工作虽取得较大成绩，但仍存在地区不平衡，脱硫方式单一且缺乏相应鼓励政策导致脱硫副产物处置任务加重；脱硫副产物处置现状不理想，极易引起生态问题；相关贮存标准不尽合理；环境影响重环评审批轻过程和事后监管等问题。建议尽快制定综合利用相关优惠政策；加大技术创新，推动脱硫技术多元化，实施脱硫石膏重点示范工程；完善与修编相关标准和规范；提高火电厂环保准入门槛，并加强固体废物处置全过程监管。

主题词：燃煤电厂　固体废物　处置　问题分析　对策建议

我国是世界上少数几个以煤为主要能源的国家之一，煤在能源构成中占75%以上，2007年全国煤炭消耗量已超过26亿t。近十多年来，煤电更是飞速发展，燃煤发电机组已占装机总容量的75%以上，火电用煤已占到煤炭消费50%以上，燃煤发电机组容量、燃煤消耗量及灰渣产生量均居世界第一。中国电力企业联合会统计的2001—2006年，燃煤机组烧煤量和灰渣产生量见表1。

表1　燃煤机组燃煤量和灰渣产生量

年份	机组容量/万kW	燃原煤量/万t			平均灰分/%	灰渣量/万t
		发电	供热	合计		
2001	22 608	57 637	6 924	64 561	23.9	15 430
2002	24 038	65 594	7 689	73 283	24.7	18 100
2003	26 165	76 543	8 550	85 093	25.5	21 700
2004	32 948	89 512	9 878	99 390	26.5	26 338
2005	39 137	100 907	11 747	112 654	26.8	30 191
2006	48 382	118 241	13 157	131 398	26.8	35 214

注：汽轮机组中另有300多万kW设计烧油机组。

可见，如何最大限度地利用粉煤灰，使其资源化，是节约石灰石矿产资源、土地资源，改善环境、保护生态的重要内容，将成为继污染物总量控制之后的又一重要任务。

一、我国燃煤电厂固体废物处置现状

（一）激励和扶持政策日趋完善

从 20 世纪 80 年代起政府相继出台了一系列鼓励资源综合利用的政策，如：1985 年国务院批转的国家经贸委《关于开展资源综合利用若干问题的暂行规定》；1991 年国家计委办公厅印发了《中国粉煤灰综合利用技术政策及其实施要点》；1994 年国家经贸委、电力部、财政部、建设部、交通部、国家税务总局关于印发《粉煤灰综合利用管理办法》的通知；1996 年国务院批转国家经贸委等部《关于进一步开展资源综合利用意见的通知》（国发[1996]36 号）；2004 年国家发展改革委办公厅《关于组织实施资源综合利用关键技术国家重大产业技术开发专项》的通知；2006 年，国家发改委、财政部、国家税务总局联合发布了《国家鼓励的资源综合利用认定管理办法》。近年发布的《资源综合利用目录》，在税收、运行等方面给予资源综合利用的优惠政策真正发挥了引导和激励的作用。国家征收了墙体材料专项基金，对实心黏土砖生产的限制性政策，积极推动新型墙体材料的迅速发展，为资源综合利用产品创造了更大的市场需求。

（二）综合利用途径多样化，利用量逐年提高

经过 30 多年的应用研究和应用，已形成了粉煤灰多种综合利用途径，主要包括用于生产建材（水泥、砖瓦、砌块、陶粒），建筑工程（混凝土、砂浆），筑路（路堤、路面基层、路面），回填（结构回填、建筑回填、填低洼地和荒地、充填矿井、煤矿塌陷区、建材厂取土坑、海涂等），农业（改良土壤、生产复合肥料、造地），粉煤灰充填料，从粉煤灰中回收有用物质及其制品等。

我国粉煤灰的处置经历了“以储为主—储用结合—以用为主”的三个阶段，近几年中电联的统计数据表明（见表 2），虽然粉煤灰产生量逐年增长，但其综合利用率一直保持在 60%以上。

表 2　粉煤灰产生与综合利用量

年份	产生量/万 t	利用量/万 t	综合利用率/%
2001	15 430	9 721	63
2002	18 100	11 946	66
2003	21 700	14 105	65
2004	26 338	17 119	65
2005	30 191	19 926	66

根据中电联相关统计数据，近年来粉煤灰在筑路和生产建材方面的利用比例已大于和接近 30%（见表 3）。

表 3 粉煤灰综合利用途径

年份	建材		筑路		建工		回填		其他	
	用量/万 t	比例/%	用量/万 t	比例/%	用量/万 t	比例/%	用量/万 t	比例/%	用量/万 t	比例/%
2001	2 916	30	3 499	36	1 166	12	1 263	13	875	9
2002	3 345	28	4 061	34	1 553	13	1 792	15	1 194	10
2003	4 090	29	4 372	31	1 693	12	1 975	14	1 975	14
2004	5 135	29	5 478	31	2 396	14	2 225	13	2 225	13
2005	6 376	32	6 177	31	2 989	15	2 381	12	1 993	10

（三）环境、经济效益显著

由于粉煤灰的综合利用，减少了石灰石矿和黏土资源开采量，同时节约土地资源。以 2005 年为例，2.1 亿 t 的粉煤灰被利用，可减少灰场占地 6 万亩。全国资源综合利用先进单位望亭电厂，1998 年利用粉煤灰 30 万 t，生产粉煤灰砌块 9 万 m^3，产值 344 万元，利润 100 万元，相当于节约农田 20 亩，每年为附近农民增加运输、装卸工收入 50 万元。近年该厂粉煤灰综合利用的收入约为 1 000 万元。

（四）环境影响评价推进了综合利用工作

在燃煤电厂环境影响报告书的技术评估中严格坚持“以用为主”的原则。据统计，近几年评估或批复新建燃煤电厂项目粉煤灰的综合利用率超过 90%，脱硫石膏则全部有综合利用协议。评估中的严格要求，无疑在很大程度上推动了固废综合利用工作。

而对电厂灰场选址和所需采取的措施，评估中则要求严格按照《一般工业固体废物贮存、处置场污染控制标准》（GB 18599—2001）执行。

二、我国燃煤电厂固体废物处置存在的主要问题

（一）综合利用地区不平衡，欠发达地区亟待提高

目前全国燃煤电厂（含低热值电厂）粉煤灰综合利用率平均不到 70%，发达地区可达到 90%以上，甚至供不应求，而在欠发达地区只有 30%～50%，个别地区甚至基本上没有利用。问题在于发达地区建设项目多，可用途径广和土地相对缺乏，因而对综合利用问题较为重视。而欠发达地区建设项目少，土地资源相对不稀缺。按目前粉煤灰综合利用发展趋势，距《“十一五”资源综合利用指导意见》要求的粉

煤灰综合利用率达到 75%的要求尚有较大距离。

（二）脱硫方式单一，脱硫副产物产量骤增

电厂脱硫工艺技术虽然有石灰石-石膏湿法、烟气循环流化床法、海水脱硫法、脱硫除尘一体化、半干法、旋转喷雾干燥法、炉内喷钙尾部烟气增湿活化法、活性焦吸附法、电子束法等十多种，与国外情况一样，在诸多脱硫工艺技术中，石灰石-石膏湿法烟气脱硫目前仍是主流工艺技术。据统计，截至 2007 年年底，投运、在建和已经签订合同的火电厂烟气石灰石-石膏湿法脱硫工艺占 90%以上。根据中国电力企业联合会公布的数据，2007 年全国燃煤电厂烟气脱硫约产生石膏 1 700 万 t，比 2006 年增加 80%左右。预计到“十一五”末，我国每年将约产生 3 000 万～4 000 万 t 脱硫石膏，2010 年将超过 1 亿 t。

（三）火电烟气脱硫产生的脱硫石膏处理现状不理想，极易引起生态问题

由于品质和技术经济与天然石膏无优势可言，脱硫石膏用途和消纳量均有限，目前仍以灰场贮存为主，综合利用刚刚起步，目前多用于制造纸面石膏板和作水泥缓凝剂，全国建成或在建的脱硫石膏资源化利用的生产线仅有 10 多条。目前正在开发脱硫石膏可用于石膏砌块、腻子石膏、模具石膏、纸面石膏板以及水泥等建材产品研究。

根据调查，我国目前的火电脱硫石膏的利用率为 10%左右，基本相当于与我国火电结构相似的美国 2000 年水平。“十一五”末，发达地区火电脱硫石膏的利用率为 50%左右，欠发达地区火电脱硫石膏的利用率则达不到 25%。以 2007 年为例，多占堆放场地近 5 000 亩，照此发展，至 2010 年增加的堆放场地约为 12 000 亩。

同时处于自然堆存的状态脱硫石膏不仅对自然生态会产生潜在破坏作用，还会因为脱硫石膏的自然风化再次释放二氧化硫产生二次污染。

（四）脱硫副产物的综合利用政策支持尚不到位

由于我国尚缺乏相应的技术经济政策、设计规范措施和标准，因此一些石膏制品生产商和用户拒绝使用脱硫石膏，是脱硫石膏资源化利用的障碍之一。同时，公众普遍认为，脱硫石膏是一种工业废渣，在使用过程中可能对人体产生危害，加之我国天然石膏储量丰富，因此拒绝使用脱硫石膏是一种普遍的公众心理。

（五）《一般工业固体废物贮存、处置场污染控制标准》（GB 18599—2001）针对性不强，存在一定不合理

GB 18599—2001 实施以来，在新建、扩建和改建的燃煤电厂项目环评中，对于

灰场的场地选择与环保措施较为广泛地执行该标准中规定的对第Ⅱ类固体废物贮存处置场的要求。但由于该标准对燃煤电厂的灰渣分类严于德国和欧共体；在选址和环保措施要求方面对干灰场和湿灰场一刀切；未区分南方和北方电厂灰场具体条件，在降雨量和地质条件不同的地区均要采取土工膜等防渗；在场址选择的地质结构、防洪、天然基础层、防渗层等方面的要求均严于危险废物贮存场和生活垃圾填埋场的要求；在卫生防护距离方面的要求严于或等同于我国生活垃圾填埋场对卫生防护距离的要求。因而，在实际运用中导致灰场选址困难，一味地强调土工膜防渗和500 m的卫生防护距离又增大了电厂建设投资，同时影响综合利用向高掺量方向发展。

（六）环境影响重环评审批，轻过程和事后监管

近几年环评报告书的统计表明，新建电厂利用粉煤灰的协议已超过90%，脱硫石膏则全部有综合利用协议，但实际运行中综合利用率并未达到批复要求，存在环境监管方面力度不够问题。

一是要求与机组“三同时”的灰场和综合利用项目，在实际中却不能与新建机组同步建设、同步投运，投运后达不到环评和设计要求等现象时有发生。二是灰场防渗环保竣工验收缺乏有效监控手段。三是一般灰库只有2～3天的储灰能力，一旦综合利用不畅，会造成乱堆乱放，可能诱发环境事故。

三、我国燃煤电厂固体废物处置的对策及建议

《中共中央关于制定国民经济和社会发展第十一个五年规划的建议》明确提出，要把节约资源作为基本国策，发展循环经济，保护生态环境，加快建设资源节约型、环境友好型社会。开展资源综合利用，是实施节约资源基本国策，转变经济增长方式，发展循环经济，建设资源节约型和环境友好型社会的重要途径和紧迫任务。可见最大限度地利用粉煤灰，使其资源化，是实现上述目标的重要一环，是节约石灰石矿产资源、土地资源，改善环境、保护生态的重要工作。为此，提出如下对策建议。

（一）制定优惠政策，鼓励自觉开展综合利用

政府有关部门应尽快制定鼓励灰渣及脱硫副产物综合利用的技术经济政策，如通过提高电厂固体废物贮存场征地费用，灰渣全部综合利用的电力企业给予电价优惠政策（或税收优惠政策），建立相应的市场准入和环境准入制度，灰渣全部综合利用落实的电厂给予专项污染治理资金扶持等技术经济政策，鼓励企业自觉开展固体废物综合利用。同时对综合利用量较低的地区，加大宣传力度。

对应当开展综合利用而未开展的企业要加大处罚力度。建立粉煤灰综合利用跟踪监管机制，防止二次污染，严厉处罚造成严重污染的企业。

（二）重视综合利用总体规划

各省（市）、电力公司应认真落实国家《“十一五”资源综合利用指导意见》及《国家环境保护“十一五”规划》要求，编制灰渣综合利用规划，并纳入年度计划。

（三）加大技术创新，推动脱硫技术多元化，实施脱硫石膏重点示范工程

脱硫工艺的选择应因地制宜，需同时考虑脱硝、脱碳以及脱硫副产品的综合利用问题；开展氨法、活性焦法和其他资源回收型脱硫新技术的工业性研究，积极争取利用环保专项资金、国债等资金渠道支持新技术示范。

配合政府有关部门，研究制定天然石膏开采生态补偿的经济政策（生态税）。开展脱硫石膏等脱硫副产物工业化利用途径的研究和示范。

（四）加强基础研究，完善与修编灰渣综合利用相关标准和规范

加大基础标准的制定力度，制定灰渣用于水泥、砖瓦、混凝土、道路建设及农业改良土壤等标准体系，为资源综合利用提供统一的交流平台。同时修订火电厂设计规程，从设计规范、政策等方面落实《国家环境保护“十一五”规划》提出的2010年工业固废综合利用率达到60%以上，国家《“十一五”资源综合利用指导意见》要求的粉煤灰综合利用率达到75%的要求。

建议尽快启动《一般工业固体废物贮存、处置场污染控制标准》（GB 18599—2001）修订工作或制定《燃煤灰渣贮存场污染控制标准》。

（五）提高火电厂环保准入门槛，加强固体废物处置全过程监管

尽快出台火电厂环保准入条件，火电项目环境影响报告书阶段应在地区（地市级）资源综合利用规划的框架下，编制“火电厂建设项目灰渣综合利用专章”，明确综合利用途径、技术可行性、综合利用市场分析及综合利用工程费用。

同时环境保护部门对粉煤灰的综合利用和贮存加强全过程的管理，将综合利用途径的落实及灰场建设污染防治措施列入环保竣工验收内容，纳入日常环境监督管理考核内容。

（2008年12月）

参考文献

朱法华，莫华. 燃煤电厂灰场环评技术评估中存在的问题与建议. 电力环境保护，2007，23（3）：39-42.

我国农业环境问题及其防治对策

任景明　喻元秀

摘　要：从农业自然资源、生态环境及环境污染三方面对我国农业环境问题现状进行了系统的总结，并对其产生原因进行了初步分析，在此基础上提出防治对策。总体上看，我国农业自然资源短缺且受污染严重，这主要表现在耕地资源少且总体质量不高，土壤污染严重和水资源短缺且水资源污染防治形势严峻；农业生态破坏较为严重；由化肥、农药和农膜等农业投入品造成的面源污染日趋严重；秸秆处置不当、畜禽养殖污染、农村生活污染控制不力造成的环境污染日益严重，乡镇企业及城镇污染向农村的转移又进一步使农业环境恶化。我国农业环境境问题的产生在很大程度上与部分农业政策的实施有关，这些政策没有能从源头上控制或减少对农村环境的污染，而是使污染加重；另外，农业环境保护立法不完善、执法不力以及农村环境保护意识淡薄、环境管理体系不完善也是其产生的主要原因。基于以上原因，提出要开展农业政策战略环境评价；重视生态建设，推动资源高效利用，发展生态农业；合理控制农用化学投入品，实施种植业清洁生产；加强畜禽养殖污染控制监管；制定激励机制，减轻农业面源污染；建立健全农村环境污染监管机制；加强宣传教育，增强农民环境保护意识等对策措施，旨在从多角度、多方位提出解决农业环境问题的对策。

主题词：农业环境问题　防治对策　农业政策　战略环境评价　生态农业

农村拥有丰富的自然资源和多样的生态系统，是重要的社会与经济区域，对整个社会的稳定和国民经济的发展具有重要的作用，长久以来也是环境优美的理想居住地。农村经济自 20 世纪 90 年代以来实现了连续十多年的快速发展。党的十七届三中全会指出："农业、农村和农民问题，始终是关系党和国家工作全局的根本性问题。必须懂得，中国现代化的成败取决于农业，没有农业的现代化就没有整个国家的现代化，我国仍要大力发展农村经济，提高农民的生活水平"。然而，随着农村经济水平和农村综合生产能力的不断提高，农业环境污染和生态破坏问题越来越突出。在全面构建社会主义和谐社会、建设社会主义新农村的新形势下，对农业环境问题进行全面研究，并采取有效措施进行控制和治理，解决好环境和发展的关系，是今后中国农村发展所面临的重要任务。在 2008 年 7 月 24 日召开的全国农村环境保护工作电视电话会上，李克强副总理强调："农村环境保护，事关广大农民的切身利益，事关全国人民的福祉和整个国家的可持续发展，要全面贯彻党的十七大精神，深入贯彻落实科学发展观，切实把农村环保放到更加重要的战略位置，全面建设资源节约型、环境友好型社会”。因此，有必要查明农业环境问题现状，分析产生农业环境问题的政策原因，在此基础上提出农业环境问题的防治对策，从环境保护角度为提出防治对策，为政府决策和政策调整提供依据。本文对近年来与农业环境问题相关文章进行整理、综合，并查阅《中国农业统计年鉴》作为补充，试图尽可能全面地总结我国农业环境问题，并在此基础上提出相应的防治对策。

一、中国农业环境问题的现状

（一）农业自然资源短缺，且受污染严重

1. 耕地资源少且总体质量不高，土壤污染严重

耕地资源承载着保证国家粮食安全、满足工业化和城市化发展用地需求、生态服务以及社会保障等功能。但目前我国耕地资源却面临着严峻形势。首先，耕地相对数量少，后备资源不足，区域分布不均，耕地数量减少趋势加大等。我国现在实有耕地面积总量近 1.3 亿 hm^2，人均耕地只有 0.1 hm^2。相当于世界平均水平的 45% 左右，耕地资源显然非常短缺且呈逐渐降低趋势。其次，我国耕地总体质量不高，高产田仅占 28%，中产田为 40%，低产田为 32%，且优质耕地占用过快，耕地污染退化严重，耕地面临着严重的酸化、盐渍化、养分非均衡化、沙漠化和污染化等耕地质量的蜕化，耕地保护内在基础薄弱。再者，我国部分地区土壤污染严重，在重污染企业或工业密集区、工矿开采区及周边地区、城市和城郊地区出现了土壤重污染区和高风险区；土壤污染类型多样，呈现出新老污染物并存、无机有机复合污染的局面。土壤污染途径多，原因复杂，控制难度大；土壤环境监督管理体系不健全，土壤污染防治投入不足，全社会土壤污染防治的意识不强；由土壤污染引发的农产品质量安全问题和群体性事件逐年增多，成为影响群众身体健康和社会稳定的重要因素。

2. 水资源短缺且水污染形势严峻

我国水资源短缺且分布极端不均，长江以南土地面积占全国总量的 34%，水资源量占全国总量的 81%；而长江以北土地面积占全国总量的 66%，水资源总量只占全国总量的 19%。我国人均拥有的水资源约为 2 000 m^3，只相当于世界平均水平的 1/4 左右。在 31 个省市自治区中，已经有 8 个省市自治区人均水资源拥有量不到 500 m^3。如北京人均水资源拥有量大约只有 400 m^3，天津已经降到了人均不到 200 m^3。水资源短缺，成为北方地区农业发展越来越严重的制约因素。农业生产每年大约缺 300 亿 m^3 水，导致粮食每年至少减产 500 万 t。

水污染是我国面临的最严峻的环境污染之一。近 20 年来，水污染从局部河段到区域和流域、从单一污染到复合型污染、从地表水到地下水，扩展速度非常快。而且，受污染水体中含有越来越多的对人类生命健康危害极大的有毒有机污染物，进

而通过粮食进入人的食物链危害人体健康。目前我国江河水污染迅速加重，污染范围持续扩大；湖泊和水库水质恶化，普遍出现富营养化和生态系统退化；近岸海域大面积污染，近海水质恶化，海洋生态环境破坏严重。

（二）生态破坏

在农村，生态环境的破坏突出表现在由于植被破坏引起的水土流失、土地沙漠化。我国国土面积中至少有 1/4 存在着严重的水土流失现象，每年流失的地表土超过 50 亿 t。这不仅使得农地大量养分流失，同时，流失的地表土进入江河湖泊，造成严重的淤塞，也导致行洪蓄洪能力的下降，从而导致自然灾害越来越频繁地发生。不少贫困地区都缺少燃料，由于没柴烧，于是挖草根、剥树皮、折树枝，甚至乱砍滥伐，在一些地区，森林覆盖率急剧下降，部分地区覆盖率不足 5%，甚至在 1%左右。由于粮食与燃料的压力，贫困地区人民居住在这一特殊环境中，受环境条件的限制，商品经济难以发展，为了生存，不得不以原始落后的生产方式“靠山吃山”，对土地实行掠夺式经营，盲目开发利用自然资源，对农村的生态环境构成了严重的威胁。

（三）环境污染

1. 化肥使用造成的环境污染

改革开放以来，我国农业得到了迅速发展，但这种发展主要是依靠化肥、农药等化学物品投入量的大幅度增长，从图 1 可以看出，我国化肥施用量从 1978 年的 884 万 t 增加到 2005 年的 4 766 万 t，增量达 4.4 倍。化肥施用量达 367 kg/hm^2，平均施用量是发达国家化肥安全使用上限的 2 倍，是美国的 4 倍，部分地区化肥施用量还远远大于这个强度，如甘肃省白银市 2005 年化肥平均施用量高达 1 875 kg/hm^2，中西港镇的温室大棚化肥使用强度为 12 118.73 kg/hm^2。另外，化肥肥料养分结构比例极不合理。世界化肥消费量中，N∶P_2O_5∶K_2O 约为 1∶0.59∶0.49，而我国是 1∶0.4∶0.16，磷肥和钾肥施用量明显偏低。

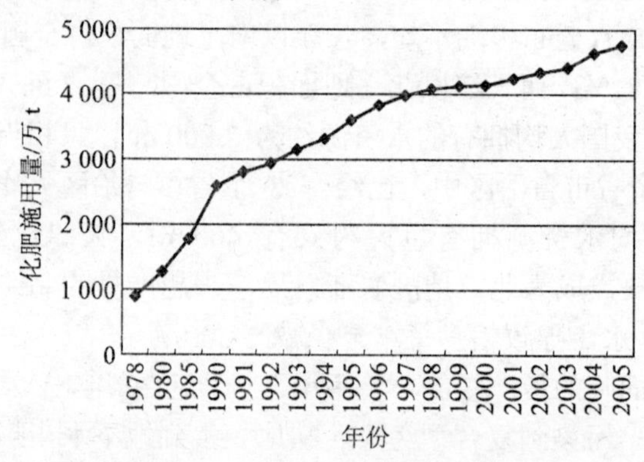

图 1 1978—2005 年化肥施用量变化

由于多数农民不掌握科学施肥技术，化肥有效利用率仅为30%～40%（发达国家为60%～70%），其余60%～70%进入生态环境，导致土壤有机质降低、理化性状变劣、肥力下降、加剧了湖泊和海洋的富营养化等。另外，化肥的不合理施用，还会对大气造成污染，氮素化肥浅施、撒施后往往造成氨的逸失，硝态氮在通气不良的情况下进行反硝化作用，生成气态氮（NO、N_2O、N_2）而逸入大气，对大气造成污染。每年我国有123.5万t氮通过地表水径流到江河湖泊，49.4万t进入地下水，299万t进入大气。长江、黄河和珠江每年输出的溶解态无机氮达97.5万t，其中90%来自农业，而氮肥占50%。20世纪末对太湖的污染源的调查发现，农田化肥氮、磷的流失占太湖总氮、磷排放量的55%和28%。在滇池的氮、磷的面源污染中，由农田地表径流带入湖泊的氮素和磷素分别占氮、磷总污染物来源的53%和42%。

2．农药使用造成的环境污染

现代农业使用农药的量很大，品种复杂，而且地域分布范围广。经济越发达，使用农药越多。目前，世界农药的年总产量已超过200万t，品种达1 000种以上，每年农药使用量已超过180万t。1983年农药的施用量是86.2万t，到2005年就增加到146万t，从1950年到20世纪初，我国农药施用量增加近110倍。

农药大多以喷雾剂的形式喷洒于作物上，只有其中10%～20%附着在植物体上，80%～90%散落在土壤和水里，漂浮在大气中。部分地区农药低效率或不合理的使用不仅污染生态环境，而且通过多种途径危害人体健康。我国每年因农药中毒的人数占世界同类事故中毒人数的50%。农药的大量使用还造成生态平衡失调，物种多样性减少，使农村本来就较脆弱的农业生态系统更加脆弱。如在使用杀虫剂时，一些农业害虫的天敌如青蛙、七星瓢虫、赤眼蜂，甚至一些食虫鸟，也由于食物链的关系或直接毒害而大量死亡，破坏了生态平衡。

3．农膜使用造成的环境污染

随着农业科学技术的推广，人们广泛使用农膜来改善当地的农业气象条件，以达到增温、增湿、节水及防止病虫害入侵的目的。近20年来，我国的地膜用量和覆盖面积已居世界首位，而且绝大部分为不可降解塑料。塑料大棚及地膜覆盖面积已超过2亿亩，2003年地膜用量超过60万t，在发达地区尤甚。

随着地膜使用年限的延长，残留地膜得不到及时回收，天长日久，农膜、碎片不断积累于土壤，土壤的结构和可耕性遭到破坏，土壤的保水、保肥能力下降，妨碍作物根系生长，土壤中水分、空气和营养元素的正常分布运行也被破坏，对作物生长产生直接影响。据统计，使用地膜1年，残留废膜片约32.55 kg/hm^2的土地，会使作物减产6.43%，连续使用5年，残留废膜片325.35 kg/hm^2的地块，作物减产则高达24.70%。残膜碎片进入水体，不仅影响景观，还可能带来排灌设施运行困难；残膜随作物秸秆和饲草被牛、羊等牲畜误食后，会导致肠胃功能失调，严重时厌食，进食困难，甚至死亡；若对残膜进行焚烧，则产生有害气体污染大气环境，尤其释放出毒性很强的二噁英类物质。

4．畜禽养殖造成的环境污染

近年来，各地畜禽养殖业蓬勃发展，由此造成的环境污染也日趋严重。据初步统计，目前我国每年养殖畜禽排放的粪便粪水总量超过 17 亿 t，再加上冲洗水，实际上排放量远不止这个数字。而此类污染点多面广，治理难度相当大。畜禽养殖污染物处理率低，粪便和污水处理工程处理率仅为 5.0%和 2.8%。我国水环境中，来自农田和畜禽养殖粪便中的总磷、总氮比重已分别达到 43%和 53%，接近和超过了来自工业和城市生活的点源污染，成为我国水环境污染的主要因素之一，对我国水安全构成了严重威胁。与畜禽养殖相关的屠宰场、孵坊，往往直接将血、废水、牲畜的腹容物、粪便、蛋壳等倾倒入附近水体或空地，从而导致了畜禽场附近地区地下水中的硝酸盐、氨氮超标；河道水体发臭变黑，富营养化，蚊蝇滋生，严重污染周围的环境。某些作坊主甚至将动物皮钉在门板、板凳上，放到街道上晾晒，将猪毛等动物鬃毛满街摊晒，气味难闻，蚊蝇大量聚集。由于这些作坊大多位于居民区，从而严重影响了周围居民的生活质量，损害了人们身心健康、恶化了农村环境卫生状况。近期从牛奶到鸡蛋均检出三聚氰胺的事件，无疑增加了公众对我国食品安全的担忧，而据《南方日报》的报道，三聚氰胺沿着下面的路径进入了我们的食物链：化工企业生产的三聚氰胺废渣—生产供应商的蛋白精—中间贸易商—饲料企业—养殖企业（户）。十七届三中全会审议通过的《中共中央关于推进农村改革发展若干重大问题的决定》中指出，要加快发展畜牧业，这预示着如果不采取措施，我国畜禽养殖污染将会加剧。

5．秸秆造成的环境污染

我国每年农作物秸秆产生量约 6.5 亿 t，其中约 40%未被有效利用，在一些经济较发达地区和大城市郊区甚至高达 70%～80%，如上海郊区年产秸秆量 300 万 t，其中仅 10%直接还田，大多数秸秆经露地燃烧和丢弃河道，严重影响郊区大气环境和水环境，而且大量损失氮素。每年的夏、秋季节是农村空气污染最严重的时期。部分地区由于潮湿导致秸秆不能燃烧充分，产生大量的烟雾弥散于空气中，使空气中的二氧化碳、一氧化碳浓度急剧升高，造成了严重的空气污染，每年都有许多高速公路会因此被封闭，严重影响了交通安全。另外，烟雾还严重刺激人们的眼睛和喉咙，使人流泪、喉痛、呼吸困难，甚至呕吐，严重时还会导致呼吸道疾病，极大地影响了人们的身心健康。

6．农村生活污染

随着我国城市化进程的加快，小城镇和乡村聚居点人口迅速增加，城市化倾向日益明显。但小城镇和乡村聚居点在建设方面缺乏规范的规划，基础设施不太完善，脏、乱、差现象突出，对卫生和健康构成了极大的威胁。据统计，目前我国农村每年产生 2 500 万 t 的生活污水大部分直接排放，每年有 1.2 亿 t 生活垃圾在露天随意堆放，现在农村该类污染物的公共处理设施实际运行的少之又少，仍有 1.9 亿农民饮用水的水质不合格。

7. 乡镇企业造成的污染

乡镇企业在中国 20 年的改革开放中对中国经济增长的推动力是显而易见的，这在县域经济发达的东部地区的某些地方尤其明显。但受乡村自然经济的深刻影响，乡镇企业数目多、规模小，资金和技术力量有限，治污措施不得力。目前，乡村企业污染占整个工业污染的比例已由 20 世纪 80 年代的 11%增加到 45%，一些主要污染物的排放量已接近或超过工业企业污染物排放量的一半以上。以废水为例，1991 年乡镇工业废水排放总量为 18.3 亿 t，而到 1999 年为 36.5 亿 t，9 年间增加了 1 倍多。尤其是在城市的郊区，这一现象更为严重。

8. 城市污染向农村转嫁加速农村环境的污染

从目前污染转移的情况来看，城市污染向农村转移主要包括三类：一是工业污染向农村转移；二是城市生活污染向农村转移；三是旅游污染向农村转移。近年来，由于城市普遍加强了环保监管，许多污染企业无法在城市立足，便从中心城区搬到郊区和农村，造成工业污染的转移，一些城郊地区已成为城市生活垃圾及工业废渣的堆放地。初步统计，全国因固体废弃物堆存而被占用、毁损的农田面积已超过 200 万亩。此外，乡村旅游的兴起，旅游相关产业的飞速发展所带来的生活污染和交通污染，人文景观和娱乐设施开发所造成的生态破坏，也给农村环境带来了损害。

综上所述，农村环境污染及其对国民生命健康的威胁将成为广大民众的严重负担，成为对政府执政能力的重大挑战。如果不能从源头上遏制环境污染的进一步加剧，在“发展”和“环境”问题上取得合理的平衡，农业环境安全和环境危机将对我国经济发展和社会稳定产生越来越大的影响，并可能成为社会危机的根源之一。为此，需积极探寻农业环境问题的防治对策。

二、农业环境问题产生的原因分析

（一）农业环境问题产生的政策原因

1. 家庭联产承包责任制

现行家庭联产承包责任制，虽然对推动农民种粮积极性上发挥了重大作用，但使得田块分割过细，标准化、机械化作业难以实施，农业技术推广难度增大，从而造成不合理施肥、施药等，加重农业面源污染。

2. 粮食安全政策

中国国内粮食供求平衡压力很大，粮食生产和粮食安全一直是中国农业政策的核心内容。过去 50 多年里，中国粮食产量的增长越来越依赖于农用化肥等现代农用投入品使用的增加。历史数据表明，中国粮食产量的增长与化肥施用量的增加往往呈正相关关系。由于目前化肥农药尚无可替代性，为了保证粮食产量的持续增加，高水平的农业投入，尤其是化肥和农药的投入，将是不可避免的。十七届三中全会中要求，在2020年前全国要落实新增千亿斤粮食生产能力的规划，如果没有有效的政策调控措施，进而改变农业的增长方式，与农业投入相关的农业污染问题也会更加严重。

3. 国内农资增支综合补贴政策

早在20世纪60—70年代，中国政府就以补贴等形式鼓励国内化肥生产企业的发展。为了鼓励粮食生产，政府也曾经对农民施用化肥给予相应的补贴。20世纪80年代家庭联产承包生产责任制以后，农民的生产积极性上升，对化肥、农药、农膜等农资需求增加，刺激了国内化肥、农药、农膜工业的发展，同时这些农资的进口也逐渐增加。中国入世以后，国内市场的化肥价格逐渐与国际市场接轨，农民可以更容易地以较低的价格获得化肥、农药等农资，这有利于中国农民参与国际农产品市场的竞争，但是，从环境保护角度来说，这意味着化肥、农药等投入品价格更便宜，农民在其他条件不变的情况下会使用过多的化肥、农药，对环境的压力更大。

4. 国际贸易政策

从国际大环境来看，由于贸易自由化影响着农业生产投入要素和农产品的价格，从而影响到农作物生产结构及单位面积上的化肥和农药的投入量。相对较低的化肥和农药价格本身就会诱导农民多施肥、多施药。而高附加值的蔬菜、水果和花卉等生产的扩大将进一步促进化肥、农药等投入品的使用。如果没有有效的管制系统，如果农民得不到适当的技术推广服务和技术体系的保障，化肥和农药的用量还会随着贸易自由化的发展而增加，从而加大了农业污染控制的难度。

（二）农村环境保护的立法不完善，执法不力

我国农村污染防治法律体系不完善，较为薄弱。农村环境保护立法上仍有空白，在某些环境保护领域存在无法可依的状态。有些关于农业环境保护的法律、法规条款部分则分散在其他的法律法规中，并且有的法律、法规已经难以适应新的形势。国家对乡镇企业、个体企业、私营企业发展中出现的环境污染的特点缺少有针对性的法律、法规，造成对这些企业环境执法难。我国现行的环境法以实体法为主，程序法很少且分散在各实体法中，这影响到环境行政执法的规范性。从而导致环境执法实践中有法不依、执法不严、违法不究、以权代法的现象，从而出现实际执法中的执法缺位。而执法不力又导致农业环境污染进一步加剧。

（三）农村环境保护意识淡薄，环境管理体系不完善

一方面一些地方的领导干部的环境保护意识差，法制观念淡薄，一些党政干部政绩考核体系的设置，只注重经济总量和增长率，却忽视了环境保护。在招商引资

过程中，许多新引进的投资项目在其发展建设的整个过程中对环境造成新的污染。另一方面，由于农村人口受教育程度普遍较低，没能养成较好的卫生习惯，对自身行为给环境带来危害的认识不足，随意堆放垃圾，焚烧秸秆，滥用化肥农药，使得农业生产环境不断恶化。

政府部门的环境管理体系还不够完善，农村环境技术支持体系不全。目前我国对城市和上规模的工业企业污染治理制定了许多优惠政策，而对农村各类环境污染治理却没有类似的政策，多数乡镇企业只配 1 名专（兼）职环保技术人员，而且绝大部分是有名无实，环境保护、环境规划及环保宣传都无从说起，使得农业环境问题的解决至今仍旧停留在口头上。

三、农业环境问题的防治对策

（一）开展农业政策战略环境评价，从源头控制农业污染

战略环境评价是指对政策、法规、规划、计划的环境资源承载能力进行深入的分析预测和科学的评价，并采取预防措施或者其他补救措施，从决策源头避免或降低环境污染和生态破坏。政策环境影响评价是环境影响评价在政策层次上的应用，具体是指对各种政策及其替代方案进行系统、综合的分析和评价过程，它是可持续发展影响评价的一个重要组成，是战略环境评价中的重要部分，其目的是要把对环境的考虑纳入政策的制定和修订中去，通过分析各种政策选择的环境影响来提高决策的质量，从而建立起一种环境、经济、社会综合的决策机制。

开展农业政策战略环境评价工作，可在对国家农业政策所导致的社会经济活动的环境影响进行分析系统的评价、对现行国家农业政策继续实施及替代方案环境影响进行预测的基础上，提出相应的环境保护对策或国家农业政策修订、调整建议，以避免或尽可能降低由于决策失误带来的不利环境影响，从源头上控制农业污染，促进农村社会经济环境系统可持续发展。

（二）重视生态建设，推动资源合理高效利用，发展生态农业

防止生态环境恶化继续坚持退耕还林还草；积极调整农作物种植结构，加大农田防护林建设力度，防治风沙危害。以植被建设和保护为重点，积极开展生态修复；大力恢复和改良草场，坚决制止乱垦滥挖、破坏植被的行为。

把合理开发农业生态资源与保护养育结合起来，把经济建设与生态资源建设统筹起来，提高资源利用的科技效能。同时依靠科技进步，大力发展生态农业，使得农业结构处于最优化的状态。通过对畜禽粪便、农村固体废弃物的资源化利用，将其作为有机肥还田以培肥地力，减少畜禽养殖和农村生活废弃物对环境的污染，减轻农业生产对化学肥料的过度依赖；推广秸秆综合利用技术，完善免耕覆盖还田、

机械粉碎（整株）翻压还田、留高茬还田、秸秆生物反应堆等技术模式，改善土壤理化性状，增加土壤肥力和有机质，逐步消除焚烧和弃置乱堆秸秆现象；恢复与发展绿肥生产，活化、富集土壤中的养分，减少化肥用量，减轻污染物排放。

（三）合理控制农用化学品投入，实施种植业清洁生产

通过施肥技术升级和加大推广力度，建立适合我国现阶段农业生产特点的区域养分管理技术，推广测土配方施肥，提高肥料利用效率，减少养分流失对环境的影响；推广病虫综合防治技术、精准施药技术。通过以低毒、低残留农药替代高毒农药，以生物防治、物理防治部分替代化学防治，控制农作物虫害发生频次，减少化学农药用量；通过实行灌排分离，将排水渠改造为生态沟渠，利用沟壁和沟渠中作物吸收利用径流中养分，对农田损失的氮磷养分进行有效拦截，达到控制养分流失和再利用的目的。

（四）加强畜禽养殖污染防治监管

对大中型及新建的畜禽养殖户实行科学选址、统一规划，根据环境容量，合理确定畜禽养殖规模，科学划定禁养区，大力推广生态立体畜禽养殖模式，提高粪便资源化综合利用效率及养殖经济效益。对现有规模化畜禽养殖场要限期进行治污改造，加强养殖废弃物综合利用，确保达标排放。

（五）制定激励性政策，减轻农业面源污染

相对于城市而言，农村环保工作起步较晚，基础比较薄弱，尚未建立起适应农村环保实际需要的法律法规及相应的激励政策，因此需要在认真贯彻执行现行有关法律法规的同时，根据农业环境问题的复杂性和特殊性，尽快制定适合我国国情的农业面源污染控制和综合治理管理办法，明确农业面源污染控制和各项防治任务的责任主体、排污总量控制，面源污染监测、信息发布、预警等有关事宜。加大农业面源污染实用技术研究、开发和推广力度，加强分类指导、试点示范，加快现有成果的转化、推广，做好引导工作。在认真执行已有农业面源污染控制相关标准的基础上，制定严格的种植业养分和农药投入限量标准。

在充分调研国外农业生态补偿机制的基础上，探索建立适合国情的农村环境污染防治生态补偿机制，出台鼓励施用有机肥、秸秆还田和种植绿肥的激励政策，鼓励发展生态农业，引导农民采用清洁种植生产技术，对采用清洁生产技术的农户给予一定补贴。如鼓励使用有机肥，对有机肥生产和施用者进行补贴，包括补贴有机肥料的资源化研究和开发，补贴有机肥料的生产厂商和普及施用有机肥的村镇；免费向农民和有机肥生产厂商提供适用技术的信息和指导；采取特许经营等方式，鼓励扶持经营销售有机肥料。在农药方面，可补贴生物农药的研发和推广，减轻对传

统农药的依赖性。

（六）建立健全农村环境污染监管机制

目前，我国的农村环境管理力量还较薄弱，环境管理涉及环保部、农业部、水利部、国家林业局等多个部门，这些部门不但监测指标和标准不统一，而且缺少相互通气和协调的平台，责任不清、相互推诿的情况也时有发生。建议国务院成立环境保护委员会或责成环保部，统筹负责相关部门的协调工作，完善农村环境管理组织和管理机制，加强村民环境自治。

加强对环境监测工作的管理，通过部门之间交叉检验等科学方法，提高监测数据质量。对农业生产高度集约化地区、重要饮用水水源地等敏感地带，要制定并颁布限定性农业技术标准。加强对重点农业生产企业的环保执法监督，发现问题限期整改。制定和完善农产品生产和安全质量标准、农产品基地环境质量和污染物排放标准，积极推进农产品标准化生产。探索建立化肥、农药等化学投入品、农产品市场准入和安全追溯制度。充分利用现有的环境监测网络体系，根据农村环境的特点尤其是农业面源污染的情况，在全国污染源普查工作基础上，按照统一规划、分级建设、分级管理、信息共享、统一发布的原则，按照目标与手段相匹配、任务与能力相适应的要求，以监测评估、及时预警、快速反应、科学管理为目标，以自动化、信息化为方向，构建科学合理的监测体系和考核体系，建设农业面源污染防治信息共享平台，建立先进的农业环境监测预警和完备的环境执法监督体系，为农业面源污染综合防治提供及时高效的信息和技术服务。

（七）加大宣传教育力度，增强农民环境保护意识，优化农户行为

我国目前农村环境形势严峻，与广大农村居民的环境保护意识淡薄有很大关系。增强农民环境保护意识，优化农户行为是解决农业环境问题的关键。我国普遍推行家庭联产承包责任制以后，农户成了农村经济结构中最基本的生产生活单元，农户家庭不仅是一个生活消费单元，更是一个组织经营活动的社会生产单元，他们是最基本、最微观的生产要素支配者和生产消费单元。目前我国有 2.3 亿农户，占全国总户数 69%，其中农业人口占全国总人口的 70%。农户家庭是主要的农业生产组织，他们是我国农业资源的占有者和使用者，其经营行为对农业可持续发展目标的实现有着重要的影响。因此，以农户经济为最基本单位的农村经济结构，是农业可持续发展面临的农村经济大环境，农户对农业环境质量的状况起着至关重要的作用。

开展环境保护宣传教育工作的目的就是启发人们的觉悟，提高认识，规范行为，只有加强环境保护基本国策的宣传教育，环境保护法律法规的宣传教育，以及环境违法典型案例的宣传教育，才能逐步提高广大农村群众的环境保护意识和法制观念，树立自觉的环境保护的责任感和使命感。充分利用各种媒体，对农村环境保护工作

重要性进行广泛深入的宣传，采取农民易于接受的方式传播各种典型模式和选取先进经验，营造有利于保护和改善农村环境的良好社会氛围，进一步增强农民对搞好环保和生态建设重要意义的认识，引导广大城乡居民理解、支持并参与到农村环境保护中。

四、结语

总之，目前我国农村环境形势严峻，农业自然资源短缺，生态恶化，点源污染与面源污染共存，生活污染和工业污染叠加，各种新旧污染与二次污染相互交织，工业及城市污染向农村转移，土壤污染日趋严重，已成为中国农村经济社会可持续发展的制约因素。大部分垃圾未经处理，直接堆放在田头、路旁，甚至抛掷到沟渠、水塘，影响环境卫生和农村景观；绝大部分生活污水未经处理直接渗入地下或直排沟渠、水塘；化肥、农药使用不合理造成局部地区面源污染突出；合理利用措施滞后，畜禽养殖污染日益凸显。需要采取积极的措施，对农村环境污染进行防治，为贯彻落实十七届三中全会精神，建设社会主义新农村奠定良好的资源环境基础。

（2008 年 11 月）

我国氯碱行业存在的主要环保问题及可持续发展对策建议

周学双　李继文　多金环　郑韶青

摘　要：氯碱工业属基础化工原材料工业，广泛应用于农业、石油化工、轻工、纺织、化学建材、电力、冶金、国防军工、食品加工等领域，在国民经济发展中起着举足轻重的作用。氯碱行业属高能耗、高污染、高风险产业，涉及一类污染物、难降解环境累积物质、破坏臭氧层物质、温室气体以及废渣和有害废气等多要素环境问题，目前该行业处于盲目无序混乱状态，存在汞污染严重、资源利用率低、快速无序的扩张、产业链和原料链不配套等诸多问题，氯碱行业的环境问题不可小视。建议尽快制定颁布《氯碱行业（电石法聚氯乙烯）环境管理办法》，抬高行业的环保门槛，规范汞的使用及其污染防治，实行全过程环境监管，同时尝试利用环保手段，依法优化调整我国氯碱行业发展布局与产业结构，促进该行业可持续发展。

主题词：氯碱行业　现状　环保问题　对策建议

氯碱工业是基础化工原材料工业，氯碱产品种类多，关联度大，主要产品有烧碱、氯气和聚氯乙烯等；氯化工下游产业链十分庞大，其下游产品达到上千个品种，具有较高的经济延伸价值，涉及全球控制使用的物质如 CFC、POPs 等。氯碱工业广泛应用于农业、石油化工、轻工、纺织、化学建材、电力、冶金、国防军工、食品加工等国民经济各命脉领域，自新中国成立以来我国一直将主要氯碱产品产量及经济指标作为国民经济统计和考核的重要指标，在我国经济发展中具有举足轻重的地位。

氯碱行业属高能耗（电解、电石、兰炭）、高污染（Hg、VCM、AOX、含汞废酸、电石渣等）、高风险（氯气、CFC、POPs、VCM、HCl 等）产业，涉及一类污染物、难降解环境累积物质、破坏臭氧层物质、温室气体以及废渣和有害废气等多要素环境问题。蒙特利尔议定书、POPs 公约等均与氯碱行业有关；目前，我国烧碱和聚氯乙烯产量均居世界第一，电石产量也居世界第一。

一、氯碱行业现状

（1）烧碱产品：2007 年世界烧碱总产能约 6 650 万 t，产量约 6 220 万 t，比 2000 年产量增长26.4%。世界烧碱企业主要分布在美国、西欧及亚洲，这三个区域烧碱产能合计占世界总能力的80%左右。

2007年我国烧碱生产能力2 100万t/a，约占世界总产能的1/3，产量达到1 759万t，比2000年产量增长171%。其中，烧碱产量前六大省（市）占全国总产量比例依次为山东19.8%、江苏13%、天津7.8%、河南6.3%、浙江6.1%、四川5.3%。

（2）聚氯乙烯产品：2007年全世界聚氯乙烯总产能约为4 550万t/a，产量约4 065万t。亚洲、北美、西欧是世界三大生产聚氯乙烯的地区，其中尤以美国、中国、日本、德国、中国台湾省是聚氯乙烯生产大国和地区。

2007年我国聚氯乙烯生产能力达到1 396万t/a，约占世界总产能的30%，产量为971.7万t，比2000年产量增加3倍。其中，聚氯乙烯产量前七大省（市、区）占全国总产量比例依次为山东13.8%、天津13%、四川8.4%、江苏8.1%、河南7.3%、新疆6.3%、浙江6.3%。

（3）电石与兰炭：2007年全国电石产能突破2 000万t，产量达到1 480万t。全国电石企业大约400多家，全国第一大电石产区——内蒙古产能800多万t，预计今年产量将突破600万t；新疆、陕西、山西、宁夏的产能大约分别为200万t；云南、贵州、四川的产能大约分别为100万t；国家发改委在2007年和2008年分两批公布了共有219家企业“符合《电石行业准入条件》”；同时，相继两批共有103家企业属于落后生产能力，被强制关停。

兰炭的产能大约1 000万t，主要在陕西和内蒙古。

（4）主要氯碱产品消费领域：氯碱产品主要有烧碱（包括液碱、固碱）、钾碱、液氯、盐酸、漂白消毒剂系列、C1氯化物（包括一氯甲烷、二氯甲烷、三氯甲烷、四氯甲烷）、C2氯化物类、氯化苯系列、环氧化合物系列、水合肼系列、氯化聚合物系列（包括聚氯乙烯）、农药中间体等，其中最大的有机耗氯产品是聚氯乙烯。

氯产品是日常生活中饮用水处理、卫生消毒、日用化学品的主要产品和原料，与人民生活息息相关。烧碱主要用于生产有机化学品、造纸、氧化铝、无机化学品等；聚氯乙烯主要用于生产管材、管件、型材、薄膜等；氯气主要用于生产聚氯乙烯、有机化学品、造纸、水处理等（见表1）。

二、氯碱行业存在的主要环保问题

（一）企业规模小、分布广、污染重

全国除西藏、海南和北京外，氯碱企业遍布其他各个省份，且还在不断扩展蔓延。

表 1　主要氯碱产品消费领域

烧碱		聚氯乙烯		氯气	
消费项目	消费比例/%	消费项目	消费比例/%	消费项目	消费比例/%
有机化学品	18	管材、管件	37	PVC	34
造纸	16	型材	17	有机化学品	20
无机化学品	14	薄膜	18	无机化学品	2
氧化铝	9	电缆料	7	水处理	6
纺织	8	瓶料	3	造纸	4
肥皂和洗涤剂	8				
其他	27	其 他	18	其 他	34
合计	100	合 计	100	合 计	100

据中国氯碱工业协会统计，截至 2007 年，我国烧碱企业约 203 家，平均产量约 9 万 t/a；其中，产量在 30 万 t/a 以上的企业仅有 6 家，而 10 万 t/a 以下的企业有 152 家，约占 75%。我国聚氯乙烯企业约 80 家，平均产量约 12 万 t/a；其中，产量在 30 万 t/a 以上的企业仅有 8 家，10 万 t/a 以下的企业有 53 家，约占 66%。根据《氯碱（烧碱、聚氯乙烯）行业准入条件》要求："新建烧碱装置和新建、改扩建聚氯乙烯装置的起始规模均必须达到 30 万 t/a 及以上"。目前我国现有的氯碱企业规模普遍较小。

仅以氯化汞触媒消耗为例，生产规模大、操作水平高、管理比较先进的企业，每吨 PVC 树脂消耗氯化汞触媒 1.0 kg 左右；而生产规模小、操作水平和管理较差的企业，氯化汞触媒的消耗量为 2.0 kg 左右，相差 1 倍左右。

（二）隔膜法烧碱和电石法 PVC 所占比重大

我国烧碱生产工艺主要分为隔膜法和离子膜法。离子膜法制碱技术具有生产工艺简单、产品质量高、污染少、节约能源等优点，已被世界公认为技术最先进和经济最合理的生产方法。以生产浓度为 30%的液碱计算，采用隔膜法吨产品综合能耗为 800 kg 标煤，而采用离子膜法吨产品综合能耗为 370 kg 标煤。目前，我国隔膜法烧碱仍占有较大比重，2007 年，我国隔膜法烧碱产量为 789.73 万 t，占全国烧碱总产量的 46%；离子膜法烧碱产量为 925.02 万 t，占全国烧碱总产量的 54%。

聚氯乙烯生产主要有乙烯法和电石法两种原料路线。电石法生产聚氯乙烯由于能耗高、污染严重，传统概念上属于淘汰工艺，其他国家几乎都普遍采用乙烯法生产聚氯乙烯。而我国的聚氯乙烯生产主要采用电石法。2007 年，我国的聚氯乙烯产量971.7万t，其中约有757.4万t采用电石法原料路线生产，占总产量的78%；2007年我国聚氯乙烯产量比2006年增长约160万t，几乎全部增长都采用电石法。

（三）汞污染严重

目前，国内市场每年的汞需求量在1 000 t左右，占全球消耗量60%以上；其中PVC行业对汞的需求量约为850 t（以800万t PVC计，氯化汞触媒需求量约为9 600 t），我国汞的供应很大程度上依赖进口，我国限制每年汞进口量为400～500 t。

据调查，目前我国电石法每生产1 t PVC树脂消耗氯化汞触媒1.0～2.0 kg。氯化汞触媒的消耗量与企业规模、管理水平有关，差异较大。按照国内乙炔法PVC产量800万t计算，即使按1.2 kg/t PVC计算，年消耗汞触媒近9 600 t，预计到2010年乙炔法PVC生产能力将超过1 300万t，年消耗汞触媒多达15 000 t，折汞达1 326 t，接近全球现在的总消耗量，这将是一个非常可怕的需求量。

几乎没有氯碱企业的含汞废水做到达标排放，除此之外，每年45万t含汞废酸、近万吨的废汞触媒、大量的含汞废活性炭和含汞废渣等，不知流失去向，基本没有纳入环境监管的视野，存在盲区和巨大的环境隐患。

（四）资源利用率低

氯碱行业每年大约有1 200万t电石渣（以干基计）、近2亿t电石渣上清液、45万t含汞废酸、大量的高纯度氢气以及电石炉气和兰炭干馏气，大部分没有很好地利用。现有企业大多数没有配套建设电石渣制水泥和上清液回用装置，露天堆存不仅占用大量土地、浪费资源，而且严重污染环境。现有的电石和兰炭企业大都分散独立运营，规模小、设备落后，根本没有能力回收利用炉气和干馏气，资源浪费与环境污染极其严重。

以内燃式电石炉（以1 000万t计）改造为密闭式电石炉为例：每生产1 t电石，产生的CO气折合标煤约160 kg，改造后每年可节约标煤160万t，同时减少CO_2排放量680万t。密闭式电石炉产生的CO经净化后，可用于生产蒸汽或气烧石灰窑生产石灰，如果CO量大（大型企业），还可以生产甲酸钠或甲醇等高附加值的化工产品。

（五）快速无序的扩张导致污染蔓延

近几年，由于房地产、氧化铝、造纸等行业的迅猛发展，需求加大，拉动氯碱行业快速扩张；各地纷纷计划上马氯碱项目，尤其是中西部煤炭资源丰富的地区。据不完全统计，近几年上马的氯碱产能将达千万吨，几乎翻番，且无一例外的均为电石法工艺，绝大部分项目为地方审批（见表2）。

表 2　重点新扩建氯碱项目简介

序号	企业名称	项目所在地	项目规划	备注
1	包头海平面	内蒙古包头	离子膜烧碱：36 万 t 电石法 PVC：40 万 t	投资主体为东方希望独资兴建的一家大型化工企业
2	包头蒙汉实业	内蒙古包头	离子膜烧碱：72 万 t 电石法 PVC：100 万 t	一期工程 15 万 t 离子膜烧碱，20 万 t 电石法 PVC
3	乌江实业& 东方希望	重庆	离子膜烧碱：30 万 t 电石法 PVC：36 万 t	
4	伊犁南岗	新疆伊犁	离子膜烧碱：32 万 t 电石法 PVC：40 万 t	项目建设周期 2 年，一期建设 12 万 t 电石法 PVC 及配套离子膜烧碱装置
5	内蒙古新大洲	内蒙古牙克石	离子膜烧碱：10 万 t 电石法 PVC：12 万 t	公司计划 2014 年实现 50 万 t/a 电石法 PVC 生产能力
6	河南永银	河南舞阳	离子膜烧碱：16 万 t 电石法 PVC：20 万 t	一期项目投资 15 亿元，建设周期 2 年，预计全部项目投资总规模 30 亿元
7	黑龙江华鑫塑料	黑龙江 鸡西市	离子膜烧碱：30 万 t 电石法 PVC：30 万 t	
8	淮北矿业	安徽淮北	离子膜烧碱：76 万 t 电石法 PVC：100 万 t	建设周期 2007—2010 年。一期 40 万 t PVC，30 万 t 离子膜烧碱
9	内蒙古亿利	内蒙古鄂尔多斯	离子膜烧碱：100 万 t 电石法 PVC：100 万 t	一期 40 万 t 已经投产，远景规划为 100 万 t
10	内蒙古吉兰泰	内蒙古乌海	离子膜烧碱：100 万 t 电石法 PVC：100 万 t	一期 20 万 t 已经投产，二期 20 万 t 6 月份举行开工仪式
11	乌海君正	内蒙古乌海	离子膜烧碱：65 万 t 电石法 PVC：77 万 t	现有 5 万 t PVC、5 万 t 烧碱，规划 72 万 t PVC、60 万 t 烧碱，其中一期各 40 万 t
12	北元化工	陕西神府	离子膜烧碱：110 万 t 电石法 PVC：110 万 t	现有产能 10 万 t，今年上半年举行 100 万 t 工程奠基，分两期完成
13	新疆天业	新疆石河子	离子膜烧碱：106 万 t 电石法 PVC：112 万 t	现有产能 PVC 52 万 t、烧碱 46 万 t，今年投产双 20 万，后期有双 40 万规划
14	青海盐湖集团	青海格尔木	乙烯法 PVC：120 万 t 电石法 PVC：80 万 t	已编制可行性研究报告
15	平顶山煤业（集团）	河南省平顶山市	离子膜烧碱：22 万 t 电石法 PVC：30 万 t	

氯碱行业发展最快的主要为内蒙古、河南、新疆、宁夏等地区，尤其以内蒙古和河南的氯碱企业发展甚为迅猛。2004—2007 年，河南省 PVC 产能从 27 万 t 增长到 130 万 t，烧碱产能也从 33 万 t 增长到 100 万 t，现已有近二十家氯碱企业；内蒙古自治区规划建设千万吨电石法 PVC，仅乌海市就计划将氯碱产能发展到 700 万 t，市内三个城区均以氯碱作为主要的招商产业；乌海市、吉蓝泰与宁夏的交界区域已是黄河中上游氯碱行业相当密集的地区，局部产能过剩，如果还一味地盲目无序发展，必然导致灾难性后果，并严重威胁黄河的水环境安全。环境污染正在区域上不断蔓延。

（六）产业链和原料链不配套延伸了环境污染与环境风险

电石法 PVC 的原料链主要为电石和氯气，现有企业大部分没有配套电石生产装置，新建设氯碱项目也有相当部分未配套电石生产装置，因此氯碱行业发展催生了电石和兰炭的快速发展，电石和兰炭生产过程中污染十分严重，尤其是小型企业，基本不采取污染防治措施，在内蒙古、陕西、宁夏、新疆等地就大量存在这类企业。原料链的不配套正在延伸和扩大环境污染。

氯碱工业烧碱、氯气、氢气在生产过程中按一定比例同时产出，而市场需求各不相同，氯碱行业产品链主要问题是氯气与碱的平衡，氯气与碱都是不适宜长距离运输和大量储存的危险化学品，也可以说，氯碱行业具有较强的区域特点，因此，下游产业链配套方可消除氯气与碱的运输风险；而现在各地上马氯碱项目并没有相应的配套产业链与原料链，由此将会引发一系列问题，尤其是对环境的威胁，最近由于电石等原材料涨价导致 PVC 企业亏损，已经有部分企业将液氯白送；据统计，发生的安全与环境污染事故与液氯有关的比例较高，产业链的不配套正在延伸环境风险。

三、对策与建议

随着聚氯乙烯用于节能环保型化学建材领域的不断开拓和农村城镇化的影响，市场需求增长较快，增长率在 15%左右，而石油资源短缺，乙烯生产有较大缺口，不能满足我国化工行业发展的需求。按 2007 年生产量计算，若聚氯乙烯全部采用乙烯法约需乙烯 400 万 t（折石油资源约 5 000 万 t），因此，电石法聚氯乙烯是缓解我国石油短缺的有效途径之一，现阶段还不宜淘汰和全面限制电石法的发展。

（一）建议针对汞污染，制定《电石法聚氯乙烯环境管理办法》

鉴于电石法聚氯乙烯是汞污染的主要来源，该工艺是我国独有的特色，汞污染已经受到全球普遍关注，汞的使用限制将越来越严格；近几年，氯碱行业发展势头过猛，部分地区已经超出了区域环境承载能力，环境污染与风险加剧；预计到 2010

年，我国乙炔法 PVC 生成能力将超过 1 300 万 t，年消耗汞多达 1 326 t，接近全球现在的总消耗量，非常可怕。

虽然已经颁布《电石行业准入条件（2007 年修订）》和《氯碱（烧碱、聚氯乙烯）行业准入条件》，但约束力不够，尤其是在环境管理上缺乏力度，因此，很有必要从环境角度，依据相关法律法规，尽快制定颁布《氯碱行业（电石法聚氯乙烯）环境管理办法》，抬高行业的环保门槛，规范汞的使用及其污染防治，实行全过程环境监管，对汞和汞触媒生产、销售以及回收等环节均进行许可证管理，同时尝试利用环保手段，依法优化调整重污染行业发展布局与产业结构，增加经济发展中环保的话语权，也为摸索重污染行业环境管理积累经验。

（二）结合煤化工发展规划及其环评，合理布局

国外发达国家均走氯碱工业与石化工业相结合，发展大型的乙烯氧氯化法聚氯乙烯装置。

目前的电石法聚氯乙烯可以归类煤化工，现代煤化工发展尤其是煤制烯烃的工程化意味着乙烯法聚氯乙烯也可以归类煤化工；因此，应该结合煤化工发展，前瞻性地规划氯碱（烧碱、聚氯乙烯）行业，充分考虑产业链和原料链的配套，结合资源、环境、交通和市场等要素进行合理布局，并开展规划环评。由于 78%以上的电石和 60%以上的汞用于生产聚氯乙烯，电石（包括兰炭）生产规划和汞的使用规划应该同时纳入氯碱行业发展规划；鉴于氯碱行业具有较强的区域特点，不仅应该制定区域发展规划，由于汞使用的特殊性，还应该制定全国性的发展规划。

坚持“清洁、有序、配套”的发展方针。清洁是指从环境保护、清洁生产、循环经济和节能减排等方面严格环境准入；有序是指“遵照规划进行布局、遵循市场经济规律”发展，而不是盲目发展、恶性竞争、重复建设；配套是指在适宜建设大型电石装置的地区，统一规划、合理布局，新建电石装置与电力、盐、化工（烧碱、PVC、合成氨、甲醇等）、催化剂回收、下游氯产品以及水泥等产业链和原料链的配套建设，实现循环经济和资源能源的充分利用，最大化地减少交通运输压力和规避环境风险。

（三）推广低汞触媒、加大力度开发无汞触媒

目前，电石法氯乙烯的合成工艺仍然离不开汞触媒，现有氯碱企业普遍采用传统汞触媒（汞含量 10.5%～12%）；氯碱行业已经开发出低汞触媒，其含汞量为 5.5%左右，仅为传统汞触媒的一半左右，还具有催化能力强、使用寿命长、热稳定性很高、不易流失等优点。如果全行业推广，每年可以减少 70%以上汞的流失，相当可观。

我国汞的资源有限，在很大程度上依赖进口，欧盟将于2011年7月起全面禁止汞的出口贸易（欧盟是世界上主要的汞生产出口基地，全年出口量约在1 000 t），联合国环境规划署正着手限制汞的使用与排放。汞制约电石法氯乙烯的发展，因此，应该加大力度开发无汞触媒，彻底解决氯碱行业汞的污染问题。

（四）开展环境后评估，规范环境监管

根据重庆天原化工总厂原厂址（该厂建于1938年，2004年发生大型爆炸事故）环境风险评估的相关资料显示：重金属（汞、铅、钡等）和有机氯化物POPs类物质（二噁英类、六氯苯、六六六等）污染较为严重，该场地对人类和生态具有很大环境风险。由此可见，应该对氯碱企业给予高度关注。针对现有企业，应该从环境敏感程度、污染现状、纠纷、环境容量、发展余地等多个角度，开展环境后评估，采取"上大关小、区域整合"等措施优化发展，在发展的同时改善环境。

建议对现有氯碱企业进行重点监控监管，建立动态的污染源档案，对含汞废酸、含汞废活性炭、含汞废渣和废催化剂等危险废物进行严格监控，规范监测点位等，禁止污染转移。对汞触媒的生产与销售以及废催化剂的回收与处置，进行全过程监控，并对企业进行许可证管理。

目前，所有的电石项目和大部分氯碱项目均由地方环保部门进行审批，部分地区为了追求经济效益，存在把关不严、敷衍了事、尺度不一等现象。应该制定统一的审批标准，规范政府行为，使位于不同地区的建设项目处于公平的市场环境和相同的环保成本，不至于搞乱市场和牺牲环境。

（五）推广先进环保技术，探索切实可行的环境经济政策

目前，氯碱行业经过多年的努力，开发应用了多项实用的环保技术，如盐酸脱吸回收氯化氢、氯乙烯精馏尾气采用变压吸附技术回收氯乙烯、盐水精制采用膜法脱硝＋冷冻除硝工艺技术替代毒性较强的氯化钡法、废盐酸电解回收氯气、聚合母液回收利用、干法乙炔替代湿法乙炔、电石炉气制甲醇或甲酸钠、电石炉气生产蒸汽或气烧石灰窑、电石渣制水泥、电石渣用于烟气脱硫等（见附件1），不仅环境效益显著，也具有一定的经济效益，但对于规模不大的中小型企业和技术落后的企业，缺乏积极性。

建议针对氯碱行业进行切实可行的环境经济政策探索，"解剖麻雀"，充分利用"绿色信贷、税收、保险、贸易、证券"等手段，如综合利用免税政策、电石渣堆放征收土地退化税、电石炉气放散或直燃征收二氧化碳税、实施差别电价、限制PVC出口等，也可考虑针对汞征收特别环境税等。利用环境经济政策让环保搞得好的企业真正受益，而污染浪费严重的企业无法生存。

（2008年11月）

附件 1：

主要环保实用技术

（1）盐酸脱吸回收氯化氢：一般生产 1 t 聚氯乙烯产生 60 kg 左右氯化氢。目前采用盐酸脱吸技术可回收氯化氢而废水循环利用。氯化氢的回用率可高达 98%。该技术已有多家采用，解决了汞二次污染问题。

（2）氯乙烯精馏尾气采用变压吸附技术回收氯乙烯：过去我国电石法聚氯乙烯行业的精馏尾气均不能达标排放，采用变压吸附技术可以回收精馏尾气中的氯乙烯，该技术完全可以实现达标排放，目前该技术已普遍采用。

（3)聚合母液回收利用：一般聚氯乙烯生产中母液的产生量在 3 ~ 4 t/t 聚氯乙烯，主要含有聚乙烯醇等各种有机物，COD 浓度在 300 mg/L 左右，采用膜法可回收 70% 的水，而浓水再去生化处理，生化法可以使水中 COD 降到 30 mg/L 以下，可以达到工业用水指标。

（4)干法乙炔替代湿法乙炔：湿法乙炔发生是用多于理论量 17 倍的水分解电石，产生的电石渣浆含水量为 90%。干法乙炔发生是用略多于理论量的水以雾态喷在电石粉上使之水解。湿法乙炔每生产 1 t PVC 产生电石渣 2.51 t，其中含水量 0.88 t，每蒸发 1 t 水需要 150 kg 标准煤，而干法工艺产生的电石渣用于生产水泥无须干燥。一个年产 40 万 t 的 PVC 项目采用干法工艺每年可节约 5.3 万 t 标准煤。

（5）低汞触媒：低汞触媒的含汞量在 5.5%左右，是高汞触媒（汞含量 10.5% ~ 12%）的一半左右，是采用特殊的生产工艺将氯化汞固定在活性炭有效孔隙中的一种新型催化剂，大大提高了催化剂的活性而且降低了汞升华的速度，经多家企业应用表明低汞触媒的活性转化率不减，使用寿命不低，其汞升华的量大大降低。低汞触媒可以大大降低汞的消耗和后治理的难度。

（6）盐水精制采用膜法脱硝＋冷冻除硝工艺技术替代毒性较强的氯化钡法：氯化钡有较强的毒性、储存要求较高、使用成本较高；膜法脱硝工艺直接以副产十水芒硝固体形式脱除盐水中的硫酸根，该工艺无毒无害，没有二次污染，运行成本远低于现行的化学法除硝。

除此之外，还有废盐酸电解回收氯气、电石炉气制甲醇或甲酸钠、电石炉气生产蒸汽或气烧石灰窑、电石渣制水泥、电石渣用于烟气脱硫等多项实用的环保技术。

汶川地震灾后重建不宜简单“恢复”

任景明

摘　要：四川汶川大地震损失惨重，各级政府在基本完成搜救生命的第一阶段任务后，纷纷转入灾后恢复重建阶段。在分析区域地质条件、自然资源和生态环境的背景及资源环境承载力的基础上，结合国家主体功能区规划等的新的区域发展战略布局，对地震灾区灾后重建提出不宜简单“恢复”的具体意见与建议：依法全面系统评价震区地质灾害；基本定位为国家限制与禁止开发区域；围绕生态功能保护和防治新的地质灾害规划主导产业；不必全面恢复受灾企业和重建所有基础设施；申请设立“四川汶川大地震世界地质公园”；构建崭新和谐的新震区等。

主题词：汶川地震　重建　恢复

5月12日发生在四川汶川的8级特大地震，给人民生命财产造成了重大的损失。在党中央、国务院的统一部署和直接指挥下，灾区干部群众、解放军、武警官兵和公安民警迅速行动，奋力抗震救灾。

随着解救地震中被困人员生命的第一阶段任务即将完成，地震的灾后重建就要提到急迫的议事日程。日前，四川省提出将全力争取在一个月之内，98%的受灾群众都有一个安全、经济、适用的房子；四川省、绵阳市的两级专家和相关技术人员奔赴北川，已于近日编制完成“5·12”地震灾害灾后北川重建规划方案。都江堰市组织500多名建筑专家对都江堰全市楼房进行评估，不符合居住要求的楼房将全部推倒重建，争取在3年内建设一个新的都江堰。

国务院总理温家宝21日主持召开国务院常务会议，研究部署当前抗震救灾和经济工作，提出及早谋划和适时开展恢复生产和灾后重建工作。要求在国务院领导下，尽快组织专门力量研究制定灾后重建规划和具体实施方案，充分考虑当地地质条件和资源环境承载能力，合理确定城镇、工农业生产力布局和建设标准。

国务院总理温家宝23日晚又在列车上主持国务院抗震救灾总指挥部第13次会议。会议决定成立灾后重建规划组，并要求争取三个月内完成灾后恢复重建规划的总体方案制订。要在国家汶川地震专家委员会进行现场调查研究、科学论证、地质地理条件评估和建设项目科学选址的基础上，抓紧制定灾后恢复重建规划的总体方案。重建规划总体方案要包括城镇体系规划、农村建设规划、基础设施建设规划、公共服务设施建设规划、生产力布局和产业调整规划、市场服务体系规划、防灾减灾规划等。

在重建之初，中央就提出“充分考虑当地地质条件和资源环境承载能力”进行灾后重建规划，说明现在中央领导是非常清醒和冷静的。本文拟在根据国家新的区域发展战略与布局的基础上，充分考虑当地地质条件和资源环境承载能力，提出汶川地震灾后重建不宜简单“恢复”、规划建设“四川汶川大地震世界地质公园”的意见与建议。

一、地震灾区破坏严重

由于目前抗震救灾仍然处于紧急安置生还者的阶段，震区地面基础设施、工厂、房舍等的损毁程度、范围和详细的损失目前无法精确估计。根据航空遥感影像图解译，北川、汶川两县县城及周边倒塌房屋 69 片，每片面积 500 至 10 000 m^2 不等；10 万 m^3 体量的山体崩塌与滑坡 19 处；公路桥梁受损 38 处，损毁里程 5 390 m。据救援部队消息，汶川县城城区房屋倒塌 1/3，其余房屋结构严重受损均已不可再用；山上的村寨基本夷为平地，失踪及受伤人员数尚未统计；震中 8 个乡镇，有的全部夷为平地；而位于此次地震断裂带应力释放点附近的北川县城损失更为惨重，房子全部毁坏，水、电、气、道路等公共设施也几乎全部毁光。

国资委初步估算表明，汶川地震造成中央企业的经济损失在 300 亿元以上，建设标准更低的地方中小企业的破坏与损失程度就可想而知了。目前，多数机构和经济界人士的损失评估在 1 500 亿～2 000 亿元。四川省 21 个市州有 19 个市州不同程度地受灾，其中重灾区面积超过 10 万 km^2，涉及 6 个市州、88 个县市区、1 204 个乡镇、2 792 万人。

又据最近几天航空遥感资料的解译和国土资源部派出专家的实地调查，特大地震发生后，灾区许多地质灾害隐患点已经成灾，巨大的滑坡、崩塌、泥石流造成许多建筑物和民房倒塌，造成了人员的大量伤亡，也使公路、铁路、桥梁、通信等大量基础设施摧毁，地震引发的大量地质灾害造成了灾区的巨大损失。灾害呈现出范围广、程度深、危害大、持续长的特点，其中崩塌滑坡体堵塞北川县城周边湔江 7 处，如果近期降雨强度较大，可能引发溃坝；至少还有 6 处 50 万～100 万 m^3 具有隐患的滑坡体，如果发生余震或强降雨可能形成新的灾害。

汶川地震属于震源深度为 10～20 km 的浅源地震，因此破坏性极大。更为重要的是，本次地震属于逆冲挤压型断层地震，在主震之后，应力传播和释放过程比较缓慢，可能导致余震强度较大，持续时间较长。25 日下午 4 时 21 分许，四川青川一带又发生了 6.4 级的较大余震，成都有明显持续震感，绵阳亦震感强烈。在余震没有基本平静之前，没有全面、系统地调查清楚灾区地质灾害分布情况和发展趋势的前提下，匆忙做出新的灾后重建规划并急于付诸实施显然过于仓促，为未来新的灾害和损失埋下后患。

二、地震灾区绝大部分区域为限制开发区域和禁止开发区域

国家“十一五”规划提出根据不同区域的资源环境承载能力、现有开发密度和发展潜力，统筹谋划未来人口分布、经济布局、国土利用和城镇化格局，将国土空间划分为优化开发、重点开发、限制开发和禁止开发四类，确定主体功能定位，明确开发方向，控制开发强度，规范开发秩序，完善开发政策，逐步形成人口、经济、资源环境相协调的空间开发格局，并在各类主体功能区实施不同的投资、财政、产业、人口、环境和绩效考核政策。

据不完全统计，该区域大量分布各类保护区 54 个（见图 1、图 2 和表 1），其中国家级保护区 8 个、省级 20 个、市县级及大熊猫栖息地 26 个。根据正在制定的国家四类主体功能区规划方案，震区绝大部分属于川滇森林生态及生物多样性功能区，属于四类主体功能区中的限制与禁止开发区域，要求在已明确的保护区域保护生物多样性和多种珍稀动物基因库。该区还分布有国家有关部门依法设立的四川龙门山国家地质公园、四川安县生物礁国家地质公园、四川江油国家地质公园、千佛山国家森林公园等属于禁止开发区域多处。

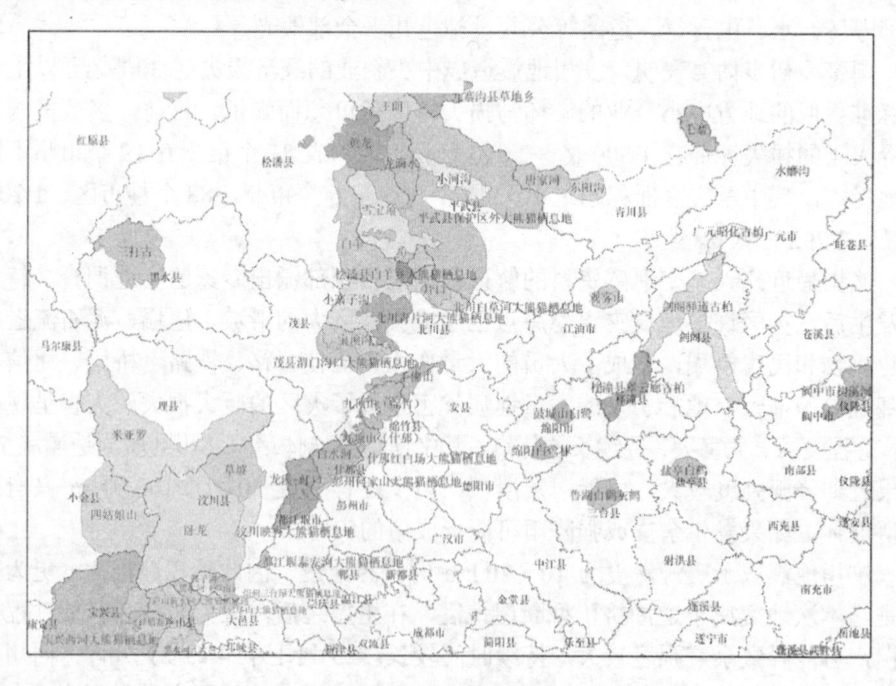

图 1　四川震中附近保护区现状示意

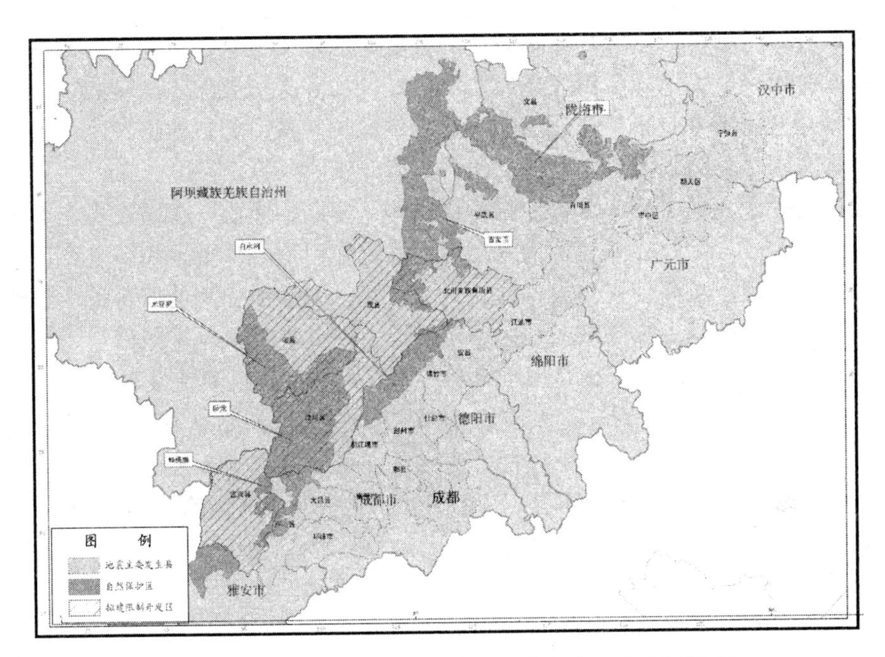

图 2　地震灾区自然保护区与拟规划的限制开发区域示意

表 1　四川震区各类保护区

序号	保护区全称	级别	保护对象
1	王朗自然保护区	国家级	大熊猫及森林生态系统
2	龙溪—虹口自然保护区	国家级	亚热带山地森林生态系统、珍稀动植物
3	蜂桶寨国家级自然保护区	国家级	大熊猫及森林生态系统
4	卧龙国家级自然保护区	国家级	大熊猫及森林生态系统
5	唐家河国家级自然保护区	国家级	大熊猫及森林生态系统
6	九寨沟国家级自然保护区	国家级	大熊猫及森林生态系统
7	白水河国家级自然保护区	国家级	森林生态系统
8	四姑娘山国家级自然保护区	国家级	野生动物及高山生态系统
9	四川雪宝顶自然保护区	省级	大熊猫、金丝猴
10	小寨子沟省级自然保护区	省级	大熊猫、金丝猴
11	黄龙（寺）省级自然保护区	省级	大熊猫及森林生态系统
12	白河省级自然保护区	省级	金丝猴等野生动物
13	鞍子河省级自然保护区	省级	大熊猫、川金丝猴
14	草坡省级自然保护区	省级	大熊猫及生境
15	米亚罗省级自然保护区	省级	高山森林资源
16	千佛山省级自然保护区	省级	大熊猫、金丝猴
17	宝顶沟省级自然保护区	省级	森林及野生动物
18	片口省级自然保护区	省级	大熊猫、金丝猴
19	小河沟省级自然保护区	省级	大熊猫、金丝猴
20	东阳沟市级自然保护区	省级	大熊猫及森林生态系统
21	三打古省级自然保护区	省级	野生动物、珍稀植物
22	勿角省级自然保护区	省级	大熊猫、金丝猴
23	白羊省级自然保护区	省级	大熊猫、金丝猴
24	梓潼县翠云廊古柏自然保护区	省级	古柏及其生态系统
25	观雾山自然保护区	省级	森林及野生动植物
26	九顶山省级自然保护区（什邡）	省级	
27	黑水河省级自然保护区（大邑）	省级	
28	水磨沟自然保护区	省级	森林及珍稀动植物
29	毛寨省级自然保护区	市级	金丝猴及森林生态系统
30	九寨沟县草地乡	县级	
31	剑阁驿道古柏自然保护区	县级	古柏及其生态系统
32	广元昭化古柏自然保护区	县级	古柏及其生态系统
33	阆中市构溪河流域湿地自然保护区	县级	湿地鸟类及其生态系统
34	鼓城山白鹭自然保护区	县级	白鹭及其生态系统
35	盐亭白鹤自然保护区	县级	白鹭及其生态系统
36	绵阳白鹭林自然保护区	县级	白鹭及其生态系统
37	鲁湖白鹤灰鹤自然保护区	县级	湿地鸟类及其生态系统
38	龙滴水自然保护区	县级	
39	都江堰龙池大熊猫栖息地		
40	彭州何家山大熊猫栖息地		
41	什邡红白场大熊猫栖息地		
42	芦山黄水河大熊猫栖息地		
43	大邑云华山大熊猫栖息地		
44	都江堰泰安河大熊猫栖息地		
45	宝兴西河大熊猫栖息地		
46	芦山大川大熊猫栖息地		
47	崇州三台顶大熊猫栖息地		
48	汶川映秀大熊猫栖息地		
49	北川青片河大熊猫栖息地		
50	茂县渭门沟口大熊猫栖息地		
51	北川白草河大熊猫栖息地		
52	平武县保护区外大熊猫栖息地		
53	松潘县白羊乡大熊猫栖息地		

限制开发区域是指资源环境承载能力较弱、大规模集聚经济和人口条件不够好并关系到全国或较大区域范围生态安全的区域，如各类重要的生态功能区与生态脆弱区。禁止开发区域是指依法设立的各类自然保护区域，如自然保护区、国家地质公园、国家森林公园、世界自然遗产和文化遗产保护区等。

汶川县处于九顶山新华夏构造带，地质构造复杂，断层、褶皱发育，构造对岩土体的改造强烈。同时，区域构造运动应力场的作用使岩体节理裂隙发育，岩性破碎，结构面发育，从而使岩体力学性质大为变化，为地质灾害的发育提供了条件。四川、甘肃、陕西等受灾严重的地区，山高、谷深、坡陡，是中国滑坡、崩塌、泥石流等地质灾害高发区，特别是属于地质灾害区划中的以泥石流发育区（图 3）。这次地震前，国土资源部对受灾区域中的 41 个县地质灾害的隐患点进行过普查，查出地质灾害隐患点 4 929 处，其中，特大型地质灾害隐患点 158 处、大型地质灾害隐患点 1 271 处、中型地质灾害隐患点 1 817 处，这些地质灾害的隐患点威胁着 94 万多人的安全。

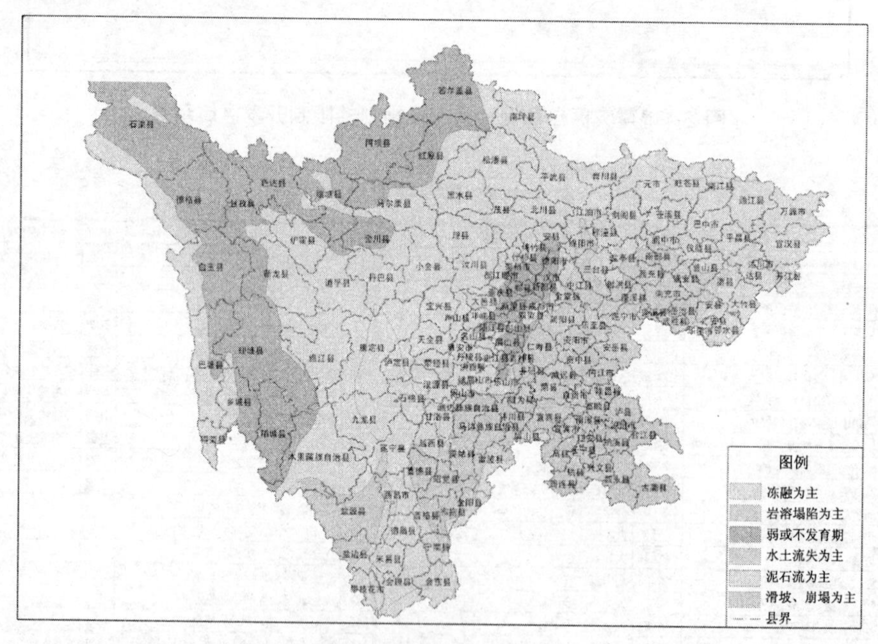

图 3 四川省地质灾害示意

汶川特大地震发生后，使山体等各类地质体稳定性降低，形成了大量的新的地质灾害和新的地质灾害隐患。当前余震不断，进入主汛期后，降雨量又在增加，极可能导致灾区地质灾害的频发，再次造成灾区的重大损失，给灾区抗震救灾人民的生活安置、重建家园都可能会造成新的更加严重的后果。与此同时，在下一步的震区灾后重建，以及今后进行的各种开发建设活动，如果不充分考虑区域与局地的地质稳定性和地质灾害发生的可能性，仍然会引发新的地质灾害，不仅造成新的巨大的浪费，也会给人民的生命财产造成新的威胁。

所以，当前应该在新的国家区域经济发展战略框架内，遵循上述国家关于限制与禁止开发区域大政方针和充分考虑当地地质条件和资源环境承载能力的原则下，重新定位区域发展战略目标，选择适宜的区域经济社会发展模式，同时结合新农村建设与城镇化战略的实施，合理确定区域主导产业选择、城镇、工农业生产布局和建设标准，在废墟上规划与建设新的更安全、更宜居、更富足的社会主义新农村。

三、按照国家新的区域发展战略把地震灾区规划建设为地质灾害型世界地质公园

鉴于地震灾区业已存在大量国家保护区和国家公园，国家应考虑把该区大部分地区划归限制与禁止开发区域，特别是已经有 3 处国家地质公园和强地震引发了大面积的新的地质灾害遗迹，绝大部分房屋和基础设施已经严重损毁的现实，本文建议整合现有的 2 处国家地质公园和区域地质灾害典型地区，申报设立世界地质公园，按照国家限制与禁止开发区域的定位规划震区的灾后重建，而不是简单地恢复重建所有的建筑与设施。具体建议如下：

（一）依法全面系统评价震区地质灾害

《地质灾害防治条例》第二十一条规定："在地质灾害易发区进行工程建设应当在可行性研究阶段进行地质灾害危险性评估，……编制地质灾害易发区内的城市总体规划、村庄和集镇规划时，应当对规划区进行地质灾害危险性评估。"因此，在制定地震灾区重建规划之前，应该在国家汶川地震专家委员会的指导下，组织国土资源、地震、发展、环境、水利、建设等部门和相关科研机构、学术团体参与的地震灾区地质灾害调查评估队，全面系统地评价规划区地质灾害的现状和危险性以及建设适宜性，作为规划建设的依据：

（1）必须对规划内分布的各类地质灾害体的危险性和危害程度逐一进行现状评估；

（2）对规划区范围内，工程建设可能引发或加剧的和本身可能遭受的各类地质灾害的可能性和危害程度分别进行预测评估；

（3）依据现状评估和预测评估结果，综合评估规划区和备选建设场地及其周边地质灾害危险性程度，分区段划分出危险性等级，说明各区段主要地质灾害种类和危害程度，对建设用地适宜性作出评估，并提出有效防治地质灾害的措施与建议。

（二）基本定位为国家限制与禁止开发区域

本区总体定位为以保护生态和减少地质灾害为主体功能的限制开发区域，部分

区域依法为禁止开发区域。在限制开发区域要坚持保护优先、适度开发、点状发展，因地制宜发展资源环境可承载的特色产业，加强生态修复和环境保护，引导超载人口逐步有序转移，逐步成为全国或区域性的重要生态功能区；在禁止开发区域要依据法律法规规定和相关规划实行强制性保护，控制人为因素对自然生态的干扰，严禁不符合主体功能定位的开发活动。按照国家区域发展战略和政策引导限制开发和禁止开发区域的人口逐步自愿平稳有序转移，缓解人与自然关系紧张的状况；引导限制开发区域发展特色产业，限制不符合主体功能定位的产业扩张；坚持保护优先，确保生态功能的恢复和保育；禁止开发区域要依法严格保护，绝对禁止与保护功能不一致的开发与建设活动。

（三）围绕生态功能保护和防治新的地质灾害规划主导产业

围绕生态功能保护和防治新的地质灾害规划主导产业，应在优化和做大做强现有旅游与水电主导产业的基础上，适度发展与该区物产相匹配的生态农业和特色中草药及其农畜产品加工业。对于生态破坏和环境影响较大和不具备规模效益的小矿产、小电解铝、小硅铁、小工业硅、小电石、小锂盐、小电子蓝宝石、小绝缘陶瓷、小铝箔、小墨电极、小多晶硅等所谓的高载能工业严格限制发展。继续实施天然林保护、退耕还林、退牧还草和小流域水土保持综合工程，加快草地沙化治理和干旱河谷治理步伐，尽力避开地质灾害多发区、易发区规划建设民居、基础设施和工厂。

（四）不必全面恢复受灾企业和重建所有基础设施

本次大地震中，绝大多数中小企业由于建设标准较低已经损毁，建设标准较高的大中型企业的主体结构也由于地震而受损严重，存在严重的安全隐患，必须推倒重建。鉴于本区属于泥石流多发的地质灾害和生态脆弱区，已经损毁的中小企业，特别是属于国家不鼓励、即将淘汰的产业名录中的落后企业不必重建，而是腾出生态与环境容量，从产业升级和调整产业结构的角度，规划建设一些非常具有比较优势的特色产业基地，如阿坝州把中药产业定位为“青藏高原名贵药材种质资源中心、我国重要的高原名贵药材生产基地、我国藏羌医药文化的重要窗口、阿坝州未来发展的战略性支柱产业”。把阿坝州中药产业作为“中药现代化科技产业（四川）基地”的重要组成部分进行规划建设，重点选择川贝母、麝香、红豆杉等特色药材，规划建设“一园三基地”：青藏高原生态药业科技产业示范园、药材种植（养殖）基地、药材加工及中藏成药生产基地、高原中药材种质资源保护基地。

对于一些在地震中受损严重的大中型战略性企业，如果本地及其周边的地质环境不太适应建设，则可以考虑异地搬迁，因为此时的就地恢复重建与异地搬迁的成本差异不会太大，为何不从骨干企业的战略转移的角度迁入发展条件更好的开发区或产业集中区，以利于产业的集聚和环境保护水平得以极大地提升。

对于经常发生滑坡、泥石流等恶性地质灾害的公路路段，可以在充分调查评价的基础上，采取局部改线或者大部改线重建；如果整条道路地质灾害多发区占比较高，可以考虑废线，重新规划路网。

值得重视的环境保护基础设施，如污水处理厂等的建设，应该按照新的产业、城镇布局，提早、超前、高标准统一规划建设；对于震区新农村的环保工作也要统筹考虑。

（五）申报设立世界地质公园

龙门山国家地质公园是龙门山推覆构造带的缩影，反映的整个龙门山构造发展史、地层发展史、地貌发展史为大区域或全球演化阶段提供了重要依据。而龙门山“冰川漂砾说”则说明“青藏高原大冰盖”确实存在，这对研究第四纪古气候、古地理以及在此情况下的成矿作用具有重大意义。

四川安县生物礁国家地质公园以深水硅质海绵礁及礁灰岩形成的地质地貌为特色。中国安县一带的硅质六射海绵可能是欧洲硅质海绵的祖先，生长于约 2.3 亿年晚三叠世古地中海东海岸的海湾，这一发现填补了海绵动物地史演化的空白，也解开了古地中海变迁和欧洲侏罗纪海绵起源之谜。

江油国家地质公园保留的 4.1 亿年以来各个时代的地层剖面属于典型的滨海和浅海沉积剖面，化石丰富，演化代表性好，对研究我国西南地区泥盆纪的古地理、古气候和古环境有非常重要的意义，是国内外重要的研究和教学剖面。

联合国教科文组织建立地质公园是基于如下宗旨：达成环境保护与增进区域社经发展，以求永续发展；提升公众对地球遗产价值的认知，增进人们对地壳与资源环境承载力的认识，促使人们能更明智地使用地球资源，进而形成人与地之间的和谐关系；在保护地质遗迹的前提下，开辟新的收入来源，如举办地质旅游和推广地质产品，促进新型态的地方企业、小规模经济活动、家庭式企业，开创新的就业机会。中国到目前为止已经联合国教科文组织批准设立黄山、云台山等 18 处世界地质公园，其中最成功的案例当属河南云台山世界地质公园。

2004 年 2 月 13 日，云台山被联合国教科文组织命名为世界地质公园，成为全球首批 28 个世界地质公园之一。此后，云台山世界地质公园连续数个黄金周的接待游客人数、门票收入位居全省乃至全国第一名。据统计，2006 年旅游接待中外游客人数达 950.35 万人，门票收入 2.65 亿元，旅游综合收入 73.97 亿元，占焦作市全市 GDP 的比例首次超过 10%，旅游直接从业人数已达到 3.56 万人，间接从业人数达 10 万人之多，创造了业内人士瞩目的“云台山速度”和“云台山效应”。

地震灾区本来就是地质灾害频发，生态环境非常脆弱的区域。本次大地震之后，许多地区更加不适宜居住和大规模地开发。为此，建议在整合该地区已有 3 个国家地质公园的基础上，充分利用大地震遗留下来的大量现代地质遗迹，向联合国教科文组织申请设立“四川汶川大地震世界地质公园”。借鉴国内外地质公园运作的成功经验，充分挖掘震区丰富的地质遗迹的科学价值和人文、历史、景观资源价值，科学规划建设一个世界级的、复合型的世界地质公园，以其为载体在保护中开发利用地质公园资源，造福于震区的老百姓。

（六）构建崭新和谐的新震区

按照中央科学发展观的要求，我们建议今后的灾区重建应紧密围绕世界地质公园的功能与定位规划产业、基础设施、城镇和乡村建设布局。

那些与主题功能定位不一致的中小企业不再重建，大中型战略型企业如东方汽轮机厂，如果损毁严重可以异地搬迁重建。

对于地质灾害频发的道路桥梁，可以重新按照地质公园开发的需要，重新规划，尽可能避开那些地质灾害频发的区域。

结合国家和当地城镇化与社会主义新农村战略的实施，制定新的城镇化和新农村建设规划，适度合并、调整区内的行政区划，撤并一些资源承载力弱、生态环境比较敏感脆弱区域的乡镇，选择地质条件稳定，交通相对便利的地方重新布局乡镇建设。必要时，特别是周边自然条件恶劣的局部地区，可以考虑在尊重当地少数民族风俗习惯和自愿的原则下，有计划地适度外迁部分居民和农牧民。

我们相信，有党中央和各级人民政府的坚强领导和科学决策，有全国人民、全球华人和世界各国的大力支持和鼎立援助，有震区人民的艰苦奋斗，只要我们充分考虑震区的地质条件和资源环境承载力，站在新世纪国家实施科学发展战略的高度，科学规划建设地震灾区，一个经济发展、生态良好、人民富足、社会和谐的新震区将在不远的将来以崭新的面貌展现在世人目前。

（2008 年 6 月）

完成“十一五”减排目标难度极大，必须采取超常措施

任景明　刘　磊　曹凤中

摘　要：节能减排是国家“十一五”规划纲要提出的刚性指标。尽管节能减排力度空前，但我国减排形势不容乐观，主要表现在：①经济依然快速发展；②“两高一资”行业依然快速发展；③城镇化进程加快；④环保投资需求偏高；⑤老账未还清，新账仍在欠；⑥政策、措施尚不完善；⑦体制、机制不健全或不完善；⑧政策、措施的“时滞效应”。2006年，COD和SO_2排放量不降反升，直至2007年第三季度才双双首次下降。未来几年，二者每年减排幅度均需超过3.0%，甚至3.5%，减排形势非常严峻。就减排难度而言，COD减排难于SO_2，地区减排难于行业。根据预测、分析，实现污染物减排目标是可能的，但难度极大，必须采取超常措施，制定有效的政策，实施强有力的保障措施，同时痛下决心，认真而严格地执行“区域限批”政策和行政问责制，对环境违法行为严惩不贷，绝不姑息和含糊，做到责任到人、措施到位、全民参与、保障有力。

主题词：减排目标　难度　超常措施

长期粗放型发展模式在推动经济快速增长的同时，也过度消耗了宝贵的自然资源和环境容量。尽管国家采取了一系列措施，并不断提高环保投资，但环境治理和生态恢复的速度依然跟不上其污染和破坏的速度，环境整体质量并未根本好转，局部持续恶化，实现全面小康社会与资源环境支撑的矛盾十分尖锐。党的“十七大”明确提出，我国经济增长的资源环境代价过大。长此以往，资源将难以为继，环境将不堪重负，转变传统的发展模式和经济增长方式势在必行，其中一个重要举措就是实施节能减排战略。

一、减排措施力度空前，但形势依然严峻

国家“十一五”规划纲要提出，2010年，万元GDP能耗较2005年下降20%，主要污染物（COD、SO_2）同比减排 10%。原国家环境保护总局、国家发展改革委等国家部委，制定了一系列的相关政策和配套措施，鼓励全民参与，实行源头预防、过程控制和末端治理三管齐下的策略，并实施分区减排、分类减排，减排力度可谓空前。一些省份污染物减排初见成效。与2005年相比，2006年，江苏省COD同比减排 2.9%，北京市SO_2同比减排 7.9%，天津 3.8%、江苏 3.8%、甘肃 3.0%，都基

本或圆满完成了既定的阶段性任务。但就全国而言，减排形势不容乐观。同年 COD 与 SO_2 排放量均不降反增，前者增排 1.0%，后者增排 1.5%。直至 2007 年第三季度，COD 和 SO_2 排放量才首次双双下降。未来 3 年，二者每年减排幅度均需超过 3.0%，甚至 3.5%，减排形势非常严峻。

二、完成减排目标存在可能，但难度极大

1. 经济、行业超常发展，机制、体制不完善，是“十五”污染物减排目标未完成的重要原因

早在 2001 年，《国家环境保护“十五”规划》已提出污染物减排目标和方案，要求 2005 年，SO_2、尘（烟尘及工业粉尘）、COD、NH_3-N、工业固体废物等主要污染物排放量比 2000 年减少 10%。但是，上述目标多未实现，其中，COD 减排 2.1%，SO_2 则不降反增 27.8%。原因主要有三：

其一是经济超预期增长。“十五”污染物减排目标基于年均 7.0%的经济增速，但实际增速达 9.5%。若按规划的发展速度，而保持污染物实际排放强度（90.5 t/万元），COD 减排了 12.8%，超额完成既定目标，SO_2 增排 13.8%，不足统计数据 27.8%的一半。

其二是部分行业的超常规发展。2000—2002 年，SO_2 减排 3.4%。2002—2005 年，SO_2 增排 32.3%，其中 86.6%的增量由火电贡献，火电 SO_2 排放量占工业的比重已由 2002 年的 48.7%增至 2005 年的 60.0%。2001—2002 年，原国家环保总局审批的火电项目共 83 个，2003—2005 年猛增至 557 个，火电项目占总项目的比例由 2001 年的 12.8%增至 2005 年的 39.2%。SO_2 排放量的不降反增与火电项目的超常规发展明显相关。

其三是机制、体制不完善，保障措施不力。由于缺乏问责机制，加之环保部门“人微言轻”，环境监管力量薄弱。“以新带老”和“上大关小”等环评措施及“三同时”制度不能有效落实，一些明文规定淘汰的企业死而不僵、死灰复燃，市县及以下尤为如此。环保投入不足，尽管城市生活污水处理率不断增长，但难以满足实际处理需要，我国城镇生活 COD 排放量仍以 3.0%以上的速度持续增长。

2. 完成“十一五”减排目标存在可能，但制约“十五”减排的因素依然存在，加之措施的“滞后效应”，“十一五”减排压力巨大

根据预测，如果工业 COD 减排 15.0%左右，SO_2 减排 11.0%左右，生活 COD 减排 7.0%左右，SO_2 维持近几年排放量。其中，造纸行业 COD 减排超过 15.0%，火电机组的脱硫率达 64.0%，城镇生活污水处理率为 67.5%～71.0%，完成“十一五”减排目标是可能的。但完成上述目标压力很大，主要在于：

首先，经济依然快速发展。根据前两年发展态势，“十一五”期间的经济年均增速不会低于 10%。按规划的 7.5%的发展速度和污染物的实际排放强度，2010 年，亿

元 GDP 排放 COD 和 SO_2 分别为 56.8 t、102.3 t，而按 10%～11%的经济增速，届时 COD 和 SO_2 的排放强度分别为 48.4～50.6 t/亿元、87.1～91.2 t/亿元，若排放强度保持不变，而按 7.5%的发展速度，则 2010 年，COD 和 SO_2 均需减排 19.8%～23.3%。（见表 1）难度之大，可想而知。

表 1 “十五”和“十一五”污染物减排规划与实际核算情况对比

	经济增速/%	污染物排放强度/（t/亿元）		污染物减排情况/%	
		COD	SO_2	COD	SO_2
“十五”（规划）	7.0	—	—	–10	–10
“十五”（实际）	9.5	—	—	–2.1	27.8
2005 年（规划）	—	93.5	129.0	—	—
2005 年（实际）	—	90.5	163.2	—	—
“十五”（核算）	7.0	90.5	163.2	–12.8	13.8
“十一五”（规划）	7.5	56.8	102.3	–10	–10
2010 年（预计）	10～11	48.4～50.6	87.2～91.2	19.8～23.3	19.8～23.3

注：按 2000 年不变价格计算。

其次，“两高一资”行业亦将快速发展。尽管较 2005 年有所下降，2006 年，局批新上火电项目数占总项目数的比重仍然超过 1/3，达到 34.5%（见表 2）。2007 年第一季度，钢铁、有色、化工、电力、石油加工及炼焦、建材 6 大高耗能、高污染行业增加值增长了 20.6%，高出规模以上工业增速 2.3 个百分点。“十五”末期审批项目已逐步成为“十一五”时期的老污染源，进一步加剧了污染物减排压力。

表 2 2001—2006 年火电 SO_2 排放量与新上火电项目间的关系

年份	工业 SO_2 排放量/万 t	火电 SO_2 排放量/万 t	火电 SO_2 比重/%	局批项目总数/个	局批火电项目总数/个	局批火电项目比重/%
2001	1 566.6	784.4	50.07	226	29	12.83
2002	1 562.0	761.0	48.72	315	54	17.14
2003	1 791.4	1 054.0	58.84	334	64	19.16
2004	1 891.4	1 200.0	63.45	431	121	28.07
2005	2 168.4	1 300.0	59.95	948	372	39.24
2006	2 234.8	1 375.0	61.53	650	224	34.46

再次，机制、体制仍不完善，保障措施仍需强化。尽管“十一五”减排力度非“十五”所比，但机制、体制仍有待完善，保障措施仍需强化。当前制定和实施的 COD 和 SO_2 减排措施中，有相当部分是针对“增量”，针对“存量”部分明显偏少。如“以新带老”和“上大关小”政策，往往关注的是“新”和“大”，忽视了“老”

和“小”。关闭、淘汰小企业的目的，一般是为新上项目“腾”出环境空间。一些仍在运营的企业的污染物排放空间有时竟被多个新上项目“占用”，污染物的“区域削减”，通常只留在纸面。

“十一五”减排最重要的措施是“区域限批”和行政问责制，二者均与减排成效挂钩，但由于减排的阶段目标考核制度无疾而终，考核时间一般在2010年末期或更晚。因此，即使严格执行行政问责制和“区域限批”政策，亦于“十一五”减排无补，其成效通常在“十二五”时期显现。

此外，环保投资需求偏高，且有“时滞效应”，不可能立竿见影。根据预测，欲使工业COD减排15%左右，城镇生活COD需减排7.0%，城镇生活污水处理率为67.5%～71.0%（见表3至表7），按可比价格计算，2010年，城市环境基础设施建设投资将达2 000亿元左右（见表8至表9），若考虑管网敷设和改造的难度，以及环保投资的有效性，可能接近或达到3 000亿元，环保投资占GDP的比重甚至超过2.0%。就目前而言，这一比例显然偏高。

表3　2010年城镇生活COD产生量　　单位：万t

<table>
<tr><td rowspan="2">2010年</td><td rowspan="2">城镇人口数/万人</td><td colspan="4">2006—2010年人均污水排放年均递增率/%</td></tr>
<tr><td>0
（情景一）</td><td>1.5
（情景二）</td><td>2.0
（情景三）</td><td>2.5
（情景四）</td></tr>
<tr><td>城镇生活污水排放量</td><td>—</td><td>281.4</td><td>298.7</td><td>304.6</td><td>310.6</td></tr>
<tr><td>城镇生活COD产生系数</td><td>—</td><td>75.0</td><td>79.6</td><td>81.2</td><td>82.8</td></tr>
<tr><td rowspan="2">城镇生活COD产生量</td><td>63 200/方案一</td><td>1 730.1</td><td>1 836.2</td><td>1 873.1</td><td>1 910.0</td></tr>
<tr><td>63 700/方案二</td><td>1 743.8</td><td>1 850.7</td><td>1 887.9</td><td>1 925.1</td></tr>
</table>

表4　基于情景（一）的城镇生活污水处理率预测

<table>
<tr><td colspan="3">城镇生活COD减排目标/%</td><td>−2.0</td><td>−1.0</td><td>0</td><td>1.0</td><td>3.0</td><td>5.0</td><td>7.0</td><td>9.0</td></tr>
<tr><td colspan="3">城镇生活COD排放量/万t</td><td>876.6</td><td>868.0</td><td>859.4</td><td>850.8</td><td>833.6</td><td>811.4</td><td>799.2</td><td>782.1</td></tr>
<tr><td rowspan="6">城镇生活污水处理率/%</td><td rowspan="3">方案一</td><td>一级标准</td><td>53.7</td><td>54.2</td><td>54.8</td><td>55.3</td><td>56.4</td><td>57.8</td><td>58.6</td><td>59.6</td></tr>
<tr><td>二级标准</td><td>58.9</td><td>59.5</td><td>60.1</td><td>60.7</td><td>61.9</td><td>63.4</td><td>64.3</td><td>65.4</td></tr>
<tr><td>三级标准</td><td>61.3</td><td>61.9</td><td>62.5</td><td>63.1</td><td>64.4</td><td>66.0</td><td>66.9</td><td>68.1</td></tr>
<tr><td rowspan="3">方案二</td><td>一级标准</td><td>54.1</td><td>54.6</td><td>55.2</td><td>55.7</td><td>56.8</td><td>58.2</td><td>58.9</td><td>60.0</td></tr>
<tr><td>二级标准</td><td>59.3</td><td>59.9</td><td>60.5</td><td>61.1</td><td>62.2</td><td>63.8</td><td>64.6</td><td>65.8</td></tr>
<tr><td>三级标准</td><td>61.7</td><td>62.3</td><td>62.9</td><td>63.5</td><td>64.7</td><td>66.3</td><td>67.2</td><td>68.4</td></tr>
</table>

注：1）一级、二级、三级排放标准COD出水浓度分别是50 mg/L、100 mg/L、120 mg/L，下同。

2）本处的污水处理量包括所有处理城镇生活污水的设备处理的污水量，下同。

表 5 基于情景（二）的城镇生活污水处理率预测

城镇生活 COD 减排目标/%			-2.0	-1.0	0	1.0	3.0	5.0	7.0	9.0
城镇生活 COD 排放量/万 t			876.6	868.0	859.4	850.8	833.6	811.4	799.2	782.1
城镇生活污水处理率/%	方案一	一级标准	56.9	57.4	57.9	58.4	59.4	60.8	61.5	62.5
		二级标准	62.4	63.0	63.5	64.1	65.2	66.7	67.4	68.6
		三级标准	64.9	65.5	66.1	66.7	67.8	69.3	70.2	71.3
	方案二	一级标准	57.3	57.8	58.3	58.8	59.8	61.1	61.8	62.8
		二级标准	62.8	63.3	63.9	64.4	65.5	67.0	67.8	68.9
		三级标准	65.3	65.9	66.4	67.0	68.2	69.6	70.5	71.6

表 6 基于情景（三）的城镇生活污水处理率预测

城镇生活 COD 减排目标/%			-2.0	-1.0	0	1.0	3.0	5.0	7.0	9.0
城镇生活 COD 排放量/万 t			876.6	868.0	859.4	850.8	833.6	811.4	799.2	782.1
城镇生活污水处理率/%	方案一	一级标准	57.9	58.4	58.9	59.4	60.4	61.7	62.4	63.4
		二级标准	63.5	64.1	64.6	65.2	66.3	67.7	68.5	69.6
		三级标准	66.1	66.7	67.2	67.8	69.0	70.4	71.2	72.4
	方案二	一级标准	58.3	58.8	59.3	59.8	60.7	62.0	62.7	63.7
		二级标准	63.9	64.4	65.0	65.5	66.6	68.0	68.8	69.8
		三级标准	66.4	67.0	67.6	68.1	69.3	70.7	71.5	72.6

表 7 基于情景（四）的城镇生活污水处理率预测

城镇生活 COD 减排目标/%			-2.0	-1.0	0	1.0	3.0	5.0	7.0	9.0
城镇生活 COD 排放量/万 t			876.6	868.0	859.4	850.8	833.6	811.4	799.2	782.1
城镇生活污水处理率/%	方案一	一级标准	58.9	59.4	59.9	60.4	61.3	62.6	63.3	64.3
		二级标准	64.6	65.1	65.7	66.2	67.3	68.7	69.5	70.5
		三级标准	67.2	67.8	68.3	68.9	70.0	71.5	72.3	73.4
	方案二	一级标准	59.2	59.7	60.2	60.7	61.7	62.9	63.6	64.6
		二级标准	64.9	65.5	66.0	66.5	67.6	69.0	69.7	70.8
		三级标准	67.5	68.1	68.6	69.2	70.3	71.7	72.5	73.6

表 8 基于方案（一）人口预测的城市环境基础设施建设投资

处理与投资	情景二			情景三			情景四		
	5.0	7.0	9.0	5.0	7.0	9.0	5.0	7.0	9.0
城镇生活污水处理率/%	66.7	67.4	68.6	67.7	68.5	69.6	68.7	69.5	70.5
城市环境基础设施建设投资/亿元	1 747	1 756	1 771	1 760	1 770	1 783	1 772	1 782	1 794

注：1）污水按二级处理计算，下同；
2）因情景一可能性较小，不予考虑，下同；
3）按 2005 年不变价格计算，下同；
4）表中的“5.0、7.0、9.0”为城镇生活 COD 减排目标，单位为%，下同。

表 9 基于方案（二）人口预测的城市环境基础设施建设投资

处理与投资	情景二			情景三			情景四		
	5.0	7.0	9.0	5.0	7.0	9.0	5.0	7.0	9.0
城镇生活污水处理率/%	67	67.8	68.9	68	68.8	69.8	69	69.7	70.8
城市环境基础设施建设投资/亿元	1 751	1 761	1 775	1 764	1 774	1 786	1 776	1 785	1 798

而且，由于政策和措施的“时滞效应”，生活污水处理设施从预算—规划—设计—投资—建设—运营—见效通常需要几年的时间。即使从长期看，某些政策和措施合理、有效，但在短期内，也难见功效，当前不少措施的成效可能延至“十二五”时期。

3. COD减排难于SO_2，地区减排难于行业

由于国家发展改革委制定了一系列节能措施，节能的同时，也直接促进了 SO_2 的减排，而 COD 减排则没有如此“幸运”，主要依靠环保部门实施减排或监督减排。因此，COD 减排难度更甚于 SO_2。其次，由于行业统计的企业基本为规模以上企业，清洁生产水平相对较高，管理体系相对完善，一般不包括小企业，后者多为地方企业，难以管理，大多不能达标排放，更不用说集中治理，就目前的机制体制，既是减排的难点，亦是减排的盲区。因此，地区污染物减排难度更甚于行业。

三、完成“十一五”减排目标必须采取超常措施

基于上述分析，完成“十一五”减排目标，必须针对目前制约污染物减排的主要因素，有的放矢，抓住重点，实施分区、分类减排，并采取更强有力的保障措施。

（1）有的放矢、狠抓典型，以造纸、火电行业减排及提高城市生活污水处理率为重点，促进污染物减排。

2005 年，造纸 COD 排放贡献率为 32.4%，火电 SO_2 排放贡献率为 51.0%，分别是行业 COD 和 SO_2 排放的第一大户。因此，剖析造纸和火电污染物减排策略对其他行业污染物减排很有帮助。根据分析，“十一五”期间，全面淘汰不符合产业政策的落后的 650 万 t 草浆等非木浆造纸，可削减 COD 40 万 t；排放标准平均下调到 100 mg/L，可削减 COD 40 万 t，排放强度降低 10 个百分点可削减 COD 10 万 t，扣除新增的 60 万 t，造纸行业可削减 COD 30 万 t/a，减排 18.8%，其中东北地区、黄淮海地区、东部地区、东南沿海地区均应减排 15.0%以上（见表 10）。如果部分地区淘汰 5 万 t 以下落后的非木浆企业，COD 减排形势更乐观。火电行业规划“十一五”期间 3.55 亿 kW 机组脱硫，其中新建机组 1.88 亿 kW，现有燃煤电厂脱硫机组 1.67 亿 kW，共形成 590 万 t SO_2 削减能力，2010 年火电机组 2010

年脱硫率可达 64%。

表 10 我国造纸行业分区及 COD 减排指标

造纸行业类型分区	范 围	减排目标/%
东北林业区	黑、吉、辽、蒙东	15
西北干旱半干旱区	新、陕、甘、宁、青东部、蒙西	10
黄淮海草浆区	京、津、晋、冀、鲁、豫	15
西部高寒山地区	藏、青西部、川西北、滇西北	—
东部速生林基地	苏、浙、沪、皖、赣	15～20
中南苇浆木浆区	湘、鄂	8～10
西南竹浆、木浆区	川（除川西北）、渝、滇（除滇西北）、黔	10
东南沿海速生林基地	闽、琼、粤、桂	15

城镇生活 COD 排放量已占总排放量的 62.1%，因此，加快生活 COD 减排至关重要，预计欲使工业 COD 减排 15.0%，城镇生活 COD 需减排 7.0%，即减排 60 万 t。2010 年，城镇生活污水处理率为 67.5%～71.0%，城市环境基础设施建设投资 2 000 亿元甚至 3 000 亿元，届时国家环保投资总额占 GDP 的比重可能达到 2.0%。为便于生活 COD 减排，可实施分区减排，COD 环境超载严重、人均 GDP 高、人均生活 COD 排放量大的省份为城镇生活 COD 减排的首选地区，减排力度较大。减排幅度最大的为山西省，减排目标为 10%（见表 11）。

表 11 各地区城镇生活 COD 减排目标

等级	分值	省份（市、区）	减排目标/%
I	＜0.100	西藏、云南、安徽、甘肃、重庆	3.0
II	0.100～0.150	贵州、宁夏、四川、陕西、青海、内蒙古、河南、湖北、江西、新疆、黑龙江	3.0～5.0
III	0.150～0.200	海南、福建、吉林、广西、湖南、广东、辽宁、山东	5.0～7.0
IV	0.200～0.500	江苏、河北、天津、上海、北京、浙江	7.0～9.0
V	＞0.500	山西	10.0

（2）完善“区域限批”政策，实施经济与环境捆绑式运行机制。

“区域限批”是基于我国国情的一种创新，是环境保护政策的深化与发展。基于 COD 减排的“区域限批”政策主要针对未完成“十一五”COD 减排任务的地区、COD 超载较严重的地区、国家重要生态功能保护区、国家级限制和禁止开发区域。具体而言包括黄淮海、华北、长三角、珠三角、东三省、关中、宁夏、甘肃东部、新疆博湖、北部湾和大兴安岭等地区，满足上述 3 个条件的为“区域限批”的重点地区，满足 4 个条件的为“区域限批”的首选地区。

基于 SO_2 减排的“区域限批”政策主要针对未完成“十一五”SO_2 减排任务的地区、酸雨严重区和频发区、国家级限制和禁止开发区域。具体包括山西、贵州、重庆、内蒙古南部、陕西北部、河北南部、河南北部、山东西部、云南东部、四川东部、长三角及中南的局部地区。满足上述 2 个条件的为“区域限批”的重点地区，满足 3 个条件的为“区域限批”的首选地区。

其次，国家主要控制断面不能满足环境功能区划要求的河流流域，多次发生特大重大环境污染事故、环境风险隐患突出的行政区域和污水处理设施“建而少用”和“建而不用”的城市也是实施“区域限批”的重点。

此外，未完成“十一五”减排任务的行业，尤其是造纸、火电、重化工等行业是限批的重点行业。

但是，由于污染物减排阶段考核制度未能实施，“区域限批”的成效更有助于“十二五”污染物减排。建议未来 3 年，污染物减排目标分阶段考核。

（3）完善并严格执行污染物减排行政问责制，建立阶段性考核与问责制度。

问责制是一套完整的责任体系，而不等同于引咎辞职。2007 年 6 月发布的《国务院关于印发节能减排综合性工作方案的通知》表明，中国将建立政府节能减排工作问责制和“一票否决制”，将节能减排指标完成情况纳入各地经济社会发展综合评价体系，作为政府领导干部综合考核评价和企业负责人业绩考核的重要内容。

但是，问责制实施的具体效应还有待检验，其实施细则还有待完善。首先，应明确岗位责任。对领导干部所应承担的领导责任作出尽可能完备、细致的规定，以便在实施责任追究时，能够确定责任人的相应责任；其次，实施从终点问责到阶段问责。根据污染物减排完成情况，实施阶段性考核和问责，避免因措施的“滞后效应”而导致问责无助于“十一五”减排；再次，结合四类主体功能区节能减排要求，明确各地区政绩考核主要目标与相关责任人的主要职责。

（4）合理控制经济，尤其是“两高一资”行业发展速度，加快转变经济增长方式。

基于分析，我国“十五”及“十一五”前两年污染物减排未实现的主要原因是经济超预期发展、“两高一资”行业超常规发展。未来几年，其仍是制约节能减排的重要因素，因此，合理控制经济，尤其是“两高一资”行业的发展，以节能减排为契机，加快转变经济增长方式势在必行。严格控制以“两高一资”行业为重点，以牺牲生态环境为代价的地区经济发展速度。建议此类地区经济增长速度不宜超过 10.0%，甚至 8.0%，与国家规划的增速保持一致。若此类地区仍高速发展，造成环境质量下降甚至恶化的，应实施严格的“区域限批”政策和问责制，以此促进该地区的污染物减排和经济增长方式转变，以及产业结构的优化。

（5）建立更强有力的保障措施，实施分区、分类减排。

强力保障措施是完成“十一五”污染物减排的关键。要不断完善或健全当前环境管理的机制和体制，运用法律、经济、技术和必要的行政手段，建立联动机制，完善法律法规，严格环境执法。运用经济杠杆，实施源头控制和防范，严格控制环境成本高的产品出口和落后设备与“垃圾”的进口；加强过程和末端控制，对不同行业和企业实施“差别电价”“差别水价”“差别地价”等差别化管理；增加环保投资，并提高其有效性。加强技术改进，强化技术创新，并及时修订相关的导则和标准。加强公众参与和舆论监督，不断提高项目环评和规划环评的有效性，逐步推动政策环评；针对地区和行业差异，有的放矢，抓住重点，实施分区、分类管理。

总之，完成“十一五”污染物减排目标存在可能，但难度极大，必须制定有效的政策，实施强有力的保障措施，同时痛下决心，认真而严格地执行“区域限批”政策和行政问责制，对环境违法行为严惩不贷，绝不姑息和含糊，做到责任到人、措施到位、全民参与、保障有力。

后记：根据环境保护部发布的消息，2007 年下半年节能减排效果明显，全年 COD、SO_2 分别较 2006 年下降 3.14%、4.66%。尽管如此，未来三年减排任务仍然非常艰巨。既要增加环保投资，大幅提高污染物处理率，又要保证环保设施的正常运营，同时还要科学处理污染物“增量”和“存量”间的关系。

（2008 年 6 月）

关于提高煤炭矿区规划环评有效性的对策建议

耿海清　陈　帆　王青春

摘　要：尽管近年来煤炭矿区总体规划环评工作的开展情况相对较好，但仍然存在诸多问题，突出表现在以下几个方面，即管理上存在严重的职责错位，规划编制及审批内容难以适合形势需要，环评文件编制及审查存在诸多不足，规划环评成果的实施缺乏机制保障，以及规划环评的编制缺乏规范。要提高规划环评的有效性，需要通过立法和机构改革理顺规划环评的权责关系，改革规划编制和审批方式，严格矿区规划环评审查管理，建立矿区规划环评实施的保障机制，以及加强评价规范和技术方法研究。

主题词：煤炭矿区　规划环评　有效性　对策建议

根据《中华人民共和国环境影响评价法》的要求，煤炭矿区总体开发规划需要编制环境影响报告书。近年来，随着国家煤炭管理政策的严格和环境保护意识的增强，煤炭矿区规划环评的作用逐渐被社会认可，其数量也迅速增加。从 2006 年年初到目前为止，环境保护部委托评估中心进行技术初审的各类规划环评报告书共计 100 部，其中煤炭矿区规划环评报告书就达 31 部，占 31%。除数量占有绝对优势外，煤炭矿区规划环评在报告书编制、技术方法、指标体系等方面也取得了长足进展。因此，与其他行业和领域相比，煤炭矿区的规划环评工作已经开始步入正轨。在这一背景下，对其存在的问题进行分析、总结和归纳，不仅有利于更好地完善此项工作，同时也可以为其他行业和领域规划环评的开展提供借鉴。

一、煤炭矿区规划环评管理中的主要问题

（一）管理上存在严重的职责错位

为推动煤炭矿区总体规划环评工作的开展，促进煤炭资源有序开发，国家环保总局（现为环保部）于 2006 年 11 月 6 日发布了《关于加强煤炭矿区总体规划和煤矿建设项目环境影响评价工作的通知》（环办[2006]129 号），强调煤矿建设项目应当符合经批准的矿区总体规划及规划环评要求；未进行环境影响评价的矿区总体规划所包含的煤矿建设项目，环保部门不予受理和审批其环境影响评价文件。该通知下发后，煤炭矿区规划环评报告书的数量显著增加。根据环评法的规定，规划环评应

该由组织编制规划的部门开展。国家规划矿区总体开发规划均由省级发展改革委组织编制，国家发展改革委审批，因此，国家规划矿区总体开发规划环境影响评价文件的编制，也应该由省级发展改革委来组织开展。但从实际情况来看，只有内蒙古、四川等少数省区符合上述要求。其他绝大多数矿区总体开发规划环境影响报告书都是由建设项目环保审批受到限制的各大能源集团组织编制的。从2006年至今，由建设单位委托编制的环评报告书数量达17部，所占比例超过一半。由省级发展改革委委托编制的仅有10部。除此之外，还有县级政府委托、工业园区委托等不符合法规要求的操作模式。即使是由省级发展改革委委托编制的环评报告书，也往往带有敷衍了事的性质。例如，内蒙古自治区发展改革委委托编制的《鄂尔多斯准格尔矿区总体规划环境影响报告书》，委托时间为2007年4月24日，委托函中明确要求报告书在5月20日之前完成，在如此短的时间内根本不可能开展系统和深入的评价，也难以得出科学的结论，显然仅仅是为了满足行政程序需要而作出的应付。再如《山西晋北煤炭基地河保偏矿区总体规划环境影响报告书》，按照环评法的规定，应该由山西省发展改革委委托编制，但实际上却是由忻州市发改委委托编制的。委托时间为2007年4月，委托函明确要求环评编制费用由山西王家岭煤业有限公司负责解决。该报告书仅用时3个月，编制质量可想而知。类似的例子还有很多。总体来看，真正由省级发展改革委主动组织编制的规划环评几乎没有，这说明发改委对此项工作并未给予充分重视。

（二）规划编制及审批内容难以适应形势需要

《国家核准煤炭规划矿区目录（2006年本）》共包括112个大型矿区，是国家开发建设的重点区域。从目前来看，由省级发展改革委组织编制的矿区总体规划内容主要包括矿区范围、资源条件、矿田划分、开采方式和煤炭洗选等几个方面，关于火电、煤化工、交通运输及资源综合利用产业等方面的内容极为简略。国家发展改革委的批复文件，是对总体规划的确认，但涉及的内容更少，往往只包括矿区范围、井田划分和生产规模三项，对于其他建设内容并没有实质性要求。受矿区总体开发规划内容的局限，规划环评报告难以对电力、煤化工、交通等建设内容作出深入分析，评价范围也难以把握。即使对上述内容作出评价并提出调整意见，发展改革委的批复文件也不涉及此项内容，这直接影响到了环评的有效性。例如，云南老厂矿区共划分为4个井田，其中3个大型矿井的业主单位均为云南滇东能源有限责任公司，所产煤炭主要供应紧邻矿井的坑口电厂——滇东电厂。该矿区属于典型的煤、电一体化开发模式，但电厂项目并未纳入矿区总体规划，而是作为电源点列入了《云南省电力工业“十一五”发展规划》。因此，在矿区总体规划环境影响报告书中，资源环境承载能力分析（包括SO_2容量与总量控制要求等）并未将电厂项目包括在内，资源综合利用方案也难以深入具体。况且，在煤矿和电厂归属不同业主的情况下，不仅资料的获取难度较大，所提措施也难以落实。

在这一轮煤矿建设高潮中，煤、电、化工一体化开发是一个非常鲜明的特征。神华矿业集团、淮南矿业集团、宁煤集团等传统大型煤炭企业，均把煤炭就地转化作为企业的主要发展方向，并为相应的电厂或煤化工项目配备供煤矿井。如神华集团补连塔煤矿，就是为集团内国家重点煤液化项目提供原料；淮南矿业集团丁集矿井，则是为淮南煤电一体化发展战略规划的田集电厂配套供煤；宁煤集团任家庄煤矿，也是为灵州电厂配套供煤。除传统煤炭企业向电力、煤化工行业扩张外，一些电力集团，也开始大力圈占煤炭资源，为发展提供燃料与原料保障。如大唐国际发电股份有限公司拟在内蒙古锡林郭勒市建设的 3 000 万 t/a 露天煤矿，主要为在克什克腾旗建设的电厂和煤化工项目提供原料；华能集团公司拟在内蒙古准格尔旗建设的魏家峁露天煤矿，设计规模一期为 600 万 t/a，二期达到 1 200 万 t/a，也是西电东送工程的配套供煤矿井。与此相适应，环境影响评价也应该立足于区域，根据资源环境承载力，对各类开发活动进行综合评价，但目前的规划编制和审批方式难以满足这一要求。

此外，许多矿区存在边勘探、边设计、边报批的现象，仅有个别矿井达到详查才编制矿区总体开发规划，致使规划建设范围难以覆盖整个矿区，增加了规划的不确定性，也给环评造成困难。还有相当部分矿区规划环评，又是在矿区总体开发规划早已得到国家发展改革委批准的情况下补作的，评价结论无法纳入总体规划，更难以发挥作用。因此，目前的规划编制和审批方式，客观上不利于矿区规划环评工作。

（三）环评文件编制及审查存在诸多不足

从目前来看，从事过国家级煤炭矿区规划环评文件编写的环评单位共有 14 家，但 70%以上集中在原煤炭系统的设计院或研究院。这些单位由于专业技术能力强、行业资料多、与业主单位关系密切，并且熟悉国家的管理程序，在环评市场上已经占有较大份额。但从另一方面来讲，浓厚的行业背景，客观上也限制了这些单位在思路、方法等方面的创新，其环评报告已经形成了某种定式，并且带有强烈的建设项目环评色彩。例如，大多数矿区规划环评报告书在章节设置、评价思路和技术方法上与建设项目环评雷同，对规划布局、规模、结构的环境合理性问题论证不充分，规划环评的综合性、宏观性、前瞻性特点不突出。此外，受多方面条件制约，评审矿区规划环评的专家范围更小，基本局限在煤炭系统几个环评单位的负责人。这种状况对于规划环评的发展极为不利，不仅难以推陈出新，反而进一步确立了上述单位在这一领域的垄断地位。

在审查程序上，一般是环保部环评司受理报告书后，将其转到评估中心进行预审，然后环评司将预审意见发给环评单位进行修改，修改后再组织专家和有关部门召开审查会，最后由环境保护行政主管部门出具正式审查意见。但从目前来看，规划环评报告书在审查会上的一次通过率较高(其他行业也大体如此),在这种状况下，环评单位对于预审意见中提出的修改要求经常只作简单处理就再次上报，从而对报告书的编制质量造成影响。此外，目前的规划环评一般都是由企业出资委托，且评价费用的支付与报告是否能够通过评审，甚至能否拿到审查意见直接挂钩。因此，环评单位为企业开脱责任的状况也很普遍，难以在矿区开发规模、开发时序等关键问题上提出实质性调整意见。

(四)规划环评成果的实施缺乏机制保障

矿区规划环评的主要目的，在于以资源环境承载能力为依据，对规划中的矿田划分、开发时序、下游产业发展等从环境保护角度提出优化调整建议，对可能产生的环境影响，提出生态恢复、污染防治、固体废物综合利用等方面的对策措施，从而起到指导矿区开发和项目建设的作用。然而，从实际情况来看，由于缺乏相应的配套保障机制，规划环评成果难以真正落实。对于煤炭开发来说，由地表沉陷或挖损带来的生态影响非常突出，通过规划环评，可以在区域层面上提出生态修复的目标、指标及指导性方案。但矿区生态恢复规划的实施，需要生态补偿机制作保障，而我国至今还没有具有强制约束力的相关法规。目前各个地区的生态补偿模式千差万别，既有以企业为主体的补偿模式、也有以政府为主体的补偿模式，还有国家财政拨款、地方提供配套资金的补偿模式。在补偿标准、补偿方式和管理体制上也千差万别，但由于缺乏强制性要求，总体上效果不佳。

为了规范矿区开发秩序，国家发展改革委曾提出了一个矿区原则上由一个业主开发的要求。但从实际情况来看，矿区多头开发的现象仍很普遍，不同的业主往往各自为政，客观上给环境治理和煤矸石、矿井水的综合利用带来较大困难。例如，山东巨野矿区共规划 7 对矿井，却分别由 5 个业主开发，这些企业在发展思路和目标上各不相同。新汶矿业集团提出了依托龙固矿井，建设现代化矿山循环经济工业园区的规划，由矿井、洗煤厂、热电厂、焦化厂、建材厂、生活区组成“一矿四厂一区”的产业格局；兖矿集团提出要利用赵楼矿井和万福矿井，重点建设坑口综合利用电厂；鲁能集团提出要依托郭屯矿和彭庄矿，建设坑口电厂，并辅以煤矸石综合利用建材项目；山东里能集团提出要依托郓城矿，主要建设天然焦电厂；肥城矿业集团梁宝寺矿井在地理位置上相对独立，也提出了自己的综合规划。诸如此类一个矿区由多个业主开发的现象相当普遍，基本上每个项目的环评报告都提出了自己的生态保护、污染治理和废弃物综合利用措施，但彼此难以协调，实施效果也很难预料。

此外，在上百平方千米的空间范围内进行煤、电、化工、交通等一体化综合开发，社会影响非常深远。经统计分析，淮南矿区受采矿影响的耕地中，50%以上将变为永久积水区，丧失耕作功能；90%以上的受影响村庄均需搬迁，平均每个矿井的搬迁规模均在 2 万人以上。潘谢矿区总面积为 1 750 km^2，−1 000 m 以浅探明的储量为 122.49 亿 t，规划最终建成矿井 20 个，2020 年矿区生产规模达到 1 亿 t。若按单位保有储量的耕地损失率和搬迁规模计算，最终将永久丧失耕地 32 303 hm^2，搬迁居民近 33 万人。煤炭资源的开发，将彻底改变区域生态格局和社会经济结构，应该对区域空间结构进行重新规划和调整，并将搬迁安置等社会问题与环境保护结合起来统筹安排解决，但此项工作至今并没有引起足够重视。

（五）规划环评的编制缺乏规范

由于我国规划环评开展的时间较短，可资借鉴的经验较少，各个领域、各个行业普遍没有建立起相应的技术规范。煤炭行业虽然已经编制完成了规划环境影响评价导则，但仍然难以对规划环评文件编制中存在的主要问题进行统一。从已经完成的煤炭矿区规划环评报告书的编制情况来看，主要存在如下几个方面的问题。首先，绝大部分环评单位不做现状监测，完全引用历史资料，难以反映矿区的环境现状；其次，由于矿区总体开发规划涉及的电力、煤化工、交通等方面的内容较少，评价单位对于下游产业、配套产业及关联产业的连带和累积影响评价深度难以把握；第三，作为规划环评的核心内容，受资料不足、理论方法不成熟等因素影响，资源环境承载能力分析过于肤浅，且分析方法和深度差距较大；第四，规划环评与项目环评的衔接关系尚未理清。哪些问题是需要规划环评解决的，哪些问题是需要项目环评解决的，对此并没有一个明确的说法，规划环评的一些结论也难以真正对项目建设起到约束作用；第五，编制模式与项目环评雷同，采用水、气、声、渣、生态逐一评价的方式，缺乏国外规划环评广泛采用的多方案比选和情景分析。由于缺乏规范，在资源环境承载力评价、地下水影响评价、社会影响评价等方面没有达成共识，导致不同审查专家对同一问题的意见经常大相径庭，使环评单位无所适从。

二、提高煤炭矿区规划环评有效性的对策建议

（一）通过立法和机构改革理顺规划环评的权责关系

从国外战略环评的开展情况来看，一般都非常强调公众和社会参与，通过搭建讨论平台，广泛采纳各方面的合理建议，协调不同团体的利益冲突，最终促进社会、经济和环境效益的有机统一。因此，规划环评的有效开展，需要一个能够协调相关利益主体的强势部门。从我国的实际情况来看，一方面是规划环评开展的时间较晚，相关部门还需要一个逐渐熟悉和接受的过程；另一方面，规划环评客观上对国家发展改革委、国土资源部、住房和社会保障部、交通部等强势部门形成制约，而目前的法律并没有赋予实际推动此项工作的环境保护部更多权力，这些骨干性规划的审

批部门必然会采取不合作，甚至抵制的态度，使规划环评的执行率和有效性大打折扣。与其他领域相比，虽然煤炭矿区规划环评工作已经大大超前，但仍未引起国家发展改革委的足够重视。要改变这一局面，要么通过立法来增强环保部门的权力，要么设立级别高于各个部委的规划环评管理机构，只有这样，规划环评管理部门才能真正起到有效协调各方利益的作用，规划环评的作用才能真正发挥出来。

（二）改革规划编制和审批方式

煤、电、化工一体化发展，是这一轮煤矿建设高潮中的突出特点，也在客观上为矿区规划环评的开展提供了契机。然而，管理体制上的条块分割，使得矿区煤炭开发规划、电力规划、煤化工规划及交通规划等彼此独立，难以统一作出评价。事实上，这些规划之间的关系非常密切，如果下游产业和运力没有保障，煤炭开发规模也存在很大的不确定性。此外，矿区规划的配套产业和煤矸石电厂、矸石砖厂等资源综合利用产业，如果不符合当地的电力规划和节能减排要求，最终在项目审批中也难以通过。因此，根据目前的情况，国家应考虑由发展改革委牵头，编制包括煤炭开发、火电、煤化工、交通、资源综合利用甚至居民搬迁安置等内容在内的综合性区域开发规划。在规划编制过程中，要严格按照环评法的要求编制规划环境影响报告书。针对这一综合性规划开展规划环评，无疑会更加科学和有效。规划文本一旦确定，审批部门就应该对相关产业，特别是资源综合利用产业进行确认，并简化审批手续，使其能够得到贯彻实施。

（三）严格矿区规划环评审查管理

矿区规划环评本应由省级发展改革委组织编制，但在很多情况下是由企业出资委托，且编制费用的拨付与能否拿到主管部门的审查意见直接挂钩，这种操作模式使得环评单位难以站在客观、公正的立场上进行评价。在这种情况下，严格审查管理，几乎是提高报告书编制质量的唯一途径。因此，建议在技术层面上作如下处理：第一，严把审查关，对于不按初审意见进行修改，并在评审过程中发现环评态度不认真、环评文件质量低劣的环评单位，应要求重新编制；第二，扩大矿区规划环评初审和终审的专家队伍，增加专家数量和专业领域，使审查更加客观、公正、全面，并真正起到各方利益博弈平台的作用；第三，扩大矿区规划环评编制单位的范围，鼓励综合性和研究性单位的参与，以起到百家争鸣、百花齐放的效果；第四，鉴于规划环评工作的复杂性较高，可考虑环评单位在编制完矿区总体规划工作方案后，组织人员对其审查。

（四）建立矿区规划环评实施的保障机制

我国煤炭资源分布广泛，约占国土面积的6%，煤炭生产和消费，在能源体系中的地位举足轻重。与此相对应，煤炭开采也已成为对我国生态影响最为突出的资源开发行业。为此，应优先建立煤炭行业的生态补偿机制，将生态补偿资金的形成、管理、监督、验收等问题制度化、规范化。其次，对于矿区煤矸石、矿井水及其他伴生资源的综合利用，应该在规划和规划环评中科学论证。综合利用方案一旦制订，当地投资主管部门就要优先支持，并严格监督实施。此外，应尽量将矿区综合开发规划与国民经济和社会发展规划、城市规划、土地利用规划等骨干性空间规划相融合，通过多个部门的通力配合，共同实现资源开发、环境保护、空间重构等内容的有机结合。只有建立起以生态补偿机制为核心的保障机制，规划环评的科学结论才能得到有效贯彻落实。

（五）加强评价规范和技术方法研究

从目前来看，一方面应尽快完善煤炭矿区规划环评导则，发挥对环评单位的指导作用；另一方面管理部门应尽快对煤炭矿区规划环评在评价范围、评价内容、评价深度等方面提出指导意见，规范环评市场，改变目前环评质量良莠不齐的局面。特别是对于困惑环评单位的关键问题，如现状评价是否可以不做监测，电力、煤化工等关联产业的评价深度如何确定、社会评价的内容应该包括哪些等问题要有一个明确回答。此外，要加强对资源环境承载能力评价、累积影响评价、连带影响评价等核心问题的研究，倡导使用多方案比选、情景分析等国外规划环评广泛使用的技术方法。只有切实提高规划环评文件的质量，为规划编制和审批部门提供强力支撑，才能引起有关部门的重视，促进该项工作的开展。

（2008年8月）

公路工程设计变更管理的对策建议

岳蓬蓬

摘　要：在环境影响评价文件审批后，设计发生变更是公路项目中普遍存在的问题，如何正确理解和认识变更以及其带来的环境影响变化，对工程变更进行有效控制，是预防和减少后期相关环境问题产生，顺利与“三同时”衔接的重要环节。控制环境影响评价审批后的随意变动，对于保证环境影响评价的有效性来讲也是至关重要的。通过分析公路工程在环境影响评价审批后各个方面变更的主要原因、变更的时段，提出加强变更管理、提高环境影响评价审批有效性的建议。

主题词：公路　设计　变更　管理

公路作为国家重要基础设施之一，对促进经济和社会发展具有重要意义。近年来公路交通事业获得了迅猛发展。作为环境管理体系中的预防措施，环境影响评价工作对促进我国公路建设与环境保护协调发展起到了非常重要的作用。《建设项目环境保护管理条例》（1998 年）第九条规定：“建设单位应当在建设项目可行性研究阶段报批环境影响报告书、环境影响报告表或者环境影响登记表；但是，铁路、交通等建设项目，经有审批权的环境保护行政主管部门同意，可以在初步设计完成前报批环境影响报告书或者环境影响报告表。”目前国家高速公路网规划的工程里程约 8.5 万 km，截至 2007 年年底，约建成了一半，尚有 50%的里程尚未开始建设或部分正在实施。根据“十一五”公路建设目标，截至 2010 年，国家二级公路通车里程达 45 万 km，2006 年年底，二级及二级以上高等级公路里程完成 35.33 万 km，还有 10 万 km 公路里程，将在“十一五”期间完成。加强对公路工程实施工程中的变更行为管理，是预防和减少环境问题产生，落实“三同时”规定的重点和难点，也是提高公路项目环境影响评价有效性的途径，在尚有 4 万多 km 的高速公路网建设尚未完成之际，加强对设计变更的管理，势在必行。

为切实加强公路建设项目的环境保护工作，提高环境影响评价的有效性，更好地执行“三同时”制度，落实《环境影响评价法》中关于变更管理的相关规定，规范公路设计变更的环境影响评价管理，把环境影响评价审批后的工程变更纳入“三同时”的日常管理范围。通过研究公路工程在环境影响评价审批后各个方面变更的主要原因、变更的时段，提出加强变更管理、提高环境影响评价审批有效性的管理建议。

一、开展公路设计变更调查工作的由来

在环境影响评价文件审批后，设计发生变更是公路项目中普遍存在的问题，且随意性较大，以至于在环保验收调查阶段发现公路建成后的实际线位和公路两侧环境敏感目标的分布情况与环评报告书存在较大的差异，比如部分项目发生路线调整、增设互通、服务区和停车区数量及规模变化等较大的工程变更，有的项目发生隧道、桥梁、涵洞、通道等较为常见的变更。线路摆动产生新的声环境敏感点没有噪声防治措施，取弃土场变动没有生态防护措施而造成大量的水土流失，线路变动带来的环境影响在前期环境影响评价中没有涉及，在后期验收中无法对应，变动的原因是多方面的，对于如何正确理解和认识变更以及其带来的环境影响变化，把工程变更带来的环境影响纳入管理范畴，提高公路项目环评有效性有必要进行认真的探索。

公路设计变更调研由环保部评估中心和交通部公路科学研究院共同完成，主要调查了贵州、云南、湖南、海南、河北、湖北、浙江等7个省的18个重点项目，包括云南省的思小路、大保路；海南省的海口绕城公路、三亚绕城公路；湖南省的吉茶路、长沙—浏阳路、邵怀路；湖北省的沪蓉西线、襄荆路；河北省的青银项目（307）、京承河北段、秦承路、沿海高速；贵州省的三凯路、屏三路；浙江省的衢南路、丽龙路、杭徽（黄山）路。贵州、云南、湖南、海南、河北、湖北、浙江省交通厅及有关部门协助课题组进行了资料收集和调研工作。

调研以发放调查表和现场调查、座谈等方式进行。2007年课题正式启动，调研组对现有公路项目资料进行分析、整理，并根据掌握的各种资料挑选和确定重点调查项目。根据基础资料整理结果，以《关于协助开展公路设计变更情况调查工作的通知》向有关单位发放了调查表；2007年年底，由环保部评估中心和交通部公路科学研究院组织相关专家，选取贵州、浙江和河北等有代表性的公路建设项目进行现场调研。现场调查的主要内容包括：查阅环境影响评价报告书及批复、工程可行性研究文件及批复、初步设计文件及批复、施工图设计文件以及环保验收报告等文件，召开座谈会，现场考察等。

二、公路项目基本建设管理的特点

由于公路基本建设受自然条件、技术条件、物资条件的制约，并且要按照既定的需要和科学的总体设计进行建设，建设过程中的任何计划不周或安排不当，都会给国家造成重大浪费和损失。因此，在其基本建设活动时，必须严格按照规定的程序进行，不可人为地忽略其中的某个阶段或改变其顺序，否则，不仅将造成宏观上的浪费，而且会导致盲目发展，甚至贻误地区经济的开发时机。公路项目基本建设程序大体可分为：预可行性研究（项目建议书）阶段、可行性研究阶段、初步设计

阶段、施工图设计阶段、招投标（招标文件编制）阶段、开工准备（开工报告）阶段、施工阶段、工程决算及竣工验收阶段和项目后评价阶段。与环境影响评价管理比较密切的是前期工作阶段，即前四个阶段。

项目预可行性研究的主要工作内容是：以国民经济与社会发展规划、路网规划和公路建设五年计划为依据，重点研究项目建设的必要性，并对项目的建设规模、技术标准、建设资金、经济效益等进行必要的分析论证。

公路建设项目可行性研究的主要研究工作内容是：通过必要的测量、地质勘探，对不同建设方案从技术、经济、环境等方面进行综合论证，提出推荐方案，确定建设规模、技术标准和投资估算。

初步设计阶段的目的是确定设计方案。必须根据批复的可行性研究报告、勘测设计合同的要求，拟定修建原则，选定设计方案、拟订施工方案，计算工程数量及主要材料数量，编制设计概算，提供文字说明及图表资料。

从以上对于公路前期工作各阶段的工作内容和要求介绍中，可以看出公路项目的线位或设计就像一件雕塑作品，是逐步确定或“细化”的，由于公路建设的客观规律及前期工作经费、研究周期等的限制，决定了其各阶段的研究处于“不断深化”的过程。从预工程可行性研究阶段主要论证项目建设的必要性和建设的经济可行性，到工程可行性研究阶段主要研究路线的走廊（初步的路线方案），初步设计阶段基本确定路线方案，最后到施工图设计拿出具体的设计图纸，要经过多次的审查和多次的修订。变更可能出现在任何一个环节中。

三、公路工程内容审查环节及变更过程

公路项目的（预）可行性研究报告首先需经省内预审，然后国家发改委审批（发改委审批前，交通部要进行行业审查，出具行业审查意见；发改委委托咨询机构组织专家审查，由咨询机构出具专家审查意见）。在（预）工程可行性研究报告审查过程中，（预）可行性研究报告需根据审查情况进行反复修订。根据《国务院关于投资体制改革的决定》，在国家发改委批准可行性研究报告前需完成土地预审和环境可行性批复。在可行性研究阶段，项目法人尚需取得《水土保持方案报告》批复、《林地使用可行性报告》批复、《地质灾害分析报告》和《文物保护报告》批复等。

在初步设计阶段，先由省交通主管部门进行初步设计预（内）审，然后报交通部审批（审批前，交通部指定一家具有相应资质的勘察设计咨询单位进行技术审查）。在初步设计阶段，还要由省交通主管部门进行初勘、初测成果验收、方案审查等过程审查。在施工图设计阶段，通常由省交通主管部门进行审批。省交通主管部门一般还会进行详勘、定测成果验收等过程审查。

在这些审查过程中，需要广泛听取规划、水利、林业、环保等部门和地方政府和利益相关单位的意见；除上述政府部门组织的审查外，项目法人、设计单位内审

和设计监理单位的咨询也在不断“修正”设计。因此，路线方案在不断调整和优化过程中。

四、工程环境敏感目标变动的原因

（一）工程始终围绕线路走廊在调整、细化

对于公路项目这样大型的线性工程，在设计阶段其设计（路线）方案的不断调整或优化是常态，工程可行性报告的路线方案到初步设计阶段往往需重新确定和优化，由于地物、地质情况的进一步明了，路线一般需要在工程可行性确定的中线基础上根据诸多因素重新确定，对一些有比较价值的路线方案和工程方案还要比较确定，这样路线在原工程可行性报告的路线方案的基础上就左右摇摆，甚至可能出现较大变化；在施工图设计阶段也可以进行局部路线和工程方案比选。最后签订施工合同后，仍会有一些变更发生。工程的变更导致与环境相关的影响因素变化（声环境敏感目标与线路的距离、高差，工程土石方量，对水环境的影响都一直处于变更状态），环境影响评价报告书经批复后敏感目标与验收时实际的敏感目标往往难以对应。例如：根据环保部评估中心做的对2001—2005年验收的40个公路项目噪声敏感点的调查统计，原环境影响评价时有1 477个点，验收时偏出的有511个点，新增的有847个点，可见环境敏感点变化幅度很大。

（二）环境影响评价工作的特点

1．环境影响评价介入时机的变化

《建设项目环境保护管理条例》（1998年）第九条规定：“建设单位应当在建设项目可行性研究阶段报批环境影响报告书、环境影响报告表或者环境影响登记表；但是，铁路、交通等建设项目，经有审批权的环境保护行政主管部门同意，可以在初步设计完成前报批环境影响报告书或者环境影响报告表。”2004年之前，大多数公路项目都是在初步设计阶段，设计和施工方案、工程数量等基本确定后开展环境影响评价工作。

2004年，国家投融资体制进行改革，《国务院关于投资体制改革的决定》提出，企业投资建设实行核准制的项目，仅需向政府提交项目申请报告，不再经过批准项目建议书、可行性研究报告和开工报告的程序。简化和规范政府投资项目审批程序，合理划分审批权限。按照项目性质、资金来源和事权划分，合理确定中央政府与地方政府之间、国务院投资主管部门与有关部门之间的项目审批权限。对于政府投资项目，采用直接投资和资本金注入方式的，从投资决策角度只审批项目建议书和可行性研究报告，除特殊情况外不再审批开工报告。

《企业投资项目核准暂行办法》（2004年）第八条提出，项目申报单位在向项目

核准机关报送申请报告时，需根据国家法律法规的规定附送环境保护行政主管部门出具的环境影响评价文件的审批意见。投融资体制改革后，环境影响评价工作阶段向前提到了工程可行性研究阶段，环境影响评价的介入时机有的甚至提前到预工程可行性研究阶段，在线路的走廊带确定阶段，环境影响评价的内容也相应地与设计内容一致，无法进行细致的、精确的评价。

2. 环境影响评价的工作深度与工程设计深度密切相关

工程可行性研究阶段一般不对取弃土场进行设定，也未对其防护和绿化恢复提出相应的设计及投资估算，环境影响评价报告仅能简单地提出设置要求，有的评价单位可能会同设计单位，根据环境影响评价的要求和工程土石方估算，初步选定部分取弃土场，环境影响评价报告书对临时选定的取弃土场的环境影响进行评价，但是在下一步局部设计和施工过程中，这些取弃土场的位置还会继续发生变化，造成设计中对取弃土场防护和恢复工作不会按照环境影响评价报告书的规定进行，引起变更行为发生。

如青岛—银川公路冀鲁界至石家庄段高速公路，环境影响评价中提出取土场 112 处、占地 17 871.8 亩，验收时发现，项目实际共设置了 419 个取土场，占用土地 20 900.64 亩，取土场数量和占地面积均有较大的变化。

工程可行性研究报告图件比例尺要求：地理位置图的图幅范围按路线影响区确定，比例尺为 1∶500 000～1∶2 000 000；路线平纵面缩图的平面缩图比例尺为 1∶50 000～1∶200 000；纵断面缩图的垂直比例尺 1∶5 000～1∶10 000；路线平纵面图的比例尺为 1∶10 000。初步设计阶段图件比例尺要求：路线平面图比例尺为高速公路、一级公路采用 1∶2 000，其他公路也可采用 1∶1 000、1∶2 000、1∶5 000；路线纵断面图水平比例尺与平面图一致，垂直比例尺视地形起伏情况可采用 1∶100、1∶200、1∶400 或 1∶500。目前环境影响评价工作阶段可获取的工程相关图件的比例尺较小，势必会遗漏很多敏感点，由于工程可行性研究、初步设计等各个阶段设计文件的平面图比例不一致，导致虽然路线走向没有变化，但声环境敏感点相对距离也不是完全一致的情况发生。需要详细的现场调查，如仅根据工程可行性研究设计图进行环境影响评价工作，无法确定工程与环境敏感点之间的距离，必须进行现场详细的踏勘调研。

（三）环境敏感目标变更与前期环境影响评价工作密切相关

1. 环境影响评价现状调查的准确性

环境影响评价根据小比例尺图件进行初步的敏感点筛查，往往会遗漏一些敏感点，在报告书审查过程中，仅对报告书列出的敏感点进行评估，通过技术评估，有时能够发现环境影响评价单位调查不足导致的敏感点缺失。如新疆喀什至叶城公路项目环境影响评价报告书提出沿线有 10 处声环境敏感点，经评估，发现该项目沿线有 33 处声环境敏感点。

2．环境影响评价所用工程资料的时效性

环境影响评价介入时机越早，越有利于工程根据环保的要求对设计方案的调整，对设计起着一定的指导作用。但是环境影响评价在早期介入使用的预工程可行性研究资料随设计阶段的进展而不断更新，这要求环境影响评价不断地根据相应的工程设计进展进行环境影响评价内容的调整。而大多数环境影响评价单位由于受经费、时间、人力资源等因素的限制，往往是针对设计资料的“一次环境影响评价”，缺乏及时的更新。

根据对 2004 年 7 月《国务院关于投资体制改革的决定》之前和之后的项目做的调研，环境敏感目标变化的比例都比较大，可见与环境影响评价的时间关系并不是特别大。实际的环境影响评价批复时间与初步设计批复时间都比较接近，大部分相差不到三个月，环境影响评价深度可以根据设计内容进行调整。工程可行性研究阶段路线方案发生变化的可能性较大，到初步设计阶段后路线方案基本就确定了，一般不会再有大的变化，只是一些局部的细微调整。环境影响评价的跟进调整至少要到初步设计阶段。

例如：根据对瑞赣高速公路声环境敏感点变化的调查，2005 年 5 月工程可行性研究批复，工程涉及声环境敏感点 50 处；2005 年 9 月初步设计批复，工程涉及声环境敏感点 69 处，与工程可行性研究中相同的敏感点仅有 5 处，2005 年 10 月初步设计调整，涉及声环境敏感点 74 处，与工程可行性研究相同的敏感点有 5 处，2006 年 12 月施工图设计批复，声环境敏感点 73 处，与初设阶段相比，路线微调优化避开了 1 处敬老院，其余敏感点相同，但是部分敏感点与路线的距离、高差有一些小的变化和调整。

3．多方案比选过程中最终推荐方案的变化

对于公路这样大型的线性工程，在设计阶段其设计（路线）方案的不断调整或优化是常态，工程可行性研究报告的路线方案到初步设计阶段往往需重新确定和优化，由于地物、地质情况的进一步明了，路线一般需要在工程可行性研究确定的中线基础上根据诸多因素重新确定，对一些有比较价值的路线方案和工程方案还要比较确定，这样路线在原工程可行性研究路线方案的基础上就左右摇摆，甚至有了较大的变化。

在公路工程的各控制点之间，可能存在很多的比选方案，有的是针对地质、敏感目标、工程难点布设比选方案，也有的是地方政府为工程能带动地方经济发展，争取公路的互通、线位在本市（县）周边布设，不同地方部门权益的博弈过程。工程可行性研究在确定大的线路走廊后，选定一个推荐方案，环境影响评价基本根据推荐方案布设的走廊开展。而随着工程设计深度的深入，原来的比选方案可能变成推荐方案。造成工程比选段的环境敏感目标的变更。

五、公路工程变更的主要内容

根据典型项目调查结果进行统计分析，工程变更类型主要集中在以下几个方面：

（1）建设规模及标准的变更：公路等级变更；连接线规模、等级、长度等的变更；路线起终点位置的变更；路线方案的变更等。

（2）工程数量的变更：桥梁数量、位置、桥型、施工工艺的变更；隧道数量、设计方案、施工方案的变更；交叉工程（互通立交、分离立交、通道、天桥、涵洞等）的数量、位置或方案的变更。

（3）防护工程变更：特殊不良地质路段处置方案发生变更。

（4）路面变更：路面结构类型、宽度和厚度发生变更。

（5）沿线设施、交通工程变更：包括服务区、收费站、养护工区、停车区、管理站（所）、监控通信系统等交通服务设施的位置、数量、规模、方案的变更。

（6）取弃土场所变更：取弃土场所位置、数量和防护措施的变更。

（7）环境保护工程变更：包括绿化、景观设计的变更；噪声防治措施的变更；污水处理设施的变更等。

（8）环境敏感目标的变更：声环境敏感点的数量及位置的变更；水环境敏感点的数量及位置的变更；生态环境敏感点及其他敏感点的数量及位置的变更。

六、变动后履行相关手续的依据

《建设项目环境保护管理条例》（1998 年）第十二条规定：“建设项目环境影响报告书、环境影响报告表或者环境影响登记表经批准后，建设项目的性质、规模、地点或者采用的生产工艺发生重大变化的，建设单位应当重新报批建设项目环境影响报告书、环境影响报告表或者环境影响登记表。”

《中华人民共和国环境影响评价法》（2003 年）第二十四条规定：“建设项目的环境影响评价文件经批准后，建设项目的性质、规模、地点、采用的生产工艺或者防治污染、防止生态破坏的措施发生重大变动的，建设单位应当重新报批建设项目的环境影响评价文件”，其中比《建设项目环境保护管理条例》中增加了“防治污染、防止生态破坏的措施发生重大变动”也应重新报批环境影响评价文件，旨在将生态类型的建设项目的变更内容纳入法律管理的范畴，但是并没有对重大变动的内涵进行界定。同时，第二十七条规定：“在项目建设、运行过程中产生不符合经审批的环境影响评价文件的情形的，建设单位应当组织环境影响的后评价，采取改进措施，并报原环境影响评价文件审批部门和建设项目审批部门备案；原环境影响评价文件审批部门也可以责成建设单位进行环境影响的后评价，采取改进措施。”这一条意味着，环境影响评价工作在建设项目的管理体系中是一个全过程的文件，也应随着工程不断地调整，对防治污染和防止生态破坏的措施进行不断的修正。而目前，大多数的建设单位还是把环境影响评价当成一道通关的手续，拿到批文则万事大吉。

2007 年 12 月 1 日，国家环境保护总局、国家发展和改革委员会、交通部三部委联合以“环发[2007]184 号”文的形式发布《关于加强公路规划和建设环境影响评价工作的通知》，该通知指出“应严格公路建设项目准入条件，加强环境影响评价，环境影响评价文件经批准后，公路项目的主要控制点发生重大变化、路线长度发生重大变化、路线的长度调整 30%以上、服务区数量和选址调整，需要重新报批可行性研究报告，以及防止生态环境破坏的措施发生重大变动，可能造成环境影响不利方面变化的，建设单位必须在开工建设前依法重新报批环境影响评价文件”。该文件首次明确公路工程的变动内容应该进行重新报批的要求。报批时间应为建设项目的开工建设前。

七、变更后手续履行情况

根据对于各省高速公路调研的初步统计结果和分析情况来看，公路项目在工程可行性研究、初步设计、施工图设计或施工阶段发生线位摆动（调整）、工程方案变化等工程变更常有发生，有的变更程度非常大，环境敏感目标的变更率达 100%，如按上述相关规定需多次重新上报审批，但事实上据此规定重新上报报告书的情况很罕见，项目的变更手续履行仅在今年少数几个项目中有所体现，而且均已经在履行手续前，对变更内容进行了实施。究其原因，首先是如按《建设项目环境保护管理条例》规定由建设单位重新报批环境影响评价报告书，需要界定何谓“重大变化”，同时对于“重大变化”发生后重新报送报告书的审批方式等均需进行规定方具备可操作性；其次，就是项目重新批复的及时性问题，一旦项目可行性研究报告获批复，项目的进程一般相当快，已不可能因方案的变化重新编环境影响报告书，并按常规报批；最后，就是负责项目前期工作和负责项目实施的人员是不同的，负责项目实施的人员往往对环境影响评价规定不甚了解。另从管理学角度看，其环境管理成本比较大，对于环境影响评价行政主管部门能否有足够人力处理也是很大的问题。

八、如何进行变动后期管理的政策建议

（一）如何减少变更

（1）根据工程设计的实际进展开展环境影响评价并及时更新。

大部分工程在审查环境影响评价的时候，实际工程进展已经到达设计审查阶段，设计的大部分工作已经完成。所以应要求环境影响评价报告编制单位根据工程实际进展深度调整报告书内容，以减少对于后期的变更。

参照世界银行项目管理程序，环境影响评价文件根据设计文件的进度进行不断更新，环境影响评价可以有效地指导设计、设计亦能及时地体现环保，这种项目管

理方式值得借鉴。

例如，瑞赣高速公路为世界银行贷款项目，其环境影响评价工作根据世界银行的管理要求，环境影响评价文件随着路线方案的不断优化不断地更新，同时路线方案根据环境影响评价文件的意见进行优化，共编制了五版环境影响评价文件。在其路线方案不断优化过程，环保因素是主要考虑的因素之一。最终确定的路线方案与最初的工程可行性研究阶段的路线方案（国家环保总局审批环境影响评价报告），其声环境敏感目标发生了几乎 100%的变化，也是环境趋于最优化的方案。这个项目的路线方案变化过程基本反映了典型公路项目的设计进程和方案变化过程。

（2）比选方案应进行同等深度的评价。

减少环境敏感目标的变更，在环境影响评价阶段将工程的环境影响论证清楚。对于穿越敏感区域的必须提出环境比选方案，以防止后期的变更。工程穿越城区路段应提出绕行或闭让方案，在选线期间就避免对居民敏感点和城市规划产生大的影响。环境影响评价在工程可行性研究阶段，应该能起到指导设计的作用。而不是工程可行性研究说“好”，环境影响评价去说“从环境角度，为什么好”。

（3）应加强研究，引导公路行业在某些内容上加大设计深度，以满足环境影响评价审批的要求。

编制工程可行性研究单位并不一定与编制设计文件的单位一致，有时候在工程可行性研究审批后，招标确定设计单位。导致前期选线阶段的一些理念和路线方案走廊与后期的设计方案不能很好地衔接。在环境影响评价阶段要求工程可行性研究编制单位在某些与环境密切相关的工程方面加强设计内容和深度往往很难得到配合。这时候需要业主去进行沟通协调，增加相应的经费保证，将某些工程内容的设计提前到工程可行性研究阶段，如加强涉及环境敏感目标路段路线方案的设计和多方案比选论证，注重取弃土方案的设计等。

（4）工程无法确定因素应在报告书中予以规定。

环境影响评价报告书中应侧重提出对设计有实际指导意义的原则和要求，便于下一阶段根据环保的要求优化设计，促进工程变更向有利于环保的方向改变。必须对于本阶段无法确定的内容提出原则性的要求，下阶段确定工程内容的时候应根据环境影响评价提出的原则性要求进行，在开工前应有手续来审核这些工程量。报告书中应对业主提出下一步报送补充材料的相关要求。

（二）如何将变更管理纳入日常管理的范畴

（1）加快出台环境影响评价审批后，控制引起环境影响的工程量的随意变动的政策措施，将各种变动纳入环境影响评价“三同时”正常管理体系。

（2）在施工前环境监理计划中增加环境影响评价内容的审查。

（3）环境影响评价报告书中将本阶段未能确定的工程内容列专章计划，确定工程情况的阶段、可能的主要影响，提出环保要求，并列明哪些内容需要重新进行环境影响分析，在开工前应去相关环保部门履行变更手续。如未履行变更手续开工，应视为未批先建。

（4）将环境影响评价的行政许可手续分为多个阶段来实施。

把环境影响评价审查模式从一次审批改为“一次审批、一次审查”，在工程可行性研究阶段进行环境影响报告书的审批，重点审查路线方案，提出项目的具体环保管理目标和要求；弱化对于在该阶段工程内容不确定项目的审查，如服务区和取弃土场所等，而重点提出禁设区和环保管理要求；突出对生态保护敏感区（饮用水水源保护区、自然保护区等）的分析和评价；在项目开工前进行《项目环境监理实施方案》审查，并以此作为项目环保验收的依据。

（5）将环保要求纳入行业审查内容。

加强与交通行业主管部门的沟通，在环境影响评价审查后，工程开工之前，交通行业主管部门还将对初步设计、施工图设计、招投标文件进行审查，环境保护行政主管部门应尽可能参与这些审查过程，督促建设单位将环保要求纳入各阶段的设计文件中，以有效减缓工程设计变更对环境产生新的影响和破坏。

（6）加强业主单位和评价单位责任心，提高素质，防止相关人员的互相推诿。

（7）对行业变更，根据特点，分类管理，如取弃土场的变更，应该纳入例行的管理，对其进行规定，在开工之前，必须单独编制相关内容，进行变更的登记；其他，可分为重大、较大变更、一般变更、轻微变更等，划分不同内容进行不同级别的管理。可对变更管理事项予以授权。

（8）环境影响评价单位责任追究制度纳入考核范围，从验收环节对敏感目标的变动环节进行分析，如确属环境影响评价单位责任，环境影响评价过程中漏失敏感点的，应追究责任。

（9）可对变更予以分类，一般的变更可在地方环境保护主管部门进行备案，获得批准后，纳入工程环境影响评价的内容中。变更应程序简单，便于操作。

（2008 年 6 月）

汞污染现状与对策建议

赵秋月　周学双

摘　要：汞是一种对人体和高等生物具有很强毒性的污染物，世界上著名的八大公害事件之一——日本“水俣病”正是典型的汞污染事件。汞已被联合国环境规划署列为全球性污染物，具有跨国污染的属性，成为全球广泛关注的环境污染物之一。针对全球汞污染的严峻形势，联合国致力于让全球汞污染水平下降并开创全球产品和工艺无汞化的新局面，欧盟和美国提出了限期禁止汞产品出口的计划。我国氯碱行业作为绝对的“耗汞大户”，存在高汞触媒污染严重、需求量惊人、汞流失环节多、含汞废触媒回收处理环节存在污染隐患等诸多问题。高汞触媒中的氯化汞约50%在生产过程中流失，以800万t乙炔法PVC计，初步估算汞的流失量达300～500 t。建议控制氯碱行业的发展，制定汞使用规划，大力推广低汞触媒，强化汞的全过程监管，利用经济杠杆限制汞的使用，此外，还应加大燃煤大气排汞治理技术研发力度，加强涉汞工艺、产品的替代技术和替代产品的研究，减少汞的使用量。

主题词：汞污染　现状　对策建议

汞作为一种对人体和高等生物具有很强毒性的污染物，普遍存在于自然界，特别是随着汞在工业、农业、医药等方面的广泛应用，由汞及其化合物所造成的环境汞污染问题日益严重。汞已被联合国环境规划署列为全球性污染物，具有跨国污染的属性，成为全球广泛关注的环境污染物之一。

一、汞污染来源及危害

（一）汞污染来源

天然因素的释放：主要来源于地质源的自然释放。汞在自然界中分布极广，几乎所有的矿物中都含有汞，自然释放到大气中的主要是元素汞（Hg^0），还有一些二甲基汞、挥发性无机汞化合物等。地球经一系列的自然过程如火山活动、地热活动及地壳放气作用等将汞释放入大气，水体、土壤、植物表面的自然释放及森林火灾也是大气汞污染的重要来源。

人为因素的排放：主要有两种情况，一是作为原料在产品的加工利用或使用过程中，排放进入环境，成为某类行业或企业的特征污染物，如荧光灯、体温计、汞触媒的生产与使用；二是作为杂质，在对其所混杂物质的加工利用或使用过程中，散逸出来进入环境，如化石燃料燃烧、含汞矿物的开采和冶炼等。研究表明，由燃煤释放的汞占全球人为排放总量的60%。大气汞污染来源及排放量见表1。

表1　全球大气汞污染来源及排放量

来源	汞排入大气中的量/（t/a）	参考年
天然因素		
海洋	2 682	2008
湖泊	96	2008
森林	342	2008
苔原/草原/丛林	448	2008
沙漠/非植生带	546	2008
农业区	128	2008
“两极日出汞损耗”之后的散逸	200	2008
生物质燃烧	675	2008
火山和地热	90	2008
合计	5 207	
人为因素		
燃煤、燃油	1 422	2000
生铁及钢生产	31	2000
有色金属制造	156	2007
汞法烧碱生产	65	2000
水泥制造	140	2000
煤层燃烧	6	2008
废物处理	166	2007
汞生产	50	2007
土法金矿开采	400	2008
其他	65	2007
合计	2 501	
总计	7 708	

注：以上数据来自2008年7月联合国环境规划署全球汞合作伙伴阶段报告《Mercury Fate and Transport in the Global Atmosphere: Measurements，Models and Policy Implications》。

（二）汞污染危害

排放到大气中的汞可以通过大气进行长距离迁移，通过挥发、溶解、甲基化、沉降、降水冲洗等作用，在自然界不同环境介质中循环。自然环境中的无机汞可在一定介质条件下转化为甲基汞和二甲基汞，甲基汞对生态系统的重要影响是可以在生物体内累积，并沿着食物链富集，例如，当水中甲基汞含量为 0.001 mg/L 时，浮游生物和藻类从水中富集的汞浓度提高 1 550～1 950 倍，鱼类再食用这些藻类或浮游生物，富集在鱼体内的汞浓度可达 4 500 倍，人类长期大量食用这些被汞污染的鱼类，会导致甲基汞中毒。自 20 世纪 50 年代日本熊本县水俣湾附近的渔村出现第一例由工业废水造成的严重甲基汞中毒事件（“水俣病事件”）以来，在伊拉克、巴基斯坦、美国及中国，均曾发生过由工业废水（含甲基汞）造成的生物累积性中毒事件。

因此，汞污染危害主要有三个特点：第一，汞污染来源种类众多，涉及多种环境介质；第二，汞在环境中可通过大气和河流/洋流两种介质长距离传输，其长距离传输和远距离沉降特征，使得汞的局地排放可能造成跨界污染，成为区域性问题，甚至对全球环境造成影响，成为全球性问题；第三，汞能在一个微小剂量下对人体健康造成损害，并且会通过影响微生物作用对环境造成损害。汞污染的持久性、生物累积性和生物扩大性，使得汞对环境和人体健康具有很大影响。

二、全球汞污染现状及采取的行动

全球汞消耗情况见图 1 和图 2。由图可见，2005 年全球汞消耗主要在化工行业，占到 40%左右；亚洲的消耗量为最多，占到 60%以上。2003 年，联合国环境规划署（UNEP）在内罗毕发表的“全球汞评估报告”中指出，自工业革命以来，汞在全球大气、水和土壤中的含量增加了 3 倍左右，在工业区附近含量更高，在全球产生了重大的不利影响。汞污染在世界各地分布较广，甚至连人迹稀少的北极也在受到汞污染的威胁，研究表明，在北极沉积物样品中汞含量是自然背景值的 3 倍。

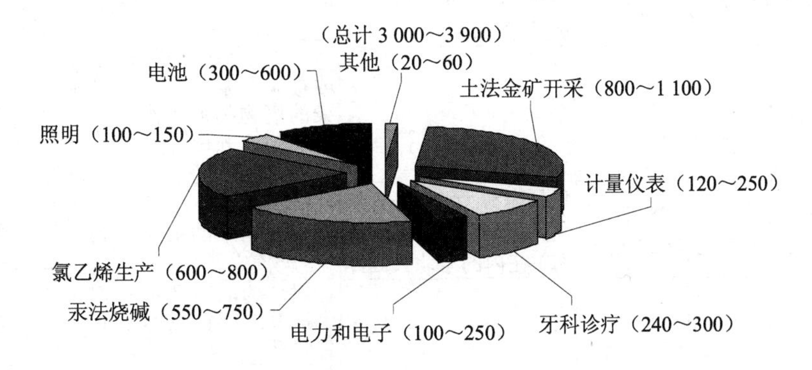

图 1　2005 年全球汞消耗（按行业）（单位：t）

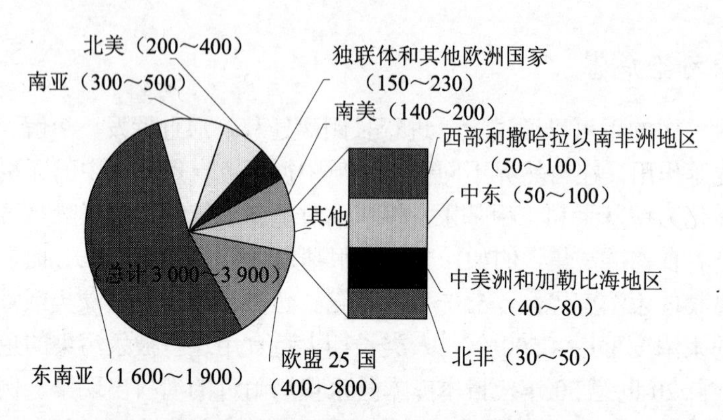

图 2　2005 年全球汞消耗（按地区）（单位：t）

针对全球汞污染的严峻形势，UNEP 正在督促各国政府建立“清晰、明确的目标”，让全球汞污染水平下降并开创全球产品和工艺无汞化的新局面。2008 年 10 月，UNEP 汞问题不限成员名额特设工作组第二次会议通过了综合汞框架，计划从汞的供应、需求、国际贸易、排放、环境管理、存储和场址补救等方面采取行动。目前国际或区域间主要在汞的减排、控制措施选择、汞的监测和相关信息的交流等领域进行沟通和合作。与汞控制相关的国际公约或协议见表 2。

表 2　与汞相关的国际公约/协议

国际公约/协议	生效时间	覆盖地域	与汞的相关性	要求对汞采取的措施
长距离跨界大气污染公约及其 1998 年关于重金属的奥胡斯议定书	1983 年 3 月 16 日（奥胡斯议定书于 19 日生效）	中欧和东欧、加拿大和美国	针对排放的、产品中的、废物中的汞及其化合物等	目标界定，对减排、建议和监测的约束性承诺
赫尔辛基公约	1992 年 4 月 9 日	波罗的海（包括波罗的海的入口和对水体造成危害的地区）	针对排放的、产品中的、废物中的汞及其化合物等	目标界定，对减排、建议、监测和信息的约束性承诺
巴塞尔公约	1992 年 5 月 5 日	全球	任何含汞或汞化合物或被汞及汞化合物污染的废物都被当作有毒废物，并由特定的规定来约束	关于国际有毒废物传输的约束性承诺，信息和认可有毒废物进口/出口的程序
东北大西洋海洋环境保护公约	1998 年 3 月 25 日	包括东海（包括各个集团的内陆水体和内陆海）在内的东北大西洋	针对排放的、产品中的、废物中的汞及其化合物等	目标界定，对减排、建议、监测和信息的约束性承诺
鹿特丹公约	1998 年 10 月 10 日	全球	针对作为农药使用的无机汞化合物、烷基汞化合物、烷氧基汞化合物和芳基汞化合物	对条款所覆盖的汞化合物的进出口的约束性承诺，信息交流和出口通告程序

全球每年约有 3 800 t 的汞进出口贸易，其中有 40%～50%是通过欧盟和美国进行的。欧盟提出全面控制汞污染的长期计划，其中包括 2011 年禁止汞产品出口，以及汞被禁止使用后的处理和安全储存问题，并列出了汞温度计退市时间表；美国宣布于 2013 年起禁止汞产品出口，通过推动洁净煤发电计划和蓝天计划，提出将在 2018 年之前减少 70%煤炭发电站的汞污染，并于 2005 年 3 月公布了世界上首个限制燃煤电厂汞排放量的法规——《清洁空气汞排放法规》。

由于发达国家在控制汞污染方面较有成效，因此，特别关注发展中国家的汞污染，可能在削减汞排放量方面给我国施加更大压力。

三、我国汞污染现状

（一）我国汞生产、消耗情况

我国曾经是世界上汞矿资源比较丰富的国家之一，总保有储量 8.14 万 t，居世界第 3 位。全国汞矿产地密集于川、黔、湘 3 省交界地区，其中贵州省最多，储量为全国总储量的 40%，约 3.2 万 t，以上 3 省占全国总储量的 74%。贵州省汞矿资源的开采几乎全部集中在中国大型矿山联合企业——贵州汞矿，自 1952 年建矿以来，该矿生产量占全国总产量的 70%以上，到 20 世纪 60 年代初，年生产量曾达 1 300 t，然而，自 20 世纪 90 年代以来，产量骤减，到 2002 年已累计生产汞 3.2 万 t，超过原探明的 3.17 万 t 的储量，资源开采殆尽，已宣布破产并拍卖。

“中国汞都”的衰落，说明了全国汞矿资源的严重枯竭。1950—1990 年，我国累计出口汞 26 151 t，占我国同期汞产量的 62.13%；1995—2004 年国内汞生产量约 4 745 t，进口量 4 145 t（见图 3），2005 年产量为 361 t，已从传统出口汞变成一个进口汞的国家。目前国内市场每年的汞需求量在 1 000 t 以上，占全球消耗量 60%以上，其中高纯汞需求量约为 50 t，制造业对精汞的需求量约为 150 t，PVC 行业对汞的需求量约为 850 t（以 800 万 t PVC 计，氯化汞触媒需求量约为 9 600 t），其他汞盐和汞合金产品市场需求量约为 35 t，我国限制每年汞进口量为 400～500 t。

由于产量下降，进口量受到限制，而化工、电池、照明、医疗器械和黄金选冶等行业仍然对汞保持着旺盛的需求，导致汞价大幅上涨。市场价格由 2001 年的 4.8 万元/t 涨至 2003 年的 7.3 万元/t，2007 年上半年，我国精汞的价格在 20 万元/t 至 22 万元/t 波动。

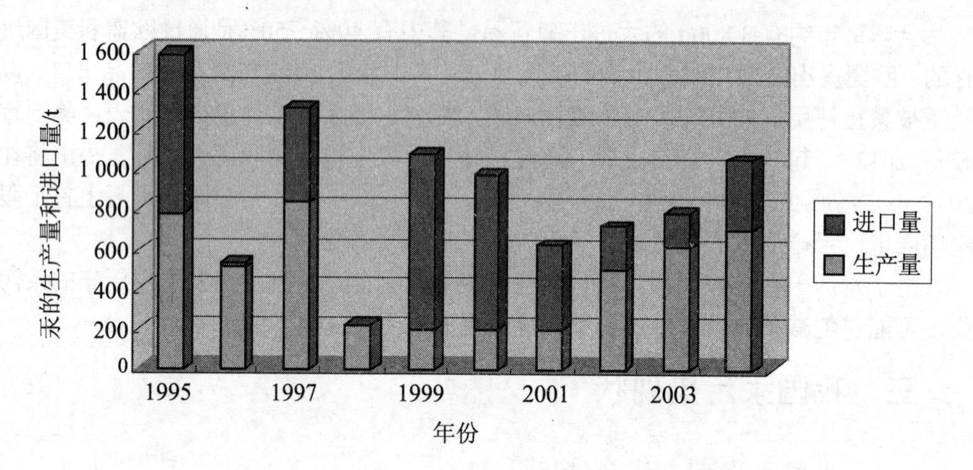

图 3 1995—2004 年我国汞的生产量和进口量

（二）我国汞污染排放情况

根据 UNEP“全球汞评估报告”，按照汞在空气中的年均值和平均沉降值，中国属大气汞污染最为严重的地区之一。2003 年我国大气汞污染排放量约为 623 t（见表 3，欧洲、美国分别为 239.3 t、118.6 t），其中由燃煤排放的汞为 256.7 t（欧洲、美国分别为 112.2 t、55 t），占总排放量的 41%，主要来源于电厂、工业锅炉和民用燃煤，这一数字在 1995 年时为 202.4 t，2005 年达到 334 t。

表 3 我国大气汞污染排放量（2003 年）

来源	汞排入大气中的量/（t/a）
燃烧	256.7
电厂	100.1
工业	124.3
民用	21.7
其他	10.6
有色金属冶炼	248.0
锌	115.0
铜	17.6
铅	70.7
金（大型）	16.2
金（作坊式）	28.5
燃油固定源	0.6
汽油、柴油、煤油	7.6

来源	汞排入大气中的量/（t/a）
生物燃料燃烧	10.7
草原/稀树草原燃烧	4.2
农业残余物燃烧	3.9
生活垃圾焚烧	10.4
水泥制造	35.0
生铁及钢生产	8.9
烧碱生产	0
汞矿开采	27.5
电池/荧光灯制造	3.7
森林火灾	2.8
煤矿自燃	3.0
总计	623.0

注：以上数据来自 2008 年 7 月联合国环境规划署全球汞合作伙伴阶段报告《Mercury Fate and Transport in the Global Atmosphere: Measurements，Models and Policy Implications》。

我国海域汞污染从 1995 年到 2000 年呈加重趋势，在某些近岸海域，汞已成为最大的超标指标；辽河、黄河汞污染严重，汞在 5 年内污染物排序均处于前三位；根据长江三峡工程生态与环境监测公报以及重庆市环科院历年监测数据，三峡库区水域特别是重庆主城区水域中汞的污染也已较为严重，部分江段达不到Ⅲ类水要求，超标因子就是汞含量。

四、我国氯碱行业汞污染问题

目前国内市场每年的汞需求量在 1 000 t 左右，而 PVC 行业对汞的需求量就达到 850 t 左右（以 800 万 t PVC 计，氯化汞触媒需求量约为 9 600 t），占了相当大的份额，研究我国汞污染问题必须关注氯碱行业这个绝对的“耗汞大户”。

1. 电石法所占比重大，含汞触媒需求量惊人

PVC 是五大通用塑料之一，是国民经济发展和人民生活不可缺少的产品。近几年我国 PVC 行业迅猛发展，从 2001 年到 2007 年短短 6 年间，产量从 310 万 t 增加到 1 000 万 t 左右，跃居世界第一位。根据我国石油相对短缺的国情，PVC 的原料来源基本上是以电石法为主，该工艺是我国独有的特色，是以乙炔和氯化氢为原料，在氯化汞触媒的作用下生成氯乙烯单体，再经聚合生产 PVC。国外几乎都采用乙烯法工艺，国内目前电石法 PVC 产量占总产量的 70%以上。由于电石法 PVC 是缓解我国石油短缺的有效途径之一，因此，在未来一段时期内，电石法 PVC 在我国将长期存在，而且，我国 PVC 产能仍将以较快速度增长，对汞的需求量增加将更为迅猛。

据调查，目前我国电石法每生产 1 t PVC 树脂消耗氯化汞触媒 1.0～2.0 kg。氯化汞触媒的消耗量与企业规模、管理水平有关，差异较大。按照国内乙炔法PVC产量800万t计算，即使按1.2 kg/t PVC计算，年消耗汞触媒近9 600 t，预计到2010年乙炔法PVC生产能力将超过1 300万t，年消耗汞触媒将多达近15 000 t，折汞约达1 300 t，需求量惊人。我国汞资源已基本耗尽，只能依赖大量进口，国际上已纷纷采取措施禁止汞的出口贸易与使用，因此，我国电石法PVC乃至整个氯碱行业的发展严重受制于汞的供应，经济安全受到影响。

2．汞流失环节多，环境监管缺失

由于在氯乙烯合成的反应过程中，采用现行列管式转化器，新装触媒后反应热点在最上端，温度控制在150～180℃，甚至更高，触媒中的氯化汞和还原出的金属汞将会升华一部分，由此产生了汞的消耗。升华的氯化汞和金属汞蒸气随粗氯乙烯带入后续工序，通过除汞器两级吸附除去大部分氯化汞和汞，其余的氯化汞和金属汞随粗氯乙烯依次经水洗除酸系统、碱洗、机前脱水、压缩机后进入精馏系统，因此，电石法PVC工艺汞的流失主要存在于除汞器活性炭吸附、抽触媒废水、含汞废酸、含汞废碱、机前排水、精馏等。

常规高汞触媒氯化汞含量在10%以上，使用后的废触媒氯化汞含量在4%左右，除了在除汞器和冷凝器等部位尚可回收少部分氯化汞外，触媒中的氯化汞约50%在生产过程中流失，可能的流失途径是进入废酸、废渣、废水、废气以及产品等。以800万t乙炔法PVC计，氯化汞触媒需求量约为9 600 t，初步估算汞的流失量达300～500 t。

目前，电石法PVC生产企业的含汞废水做到达标排放情况不容乐观，使用高汞触媒的企业车间排口的总汞排放浓度最好的也只能做到20×10^{-9}，远达不到《烧碱、聚氯乙烯工业水污染物排放标准》（GB 15581—1995）中不大于5×10^{-9}的要求；除此之外，每年大约45万t（折合31%浓度）含汞废酸、部分含汞废活性炭和含汞废渣等，不知流失去向，基本没有纳入环境监管的视野，存在盲区和巨大的环境隐患。另外，由于生产中使用的高汞触媒易升华流失，存在部分汞随反应气体进入大气和产品的可能。

3．高汞触媒污染问题突出

触媒并不参与反应，只是升华和中毒引起的损失。在现有技术中，电石法PVC工艺所用氯化汞催化剂都是采用传统浸渍法制备，即以柱状优质活性炭作载体，在85～90℃的温度条件下，将活性炭浸渍于氯化汞水溶液中8～24 h，以物理吸附的方式使氯化汞吸附在活性炭内，然后将含水质量分数为30%以上的湿式氯化汞催化剂，在低于氯化汞升华温度下用热风干燥至含水质量分数≤0.3%。该氯化汞催化剂所含活性炭质量分数为85%～90%，氯化汞质量分数为8%～15%，即通常所说的高汞触媒。

高汞触媒是电石法PVC工艺中广泛应用多年的催化剂，其活性与选择性都达到了理想的效果，然而仍存在很大缺陷：用传统浸渍法制备高汞触媒流程简单，生产效率低，能耗高，且损失一定量的氯化汞，“三废”处理量较大；由于汞离子物理吸附在活性炭孔道内壁上，热稳定性很差，升华流失快，催化能力衰减快，由此带来的汞污染问题突出。

低汞触媒技术是氯碱行业减排方面的重大突破，它的氯化汞含量在 5.5%左右（高汞触媒为 8%～15%），是采用多次吸附氯化汞及多元络合助剂技术将氯化汞固定在活性炭有效孔隙中的一种新型催化剂，又称“低固汞触媒”，大大提高了催化剂的活性、降低了汞升华的速度，重金属污染物汞的消耗量和排放量均大幅度下降，国内已有多家企业使用，尚有待在行业内推广。低汞触媒在不改变生产工艺、设备的前提下，完全可以替代传统的高汞触媒，而且在正常工艺条件下低汞触媒使用可达 8 000 h 以上，而高汞触媒仅为 6 000 h；失活废高汞触媒中汞含量为 3%～5%，而废低汞触媒为 2.5%～3%，比使用高汞触媒减少汞消耗 30%～50%；在 250℃下烘烤 3 h，低汞触媒的氯化汞损失率为 15%，而在同等条件下普通高汞触媒的氯化汞损失率为 35%。正在实验室开发的超低汞触媒的汞含量在 3.7%，其稳定性更高，同时还在开发新型汞分子筛触媒，由于以化学键形式将汞固定在分子筛内，热稳定性远远高于氯化汞触媒，寿命长达 15 000～30 000 h，将大幅降低使用过程中的汞污染程度。

随着国家“十一五”节能减排目标的提出，以及 2007 年 4 月原国家环保总局和国家经贸委下文“加强汞行业管理，限制汞生产使用”的要求，大幅度降低汞触媒消耗、减轻或完全消除汞对环境的影响已迫在眉睫。从发展趋势看，PVC 行业必将由原来的高汞触媒向低汞、超低汞触媒过渡，再到利用分子筛技术控制汞的挥发，理想目标应实现无汞触媒。

4．含汞废触媒回收处理环节存在污染隐患

国内回收废氯化汞触媒一般是用石灰乳对其进行化学预处理，使其中的氯化汞转化为氧化汞，再用蒸馏炉或立式高炉等进行火法焙烧冶炼生产金属汞，另外还有利用废汞触媒中活性炭能够燃烧的性质，通过直接或间接加热方式，在无须添加其他燃料的情况下完成火法冶炼的新技术相继开发。

我国持有原国家环保总局经营废氯化汞触媒等含汞危险废物许可证的单位仅 6 家，贵州 4 家，湖南、河南各 1 家，每年还是有数千吨废汞触媒不知流失去向。即使是持有资质的单位，在回收处理废汞触媒的过程中是否会造成二次污染不得而知，且未得到很好的监控；甚至有些不法回收商采用大锅在 400℃高温下蒸煮的方式回收废汞触媒中的汞，以及将含汞废酸当作产品销售，存在极大的环境污染隐患。

五、对策与建议

我国汞污染研究和控制还滞后于国际环境形势发展需要，目前应抓住氯碱行业这个主要源头，加强以下几方面的工作：

1．控制氯碱行业的发展，制定汞使用的国家规划

近几年，由于我国电石法 PVC 的快速扩张，各地纷纷计划上马电石法 PVC 配套氯碱项目，据不完全统计，近几年拟上马的氯碱产能将达千万吨，几乎翻番，且无一例外均为电石法工艺，由此将引发汞需求量的急剧上升，如果不尽快制定相应对策，汞污染的加剧将不堪设想。

氯碱行业的发展直接关系到汞污染的控制，因此，从环保角度来看，必须严格控制，该行业不宜再大规模无序地发展，应充分考虑产业链和原料链的配套，结合资源、环境、交通和市场等要素进行合理布局，汞的使用规划应该纳入氯碱行业发展规划；鉴于氯碱行业具有较强的区域特点，不仅应该制定区域发展规划，由于汞使用的特殊性，还应该从经济安全性和污染控制的角度制定全国性的发展规划和行动计划。

2．建立低汞触媒的生产标准，加大推广力度，严格限制高汞触媒的使用

汞制约电石法氯乙烯的发展，而低汞触媒的优点已经很明显，其优良的热稳定性，大大降低了汞升华速度，由此会大大降低汞污染，然而，目前还没有一个低汞触媒的生产标准，这必将给低汞触媒的推广带来障碍。

因此，应在建立低汞触媒生产标准的基础上，加大推广力度，建议对现有氯碱企业进行限期推广，严格限制高汞触媒的使用，力争在 2～3 年内全面禁用高汞触媒。如果全行业推广，每年可以减少 70%以上汞的流失，相当可观，可大大缓解氯碱行业汞的污染问题。尽快配备有资质回收废低汞触媒的单位，对现有 6 家持证经营废高汞触媒的单位进行全面整顿考核，符合条件的可以转换为回收废低汞触媒的资质，尽快布点设置低汞触媒生产企业。除此之外，对汞触媒的生产、销售、回收等环节的资质单位进行年检考核。

3．强化汞的全过程监管

汞在生产、使用、排放和回收环节均存在极大的污染隐患。每年有大量的含汞废酸、废汞触媒、含汞废活性炭和含汞废渣等不知流失去向；持证单位回收处理废汞触媒的过程缺乏环境监控，有可能造成二次污染。根据重庆天原化工总厂原厂址（该厂建于 1938 年，2004 年发生恶性爆炸事故）环境风险评估的相关资料显示：重金属（汞、铅、钡等）和有机氯化物 POPs 类物质（二噁英类、六氯苯、六六六等）污染较为严重，该场地对人类和生态具有很大环境风险。由此可见，应该对氯碱企业给予高度关注。

建议对现有氯碱企业进行重点监控监管，建立动态的污染源档案，对含汞废酸、含汞废活性炭、含汞废渣和废催化剂等危险废物进行严格监控，规范监测点位等，禁止污染转移。对汞触媒的生产与销售以及废催化剂的回收与处置，进行全过程监控，并对企业进行许可证管理。

4．利用经济杠杆限制汞的使用

考虑针对汞征收特别环境税，可以尝试实行汞的定量供应配额制度，限制汞的使用，同时也能起到控制氯碱行业盲目无序扩张的作用。迄今为止，我国对汞的生产、进口、加工、利用、排放情况还处于数据不清的状态，基础统计数据匮乏，相互支持性差，利用环境经济政策有助于从源头控制汞的使用，实行全过程的动态管理，增加经济发展中环保的话语权。

5．加大燃煤大气排汞治理技术研发力度

我国 70%左右的能源来自燃煤，而部分地区的煤炭含汞量较高，因此燃煤引起的大气汞污染较为突出。控制燃煤汞排放的途径包括非技术控制措施和技术控制措施，非技术控制措施包括：燃用低汞煤；采用不含汞或者含汞量低的天然气、石油和其他非化石燃料替代燃煤；提高能源效率，减少能源使用，以降低燃煤大气汞排放。技术控制措施主要包括燃烧前脱汞、燃烧中脱汞和燃烧后烟气脱汞。尽管目前有多种方法可用于燃煤汞排放控制，但由于燃煤种类、燃煤品质、燃烧状况和设备等因素都会影响汞的脱除效率，因此，目前没有一种技术是汞减排的“万灵丹”，适合一个电厂的烟气脱汞技术未必适用于其他的电厂。

根据我国燃煤品种的不同，建议首先制定标准区分煤炭含汞量高低，限制或禁用高汞煤，其次应制定燃煤大气污染物排放的汞排放标准或参考值。我国这方面的研究尚处于起步阶段，政府应支持、鼓励相关领域的研究。

6．加强涉汞工艺、产品的替代技术和替代产品的研究，减少汞的使用量

加快淘汰汞法选炼黄金、电石法生产 PVC 及含汞电池的使用，促进推广涉汞工艺、产品的替代技术，如照明行业荧光灯制造中应用汞丸、钛汞齐等。我国在替代技术和替代产品方面的研究还很落后，已有的替代技术和产品的推广使用受管理体制约束也相当困难和缓慢，国家应出台相应政策，从宏观上改变目前状况，使汞的用量减到最低。对替代技术的研发给予资金、政策上的支持，暂无替代技术的，应有相当的减量空间，如不同 PVC 企业，每生产 1 t PVC 树脂的耗汞量从 0.07 kg 到 0.15 kg 不等，可通过清洁生产审核、强制淘汰落后工艺和设备、强化管理等手段，减少用汞量。

（2009 年 1 月）

生态影响类建设项目竣工环境保护验收现状、问题及对策建议

张　宇　谭民强　邢文利　姜　华　陈　忱

摘　要： 建设项目竣工环境保护验收是我国现行的一项重要环境管理制度，在对我国生态影响类建设项目竣工环境保护验收执行情况进行调研的基础上，分析了验收工作中发现的问题，并提出了相应的对策与建议。

主题词： 生态影响类　环保验收　现状　问题　对策建议

建设项目竣工环境保护验收是我国现行的一项重要环境管理制度。进入20世纪90年代以来，为了遏制生态破坏的趋势，我国在建设项目环境影响评价中逐步加重了生态影响评价内容，尤其交通运输（公路、铁路、港口、航运、管道运输和城市道路等）、水利水电、石油和天然气开采、矿山采选、送（输）变电工程等对生态影响较大的行业。与此相适应，环境保护管理部门为强化生态影响类建设项目的竣工环境保护验收工作（以下简称“验收工作”），于2002年颁布《建设项目竣工环境保护验收管理办法》（原国家环境保护总局令第13号令），使验收行为得到了进一步的规范。

经过几年的实践和经验积累，验收工作已经确定了基本的工作内容，并摸索出一套行之有效的工作方法，其技术规范也在陆续制定和颁布中，但随着环境保护要求的不断提高，验收工作还需进一步加强与完善。本文在对近年来验收工作现状进行调研的基础上，梳理、总结验收工作中发现的问题，提出了进一步强化验收工作、提高其有效性的对策与建议。

一、验收现状

2006年5月，全国环境影响评价管理工作会议在广州召开，环境保护部周生贤部长做出“七项承诺”，验收工作机制逐步建立，监督执法力度逐步加大，验收工作取得了阶段性的成效。

（一）验收工作量增加

据统计，环境保护部完成的验收项目逐年增加（见表1），由2000年的86个项

目增长到2007年的320个，其中生态影响类建设项目由24个增长到95个，增长近三倍。从项目数量来看，各省情况也基本相似，以四川省为例，2006年审批验收项目79个，2007年则为150个，增长近一倍。

表1　2000—2007年环保部审批验收项目　　单位：个

年份	环保部组织验收项目			委托地方环保部门验收项目
	工业类	生态类	小计	
2000	62	24	86	0
2001	57	32	89	11
2002	46	37	83	31（含6个生态类项目）
2003	36	45	81	37（含13个生态类项目）
2004	—	—	111	77（含16个生态类项目）
2005	65	75	140	49（含10个生态类项目）
2006	145	80	225	26（含12个生态类项目）
2007	225	95	320	26（含14个生态类项目）

从行业分布来看，已从2000年的公路为主逐渐扩展到几乎覆盖所有生态影响较大的行业（见表2）。行业变化带来的直接后果就是验收难度的变化，已从单纯的关注公路生态和声环境影响向煤矿、水利水电等行业的长期、潜在、多因素影响过渡。

表2　2000—2007年环保部验收的生态类项目状况　　单位：个

年份	公路	铁路	港口、航道	煤炭开采	送（输）变电*	水利水电	其他	合计
2000	14	2	3	1	0	2	2	24
2001	19	3	3	0	0	5	2	32
2002	23	3	4	2	0	5	0	37
2003	20	5	8	3	0	4	5	45
2004	—	—	—	—	—	—		72
2005	31	6	7	2	3	13	13	75
2006	25	8	17	6	6	6	12	80
2007	32	5	7	10	23	7	11	95

注：* 送（输）变电工程打捆验收的比较多，一个验收调查报告按一个项目统计。

（二）验收队伍已经建立

随着我国对建设项目监督管理力度的不断加强，验收管理队伍和验收技术队伍已经逐步建立。

1．验收管理队伍

2006年7月，原国家环境保护总局成立了验收管理处，负责组织和协调国家审批的建设项目验收工作，通过实行“统一领导、归口管理”的管理体制，有专职部门和人员指导、管理、监督，有效地保证验收规定的落实。在其引导下，各地方环境保护局也逐步设立了专职机构或配备专职人员负责本辖区审批的建设项目验收工作，使验收工作得到真正的贯彻实施。

2．验收技术队伍

2007年12月，原国家环境保护总局发布第84号公告，公布了首批国家审批建设项目竣工环境保护验收调查63家推荐单位，以期逐渐建立验收调查单位的考核和淘汰机制，规范从业人员的行为，提高从业人员的素质。而省级环境保护主管部门辖区内建设项目的验收管理情况不尽相同，除少数省（如广东省）外，大多数省都是由环境监测站从事验收调查工作，不管是工业类建设项目，还是生态类建设项目。

（三）验收规范陆续颁布

为了进一步规范验收工作，提高验收工作的整体水平，2005年，原国家环境保护总局下达了验收系列标准编制计划，拟颁布生态影响类、公路、铁路、采掘、输变电、港口、石油天然气开采、水利水电等系列验收规范。目前生态影响类和港口验收规范已颁布实施，公路、输变电、石油天然气开采和水利水电验收规范的征求意见稿也已完成。

（四）处罚力度加大

随着验收队伍的建立和“强化验收”承诺的提出，验收的处罚力度也不断加大，处罚措施主要有罚款、限期改正、后续项目暂缓审批等。如2007年，环境保护部受理了125个生态影响类建设项目，其中16个项目因逾期未申请验收、部分环保措施未按环评要求落实等原因被下达了限期改正通知，约占受理项目的13%。又如2007年1月，原国家环境保护总局通报了1 123亿元严重环境违法项目，首次启动“区域限批”政策遏制环境违法事件，对于其中5个未申请验收的违规项目、18个未落实“三同时”要求的违规项目，责令其限期办理验收手续、限期改正或停止试生产；逾期不办，将责令停止试生产并处以罚款。

二、验收工作存在的问题

（一）违法行为严重

1. 未批先建

根据《中华人民共和国环境影响评价法》要求，建设项目的环境影响评价文件未经法律规定的审批部门审查或者审查后未予批准的，该项目审批部门不得批准其建设，建设单位不得开工建设。但在竣工环境保护验收中发现，未批先建（环境影响评价审批前已开工建设）或环评滞后（尚未开展环境影响评价工作即已开工甚至竣工）的建设项目不在少数。以煤炭开采类建设项目为例，2006 年 3 月—2007 年 12 月，由原国家环境保护总局审批的、已完成验收的 36 个煤矿项目中，有 39%的项目为环评滞后，有 17%的项目为未批先建，遵守建设项目环评程序的仅为 44%，不足一半。

2. 逾期不验收

《建设项目竣工环境保护验收管理办法》（原国家环境保护总局令第 13 号令，以下简称“13 号令”）第十条规定：“进行试生产的建设项目，建设单位应当自试生产之日起 3 个月内，向有审批权的环境保护行政主管部门申请该建设项目竣工环境保护验收。”但据环境保护部统计，截至 2006 年年底，2000—2005 年国家审批的、已建成的 802 个项目中，未按期申请验收即投入运行的违规项目就有 90 个，达到了 11.2%。

（二）验收技术依据不完善

1. 验收规范

虽然原国家环境保护总局 2005 年就已下达了验收系列标准编制计划，但进展较慢，仅生态影响类和港口验收规范已颁布实施。

由于不同行业建设项目的环境影响不尽相同，因此，须根据建设项目特点开展调查工作、确定调查方法、设置调查内容、选择调查指标，以便于能更准确、更真实地反映出建设项目的工程特征及所造成的环境影响。但目前水利水电、公路、石油天然气开采等行业的验收规范均未颁布，验收调查单位完全凭各自经验开展工作，在从业人员综合能力、知识水平、专业素质良莠不齐的情况下，验收工作质量很难得到保证。如果验收调查文件质量较差，甚至弄虚作假，势必在环保投诉中给管理部门造成被动，带来恶劣的社会影响。

2. 分期验收

对于一些建设周期比较长的建设项目，如水利水电，在综合考虑工程建设、移民、水文情势、经济效益等因素后，工程有可能分期蓄水、分批移民、分期发电。

如待工程全部建设完成后再予以验收，其一部分环境影响可能因产生的时间较长而难以采取补救措施或已对周围居民生产、生活产生了相当严重的影响。按13号令规定，该类建设项目应分期进行环境保护验收，但具体的分期验收工作程序、验收范围和内容、验收要求、处罚方式均无明确要求，造成了分期验收难以推行的局面。

（三）验收工作时间跨度大

从验收调查时间来看，调查单位接受委托后，开展验收调查到提交验收报告所需的时间目前尚没有明确的规定，通常按3个月执行，但如不能按期完成也没有任何制约或处罚机制与措施，从而造成了调查时间过长的现状，有的项目甚至在接受委托后两三年才提交验收报告。

从现场验收时间来看，13号令规定，“环境保护行政主管部门应自收到建设项目竣工环境保护验收申请之日起30日内，完成验收”，但因环境保护部门从事验收管理的专职工作人员数量较少，一般仅1～2人，其职责除组织和协调审批职责内的建设项目的验收外，还需拟定和实施与验收工作相关的政策和法规。因此，受其人力的限制，建设项目现场检查和验收不能按时完成的现象时有发生。

（四）建设项目验收阶段与环评阶段有出入

从目前建设项目的验收现状来看，验收阶段的工程内容、实际环境影响与环评阶段相比都有可能发生变化，使环评作为环境管理体系中的预防措施，在促进我国建设项目与环境保护协调发展方面的作用大打折扣、不能很好地发挥其应有的作用。其出入主要体现在以下几方面：

1. 环境敏感目标的变化

验收阶段与环评阶段环境敏感目标发生变化较为普遍，尤其在公路、铁路、输变电、管道运输等线性项目中。产生此种现象的主要原因有：

一是建设项目环评工作是在可行性研究（公路、铁路可与初步设计同步进行）阶段完成的，而在该阶段建设项目的不确定性还较大，如线路摆动，直接导致了环境敏感目标的变化。

二是环评单位不认真负责、现场调查不足，造成环境敏感目标的遗漏。

三是在工程建设期或建成后，由于其他一些原因，如地方规划、群众自主在工程周围建设房屋等，形成了新的环境敏感目标。

2. 工程变更

环评阶段的不确定性导致验收时建设项目的建设内容、建设地点、拟采取的工艺及环境保护措施发生变更的情况比较常见。如某轨道交通项目，在建设时根据实际情况发生如下变更：一是线路变更，将A—B站之间原来设计在道路一侧的部分线路改为设在道路的中央分隔绿化带内；二是环保措施的变更，列车蓄电池改为采用免维护式蓄电池，无铅酸废水产生，因而取消了蓄电池废水处理装置；三是工程建设内容的变更，拟建设的培训中心大楼取消。

工程变更往往导致环境影响程度和范围及环境保护措施的直接变化，而建设单位由于守法意识不强，未按法律规定补办相应的环评变更手续，必然给验收工作带来较大的困难。

3．影响程度的偏差

以声环境影响调查为例，在对资料比较齐全的已验收的40条公路进行统计与分析后发现，环评时的预测值与验收时的实测值相差较大（≥5 dB）较为普遍。究其原因，主要有三方面：

一是工况负荷的不同。环评是以近期车流量100%、无干扰、理想状态为预测条件的。而实际验收中，车流量、周围环境均不可能与环评时完全一致，这在实测中是根本无法避免的。

二是环境敏感目标位置的变化。即使是同一环境敏感目标，其与建设项目的位置关系在验收和环评阶段也不能完全保持一致，距离或高差略有变化均会导致结果的差别。

三是车型比的变化。环评阶段会对公路运行的大型、中型、小型的比例有所设定，但在验收中发现，车型比变化较大，尤其大型车比例的变化直接导致实测值与预测值的巨大偏差。

实测与预测环境影响的差距，导致的直接后果就是环评阶段的环境保护措施不能有效落实、已实施的措施不能达到预期目标或丧失部分效能。

（五）部分环境保护措施不按要求落实

1．生态恢复措施

生态影响类建设项目所产生的生态影响主要体现在施工期，由于一系列的施工活动对野生动植物生境、土壤、保护区等敏感目标带来不良影响。从验收现状来看，有一部分建设项目生态恢复措施未能有效实施，主要原因如下：

一是建设单位重视程度不够，存在"重污染、轻生态保护"，对生态保护和恢复措施不重视。

二是有些环境影响（如临时占地）委托当地政府负责采取治理、恢复措施，但由于缺少后续监督管理机制，造成生态恢复措施不实施或实施后的效果不理想。

三是产生生态影响的工程内容在其他工程中需继续使用，因此暂时未采取生态恢复措施，如公路的取弃土场、采石场等。

四是验收工作在建设项目试生产之日起3个月内开展，而受地理条件、气候、季节等自然因素的制约，一些生态恢复措施的效果在短期内难以显现。

五是影响尚未形成导致措施不能落实。如煤矿开采项目引起的地表塌陷，在项目进行验收时，地表沉陷尚未形成，即使有所表现也仅是少量的地表裂缝，因此大规模的生态治理方案尚不能实施。

六是环评措施没有针对性，不符合实际难以实施。如新疆境内某输气管线工程的压气站，环评要求站场绿化率达到10%，该站场位于无人区，地貌属于戈壁荒漠，站内职工用水都为外运，关于绿化率的要求显然是不符合实际的。

2. 污染防治措施

污染防治措施落实情况不理想，尤其在噪声和水污染防治方面。如2007年环保部环境工程评估中心审查的22个公路项目中：

噪声防治措施方面，有5个项目未落实环评要求的措施，未落实率达22%；有7个则根据实际情况部分采取了降噪措施或根据实际情况调整了措施形式；而落实环评措施要求的10个项目中，则由于环评预测过低或声屏障材质、长度等原因，还有5个项目声环境质量不能达到相应标准要求。

水污染防治措施方面，主要体现在敏感水域的风险防范措施上。目前，敏感水域的风险防范措施主要为跨越敏感水体的桥面径流收集系统和应急池，该项应急措施正处于起步阶段，2007年审查的22个项目中，跨越Ⅱ类水体或取水口的项目就有9个，环评及批复要求采取措施的有7个，但在验收调查中发现实际落实环评要求的仅有2个项目。该项措施的缺失加大了危险品运输事故对饮用水水源和各类水体安全的威胁，也增加了水污染事故防范工作的难度。

3. 施工期环境监理和监测计划不落实

施工期环境监理和监测计划得不到落实或者落实不全面在验收中是一个比较突出的问题。该项工作的缺失，直接导致了施工期环境保护措施的执行不力，甚至导致一些无法补救的生态破坏发生。在实际验收时，即使发现建设项目存在以上措施不落实或施工期环境保护措施不力的事实，但因工程已建成投运，而难采取相应的补救措施，同时也没有有力的处罚措施。

三、对策与建议

（一）建立健全验收管理体系，强化验收

1. 成立专职的验收技术支持机构

现有验收管理专职人员的数量远远不能满足验收工作的需要，有必要成立专职的验收技术支持机构，负责实施建设项目验收调查报告（表）的技术审查和验收现场检查、调查单位和从业人员的考核及培训、验收技术方法的相关研究等工作。

2. 细化法律责任，增加惩罚力度

验收时发现的违法行为往往已经造成不易恢复和不可逆转的环境影响后果，因此，对于环保措施不落实或逾期不申请验收的建设项目应建立严格的惩罚制度。具

体措施如下：

（1）效仿环评执法，通过媒体曝光、区域（流域）限批、通报中国证监会等方式，促使企业遵守有关验收的法律法规和规定。

（2）对于严重违反环评要求的建设项目，如工程未履行环评避绕保护区的要求、强行穿越保护区的，除要求拆除工程、恢复环境原貌外，还应追究有关部门和人员的行政、刑事责任。

（3）大幅度增加罚款额度，提高企业违法成本。

3．加强宣传，增强企业守法意识

加强环境保护法律法规和环境违法案件的宣传，增强各级领导干部、企业法人代表、广大人民群众的法律意识，养成懂法、守法习惯。

（二）修改《建设项目环境保护管理条例》、13号令和技术标准体系

1．明确分期验收和分阶段验收

《建设项目环境保护管理条例》和13号令虽已提出分期验收的要求，但其相关管理要求尚未有明确规定，如分期验收内容、分期验收时间等，以致具体工作无法实施，因此，应尽快开展其修订工作。

另外，建设项目竣工环境保护验收后，其环境管理即纳入地方环境保护部门的日常监督管理中，但由于工程刚刚投入运行，许多环境影响尚不能完全显现，如煤矿引起的地表沉陷、公路通车初期车流量未达到设计车流量声环境影响未完全显现等。在工程运行相对较长一段时间、环境影响达到预期目标时，如何对其进行跟踪、监督管理、评价措施的有效性、采取改进措施还没有明确的制度要求。建议对生态影响需较长时间才能显现的建设项目可采取分阶段验收方式，并在法规中予以明确，如水利水电、采掘（煤矿和矿山）、石油天然气开采等，即在项目投入试运行后先开展阶段性验收，并根据工程实际建设和影响初步判定情况，提出下步验收工作的时间和内容，以便于对环境影响进行跟踪和监控。

2．加快验收技术规范的制订

加快公路、铁路、采掘、输变电、石油天然气开采、水利水电等行业验收规范的制订工作，对验收内容、验收方法、验收指标等相关内容予以明确。

3．完善环境影响后评价制度

目前，环境影响后评价多在工程变更的一些大中型建设项目中开展，如陕西省彬长矿区开发建设有限责任公司大佛寺矿井一期工程、西部开发省际公路通道阿荣旗—北海线陕西境榆林—陕蒙界段公路等，前者为工程规模增大（400万t/a扩大为600万t/a），后者为环保措施未落实（湿地穿越段的桥梁通过方式改为路基通过），其目的主要是履行必要的环评补充手续，其工作内容也与验收工作内容区别不大。

有必要选择煤矿开采、水利水电等行业有长期潜在环境影响、影响范围大、影

响因素多的建设项目，积极开展后评价工作的探索，对后评价的开展时间、范围、内容、方法等进行探索，逐步完善后评价制度，使其发挥应有的作用。

（三）建立验收调查单位考核机制，加强从业人员队伍建设

目前，国家审批的建设项目的验收调查工作采用的是市场化的管理方式，由63家推荐单位承担；而省级及以下审批的建设项目主要是由省或地方环境监测站承担。验收调查工作具有透明度高、技术含量高和一定的行政监督职能，以上的管理方式必然带来如下弊端，一是市场化的管理加大调查单位恶性竞争或在利益驱动下弄虚作假的风险；二是环境监测站的业务主体和人员素质决定验收调查质量难以保证。鉴于验收调查尚处于起步阶段，其内容、方法尚不成熟，为了提高验收调查质量，建议：

（1）在一定时期内继续探索和总结验收队伍的管理经验。

（2）加强以抽查、日常考核为主要形式的监督检查机制，对发现问题的调查单位，视其情节轻重，予以通报直至取消其验收资质的处罚方式，形成优胜劣汰的机制；对优秀的调查单位采取一定的激励机制，如通报表彰等。

（3）开展多种形式的经验交流会，如定期座谈、网上交流论坛等，共同促进、共同提高。

（4）建设系统、严格、规范的培训机制，可采用讲座、观摩等灵活有效的方式，并对培训方法和模式不断进行探索和改进。

（四）强化全过程管理，减轻工程实际环境影响

验收工作中所体现的问题不能单纯地认为是验收管理不到位造成的，而是和建设项目设计、施工期、试生产等阶段的管理机制不健全相关的。我国在建设项目的管理方面普遍存在“重事前审批、轻事后监督”的现象，即重视前期的环境影响评价审批，缺乏对建设项目的过程控制，轻视建成后的验收工作。虽然近几年这种现象有所改观，但还应强化全过程管理，减轻工程实际影响。验收和后评价工作可以如前所述在制度上予以完善，其他环节如下：

1. 环评审批环节

行政审批部门应做好审批项目与地方环境保护部门的沟通，及时了解建设项目的进展、动态；还需将审批项目情况及时传达给环境督查部门和竣工环境保护验收部门，为实现建设项目“三同时”监管做好准备。

2. 规划、设计阶段

应明确规定环境影响报告审批后环境保护部门及时参与到建设项目设计审查工作中，监督设计单位、建设单位将环评中有关的环境保护要求纳入设计中；并及时了解工程变更情况，督促建设单位和环评单位及时依法重新编制环境影响报告，随

时修订和完善相关环境保护措施。

3．施工期现场监管环节

充分发挥环境督查机构职能。现场检查建设项目“三同时”制度的落实情况，对违反有关法律法规规定的，依法予以严肃查处，同时将检查结果及时反馈给行政审批机构和竣工环境保护验收机构。

积极推进施工期环境监理制度的实施。尽快出台相关法规，将环境监理及其费用来源纳入法制管理；明确环境监理的内容、程序、工作内容及技术要求等；建立环境监理队伍，对工程环保措施实施情况进行监理，确保各项环保措施落实到实处。

坚持不懈地组织开展专项执法活动。根据验收工作重点和国家重点项目建设情况，坚持每年选择一个重点行业或重点项目，联合相关部门、组织执法队伍开展专项执法工作，如青藏铁路工程，环境保护部联合铁道部等单位在其施工期每年进行一次环境保护情况检查。通过广泛深入的执法检查和对典型案件的依法查处，在锻炼执法队伍、提高执法水平的同时，还增强了验收执法的权威，使环境保护验收执法工作逐步走上良性发展的轨道。

（五）做好验收调查文件与环评的衔接

环评是验收工作的依据，而从目前验收调查情况来看，环评中提出的环保措施针对性不强、可操作性差、难以满足环保要求情况较多。因此，建立两者之间的联系机制，对于环境保护行政主管部门和环境影响评价单位来说，具有重大的意义，在保持环境保护措施一致性和连贯性的同时，还可大大提高环评的有效性。

（1）建立验收与环评的反馈机制，对建设项目验收的实测结果进行总结，包括建设项目的实际工程数据、周围的环境状况、采取的措施及监测结果，整合现有基础数据，逐步建立统一的环评、验收基础数据库，有效地减少环评误差。

（2）建立验收与环评单位考核联动的管理机制，在环评资质考核中，增加“通过验收调查报告对环评报告进行核验”的考核指标，如验收中发现环评单位弄虚作假、重大疏漏的，对其环评业务予以处罚，如缩小业务范围或降级等。

（六）加强对地方验收管理的指导作用

建设项目环境保护验收管理处成立两年多以来，认真履行了国家审批建设项目的验收职责，拟定和实施验收相关政策、法规、规章，有力地促进了验收工作的迅速发展。根据环境保护部的“三定”方案，验收处还有指导地方相关工作的职责，建议在以下方面对地方予以指导，以推动验收工作的全面和协调发展：

1．开展培训和座谈

即在日常工作中，注意体会和实施国家对验收工作的新政策和新思路；在日常检查和指导中，注意收集地方验收管理中存在的共性问题和突出问题，用培训和座谈的方式让基层管理者了解国家的管理经验、分析各自辖区内存在的问题，并积极寻求解决的途径，形成借鉴—检查—分析—解决的良性循环。

2．成立专职的验收机构

借鉴国家审批的建设项目验收管理经验，省级环保部门成立专职的验收管理机构负责辖区内建设项目的验收工作；扩展验收调查单位队伍，不仅限于环境监测站，吸纳有经验的评价单位进入，努力提高验收调查质量。

3．建立上下通报制度

2006年，原国家环保总局对其审批的建设项目进展情况和环保验收执行情况进行专项核查工作发现，地方环境管理部门对建设项目的总体进展情况普遍不甚了解，因此，有必要建立上下通报制度。即上级环保部门及时向下级环保部门传达党中央、国务院及其领导同志对验收工作的重要指示，通报重大验收项目的组织实施等情况；下级环保部门对辖区内上级环保部门审批的建设项目工程进展、存在的问题和监管情况及时上报。

4．加强验收项目的信息管理，建立信息共享机制

下级环保部门要及时向上级环保部门报送业务综合报告（全年验收项目情况），重大情况随时上报。上级环保部门加强对下级环保部门验收情况的综合分析和研究，掌握地方验收工作情况，及时总结、推广经验。

（2009年1月）

我国矿山开发现状、存在的环境问题及对策建议

余剑锋　王柏莉　姜　华　邢文利

摘　要：我国矿山（不包括煤矿等能源矿）资源的不合理开发，诱发了一系列矿山环境问题，造成的生态破坏和环境污染较为严重，并由此引发了地质环境次生灾害。通过对我国金属非金属矿山开发现状、环境现状进行调研，分析了矿山开发及环境管理中存在的问题，提出了相应的对策与建议。

主题词：矿山　开发现状　环境问题　对策建议

我国是世界上第三大矿业大国，矿业作为我国基础产业之一，其总产值已占全国工业总产值的6%以上。矿业资源开发分为油气田、煤矿能源矿、金属矿、非金属矿等。当前，我国油气田、煤矿等能源矿产资源开发的环保政策、标准、技术等较为完善，而金属非金属矿山因涉及行业、矿种等众多，环境保护工作相对滞后，使得矿山开发过程中产生的环境问题较为严重，在一定程度上制约了社会经济的可持续发展。因此，建议金属非金属矿山开发应在推进矿产资源开发规划环评基础上，加强矿山开发项目环评、"三同时"和环境风险防范管理，开展矿山开采全过程环境监管，健全矿山生态补偿机制，从根本上改变矿山开发环境污染和生态破坏状况，全面推进矿山资源开发与环境保护协调发展。

一、矿山开发现状

（一）矿产资源和开发利用现状

1．矿产资源状况

我国金属非金属矿产资源丰富，矿种齐全，分布广泛，相对集中。已查明有资源储量的金属矿产54种，非金属矿产92种，其中主要矿种单个矿床规模偏小。

我国已探明储量的水泥石灰岩矿中有大型矿床257处、中型481处，共计保有矿石储量542亿t。其中陕西省保有储量最多为49亿t；其余依次为安徽、广西、四川（含重庆市），各省（区）保有储量在30亿～34亿t。

共伴生矿多、单一矿少，贫矿多、富矿少是我国已查明黑色、有色金属矿产资

源的显著特点。据统计，我国共伴生矿床占已探明矿产储量的 80%左右，其中 1/3 的铁矿储量和 1/4 的铜矿储量都是多组分矿。我国铁矿查明资源储量平均品位约为 33%，未利用的铜矿查明资源储量平均品位仅有 0.45%。

2. 矿山开发利用现状

矿山数量多、规模小、生产集中度低是我国矿山开发利用现状的主要特征之一。根据《2007 年中国国土资源统计年鉴》，我国目前有大型矿山 4 014 个，中型矿山 5 345 个，小型矿山及小矿 117 175 个，大中型矿山仅占总数的 3.21%，而约 73%的大中型矿山为建材等非金属矿。

西部将成为我国矿产资源开发的重点地区，开发潜力巨大。随着国家“西部大开发”战略长期贯彻实施，加之找矿勘查力度的加强，西部地区将会成为矿业开发新的接替区。据统计，西部地区已探明矿产中，富铜、富磷、富铅锌等 20 余种矿产资源保有量占全国的 50%以上。例如铜矿，近年来我国在西部地区先后勘探和开发的特大型铜矿有西藏雄村铜矿、玉龙铜矿、驱龙铜矿和新疆阿舍勒铜矿。西部矿产资源开发强度加大对西部地区生态环境的影响将逐渐增加。

我国矿产资源综合开发和利用率明显偏低。如我国铜选矿回收率多年在 87%～89%，世界先进水平在 97%～98%；金属矿山尾矿的综合利用率仅为 7.4%，远低于国外 60%的利用率；金属共生、伴生矿藏总回收率只能达到 50%，低于国外 70%的先进水平。再加上数量众多的小型矿粗放经营，不仅浪费和破坏大量矿产资源，还带来诸多环境问题。

（二）矿山开发环境现状

目前，我国矿山开发带来的生态破坏和环境污染较为严重，并由此引发了一系列的地质环境灾害。

（1）生态破坏。无论露天开采还是地下开采均会占用和破坏大量土地，从而破坏原有生态系统和影响自然景观。截至 2006 年，全国矿业开发占用和损坏的土地面积为 154.5 万 hm^2，其中尾矿堆放 91.5 万 hm^2，露天采坑 23.0 万 hm^2，采矿塌陷 33.0 万 hm^2，分别占总面积的 59.2%、14.9%和 21.4%。除此之外，地下矿井开采过程中大量疏排地下水也会诱发生态问题。

（2）环境污染。矿区废水、废气、固体废弃物对环境的污染日益严重。矿山废水具有排放量大、排放时间长、影响范围广、成分含量复杂等特点，是我国地表水体主要污染源之一（见图 1）。据统计，全国采矿活动平均每年产生废水、废液约 60.89 亿 t，排放量约 47.9 亿 t，占全国废水排放量的 10%左右。矿山基建、选矿产生大量废石、尾矿。我国每年仅露天铁矿山剥离废石就达 4 亿 t，金属尾矿以每年 4 亿～5 亿 t 的排放量增加。随着矿石开采量的增加和各种矿石品位的下降，今后矿山固体废物的排放量还将逐年增加。

（3）地质环境灾害。几乎所有露天矿山都不同程度地遭受到滑坡、崩塌、泥石流灾害的危害或威胁（见图 1）。地下开采对土地资源的破坏则引起大面积的地表沉降和塌陷。近年来，金属矿山地表塌陷呈急剧上升的势头，如凡口铅锌矿已发生了 2 600 多处地表塌陷；甘肃厂坝铅锌矿因民采存在大量不明采空区，导致地表塌陷区面积高达 80.2 万 m^2。据 2006 年全国矿山地质环境调查，矿山开采共引发地质灾害 12 379 起，因矿山开采引发地面塌陷 4 500 多处、地裂缝 3 000 多处、崩塌 1 000 多处。

图 1　矿山废水排放造成的环境污染及矿山开采引发泥石流危害

（三）矿山开发环境管理进展

1. 矿山环保向全面生态恢复建设转变

我国矿山环境保护相关法律法规逐渐从注重于“三废”污染与治理向全面生态恢复建设转变。2005 年 8 月国务院发布的《国务院关于全面整顿和规范矿产资源开发秩序的通知》（国发[2005]28 号）中明确要求不提交矿山环境影响报告及其批复文件的，国土资源主管部门审批采矿许可证时一律不予批准，通知还首次提出要探索建立矿山生态环境恢复补偿制度。2005 年 9 月原国家环境保护总局联合国土资源部、卫生部发布的《矿山生态环境保护与污染防治技术政策》（环发[2005]109 号）明确规定了矿产资源的开发应贯彻“污染防治与生态环境保护并重，生态环境保护与生态环境建设并举”的指导方针。随后，《国务院办公厅转发国土资源部等部门对矿产资源开发进行整合意见的通知》（国办发[2006]108 号）、《关于逐步建立矿山环境治理和生态恢复责任机制的指导意见》（财建[2006]215 号，财政部、国土资源部、国家环保总局）、《关于开展生态补偿试点工作的指导意见》（环发[2007]130 号）等相关文件的出台确立了矿山开发要逐步实行生态恢复责任机制。

2. “三同时”环保验收管理逐渐规范

建设项目竣工环境保护验收是我国独具特色的环境管理制度，也是环境保护行政主管部门对建设项目实施环境管理的重要手段之一。特别是原国家环境保护总局于 2002 年颁布的《建设项目竣工环境保护验收管理办法》（原国家环境保护总局令第 13 号令），加强了“三同时”环保验收管理。近年来，对矿山采选项目的验收，也越来越受到重视。转变了以往只注重矿业选矿冶炼厂的环境污染影响，轻视甚至忽略矿山开采、工程占地、施工等对生态环境的破坏和影响。经过几年的实践与经验积累，矿山开发项目环境保护验收调查工作已逐步摸索出一套行之有效的工作内容和方法。

3. 环评和“三同时”执行率逐渐提高

2004 年矿山企业环评和“三同时”执行率分别仅为 34.4%和 17.37%。根据《国务院关于全面整顿和规范矿产资源开发秩序的通知》（国发[2005]28 号）和《国务院办公厅转发国土资源部等部门对矿产资源开发进行整合意见的通知》（国办发[2006]108 号）对矿产资源开发整合要求，2006 年原国家环境保护总局以《关于切实做好全面整顿和规范矿产资源开发秩序工作的通知》（环发[2006]44 号）对全国矿山企业环境治理整顿情况进行专项检查，在检查非煤矿的 35 993 家矿山企业中，执行环评和“三同时”的分别有 19 744 家和 14 355 家，相应执行率分别为 54.9%和 39.3%；存在生态破坏问题的 7 666 家，占 21.3%。经整顿后，矿山企业环评和“三同时”执行率分别提高到 70.5%和 56.0%。

二、矿山开发中存在的主要问题

（一）矿区开发利用规划环评滞后

矿山开发项目环境影响评价随着环评法的实施逐渐规范和完善，但矿区开发利用规划环评还仅局限于少数国家规划的大型煤矿矿区，大型金属非金属矿区资源基地尚未开展规划环评。在石灰石矿资源丰富的广东省英德地区，目前已有 11 条日产 5 000 t 水泥熟料生产线。石灰石矿山分布在该市北江两岸，仅观音山矿区就承担其中 7 条水泥生产线的石灰石原料供应，而近期该地区又有再建水泥生产线的计划。对于该地区水泥工业的发展、石灰石资源承载力、区域生态承载力和环境容量等都没有从规划环评高度论证其环境可行性。

（二）矿山开发项目环评和“三同时”相对薄弱

1. 环评和“三同时”执行率较低

矿山环境保护工作涉及环保、国土资源、安全、水利、林业等部门，目前大部分地区没有形成矿山环境保护联动机制，没有真正落实生态保护与生态恢复责任。2006 年经矿山企业环境治理专项整顿后，矿山企业环评和“三同时”执行率分别提高至 70.5%和 56.0%，总体上看矿山企业尤其是小型个体私营矿山企业的环评和“三同时”执行率仍比较低。据统计，2007 年全国共查处无证探矿、采矿行为 9 万多起，责令停产整顿矿山 2 万多座。

矿山生态环境保护专项执法检查行动中发现，矿山生态环境保护监管薄弱，局部地区出现监管失控。有些地方政府不重视矿山生态保护，一些地方政府在宏观决策中，重资源开发，轻生态保护，重项目审批，轻环境监管，对环境管理、环保执法行政干预的现象较为严重。矿山企业生态环境保护意识淡薄。

2．环评中存在的问题

金属非金属矿山开发项目涉及行业众多。其中金属冶炼和水泥生产厂区属于工业污染类型，环评导则较为完善。金属矿山开采对环境影响兼有工业污染、生态破坏双重特征，水泥石灰石矿山工程主要是非污染生态影响类型。根据现有技术导则开展环评工作过程中，发现矿山开采项目环评中还存在以下问题：

（1）矿山固体废物属性鉴别实际操作中存在一定困难。矿山项目环评应按照新实施的《危险废物鉴别标准》（GB 5085—2007）和《危险废物鉴别技术规范》（HJ/T 298—2007）开展矿山采选中废石、尾矿等固体废物属性鉴别。按照《危险废物鉴别技术规范》（HJ/T 298—2007）规定，新建和改扩建矿山项目废石或尾矿产生量一个月生产周期内大于 1 000 t，固体废物属性鉴别所需采集最小份样数大于 100 个。鉴于我国矿山数量众多，矿山废石和尾矿产生量巨大，以及环境监测力量相对薄弱，完全按照固体废物属性鉴别规范对矿山固体废物进行属性鉴别存在一定困难。

（2）忽视对重金属累积作用影响。大型金属矿区所在地表水系、生态系统均不同程度地受到矿山开采产生的累积影响。如福建紫金山矿区所在汀江底泥中的 Cu 等金属因受矿山排水影响，其含量不仅比对照值增加，并且下游底泥中 Cu 的累积影响范围超过 20 km；江西德兴铜矿所在乐安江和洎水河水系矿区排水入口下游底泥中 Fe、Zn、Pb、Cd、Cu 等重金属含量比对照值均有所增加，矿区内农作物中 Pb、Cd 出现超标。利用矿区排水进行农灌地区，则有可能造成土壤中重金属的累积。大型金属矿山或矿区开发项目环评中还不够重视重金属的累积作用对下游水生生态系统和农业生态系统产生负面影响，以及有可能通过食物链危及居民的身体健康。

（3）缺少地下开采地表塌陷统一预测模型。金属矿山地表塌陷和错动受其成矿条件、地下开采方式、开采位置和地质条件等众多因素影响，目前对地表塌陷尚无统一的预测计算模型，因而不能有效评价和预测地下开采对产生的地面沉陷的影响。

3．验收中存在的问题

2006 年 2 月财政部联合国土资源部和原国家环境保护总局发布《关于逐步建立矿山环境治理和生态恢复责任机制的指导意见》（财建[2006]215 号，财政部、国土资源部、国家环保总局），要求新建和已投产的矿山需制订矿山生态环境保护和综合治理方案，随后矿山项目验收中均要求提交矿山生态恢复计划。但目前矿山生态恢复技术、恢复标准等尚处于探索中，大多数矿山企业在矿山开采阶段缺少生态恢复计划，没有编制矿山各不同开采时期的生态恢复、实施计划及规划，部分编制的生态恢复计划也过于简单或不具有可操作性。

（三）矿山生产全过程环境监管机制不健全

矿山开发活动本身具有明显的周期性，主要包括：矿山资源勘探、规划和设计、基建和开发、闭矿以及后续土地利用与监测等阶段。当前，我国还缺少对矿山生产全过程环境监管机制。

1．矿产资源勘查

目前，除西藏自治区出台地方矿产资源勘查阶段的环境保护工作规范外，我国矿产资源勘查活动尚未纳入环境监管程序。发达国家如美国要求矿业资源勘探路线、营地和钻探平台位置等都需事先与相关部门商定，勘探结束后，所有道路、平台和人工建筑均拆除，就地生态复垦。

2．矿山设计阶段

矿山设计中环境保护篇章仅简单套用环评中污染防治措施内容，没有考虑矿山开发及闭矿后的生态恢复而进行生态设计。同时，对矿山设计变更可能引发新的环境影响还不够重视。金属矿山设计中普遍存在对尾矿库选址不够重视现象，如新疆阿舍勒铜矿和唐钢司家营铁矿均对尾矿库进行调整和易地建设。

3．矿山基建期

矿山基建期（施工期）的环境管理较为薄弱，缺少相应的环境监管机制，施工期环境监理尚处于探索阶段。大型矿山特别是金属矿山建设周期过长，相应的环境标准和区域环境功能都可能发生变化，矿山建设中采取的环保措施虽然能满足环评时要求，但却远远低于现行环保要求，由此将带来新的环境问题，如安徽铜陵冬瓜山铜矿床工程 1999 年通过环评审批，2008 年申请验收。该工程选矿尾砂堆存于原有尾矿库，但因该尾矿库建库时间较早，截渗坝中尾水直接外排。

4．矿山验收阶段

按照建设项目竣工环保验收管理相关规定，矿山项目环保验收一般在试生产 3～12 个月内完成。事实上，矿山服务年限较长，矿山开采对地表水、地下水和生态等影响伴随采矿过程逐渐呈现。验收阶段已经采取的环保措施或制定生态恢复计划不可能完全符合矿山开采过程中污染治理或生态恢复建设的要求，导致矿山环保验收与矿山开采过程日常环保监管不能有效地衔接，缺少对矿山开采期的分阶段环境监管或环保验收。

5．开采和闭矿阶段

国内矿山企业绝大部分都没有实施“边开采，边恢复”的生态恢复措施。对于矿山闭矿，我国只原则性要求对矿山开采废弃土地进行土地复垦，而加拿大安大略省在法律中规定所有正在开采的矿山必须提交“闭矿计划”，并且要求矿山闭矿计划在开采过程中不断调整和完善。

（四）矿山生态补偿机制缺失

按照国家有关矿产资源成本核算，无论新建、改建还是已服役矿山开发造成的环境成本都没有列入现行成本。1997 年修订的《矿产资源补偿费征收管理规定》，征收的矿产资源补偿费主要用于矿产资源勘查等支出。当前，矿山生态恢复资金主要来源于国家和地方财政专项资金。据《2006 年中国环境状况公报》，中央财政矿山环境治理项目资金 10.6 亿元，共安排项目 341 个，涉及 10 多家中央企业的各类矿山。矿山生态恢复建设的主要方式是矿山土地复垦，但在《土地复垦规定》中对于没有进行复垦的土地征收费用远低于土地复垦所需平均费用。矿山生态补偿机制的缺失，导致矿山生态环境保护投入不足，矿山生态恢复建设明显滞后。

目前，我国相关法律法规建设中没有考虑废弃矿山生态恢复治理方面的内容，从而导致废弃矿山生态恢复治理主体不明确和资金欠缺。实际上，当前废弃矿山生态恢复建设资金仅靠政府财政支出，资金来源单一，缺少必要的恢复建设资金保障体制。据资料统计，我国现有矿业城镇 426 座，处于衰退期的有 51 个，占矿业城镇总数的 12%，近期全国约有 880 座矿山已经或将要关闭，而绝大部分废弃矿山原有开发企业已经不复存在或无法确定。

（五）尾矿库环境风险隐患突出

根据《2007年中国环境状况公报》，各级环保部门对饮用水水源地、自然保护区、河道等区域的尾矿库环境安全隐患进行排查，取缔、关闭尾矿库约 1 000 个，整治约 1 500 个。我国尾矿库存在严重的环境风险隐患，主要原因在于：① 大多数尾矿库因建库较早，没有进行正规的设计和施工，缺少相关标准，没有设定足够的防护距离，导致尾矿库库址紧邻生态敏感区或人口密集区。如攀钢马家田特大型尾矿库（设计库容 $1.86\times10^8\ m^3$）位于金沙江上游；本钢的小庙儿沟特大型尾矿库（设计库容 $1.05\times10^8\ m^3$），尾矿坝下游工业与民用建筑密集。② 有些尾矿库设施存在超量存放，超期服役的现象，缺少对废弃尾矿库跟踪监测和管理。2008 年 9 月 8 日山西襄汾特大尾矿库溃坝事故就属于典型的企业超期违法违规生产和建库。据 2006 年原国家环境保护总局对尾矿库专项整治统计，尾矿库设置在饮用水水源地等禁建区的有 54 个，对河道等存在环境安全隐患的有 337 个，存在超量储存、超期服役等环境安全隐患的有 293 个。③ 部分尾矿库没有建立突发环境事件预警应急体系，对尾矿库设施环境安全工作不重视，导致应急预案未落实，应急物资未配备，应急管理措施不到位。

三、对策及建议

（一）推进矿区规划环评，合理规划矿山布局

矿山开发对环境影响具有区域性、长期性和累积性等特征。矿区开发规划环评应当首先从新建或改扩建矿区开展，避免我国现有某些矿业资源城市经济结构单一，因矿而兴、因矿而弃，最终制约矿区城市可持续发展。其次，应当做好有色、冶金以及建材等重点行业的规划环评，根据不同行业的环境制约因素制定不同的环境准入条件，引导矿业产业合理布局。

优化矿山布局，综合考虑矿区生态环境现状、环境功能区划、环境承载力和土地利用总体规划等，结合矿区所在区域的经济、社会的发展规划，对重点规划矿种和矿产资源集中区划分为鼓励开采区、限制开采区、禁止开采区。禁止开采区应包括生态环境敏感区和脆弱区、主要交通干线可视范围内，以及对生态环境造成严重破坏且不能恢复或可能导致严重的次生地质灾害的矿区或矿产集中区。限制开采区包括当前矿产品供过于求、矿产资源储量规模小、共伴生矿不能有效利用，或开采后对生态环境有较大影响，但通过治理可以达到环保要求的矿区或矿产集中区。鼓励开采区则要严格新矿山的技术、环保、规模等准入条件。对于已经确定的开采区，须将矿山采区和生活区分离，以避免因生产区和生活区重叠所带来的严重的人身和财产安全问题。

对大矿小开、一矿多开、矿山分布过密的地区，进行必要的资源整合；完善资源综合利用管理法规，提高低品位矿和共生矿开采回收率，提高矿产资源开发准入条件，实行规模开采，改善矿区生态环境。如江西德兴铜矿通过收购地方矿山企业，对富家坞铜矿进行“坑转露”改扩建，整治了该矿区数年来遗留的各种环境问题，改善了区域环境质量。

（二）强化矿山环评和“三同时”要求

1. 强化矿山环评和“三同时”管理

在正修订的《矿产资源法》等有关矿山开采环境保护法律法规中，明确将环境影响评价、“三同时”制度等实质内容写入，为加强矿山环境保护工作提供强有力的法律保障，使矿山开发环境保护工作更加规范化。

根据小型矿山环评和“三同时”执行率低的现状，积极推动建立矿山环境保护联动机制，将环评审批手续作为采矿申请人办理采矿许可证的重要依据之一。鉴于地方环保部门主管矿山项目逐渐增多特点，各级环保主管部门在矿山环评审批中应严把矿山开发项目环境准入关，对不符合国家产业发展规划、政策及技术规范的，一律不予批准；依法对“未批先建”“未批即建成投产”等矿山开采违法行为进行查

处，加大处罚力度，从源头上有效控制矿山开发中造成环境污染和生态破坏；进一步规范矿山开发项目“三同时”监管环节，严把矿山开发项目竣工验收关，落实保证各项环保措施。

2．完善矿山环评技术

针对矿产资源消耗量大、生态破坏和环境污染严重、固体废弃物排放量大的黑色、有色金属矿山等重要行业，完善矿山环评技术，使矿山环评工作更加规范。特别是：① 做好金属矿山项目废石、尾矿等固体废物属性鉴别工作。对于新建矿山项目，应结合废石、矿石和选矿药剂成分选取代表性样品进行属性鉴别；对于改扩建金属矿山项目，应结合已有固体废物堆存场址周边地下水、地表水和土壤环境现状，加强固体废物污染防治管理工作。② 重视大型金属矿山或矿区开发建设项目的重金属累积作用影响，从单纯注重矿山重金属对水体、土壤等环境影响向综合关注环境、食品安全、人体健康和社会影响转变，统筹考虑其他相关因素的影响和可能出现的后果，给出综合性的评价结论。③ 针对目前金属矿山地下开采尚无统一的地面沉陷预测模式，做好矿山开采范围内的地表沉陷及错位的动态监测，加强地表变形观测工作，采用先进的实时监测技术，总结规律，并将结果反馈矿山项目环评，以利于提高地表变形预测预报准确性；推广充填法或者胶结充填法等先进开采技术，有效地减缓岩移、地表沉降和塌陷影响。如安徽芜湖新桥铁矿、莱州大泥河铁矿和云南驰宏会泽铅锌矿采用充填法采矿，取得了良好的沉陷防护效果。

（三）依靠科技进步，提高矿山环境治理技术水平

开展重大采选冶技术、矿产综合利用技术、矿山环境破坏治理技术的研究与开发，推广示范工程，依靠科技进步提高矿山环境保护水平。

（1）采矿技术。露天采矿工艺方面，广泛采用陡帮开采、高台阶开采、间断-连续运输工艺或陡坡铁路-公路联合运输工艺等集成化技术；地下采矿则采用以铲运机为核心的无轨采矿设备及工艺、连续出矿设备及工艺。通过大规模、高效率开采技术，提高资源利用率，最大限度地减少污染物排放。

（2）选矿技术。选矿技术发展利用中低品位矿石和难选冶矿石的工艺技术及设备研制，提高大宗低品位矿、金属伴生矿回收等资源综合利用率，做到矿山开采中不污染或少污染环境。如采取浸出-萃取-电积铜技术，不仅可以简化常规的铜采、选、冶复杂工艺流程，还可以处理低品位的铜矿甚至含铜废石。

（3）尾矿综合利用。尾矿综合利用即可减少因尾矿堆存占用大量土地对生态系统的破坏，消除尾矿库环境风险隐患，还可节省尾矿库的运行维护管理费用。如攀钢采用强磁-电选工艺从低品位铁矿尾砂中提取钛精矿；首钢矿业公司利用自主开发尾砂细磨精选再选工艺，对水厂尾矿库尾砂进行提选，形成年处理 1 000 万 t 尾砂的综合利用方案。

（4）矿山废水治理。我国大型金属矿山积极开展矿山废水治理试验和研究，取得了一定的成绩。如我国最大的有色露采矿山德兴铜矿，用中和法、硫化法等处理酸性废水已经在工程中得到了应用，现又利用尾矿直接中和处理酸性废水。

（四）开展矿山开采全过程环境监管

探索和建立矿山建设项目全过程环境监管制度，实现矿山开发与生态环境保护协调发展制度化、法制化，有效避免或减缓矿山开采的环境影响。

（1）矿产勘查阶段。应明确矿产资源勘查活动范围、勘查阶段的环保审批、勘查区生态恢复和验收检查等内容，规范矿产资源勘查环境保护工作。

（2）环评、设计阶段。做好矿产资源评价、规划和合理利用方案以保障矿山可持续开发。建立环保主管部门参与矿山设计审查机制，除在设计中采纳环评中有关环境保护要求外，将矿山闭坑及生态恢复建设作为设计重要组成部分。根据设计变更可能产生的环境影响，及时依法要求矿山企业开展必要的补充环境评价。

（3）基建期（施工期）阶段。针对矿山建设周期较长特点，积极推进矿山施工期的环境监理，督促矿山企业尽量减小对开采境外生态破坏，要求分层剥离保留生态复垦所需表土，同步实施相关水土保持、环保措施。通过建立矿山开发项目信息档案管理，及时掌握建设进展情况，要求矿山企业及时改进或调整适当的环保措施，以满足最新的环保要求。

（4）矿山验收阶段。加强矿山开发项目的环保验收是环境管理的关键环节，核查生态保护和污染防治措施的落实情况，对措施不到位的及时提出整改方案。鉴于矿山开采周期长，对矿山开采中逐渐显现生态环境影响，开展分阶段环保验收提高环境管理的有效性，明确阶段验收范围、内容和要求。

（5）矿山生产阶段。参照和借鉴澳大利亚等发达国家对矿山生产期间的日常环境管理，要求矿山企业向环境行政主管部门提交年度环境报告，内容应包括环保设施监测结果、环保执行情况和存在的环保问题等。环境主管部门根据矿山企业的年度环境报告有针对性地进行核实和检查。

（6）矿山闭坑阶段。建立闭坑矿山的生态环境审查制度，明确矿山闭坑的环境达标技术要求，监督检查矿山闭坑恢复的执行情况，检查验收合格后矿山再予以闭坑。矿山闭坑后，进行跟踪监测管理，实现开发前后环境扰动最小化和生态恢复最优化。

（五）健全矿山生态补偿机制

我国对矿山生态补偿机制和原则等问题的理论探讨较多，但实践中缺少行之有效的长效机制。建立我国矿山生态补偿机制首先要明确生态恢复建设主体和责任，确定生态恢复目标，并建设配套的财政监管制度。

对于新建和技改矿山，生态恢复建设应按照“谁破坏、谁恢复”的原则，矿山开采企业应作为矿区生态恢复治理的责任主体，将生态补偿金计入生产成本在税前提取，把生态补偿机制作为采矿许可制度必备条件之一。其次，根据矿山性质、区域环境功能要求、闭坑土地利用规划等确定不同矿山生态恢复建设目标。新建矿山应当结合生态功能区划，符合生态功能区的保护目标，不得造成生态功能的改变。扩建、技改矿山应将原先遗留环境问题一并解决。建立健全的生态补偿基金使用监管机制。提取生态补偿金标准应不低于矿山生态恢复建设实际费用，以提高矿山企业进行生态恢复建设的积极性。生态补偿基金由财政部门专项管理，所有权属采矿企业。生态补偿基金需经国土资源管理部门核准，并在环保部门监督下使用，确保资金专项用于矿山环境治理和生态恢复。实际操作中，可以选择重点行业不同区域具有代表性的矿山实施生态补偿试点工作，探索建立矿山生态补偿标准体系，开展生态复垦示范工程，为全面建立生态补偿机制提供方法和经验，以指导矿山开采的生态环境保护工作。

对废弃矿山的生态恢复和环境治理，国家或各级政府应承担更多的责任。可以实施建立“废弃及老矿山环境治理基金”，并辅以市场化手段，通过国家制定税收、财政补贴、土地使用、信贷等方面的优惠政策，鼓励社会法人或自然人，按照“谁恢复、谁受益、谁使用”的原则，进行产业化经营，并将享有废弃矿山的二次资源和取得矿地复垦后的使用权等作为其回报，进行废弃矿山的生态恢复和环境治理。同时，应加强研究制定废弃矿山恢复治理的方法、标准或规范，合理选择生态补偿的方式，用以指导全社会废弃矿山的生态恢复和环境治理工作。

（六）加强矿山尾矿库环境风险防范

近年我国矿山尾矿库环境安全事故频繁造成严重的人员伤亡。建议开展全国矿山尾矿库环境安全隐患专项整治和排查，除加强对饮用水水源地、自然保护区等生态环境敏感区排查外，还应当对大型特大型、超量存放和超期服役等尾矿库下游的居民区进行重点全面排查。在此基础上，掌握矿山尾矿库的环境安全基本情况，建立尾矿库动态信息跟踪管理，为做好尾矿库的环境安全监管工作打好基础。

加大尾矿库环境执法力度，严格尾矿库环评和“三同时”执行、竣工环保验收检查。对未执行环境影响评价制度和“三同时”制度尾矿库建设项目，责令停建、停用，限期补办相关手续，并依法予以处罚。

加强和完善矿山尾矿库环境风险监督管理工作，对存在环境风险的尾矿库建设项目，限期补充环境风险评价，完善矿山环境风险应急预案，明确关停尾矿库的环境风险管理责任。

（2009年5月）

关于开展"十二五"相关规划战略环境评价的建议

任景明 刘 磊 张 辉 段飞舟

摘 要：美国次贷危机引发的"金融海啸"对我国经济发展带来了巨大冲击，国家、地方及相关部门采取了一系列的应对措施。为协调"保增长"和"促转变"之间的关系，抑制国家限制类行业发展和部分行业产能过剩，防止落后企业与工艺"死灰复燃"，预防或减轻危机过后资源、环境压力，建议在"十二五"相关规划及目前行业振兴规划的编制阶段依法开展环境影响评价，以战略环境评价为手段，厘清经济短期波动与长期发展战略之间的关系，基于区域资源、环境承载能力，依靠科技进步，提高资源利用效率和环境准入门槛，不断降低经济发展的资源、环境成本，提高企业的市场竞争力。以环境保护优化产业结构和布局，促进经济增长方式转变和可持续发展。

主题词：金融海啸 经济增长方式 "十二五"规划 战略环境评价

美国次贷危机引发的"金融海啸"席卷全球，由虚拟经济蔓延到实体经济，愈演愈烈，我国也未能幸免。2008 年下半年，我国经济明显滑坡。为减小危机对我国经济的冲击，国家和地方采取了一系列的措施，增加投资，拉动内需，促进消费，一些部门相继出台了行业振兴规划，保证经济稳步增长和行业的快速发展。其中难免出现"两高一资"行业借机上马，低水平的重复建设，甚至落后企业和工艺的"死灰复燃"等现象。但是，严峻的资源环境形势要求我们必须尽快转变经济增长方式和发展模式，降低经济发展的资源环境成本，提高企业的市场竞争力，促进可持续发展。因此，值此经济危机应对期和"十二五"规划酝酿期，纳入战略环境评价，处理好"保增长"和"促转变"的关系，以环境保护优化经济增长是非常必要的。

一、资源环境压力巨大，亟须以环境保护优化经济增长方式

改革开放 30 年来，我国社会经济发展取得了举世瞩目的成绩。1978 年到 2007 年，我国国内生产总值由 3 645 亿元增长到 24.95 万亿元，年均实际增长 9.8%，是同期世界经济年均增长率的 3 倍多，经济总量跃居世界第四位，人民生活总体上已达到小康水平。基础设施建设取得突破性进展，生态文明建设不断推进，城乡面貌焕然一新。但是，应该看到，传统的经济增长模式在为国民带来巨大财富的同时，也过度消耗了宝贵的自然资源和环境容量。尽管早在《"九五"计划和 2010 年远景

目标纲要》中已明确要求“切实转变经济增长方式”，但不可否认的是，我国第二产业比重依然过大，重化工行业发展依然如火如荼。资源利用效率不高，环境质量尚未根本好转，局部还有恶化的趋势，一些重大环境问题逐步显现，并呈加剧之势。实现全面小康社会与环境资源支撑的矛盾十分尖锐。胡锦涛总书记在《纪念党的十一届三中全会召开30周年大会上的讲话》上坦言，我国生产力水平总体上还不高，长期形成的结构性矛盾和粗放型增长方式尚未根本改变，影响发展的体制机制障碍依然存在。党的十七大报告明确指出，我国经济增长的资源、环境代价过大。

传统的发展模式过度依赖资源环境的支撑，不可避免地受到资源环境的制约，难以持续快速、稳定发展，这也是目前我国实体经济遭遇困境的根本原因之一。资源型城市发展转型的举步维艰，正是这种发展模式的最终反应。当前的资源、环境基础已难以承载传统发展模式下的经济持续快速、稳定增长。随着人民生活水平的提高，人民群众的环境需求和环境要求不断提高，环境维权意识不断高涨，建立资源节约型和环境友好型社会成为必须。

二、战略环境评价是优化经济增长方式，落实科学发展观的重要抓手

（一）战略环评有助于协调“保增长”和“促转变”之间的关系

2008年下半年的“金融海啸”给我国经济带来了巨大冲击。第四季度，我国经济增长率骤降至6.8%，最后两个月，工业增加值增速不足6.0%，其中外向型企业尤为明显，下滑幅度高于市场预期。为应对这次危机，国家投资4万亿元，拉动内需，促进消费，主要用于基础设施建设和重点工程建设，各地也纷纷出台配套政策，加大投资力度，一些部门相继出台了行业振兴规划，力保行业快速发展和经济稳定增长。

但是，应对危机不能降低对转变经济增长方式的要求。如果不重视资源环境对经济发展的支撑能力，不提高对经济发展质量的要求，一些“两高一资”行业将会重新抬头，一些落后企业可能“借鸡生蛋，死灰复燃”，应对危机策略就会变成“保增长”举措。危机过后，部分行业可能再次产能过剩，未来面临结构调整的压力会更大，资源、环境压力也将更大。事实上，早在《“九五”计划和2010年远景目标纲要》中，我国已要求转变经济增长方式，但1998年的金融危机在一定程度上影响了这一计划的实施。面对通货紧缩和经济降温的趋势，经济政策对刺激经济增长的关注超过了转变经济增长方式。为保持国民经济快速增长，国家实施了积极的财政政策和西部大开发战略。尽管“十五”计划强调对经济结构进行战略性调整，重视资源、环境问题，但并没达到预期效果。部分行业盲目扩张、产能过剩，经济增长方式转变缓慢，能源消耗过大，主要污染物排放量不降反增，环境污染加剧。如“十

五”后半期，火电行业迅猛发展，SO_2排放量激增。

“保增长”并不妨碍“促转变”。以战略环评为重要抓手，转危机为机遇和契机，厘清经济短期波动与长期发展战略之间的关系，基于区域资源环境承载能力，依靠科技进步，提高环境准入门槛和资源利用效率，将“保经济增长”和“优化产业结构，转变经济增长方式”结合起来，抑制部分行业潜在的产能过剩，坚决淘汰落后产业和工艺，促进产业由劳动密集型向知识密集型和技术密集型转变，不断降低经济发展的资源、环境成本，提高企业的市场竞争力。

（二）战略环评有助于“十二五”规划的优化和实施

1. 有利于促进生态文明与保障生态安全

从过去我国区域发展的历程来看，在大规模产业发展过程中往往伴随着较大的资源、环境压力，特别是产业发展规划中沿河、沿江、沿海布局的能源、钢铁、化工、林浆纸一体化等高耗能、高耗水、高风险项目，不仅相互竞争有限的环境容量和自然资源，促使已有的环境问题进一步恶化，而且使区域环境风险防范难度加大。由于不合理的资源开发，水资源过度消耗、水环境污染、海洋环境污染、水土流失、生物多样性减少等已经成为突出的资源环境问题，而且环境问题呈现复合型、压缩型的特征，并由环境污染向生态系统功能退化。

因此，出于国家生态安全总体需求的考虑，在制定重大发展战略过程中充分地分析和评价重点区域和重点产业发展可能带来的不利环境影响和潜在环境风险，并依据区域资源环境承载力提出可持续的经济增长目标、产业发展规模、结构和布局，可以优化产业结构和布局，使经济发展与区域生态环境承载力匹配，确保我国的生态安全。

2. 有利于构建经济发展的理性模式与格局

改革开放近30年来，我国经济发展取得了举世瞩目的成就，但生态环境总体上也在不断恶化，资源环境对经济发展的约束效应日益凸显。我国资源环境面临的严峻局面，很大程度上与过去片面注重GDP增长的发展理念和缺少资源环境要素考量的发展模式密切相关。面对日益增加的资源环境压力，在国家和地方发展战略层面采取措施，引导发展模式向科学、理性和可持续性方向转变，是实现区域可持续发展的必然路径。

过往的发展经验表明，由于各地广泛存在的经济发展热情和冲动，国家发展战略的实施，往往伴随着区域非理性发展倾向。这种非理性的开发倾向主要有三个方面的表现：其一，产业发展趋同导致的“争夺资源”的现象。如一些地区争相建设“高耗水”项目，由于缺乏科学的水资源综合利用规划，对水资源实际承载能力也缺乏必要的研究论证，导致水资源严重短缺，并由此引发了一系列的生态影响和社会影响；其二，产业过度集中导致环境风险加大。目前很多地区都把临港、临江、临水作为产业发展的重点，炼化工业成为很多地区的主导产业，重大工业项目多临港、临江、临水布局，布局性环境风险高、防范难度大；其三，不合理的资源开发导致次生地质灾害等社会经济问题。如由于水资源短缺和严重超采，导致一些区域沿岸海水入侵区面积扩大及地下水漏斗面积扩大等次生问题，在制约区域经济发展的同时，也带来了严重的环境破坏和社会问题。

因此，开展“十二五”规划战略环境评价，有助于我国的区域发展，特别是重点区域在经济社会发展等方面充分考虑区域资源禀赋和环境容量，根据各地资源环境承载能力和自然特征，制定相应的经济发展和环境保护政策，形成合理的产业结构和布局，以实现经济与人口、资源、环境协调发展，促进人与自然的和谐共生。

3. 有利于形成区域合理分工的良性格局

当前，正处于我国经济社会发展的关键时期，国家相继推出了一系列促进区域经济发展的举措。面对困难和机遇，各地表现出迫切的发展意愿，这突出地体现在发展思路和产业规划上。发展思路上，提升经济总量、提高增长速度成为各地政府的主要任务。各地纷纷提出了“能源重化工基地”“工业立市”“临港重化工业核心区”“新兴工业省”等建设目标。

由于制定产业发展规划时缺乏统筹，导致区域之间主导产业重叠、产业结构雷同趋势明显，面临无序竞争的后果。同一地区集中大量的同类项目，不但加剧区域内的产业竞争，还会增加对有限市场、资源、能源、环境容量的争夺，从而降低了全局性的资源配置效率，区域发展效率就会大打折扣。如果不采取相应措施，我国的产业布局很有可能进一步陷入无序发展的境地。因此，为提高经济发展质量，对经济增长方式、产业结构和布局，以及区域分工协作等进行重新审视和再定位，已成为日益紧迫的战略任务。

开展“十二五”规划战略环境评价，有助于对重点区域的产业基础、发展方向、潜在规模、支撑条件形成系统性的认知，对各区域产业发展的比较优势形成更精准的判断。在此基础上，相对于国家层面的需求，可以为制定区域指向更为明确的产业政策提供依据；相对于各区域层面的需求，可以为各区域谋划未来发展提供具有科学价值的指导框架。国家政策层面的清晰导向，加上各区域对自身比较优势的理性分析，就会有效校正当前愈演愈烈的产业结构趋同问题，逐步使我国区域发展步入产业分工明确、区域功能界定清晰的良性发展轨道。

（三）战略环评是缓解资源环境压力，优化经济增长的重要手段

科学发展观是在我国即将进入全面建设小康社会的时刻，党中央根据中国实际和改革开放的实践提出来的，是面向经济社会和资源环境全面、协调和可持续的发展观，是符合当代世界发展趋势的一种新的发展观。对我国来说，下一个10年是必须紧紧抓住并且可以大有作为的重要战略机遇期。这是党中央站在时代发展和战略

全局的高度，在全面深入分析国内外形势的基础上作出的科学判断。只有坚持以科学发展观统领经济社会发展全局，加快转变经济增长方式，才能推动我国经济社会发展切实转入以人为本，全面、协调、可持续发展的轨道。

作为一种环境与发展综合决策手段，战略环评是连接抽象、宏观的战略与具体、可操作的项目之间的重要桥梁之一，是优化资源配置，控制环境影响，促进经济增长方式转变的重要手段，是落实科学发展观和实现可持续发展的重要工具。国内外经验证明，战略环境评价是在发展战略层面协调相关国民经济和社会发展与资源环境的重要手段。利用战略环境评价对重大发展战略实施可能出现的资源环境问题进行系统、综合和前瞻性的评价判断，预测与评估资源环境问题对完成发展战略目标可能产生的影响，提出预防措施或者其他补救措施，以保证重大战略的顺利实施，并从源头上抑制资源环境问题的产生。从我国的现实国情看，对重大发展战略进行环境评价，有利于在区域层面推动建立资源节约型和环境友好型的产业结构和增长方式，对于解决区域的共性资源环境约束问题也具有普遍的指导意义。

三、我国战略环境评价已有法律依据，并取得一定成效

（一）我国开展战略环境评价的法律依据

2003 年实施的《环境影响评价法》明确要求，国务院有关部门、设区的市级以上地方人民政府及其有关部门，对其组织编制的土地利用有关规划，区域、流域、海域的建设、开发利用规划，工业、农业、畜牧业、林业、能源、水利、交通、城市建设、旅游、自然资源开发等（即“一地三域，十个专项”）规划应组织进行环境影响评价。

2005 年 12 月，《国务院关于落实科学发展观加强环境保护的决定》（以下简称《决定》），提出“必须依照国家规定对各类开发建设规划进行环境影响评价。对环境有重大影响的决策，应当进行环境影响论证”，从而将战略环评的概念引入环境影响评价工作中。

（二）我国战略环境评价实践取得的效果

从源头上预防、控制环境污染和生态破坏，是党中央、国务院赋予环境保护部的主要职责之一，受国务院委托对重大经济和技术政策、发展规划以及重大经济开发计划进行环境影响评价是履行这一职责的重要任务。经过几年的战略环评试点和实践，在我国进行战略环评的政策环境已经成熟，技术力量、基础能力、实践与管理经验等已经基本具备。一些地方相继开展了国民经济和社会发展规划的战略环境评价工作，取得了很好的效果。

2006 年 6 月，内蒙古自治区政府组织开展了内蒙古国民经济和社会发展“十一

五”规划纲要战略环境影响评价工作。通过战略环评，内蒙古将 GDP 增长速度由 15%下调为 13%，将“80%的牲畜由牧区转到农区”调整为“农区畜牧业占全区畜牧业总量的 80%”，将煤炭产能由 5 亿 t 调整为 4 亿 t，发电装机容量由 6 600 万 kW 调整为 5 500 万 kW，主要城市环境空气质量好于二级标准天数由 260 天增加到 280 天等。通过规划环评，对一些关键指标和数据进行了调整，引起了主要领导和相关部门的广泛重视。目前，该规划环评已成为相关部门进行管理和制定规划的基本依据，正在对保护内蒙古地区的生态环境发挥积极作用。2007 年，吉林省在增产百亿斤商品粮能力建设总体规划环评提出，在粮食增产中要坚持“以水定产”和因地制宜的原则，并将新开发水田面积由原来的 420 万亩压缩到 153 万亩，取消了“旱改水”内容，补充制订了重要湿地的生态补水方案，提出了草地、湿地保护和生态环境风险防范的要求。这些战略环境评价实践的开展，既证明了对重大发展战略进行环境评价的可行性和有效性，也极大地推进了我国建设生态文明的进程。

四、关于开展“十二五”规划战略环境评价的几点建议

（一）全面深入依法开展“十二五”相关规划的环境影响评价

环境保护，预防为主。为体现源头预防的环保原则和早期介入的环评原则，建议对国家相关部门组织编制的“十二五”规划依法开展环境影响评价，重点是“一地三域，十个专项”，部分重大规划依据《决定》开展战略环境评价。

目前，国家已出台或即将陆续出台钢铁、汽车、造船、石化、轻工、纺织、有色金属、装备制造、电子信息等十大产业振兴规划，这些规划将对国家的经济和环境带来不同程度的影响，建议尽早、尽快开展战略环境评价。

此外，对各地各级政府组织编制的“十二五”规划，也应及时开展战略环境评价，以减轻重化工时代资源环境压力，避免“争抢”资源和环境容量的现象，优化经济增长方式。

（二）“十二五”规划战略环境评价技术要点

1. 分析1998年金融危机主要应对策略及其对行业发展、经济增长方式转变及生态环境等的影响

回顾分析 1998 年金融危机对我国经济发展的冲击，总结国家、地方及主要行业部门采取的应对措施，分析战略措施重点及其对“九五”计划和“十五”计划及我国经济长远发展战略的影响，尤其是经济增长方式转变和环境保护等方面的影响，总结其经验教训，并分析 1998 年金融危机应对策略及所取得效果对 2008 年我国应对金融危机策略的借鉴意义。基于国家资源、环境承载能力，提出国家、地方及主要行业未来应对经济短期波动需注意的问题，尤其是在资源利用、环境保护和生态

安全方面的问题。

2．分析“十一五”相关规划实施中出现的问题及我国资源环境问题演变趋势

总结“十一五”相关规划实施过程中出现的主要资源环境问题，预测下阶段经济社会发展和主要行业发展的资源环境需求；分析评价区域经济发展与生态环境演变的耦合关系，评估经济社会发展中出现的区域性、累积性环境问题以及关键制约因素，结合已有资源、生态、环境等领域的调查、监测数据和科研成果，运用地理信息系统、卫星遥感系统等技术，分析各地区生态环境现状及其下一阶段的演变趋势。

3．分析资源环境约束下的“十二五”相关规划目标的可达性

(1)“十二五”相关规划经济增长和产业发展目标的可达性分析。对产业发展带来的资源和能源消耗水平、污染排放和产出效率进行评价，构建产业资源环境效率评价指标体系，结合清洁生产和循环经济要求开展产业资源环境效率分析；识别产业规模增长、结构变化、空间布局、工艺技术等对资源环境的压力，识别筛选影响资源、能源消耗和环境质量变化的主导产业结构和布局，分析下一阶段规划经济目标和产业发展目标的可达性。

(2)“十二五”相关规划社会发展目标的可达性分析。以关乎人民群众切身利益的环境质量问题为突破口，根据当前我国总体环境质量状况和发展态势，对当前新农村建设和城镇化进程等社会发展中重要资源环境约束进行分析，结合下一阶段发展规划，分析社会发展目标的可达性。

(3)“十二五”相关规划环保目标的可达性分析。以重点产业和重点集聚区为对象，分析产业集聚对区域资源环境系统的影响程度；根据关键节点产业规模扩张及布局扩展态势，评估其对区域资源环境系统压力的不同情景，分析“十二五”规划环境保护目标的可达性。

4．保障“十二五”相关规划实施的资源环境对策建议

针对我国长期经济发展、产业结构和布局变化态势，从整体上辨识其对区域水环境、大气环境、土壤环境和生态等产生的累积性影响；分析中长期环境影响趋势和风险发生机制，辨识中长期环境影响特征和主要影响因素，对潜在的中长期重大环境风险进行分析和评估；提出控制和减缓中长期环境影响和环境风险的对策措施，从空间协调管制、环境准入、污染物削减和总量控制、环境保护基础设施建设等方面，提出优化经济增长和产业发展以及环境保护的对策。

（2009 年 2 月）

系统解决环评委托代理和环评审批中公正性问题的建议

任景明　刘　磊　张　辉

摘　要：委托代理关系失范、行政干预较普遍和监督约束机制不完善等是影响环境影响评价公正性的主要因素，也是影响环境影响评价有效性的重要因素。因此，推动环评单位与环境保护行政主管部门脱钩是必需的，但简单脱钩不能从根本上解决问题，必须采取系统解决方案，其他隶属于有环境评价初审权的主管部门和行业的环评机构比照执行脱钩。不仅如此，还应理顺评价各方的关系，可参考公共支出代理理论，借鉴荷兰环评市场经验，成立单独的中立机构。同时，明确相关方职责和责任，建立健全监督约束机制和责任追究制度。

主题词：环评公正性　环评机构脱钩　环评市场管理中立机构　监督约束机制

环境影响评价对提高资源利用效率，优化资源配置，降低环境影响，维系生态安全，促进决策的科学化与民主化等方面发挥了积极作用。可以说，如果没有环境影响评价制度，我国当前的资源、环境形势要严峻得多。但是，由于环境影响评价制度、机制和体制等方面尚存在诸多制约因素，我国环境影响评价的有效性还有较大的提升空间，距离其制度设计初衷还有较大的差距，其中一个重要原因就是环评市场掺入不正当的利益关系和外来干扰，造成环境影响评价的公正性偏离，并最终影响相关方利益和公共环境利益。环境影响评价的公正性已成为社会谈论的议题和关注的焦点。

制度完善任重道远，环评编制机构与审批部门脱钩势在必行。2008 年 10 月，全国人大常委会副委员长陈至立在十一届全国人民代表大会常务委员会第五次会议上汇报的《环境影响评价法执法检查报告》中指出："环评审批的公正性有待进一步加强。"建议"要结合国家事业单位改革，逐步推进环评编制机构与审批部门脱钩，按照法律规定，建立真正具有独立法律地位的环评机构，并切实加强对环评违法机构的责任追究力度"。为缓解我国资源、环境的严峻形势，切实保障科学发展观的全面落实，必须不断完善环境影响评价制度、机制和体制，解决环境影响评价公正性受损和偏离的问题，提高环境影响评价的实际功效。

一、环境影响评价公正性的影响因素分析

委托代理关系失范和行政干预过度是影响环评公正性的关键问题。我国环境影响评价主要涉及四个部门：建设单位、环评单位、评估单位和审批部门。当前环评基本程序是建设单位委托环评单位进行环境影响评价，然后将环评文件报送环评审批部门，后者委托评估单位进行技术评估，最后将环评批文函复建设单位，其中影响环境评价公正性的时段主要出现在环评委托代理和审批环节。前者主要表现为委托代理关系失范，后者主要表现为行政干预过度。

环境影响评价涉及两种或三种委托代理关系：建设单位—环评单位、审批部门—评估单位，有时政府部门与建设单位间也存在一种或明或暗的委托代理关系。当存在第三种委托代理关系时，政府干预环评审批的现象就比较突出（见图 1）。

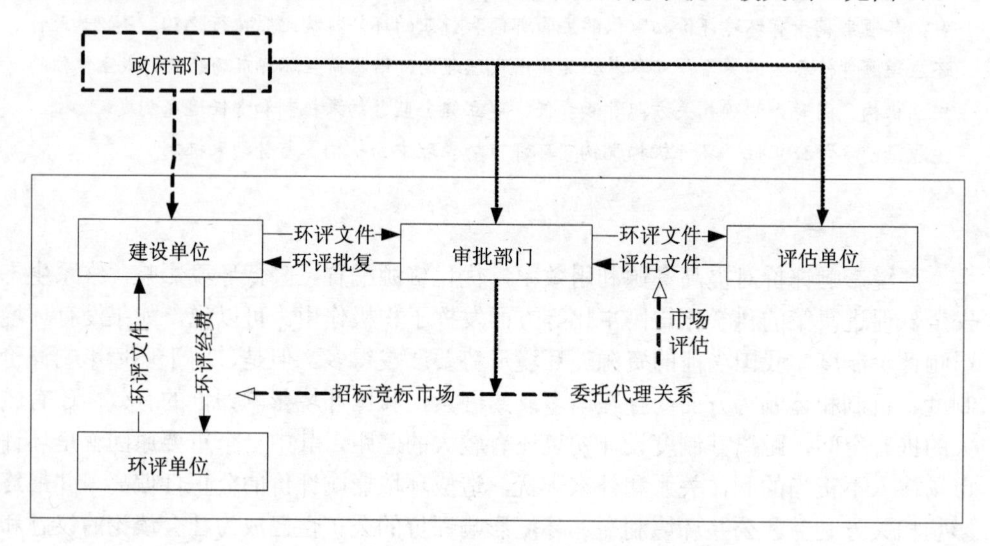

图 1　我国当前环境影响评价委托代理关系

（一）委托—代理关系失范

委托代理理论主要研究信息不对称条件下市场参与者的委托代理关系及由此产生的激励约束机制问题。詹森和麦克林把委托代理关系定义为“一个人或一些人（委托人）委托其他人（代理人）根据委托人利益从事某些活动，并相应地授予代理人某些决策权的契约关系”。委托代理关系首先是一种利益关系，委托一方先确定一种报酬机制，激励代理人尽心尽责，努力实现委托人利益最大化目标。代理人据此选择自己的行为和努力方向，以求自身效益的最大化。

当前的环评委托代理关系缺陷难免。对于第一种委托代理关系，作为委托方，

建设单位就是要花最小的费用，在最短的时间内拿到环评批文。至于环评质量，不在其首要考虑范畴。为达到这一目的，建设单位通常选择竞价较低的环评单位，并采取分批付款的方式交付环评经费。作为代理方，为了拿到项目，其“理性选择”就是在尽可能地降低成本的前提下采取“低价策略”。尽管国家出台了建设项目环评收费标准，但很多环评单位为争夺项目，不惜大打折扣。但是，过低的环评经费难以保证环评质量。在此情况下，环评单位惯用的做法便是偷工减料。某些项目的环评甚至连最基本的现状调查都未进行，有的甚至从其他环评报告书中大篇幅复制。而且，由于环评经费受制于建设单位，一些环评单位“拿人钱财，替人消灾”，不得不站在建设单位角度，滥评价、乱评价，评价结论含糊不清、模棱两可，将项目是否环境可行的结论推给审批部门，环境评价报告的科学性和公正性大打折扣。有些环评单位，本身就与一些建设单位同属一个系统，甚至隶属于建设单位，站在本系统立场评价，上述情况更是难免。不过，对于国家投资的项目，建设单位往往并不在乎环评经费的多少，他们更关注环境影响评价的时限和拿到环评批文的时间。为此，他们通常选择一些隶属环保部门的环评单位，诸如环境科研院所等。必要时，他们还会通过政府干预环评审批，以便尽早拿到环评批文。作为代理人，与审批部门间的关系及相对丰富的信息资源是这些环评单位的最大资本。目前我国多数省市50%以上，甚至 60%～70%的环评任务由这些评价单位承担。更有甚者，有的地方环保部门甚至为当地的建设单位指定环评单位，从中牟取不正当利益。其结果是某些环评单位根本无须竞标，或象征性地竞标便得到大量的项目，而想按时、按质、按量完成这些任务显然有点不切实际。

政府的行政支持是保证环评技术评估单位客观公正性的关键。对于第二种委托代理关系，作为代理人，环评技术评估单位一般会站在审批部门的立场，为其提供科学、客观的技术评估报告。事实上，大多数评估单位也是这么做的。但是，目前我国某些地方评估单位的评估经费还来自建设单位，某些时候为建设单位说话也在所难免。而且，当行政干预环评审批时，评估单位更难站在科学、客观、公正的立场进行技术评估。

这种附带不正当目标倾向和指令性的委托代理关系，不仅扰乱了环评市场，也难以保证环评的公正性、科学性和客观性，直接损害公共环境利益。

对于当前的规划环评市场，由于评价单位没有资质要求，管理难度更甚，加之环评文件属于审查性质而非项目环评的审批性质，上述情况更为普遍，导致不少规划环评流于形式，收效不甚显著。

（二）行政干预较普遍

行政干预环评审批是影响环境影响评价有效性与公正性的重要因素。受政绩考核指标的影响，行政干预环评审批现象比较普遍，一些地方还比较严重。很多项目的背后推手就是地方政府，有的政府还是项目的投资主体。作为真正的委托人，此类投资主体的目的是尽早拿到环评批文。为此，一些地方政府利用手中的权力对环评审批机关施加影响。由于在任免和财政等方面受制于地方政府，作为公共环境利益的代言人，一些环评审批机关不能客观公正、实事求是，不能以维护公共环境利益为出发点，只能按照政府要求，随意对项目审批“开绿灯”，简化审批手续，缩短审批时间，对某些环评违法行为听之任之，某些时候干脆越级审批，甚至与当地政府一道，应付上级环保部门的检查。在此情况下，环境影响评价难免有失公正和科学，环评“沦为”项目建设前的一道手续，环评批文变成项目建设的“通行证”。某些地方环保部门甚至成为政府的“说客”，到上级环评审批部门及其委托的技术评估中心为其项目游说。其“敬业”精神，令人默然。

（三）监督机制与约束机制不完善

监督和约束机制是否完善也影响着环境影响评价的有效性与公正性。市场一旦缺乏监督和约束就会混乱，导致失序；权力一旦缺乏监督和约束就会滥用，导致腐败。环境资源是公共资源，其产权属于公众，环境保护是一项公益事业，环境管理是重要的社会公共事务管理，其目的也是为了公众的环境权益。但是，作为公共环境资源的拥有者和受用者，公众不能真正参与环境影响评价中，尤其是环评市场中。公众一般不清楚政府—建设单位、建设单位—环评单位、审批部门—环评单位等之间的关系，也不知道环评文件及其技术评估和批复文件的结论，至于环评文件的质量问题，就更不得而知了。尽管大多数环评纳入公众参与，但环境影响内容避重就轻，信息公开不充分，公众参与往往流于形式，成为环评中的一道手续、一项内容，仅此而已。而且，由于《环境影响评价法》及相关法规、条例等未明确环评各方的权责，没有一套有效的约束和责罚机制来规范、制约环评各方的行为，也没有建立环评违法行政问责制，环评违法成本偏低，违法事件比较突出。一些地方政府对环评审批横加干涉，一些审批机关委曲求全，一些环评单位丧失职业道德和责任心，一些相关部门相互利用，加重了环评市场的无序。当权力滥用和市场混乱到一定程度，而又缺乏一套有效的机制去制约和纠正时，环评的公正性和客观性就会偏离，公共环境利益就会受损，环评委托代理关系中的不正当行为就会演变成“潜规则”，危害极其严重。

二、环评单位与审批部门简单脱钩不能从根本上解决上述问题

（一）推进环评单位与审批部门脱钩是必需的

环评单位与环保审批部门脱钩是避免环评市场混乱的前提。不管审批部门是否干预环评招标—竞标市场，隶属环保系统的环评单位拥有天然的竞争优势是不争的事实，这种天然优势总会有意无意影响环评市场的公正性。即使此类环评单位不去

环评市场招标，一些建设单位也会找上门来，主动和他们联系，其结果造成环评市场更加混乱。为规范环评市场，推进环评单位与环保审批部门脱钩是必需的，也是一种必然趋势。

基于上述考虑，将隶属环保部门的环评单位首先结合事业单位改革、改制从其母体中脱离出来，拥有独立的人事关系和财务关系，需更改单位名称和法人，并重新登记注册。如果其资产关系仍然为国有独资应归国资委管理。第二步也可以进行股份合作制改造，变为股份合作制独立法人或者直接实行类似律师事务所的合伙制，变成独立承担民事责任的实体。无论哪种形式，其成立条件必须符合改革后的环评单位资质管理要求。

（二）简单脱钩并不能解决根本问题

脱钩之后，是不是就可以一劳永逸、一蹴而就？其实不然。目前，隶属环保系统的环评单位与审批部门间的确存在“运动员”和“裁判员”的关系，这既是历史形成的，也与当前的机制体制有关，还与其自身的评价优势有关。一般来讲，隶属环保系统的环评单位在专业和人员配备上更有优势。而且，此类环评单位有为政府服务的职能，所以不会过多地为企业利益考虑，不会以获取利润为唯一目的，其评价过程和评价结论更公正、更科学、更客观。再者，这些单位社会责任心更强，更便于监管和追究环评责任。事实上，近年来，此类环评单位帮环保部门“啃”下了不少难啃的“硬骨头”。简单脱钩治标不治本，一是不能从根本上剪断二者长期形成的关系，二是可能挫伤此类环评单位的积极性，降低环境影响评价的质量。必须在环境影响评价的机制体制改革上寻找出路。

（三）推进环评单位与其他相关的审查部门和建设单位脱钩是必要的

相对于隶属于环保部门的环评单位，隶属于某些审查部门和建设单位的环评单位对环境影响评价的不利影响更大。不仅有损环评市场的公正性，还有损环评结论的客观性。

建设单位直接委托，可能影响环评结论的客观公正性。通常情况下，建设单位会委托，甚至以直接下达计划任务的形式安排其下属或相关的环评单位进行环评。如此，这些环评单位更会站在建设单位的立场评价，评价结论难免有失客观、公正。当环评单位、建设单位和审查部门同属某一系统时，环评结论和审查结论往往更欠客观和公正，从近年行业部门的规划环评审查结果可见一斑。从长远看这类单位也会因缺乏严格内部管理和强化技术进步的动力，最后逐渐丧失核心竞争力。因此，比照环保系统环评单位与环保审批部门脱钩的要求，推进这些环评单位与建设单位脱钩也是十分必要的。

环境影响评价的公益性兼社会性呼吁新型的委托代理关系和完善的监督与约束

机制。环境影响评价不同于一般的工程勘查、设计、施工和监理的属性，后者代理方仅对委托的业主方负责，属一般的民事代理关系，而前者具有显著的公益性和社会性，不仅对业主负责，更需对公众负责，对子孙后代负责。因此，解决环境影响评价公正性问题，需要标本兼治、系统统筹。不仅要推动环评单位与相关部门脱钩，更要构建新型的委托代理关系，建立完善的监督和约束机制，从根本上解决问题。

三、建立新型委托代理关系和完善的监督约束机制

（一）成立环评市场管理中立机构

公共环境利益大于部门利益是全球公认的，环境影响评价不仅涉及多方利益，更涉及公共环境利益，环评市场竞争需要一个公平、公正、公开的平台和规则。为构建这种竞争平台，完善这种竞争规则，需要建立多层次、多形式的委托代理关系，多方参与、监督和约束的运行机制。参考公共支出代理理论，借鉴荷兰环评市场经验，建议成立单独的中立机构。该机构既可由环保部门设置，也可由非政府组织（NGO）或其他社会人士组建，但必须服从环保部门的管理，接受环评相关方及公众的监督。

考虑新成立单独的中立机构在机构设置、人事安排、技术支撑等方面面临的困难，近期可以各级评估中心为基础或依托，作为过渡，行使环评市场管理职能（见图 2）。远期可借鉴相关经验，将环评市场管理部门从评估单位独立出来，成立新的中立机构，代理环保部门行使环评市场管理的职能（见图 3）。

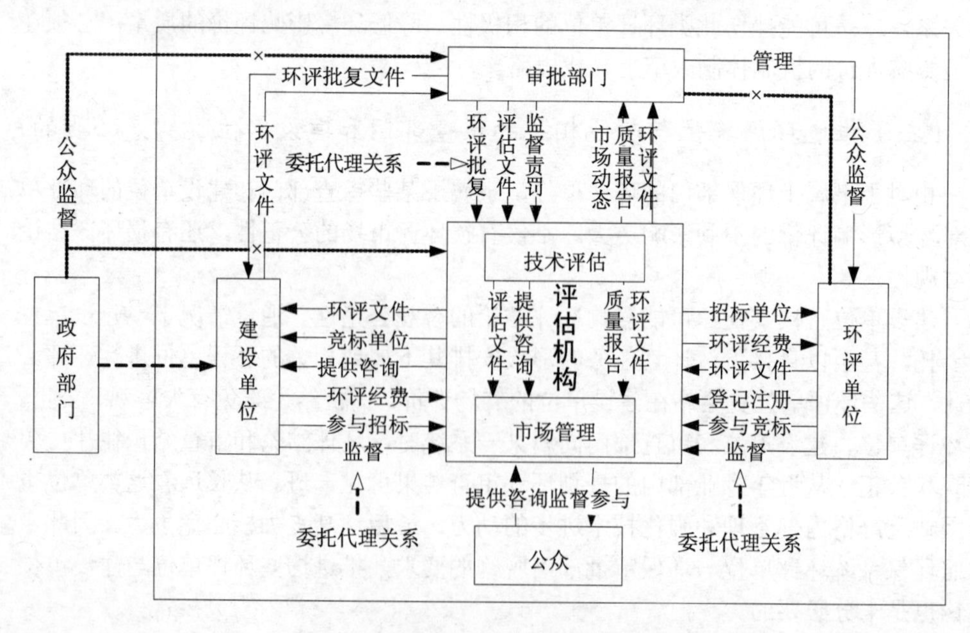

图 2　近期环境影响评价委托代理关系

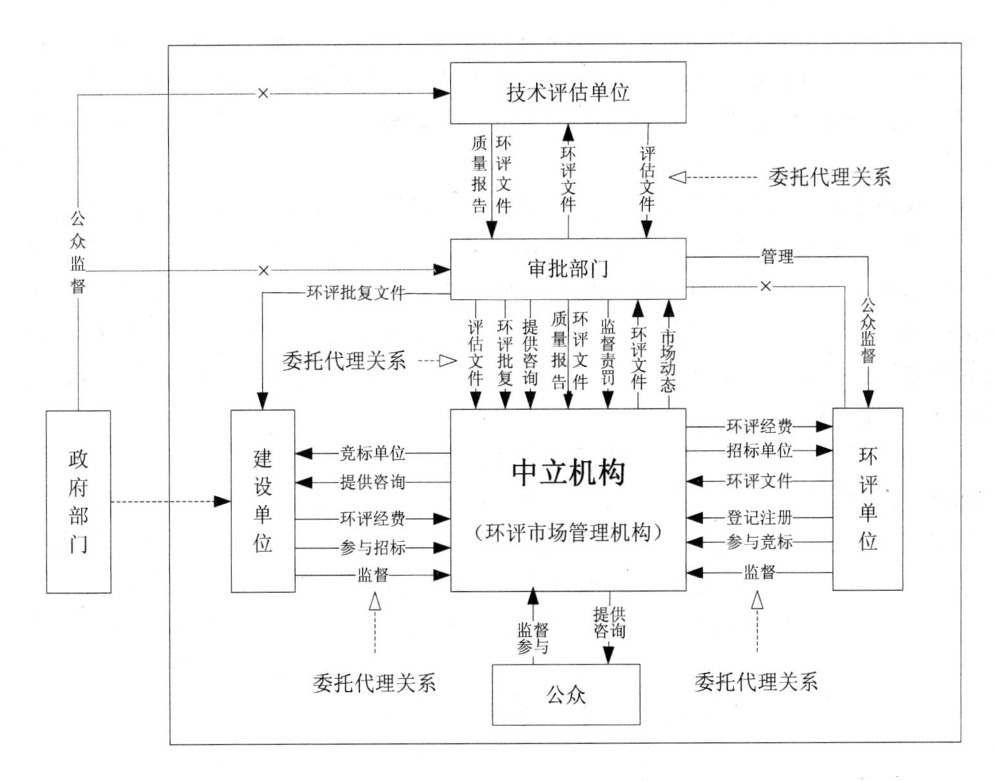

图 3　远期环境影响评价委托代理关系

中立机构应当承担更多更广的责任。成立中立机构有助于完善环评的委托代理机制，弱化或避免带有强烈目标倾向或指令性的委托代理关系，提高环评的公正性。尽管中立机构是环保部门的代理人，但其成员包括非政府组织和公众的代表，且有公开透明的体制，接受多方监督，可有效地减小某些政府部门和环保部门对环评市场的负面影响。建设单位不能再通过环评经费向环评单位提出不合理的要求，而环评单位不再受制于建设单位，可以从环境保护和公众利益角度，科学、客观地评价项目或规划的环境影响。

此外，中立机构为环评各方和公众提供了资源共享与信息交流平台，有助于加强公众参与环境影响评价，有助于提高公众的环保知识与维权意识，有助于加强环评及其队伍的管理，提高环评的公信力。

（二）理顺委托代理关系

1. 近期委托代理关系

根据图 2 所示，环评市场存在四种关系，包括公众—环保部门（审批部门）、审批部门—评估机构（含中立机构）、建设单位—评估机构、评估机构—环评单位。公众委托环保部门进行环境管理；环保部门委托评估机构进行技术评估和环评市场管理，建设单位委托评估机构提供环评竞标对象、提供环境评价经费；评估机构委托环评单位进行环评，同时以环评报告书质量作为判断环评单位是否履约及其评价水平的依据。

公众是公共环境利益的所有者，有享受环境和参与、监督环评的权利。环保部门是公众环境利益的代言人，尽管公众与环保部门之间没有契约，但有一种隐含的委托代理关系。公众“委托”环保部门管理公共环境事务，以维护自身利益。当环保部门因自身原因未能实现这一目标而使公共利益受损时，常会引发环境纠纷，公众借此通过有关部门影响或约束环保部门的行为。作为“委托人”，公众可参与、监督环评整个过程。

环保部门主要行使环境管理职能，需委托评估机构对环评文件进行技术评估，并代理环评市场管理。评估机构可通过环评市场管理及时、准确掌握环评市场动态和环评文件编制质量，并将相关信息提交给环保部门，环保部门可通过评估机构对环评市场不正当的委托代理关系和滥评价、乱评价的行为进行处理和责任追究。

建设单位和评价单位不再直接建立委托代理关系，而分别与评估机构建立委托代理关系，环评单位不再在环评经费上受制于建设单位，可客观、公正评价规划和建设单位的环境影响。不过，将环评市场管理权交与评估机构也会带来负面效应。目前大多评估机构人员并不充裕，兼顾环评市场管理后，技术评估力量就会削弱，同时由于制约因素不够，技术评估和环评市场管理间会有意无意间形成某种默契。从长远来看，这种默契也会对环评的公正性和有效性带来冲击。因此，评估机构行使环评市场管理职能只是暂时的，是一种过渡，也是一个经验积累过程。待时机成熟后，这部分职能就从评估机构脱离出来，由独立的中立机构行使，评估机构主要行使技术评估职能。

2. 远期委托代理关系

图 3 中，环评市场存在五种委托关系。技术评估与环评市场管理两种职能分离，由两类不同的机构行使。环保部门委托中立机构管理环评市场，委托评估单位进行技术评估。

环保部门委托一个独立的中立机构规范、管理环评市场，为建设单位和环评单位提供公平、公正、公开的招标—竞标平台和竞争规则，并通过中立机构建立环评文件、评估文件和审批文件公示与查询系统，建立环评相关方交流与互动平台。同时，环保部门还需委托一个技术评估部门进行技术评估。作为委托人，环保部门需要一个规范、公正的环评市场，需要一个公开透明的交流平台，需要客观、公正的评估报告。作为代理人，中立机构须代表环保部门的利益，代表公众的利益，向其委托人和包括建设单位在内的公众负责。评估部门只需对审批部门负责，其职能主要是提供科学、客观的评估报告及环评文件编制质量的说明。环保部门可通过该说明对相关的环评单位给予奖惩。为保证技术评估的公正性和客观性，建议实行国家财政拨款，评估部门与建设单位和环评单位间不再有经济利益关系。

建设单位需委托中立机构招标环评单位。作为委托人，建设单位当然希望用最少的经费、最短的时间拿到环评批文，但中立机构不必考虑第二个条件，而第一个条件，需通过有关专家进行科学、合理的论证，并将经费预算公示。

中立机构需委托环评单位进行环评。作为委托人，中立机构应要求环评单位提供一份合理的经费预算和科学、客观的环评文件。如果因环评单位自身原因使环评超过规定时限，或环评质量达不到审批部门和评估单位的要求，中立机构可扣除部分环评经费，并减少其竞标的机会。作为代理人，环评单位只需科学、客观评价规划或项目的环境影响即可。

（三）明确中立机构的职能

保证中立机构的公正性、独立性和专业性。中立机构必须是一个独立但精通环境影响评价专业，受环保部门管理的单位，不必受到地方政府的制约。中立机构必须站在一个公平、公正的立场，为建设单位和环评单位提供一个公开透明的招标—竞标平台，其活动经费可由国家财政提供，也可从环评经费中提取一定比例，但开销必须公开透明，接受相关部门的审计和公众的监督。

中立机构涉及四方利益和三种委托代理关系，其职能主要包括：

（1）管理、规范环评市场。提供环评招标—竞标平台，公布招标—竞标过程和结果及环评经费预算概况，并论证经费概算的合理性与可行性。根据竞标结果向建设单位收取环评经费，向环评单位提供环评经费。建设单位的环评经费应一次拨付至中立机构，而中立机构按照合同，根据评估单位出具的环评文件的质量报告和约定时限而决定拨付进度。

（2）负责开展或协助相关部门和单位开展环境影响后评价。根据评价结果评估环评文件的质量，并提出改进建议。

（3）建立监督与信息公开机制。将环评文件报送环评审批部门，公布环评及其技术评估和批复文件，向建设单位、环评单位和公众提供咨询服务。

（4）为建设单位和环评单位提供交流平台。协助建设单位向环评单位提供必要的文件和信息，并协助环保部门对环评单位进行管理。

（四）明确环评各方职责，完善监督与约束机制

监督与约束环评相关方的职责以及有效的责任追究制是规范环评市场和审批机制的关键。如果环评各方职责不明，且没有一套有效的监督与约束机制，即使推进环评单位与相关部门脱钩，成立中立机构，仍不能保证环评市场和环评审批的公正性与客观性，各单位，包括中立机构，可能很快又会形成一种新的利益关系网。一

些招标—竞标可能暗箱操作，不为人知。因此，必须根据新的委托代理关系，明确环评相关方的职责，建立一套完善的监督与约束机制，以及有效的责任追究制，强化公众参与和舆论监管，制约权力部门对环评市场和环评审批的过度干预。

改进后的委托代理关系中，能够监督或保证环评公正性的部门和单位包括政府部门、审批部门、评估单位和中立机构。因此，需有针对性地建立监督与约束机制，减小这些部门和单位对环评公正性的负面影响。

政府部门：对环评的影响主要在审批阶段，包括审批时限和审批结果。如果将环评文件及其质量说明、技术评估报告、审批意见及时公布于众，并加强公众参与和舆论监督，政府对环评的影响力就会大大削弱。另一种途径是加快体制改革，实施环保部门垂直管理，当地方环保部门的任免和财政权等不再受制于地方政府时，后者对环评审批的影响就会进一步降低。

审批部门：作为评估单位和中立机构的委托人，审批部门的权力更大，但责任也更大。审批部门的主要职能是审批和管理，其对评估单位和中立机构的委托代理契约应公示，审批部门对其代理人的影响不得超过契约范围。审批部门对审批文件负责，中立机构和评估单位可通过公示环评文件、评估报告和环评批复来减小审批部门对环评审批的影响。中立机构还可通过公开、透明的招标—竞标方式来减小审批部门对环评市场的约束。

评估单位：主要职能是编写评估报告，提供技术支撑。评估单位要为评估报告的质量和公正性负责。如果评估报告偏离公正、客观，公众可通过其代言人——审批部门对评估单位进行责罚，必要时，交由政府部门处理。

中立机构：作为环评市场的主管者，中立机构与建设单位和环评单位都可能发展成利益共同体。因此，加强对中立机构的监管和约束显得尤为重要。中立机构的流程和经费开支必须透明，必须接受审批部门、建设单位、环评单位和公众的监督与考核。如果环评市场偏离公正，审批部门及有关部门有权对中立机构进行责罚。

近期重点是加强公众监督，将非涉密的规划和项目的环评文件、评估报告和批复文件，以及环评招标、竞标过程与结果公示，减少评估机构对环评市场的负面影响。

四、结语

环评市场的混乱，委托代理关系的失范，行政对环评审批的过度干预、监管与约束机制的缺失或不完善，不仅有损环评的客观性和科学性，还影响环评的公正性，是提高环境影响评价制度有效性的重要障碍。因此，推进环评市场改革，建立新型的委托—代理关系和监督约束机制是必需的、迫切的。近期要推进环评单位与审批部门及具有初审权的部门脱钩，可以各级评估为基础或依托，建立一个相对独立的中立机构，行使环评市场管理职能，远期应建立一个完全独立的中立机构，加强环评市场管理。

【人大代表心声】

全国人大代表　蔡素玉

我认为，环评法最大的问题就是环境评估的工作是由项目发起人来做，因为如果我是这个项目的发起人，我去请一个环评公司来做，这就会使整个环评工作的公正性、公信力大打折扣。一般的环评工作起码要做一年，这是最低的时间限度，如评估对环境、对鸟类的影响，一般都要做四季。但事实上，环境评估报告交给审批单位后，审批单位根本没有时间，也没有资源去审核这个评估是不是客观，是不是正确。

所以，我认为环评最好的做法是效仿欧洲。像在荷兰，环境评估的费用也是由项目发起人出的，但费用要交给一个中立的单位，比如环保部门，或者由社会人士组成的中立机构，由这个机构负责聘请专业的顾问公司来做环境评价工作。这个公司在做环评的时候，它是向政府机构或者中立机构负责，而不是向雇用他们的项目发起人负责，这样做出来的环境评价报告会比较中立，没有偏颇，公信力也会较强。如果有人对这个项目会不会影响环境产生了争议，可以去看环评报告。环评本来是一个非常好的机制，可以使大家减少争论，但是如果是由项目发起人来做的话，就减少了它的公信力。因此，我建议今后修改环评法时，应改由中立机构聘请环评公司来做环评。

（2009 年 2 月）

环境影响评价公众参与存在的主要问题及建议

多金环　步青云

摘　要：公众参与是环境影响评价体系中的重要环节，其工作的真实性、规范性和完整性对于环境影响评价结果的客观性、合理性、科学性具有十分重要的作用。分析了现阶段公众参与存在的主要问题，借鉴国外经验，提出改进公众参与现状的建议。

主题词：公众参与　环境影响评价　问题　建议

公众参与是环境影响评价中的重要内容，公众参与的发展程度，直接体现一个国家环境意识的发展程度，体现着一个国家民主进程和政治文明发育的程度。公众参与的目的是使项目得到公众充分认可，并将公众的各种意见和看法体现在公众参与的结论中。作为一种协调工程建设和社会影响的手段，公众参与有助于增加项目的环境合理性，弥补环评中可能存在的遗漏和疏忽，使环评结果更客观有效；有助于增强决策者的环境保护风险意识，帮助政府实现科学决策；有助于提高公众的环境保护意识，建立和完善公众参与机制；有助于增加项目污染防治措施的合理性、可操作性，促使污染防治措施落实，使环境影响评价逐渐从单纯污染型走向生态型和社会型。因此，公众参与能使项目设计更趋于完善、合理，从而最大限度地实现其综合效益和长远利益。

一、公众参与的发展现状

（一）国外环境立法中公众参与的规定

1969年，美国《国家环境政策法》在立法上最早确立了环境影响评价制度的公众参与原则。该法规定联邦政府的所有机构的立法建议和其他重大联邦行动建议，在决策之前要进行环境影响评价，编制环境影响评价报告书而且将征求公众意见，将公众评议作为编制环境影响评价报告的一个必经程序和内容。日本《环境基本法》中将公众参与定为基本原则，规定了公众参与环评的听证程序和监督程序。加拿大《环评法》规定“政府鼓励并促进公众参与由政府批准或协助实施项目的环评”，并且“确保公众参与环评”。目前，以加拿大、美国为代表的西方工业化国家，其公众参与的程序和规则通常是：通过新闻媒介（报纸、电台、电视台）或张贴广告，发布拟建项目的厂址、内容，让公众了解建设项目的情况；新闻媒介发布公众听证会的时间和地点，请公众参加；通过公众听证会，听取公众的意见，并进行答辩；在环境影响报告书中，设专章论述公众的意见（包括听证会的记录）。可见，西方国家实施公众参与的鲜明特点是信息透明和决策民主，公众不仅享有充分的知情权，而且在环境影响评价的各个阶段都可以参与其中，参与程序也比较健全。

（二）我国环境立法中公众参与的有关规定

1973 年，我国开始引入环境影响评价概念，并于 1979 年确定和推行环境影响评价法律制度。2002 年 10 月颁布的《环境影响评价法》，首次以法律形式明确了规划和项目的环境影响评价应当征求有关单位、专家和公众的意见，并在环境影响报告书中附具对有关单位、专家和公众的意见采纳或者不采纳的说明。但在实践中，《环境影响评价法》的公众参与规定过于原则，特别是没有明确公众在环评程序中的环境知情权。2006 年 2 月原国家环境保护总局发布的《环境影响评价公众参与暂行办法》（以下简称《暂行办法》）明确了建设单位或者其委托的环境影响评价机构在编制环境影响报告书的过程中，应当公开有关环境影响评价的信息，征求公众的意见。这标志着环境保护领域的公众参与又向前迈进了重要的一步。

二、环境影响评价公众参与存在的主要问题

环境影响评价公众参与在环境保护工作中发挥了很大作用，但在规范性、代表性、真实性、针对性等方面仍有欠缺。

（一）参与对象缺乏代表性和广泛性

《暂行办法》规定公众必须包括“受建设项目影响的公民、法人或者其他组织的代表”。实际工作中，随意发放调查表凑数、回避主要敏感目标公众、缩小参与对象范围等现象较为普遍，参与对象可能缺少主要环境敏感点的受影响人群、居委会、工会、周边企事业单位、环保社团、下游饮用地下水居民、下游自来水厂与城市政府、存在环境风险的化学品输送管线沿线居民以及间接影响对象等，从受影响的环境利益角度看，参与对象缺乏代表性；从参与对象的专业知识水平、对环保的认知程度、受影响的地域范围以及参与的过程看，参与对象缺乏广泛性。

（二）信息公开缺乏客观性和真实性

虽然《暂行办法》规定了信息公开的基本内容，但在实际操作时往往存在项目基本情况介绍重点不突出、项目污染特点及区域环境问题不突出、主要环境影响的程度与范围不全甚至重大污染因素缺失、夸大污染防治措施效果、美化环评结论、有意回避项目的敏感问题和环境风险等现象。公开的信息中往往以达标排放来掩盖

不利的环境影响、以专业术语误导公众，这种信息不对称和对环保的认知程度不一导致公众的知情权受到严重损害。

建设项目环境影响报告书经技术评估后，有可能发生重大变更，导致厂址、卫生防护距离、路由、治理措施、拆迁安置范围、环境影响程度与范围等发生明显变化，由于没有硬性的规定，建设单位或环评单位一般不会再次进行环境信息公开，由此形成了公众知情的盲区。

除此之外，公众获得信息的途径有限已影响到公众参与的效果。目前，建设单位多采用张贴公告、登报或网络公告等方式进行项目信息公告，但效果十分有限，因张贴公示地点、报纸和网站的覆盖范围等导致经济欠发达地区受影响公众无法获得项目信息。

（三）征求公众意见方式与内容缺乏针对性

在《暂行办法》规定的五种征求公众意见方式中，目前实际中几乎均采用操作简单、成本低的发放调查表方式，其他方式如媒体公示等方法极少采用；调查表征求意见的内容大多是问答或判断题，普遍存在项目的环境影响描述轻描淡写、避重就轻、有意回避敏感问题等现象；如对存在恶臭、噪声、电磁影响、粉尘等影响的扰民工程，不是用通俗易懂的语言明确影响范围和程度，而是用达标排放来误导受影响公众。方式与内容均缺乏针对性，如不辅以论证会、座谈会或听证会等方式，对于涉及重大技术问题、社会矛盾突出、环境影响显著的建设项目，这种流于形式的公众参与方式将会掩盖许多问题，激化矛盾，甚至可能引起社会动荡。

（四）公众意见缺乏分析与采纳

目前针对公众意见的采纳，尤其是针对反对意见或有条件赞成等普遍存在敷衍了事的现象，首先对于公众意见的真实性与合理性缺少分析，其次由于听证会、座谈会等方式很少采用，在一定程度上削弱了建设单位、评价单位、环保部门与公众的交流深度。大多数项目对公众意见处理草率，没有说明公众意见采纳或不采纳原因、如何采纳及应对措施等，对真正切中要害的意见本能地加以回避，基本上当成公式化操作，完成任务了事，从而使公众参与的效力大打折扣。

（五）公众的参与意识不够

受专业知识水平、认知程度的局限和外界影响，公众参与环境影响评价的意识还不够，在调查对建设项目所持态度时往往会出现下面三种情况。

（1）坚决反对。对建设项目不管是否有危害，不论危害大小以及拟建方是否对危害采取防治措施，始终持抵制态度，不同意任何项目在自家周围建设，拒绝签署意见。

（2）违心签署。不知道环境影响评价工作中公众参与这项工作，认为政府部门或中介技术服务机构人员来调查征询，只能说好，服从或顾及拟建方是朋友邻里关系，不便透露真实想法，违心签署同意意见。

（3）不闻不问。对公众参与项目环评存在事不关己、多一事不如少一事的心理，只要不影响到自己，便不参与其中，既不反对也不同意，持无所谓态度。

三、公众参与存在问题的主要原因

（1）公众环保意识和知识欠缺。环境意识是人们参与环境保护的自觉性。我国普通民众对法律法规赋予自己的权利和义务认识不足，维护自己合法权益的主动性不够，特别是广大农村和欠发达地区。普通公众很难完全了解和理解不同的行业特征及其复杂的环境问题，即使给予他们机会也不能完全正确地表达自己的意见。

（2）公众权利的法律保障不够。目前我国法律法规关于公众参与的立法规定过于原则和抽象，未明确公众在环境活动中应有的地位，因此对公民的环境权、知情权、监督权等权利的规定具有不明确性；公众参与的调查方式未制度化，信息双向交流和反馈较弱；另外，缺乏有关公众参与严密的保障体系，如建设单位若不考虑公众意见应当承担何种法律责任、环评单位误导公众将受到何种处罚、公众参与环境影响评价制度不具备可诉性等。

（3）公众参与的经济力量薄弱。在流于形式的大前提下，建设者不愿意投入必要的人力和财力进行公众参与。没有必要的投入，环境保护乃至公众参与都是无本之木。

可以看出，先进的公众参与体系是建立在公众具有高度的环保意识和民主意识以及发达的物质条件基础之上的。

四、加强公众参与的建议

（一）尽快颁布公众参与导则，推进环境影响评价公众参与

目前环境影响评价公众参与范围、对象、信息公开、征求公众意见方式与内容以及公众意见采纳等诸多方面比较笼统，没有明确的规定，缺乏针对性，实际操作中无据可依、应尽快颁布公众参与导则来规范环境影响评价公众参与；根据项目和环境特征，综合分析可能受影响的公众、感兴趣的组织和社区团体等，明确不同行业或不同影响程度公众调查的范围，合理确定公众调查数量，结合受影响程度、不同教育水平等，确定实际调查公众，尤其要关注弱势群体，在可能的情况下，可由所在村镇或单位自行推举代表。对于环境影响大、社会影响广的敏感项目，公众参与范围应扩大至流域、海域的邻近省市或全国。

（二）强化环境信息的透明度和真实性

从信息的客观性、准确性和全面性等方面进行规范，信息公布不应是建设单位

或环评单位的个体行为，信息公开的形式和内容应为强制性规范要求，因地制宜、因人制宜地采取最适宜的方式，除涉及国家机密或者商业秘密的环境信息外，其他涉及环境保护的信息应向公众公开；项目发生变化时，信息公开应重新进行并相应调整公开范围。建议明确规定有关发布公告、发放印刷品以及其他公开信息方式的注意事项或要点、公布环评报告书简本的内容、阶段与要求等，增加信息公开的便利性和广泛性。

对于夸大污染防治措施效果、美化环评结论、有意回避项目的敏感问题和环境风险、掩盖环境影响、误导公众等损害公众知情权的行为，加强监督与惩处。

（三）完善征求意见方式与内容

针对不同污染类型与环境问题的项目，应该有繁有简，明确采用不同征求意见的方式，也可规定发放调查表方式为基本和必需的方式；除此之外，还应有针对性选取其他方式，如在发放调查表过程中若有较大比例的反对意见，应增加座谈会或听证会等方式；涉及居民投诉、存在扰民可能的或公众意见不统一时采用座谈会或听证会方式；涉及项目污染因子较复杂或重要敏感区时采用论证会方式；项目影响范围很大、社会影响广、环境问题多，应针对不同问题分别采用咨询专家意见、论证会、座谈会、听证会等多种方式等。

针对目前普遍采用的征求个人意见方式，应充分重视相关村委会、人民政府、周边企事业单位、项目所在地环保社团等单位的意见。

对于征求的公众意见应按类别进行归类与统计分析，并在归类分析的基础上进行综合评述。对公众所提意见应回应采纳或不采纳，并说明理由。

（四）切实保障公众参与的效力

明确建设单位与评价单位有向提出意见的公众反馈意见处理情况的义务，规定反馈意见的具体方式、具体程序及后续处理等，以加强双向交流与反馈。明确对敷衍了事、操纵结果等行为的惩处办法。

建议明确规定涉及公众参与权利受到侵害时的救济权、建设单位如不考虑公众意见应当承担何种法律责任等，保障公众参与的效力。

（五）强化公众参与意识

培养公众参与意识是一个长期的过程，并与他们的法制观念、思想文化素质等有紧密联系。应通过多渠道的广泛宣传，提高公众对环境的关注和了解程度，真正用科学的公正的眼光看待环评和自己的权利。

（2009 年 12 月）

我国煤炭资源富集区现有开发模式存在的主要问题及其对策建议
——以锡林郭勒盟为例*

耿海清　陈　帆　刘　杰　安祥华　蔡斌彬

摘　要：近年来我国煤炭资源富集区的开发力度空前加大，目前已经初步形成了煤炭—火电—煤化工一体化开发的态势。然而，煤炭资源富集区大多生态脆弱，水资源短缺，这一开发模式与区域主导生态功能存在尖锐冲突。重点剖析了内蒙古锡林郭勒盟煤、电、煤化工发展中存在的问题，认为突出表现在以下几个方面，即现有开发模式的可持续性较差，生态和景观破坏严重，水资源供需矛盾突出，生态建设具有盲目性。要实现资源开发与生态保护的协调发展，就必须调整区域开发模式，控制资源开发范围，加大生态建设投入，并探索适用的生态建设模式。从长远来看，要实现煤炭资源富集区的可持续发展，应通过国土规划明确区域功能定位，建立规范的生态补偿机制，编制综合性区域开发规划，并加强矿区生态恢复技术研究。

主题词：煤炭　开发模式　对策建议　锡林郭勒盟

我国是世界上煤炭剩余可采储量超过千亿吨的 3 个煤炭大国之一，根据英国石油公司的能源统计数据，2005 年中国煤炭剩余可采储量为 1 145 亿 t，位居美国和俄罗斯之后，居世界第三位，占世界总储量的 20.75%。与煤炭相比，我国石油和天然气储量较小，仅占世界总储量的 1.50%和 1.12%，人均占有量更是远远低于世界平均水平。这一能源赋存特征，决定了煤炭在能源生产和消费结构中将长期处于主导地位。近年来，随着工业化和城市化进程的加快，我国能源需求增长迅猛，2008 年煤炭消费量达到了 27.93 亿 t，原油消费量 3.6 亿 t，天然气消费量 807 亿 m^3，电力消费量 34 502 亿 kW·h，分别比 2000 年增长了 120%、60%、229%和 156%。在能源需求迅速增加的态势下，我国石油和天然气生产量已经不能满足消费需求，形成了持续进口的局面，特别是石油的进口依存度已经超过了 50%。在这一背景下，为了满足经济增长的能源需求，保障经济安全，近年来我国煤炭开发力度明显加大，并且在煤炭资源富集区出现了火电、煤化工等下游产业集群式发展的新特点。

* 本报告为环境保护部环保公益性行业科研专项项目（课题编号：200809072）成果之一。

一、煤炭富集区以煤为核心的能源重化工开发模式已经形成

计划经济时期，行业主管部门在资源配置中具有关键作用，煤炭开采、火电、煤化工等分属不同的行业主管部门，产业上下游生产环节在区域和企业之间处于分离状态，不同部门的产需衔接主要依靠计划调控。在行政管制下，煤炭企业的活动被严格限制在煤炭开采和洗选两个方面，电力企业的主要业务是电源点建设和维护，煤化工基本上没有发展起来，但也属于较为独立的生产领域。改革开放后，这种上下游之间缺乏有机衔接的产业模式越来越不适应市场经济的要求，不仅严重阻碍了资源的合理流动和配置，而且束缚了企业的活力。随着企业市场主体地位的确立和股份制改革的深入，为了降低成本，追求最大利润，近年来，传统煤炭企业和电力企业纷纷向上下游业务领域渗透和延伸，并把煤化工作为重要发展方向。例如，传统煤炭企业神华集团目前电力装机容量已达 21 680 MW，并且建成了我国首个煤炭直接液化示范工程；传统电力企业大唐国际发电股份有限公司正在内蒙古锡林郭勒盟建设规模达 3 000 万 t/a 的露天煤矿，以便为其在克什克腾旗建设的电厂和煤化工项目提供原料。与此同时，煤炭资源丰富的地区，为了变资源优势为产业优势和经济优势，也改变了过去单纯输出资源的发展模式，而是积极鼓励企业延长产业链条，增加产品的附加值。内蒙古已查明煤炭资源储量达 7 016 亿 t，居全国第一位，为改变单纯输出资源的被动局面，政府出台了《关于进一步完善煤炭资源管理的意见》，提出了煤炭资源就地转化率必须超过 60%的硬性要求。而国家出台的相关政策，也在鼓励煤炭资源富集区大力发展火电和煤化工，缓解交通运输压力。因此，近年来在煤炭资源富集区，普遍出现了以煤炭开采为主导，下游和关联产业集群式发展的新特点。如图 1 所示，其基本开发模式是，首先，立足于煤炭开采和洗选业，大力发展火电和煤化工。其次，利用煤炭洗选和火力发电产生的煤矸石、灰渣等，用于发展煤矸石制砖和制水泥等建材项目。最后，利用矿区廉价和充足的电力，发展高载能工业；利用煤化工项目生产的初级产品，进一步向下游延伸，发展精细化工；立足建材工业，发展基础设施和房地产。

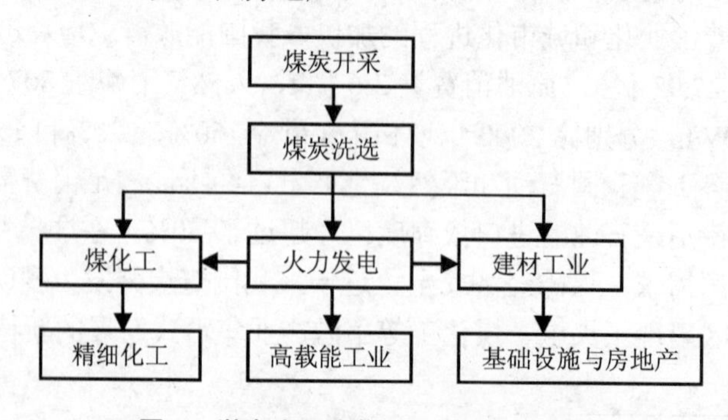

图 1　煤炭资源富集区的基本开发模式

二、我国煤炭富集区现有开发模式面临的主要问题

目前在空间上较为集中的煤炭、火电、煤化工一体化开发模式，虽然可以节省运输成本，发挥集聚效益，但也存在以下三个方面的突出问题。首先，从产业结构演变的角度来看，无论是煤炭开采、火电还是煤化工，均位于价值链低端，在区际贸易中处于不利地位。以这些产业为主导的发展模式一旦确立，就会形成“路径依赖”，按照既有惯性不断强化，甚至导致区域产业结构畸形。例如，在新中国成立前，经日伪政权的多年殖民统治，东北地区形成了以能矿资源开发为主的产业结构。新中国成立后，考虑到当时东北三省的重工业基础较好，中央政府又安排了大量原苏联援建的工业项目，从而进一步强化了东北地区作为我国能源、原材料工业基地的地位，形成了过度依赖重工业的畸形产业结构，为后来“东北问题”的出现埋下了隐患。我国煤炭资源富集区煤、电、煤化工在短期内的快速发展，势必催生一批矿业城市，如果在发展初期不重视产业结构多样性和均衡性对地区经济长远发展的重大意义，极有可能在几十年后重蹈东北地区的覆辙。其次，我国近 90%的煤炭资源分布在大陆性干旱、半干旱气候带，这些地区植被覆盖率较低，水土流失和土地荒漠化十分严重。通过与《全国生态功能区划》对比，可以看出，我国的煤炭资源富集区主要分布在防风固沙生态功能区和土壤保持生态功能区内，煤炭开发中的地表沉陷和土地挖损，均会直接影响所在区域的主导生态功能。最后，火电和煤化工均属于高耗水行业，而我国煤炭资源与水资源呈逆向分布，约 70%的矿区缺水，40%的矿区严重缺水。火电和煤化工的密集发展，势必挤占生态用水和生活用水，使区域水资源供需矛盾更加突出。总体而言，我国煤炭资源富集区的生态环境压力十分突出，而现有开发模式具有极强的刚性和惯性。从长期来看，不仅资源开发和生态保护的矛盾难以协调，二者的关系还有进一步恶化的趋势。

三、锡林郭勒盟煤、电、煤化工开发存在的问题及其对策分析

锡林郭勒盟位于内蒙古自治区中部，面积 20.3 万 km^2，拥有优质天然草场面积 18 万 km^2，是我国北部重要的生态屏障。同时，锡林郭勒盟也是内蒙古自治区除鄂尔多斯市外最主要的煤炭资源富集区，煤质以中灰、低硫、低磷的侏罗系褐煤为主，且煤层具有埋藏浅、厚度大、地质构造简单等特点，非常适合露天开采或建设大型现代化矿井。近年来随着我国能源开发热潮的兴起，开发力度急剧加大。

（一）锡林郭勒盟煤、电、煤化工发展现状及其规划目标

褐煤具有热值低、挥发分和含水量高的特点，因而不宜长途运输，适合就地转化，变输煤为输电和输油。锡林郭勒盟褐煤资源储量居全国第一位，高达 2 500 亿 t。尽管储量丰富，但一直没有进行大规模开发，2005 年原煤产量仅 694 万 t。2005 年

之后，锡林郭勒盟的能源开发迅速升温，先后规划了白音华矿区、胜利矿区、五间房矿区等多个国家级大型矿区。同时，为了满足内蒙古自治区政府关于煤炭资源就地转化率必须达到 60%的指标要求，明确将煤炭、火电、煤化工一体化开发作为资源开发的基本模式。各大型矿区基本上都规划了电厂和煤化工项目，形成了特征鲜明的煤炭—火电—煤化工上下游一体化开发的态势。在这一开发模式的指导下，煤炭产量和发电量迅速增长，在短短的 6 年时间内，已分别由 2002 年的 153 万 t 和 3.9 亿 kW·h 增加到了 2008 年的 4 666 万 t 和 179.2 亿 kW·h。煤化工项目也在加紧建设，由大唐国际发电股份有限公司投资 180 亿元建设的大唐国际多伦煤基烯烃项目，年内即可达到试生产条件。白音华褐煤干燥项目、锡林浩特国能褐煤干燥项目等也即将建成。2009 年 1—3 月，锡林郭勒盟工业重点项目完成投资 29.5 亿元，其中火电和煤化工所占比例高达 72.6%，已经成为锡林郭勒盟工业投资的主导力量。

《锡林郭勒盟国民经济和社会发展“十一五”规划纲要》明确提出了培育以煤为原料的煤、电、煤化工产业集群的发展目标，到 2010 年，将建成亿吨级煤炭基地，火电装机容量 9 000 MW 以上，煤化工及下游系列产品 500 万 t 左右，成为国家级的能源基地和内蒙古自治区重要的化工基地。根据已经完成的矿区总体规划环境影响评价报告所反映的内容，锡林郭勒盟远期规划煤炭产量近 3 亿 t，火电装机容量超过 25 000 MW。为配合矿区开发，需要建设的矿区铁路支线和专用线长度超过 1 500 km。规划的主要矿区及火电、煤化工项目、铁路线分布情况见图 2。如果规划能够完全实施，锡林郭勒盟的社会、经济及生态格局都将发生深刻变化。

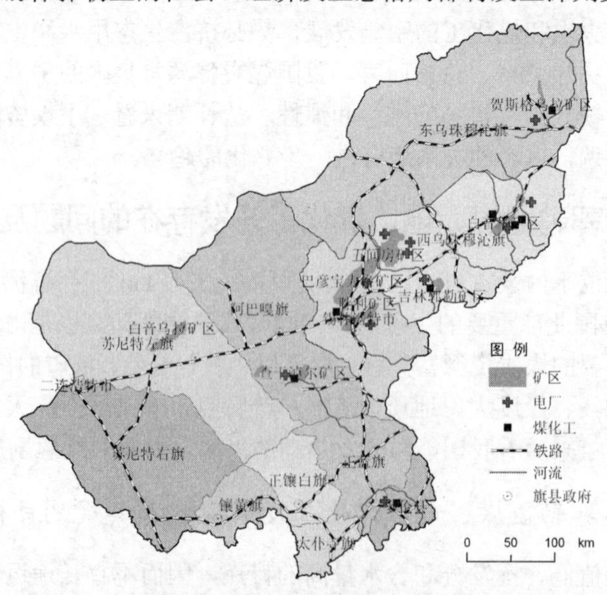

图 2 锡林郭勒盟煤、电、煤化工规划基本情况

（资料来源：已完成的矿区规划环评报告）

（二）锡林郭勒盟现有开发模式存在的主要问题

1. 可持续性较差

出于变资源优势为经济优势，提高收入水平的考虑，当地政府在煤炭开发上的主导思想就是尽量延长产业链，增加产品的附加值。因此，煤炭、火电、煤化工上下游一体化开发，以及利用富余和低价电力发展高载能工业，基本上是各个矿区的统一开发模式。目前已经完成规划环评的 8 个矿区，除白音乌拉矿区受水资源制约提出煤炭全部外运外，其他矿区均规划了配套火电和煤化工项目，并且煤化工项目主要为褐煤干燥、煤制甲醇、煤基二甲醚和煤制烯烃，产业结构高度雷同。这种围绕煤炭开发建立起来的产业体系，上下游之间环环相扣，在结构上具有极强的刚性和惯性，一旦形成，就只能沿着高耗能、高耗水、重污染的发展路径继续向下游延伸。如果进而在全国产业分工格局中被打上能源重化工基地的烙印，其产业结构的调整就更加困难。从另一方面来讲，这种高度依赖能源重化工的产业体系，抵抗外部风险的能力也较弱，一旦电力和煤化工产品销路不畅或价格波动，区域经济就会受到严重冲击。此外，在煤、电、煤化工一体化开发模式下，工矿景观将取代矿区原有的天然草原景观，区域产业结构将发生质的变化，当地牧民的传统生产、生活方式也将受到强烈冲击，整个区域的社会经济系统将被彻底改变，而当地政府对此并没有给予高度重视。

2. 生态和景观破坏严重

在《全国生态功能区划》的三级分区中，锡林郭勒盟主要位于锡林郭勒典型草原防风固沙三级功能区和浑善达克沙地防风固沙三级功能区内，生态保护的主要方向是加强植被恢复和保护，防止草场退化和土地沙化。然而，无论是煤炭的露天还是井工开采，均会直接造成地表植被破坏，加剧水土流失。在锡林郭勒盟已完成规划环评的 8 个矿区中，共包括 53 个煤矿，总面积达 3 164 km^2，如果加上各类生产、生活及基础设施占地，对草原的直接扰动面积将成倍增加。锡林郭勒盟草原国家级自然保护区，代表了内蒙古高原典型草原生态系统的结构和过程，保护对象有草甸草原、典型草原、沙地疏林草原及河谷湿地等众多典型生态类型。然而，由于保护区内煤炭资源丰富，现在已经被调整得支离破碎，面积比最初划定时缩小了 46.2%。主要为胜利矿区煤炭外运服务的锡—桑—蓝铁路，更是由北向南纵穿保护区。根据规划，锡林郭勒盟为配合煤炭开发而规划建设的矿区铁路支线和铁路专用线总长度超过了 1 500 km，再加上矿区公路，将使区域生境进一步破碎化。为保证矿区的防洪排涝及用水需求，白音华矿区、赫斯格乌拉矿区、吉林郭勒矿区等均需对所在区域的河流进行改道，并截流修建水库，必然对区域生态系统功能和生态格局造成显著影响。此外，锡林郭勒盟主要为草原景观，地势平坦，众多的煤矿和道路建设后，区域景观格局将发生明显改变，旅游开发价值将大为降低。例如，胜利矿区距离锡林浩特市不足 10 km，目前已经对城市景观造成显著影响。站在著名的旅游景点锡林浩特市敖包山上，胜利矿区的采掘场和排土场一览无余，以往草原景观所能带来的美感已经不复存在。

3．水资源供需矛盾突出

锡林郭勒盟年均降雨量不足 300 mm，而蒸发量高达 1 500～2 700 mm，地表水体以季节性河流和淖尔为主，水资源严重不足。为了满足火电和煤化工发展的用水需求，许多矿区都提出了拦截附近河流修建水库进行取水的设想。例如，在白音华矿区总体规划中，提出对矿区西部的高力罕河进行截流，修建库容为 3 875 万 m^3 的高力罕水库，每年向白音华矿区提供 1 170 万 m^3 的水资源。尽管如此，也只能满足一期 4 台 600 MW 机组的用水需求，其他规划项目的用水尚无保证。巴彦宝力格矿区虽然也规划了火电和煤化工项目，但矿区及附近并无任何地表水体，水源根本无法落实。因此，水资源不足是制约锡林郭勒盟能源、化工发展的主要瓶颈，如果这一问题得不到解决，许多矿区的规划目标将难以实现。如果继续大量取用地表水或者地下水，则极有可能诱发草场的大面积退化，造成生态灾难。高力罕河全长 288.7 km，流域面积 3 377.16 km^2，当水库建成后，占流域面积 42%的地面水将被水库控制，下游湿地面积必将明显萎缩，农牧民的生产和生活用水也将不可避免地受到影响。其他如查干淖尔矿区、赫斯格乌拉矿区、五间房矿区等都存在同样的问题。据不完全统计，各矿区的规划取水总量超过 1.3 亿 m^3/a，而 2009 年锡林郭勒盟的地表水可利用总量仅 3.99 亿 m^3/a，规划实施将使区域水资源供需矛盾更加突出。

4．生态恢复和建设具有盲目性

锡林郭勒盟的大规模煤炭开发才刚刚开始，而对于草原生态脆弱地区地表沉陷区、挖损区、排土场的生态恢复工艺，目前国内还没有系统的研究。特别是对于露天矿所开展的生态恢复工作，基本上都是照搬晋陕蒙地区露天矿的生态恢复工艺，对于在本地区是否适用，尚存在较大的不确定性。经初步分析，有几个方面可能已经走入误区，需要认真研究。首先，对于露天矿的外排土场，一般根据设计规范设计成阶梯状，边坡角确定为 20°左右。然而，锡林郭勒盟地势平坦，采用常规设计方式必然会造成排土场与周围草原在景观上的不协调，同时也不利于水土保持。其次，在排土场生态恢复模式上，普遍提出以草本植物为主，皆有乔木和灌木的立体绿化模式，且所用物种大部分为非地带性的外来物种。这种绿化模式不仅维护费用极高，而且能否发展成为不需人工干预的永久性植被，尚难预料。此外，现有的生态恢复方案普遍提出，在采掘场和排土场外围、工业场地及道路两旁，均要大量种植乔木，更是违背了当地的水文条件和气候条件。目前，许多露天矿已经在按照上述模式进行生态恢复和建设，一些问题也开始暴露，如果不能及时调整，可能导致生态的进一步退化。

（三）对策建议

1. 调整区域开发模式

资源开发模式要与当地的资源环境条件相适应，否则，不仅难以达到预期的经济效益，还会付出较大的环境代价。为此，就应该放弃一直坚持的必须进行煤炭就地转化的惯性思维，而是严格按照区域资源环境承载能力来确定后续产业发展方向及其规模。就锡林郭勒盟而言，制约煤炭是否能够就地转化以及转化率高低的主要因素是水资源。因此，当前迫切需要开展全盟水资源承载力研究，摸清可利用水资源总量及其空间分布情况，在此基础上，本着“以水定产”的原则，确定下游产业的布局和发展规模。从总体上看，在水资源相对丰富的赫斯格乌拉矿区、白音华矿区、查干淖尔矿区等地，可根据水资源承载能力适当发展火电和煤化工，而对于水资源较为匮乏的白音乌拉矿区、巴彦宝力格矿区、五间房矿区等地，应主要以煤炭输出为主。在开发主体上，应尽量做到一个矿区一个开发主体，避免多头开发可能带来的混乱。在区域空间结构上，应充分考虑能源工业在锡林郭勒盟工业化和城镇化进程中的主导地位，选择区位条件好、发展潜力大的城镇重点培育，使其发挥增长极的作用。从目前来看，因煤炭开发及交通基础设施建设而发展潜力明显增强的城镇主要有锡林浩特市、西乌珠穆沁旗、正蓝旗等。这些节点有望成为锡林郭勒盟未来集聚人口和产业的主要场所。对于锡林郭勒盟实现“以工代牧”、提升产业层次、实现生态移民等战略目标将起到重要作用，需要提前统筹规划，并加以重点培育。

2. 控制资源开发范围

据不完全统计，目前锡林郭勒盟已编制完成总体规划的矿区至少有 11 个，一些新近探明储量的矿区也在陆续编制总体规划。现有矿区几乎都提出要配套建设坑口电站和煤化工园区，已经形成了“遍地开花”式的煤、电、煤化工开发格局。加上连接矿区和主要城镇的铁路专用线、矿区公路、各类管线等基础设施，对草原生态系统的扰动面积将成倍增加。从协调资源开发和草原保护的角度出发，已经到了不得不考虑控制煤炭开发范围的时候了。例如，在白音华矿区总体规划中，不仅包括 4 个大型露天矿，而且将后备区初步划分为 13 个井田。之所以选择最先开采露天矿，主要原因是所在区域煤层埋藏浅，开采成本低，能够尽快产生经济效益。然而，如果从生态保护的角度来看，井工矿对地表植被的破坏要远远小于露天矿。因此，如果提前对白音华矿区规划的井工矿进行开采，从而替代其他规模较小的矿区，就可以大大缩小生态破坏范围。相反，白音乌拉矿区面积 302 km^2，而最终开发规模仅 2 500 万 t/a，且主采煤层的硫、砷、氟等有害元素含量明显偏高，矿区开发也没有地表水源保证。赫斯格乌拉矿区，规划面积 121.79 km^2，仅有两个煤矿，最终规模 1 620 万 t/a，但所在区域生态敏感，且北部与贺斯格淖尔自治区级湿地自然保护区的核心区重叠面积达 7.56 km^2。尽管可以调整开采边界，但必然会减少相邻湿地的水量，对其功能产生影响。从目前掌握的资料来看，类似矿区还有赛汗高毕矿区、黑城子矿区、特根招矿区等，这些矿区的规模更小，均只有300万t/a。对于此类环境成本偏高，而经济效益较小的矿区，应考虑暂不开发，转而加大对资源条件好的矿区的开发力度。

3. 加大生态建设投入

锡林郭勒盟虽然是我国北部重要的生态屏障，但受经济发展水平制约，税源单一，财政收入长期依靠牧业税和畜牧产品企业所得税，在国家取消牧业税后，财政收入更加紧张，而国家在生态建设方面的转移支付基本上是“杯水车薪”。例如，2008年国家在锡林郭勒盟共投入沙源治理建设资金2.33亿元，安排沙源治理任务228.3万亩，亩均仅102元。以这样的投入强度，难以解决根本问题。因此，在上级政府以GDP为导向的绩效考核机制和当地农牧民迫切需要提高收入水平的双重压力下，政府部门往往不得不把见效最快的矿业开发作为优先发展项目。锡林郭勒盟作为具有全国意义的生态功能保护区，其保护和建设所需费用，显然应该由所有享有其提供的产品和生态服务的地区共同承担。目前，在国家还没有建立相关长效机制的情况下，应该适当加大对锡林郭勒盟的财政转移支付力度，切实提高当地的生态保护和建设水平。

4. 探索生态建设模式

锡林郭勒盟目前所采用的生态恢复模式，与当地的自然和气候条件是不相适应的，长期下去不仅维护费用惊人，而且在闭矿后，很可能发生生态环境突然恶化的情况，甚至产生生态灾难。因此，应尽快研究适合本区域的露天矿生态恢复技术。从目前来看，有三个方面的问题值得认真考虑。首先，本区域地广人稀，征地成本较低，考虑到与草原景观的协调性，露天矿边坡可适当放缓，并在形态上进行一些设计，使其与周围地貌尽量协调。这样不仅可减轻对草原景观的破坏，而且有利于水分的保持和植被的生长。其次，在物种配置上，应主要选用当地原生物种，少用非地带性的乔木和灌木。生态建设的目的，应该是通过初期的人工维护和诱导，最终使人工生态系统向可自我维持和演化的自然生态系统转变。最后，考虑到铁路专用线和矿区公路建设的工程量较大，可能使区域生态严重破碎化，道路选线应尽量避让生态敏感区，必要时应增设便于物种基因交流的廊道。从目前来看，这一问题基本上是被忽略了。

四、在煤炭富集区进行煤、电、煤化工开发的对策建议

我国的煤炭资源主要集中分布在晋陕蒙接壤区、内蒙古东部、新疆、安徽及云贵川接壤区，这些地区的生态环境都比较脆弱。在大规模的煤、电、煤化工一体化开发模式下，无论是生态系统还是社会、经济系统，均会受到严重冲击。为实现煤炭资源富集区的可持续发展，需要预先统筹规划，实现资源的有序开发。

（一）明确区域功能定位

我国一直缺乏覆盖全部国土面积的开发和保护规划，对于不同区域在全国产业分工格局中的定位模糊不清。虽然近年来环境保护部编制并发布了《全国生态功能区划》，但对于不同区域的产业准入并不能形成硬性约束。因此，在以 GDP 为导向的政府绩效考核机制下，各地无不把招商引资作为工作重点。对于欠发达地区来说，自然资源开发几乎是增加财政收入的唯一捷径，即使是破坏资源环境也在所不惜，因此就很容易出现“遍地开花”式的资源无序开发格局。为此，从规范空间开发秩序，保护重要生态功能区的角度出发，应尽快编制国土开发规划，提出不同区域的开发和保护要求。

从近期来看，对于生态破坏比较突出的矿产资源开发活动，也应考虑编制基于资源环境承载能力的产业布局规划。考虑到我国煤炭资源的空间分布很不平衡，煤炭资源富集区大多生态脆弱，且近年来出现了煤、电、煤化工一哄而上的无序开发倾向。因此，应该在统筹考虑区域资源禀赋、生态约束、水资源、社会经济等问题的基础上，提出全国煤炭、火电、煤化工、铁路建设的空间布局规划，对不同区域提出明确的功能定位和发展方向要求，从而防止出现区域开发模式与资源环境条件不匹配、产业结构雷同、空间开发秩序混乱等问题。

（二）建立生态补偿机制

所谓生态补偿，就是指消费者为维持特定区域持续提供生态产品和生态服务的功能而支付费用的行为。因此，只有建立起规范的生态补偿机制，一个国家或地区的总体生态服务功能或生态价值才有可能不降低并有所提高。针对重要生态功能区的生态补偿，跨流域生态补偿，以及矿业开发生态补偿，是生态补偿的三大重点领域。但到目前为止，学术界对生态补偿的理论探讨虽多，但针对具体地区和领域的实践极少，尤其是缺乏实践效果好的生态补偿技术方法与政策体系。煤炭开发是我国最主要的资源开发活动，也是生态破坏最为突出的行业，目前全国采煤沉陷区面积已达 4.5×10^4 hm^2，但国家一直没有出台上升到法律或政策层面的生态补偿办法，也没有明确的生态恢复标准，矿区的生态恢复和建设还主要是企业的自觉行为。因此，为实现资源开发和生态保护的协调发展，必须加强针对不同煤炭资源富集区的生态补偿研究，尽快建立有针对性的生态补偿机制。

（三）编制综合开发规划

从目前来看，煤炭、电力、煤化工、交通一体化开发，已经成为煤炭资源富集区的基本开发模式。在这一开发模式下，区域空间结构、社会结构、经济结构、生态格局均将发生深刻变化。为此，就不能再沿用过去煤炭开发、火电、煤化工、交通基础设施建设分别编制专项规划的方法，必须在充分考虑区域资源环境承载能力的基础上，根据区域发展定位和发展潜力，编制区域综合开发规划，对产业布局、城镇建设、资源开发、生态保护、基础设施建设等重大问题进行统筹规划。区域空间开发格局一经确定，就应该具有较高的权威性，政府部门也应积极配合各类投资主体，促进规划目标的实现。只有这样，才能增强区域发展的内部协调性，降低开发成本，避免无序开发可能带来的风险。

（四）加强生态恢复技术研究

由于我国在晋陕蒙黄土高原丘陵沟壑区和河北、安徽等平原地区的煤炭开采历史较长，学术界对这两类地区煤炭开采的生态恢复技术均进行过系统、深入的研究，目前已经形成了比较成熟的土地复垦技术方法。相比较而言，其他煤炭资源富集区的大规模煤炭开发才刚刚开始，而相应的生态恢复技术研究却并没有及时跟上，甚至还没有开展。例如，青海木里煤田内分布有大面积高寒沼泽草甸和沼泽湿地，下部是多年冻土环境。煤炭开发活动极有可能改变矿区地表和浅层热平衡条件，引起热融沉陷和热融滑塌，造成植被破坏和草场沙化。而对于该地区煤炭开发可能产生的生态影响，以及植被破坏后如何恢复等问题，目前尚有很大的不确定性，也未开展相应研究。类似问题在蒙东、宁夏、新疆等地都存在，需要引起高度重视。为降低矿区开发的生态风险，应尽快开展矿区生态恢复技术研究，探索适合不同煤炭资源富集区的生态恢复和生态建设模式。

（2009年9月）

我国公路交通发展面临的主要环境问题及其对策建议*

刘　杰　陈　帆　耿海清　詹存卫　蔡斌彬　安祥华

摘　要：概述了我国公路交通发展现状，分析了公路建设规模与布局、公路路网结构等方面的发展趋势。研究了该行业发展导致的资源和环境压力持续增大、生态敏感区和脆弱区不断退化、农用地和生物多样性严重受损等主要的环境问题，并剖析了其发生原因。从调整公路交通发展战略与规划、健全公路交通环保法律法规、完善环评体系建设和加强基础研究等方面，有针对性地提出了解决问题的对策和建议。

主题词：公路交通　行业发展　资源环境问题　对策建议

公路交通是整个交通运输体系的重要组成部分，在联系城乡、保障流通等方面发挥着重要作用。当前，我国公路交通正在经历着历史性、改革性的发展，全国公路建设总里程已居于世界前列，高速公路里程已稳居世界第二，极大地促进了经济的发展和社会的进步。但与此同时，公路交通快速发展及其带来的经济繁荣，却加剧了资源、环境与经济发展的矛盾，产生了生态破坏和环境污染等问题，暴露出了当前公路交通发展战略、发展规划及建设项目在环境管理中存在的诸多弊端。

随着我国全面建设小康社会，不断加快城市化建设，公路交通行业提出了实现跨越式和适度超前发展的战略，《"十一五"综合交通体系发展规划》《国家高速公路网规划》等相关规划也相继提出了快速发展公路交通的目标。在当前全球性经济危机背景下，国家更是将加快公路交通基础设施建设作为了"保增长、促内需"的重要举措之一，公路交通将迎来巨大的发展机遇。本报告旨在明晰公路交通发展过程中面临的主要资源、环境问题，积极寻求对策，为环境保护部门采取有效管理措施，促进公路交通与资源、环境相协调提供科学依据。

* 本报告为2008年环保公益性行业科研专项项目（课题编号：200809072）成果之一。

一、公路交通发展现状与趋势

（一）公路交通发展现状

截至 2008 年年底，我国公路建设总里程已达 373.02 万 km，路网密度已达 38.86 km/100 km^2，比新中国成立初期增长了 45 倍，年均增长 6.72%。国家干线取得重大进展，“五纵七横”国道主干线已全线贯通。等级公路已占主导地位，路网结构进一步改善，全国高等级公路（高速公路、一级和二级公路）里程已达 41 万多 km，占公路总里程的 10.72%，其中，高速公路通车里程已达 6.03 万 km，国家高速路网已经建成 56.5%。农村道路快速发展，公路通达深度不断提高，全国农村公路里程已达 312.5 万 km，乡镇通沥青（水泥）路率已达 88.6%。

（二）公路交通发展趋势

1．公路建设规模

保障“公路交通快速和适度超前发展”一直是公路交通发展的主要战略。现有规划无一例外地制定了公路交通快速发展的目标。《国家“十一五”综合交通体系发展规划》明确提出“要实现综合交通网络规模的大幅扩展”。《第一财经日报》等相关消息显示，交通运输部门正在酝酿未来 3～5 年内投资 5 万亿元的建设计划（其中约 2 万亿元用于公路交通建设），预计在此期间公路建设新增里程将达 100 万 km 左右。可以预见，在今后相当长一段时间内，我国公路建设规模将继续保持快速增长的态势。

2．公路交通布局

近年来，我国西部大开发、中部崛起和振兴东北老工业基地等宏观战略的实施，明显加快了这些地区公路运量的增长速度，现有公路交通相关规划也多据此提出了针对性的应对策略。《“十一五”综合交通体系发展规划》提出，要关注公路交通发展不均衡现象，加快其在中西部地区的发展；《国家公路水路交通“十一五”发展规划》提出了“2010 年贯通西部开发 8 条省际公路通道”的目标；《国家高速公路网规划》规划了北京—拉萨、北京—乌鲁木齐、北京—哈尔滨等多条高速公路建设项目。可见，中西部和东北地区将成为今后我国公路交通建设的重点区域，全国公路交通布局的地域差异将逐步缩小。

3．公路路网结构

我国未来的公路路网结构变化将主要体现为高速公路和农村公路较其他公路得到更快发展。《国家高速公路网规划》提出：我国高速公路网建设总规模 8.5 万 km，规划用 30 年全部建成；2010 年前实现通车里程 6.5 万 km，20 万以上人口城市高速公路连接率超过 90%。《国家农村公路建设规划》提出，到 2020 年全国具备条件的乡（镇）

和建制村通沥青（水泥）路，农村公路总里程达到 370 万 km，形成以县道为局域骨干、乡村公路为基础的干支相连、布局合理、具有较高服务水平的农村公路网。

二、公路交通行业发展面临的主要资源与环境问题

（一）公路建设规模快速增长将造成巨大的资源与环境压力

1. 资源能源消耗巨大

公路建设的资源与能源消耗不容忽视。据统计，每千米四车道高速公路将消耗沥青 1 000 t、水泥 350 t、木材 280 m^3、钢材 115 t、电 12 万 kW·h 以及大量砂石料。根据交通运输部门的投资设想，按照 4 000 万元/km 四车道高速公路粗略折算，今后 3～5 年内用于公路建设消耗的沥青将超过 5 亿 t、水泥超过 1.75 亿 t、木材超过 1.4 亿 m^3、钢材超过 5 750 万 t、电超过 600 亿 kW·h，这无疑将对我国有限的资源和能源产生巨大压力。

2. 环境污染日益严重

我国公路交通噪声污染严重。全国超过 80%的高速公路两侧环境噪声超标，且有逐年加重的趋势；大中型城市道路噪声超标情况普遍，上海、武汉等地的超标路段甚至超过了 50%。当前，全国公路噪声直接影响区域已经超过 150 万 km^2，今后两年还将新增 20 万～30 万 km^2。公路交通噪声影响区域内的居民生产、生活将受到严重干扰；陆生动物的生活习性（如迁徙）以及鸟类的性别比、年龄比和繁殖率等都将因公路噪声发生改变。

公路交通是重要的大气污染源。根据环境保护部环境工程评估中心主持评估的公路环评资料，我国西部地区公路施工场地 TSP 超标率高达 62%～94%，最大值达 5.78 mg/m^3；降尘超标率高达 52%～87%，最大值达 347 t/（月·km^2）。北京、上海等大中城市中汽车尾气对大气污染的贡献率已达 80%以上。可见，大量公路项目的施工建设及其运营过程中汽车流量的快速增长，将对大气环境质量产生越来越显著的影响。

公路建设及运营对水体的污染不容忽视。有资料显示，公路施工穿越水体时水环境超标率将增加 20%左右；公路路面径流具有较高的污染强度，其 SS、COD、总铅和总锌等指标的平均值高出其他径流 0.8～9 倍，对受纳水体影响显著。此外，公路服务区、收费站等污水不能全部达标排放（当前达标率 70%），将对地面水体产生直接影响。显然，随着公路建设规模的快速增长，公路及相关附属设施的施工与运营将对水环境质量造成更大压力。

（二）公路布局变化对生态脆弱区与环境敏感区构成重大威胁

1. 生态脆弱区存在破坏风险

根据《全国生态功能区划》的相关成果，全国几乎 100%的沙漠化和冻融侵蚀高

度脆弱区、80%以上的水土流失和盐渍化高度脆弱区以及超过 85%的生态服务功能重要区分布在中西部和东北地区。但在以“缩小地域差异”和“以需求定规划”等原则指导下，这些地区却成为了我国当前公路建设的重点区域，这无疑将显著增加我国水土流失、沙漠化、石漠化和冻融侵蚀等生态风险的危害范围和强度，并对区域水土保持、生物多样性保护、水源涵养等生态服务功能产生明显影响。我国大范围的生态脆弱区正在面临公路建设的破坏风险。

2. 环境敏感区受到严重干扰

我国中西部和东北地区各类环境敏感区数量众多，分布广泛。以自然保护区为例，该区域分布着各类自然保护区 1 500 多个，占全国自然保护区总数的 70%左右；拥有自然保护区面积 130 多万 km^2，约占全国自然保护区总面积的 90%。另外，我国中西部和东北地区公路建设规模已经达到 231.5 万 km^2，其直接影响区已经超过 200 万 km^2。随着公路建设在中西部和东北地区的快速发展，将不可避免地对数量众多、分布广泛的环境敏感区产生影响。近年来，环保部评估中心主持评估的公路项目中，就涉及了穿越云南西双版纳自然保护区、太行山猕猴自然保护区等情况。上述项目虽然通过调整保护区区划等方式解决了法律障碍，但其造成的实际影响依然存在。

（三）路网结构调整将加大对农业用地和物种多样性的影响

1. 农用地受损严重

高速公路和农村公路比重逐渐增加是我国路网结构变化的重要表现。高速公路建设规格高，农村公路涉及地域广，二者快速发展将占用大量土地。根据国家相关规划，2020 年前我国高速公路建设将新增占地约 50 万 hm^2，农村公路建设将新增占地 100 万 hm^2 以上。在我国中西部地区，由于公路设计标准和自然条件限制，公路建设多沿河谷和山间低地选线，而这些地区多是耕地相对集中的区域；在东部地区，非农用地日益稀缺，公路建设也正在越来越多地征用农业用地。另外，高速公路和农村公路建设将引发水土流失，沿线农田将受到一定影响。

2. 物种多样性损失明显

根据国家相关规划，全国高速公路网和农村公路网建设将铲除超过 200 万 hm^2 的地表植被，动物也将因此受到直接干扰，导致区域生物多样性明显下降。另外，高速公路网全面建成和农村公路网大幅扩展，将使全国生境破碎程度进一步加剧，势必造成植物花粉和种子传播受阻，植物物种多样性将受到严重损害；野生动物栖息地和食物源减少，迁徙通道和交配路径受阻，并将最终导致种群活力下降、个体数量减少，动物多样性损失明显。虽然现有公路建设多针对其可能影响提出了保护措施，如动物通道等，但效果并不显著。

三、公路交通发展面临环境问题的成因分析

（一）公路交通发展战略与规划存在缺陷

1. 缺乏综合交通发展战略

我国至今仍没有统筹公路、铁路、水运和航空四大运输体系的综合交通战略或规划。各种交通运输方式在制定发展规划时，往往更多地考虑了行业竞争需要，盲目攀比现象严重（追求大规模、高规格），线路聚集特征明显（主要分布于有限的交通廊道内），“公路铁路相伴、陆路水路相随”现象普遍。据统计，我国与铁路并行的高等级公路在 5 万 km 以上，占全国铁路总里程的 70%左右；南方公路大都布局在河谷，公路与航道重合现象突出。

多种运输方式的大规模聚集分布，特别是公路与铁路、水路并行分布，势必造成资源、环境压力过于集中甚至超过区域资源与环境承载能力，从而产生严重的生态与环境影响，如：青藏公路、铁路并行建设造成了沿线植被生态系统的明显破碎，引发的总净初级生产量损失达 42 899 t/a。另一方面，聚集的交通运输通道必然导致运力不均，引发局地性、结构性的运力不足，进一步激发局地交通建设规模扩张，加大对生态环境的影响。

2. 公路交通发展战略尚需论证

当前公路交通发展规划主要考虑社会和经济的发展需求，提出了“适度超前和跨越式发展”的战略。在此战略指导下，追求大规模、高等级、高投资的面子工程时有出现。在“五纵七横”高速路网刚刚完成的今天，国家又提出“十三横十五纵”的发展构想，地方规划建设的高速公路更是超过了 7 万 km。但是，由于缺乏深入的环境保护可行性论证，这些新战略和新规划实施导致的资源消耗和环境污染问题将日益突出。

现有公路交通发展战略和规划制定过程中，多选定路网密度、公路里程等指标，通过与国外发达国家进行比较得出我国公路交通应快速发展的结论。这一结论未免有些片面，没有充分考虑中国和国外发达国家在人口密度、车辆保有量、资源环境条件等方面的巨大差异。此外，当前规划多将“区域与城乡交通发展不均衡”作为重要依据，提出了公路交通在我国中西部和农村地区加快发展的目标。事实上，不同区域的自然环境、社会经济等条件差异很大，这种客观存在导致的适度不均可能有合理的一面。

（二）公路交通环境保护法律法规仍不健全

我国公路交通相关法律、法规已经初步形成了相对完整的体系，为防治公路建设中的生态破坏和环境污染起到了积极作用。如：《中华人民共和国公路法》规定，

公路建设应切实保护耕地，应符合保护环境、保护文物古迹和防止水土流失等要求。但是，现有法律、法规多针对公路建设项目，基本没有涉及公路交通发展战略和规划等宏观层次的环保问题，许多方面仍需改进。就内容而言，单个项目引发的水土流失、植被破坏和环境污染等仍然是现有法律、法规关注的重点问题，而路网规模扩张、结构调整等引发的生境破碎、土地格局变化与等宏观环境问题并没有得到充分体现；就实际作用而言，现有法律、法规没有对公路交通发展战略，特别是路网布局和结构调整等如何与区域资源环境条件相协调作出规定；就适用范围而言，现行法律、法规基本采用全国统一的规定与标准，“一刀切”式弊端明显。

（三）公路交通环境影响评价体系尚需完善

当前我国公路交通环境影响评价基本停留在项目层次，路网规划环境影响评价刚刚起步，环境影响后评估尚处于试点阶段，公路交通战略环境影响评价基本空白。虽然，原国家环保总局在（环发[2007]184 号）中规定“编制或修编国、省道公路网规划时，应当编制环境影响报告书”，以实现公路交通环境管理从微观到宏观的转变，但该通知规定进行环境影响评价的公路路网规划并不全面，更没有对交通发展战略提出环评要求。

显然，以单一公路建设项目为单元的环境影响评价已经不能适应新的形势要求。路网规模扩大及其布局、结构调整等引起的区域生态系统退化、环境质量下降和环境敏感目标受损等已经成为当前主要的环境问题之一。我国东部地区环境容量和土地空间有限，中西部地区生态环境敏感而脆弱，全国公路交通发展与环境保护矛盾尖锐，迫切需要从行业发展战略、路网规划等宏观范畴和区域可持续发展的高度来评价项目可行性。

此外，批准后的公路建设项目环境影响评价报告书是其从施工到竣工验收全过程环保工作的指导性文件。然而，在实际施工过程中，经常会对原有设计进行调整，这不仅可能导致新的环境问题，也将导致报告书所提环保措施的有效性降低甚至丧失。因此，需要通过环境影响后评价，对项目环保投资及效益、环保措施有效性等进行客观分析。但是，我国公路项目环境影响后评价刚刚起步，其补救作用还没有得到充分体现。

（四）公路交通环境影响相关基础研究相对滞后

我国公路建设环境影响相关研究已经取得了较大进展，但仍存在许多尚未解决的问题。就研究对象而言，当前研究多针对某段公路在施工期或运营期产生的具体影响进行，有关路网建设方略与规划在区域生态系统尺度上产生的整体、宏观影响研究尚属少见；就研究内容而言，当前研究多以公路建设的干扰作用及其引起的某些零散指标（如生物量、生物多样性、占地规模、排污数量与浓度等）变化为主要内容，没有找到表征公路整体环境影响简捷有效的方法和手段；就研究深度而言，定性描述、半定量统计分析仍然是当前研究的主要手段，公路建设的环境影响范围和强度等关键问题一直没有得到很好解决。此外，公路交通引起人口聚集带来的间接影响以及路网建设在时间、空间上的累积影响范围更大，程度更剧，也更容易引发次生的生态危害。但目前此类研究还停留在理论层面，相关技术、方法亟须深入研究。

四、解决公路交通行业发展面临环境问题的对策与建议

（一）统筹资源环境与社会需求，调整公路交通战略规划

考虑公路、铁路、水运和空运四大交通运输体系的互补作用及替代关系，将区域资源承载力、环境容量和生态功能维系等作为限制条件，制定统筹四大交通运输体系的综合交通发展战略：确定环境合理、规模适度的交通运输组合方式及其布局方案；通过提高各种运输方式的使用效率来减小其建设规模。

对公路交通行业的已建工程和已实施的战略规划进行回顾分析，总结出现的主要资源、环境问题；对拟实施的公路交通发展战略进行环境合理性与可行性论证；统筹资源环境承载力和社会经济发展需求两个方面，调整现有公路交通发展战略规划。具体而言，“公路建设实现快速和适度超前发展”战略，需要从资源环境承载能力和区域发展现实需求两方面加以验证和再思考；“公路交通均衡发展”的规划思路，需要在充分考虑各地资源、环境条件及社会发展水平空间差异的基础上进行适当调整。

（二）健全公路交通环保法律法规，加强公路交通环境管理

从保护区域环境质量和维系区域主要生态功能入手，结合公路交通发展的主要生态与环境影响，尽快出台对公路交通发展战略进行调控的宏观环境管理政策，推进环境保护参与公路交通行业发展的宏观决策。

结合《规划环境影响评价条例》的宣传贯彻，及早制订路网规划环评的推进方案与公路交通发展战略环评的启动计划。推进公路交通环境管理类型区划，根据不同区域对公路交通发展的资源承载和环境支撑能力，划分环境管理单元并提出差别化的环境要求。积极出台相关法规细则，将公路交通发展战略、规划及建设项目的社会影响、间接和累积影响等内容加以细化和突出；制定提高大中型公路建设项目环境管理质量和效率的保证措施。

（三）完善环境影响评价体系，缓解公路交通资源环境问题

积极开展战略、规划环境影响评价和环境影响后评价，形成包括“战略—规划—项目—后评估”在内的综合评价体系。

大力推动公路交通发展战略环境影响评价。充分关注公路交通发展战略与相关社会经济发展方略，相关环保法律、法规、政策以及规划的相符性和协调性，明确公路交通战略实施可能导致的资源、环境问题能否为区域所承载；统筹区域社会、经济发展和资源环境条件，从环境友好、资源节约和主导生态功能维护等角度出发，提出公路交通发展战略的优化调整方案。

不断加强公路路网规划环境影响评价。基于区域资源、环境承载力评价结果，结合区域节能减排要求，论证路网规模的环境合理性；结合生态、环境功能区划及环境敏感目标的空间分布，论证路网布局的环境合理性；结合区域环境管理要求和社会经济发展需要，论证路网结构的环境合理性。根据路网规模、结构和布局存在的问题，有针对性地提出规划调整建议。

继续强化公路项目环境影响评价实际效果。优化公路建设项目线路走向，推荐能最大限度地节约土地、减轻生态与环境影响的建设方案。明确公路交通环境治理设施、生态恢复工程建设方案及环境管理具体措施；针对公路建设导致的水土流失、生态阻隔等实际问题，制订有效可行的生态保护、恢复或重建方案；加强公路建设环保措施与生态保护方案的有效性论证。

逐步完善公路建设环境影响后评价工作。进一步扩大环境影响后评价的实施范围，强化对不同地区、具有典型环境特征的重大公路交通项目后评价工作，并对项目施工期及营运初期、中期、远期进行全面评价，全面掌握公路建设可能带来的环境问题。

（四）加强理论方法创新，重视影响阈值、间接和累积影响

基于区域生态系统整体性来研究公路建设的生态与环境影响，识别公路建设干扰下沿线生态系统与环境质量的耐受范围，科学量化公路建设的生态与环境影响强度、范围和边界等，并将研究对象在路段基础上延伸至区域路网。积极探讨路网结构、规模、布局及整体环境合理性的评价指标体系与评价方法，及早论证开展公路交通战略环境影响评价的可行性与必要条件。

充分吸收新成果、先进技术和经验，顺应环境影响研究内容扩展要求，充实研究方法。具体而言，公路环境影响研究要从关注水、气、声和占地等逐步扩展到生态影响评价、社会影响评价、工程风险评价、累积影响评价、使用周期评价等全方位评价；积极探索总量控制和清洁生产审计在公路环境研究中的应用，完善公路交通环评指标体系；应用高新技术，完善公路环境研究方法，如建立环境影响评价专家系统，应用遥感与系统分析技术，推广计算机数值模拟技术和实验室模拟实验技术等。

（2009年10月）

水电建设项目竣工环境保护验收中发现的问题及对策建议

黄 勇 张 宇 姜 华

摘 要：建设项目竣工环境保护验收是我国现行的一项重要环境管理制度，在对我国三年多水电建设项目竣工环境保护验收执行情况进行统计分析的基础上，分析了水电项目竣工环保验收中存在的问题，并提出了相应的对策与建议。

主题词：水电 环保验收 问题 对策建议

随着经济和社会的不断发展，我国能源需求持续增长。水能作为一种可再生能源，在满足我国能源需求增长、改善能源结构、减少 CO_2 排放、促进经济发展等方面发挥了重要作用。近十年，我国水电项目开发的范围和强度越来越大。除怒江干流尚未建设大型水电站外，全国其他大大小小的流域水电开发项目已“全面开花”，并且从河流干流到各级支流基本上都实行梯级滚动开发。根据《可再生能源中长期发展规划（2007 年）》（发改能源[2007]2174 号），全国的水电装机容量 2020 年要达到 3 亿 kW 的目标；2010 年 4 月，国家能源委明确提出“花大力气落实 2020 年非化石能源消费比重提高到 15%的目标，加快新能源和可再生能源的开发利用”。因此，未来的十年，仍将是我国水电开发的高峰期。

20 世纪 90 年代末，水电项目建设经历了一个小高潮，一些大中型水电项目相继建成投产，如二滩、大朝山等；目前，这些项目的竣工环保验收也进入日程。依法进行竣工环境保护验收是建设项目环境保护管理程序的最后环节，因此，对现已完成竣工环保验收的水电项目的环境保护情况及反映出来的问题进行统计分析，可为将来此类项目的验收及环境保护管理提供参考。

一、已验收水电项目中发现的问题及分析

我们对 2006—2009 年已经完成验收调查（已进行现场验收或完成验收调查报告）的 21 个水电项目执行环境影响评价制度、“三同时”制度、生态保护与污染防治措施的情况进行了统计分析。

被统计项目主要分布于黄河、澜沧江、红水河、松花江、乌江及涪江等流域，装机能力（含改扩建）约 8 736.9MW；按开发形式划分，堤坝式 13 个，混合式 4

个，引水式4个；按调节特性划分，年调节式7个，季调节式3个，日调节式11个。

通过统计分析，发现主要存在以下问题：

（一）流域综合规划与规划环评滞后，未能充分发挥综合规划环评优化布局作用；单个项目采取的措施不能满足流域生态保护要求

水电建设效益显著，但同时也将对环境带来一定的不利影响，尤其是梯级电站建设，其影响具有连续、累积、叠加的特点。为促进水电开发与环境的协调和可持续发展，原国家环保总局、发改委先后联合下发了《关于加强水电建设环境保护工作的通知》《关于有序开发小水电切实保护生态环境的通知》等文件，要求认真做好河流水电开发规划的环境影响评价工作，并以此指导河流开发规划方案的选定和实施。旨在通过推进流域规划环评，强化水电环保管理，促进水电有序开发。从本次统计的21个项目来看，所在的流域基本都编制了相关规划，并有3个开展了规划环评，但普遍反映出如下问题：首先，流域水电开发专项规划超前于流域综合规划，几乎所有流域水电开发规划均以水能资源的全部有效利用为主，对水资源合理利用开发与环境保护重视不够，甚至一些项目的实施走在流域水电规划前面；其次，流域干流、支流分开进行规划，难以做到统筹兼顾，出现开发规划由省里批复，而规划包含的项目却由国家审批的“宏微倒挂、本末倒置”现象；再次，各电站开发建设时期国家的环境保护要求不同，且一条河流由多个业主开发，业主之间的环境保护意识差异较大，各项目环境保护工作参差不齐，缺少统筹协调与监管机制；最后，21世纪初，我国在河流水电开发规划方面已开始执行环境影响评价制度，如澜沧江中下游梯级电站环境影响研究与评价等，但受规划体制、机制、评价方法尚不成熟的制约，流域规划环评只能对流域开发提出一些环境保护的原则。难以对规划实施所造成的长期影响和间接影响提出可操作的环境保护措施，也难以充分发挥优化规划的作用。项目层次的环评及批复中提出的环保措施不能满足所在流域生态整体保护要求，如人工增殖放流是目前国内普遍采用的珍稀、濒危鱼类保护与资源补偿方法，但是相关科学研究基础比较薄弱，针对增殖放流的有效性研究则更少。因为没有统筹考虑规划流域的开发与保护，随着流域梯级开发的实施，导致原有鱼类的生存环境、产卵场及洄游通道等均已不复存在，甚至一些列入增殖放流的珍稀鱼类的亲鱼活体都难以获得，即使有些鱼类的人工繁育技术已成功但难以找到适宜的放流河段，不再具备重建野外种群的条件；单个项目所采取的人工增殖放流措施所起的生态保护、补偿作用受到极大的限制。

（二）设计、施工阶段缺少监管，工程变更未按要求办理变更环评报批手续

根据《建设项目环境管理条例》的规定，建设单位需要在建设项目可行性研究

阶段报批环境影响评价文件；而环保部门又不参与设计审查，工程在设计、招投标及施工阶段发生的变更均无法体现在环境影响评价文件中。在被统计的21个建设项目中，存在工程变更的项目有15个，占被统计项目的71.4%；大部分建设单位守法意识不强，未通过报批工程变更环评，提出针对性的环保措施，因而导致新的环境影响且无法弥补。工程变更主要体现在以下几方面：

1．主体工程变化小，施工组织及布置变化大

在水电项目建设过程中，随着设计的深入及工程进展，并从安全或行洪等方面综合考虑时会对工程枢纽布置、施工组织等进行优化调整。本次统计项目中，主体工程发生变更的有5个，主要表现为泄洪方式、厂房布置等，其变化相对较小；工程施工组织及布置发生变更的有14个，主要表现为施工道路设置、料场与渣场布置、开挖（护坡）方式等。该类变更主要发生在施工期，其变化极易导致新的环境影响，且很难弥补。如四川火溪河水牛家电站工程，在设计、施工阶段对料场、渣场的位置与数量均进行了调整，但没有按规定报批变更环评。

2．移民集中安置区位置、数量及环境保护措施变化大

水电项目移民安置工程规模大，涉及面广，本质上是一项区域性开发的系统工程。环评阶段要求对工程移民安置区的选址、环境承载力、环境影响及环保措施等进行深入论证；但水电项目的移民安置工作时间性很强，在工程可行性研究阶段只进行移民安置方案的规划设计，具体实施要在水库下闸蓄水前几年才全面展开；并且，在我国，移民安置工作实行政府领导、分级负责、县为基础、项目法人参与的管理体制，建设单位对建设项目的移民安置工作无法起主导作用。因此，与环评阶段相比，水电项目移民集中安置区的数量、位置、建设进度及环境保护措施的落实情况极易发生较大变更。所统计项目中，有10个项目在以上方面均发生了变更，甚至个别项目的主体工程已进入竣工环保验收阶段，移民集中安置区尚未建成。如广西平班水电站，移民集中安置区由西林县安置调整为隆林县安置，红水河乐滩水电站工程移民集中安置点由原5处调整为10处。

水电项目竣工环保验收中，针对移民集中安置区的环境影响调查，只限于水、气、固体废物等“三废”影响的调查，未能深入分析上述变更所带来的次生环境问题，也未提出后续的环境管理要求与建议，极易导致水电项目因移民工程变更而带来深层次的环境影响在环境管理上出现真空。

（三）环境保护措施不能有效落实

1．施工期

项目施工期的环境保护措施可分为环境保护设施和措施及环境管理两大方面。环境保护设施和措施主要是指工程“三废”的处理与水土流失防治，环境管理措施则主要指环境监理与环境监测。

环评阶段一般会对工程施工期的水、大气、声及水土流失的防护与监测提出详细的要求与计划，但由于缺乏施工期监督、管理及跟踪机制，各项防护措施并不能有效落实，即使落实，因缺少相关监测数据，其效果也难以评价。所统计项目中，仅有 5 个项目按环评及批复要求基本落实了施工期环保措施并进行了监测；大部分项目验收调查时对工程施工期环境保护工作的了解主要来源于公众意见和地方环保行政主管部门的走访，仅能进行定性分析。

环境监理是督促施工期环境保护措施落实的重要手段，该项制度目前已在水电工程建设中逐步予以推广和实施。但由于缺乏统一规范的管理，各地开展环境监理的形式五花八门、效果参差不齐。统计项目中，工程单独实施环境监理的项目仅有 3 个，占统计项目的 14.3%；将环境监理工作纳入工程监理的项目有 5 个，占统计项目的 23.8%。据建设单位和调查单位反映，环境监理由于缺少法律依据，其工作内容、程序、方法及组织模式等工作机制体系也没有形成，使得其难以落实或不能发挥其应有的作用。

2．营运期

为减缓水电工程运行后的生态影响，环评时多要求采取增殖放流、过鱼设施、设立禁渔区、分层取水、下泄生态流量等措施。从统计的 21 个水电项目统计情况来看，其中 13 个项目要求采取增殖放流、禁渔以及替代生境等鱼类资源保护措施，还有 6 个项目的环评及批复中明确要求下泄生态流量。但从验收调查情况来看，与环评及批复相比，增殖放流、下泄生态流量等生态保护措施的落实效果与环评时要求的初衷还有一定的差距，甚至个别项目的一些措施是在项目必须上马的强大压力下不得已提出的，缺乏科学研究支撑，难以实施。

（1）增殖放流。

一是由于没有专业人员与专业技术支撑，建设单位不愿意自建和管理增殖放流站，更多趋向于投入部分资金委托相关专业部门予以实施。本次统计项目中，仅 3 个项目单独设置了增殖放流站，6 个项目采取委托或依托渔业部门鱼苗场的方式进行增殖放流。采取委托的方式进行增殖放流，放流种类、规模、时段等均无法进行长期监管，个别工程还存在着无序放流，放流品种种质不纯，甚至出于经济利益考虑而放流外来物种的问题。

二是放流物种、时间和频次也可能发生变化。环评时所提出的放流物种通常是根据所收集资料中记载的工程影响流域内的珍稀、特有物种而确定，但受环评阶段资料收集的片面性、物种人工繁育技术等因素的影响与限制，工程竣工后放流的种类、时间与频次难以与环评及批复要求相符。如大渡河龙头石水电站工程环评及批复中要求其放流重口裂腹鱼、长薄鳅、青石爬鮡、侧沟爬岩鳅及成都栉鰕虎鱼等五种鱼类，而目前人工繁育成功的只有重口裂腹鱼、长薄鳅两种，其他三种鱼类则因繁育问题，近期无法实施增殖放流。

三是整个流域的增殖放流工作，缺乏统一规范的、科学的指导，放流效果难以判定。受流域梯级开发影响，单个项目建成投运后，往往其上游、下游的其他梯级电站也已开工或截流，原工程环评及批复中要求放流的鱼类在整个流域内的适宜生境急剧缩小甚至消失；并且，缺少流域层面上的统筹管理与科学指导，往往上游、下游不同梯级电站的增殖放流工作独立进行或者上游梯级电站简单地依托于下游电站的增殖放流站进行放流。而且工程对增殖放流鱼类的种群动态、遗传多样性等缺少跟踪监测，验收调查时无法判定放流的种类、规模（数量）、鱼苗的规格、放流地点及季节的选择等是否合理，是否有利于整个流域的鱼类资源保护。

（2）下泄生态流量。

目前，我国的水电项目调度运行方案主要是围绕防洪、发电、灌溉、航运等综合效益而进行的，为了强调利益的最大化，绝大多数项目的调度运行方案并未考虑坝下游的生态保护用水要求，特别是引水式电站和调峰运行电站，其大坝与厂房之间会形成一定的减（脱）水段，直接影响着下游生态用水需求，并对下游的环境造成巨大影响。

本次统计的项目由于批复时间都较早（大多在 2003 年以前批复），因此仅有 6 个项目的环评批复明确要求下泄生态流量，其中有 3 个属于引水式电站。从验收情况来看，有部分项目并未按环评的要求落实下泄生态流量的措施，在验收阶段提出了替代方案，但工程验收后，对该替代方案缺少具体监管措施、实施效果未提出补充评估的要求；而对于已采取生态下泄措施的建设项目，在工程竣工环境保护验收后，由于没有对其提出进一步的管理要求，也增加了地方环保部门后续监管的难度。

2005 年 12 月，原国家环保总局在北京召开了水电水利建设项目水环境与水生生态保护技术政策研讨会，会后以环办函[2006]11 号文明确了河道生态用水计算方法与解决措施，使得下泄生态流量措施在环评中逐步实施与落实。

（四）生态影响调查还多限于定性分析，水电项目建成后长期生态影响的管理处于真空状态

水电项目的服务年限通常为几十年，甚至上百年，而竣工环保验收调查的性质决定了验收调查工作需在工程试运行后 3～6 个月内完成，此时，项目对流域生态系统的影响并未全部显现，调查结果反映的是项目开工至竣工试运行很短时间区段内的环境影响。另外，受调查时限以及运行时间短等因素的限制，验收调查多为环评文件及其批复中环境保护措施落实情况的调查，而生态影响调查的重点关于环境保护措施特别是过鱼设施及增殖放流等珍稀水生生物保护措施的保护效果、分层取水对下泄低温水的减缓作用等的调查则多停留在收集资料的定性分析层面上。被统计的项目中，生态影响调查均未考虑与环评时的生态调查数据和预测结果进行对比分析。

二、对策与建议

（一）统筹流域的开发与保护规划，充分发挥规划环评的作用

首先，高度重视流域综合规划，流域水电开发规划必须符合流域综合规划的要求。对尚未编制流域综合规划的大江、大河，在编制流域综合规划时，应同步编制该流域干流、支流规划；对已编制完成流域综合规划的主要江河，应补充编制该流域支流的综合规划。建议将过去以水资源开发和利用为主导的流域规划，从满足生态系统结构完整性和功能可持续性保护的角度进行补充评价，并做必要的调整、修订。

其次，建议将生态整体性、重要生境保护（如鱼类“三场”等不受破坏）作为规划环评的“底线”或原则，对一些重点流域补充规划环评，为其下一步的流域规划布局调整创造条件，并为该流域单个项目的环评提供详尽的流域资料。流域内单个项目的验收调查也应充分考虑规划环评的结论及环保要求，并分析建设项目环保措施与其要求的协调性及有效性。根据流域规划环评结果，对一些涉及自然保护区、珍稀特有鱼类资源保护区域和生态敏感区的规划开发河段，应提出禁止或限制开发要求，做到保护与开发并重；体现禁止、限制、优化、重点开发区域差异管理原则，使不同流域河段生态得到保护。

最后，尽快完善流域规划环评的规范和技术标准。组织有关单位积极开展水电项目规划环评的技术规范、方法与指标体系等基础研究；并选择合适的流域对规划实施后的环境影响进行跟踪评价或验收调查，为流域开发的全过程环境管理与流域水电规划环评技术规范的制定提供更加科学的依据。

（二）建立建设项目全过程跟踪管理机制，加强施工期环境监管，适时推出强制性的环境监理制度，探索我国水电项目运行期环境监督管理制度

首先，出台相关文件，明确规定环境保护部门应介入或参与建设项目的设计审查工作，或者要求设计单位提交环评及批复落实情况的设计执行报告。监督设计单位、建设单位将环评中有关环境保护要求纳入设计中，并及时了解工程变更情况，督促建设单位、环评单位根据工程变更内容修订或完善相关环境保护措施。在上述文件没出台前，现阶段应组织对一些重点水电项目开展独立的环境保护设计审查试点。

其次，加强工程施工期的环境监管，并出台施工期环境监理制度。2002 年，原国家环境保护总局发布的《关于在重点建设项目中开展工程环境监理试点的通知》中涉及的 13 个项目已陆续完成了竣工环保验收。建议将这些项目的环境监理工作进行总结，就环境监理工作内容、程序、方法以及监理组织模式等进行研究，尽早出台相关规范，推出水电项目环境监理强制管理措施。在未强制推行环境监理制度之

前，应充分发挥环境督查机构及各省厅的职能，强化环境督察机构对水电项目施工期的监管，弥补目前建设项目施工期环境管理的不足。

最后，建立和完善水电项目运营期监督管理制度。建设项目通过竣工环境保护验收投入正式运行后，由项目所在地环境保护部门实施环境监督与管理，但受专职工作人员数量所限，该项职能不能完全兼顾，尤其工程下泄生态流量、增殖放流等生态保护（补偿）措施的长期监管更是力不从心。积极探索建立适合我国国情的水电工程运行期环境管理制度，如借鉴国外水电工程周期性换发许可证的监督管理制度、建立与环保行政主管部门联动的水电站下泄生态流量自动监控体系、建立增殖放流措施跟踪监测和效果评估制度等，确保运营期各项环境保护措施的长期落实。

（三）倡导和制定相关政策，积极推进分阶段验收，推行环境影响后评价制度

由于水电项目施工周期长、服务年限长、库区影响范围广、生态影响滞后，尤其对水生生态的影响深远且补偿措施的效果不明确；建议研究、实施水电项目环境保护分阶段验收管理办法，推行环境影响后评价制度。

水电项目在蓄水前大坝已经建成，工程下闸蓄水涉及淹没及清库，如果清库不符合环保要求，会对库区水质带来长远的不利影响。建议全面推行工程下闸蓄水阶段环保验收。重点关注库底污染物清理采取的环境保护措施与工程变更，对主要环保设施建设和落实明显滞后的、未按环评要求采取施工期污染防治和生态保护措施的、未按环评要求开展施工期工程环境监理和环境监测的，责令限期改正；对未批先建、建设内容擅自发生重大变动的，责令停止建设，限期补办环评手续。同时，积极推进水电项目清库环境保护技术规范及下闸蓄水阶段环境保护验收调查技术规范体系的建立。

工程竣工环保验收时，应重点关注生态保护措施实施后的效果评估；并根据工程环评时的现状监测资料、工程下闸蓄水阶段及竣工验收调查时的监测结果，分析工程实施前后区域生态环境质量的变化趋势、实际影响和存在的问题，提出明确、具体的改进措施和要求。

水电项目的环境影响后评价是对现有建设项目环境管理措施的有益补充，有助于全面、准确地衡量工程的长期影响和累积影响。建议分两个层次开展环境影响后评价：首先，选择已运行 5 年以上，影响范围大、生态敏感且争议比较多的水电项目开展项目环境影响后评价；其次，选择已基本开发完成的、开发强度大的流域作为试点开展流域水电开发环境影响后评价。

（四）建立流域梯级电站生态保护协调机制和流域生态数据库，开展生态监测和定期跟踪调查、评估，促进流域生态的良性发展

随着梯级水电站陆续建成投产，梯级开发环境累积影响逐渐显现，一般涉及上

下游不同地区、不同业主。建议对于涉及多个业主共同开发的流域，建立各梯级电站生态保护的协调机制，设立专项基金，共同开展流域的环境保护工作，促进流域生态的良性发展。

长期的动态监测是研究生态效应的基本手段，但目前建设项目的监测一般都仅只针对单个项目的局部影响，且多为短期或临时的监测，难以获得流域系统、全面的长期监测结果，特别是生态方面的资料十分欠缺。建议在流域梯级开发中，在流域层面上系统规划监测任务，制定流域长期环境监测规划，建立流域生态环境数据库，为研究梯级开发环境影响、完善优化各项环境保护措施提供数据支撑与科学依据。同时，按5年、10年、20年及50年等不同时间段，组织专门机构对流域、项目的定期环境监测数据进行统计分析（类似现在的验收调查），根据分析结果就各项环保措施提出优化建议，并报环保部门审查备案。

（五）开展鱼类资源调查，加强珍稀特有鱼类驯养繁殖的基础性研究，寻求生物资源不利影响的补偿途径

目前，环评中对于评价区内鱼类资源的情况一般以收集资料为主，这些资料多为历史统计结果，其与现场调查实际情况会有出入，进而造成环境影响评价结论与相关措施的可行性存在缺陷。建议开展细致的鱼类资源调查，建立鱼类资源基础数据库，避免在家底不清的状况下盲目规划和决策。

另一方面，我国对多种珍稀特有鱼类的研究还不够深入，对其生态习性的了解还十分有限，人工繁殖技术尚不成熟，对河流的自然生态状况也没有比较充分的研究。建议科技部、环保部、农业部、水利部各部门积极沟通、协调，制订研究计划与课题，鼓励科研单位投入足够的时间、经费和技术力量，开展珍稀特有鱼类人工繁育技术或其他补救措施的研究，如生物资源栖息地再造措施、过鱼导鱼措施等，在相关技术成熟前，应限制对存在珍稀特有鱼类的流域的开发。

（六）对移民安置带来的环境问题进行梳理，积极寻求解决途径，避免次生环境问题的产生

水电项目历时较长，随着社会的发展且受环评阶段中许多不确定因素的影响，导致了移民安置的实际情况与既定目标有所差距；并且，长期以来，水电项目移民所带来的环境问题未引起足够重视，也使其成为影响项目长期稳定发展的关键。建议对水电项目移民安置带来的环境问题进行梳理，分析问题产生的原因，借鉴有关建设项目环境影响后评价理论和经验，对水电项目移民安置开展后评价，针对移民安置区实际环境影响，提出解决对策与建议，促进水电项目建设、移民安置与环境保护相协调。

（2010年4月）

我国石化产业的生态风险及防范对策

任景明　刘小丽

摘　要：我国石化、化工产业布局与快速工业化、城市化的矛盾突出，并有加剧的趋势。如果不采取有效措施控制石化产业快速发展带来的布局性生态环境风险，我国有些地区未来的生态环境堪忧，由此引发的矛盾和纠纷将成为影响社会稳定的重要因素。通过对我国石化产业布局情况的调查和了解，结合五大区域重点产业发展战略环境评价工作的成果，对石化产业布局存在的问题以及由此引发的生态环境问题进行了分析，并从环保角度提出了防范对策和措施。

主题词：石化产业　生态风险　防范对策

近期，大连输油管道爆炸、吉林永吉化工原料桶冲入松花江等一系列化工事故引发了重大的环境问题，凸显了石化、化工产业布局与快速工业化、城市化的潜在矛盾，而且矛盾还在加剧。如果不采取有效措施控制石化产业快速发展带来的布局性生态环境风险，我国有些地区未来的生态环境堪忧，由此引发的矛盾和纠纷将成为影响社会稳定的重要因素。本文通过对我国石化产业布局情况的调查和了解，并结合五大区域重点产业发展战略环境评价工作的成果，对石化产业布局存在的问题以及由此引发的生态环境问题进行了分析，从环保角度提出了防范对策和措施。

一、我国石化产业布局及其特点

（一）“三临”（临江、临河、临海）分散布局态势明显

我国石化项目空间布局分散，而且“三临”（临海、临江、临河）特征非常明显（见图 1）。我国炼油、乙烯生产遍布 20 多个省区市，形成了“遍地开花”的格局。从大连、营口、天津、东营、青岛、上海、连云港、宁波、福建，到广东的惠州、茂名、湛江，再到广西北海、钦州都有石化项目，遍布了黄海、渤海和南海。内地也布局了大量的石化项目，如江西九江、武汉、成都、重庆、南京、兰州、新疆独山子等，大多也沿江、沿河而建。目前，我国已形成 17 个千万吨级炼油基地，1 000 万 t/a 以上的炼油厂原油一次加工能力已接近全国总加工能力的一半。在这 17 个基地中，大连石化和镇海炼化的炼油能力均达到 2 000 万 t/a。到 2011 年，我国还将建成南京、宁波、上海 3 个 3 000 万 t 级炼油基地和茂名、惠州、广州、泉州、天

津、曹妃甸6个2 000万t级炼油基地，这些大型炼油企业多布局在沿海。

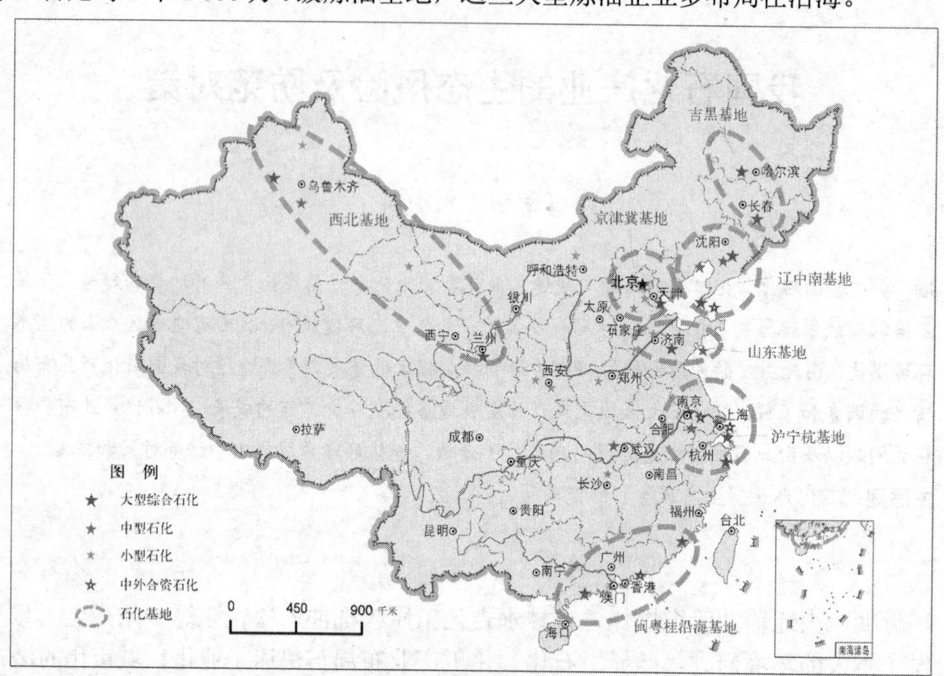

图1 我国石化产业布局与河流、海湾的关系

由于石化项目的经济拉动效应，近年来石化成为各地规划发展的重点行业。石化产业的快速扩张进一步加剧了石化产业的“三临”无序布局的态势。通过梳理五大区域的发展愿景，预计到2020年，石化产业规模将进一步扩大，布局将进一步蔓延。到2020年，五大区域原油加工能力预计达3.8亿t，比2007年增长248%；乙烯产量将超过1 700万t，增长10倍。未来十年，环渤海沿海地区13个地市除秦皇岛外都将发展临港石化产业作为重点产业之一。如果将国家级、省级、市级、县区级石化、装备制造等重点行业布局进行空间叠加，各级各类产业集聚区环围渤海沿岸全线扩散蔓延的局面即将形成。海西地区沿海各地市均有发展炼油、乙烯等石化产业的意愿，分别规划了大小门岛、溪南半岛、江阴工业区、湄洲湾、古雷半岛和揭阳惠来六大石化基地，构成一条沿海全线扩散蔓延的大石化产业带。北部湾经济区沿海各地建设工业园区、上重化工项目的意愿也非常强烈，广西的钦州、北海、防城港，海南的洋浦和东方，以及广东的湛江和茂名均规划布局石化产业，形成沿海石化产业带。

此外，我国石化产业集约化程度低在一定程度上也加剧了石化产业的分散布局。截至2008年，我国共有地炼企业99家，炼油能力8 805万t/a，炼厂的平均炼油能力不足90万t/a，根据《石化产业调整和振兴规划》，我国2011年以前要淘汰100万t及以下低效低质落后炼油装置，积极引导100万～200万t炼油装置关停并转。

为了避免被淘汰的可能，地炼企业纷纷扩建产能。以山东的东明石化为例，其起家时仅有一套 15 万 t 的炼油装置，但是现今的炼油能力已接近 1 000 万 t/a。同时，为了生存，部分地炼企业选择与大型石化企业合作。虽然扩建或者与大型企业合作可以获得生存的空间，却极不利于我国石化行业的健康发展和合理布局。

（二）规划布局临近自然保护区、居民区、水源地等生态敏感区

石化项目一般布局在沿海、沿江、沿河地区，而这些区域多分布着自然保护区、饮用水水源地、居民区等生态敏感目标，地方政府盲目追求 GDP 而忽视规划选址，在布局石化项目时，往往忽视对自然保护区、居民区、水源地等敏感目标的避让，导致近年来石化企业布局与生态环境保护在空间上的冲突已经十分突出。

以海西为例，目前瓯江口、环三都澳、兴化湾、湄洲湾、东山湾、潮汕揭均规划布局石化项目，这些区域也同时分布着西门岛海洋特别保护区（国家级）、官井洋大黄鱼水产种质资源保护区（国家级）、木兰溪河口南部海域鳗鱼苗保护区等。福建省在三沙湾同时规划布局石油储备、钢铁和炼化一体化基地，而三沙湾宫井洋大黄鱼繁殖保护区面积占据了三都澳近一半的海域面积（314 km^2），基本覆盖整个三都澳湾口。

环渤海沿海地区已建和规划建设的石化基地有三个，2007 年原油加工量达 6 474.9 万 t，占全国的 19.8%。同时该区域也是生态高度敏感区，目前已建成各级自然保护区 59 处，其中国家级保护区 13 处，省级保护区 19 处，市级保护区 16 处，县级保护区 11 处。环渤海沿海地区还分布两个具有独特生态价值的重要功能单元。盘锦双台河口湿地为世界第一大芦苇沼泽地、国家级保护区，是世界丹顶鹤繁殖最南线和黑嘴鸥繁殖地最北线、全球濒危物种黑嘴鸥最大种群栖息地。东营黄河三角洲湿地为世界上最年轻的河口湿地、国家级保护区，是东北亚内陆和环太平洋候鸟迁徙的重要中转站、越冬栖息地和繁殖地。大型石化基地的布局无疑将对附近的自然保护区带来严重威胁。一旦发生大面积的原油泄漏或爆炸，对附近的自然保护区将会是一场毁灭性的灾难。

为避免石化企业高污染对居民的影响，以及降低高危害性的风险事故的损失，石化项目一般应建在荒地、滩涂、盐碱地等人烟稀少的地方。然而，随着经济的快速发展和快速城市化，城区范围不断扩大，居民区逐渐包围石化园区，很多石化企业离居民区已不足 5 km。如南京“7·28”爆炸企业的位置恰好位于三块比较集中的居民区中间，化工原料乙炔储罐距周边居民区不足 100 m。南京“7·28”爆炸如果不是发生在市区，造成的人员伤亡和财产损失就会大大降低，引发社会恐慌的程度也不会如此严重。

居民区包围石化园区，一方面有地方政府注重经济利益而忽视选址的原因，另一方面，也有历史原因。在计划经济时代，石化企业的选址遵循远离水源地、居民

区，同时兼顾员工生活，大多修建在城郊。近年来，随着我国快速城市化，原来的郊区逐渐被纳入市区，新建的居民区不可避免地与石化企业相互交织。此外，还有一些企业建设初期是合理的，随着发展规模扩大，风险性增加，与城市的功能发生了冲突。目前，虽然地方政府已经认识到了这种风险和危害，但高昂的费用导致地方政府对企业的搬迁并不积极。

（三）石化产业基地的资源环境承载力不足

石化产业是高能耗、高污染行业，即使采用国际上最先进的技术也难以做到零排放，因此，石化产业的布局既对区域环境容量有较高的要求，同时也要求项目所在地远离生态环境敏感目标。但是目前我国一些石化项目不顾资源环境承载力，盲目沿海、沿江、沿河全线布局。

以环渤海为例，2007 年，环渤海沿海地区社会经济发展总体上已超出了本地资源环境综合承载能力的 37%，特别是滨海新区、盘锦和营口。其中盘锦、营口、锦州三个地市均受到水环境容量、近岸海域环境容量的制约，滨海新区和沧州大气污染物和水污染物排放量均超过环境容量，东营、潍坊的氨氮、二氧化硫普遍超出了环境容量。这些地市同时已建和规划大量石化项目，全国的七大石化基地有三个分布在该区域（见图 1），据估算，到 2020 年，环渤海原油加工量将比 2007 年增加 1.6 倍，达到 2.1 亿 t，乙烯达到 1 300 万 t 的生产能力，千万吨炼油、百万吨乙烯的大型炼化项目环围渤海的局面逐渐形成，大规模石化项目的建设带来的污染排放将进一步加剧该区域环境质量的恶化。

这种不顾资源环境承载力，盲目布局石化项目的现象在沿海其他区域也普遍存在。在海西区规划布局石化基地的七个海湾中，三沙湾、罗源湾和东山湾均属腹大口小的海湾，区域海水水动力不足，海域的自净能力差，对污染物质和营养物质的输入敏感，污染物容易在湾内累积。三沙湾和东山湾生态环境敏感，生态功能重要，海域的自净能力较差，布局大型石化基地，即使基地污水实施湾外排放，产业基地带动周边城镇发展将增加大量城镇生活污水湾内排放，基地排放的有毒有害污染物随地表径流排入周边海域，也将对海域生态环境造成累积性不良环境影响。同时，环三都澳及罗源湾周边大部分地区被山地丘陵所包围，且海拔较高，湾内近地面风速明显低于湾外地区，使得该地区大气扩散稀释能力较弱。

二、我国石化产业发展带来的生态环境风险

重化工业沿海、沿江、沿河布局，可以更有效地利用资源、缩短运输距离，节省运输成本，这是大势所趋。但石化产业也是高能耗、高污染产业，即使采用国际上最先进的技术也难以做到零排放，大规模石化项目布局带来大量的污染物排放，其环境污染和累积性生态风险不容忽视。此外，在生产和运输过程中，原油和化工

原料等有毒有害物质的泄漏等突发环境风险也常常发生。石化产业发展的人口集聚效应也会增加区域的资源环境压力。石化产业的分散布局又会进一步加大生态环境风险。

（一）石化产业分散布局加剧了突发环境事故风险的危害

原油泄漏导致大面积的海洋污染被国际上公认为是生态灾难。溢油中的多环芳烃属于持久性环境荷尔蒙污染物，具有高毒、持久、长距离迁移和高生物蓄积性等特点，具有致癌性、致突变性，对人类健康造成的危害严重而持久。溢油事故一旦发生，几乎不可能彻底清理油污，只能依靠海洋自身的修复能力，由于近海海域的自身修复作用非常有限，原油泄漏造成的影响非常复杂，从物理、化学到生物的恢复周期来看，完全消除影响需要七八年甚至更久。原油泄漏对海洋环境、野生动物和养殖资源等都将会造成严重危害，如 2010 年 4 月 22 日发生的墨西哥湾原油泄漏事故已造成 9 900 km^2 海域污染，鱼类、鸟类、珊瑚和哺乳动物等数十个海陆生物物种受到原油威胁，已有 700 多只鸟因油污死亡；7 月 16 日发生的大连新港原油泄漏事故已造成污染海域 430 km^2，其中重度污染海域面积约 12 km^2，事故附近海面形成了厚达 20 cm 的油污。

沿海全线布局石化企业，原油运输将在各个海域进行，泄漏的风险不可避免地要增加，同时危害范围也将进一步扩大。此外，大型石化基地储运物品也多为有毒、难降解的化学品，其泄漏事故具有毒性大、环境污染严重等风险。如海西区在瓯江口、环三都澳、罗源湾、兴化湾、湄洲湾、东山湾、汕潮揭均规划布局石化、油气储备等有大量油品、化学品物流运输等重点产业。随着港口建设及临港工业开发，码头航运的事故风险概率会随之增加，一旦发生油品、化学品溢漏事件，将对湾内及周边生态环境造成较大影响，特别是对海洋生态敏感区的危害重大。东山湾古雷石化基地在规划排污口时，已充分考虑到周边生态环境的敏感性，将其设置在湾外，可以有效避免石化废水事故排放的环境风险，但是石化基地依托的港口设置在湾内，航道紧邻湾内敏感的东山省级珊瑚自然保护区，一旦在运输、装卸过程中发生原油及有毒化学品的泄漏事故，将直接影响东山湾敏感的海洋生态环境，加大区域生态风险。东山湾码头航道溢油事故环境风险模拟预测表明，一旦发生溢油事故，东山珊瑚礁试验区、东山湾养殖科研试验区都会受到影响。码头船舶溢油在潮流与风的叠加作用下，低潮时刻溢油 3 h 后可影响到东山珊瑚保护区。在古雷航道和东山支航道交会处航道发生溢油，高潮时刻溢油 2 h 即可影响到东山珊瑚保护区边界。

（二）石化产业分散布局增加污染物排放，加剧赤潮、灰霾等累积性生态环境风险

目前，我国已形成 17 个千万吨级炼油基地，主要沿海、沿江、沿河布局，炼油基地周边海域（水域）生态环境日趋下降，如广东大亚湾石化园区。广东大亚湾石化园区规划面积 27.8 km^2，2006 年 11 月，中海壳牌 80 万 t 乙烯项目投产运行，2009 年 3 月，中海油 1 200 万 t 炼油及其配套项目投入试运行。尽管大亚湾石化区实行集中供热、污水集中处理，且清洁生产水平已经达到国际先进水平，但生产运行中产生的大量废气、废水等污染物，对大亚湾区的环境质量还是产生了一定的影响。根据《惠州大亚湾区近期发展规划环境影响报告书》，石化区的开发建设除了对区域的环境空气质量产生影响外，也对石化区污水排放口三角洲附近海域的环境质量产生一定程度的影响。

石化产业的高速发展同时还会带来中下游产业的发展和人口的集聚，进一步加剧水资源和水环境压力。杭州湾北岸化工石化集中区分布有上海石化和上海化工区，上海石化规划面积 9.7 km^2，拥有炼油能力 880 万 t/a、乙烯生产能力 85 万 t/a，其工艺技术达到国内先进水平；上海化工区规划面积 29.4 km^2，拥有乙烯生产能力 120 万 t/a，其工艺技术达到国际先进水平。两大化工园区的建设，带动了周边城镇的快速发展，区域环境问题也日益显现。根据《上海市杭州湾北岸化工石化集中区区域环境影响报告书》，近十年来，近岸海域氨氮、活性磷酸盐、化学需氧量、石油类、铜、锌、总镉和挥发酚等大部分水质指标的浓度有所增加。其中，活性磷酸盐、铜和锌浓度的增加幅度较大，活性磷酸盐的增加幅度为 4～8 倍；重金属铜和锌增加幅度为 3～10 倍和 3～15 倍。生物多样性明显降低，评价海域生物体（虾类）镉、铜和锌残留量呈现出明显的上升趋势，2006 年分别为 1997 年的 9.4 倍、2.8 倍和 1.4 倍；挥发酚残留量的增幅也很明显，2006 年为 1997 年的 6.4 倍。

临海石化产业的高速发展导致入海污染物种类和数量迅猛增长，海域污染事故风险因素持续增加，近海渔业资源将遭到大面积破坏，有毒重金属的海洋生物累积效应进一步放大。石化产业布局分散，不利于污染物的集中处理，一些小石化项目的清洁生产水平不高，污染物的处理程度不够，进一步增加污染物的排放量，长期来看，将会加剧赤潮、灰霾等累积性生态风险。在海域自净能力差、环境敏感海湾布局大型石化，累积性的不良环境影响会更加显著。

根据国家海洋局的监测报告，2008 年，我国近岸海域总体污染程度依然很高，全海域未达到清洁海域水质标准的面积约 13.7 万 km^2。污染海域主要分布在辽东湾、渤海湾、莱州湾、长江口、杭州湾、珠江口和部分大中城市近岸局部水域。全年发生赤潮 68 次，累计面积 13 700 km^2。赤潮发生次数较 2007 年明显减少，但累计面积比 2007 年增加 2 100 km^2。

（三）石化项目沿海布局带来大面积围填海，导致自然岸线丧失、生境破坏

随着石化产业在沿海地区大范围布局，带来用地规模增加，而有限的沿海滩涂湿地难以满足建设需求，继而需要通过围海造地增加建设用地。围海造地不仅使人工岸线长度大大增加，还将导致海域面积缩小，区域水动力条件发生改变，纳潮量下降，湾内水体交换能力削弱，从而影响了入海污染物的稀释和扩散能力，最终导致湾内环境容量降低。在可行工况的围填海方案下，据测算，福建省的三沙湾、湄洲湾和东山湾湾内化学需氧量环境容量将分别下降5.3%、6.6%和3.2%。

此外，围填海还将导致沿海生境退化、破碎、生物多样性减少和海洋生态风险凸显，海陆交汇带生态脆弱性加剧。海湾开发和围填海工程不仅会使海湾发生赤潮的风险加大，还可能改变原有的海水动力场，使潮流携带泥沙在港内淤积，进而导致潮间带底栖生物物种多样性、栖息密度及生物量明显降低，海陆交汇带生态系统脆弱性加剧。不合理的海岸带开发和沿海滩涂植被的破坏将增加海岸侵蚀和海水入侵风险，加大土壤盐渍化程度和范围，近岸海域盐分不断升高、水质进一步下降。

海洋局连续五年的监测结果表明，我国近岸海域生态系统基本稳定，但生态系统健康状况恶化的趋势仍未得到有效缓解。西沙珊瑚礁生态监控区内的珊瑚礁生态系统和雷州半岛西南沿岸生态监控区内的珊瑚礁生态系统处于亚健康状态。主要海湾、河口及滨海湿地生态系统处于亚健康和不健康状态，锦州湾、莱州湾、杭州湾和珠江口生态系统处于不健康状态。影响我国近岸海洋生态系统健康的主要因素是陆源污染物排海、围填海活动侵占海洋生境等。

三、生态环境风险防范对策

我国石化产业布局不合理加剧了生态环境风险，也决定了环境事故频发现象难以从根本上杜绝。这与一些地方在经济快速发展过程中盲目追求经济增长速度，忽视环境安全和环境保护分不开，但根本原因在于目前地方主导产业布局的力量强大，国家整体性调控的力量薄弱。因此，协调生产力布局的整体性与地方发展意愿的关系显得尤为迫切。同时，还与我国责任追究机制不完善，规划的法律效力不够有关，导致一些地方没有按照产业规划或城市功能规划布局石化项目，存在着领导“拍脑袋”决策现象。此外，还与政府和企业的环境风险防范意识有关。为此，应统筹规划，集中布局；加强协调，统一监管；完善应急机制，降低风险。

（一）统筹规划，集中布局

我国目前面临的环境污染问题大多是布局性和结构性问题，主要源于在工业化和城市化快速发展时，在宏观决策和整体规划上较少考虑环境与资源因素。因此，

有必要对全国石化产业进行统筹规划，对石化产业的整体布局进行反思，在充分考虑资源环境承载力的基础上，与主体功能区划相结合，利用沿海、沿江布局石化产业运输便利等优点，在沿海集中布局两到三个石化产业基地，并做大做强，其他区域严禁规划和新建石化项目。对于石化基地的选择，应根据石化行业发展规划及各大石化集团发展规划环评中关于新布点的原则，切实考虑到石化企业事故发生对大江大河、饮用水水源、集中居民区、自然保护区等环境敏感目标的影响。根据先进地区石化产业环境管理经验以及经济带城市发展特征，要求石化产业基地外延 5 km 范围内不得新建集中居住区，不能有自然保护区、风景名胜区等环境敏感保护目标。在石化企业的布局中，还要具有前瞻性的战略眼光，要把企业的布局与城市未来的空间发展结合起来，避免出现本来建在偏远地段的企业，在未来几年后又面临着与城区相融的尴尬。

在石化行业统筹规划的基础上，对全国的石化企业进行清理整顿。对不符合国家最新产业政策指导目录的石化企业，实施关停并转；对于布局不合理的，如包围居民区、紧邻自然保护区等生态敏感目标的石化企业，实施逐步搬迁；对于包围居民区且企业规模庞大，搬迁成本过高的石化企业，从城市长远发展和市民安全、安定角度考虑，可以采取一些有针对性的措施逐步解决因布局而形成的诸多问题，如对居民区进行搬迁或者由政府出资对企业实施搬迁。同时，在房地产政策上进行倾斜，鼓励开发商在石化区以外的土地中进行开发，而对石化区内的房地产开发进行一系列的限制；对原有企业布局和新建项目进行合理的规划和调整，坚持园区化、集聚式发展。

（二）加强协调，统一监管

为能够严格执行全国石化产业规划，必须要在科学发展观的引领下，坚持“局部服从整体，开发服从保护，承载引导布局，环保优化发展”的原则，处理好产业发展的整体性与地方发展经济积极性的关系，强化国家的调控力度和机制。为此，需要建立配套的责任追究制度，除纳入国家石化产业发展规划的布局点外，要严格限制地方布局石化产业，对于未能严格执行国家石化产业规划的，对相关人员进行责任追究。

同时，要建立区域的协调和联动监管机制，加强区域和流域间的统一监管。要打破行政界线，逐步建立统一有效的权威性区域、流域协调机构。要全面加强从海洋到河流，从入海口到流域上游地区的风险源监控，并把陆地风险源监控、流域水资源与水环境综合管理，以及近岸海域环境保护有机结合起来。同时，地方政府应协调各部门积极配合，形成合力，加强上下部门和同级部门间的联动，加大对地方的监管力度。

此外，还要加强对企业的监管。在科学安全环保的规划布局之外，只有依赖监管制度和增强企业的安全自觉意识，才能尽可能消除石化行业的危害。由于建立防控装置投入较高，一些石化企业仅仅盯着企业效益，存在侥幸心理，缺少加大环保设施投入的积极性，这是导致石化行业污染事件频发的一个重要根源。对于高危行业的企业来说，必须强化防控投入的理念，把安全生产和生态环保问题放在经济效益之前，确保安全第一；必须建立更严格的检查和监督机制，堵塞安全生产中可能存在的漏洞。这需要进一步提高化工企业领导者的责任意识和大局意识，同时政府也应该研究制定相应的政策措施，从制度上保障企业树立防控理念。

（三）完善应急机制，降低风险

目前国内高危行业的应急事故处理预案基本上都是框架性的，往往都需要依据现实情况进行现场处理，常常延误了时机。应该建立一个类别化的危险化学品应急事故处理预案，区分不同污染源的性质，制定出几类相应的处理预案。对于石化等影响巨大的高危行业，应该对应急预案进行细化，力求考虑到每个细节，尤其是在事故处理中，对原油泄漏、油品爆炸等各种可能都要充分考虑，事故处理环节，要同时开展防止次生事故发生的工作。每个高危企业也要制定一套针对本企业的应急处理预案，充分考虑本企业在布局、设施、产品等方面的特殊性，拿出可具体操作的细化的应急预案，并纳入应急预案的长效体系之中。

此外，还应建立健全海洋灾害应急预案体系和响应机制，全面提高沿海地区防御灾害能力。设立环境污染事故应急队伍，建设污染事故应急处理设施和工程，防范和处理环境污染事故；特别针对海上溢油事故、水源污染事故，建立多部门联动的综合预警和应急机制，确保沿海地区环境质量安全。建设完善海洋领域应对环境污染观测和服务网络，开展对海洋水环境变化的分析评估和预测。

（2010 年 10 月）

我国火电行业节能减排面临的挑战及对策建议

多金环　李继文

摘　要：火电行业二氧化硫排放量占全国总排放量的43%左右，氮氧化物排放量占38%左右，二氧化碳排放量占50%以上，火电行业是节能减排的重点领域。通过对火电行业节能减排现状的分析，并结合火电行业节能减排面临的挑战，提出了大力发展清洁能源、优化电源结构、积极发展冷热电多联产、加强环境管理等对策建议。

主题词：环保　火电行业　节能减排　对策建议

节能减排是贯彻落实科学发展观、构建和谐社会的重大举措，是建设资源节约型、环境友好型社会的必然选择。火电行业二氧化硫排放量占全国总排放量的43%左右，氮氧化物排放量占38%左右，二氧化碳排放量占50%以上。火电厂供电标准煤耗每降低1 g/（kW·h），全国就可以节约300万t标准煤，因此，火电行业是节能减排的重点领域，火电行业节能减排工作具有重要的现实意义。

一、火电行业节能减排现状

（一）火电装机情况

近年来，我国电力装机容量快速发展。截至2009年年底，全国发电装机容量达87 409万kW。其中，火电装机容量65 107万kW（煤电装机约59 889万kW），占总容量的74.49%；水电19 629万kW，占22.46%；核电908万kW，占1.04%；风电1 760万kW，占2%。与2005年相比，火电装机容量增长66%，水电增长67%，核电增长33%，风电增长16倍。

在电力装机快速发展的同时，电源结构得到进一步优化，火电装机比重有所下降，单机容量大幅提高。2009年火电在电力装机容量中的比重比2005年下降1.2个百分点。30万kW及以上火电机组占全部火电机组的比重从2000年的42.67%提高到2009年的69.43%，火电机组平均单机容量从2000年的5.40万kW提高到2009年的10.31万kW。

（二）火电行业节能减排情况

火电行业节能减排措施顺利实施，脱硫机组所占比例大幅上升。2005 年全国燃煤电厂烟气脱硫机组容量仅为 0.53 亿 kW，占煤电机组的比例约 14%。到 2009 年全国燃煤电厂烟气脱硫机组容量达到 4.7 亿 kW，占煤电机组的比例为 78%。“十一五”前四年全国已累计关停小火电机组 6 006 万 kW，提前完成关停小火电机组 5 000 万 kW 的任务。

火电行业“十一五”减排任务提前一年完成。2009 年，电力行业二氧化硫排放量为 948 万 t，提前实现了到 2010 年二氧化硫排放量控制在 1 000 万 t 以内的目标，供电标准煤耗从 2005 年的 370 g/（kW·h）降至 2009 年的 340 g/（kW·h）。氮氧化物减排工作也开始实施，全国已投运烟气脱硝机组容量接近 5 000 万 kW。

二、火电行业节能减排面临的挑战

“十一五”期间，火电行业在节能减排工作中取得了明显成效，随着经济发展和人民生活水平的不断提高，对环境质量全面改善的要求也越来越高，除二氧化硫外，氮氧化物减排也将在“十二五”提上日程，国际社会对减少二氧化碳排放的呼声日渐高涨，火电行业节能减排面临着新的严峻形势和压力。

（一）火电装机容量持续增长给减排工作带来严峻挑战

近年来，我国电力装机容量快速增长，从 2002 年年底的 3.57 亿 kW 增加到 2009 年年底的 8.74 亿 kW，增长 1.4 倍，其中，火电装机容量增长 2.3 倍。2009 年，全国人均用电量为 2 730 kW·h，但是，与世界发达国家相比，我国人均用电量仍处于较低水平。2006 年，美国、日本、韩国、英国的人均用电量分别为 13 515 kW·h、8 220 kW·h、8 063 kW·h、6 192 kW·h，分别是我国 2009 年人均用电量的 5 倍、3 倍、3 倍、2.3 倍。

“十二五”期间，我国电力需求仍将保持较快增长态势。根据中国电力企业联合会预测，按年均 7.5%增长，到 2015 年，全社会用电量将达到 5.6 万亿 kW·h，电力总装机容量将达 13.5 亿 kW，其中，火电装机容量将达到 9 亿 kW 以上，比目前新增 2.5 亿 kW。即使新增火电机组全部安装脱硫设施，二氧化硫排放量还将增加约 80 万 t/a。目前全国燃煤电厂安装烟气脱硫设施的机组已达到 78%，关停的小火电机组达到 6 006 万 kW，约占火电机组总装机容量的 10%，火电行业减排的空间越来越小。

（二）产业结构和能源结构不合理导致节能目标实现难度较大

产业结构不合理是我国能耗高的主要原因。据测算，2005 年全国第三产业万元增加值能耗为 0.474 t 标准煤，第二产业为 2.135 t 标准煤，是第三产业的 4.5 倍。目前我国第二产业增加值比重为 46.8%，第三产业增加值比重为 42.6%，而世界发达国家第二产业比重在25%左右，第三产业比重在70%左右。

我国电力装机以煤电为主，由于煤炭发电效率低，而且治理燃烧过程中产生的污染物时要消耗额外的电能，因此，煤炭发电效率要远远低于天然气发电效率。数据表明，燃煤火力发电机组效率最高仅为41.9%～45.3%，而燃气轮机联合循环发电的效率最高可接近 60%。目前我国煤电占电力装机容量的 69%，天然气发电仅占2.7%，而美国煤电占32%，天然气发电占39%。

产业结构不合理和能源结构的特性加大了“十一五”万元GDP能耗降低20%目标实现的难度。据统计，2009年全国化学需氧量和二氧化硫排放总量分别为1 277.5万t和2 214.4万t，与2005年相比分别下降9.66%和13.14%，二氧化硫减排10%的目标已提前实现，化学需氧量减排目标也有望如期实现。但是，全国万元GDP能耗为1.077 t标准煤，比2005年下降了15.6%，离实现目标还有较大差距。

（三）推进大气污染联防联控工作给火电行业节能减排带来新的挑战

近年来，我国一些地区酸雨、灰霾和光化学烟雾等区域性大气污染问题日益突出，严重威胁群众健康。为此，国务院办公厅转发了环境保护部等部门《关于推进大气污染联防联控工作改善区域空气质量的指导意见》（以下简称《意见》），从当前控制二氧化硫排放为主，转向全面削减大气污染物排放，重点控制二氧化硫、氮氧化物、颗粒物、挥发性有机物等污染物。其中，火电行业将面临氮氧化物污染物减排的重任。

《意见》要求建立氮氧化物排放总量控制制度。新建、扩建、改建火电厂应根据排放标准和建设项目环境影响报告书批复要求建设烟气脱硝设施，重点区域内的火电厂应在“十二五”期间全部安装脱硝设施，其他区域的火电厂应预留烟气脱硝设施空间。但与脱硝相关的政策目前还不配套，没有出台类似脱硫电价补贴的政策以弥补脱硝增加的成本。

（四）二氧化碳减排任务艰巨

根据国际能源组织（IEA）2007 年的统计数据，我国燃煤排放的二氧化碳为 51.4亿t。其中，火电排放的二氧化碳占50%以上。为应对全球气候变化，我国政府决定到2020年，单位国内生产总值二氧化碳排放比2005年下降40%～45%，火电行业面临着巨大的二氧化碳减排压力，目前由于火电行业碳捕集和利用技术尚不成熟，碳减排主要还是通过节能降耗实现。

三、对策建议

（一）大力发展清洁能源，优化电源结构

2009年，我国能源消费总量约31亿t标准煤。其中，煤炭占68.7%，石油占

18%，天然气占 3.4%，非化石能源所占比例仅为 9.9%。到 2020 年，我国水电装机达到 3 亿 kW 以上，核电投运装机达到 6 000 万～7 000 万 kW，风电、太阳能及其他可再生能源利用量达到 1.5 亿 t 标准煤以上，方能实现非化石能源占一次能源消费比重达到 15%左右的目标，因此，必须大力发展可再生能源、积极推进核电建设。

目前我国核电装机容量占全国的 1.04%，远远低于目前 17.1%的世界平均水平，大幅提高核电比重，核电替代部分煤电，对优化能源结构、减少燃煤火电污染具有重要意义。但从安全管理和靠近能源消费中心的角度考虑，核电布局不宜过度分散，核电站应该主要建在东南沿海经济发达地区。

（二）尽快颁布实施新的火电厂大气污染物排放标准

《火电厂大气污染物排放标准》自 2003 年修订以来在控制火电厂大气污染物排放方面发挥了重要作用，但是，随着管理水平和污染防治技术的提高，目前新建火电项目二氧化硫排放浓度基本上都控制在 200 mg/m^3 以下，而现有的排放标准为 400 mg/m^3，建议通过修订标准适当加严二氧化硫排放标准。此外，氮氧化物由于排放标准过于宽松，又没有实施总量控制，新建机组只需采取低氮燃烧技术，无须上烟气脱硝就可以达标排放，建议尽快修订现有氮氧化物排放标准，以推动“十二五”氮氧化物减排工作。

（三）严格执行环境影响评价和“三同时”制度

环境影响评价制度在严格环境准入、推动火电机组“上大压小”实现“十一五”减排目标方面发挥了重要作用，为节能减排工作的顺利实施提供了有力保障。五年来，通过环境影响技术评估的火电项目共计 492 个，有 70 个项目由于选址不合理、减排措施不到位、二氧化硫总量指标来源不落实等原因被退回或暂缓审批。建议进一步加大环评执法力度，加强对火电项目“三同时”落实情况的监管，确保环评审批的要求能逐一落到实处。

（四）关停分散供热小锅炉，积极发展冷热电多联产

分散供热小锅炉由于规模小，缺乏有效的污染治理措施，污染物排放量大。实施热电联产集中供热，不仅能提高机组效率，而且通过采取除尘、脱硫、脱硝等措施，可以大幅减少污染物排放量，改善区域环境质量，建议新增火电机组以热电联产机组为主。发展冷热电多联产是火电行业实现节能减排的有效途径。目前国内最先进的超超临界燃煤火电机组热效率只能达到 45%，而冷热电联产机组的热效率可达 80%以上。冷热电多联产机组一方面能够提高能源利用效率，另一方面能够有效减少污染物排放。

（五）制定脱硝管理办法和优惠电价政策

“十一五”期间，我国在控制二氧化硫排放方面取得了成功的经验，建议火电厂脱硝充分借鉴脱硫的管理办法和电价补贴政策，制定和实施火电行业氮氧化物排污交易管理办法、火电厂脱硝设施建设运行管理办法，完善氮氧化物排污费征收政策，使氮氧化物排污收费标准不低于治理成本，将燃煤机组脱硝成本计入电价。

（六）研究二氧化碳减排技术

单位标准煤燃烧产生的二氧化碳是等标量石油的 1.3 倍，是等标量天然气的 1.7 倍，我国能源结构以煤为主，因此二氧化碳排放强度较大。按汇率法和不变价美元计算，2008 年我国万美元二氧化碳排放量为 26.5 t，是世界平均水平的 3.4 倍，是日本的 9.8 倍、德国的 6.5 倍、巴西的 5.2 倍、美国的 4.8 倍。

目前，烟气二氧化碳捕集示范装置虽然在个别燃煤电厂得到应用，但是高昂的建设成本制约了二氧化碳捕集装置的广泛应用，如何有效地将捕集的二氧化碳进行利用或封存在技术上也还存在困难。建议国家出台相关政策，加大碳捕集技术科研力度，降低运行能耗和投资成本，解决二氧化碳的封存或利用。

（七）尽快开展汞污染控制研究

2009 年我国煤炭消费量约为 30 亿 t，按汞含量平均 0.22 mg/kg、煤炭燃烧后 64.0%～78.2%的汞排入大气计算，如果不进行控制，每年将有 420 多 t 汞排入大气。2000—2009 年全国煤炭消费量年平均增长速度为 10%，累积向空气中排汞量约为 2 800 t。鉴于重金属的危害性和累积特点，建议尽快开展火电行业汞污染调查和控制研究。开展基础数据统计分析，测定煤质中汞含量和烟气治理各环节中的汞浓度，分析汞在煤炭燃烧过程中的转化以及除尘、脱硫、脱硝对汞的去除效率。有针对性地进行脱汞技术研究，在试点基础上逐步推广。

（2010 年 10 月）

水泥行业 CO_2 减排面临问题及其环境管理对策建议*

崔 青 陈 帆 刘 杰

摘 要：我国水泥行业 CO_2 排放量约占全国总排放量 17%，是 CO_2 减排最为重要的工业领域之一。在总结分析水泥行业 CO_2 排放现状及趋势的基础上，梳理了水泥行业 CO_2 现行主要减排手段，识别了其减排面临的主要困难和问题，结合现行环境管理体制，提出了解决现存问题的环境管理对策与建议。

主题词：水泥行业 CO_2 排放控制 环境管理 对策建议

气候变化已成为全球必须面临的环境问题，将对社会经济、自然环境产生长期且深远的影响。联合国政府间气候变化专门委员会指出，温室气体（GHG）含量迅速升高很可能是全球气候变化最为主要的原因，其中 CO_2 贡献率最大，占 50%以上。我国政府高度重视 CO_2 减排工作，在 2009 年 12 月哥本哈根气候变化大会领导人会议上郑重承诺："到 2020 年单位国内生产总值 CO_2 排放比 2005 年下降 40%～45%"。可见，有效控制温室气体，特别是 CO_2 已经成为我国发展经济、改善环境不可回避的重要议题。

就全球而言，水泥行业 CO_2 排放量约占人为 CO_2 排放总量的 5%。但由于我国水泥产量超过世界水泥总产量 50%，2009 年行业 CO_2 排放量约 8.4 亿 t，约占全国 CO_2 排放总量的 17%。可见，水泥行业是我国 CO_2 排量最大的工业领域之一，其节能减排工作一直是社会关注的重点。20 世纪 90 年代，我国对水泥行业提出了"四零一负"（对生态环境零污染，对外界电能零消耗，"三废"零排放，天然矿物燃料零消耗，废弃物负增长）的战略目标，对控制行业 CO_2 排量大幅增长起到重要作用；2007 年《中国应对气候变化国家方案》明确提出"最大限度减少水泥产品生产和使用过程中 CO_2 等温室气体排放"的要求。近年来，国家进一步加大了水泥行业节能减排力度，将其列为国家重点节能减排行业及第一批中国终端能效（EUEEP）项目。在此背景下，我国颁布了《水泥行业准入条件》（工原[2010]第 127 号）等系列法规，客观上促进了行业 CO_2 减排。但受发展阶段、技术水平等限制，我国水泥行业 CO_2 减排形势依然严峻。为此，总结水泥行业 CO_2 排放现状并分析其趋势，识别 CO_2 减排控制面临的主要问题，基于现有环境管理体制探讨解决当下问题的

* 本报告由国家环保公益性行业科研专项经费资助（200909020）。

对策与措施，将为制定水泥行业 CO_2 控制相关管理政策，推进环境管理参与温室气体控制等提供必要支持。

一、水泥行业 CO_2 排放现状与趋势分析

（一）水泥行业 CO_2 排放现状

水泥行业 CO_2 排放具有不同于其他行业的显著特点。一方面，水泥工业是我国能源消耗最高的行业之一，且能源消耗以煤炭为主。有资料显示，煤炭在水泥行业能源消费结构中的比重高达 80%以上。另一方面，水泥行业是生产过程中 CO_2 的最大非能源利用排放源。水泥生产以石灰石为主要原材料，在熟料制备过程中将分解产生大量 CO_2。由于水泥行业有两方面的 CO_2 释放源，已经成为单位产品 CO_2 排量最高的行业之一。2005 年，我国水泥行业万元产值 CO_2 排放量 21.6 t，为全国平均水平的 7.5 倍；2009 年万元产值 CO_2 排量 14.7 t，为全国平均水平的 5.9 倍。

我国是世界上水泥生产第一大国，总产量已连续 20 年居世界第一，目前产量已经超过全球总产量 50%。与之对应，我国水泥行业 CO_2 排放量也一直居世界第一位，是世界水泥行业 CO_2 排放比重（水泥行业占全球 CO_2 排放量的 5%～8%）的 3 倍左右。我国各省（直辖市、自治区）均建有水泥企业，其中长三角、珠三角和环渤海等经济高速发展地区水泥产量高、消费量大，是 CO_2 排放量较大地区。有资料显示，山东、江苏、河北、辽宁、浙江、河南、广东、山西 8 个省水泥行业 CO_2 排放量之和相当于全国水泥行业 CO_2 总排放量的 60%左右。

（二）水泥行业 CO_2 排放趋势

在国家节能政策强力推动下，水泥行业综合能耗逐年降低，CO_2 排放得到有效抑制，万元产值 CO_2 排放量在 2005—2009 年下降了 32%。根据《建筑材料工业“十二五”发展指导意见》，预计到 2015 年我国将基本完成淘汰水泥落后产能任务（2.5 亿～3 亿 t），新型干法熟料比重将由 2010 年的 85%提高到 95%，万元工业增加值 CO_2 排放量将降低 18%。

另一方面，水泥产量将随经济发展继续逐年增长①。改革开放以来我国经济一直保持快速增长，水泥产量逐年较快增加。根据相关研究，未来 10～20 年我国水泥行业产量及其能源消费仍将持续增长（见图 1）。预计“十二五”末全国水泥产量将达到 22 亿 t。由于水泥行业规模扩张速度大大超过单位水泥产品 CO_2 减排速度，水泥行业 CO_2 排放总量呈持续增加趋势。2009 年水泥行业 CO_2 排放量较 2005 年增加 45%（见图 2），且在未来 20 年仍将维持持续增加趋势。因此，水泥行业 CO_2 的减排的形势依然严峻。

---

① 孙玲. 未来中国水泥发展形势分析及预测. 2007。

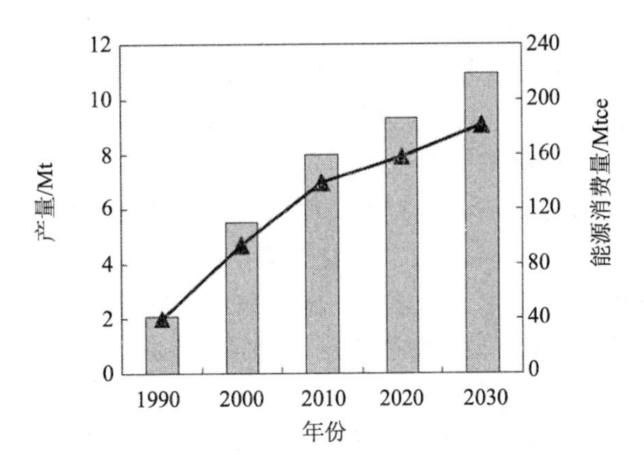

图 1 我国未来水泥产量和能源消费预测

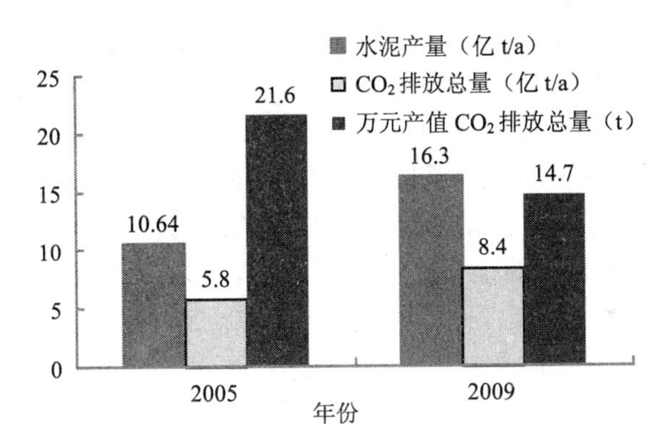

图 2 水泥工业产量、万元产值 CO_2 排放趋势

二、我国水泥行业 CO_2 控制现状及存在问题

（一）我国水泥行业 CO_2 控制现状

能源消耗和生产原料分解是水泥行业 CO_2 排放的主要来源，与之对应，节能、利废是当前水泥行业最主要的 CO_2 控制手段。

1. 推进节能工艺，推广余热发电，降低能耗型 CO_2 排放

新型干法工艺采用预分解窑、新型粉磨等技术可使水泥生产热耗和电耗比传统工艺降低 50%和 20%，CO_2 排放量降低 15%左右。依据《水泥工业产业发展政策》《水泥工业发展专项规划》（发改工业[2006]2222 号）以及《关于加快水泥工业结构调整的若干建议》（发改运行[2006]609 号）等，我国当前水泥工业发展重心为发展大型新型干法工艺。“十一五”期间共淘汰落后水泥产能（中空窑和立窑等）2.5 亿 t，相

当于减少 CO_2 排放 2 亿 t。根据《国务院关于进一步加强淘汰落后产能工作的通知》（国发[2010]7 号），到 2012 年年底我国将继续淘汰落后水泥产能 3 亿 t，可节电 270 亿 kW·h，节煤 4 200 万 t，相当于减少 CO_2 排放 2.4 亿 t①。

余热发电是水泥行业减排 CO_2 的另一重要手段，可有效提高水泥生产综合能源效率，对减少水泥生产 CO_2 排放具有积极作用，近年来得到广泛推广和应用。截至 2010 年，我国共有建设余热电站的水泥生产线 690 条，总装机容量 4 638 MW，年发电量约 294 亿 kW·h②，相当于节煤 991 万 t，减少 CO_2 排放 0.57 亿 t。

2．加强废物综合利用，开发低碳水泥，降低原料型 CO_2 排放

我国水泥产品主要为硅酸盐水泥，其熟料煅烧过程中石灰石分解将释放大量 CO_2。目前，我国主要从加强工业废弃物的综合利用和发展低碳水泥新品种两方面采取措施，以降低水泥生产原料型 CO_2 排放。

水泥产品中添加混合材料是从源头降低水泥行业原料型 CO_2 排放的重要措施。硅酸盐水泥品种多样，我国已对其生产过程中工业废弃物利用提出了明确要求[《通用硅酸盐水泥》（GB175—2007）]。据相关调查资料，2004—2005 年水泥工业共消纳利用工业废弃物 2.4 亿～2.5 亿 t，2008 年用作混合材的工业废渣约为 4 亿 t，在维持水泥产量的同时大大缩减了熟料生产规模，有效地降低了单位水泥产品 CO_2 排放水平。

积极发展低碳水泥品种是水泥行业原料型 CO_2 减排的另一重要途径。目前，我国水泥品种多样，包括硫铝酸盐水泥、高铝水泥、膨胀水泥等，虽然其生产规模较小且尚未得到广泛应用，但也为水泥行业 CO_2 减排提供了另一可能途径。如：硫铝酸盐水泥熟料 CaO 含量比硅酸盐水泥熟料低 24%，石灰石分解排出 CO_2 相应减少；熟料烧成温度比硅酸盐水泥熟料低 100℃，煤耗较低。据估算，生产硫铝酸盐水泥比生产硅酸盐水泥可减排 $CO_2$30%。

（二）水泥行业 CO_2 排放控制面临主要问题

当前，我国水泥行业 CO_2 排放控制以间接手段为主，且现有减排技术没有得到充分利用，尚面临诸多问题。

1．CO_2 排放控制目标尚未量化，管理缺乏法律依据

水泥行业在节能减排、淘汰落后产能等方面已出台大量政策，如《产业结构调整指导目录（2011 年本）》《水泥行业准入条件》（工原[2010]第 127 号）、《国务院关于进一步加强淘汰落后产能工作的通知》（国发[2010]7 号）等，对于 CO_2 减排起到了一定作用。但截至目前，直接针对水泥行业 CO_2 减排的法律、法规还处于空白状态，水泥行业及各地区 CO_2 减排量化目标尚未明确，水泥行业 CO_2 减排实际效果难以保障。

作为国家产业结构调整与节能降耗重要推手的环境保护部门，虽已针对 CO_2 减

---

① 引自《中国水泥工业发展与节能降耗和减排政策措施》刘明，2008。

② 数据来源为《中国水泥》2011 年第 7 期。

排控制技术、管理等进行了大量研究和探索，但我国环境保护法律法规未将 CO_2 纳入污染物范畴，利用现有环境管理手段对水泥行业 CO_2 排放进行管理和控制尚缺乏有效的法律支撑和依据。

2．缺乏标准化排放核算体系，CO_2排放定量评价困难

水泥行业 CO_2 排放控制管理需要科学的核算方法及评价指标。国际上主要采用《国家温室气体清单编制指南》（IPCC）推荐的方法计算。这种方法是以单位熟料为基准，首先确定各个排放源的排放系数，进而计算水泥行业 CO_2 排放量。不同国家、地区水泥行业各个 CO_2 排放源的排放系数不同。由于我国尚未颁布水泥行业 CO_2 排放核算统一方法和标准化的排放系数，致使水泥行业 CO_2 排放的定量问题一直没有解决。目前，相关工作已纳入议事日程，《环境标志产品技术要求　低碳水泥》和《水泥生产企业二氧化碳排放量计算方法》等有关标准正在研究制定中。

此外，水泥行业现行新干法熟料、余热发电、工业废弃物综合利用等措施一定程度上起到减排 CO_2 的作用，但如何科学量化各项技术措施的减排效果，是目前水泥行业 CO_2 排放管理亟须解决的问题。

3．CO_2减排技术水平有待提高，部分减排技术仍不成熟

新型干法水泥技术具有“高产、优质、低消耗”等特点，2010 年全国新型干法技术在熟料生产中的比重已达 85%。但从热耗、电耗等技术指标看，我国的新干法工艺与水泥生产技术先进的印度、日本等国家相比仍有较大差距。我国水泥行业能耗水平仅相当于 20 世纪 90 年代国际先进水平，比当前国际先进水平高出 20%～25%。

目前，我国水泥行业采取的混合水泥、余热发电等措施有效减少了 CO_2 排放，但各种技术手段应用和推广均存在一定制约（见下表）。如：利用工业废弃物作为水泥混合材料，规模有限且必须保障水泥质量；生活垃圾作为燃料技术在国际上有相对成熟的技术，但对垃圾分类要求比较高，我国生活垃圾分类水平还不足以支持；CO_2 捕集技术和生物质燃料目前还多处于前沿研究阶段，技术工艺远不成熟等。

水泥行业主要技术手段和工程措施的减排途径及其制约分析

技术手段	具体减排作用	局限和制约
生产混合水泥，采用工业废物作为混合材，减少熟料生产和用量	从源头减少熟料生产的 CO_2 排放； 消纳和利用工业垃圾，间接减少其处理的 CO_2 排放	混合材添加的比例有限，需要有长期稳定的工业废物来源，严格水泥质量的保障体系
水泥窑的 CO_2 捕集技术	末端减少熟料生产的 CO_2 排放	成本较高
工业、生活垃圾替代化石燃料	减少燃料消耗的 CO_2 排放； 消纳和利用工业和生活垃圾，间接减少其处理的 CO_2 排放	我国垃圾并未实行垃圾分类，生活垃圾作为燃料的技术难度较大
生物质燃料替代化石燃料	减少燃料消耗的 CO_2 排放；并具有一定碳汇作用	技术不成熟，造价高、争议较大
石灰石矿山复垦、绿化	增加绿化面积，一定程度上修复碳汇，间接减少 CO_2 排放	后期实施后才能考虑其减排效果

三、环境保护参与水泥行业CO_2控制的对策建议

（一）充分发挥现行的各项环境管理制度的作用

环境保护是我国的基本国策，经过多年发展已形成了较为完备的管理体系，对于水泥等行业CO_2减排起到一定作用。由此，充分挖掘我国现行环境管理政策在CO_2减排控制方面的潜力，是目前环境保护参与CO_2控制的现实途径。具体措施包括：实施严格的环境影响评价制度，严把节能环保关，促进淘汰落后产能，推进水泥生产工艺更新；推行清洁生产，发展循环经济，有效提高行业节能降耗水平，减少CO_2排放；严格实施排污许可证、“三同时”等环境管理制度，有效推进水泥企业CO_2排放控制技术发展和管理措施的建设等。

（二）积极推进水泥行业CO_2控制环保法规建设

当前，环境保护正在围绕科学发展的主题、加快转变经济发展方式的主线和提高生态文明水平建设的新要求积极探索新道路，其优化经济发展作用将日益增强。CO_2减排是当前全社会关注重点，事关自然环境、生态系统和社会经济各个方面，环境保护工作应该发挥更大的作用。为此，亟须解决环境保护参与CO_2排放控制的法律基础，即在环境保护相关法律法规中明确CO_2作为污染物的地位。

水泥行业作为CO_2排放控制和环境污染治理的重点领域，可作为试点行业首先推进CO_2排放控制环保法规建设。通过制定CO_2减排的水泥行业环境管理政策，明确我国水泥行业及各区域CO_2减排量化目标，减排技术措施的发展方向和基本要求等，为环境影响评价、污染集中控制、城市环境综合整治等环境管理制度参与CO_2减排提供政策依据。

（三）深入探讨考虑CO_2控制的水泥行业环评方法

环境影响评价是现行最为有效的环境管理手段之一，内容涉及各项环境管理制度的精髓。经过多年发展，我国环境影响评价已经具备了相对完善的评价程序、技术方法和人员队伍等。环境影响评价的实施有效促进了产业布局优化、先进工艺推广、清洁生产水平提高等，对CO_2控制作用显著，初步具备了作为CO_2控制管理手段的基础。但是，由于CO_2具有明显区别于其他大气污染物的特征，即浓度效应难以显现，同时，水泥行业又具有显著区别于其他行业的CO_2排放的特征，即原料型和能耗型排放源并重，现行大气环评技术尚不能完全适用，应进行以下几方面的研究攻关。

1. 推进行业CO_2排放评价指标及标准建设

准确确定CO_2排放强度和总量是水泥行业CO_2排放评价和控制的基础和前提。

在碳排放监测体系尚未建立的情况下，利用替代指标（如单位产值能耗等）进行核算是国际上普遍采用的手段。由于各地、各厂生产原料、工艺具体情况不同，在当前尚未准确确定科学的、差别化的计算参数之前，采用上述指标进行评价误差和不确定性较大，评价结果可比性不强。为此，应考虑水泥行业 CO_2 排放特点，研究筛选出体现 CO_2 排放水平的指标；逐步构建和充实水泥行业排放因子及其他相关参数数据库；积极推进《环境标志产品技术要求　低碳水泥》和国家标准《水泥生产企业二氧化碳排放量计算方法》建设，确定科学的评价标准。这是推进水泥行业 CO_2 排放控制的重要瓶颈，应集中力量攻克。

2．建立适合水泥行业的 CO_2 排放的评价方法

不同于其他大气污染物，CO_2 环境影响是长期、广域的，局部 CO_2 释放并不会对规划或建设项目所涉及区域空气质量造成直接的、明显的负面影响。另外，水泥行业 CO_2 排放既有能耗型排放，也有原料型排放，排放源多且复杂。现有大气环境影响评价方法对于水泥行业的 CO_2 排放不尽适合。为此，应充分考虑 CO_2 本身特点和水泥行业主要排放源的基本特征，在现行大气环境影响评价方法的基础上，积极探讨适合水泥行业 CO_2 排放的评价方法。目前，我国正在积极引入国际温室气体核算方法，如何对其改良以融入国内水泥行业环境管理是亟须解决的问题。

3．加大重要减排技术推广力度，明确其减排效果

环境影响评价具有调节器、控制闸作用，能够成为贯彻落实水泥行业 CO_2 减排政策，推广减排技术措施的有效手段。目前我国水泥行业新型干法工艺技术水平、节能降耗水平等与国际先进水平尚有一定差距，各地减排技术应用程度和发展水平存在较大差异，可通过在环评中提出“清洁生产、循环经济”等要求，努力推进落后产能淘汰和先进工艺使用，提高现有减排技术整体推广水平。建议按照新建生产线全部采用新型干法工艺、节能降耗水平达到国际先进等要求进行环评文件审批。

4．积极推进 CO_2 减排环评试点，不断积累 CO_2 排放环评经验

在 CO_2 排放源集中、具有一定经济基础的地区积极推进基于 CO_2 排放的水泥行业规划环评及建设项目环评试点，筛选并校验 CO_2 排放控制的指标体系及环评技术方法的适用性及有效性，并逐步对其进行完善。通过规划环评，分析水泥行业发展对当地 CO_2 排放总量的贡献及其减排潜力，提出宏观层面应对策略和管理要求；通过建设项目环评试点，明确水泥生产项目中 CO_2 排放源和重点控制节点，提出减排具体工程措施和技术要求。

（2012 年 2 月）

关于我国沿海港口发展建设中存在的主要环境问题及对策建议的专题报告

李海生　梁　刚　余剑锋　詹存卫　李向阳

摘　要：近年来，环境保护部环境工程评估中心在进行全国沿海港口建设项目技术评估和参与港口规划环境影响评价审查的同时，对重大港口建设项目进行了调研，发现沿海港口建设在取得各方面成绩的同时，存在部分近岸海域资源环境承载力水平下降，港口建设与生态保护的矛盾日益突出等环境问题，专题报告对此进行分析，并提出了对策建议。

主题词：沿海港口　环境问题　对策建议

近年来，环境保护部环境工程评估中心在进行全国沿海港口建设项目技术评估和参与港口规划环境影响评价审查的同时，对重大港口建设项目进行了较为系统的调研。在调研中发现，“十一五”以来，沿海港口建设速度较快，在取得各方面成就的同时，部分近岸海域资源环境承载力水平下降，港口建设与海洋生态保护的矛盾日益突出，局部海域环境风险增大，需要在今后的环境保护工作中予以重视。

一、我国沿海港口发展特点

（一）沿海港口建设高速增长，专业化水平不断提升

“十一五”期间我国沿海港口货物吞吐量增长迅速，2010 年年底吞吐量达到 56.43 亿 t，年均增长率约 12%。与此同时，沿海港口的矿石、煤炭、原油、成品油、集装箱等泊位专业化程度明显提高，专业化泊位通过能力比重由 2005 年的 41%提高到 2010 年的 49%。

（二）基本形成“五大港口群”“四大货类运输体系”

2006 年 9 月原交通部发布的《全国沿海港口布局规划》中规划了大连、上海、广州等沿海主要港口，总体上划分为环渤海、长江三角洲、东南沿海、珠江三角洲和北部湾沿海等 5 个规模化、集约化的港口群。

全国逐步形成了以北方秦皇岛、天津、青岛、日照、连云港等港口的煤炭装船

码头和华东、华南沿海公用与企业专用煤炭卸船码头构成的北煤南运煤炭运输系统；以大连、天津、青岛、宁波、舟山、湛江等港口构成的沿海原油运输系统；由大连、营口、青岛、上海、宁波、舟山、湛江等港口构成的铁矿石运输系统；以大连、营口、青岛、上海、宁波、厦门、深圳、广州等为干线港，相应支线港及喂给港组成的集装箱运输系统。

（三）“十二五”期间规划运量仍保持较高增长水平

“十二五”期间，我国沿海港口规划将新增深水泊位约 440 个，规划新增煤炭装船能力 3.1 亿 t，大型原油码头接卸能力 1.0 亿 t，大型铁矿石码头接卸能力 3.9 亿 t，集装箱码头通过能力 5 800 万 TEU。总体上，沿海港口建设呈现出较快的发展势头。

二、我国沿海港口发展建设存在的环境问题及成因分析

（一）部分港口空间布局同质化，影响资源有效利用

港口扩张占用岸线的发展模式仍显粗放，岸线集约性利用水平仍然不高，以环渤海沿海码头建设为例，码头分布较密集，按照目前发展速度，至“十二五”末该地区沿海不足 50 n mile 即有吞吐量规模过亿的大型港区。据不完全统计，评估中心 2006 年至今评估建设的煤炭、铁矿石和原油专业化码头中，1/3 的煤炭码头和原油码头项目、2/3 的铁矿石码头项目分布在环渤海沿海港口群；1/3 的原油码头项目集中分布在宁波—舟山港。

部分地方政府希望以港口经济拉动经济快速增长，港口建设大干快上，造成局部地区港口建设过热。在布局阶段存在盲目和无序竞争，在岸线利用上没有做到统筹考虑，造成了局部区域港口空间布局的不合理，突出表现为港区空间布局同质化问题，影响岸线和环境资源的有效利用，如在苏北 763.12 km 的海岸线上，自北向南密布着 9 个港口，仅江苏省盐城市就有大丰、射阳、滨海和响水 4 个港口。

（二）临港产业倚重的重化工业发展，威胁海域环境

港口大宗货物运输的优势导致临港工业成为沿海地区的经济发展重点。黄海、渤海、南海沿岸部分区域石化、钢铁等项目分布密度较高，城市的发展、重工业企业“遍地开花”的布局方式与近岸海域环保工作的矛盾日益突出，近岸海域水环境质量面临进一步恶化的巨大压力。

港口陆域污染物、船舶压载水、洗舱水和生活污水等排放总量相对临港工业和城市污染物排放占比不大，但若不能有效收集处理，也容易导致局部海域环境功能变差。填海、防波堤的建设导致水动力条件改变，对海水流场和污染物运移扩散能力也造成一定的影响。

（三）油品和石化码头数量快速增长，环境风险加大

我国是当今世界第二、亚洲第一大石油进口国，90%进口石油通过海上运输方式完成。石油化工沿海仓储密集布局、船舶运量大幅增加将使得环境事故风险水平上升，对近岸海域生态安全将造成潜在威胁。航道、港口码头、仓储罐区和靠近海域的石化企业等对海域存在潜在溢油环境风险，一旦发生陆域溢油大量入海或重大船舶溢油事故，较难控制，将严重威胁海湾的生态安全。例如，2010年大连港"7·16事故"致使大连湾约430 km^2海面遭受污染，其中重度污染区超过10 km^2。

目前重化工基地、仓储罐区等陆域事故应急体系建设由石化主管部门、环境保护主管部门监管，海上船舶应急体系的建设主要是由交通、海事部门统一安排，需要进一步探索大型石化港口码头布局的合理性，合理搭配风险应急设施，提高海域风险措施应急能力和有效性。

（四）港口建设与近岸海域生态保护之间的冲突加剧

我国近海部分地区具有良好的自然生态岸线，海洋滩涂生物资源较丰富，自然保护区等环境敏感区较多。沿海一些港口建设项目选址与近岸浅海滩涂、河口湿地、珊瑚礁、红树林等生态敏感区、自然保护区临近。港口建设占用大量滩涂、林地等自然生态用地以及大规模围填海活动导致的滨海湿地生境破坏，是近岸海域生态系统功能受损的重要原因之一。

港口开发力度的增加，将改变部分沿海自然生态岸线的功能。"十二五"时期，我国沿海港口重点开发建设的港区大多是在原有自然岸线基础上开发建设，对于沿海湿地，水生物种的保护将会受到一定影响。特别是大规模围填海造地等改变海洋滩涂、潮间带的生态结构，导致滨海湿地生境破坏，近岸海域生态系统功能受损。

（五）关键环保技术的研究和应用推进缓慢

港口行业中油品码头油气无组织排放、煤炭和矿石等干散货码头粉尘污染、船舶压载水外排等产生的环保问题较为突出，但相关环保措施的推进仍十分缓慢。

（1）油品码头油气回收系统的建设停滞不前。《国际海事组织国际油轮和油码头安全操作指南（第5版）》要求从事国际油品运输船舶均应配置油气回收标准接口，美国、荷兰、俄罗斯等国已经有码头油气回收装置案例。近年来，环境保护部在多个油品码头项目的环评批复中均明确要求安装油气回收系统，但目前国内仅中国石油大连石油化工公司新码头工程安装了一套油气回收装置，该装置目前尚处于调试阶段。

（2）煤炭和矿石等干散货码头粉尘污染治理推进缓慢。港区干散货码头作业堆

存粉尘污染较严重。国内外煤矿和电厂建成筒仓和球形仓封闭堆存煤炭等工程实例众多。环保部一直积极推进大宗干散货码头的煤炭、矿石采取封闭形式堆存的措施，要求采用筒仓封闭或球形仓封闭堆存方式。目前仅个别港口项目筒仓堆存方案进入初步设计阶段，其他项目则多在计划变更为露天堆存方式或尚无实施计划。

（3）船舶压载水生物灭活技术储备不足。2004 年，国际海事组织（IMO）通过《国际船舶压载水和沉积物控制管理公约》，要求 2016 年后所有国际航运船舶排放的压载水中，活体微生物和病原体处理要符合一定性能标准。目前我国尚未加入该公约，有关船舶压载水的基础研究和技术储备严重不足。

（4）未建立完善的港口清洁生产指标体系。在港口布局选址、资源利用效率、能源消耗水平、减量排放等方面未建立严格的港口行业环境准入机制，清洁生产水平较低的港口粗放经营的状况仍然大量存在。

（六）港口建设项目环境管理体制有待完善

（1）进一步强化规划环评技术审查和建设项目技术评估。

从目前的规划环评编制和审查过程看，港口规划环评审查时序较为滞后，未实行真正意义上的先期介入和良好互动。按照建设项目分级审批管理规定，新建港区建设项目由环保部审批，但地区重要港口和地方一般港口规划环评则分别由省级和地市级环境主管部门审查，“宏微倒挂”现象依然存在，地方规划的一些建设项目有时也会影响岸线资源的有效利用，需要有合理的制度予以规范。

港口建设项目“未批先建”“批小建大”和“偷梁换柱，规避审批”等环境违法现象较为严重：港口后方陆域先期以各种“物流园”“仓储基地”等名义经由地方批复开工建设，然后将其用地变更为港口建设项目用地；新建港区防波堤、航道以及大规模围填海等基础设施往往在港口总体规划批复前已开工建设；批复码头泊位等级低，运营靠泊等级高；煤炭、矿石等大宗干散货专业化码头泊位以通用、多用途泊位名义批复建设，建设后变更用途，装卸机械作业设备运行效率等低下，缺乏配套污染治理措施，产生的环境污染更为严重。

（2）审批后及运行期间的环境保护管理力度不足。

2008 年实施的《防治海岸工程建设项目污染损害海洋环境管理条例》已明确由环境保护行政主管部门负责港口等海岸工程建设项目的环境保护工作，相应的环境影响报告书（表）由环境保护主管部门审批。但港口建设项目所涉及的陆域污染源、船舶污染和溢油，以及海洋生态补偿和修复等分别属于环保、交通（海事）和海洋渔业等不同行政部门监管。由不同部门监管的方式造成了环境主管部门仅承担建设项目审批的责任，但却缺乏环保联合执法的机制和手段。管理权限分散导致生态补偿、船舶溢油事故风险防范等与实际审批的内容和要求难以取得一致。

港口“政企分开”后，由于船舶、码头及陆域分属海事和港口等不同行政管理部门管理，港口管理部门的环境保护职能不强，一些企业码头自身环境管理较弱，港口所属地的环境保护主管部门缺乏监管手段。总体上港口的行业环境保护管理体系尚不健全，港口运行期间环保监督和执行力度不够，甚至造成管理上的缺失空白。

执行规划力度不够，低水平建设项目有所重复等问题未能得到有效遏制。一些工程建设后，环境保护问题在竣工环境保护验收阶段才暴露出来，初步设计、施工图审查阶段环境保护主管部门参与不够，地方环境主管部门由于专业水平和管理工作范围等因素所限，往往不能对港口建设进行同期的执法检查。

重审批、轻验收的情况普遍存在，投产而不验收、未验收先投产、环评批复要求不落实等现象时有发生。由于缺少后评价工作，港口项目建成后，长期和累积性的影响在技术评估和管理要求上尚未有明确的要求。

三、对策建议

（一）加强规划引导，优化港口空间布局

完善港口群规划研究，开展沿海“五大港口群”总体规划的编制工作，对各港口群内主要港口的功能地位、组织模式、运行管理等方面进行深入分析，促进沿海港口资源整合，统筹优化港口功能和发展规模；综合运用行业规划、产业政策和投资引导等措施，保障沿海港口健康、有序发展，避免过度超前建设和恶性竞争。通过港口岸线合理配置，减少或避免大规模填海造地等生态破坏大、对海域污染产生不良累积影响的项目。

通过规划环评，统筹新港区与老港区合理分工和功能定位，合理利用和保护港口岸线资源，避免低水平重复建设。避免同类货物的港口码头过密、竞争加剧，影响岸线资源利用。重新审视地方政府关于中小型港口规划的控制要求，实行备案制并在规划中明确控制要求。从政策或者管理方式上进一步考虑公用和企业码头关于岸线资源和货物运输能力的占比关系，合理利用公共资源。

（二）加大治污力度，防止海域环境质量进一步恶化

应充分考虑陆域排污量、水体交换能力、环境承载力等多种因素，合理调整临海工业布局规划，减少污染物排放总量，生态敏感和环境承载力不足的近岸海域不宜再进行大规模的临海工业开发和港口发展建设。建议有关部门严格控制新建石化项目，在可能造成生态严重失衡的地方禁止围填海活动。

在海域水环境质量较差的地区，通过综合整治努力实现海域水环境质量的好转。坚持海陆统筹、河海兼顾，加强入海河流综合治理，改善入海河流水质。合理布局入海排污口，制定更加严格的地方水污染排放标准。港口方面要进一步加强港区陆

域污染物处理以及船舶压载水、洗舱水和生活污水接收处理，减少围填海造地，防止因交换条件变差导致水域进一步恶化。

（三）加强沿海溢油环境风险应急体系建设

进一步完善海洋环境预警机制和突发事件应对机制，修订完善相关应急预案。建议从运量、规模和布局三方面综合分析风险影响因素，结合沿海重化工工业区、石油化工品码头和仓储区等高风险行业建设现状，联动多部门、多地区建立健全近岸海域重大污染事件风险预警及应急响应制度；建立近岸海域重大污染事件通报和区域潜在环境风险评估、预警及信息共享机制；完善区域环境应急处置体系。

如溢油规模较大，港口码头依靠本身的应急设备，其控制能力是有限的，需要纳入区域性的应急体系，加强协调沟通和应急演练，降低风险水平，提高应急能力。

（四）建立港口行业环境准入机制，切实确保生态岸线

多管齐下，努力保护和修复滨海生态系统。完善与港口建设相关的技术性的政策法规，根据沿海区域海洋功能区划、近岸海域环境功能区划和港口建设清洁生产水平，制定港口行业环境准入政策。从港口建设的布局选址、资源利用效率、能源消耗水平、清洁生产水平、生态保护、主要污染物排放、治理要求等方面提出港口行业环境准入条件。切实推进“资源节约型、环境友好型港口”的建设。

在生态环境敏感区划定生态红线。建议通过近岸海域生态调查和编制生态保护规划，将区域内一定比例、一定数量的生态环境敏感区划为生态岸线，划定生态保护边界，作为港口建设和各类资源开发的“禁区”。

港口建设要尽量避免大规模围填海造地等占用大量滩涂、红树林地等自然生态岸线，减少改变海洋滩涂用地形式的行为。对于有珍稀和特殊保护物种的近岸海域，要在规划层面努力做好相关保护边界的控制。结合海洋生态监控区开展的生态监测，严格控制区域内水域和滩涂面积下降幅度。

（五）加强技术攻关工作，树立生态示范港口工程典型

对港口建设项目中突出的环境问题，针对性开展工作。建议环保部牵头，组织交通、石化等相关行业调研国外油码头装船泊位油气回收系统现状，并选择大连港、天津港、青岛港、宁波港等的主要油品港口作为试点，开展治理油码头非甲烷总烃无组织排放的相关研究；开展大宗干散货码头的煤炭、矿石采取封闭形式堆存措施的适用性和实施方案研究；加快船舶压载水生物灭活技术研究；促进港口油品储运类项目风险防范的海港总平面设计规范、石油库设计规范和环境保护设计规范的更新修订工作。

积极探索生态型港口建设模式，提升绿色港口的环保理念，制订生态港口指标体系，加快先进环保技术的推广应用，树立环保技术先进、生态和谐的“生态示范港口工程”典型，并推广经验。

（六）健全港口环保管理体系，加强全过程监督管理

1. 深入探索并不断完善港口行业环境保护管理体制

强化地方政府和港口企业的环境保护主体意识、法制意识；建立健全港口环境管理工作机制、管理方法和管理手段，明确各有关管理部门、各级环境保护管理机构的工作职责设置，以进一步提高港口行业环境保护管理工作水平。

2. 提高规划环评的权威性和严肃性

港口规划一经批准，必须严格执行。同时强化新建港区环境监管，及时清理和整顿违法违规项目，加大对隐瞒开工事实环评单位的处罚力度，依法追究相关部门和人员的责任，对不符合港口总体规划的建设项目坚决不予环评批复。

3. 注重环评审批后的监管

首先，要防止因管理权限分散带来的不利影响，强调环保联合执法的机制和手段。其次，加强施工期环境监理，狠抓过程管理。最后，以竣工环保验收为抓手，倒逼港口项目环评措施的落实，建立环评与环保验收调查报告资料数据库，搭建环评与环保验收互动的桥梁。

4. 建立港口项目环境影响后评价制度

开展环境影响后评价技术支撑体系研究，建立科学、实用的环境影响后评价导则体系。强化环境影响后评价的法律效力，明确环境影响后评价结论应作为建设项目环评批复后的后续环境管理的重要依据。通过环境影响后评价，提出进一步发挥工程的有利影响和减小不利影响的措施，为进一步加强港口项目环境管理提供科学依据。

总之，沿海港口在建设和发展中应进一步提升环境保护理念，通过有效集约利用岸线、加强港口污染治理和生态保护、积极推进港口环境保护技术创新、建立新型和高效的环境管理体系，努力使港口环境保护水平踏上新台阶。

（2012年4月）

关于建立城市轨道交通建设规划与项目环评联动机制的对策建议

詹存卫　陈　帆　王　萌

摘　要： 以城市轨道交通规划环评与建设项目环评为例，对两者在工作程序、评价内容以及决策联动中存在的问题进行了归纳，分析了问题产生的原因。从明确工作程序及管理要求、规范评价内容和技术、协调决策过程三方面就如何建立规划环评和建设项目环评的联动机制提出了对策建议，以期为进一步完善城市轨道交通规划环评与建设项目环评联动机制提供一定的参考和借鉴。

主题词： 轨道交通　环评　联动机制　对策建议

《国务院关于加强环境保护重点工作的意见》（国发[2011]35 号）于 2011 年 10 月发布，提出严格执行环境影响评价制度，建立健全规划环境影响评价和建设项目环境影响评价的联动机制。按照《环境影响评价法》（以下简称《环评法》）和《规划环境影响评价条例》（以下简称《条例》）的规定，规划环评和建设项目环评的联动主要体现在评价工作的开展时序和过程、评价内容、评价对象、评价范围、评价重点和要求以及决策等方面。

自 2006 年以来，作为交通专项规划，城市轨道交通规划和建设项目都开展了环境影响评价。以城市轨道交通规划环评与建设项目环评为例，对两者联动中存在的问题进行分析和归纳，可以进一步完善城市轨道交通规划环评与建设项目环评联动机制，同时也可为建立合理的规划环评与建设项目环评联动机制提供一定的参考和借鉴。

一、我国城市轨道交通规划及建设概况

据统计，截至 2011 年 12 月，我国已有将近 35 个城市开展了城市轨道交通前期工作，国务院批复了 29 个城市轨道交通建设规划，规划新建轨道交通线路长度达到 2 300 余 km。目前已有北京、上海、天津、广州等 10 个城市的 40 余条线路建成运营，在建地铁城市包括沈阳、成都、西安、杭州等 17 个，在建线路 50 余条，线路总长约 1 200 km。

截至 2011 年年底，我国共有 31 个城市完成城市轨道交通近期建设规划（线网

规划）环评工作。上海、苏州、武汉、长沙、西安和无锡等市已开展了新一轮建设规划的环境影响评价工作。同期，我国已有将近 140 条轨道交通线路依法开展了建设项目环评。

二、城市轨道交通规划与建设项目环境影响评价联动中存在的主要问题及原因分析

从目前我国城市轨道交通规划环评的实践来看，规划环评报告书及其审查意见对建设项目都起到了较好的指导作用。如南宁市轨道交通 1 号线一期工程中，根据规划环评的要求，在中心城区采取地下线敷设方式，对于环境影响较大的 6.12 km 高架线路全线预留了声屏障建设条件，对西乡塘客运站至广西大学段的线路敷设方式进行了调整，由高架线调整为地下线敷设方式。可以看出，通过规划环评在项目设计阶段就可以较好地避免轨道交通建设引起的噪声影响，真正体现了环评对于环境影响的预防作用。

但在具体的实际工作中，由于种种原因，在两者的联动过程中也存在着诸多问题，具体表现在以下几个方面。

（一）程序联动协调机制亟须完善

按照《环评法》第八条和《条例》第十条的规定，编制专项规划，应当在规划草案报送审批前编制环境影响报告书。根据此规定以及我国对于规划和建设项目的审批管理要求，规划环评与建设项目环评在程序和时间上的合理顺序为规划环评在前，建设项目在后，并同时要在规划编制和项目前期研究阶段开展工作。建设项目环评在编制过程中须及时关注规划环评工作进展，在规划环评报告书审查后，根据审查意见的要求修改完善后再行上报。

但在实际中，存在着规划环评滞后的问题。很多城市的轨道交通建设项目环评的完成时间都先于规划环评。如武汉市轨道交通 1 号线一期、二期，2 号线一期，4 号线一期工程的建设项目环评都早于规划环评完成。

分析其原因，虽然在环境保护部《关于学习贯彻〈规划环境影响评价条例〉加强规划环境影响评价工作的通知》（环发[2009]96 号）中提出，未进行环境影响评价的规划所包含的建设项目，不予受理其环境影响评价文件。但没有明确规定规划环评工作开展到什么阶段，方可受理规划所包含的建设项目环境影响评价文件。

此外，一些规划实施单位意识淡薄，规划内引进建设项目时才发现未按照国家有关要求开展规划环评，导致为上项目补充开展规划环评；同时部分规划在实施期限、规模、布局、结构及功能等进行重大调整或修订后，未适时重新或补充开展规划环评。

（二）评价内容衔接的联动机制尚需规范

规划环评和建设项目环评在评价工作的深度上应是宏观与微观的紧密结合。规划环评重点解决选线、选址、空间布局、建设规模的环境合理性等宏观环境问题，项目环评则从具体的环境要素出发，对保护目标受到的环境影响进行评价，提出具体的保护措施。若宏观规划层面上的环境问题未在规划环评阶段解决，这些问题在建设项目环评阶段将难以有效解决。

在现阶段，规划环评与建设项目环评在评价内容的联动方面存在着以下问题。

1. 评价内容规范化程度低，导致评价内容工作深度的衔接不紧密

现有规划环评规范、导则，并未针对某一行业或领域限定评价内容。而轨道交通规划不同于一般的规划，尤其是近期建设规划，虽然仍是综合性规划，但所确定的内容是线网和节点层面内容，同时具有相对微观性和宏观性特征。轨道交通的线性特征，使得某些控制要素的要求在衔接上会出现问题。如城市轨道交通环评中关注的最主要的噪声和振动环境影响，在规划环评中预测的是振动、噪声对不同声环境功能区的达标距离，而在建设项目环境影响评价中，主要预测振动、噪声对不同环境敏感目标（环境敏感点）的影响程度。

而目前，缺乏相关的规范对轨道交通规划环评所必须解决的重点问题和控制规定做出明确的要求，导致了不同的规划环评工作深度存在着较大的差异。有的规划环评工作较为详细，而有的规划环评则过于宽泛，缺乏针对性，使规划环评和建设项目环评在评价内容的工作深度上无法建立联动和协调。

2. 编制周期、执行时效与条件变化的矛盾导致评价内容和要求与实际出现偏差

从目前的实际情况来看，城市轨道交通规划的编制周期越来越短，但是其所规定的执行时效却较长，一般线网规划的执行时效为20～30年，近期建设规划的执行时效一般为10年左右。而从我国所处的发展阶段来看，我国目前正处于城市化快速发展时期，随着城市化的快速发展，规划编制时的城市现状及环境条件也处于一个不断变化的过程当中。规划的编制周期、执行时效与客观条件变化之间的矛盾日益凸显。由于城市规划及城市发展条件的不断变化，具体的建设项目所面临的实际情况往往与规划编制阶段时的情况存在较大差异。规划所确定的线路及主要的站点、配套辅助设施等的选线、选址，在具体建设项目实施时，必然要根据城市的发展，进行相关的调整，这样的矛盾必然会导致规划环评与建设项目环评在评价内容的联动上存在偏差。

3. 规划环评技术方法尚不成熟，导致评价内容的有效衔接缺乏技术支撑

目前，规划环评的技术方法尚不成熟，也未形成健全的技术方法体系。大多数技术方法来源于建设项目环评。这些方法对于评价和分析规划环评所关注的“整体影响”“叠加影响”和“长期影响”还存在众多不足。同时由于规划本身具有不确定性特点，也使一些技术方法的应用受到了限制。技术方法的缺失，使城市轨道交通规划环评中许多重要的环境影响预测评价工作无法有效开展，即使开展了，其工作深度也不能满足客观要求，导致规划环评与建设项目环评在评价内容方面无法建立全面的联动。

如在地下水影响评价中，对于地下轨道交通网路形成后产生的对区域地下水流场切割而导致的区域性地下水补给、排泄的影响，以及地下水位壅高的问题，现有的规划环评在分析时，往往都是进行定性分析，没有给出可信的分析结论。而在建设项目环境影响评价中，主要考虑具体项目地下线路对地下水的阻挡影响，对于各条线路的叠加影响和累积影响则无从考虑，导致了规划环评与建设项目环评在同一环境问题上，缺乏有效的衔接，无法在具体项目实施时采取有效的保护措施。

（三）决策联动机制的有效性和保证性有待进一步加强

规划环评与建设项目环评的决策联动机制主要表现为，规划环境影响报告书及其审查意见在后续工程可行性研究及建设项目环境影响评价中的执行情况。体现在规划环评报告书的技术审核及审查意见，建设项目环境影响报告书的技术评估及审批等环保决策管理环节。

在实践中，城市轨道交通建设项目环评对于规划环评的审查意见中提出的线路走向、敷设方式、站场及辅助设施选址的要求，能够予以落实。但由于对上述各个决策管理环节都没有制定明确的规定和要求，也出现了规划环评审查意见难以落实的情况。具体分析如下。

1. 缺乏保证落实规划环评审查意见的机制

规划环评对规划所包含的建设项目的环境保护工作，必然会提出相应的要求。而在实际工作中，这些要求是否能得到有效落实，缺乏保证机制。如郑州市轨道交通 1 号线工程，对于规划环评提出的优化商城遗址车站选址的要求，就没有予以重视，出现了线路压占国家级文物保护单位的重大环境影响。

其原因就在于在建设项目环评技术评估及审批的各环节缺乏相应的监督手段和管理要求来确保现行规划环评的审查意见在建设项目环评中能得到有效落实。

2. 与城市规划协调机制的缺乏导致规划环评审查意见的落实存在客观障碍

通过对多个城市轨道交通建设项目环评报告书的分析，可以发现在建设项目环评实施过程中，对于规划环评提出的风亭、冷却塔、主变电站的选址、与敏感点之间的控制距离等要求存在着没有落实或难以落实的现象。产生这一问题的主要原因就在于缺乏与城市规划的协调机制。

城市规划作为统领性的规划，不仅要考虑环保问题，还要考虑土地资源利用等其他问题。城市规划中对于某些区域的土地用途已经做出了较为详细具体的规定，因城市轨道交通建设进行新的调整或控制，存在着一定的难度。环评报告中给出的防护距离是没有采取措施情况下的距离，往往很大，其实施规划控制的难度也较大。此外，城市轨道交通建设中，停车场、车辆段等大型配套设施的选址一般都需要符合城市总体规划的要求，城市总体规划中对于这些土地都进行了预留，而因环保要求，再进行调整，同样存在着一定的难度。由此可见，城市轨道交通与城市规划之间缺乏一定的协调机制也影响到了轨道交通规划环评审查意见的有效落实。

三、对策建议

（一）明确评价时序要求，构建合理的程序联动机制

按照《条例》的规定，制定相关的管理文件，针对不同情况，提出要求。对于新编制的规划，要求在开展规划编制工作的同时，开展规划环评工作；对于在实施期限、规模、布局、结构及功能等方面进行重大调整或修订的规划后，则须在规划修编的同时，开展规划环评。

进一步细化环发[2009]96号文中提出的“未进行环境影响评价的规划所包含的建设项目，不予受理其环境影响评价文件”。建议将规划环评报告书审查意见作为受理规划所包含的建设项目环境影响评价文件的前置条件，同时将规划环评审查意见在建设项目环评报告书中的落实情况作为受理与否的判断依据。

（二）规范评价内容，构建适用的技术联动机制

1. 颁布规范性文件，明确重点工作内容和要求

在相关规划环评技术导则缺乏的情况下，可以先行制定规范性文件，明确城市轨道交通规划环评的重点工作内容和要求。

首先，应深入分析轨道交通规划与城市总体规划、城市综合交通规划、环境保护规划、城市环境功能区划等相关规划的协调性，对于不协调的方面应提出规划调整建议，从环境保护的角度出发，化解具体项目本身与相关规划的矛盾。

其次，要重视重要环境保护目标和环境制约因素的识别和辨析，主要包括水源保护区、自然保护区、风景名胜区、历史文化保护区、城市规划中的禁止建设和限制建设区以及涉及的既有及规划集中居住区、文教区、党政机关集中办公区、医院、疗养院和具有重要社会、经济、历史、文化价值的建筑等。规划环评应对涉及上述重要目标的线路给出具体的约束指导意见，并在建设项目设计及其环评阶段重点落实。

再次，要明确轨道交通规划线路走向、站场选址的环境合理性。项目环评阶段，线路走向、站场选址已经基本确定，如果出现与相关规划的不协调、出现与重要环境保护目标和环境制约因素冲突时，线路走向、站场选址调整的空间很小，甚至根本无法调整，整个项目的可行性就会出现重大疑问。因此，在规划环评阶段必须对

线路走向、站场选址合理性给出明确评价结论，必要时要提出规划调整建议。

最后，要深入论证线路敷设方式的环境合理性。城市轨道交通的地上线和地下线对沿线环境的影响存在本质差别，敷设方式的不同可能直接影响到项目的环境可行性。例如，对于居民集中区、文教区、风景名胜区、历史街区等采取高架线可能就存在较大的环境问题，但如果采取地下线通过就可能降低环境影响。因此，规划环评阶段应明确给出线路敷设方式合理性的评价结论，必要时要提出敷设方式的调整建议。

2. 尽快制定城市轨道交通规划环评技术导则

目前已颁布实施的《环境影响评价技术导则　城市轨道交通》（HJ 453—2008）适用范围为城市轨道交通建设项目的环境影响评价，而规划环评有关技术导则仅颁布了《规划环境影响评价技术导则（试用）》《区域开发环境影响评价技术导则》等。而轨道交通自身具有形态、时空特殊性和影响复杂性，既有规范对轨道交通规划环境影响评价缺乏较为准确、详尽的，具有针对性的指导。因此，应尽快制定轨道交通规划环评技术导则（规范），从技术层面对城市轨道交通规划环评进行规范，为构建适用的技术联动机制提供支撑。

（三）制定管理办法，构建有效的决策环节联动机制

根据《条例》的有关原则，制定相应的规范性文件，提出具体的管理程序和管理要求，理顺现有管理机制中与实施规划环评不相适应的部分。

1. 针对规划环评审查与建设项目环评审批中的各个环节，提出明确的管理要求

首先，要在规划环评早期介入的程序和保证其有效执行的长效机制方面，提出切实可行的管理规定；其次，要进一步完善规划环评审查意见的内容，应针对规划审批部门、规划编制单位、建设单位提出不同的具有针对性的审查意见；再次，要细化规划环评审查意见采纳与不采纳的后续管理要求，明确规定规划审批部门除了对因规划局部调整或因其他原因不能落实审查意见要求的情况和原因做出说明外，还应报环保行政主管部门备案；对于没有采纳的审查意见，应在建设项目环评报告书编制之前或编制过程中，向环保部门报告有关情况；最后，应在建设项目环评技术评估中增加规划环评审查意见落实情况的评估要求。

2. 建立切实落实规划环评跟踪评价的管理机制，加强决策环节联动的后续管理

《条例》对于跟踪评价提出了明确的要求，但从实际情况来看，该项工作没有开展。应按照《条例》的有关要求，制定有关管理要求和实施办法，对城市轨道交通规划环境影响跟踪评价的工作机制、工作时间、主要评价内容、评价要求、资金保障等方面做出具体详细的规定，切实推动城市轨道交通规划环境影响的跟踪评价工作，使其常态化、规范化。

跟踪评价应当包括下列内容：规划实施后实际产生的环境影响与环境影响评价

文件预测可能产生的环境影响之间的比较分析和评估；规划实施中所采取的预防或者减轻不良环境影响的对策和措施有效性的分析和评估；公众对规划实施所产生的环境影响的意见；跟踪评价的结论。

3．构建与城市规划管理部门的协调机制

加强与地方规划部门的沟通和交流，建立合理的、及时的、有效的告知与反馈机制。通过合理规划，加强轨道交通周边的用地控制，防止产生新的环境敏感点；同时，轨道交通本身也应做好预留措施，应对可能出现的新环境敏感点。

（2012年4月）

关于《环境空气质量标准》修订实施后的环评应对预案与建议

丁　锋　梁　鹏　李时蓓　戴文楠

摘　要：《环境空气质量标准》（GB 3095—2012）于2012年正式颁布，此次标准修订是我国首次制定 $PM_{2.5}$ 的国家环境质量标准。由于现行各种环评技术导则和监测规范中均未对 $PM_{2.5}$ 的环境影响评价和环境质量现状监测提出要求，目前国内相关的研究工作局限于各科研院所及高校，应用性研究很少。报告结合修订后的《环境空气质量标准》的相关要求，从评价标准、技术导则、基础数据、环境监测及专业队伍等方面分析我国环境影响评价体系存在的主要问题，结合战略环评、规划环评及建设项目环评三个层次和标准实施的不同阶段，提出了下一步环境影响评价工作的应对预案与建议。

主题词：环境空气质量标准　$PM_{2.5}$　环评　应对预案

《环境空气质量标准》（GB 3095—2012）于2012年2月正式颁布，与现行标准相比，新的《环境空气质量标准》主要有三个方面的调整和改变：一是调整环境空气质量功能区分类方案，将现行标准中的三类区并入二类区；二是完善污染物项目和监测规范，包括在基本监控项目中增设 $PM_{2.5}$ 年均、日均浓度限值和臭氧 8 h 浓度限值，收紧 PM_{10} 和 NO_2 浓度限值等；三是提高数据统计有效性。

此次修订是我国首次制定 $PM_{2.5}$ 的国家环境质量标准，$PM_{2.5}$ 由一次污染物和二次污染物组成，相对于一次污染物，二次污染物是由多种前体物在大气中经过一定时间的扩散和复杂的化学反应而形成的。二次污染物的前体物包括二氧化硫、氮氧化物、挥发性有机物和氨等，另外，前体物对二次污染物的影响和时间、空间、日照、湿度等气象条件密切相关，因此，$PM_{2.5}$ 的污染更多是区域性和复合性的污染。国内现行的环境影响评价体系是针对控制局部地区的一次污染物建立起来的，随着本次环境空气质量标准的修订，如何评价各类项目实施后对 $PM_{2.5}$ 等污染因子的环境质量带来的影响，以及这种影响是否可以接受，是当前环境影响评价体系需要解决的首要问题。

一、背景情况

（一）新《环境空气质量标准》的变化情况

《环境空气质量标准》（GB 3095—2012）中各项污染物浓度限值表调整为一般项目浓度限值表和特殊项目浓度限值表，增加了颗粒物（$PM_{2.5}$）、臭氧（O_3，日最大 8 h 平均）、氮氧化物（NO_x）浓度限值，取消了三级标准，加严了二氧化氮、颗粒物等某些二次污染物前体物的浓度限值（见表 1）。新标准将分步实施，2016 年起在全国实施。

表 1　主要污染物基本项目浓度限值变化情况（二级标准）　　单位：mg/m^3

污染物项目	现行标准（GB 3095—1996）			新空气质量标准（GB 3095—2012）		
	小时浓度	日均浓度	年均浓度	小时浓度	日均浓度	年均浓度
PM_{10}	—	0.150	0.10	—	0.150	0.070
$PM_{2.5}$	—	—	—	—	0.075	0.035
NO_2	0.240	0.120	0.080	0.200	0.080	0.040
NO_x	—	—	—	0.250	0.100	0.050
O_3	0.200	—	—	0.200	0.160（日 8 h 平均）	—
Pb	—	1.5μg/m^3（季平均）	1.0μg/m^3	—	1.0μg/m^3（季平均）	0.5μg/m^3
B(*a*)P	—	10 ng/m^3	—	—	2.5 ng/m^3	—

与原标准相比，新标准首次将 $PM_{2.5}$ 纳入了环境空气污染物一般项目，另外对 PM_{10} 的浓度标准和监测方法也做了相应调整，如 PM_{10} 的二级年均浓度标准由 0.10 mg/m^3 调整为 0.070 mg/m^3。监测方法也由之前的重量法调整为 β 射线法和微量振荡天平法。按照相关部门的初步测算，现有 113 个重点城市 80%的城市 $PM_{2.5}$ 浓度已超标，仅北京市近 10 年大气中 $PM_{2.5}$ 的年均浓度较新标准就超标近 1 倍。

（二）目前环评中有关 $PM_{2.5}$ 的研究现状

我国大气环境质量标准最早制定于 1982 年，并于 1996 年和 2000 年进行了两次修订，均未包含 $PM_{2.5}$ 指标，因此，现行各种环评技术导则和监测规范中均未对 $PM_{2.5}$ 的环境影响评价和环境质量现状监测提出要求。目前国内针对 $PM_{2.5}$ 的研究工作仅局限于各科研院所及高校，应用性研究很少。

2010 年，由环保部环境工程评估中心牵头开展的五大区域重点产业发展战略环境评价项目中，首次在环境影响评价领域对 $PM_{2.5}$ 进行了探索性的应用研究。由于

当时我国尚未颁布 $PM_{2.5}$ 的空气质量标准，因此，在评价工作中参照了美国环境保护局 1997 年发布的空气质量标准中 $PM_{2.5}$ 0.065 mg/m^3 的日均浓度限值，并进行了针对 $PM_{2.5}$ 的监测分析。项目分别采用 SMOKE 排放源处理模型、CMAQ 和 CALPUFF 环境质量预测模型，采用嵌套网格法分析不同重点产业发展规划对区域空气质量、大气环境承载能力情况和产业发展引起的大气环境风险进行模拟预测和评价，以分析重点城市群之间的相互影响。

此外，2011 年中国环境科学研究院将 CMAQ 模型应用于广东省电力发展的规划环境影响评价工作，分析了珠三角地区工业源、火电厂、道路移动源、扬尘源等不同污染源对区域环境质量的贡献，以及对 $PM_{2.5}$ 环境质量的影响。受研究区域及污染源排放清单的限制，该规划环评仅分析了珠三角地区本地源对区域环境质量的影响，而无法研究境外输入污染源的迁移转换对本地环境的影响情况。

此外，根据环境工程评估中心历年评估的项目环评资料，受当前 $PM_{2.5}$ 监测技术及评价方法的限制，目前国内还没有建设项目环评针对 $PM_{2.5}$ 进行监测与预测分析的案例。根据初步调研结果，欧洲等国家由于 $PM_{2.5}$ 背景浓度较低，目前对于单个的建设项目的环境影响分析仍以 PM_{10} 为主。针对 $PM_{2.5}$ 的监测、评价及源解析等工作在欧洲国家仍以城市尺度、国家及欧盟成员国层面的科研为主。

二、环境影响评价体系存在的问题

（一）评价标准

研究表明，空气中 $PM_{2.5}$ 主要来源除自然源之外，还有人为源。包括燃煤、机动车、扬尘、生物质燃烧等直接产生的细颗粒物（称之为一次污染物），以及二氧化硫、氮氧化物、挥发性有机物和氨等 $PM_{2.5}$ 前体物经过复杂的化学反应形成的细颗粒（称之为二次污染物）。因此，控制 $PM_{2.5}$ 的途径除控制一次污染物的产生外，更为重要的是要控制 $PM_{2.5}$ 前体物的排放。

国内评价标准体系包括环境质量标准和排放标准两大类，目前国内环境质量标准中规定了 $PM_{2.5}$、二氧化硫、氮氧化物、O_3 的限值，但缺少 $PM_{2.5}$ 前体物挥发性有机物的环境质量标准，而在排放标准中更是缺少对 $PM_{2.5}$ 前体物挥发性有机物、硫化氢、苯系物等污染物的排放限值，进而也导致无法对建设项目的污染物排放进行最直接的控制。

（二）技术导则

目前大气环境影响评价技术导则主要是指导建设项目的环境影响评价工作，在现状和预测评价方法上关注的是建设项目排放污染物对局地的环境影响。修订后的环境空气质量标准实施后，可能会导致现行大气导则在评价等级判定、评价范围、现状监测及评价因子的模拟与预测等方面出现一些不适应。例如，现行大气导则推荐的预测模式包括适用于小尺度（50 km 范围内）的 AERMOD、ADMS 模型，以及中尺度（几百千米范围内）的 CALPUFF 模型，此类模型都是拉格朗日型模式，适合模拟一次污染物的传输与扩散，但难以处理复杂的化学转化过程，而现行环评技术导则目前还没有完全适合战略或区域环评的大气评价技术导则，也没有推荐的适合模拟二次污染物的欧拉型区域空气质量模式。因此，当前环评技术导则还无法指导项目环评对 $PM_{2.5}$ 的转换及 O_3 的生成机理进行预测与评价分析工作。

（三）基础数据

虽然欧拉型区域空气质量模式具有模拟一次污染物与二次污染物相互转化等功能，但在应用欧拉型区域空气质量模式时，必须输入详细的基础数据，包括污染源排放清单、区域气象场数据、地形数据、现状背景监测数据等。

目前我国还没有建成可供欧拉型区域空气质量模式输入的标准区域污染源排放清单，全国范围内也尚未开展 $PM_{2.5}$ 的现状监测，背景数据缺失，对于经费较少的环境影响评价项目来说，获得区域气象场等数据也相对较困难。因此，短时期内要推广应用区域空气质量模式还有较大的难度，必须尽快组织开展重点行业、重点区域的污染源排放清单研究，建立气象数据共享机制，并对区域空气质量模式所需的基础参数清单进行标准化研究。

（四）环境监测

国家的 $PM_{2.5}$ 监测体系才刚刚开始建立。根据环境保护部的监测计划安排，2012 年，在京津冀、珠三角、长三角等重点区域以及直辖市、省会城市率先开展的 $PM_{2.5}$、O_3、CO 等项目监测；2013 年，在 113 个环境保护重点城市和国家环境保护模范城市开展监测；2015 年在所有地级以上城市开展监测。而目前全国只有少数地区刚开展研究性质的 $PM_{2.5}$ 监测，大部分监测部门还不具备 $PM_{2.5}$ 的监测能力，正在按计划实施。在环境影响评价中，需要随着监测能力的实现在有条件的地区逐步对 $PM_{2.5}$ 进行现状空气质量评价，但尚不能对评价项目实施后的环境影响能否接受做出科学的判断。

（五）专业队伍

欧拉型区域空气质量模式（Euler 模式，一种大尺度输送扩散模式）不在大家熟知的 Windows 系统下操作，而是在 Linux 系统上运行的，需要高性能并行计算机等硬件条件。模式的运行除了对硬件设备有要求外，还需要对相关专业人员进行为期半年以上的模型培训，才能初步掌握模型的应用。目前国内除了少数的科研机构具有建模所需的基础数据和模型调试与预测能力外，一般环评单位在软硬件上都不具备相应的区域空气质量预测模拟实力。

三、应对预案与建议

（一）按层次、分区域、有步骤、设重点行业和地区开展按新标准的评价工作

（1）环境影响评价分为战略、规划、建设项目三个层次，战略与规划环评是评价国土空间开发的环境可行性、项目布局与规模的环境承载力等，是从区域层面上解决环境问题的有效手段，而 $PM_{2.5}$ 作为区域大气复合污染的重要影响因子，要控制 $PM_{2.5}$ 区域性污染问题，首先要通过战略与规划环评，结合区域 $PM_{2.5}$ 的迁移转化规律合理布局污染源和控制污染源排放强度。建议对 $PM_{2.5}$ 及其他二次污染物的控制应从战略与规划环境影响评价的区域层次上进行，而对于建设项目应重点开展一次污染物（包括 $PM_{2.5}$ 前体物，如颗粒物、二氧化硫、氮氧化物、挥发性有机物和氨）的环境影响评价工作，从污染源头上控制 $PM_{2.5}$ 的产生。

（2）结合环境空气质量标准的实施计划和国家重点区域 $PM_{2.5}$ 的监测体系建立，分区域开展有关 $PM_{2.5}$ 的环境影响评价工作。对优先控制 $PM_{2.5}$ 的地区，特别是对京津冀、珠三角、长三角等已形成区域性污染问题的地区，优先开展 $PM_{2.5}$ 的环境影响评价工作。重点区域包括有 $PM_{2.5}$ 监测能力并有例行监测数据的地区，随着国家监测能力的建设与完善，重点区域由京津冀、珠三角、长三角等重点区域逐渐扩大到直辖市、省会城市、全国 113 个环境保护重点城市、国家环保模范城市以及地级以上城市。

（3）根据 $PM_{2.5}$ 形成机理，优先对相关行业开展战略、规划、建设项目的 $PM_{2.5}$ 环境影响评价。结合国家环境监测体系的逐渐完善，组织相关科研院所、环评单位应用区域尺度空气质量模式针对重点区域及火电、钢铁、建材、石化、交通五大重点行业及相关园区规划开展 $PM_{2.5}$ 和其他污染物的环境影响预测分析与研究工作。

（4）根据基础工作准备情况，分阶段、有步骤地开展新标准的环境影响评价工作。

第一阶段：自标准公布之日到 2012 年年底。考虑到各地 $PM_{2.5}$ 监测能力正逐步完善，且部分指标包括年均值，因此，本阶段重点从战略环境影响评价层面上开展试点性 $PM_{2.5}$ 的环境影响评价工作。对于建设项目和规划项目暂不开展 $PM_{2.5}$ 的环境影响评价工作，但 PM_{10}、O_3、Pb 和 B(*a*)P 需按新标准加严的标准进行评价，并作为受理条件之一。组织开展应对预案（3）所提出的环境影响评价分析与研究工作。

第二阶段：2013 年年初至 2015 年年底标准实施前。除了从战略环境影响评价层面上开展 $PM_{2.5}$ 的环境影响评价工作外（包括现状评价和影响评价），还对重点区域的规划项目开展 $PM_{2.5}$ 的环境影响评价工作。根据应对预案（3）的研究成果逐步试行相关行业和园区 $PM_{2.5}$ 的环境影响评价工作。对涉及 $PM_{2.5}$ 的项目环评在有条

件地区逐步开展 $PM_{2.5}$ 的现状评价和一次污染物的影响评价。

第三阶段：2016 年标准实施后。结合前两个阶段的研究成果、标准导则的完善与环境管理经验，从战略和规划环评等区域项目上在全国范围内全面开展 $PM_{2.5}$ 的环境影响评价工作。项目环评根据第二阶段试点经验开展相应的环境影响评价。

各阶段主要工作内容及计划表见表 2。

表 2 《环境空气质量标准》修订实施后不同阶段环评管理建议

工作内容		第一阶段（2012 年年底前）		第二阶段（2013 年至 2015 年年底前）		第三阶段（2016 年新标准实施后）	
		一次污染物①	所有污染物②	一次污染物	所有污染物	一次污染物	所有污染物
项目环评	重点区域	√		√		√	
	全国范围	√		√		√	
规划环评	重点区域	√		√	√	√	√
	全国范围	√		√		√	√
战略环评	重点区域	√	√	√	√	√	√
	全国范围	√	√	√	√	√	√

注：① 一次污染物：不包括 $PM_{2.5}$ 在内的新《环境空气质量标准》规定的所有污染物。
② 所有污染物：包括 $PM_{2.5}$ 在内的新《环境空气质量标准》规定的所有污染物。

（二）尽快完善 $PM_{2.5}$ 的评价体系

（1）制定与 $PM_{2.5}$ 相关污染物的质量标准和排放标准，如：挥发性有机物的环境质量标准，以及挥发性有机物、硫化氢、苯系物等污染物的排放标准。

（2）制定区域空气质量评价技术导则，推荐适用于区域范围 $PM_{2.5}$ 预测分析的欧拉型区域空气质量模式，并对推荐模型进行相应的验证和规范化，完善技术导则中的法规模式。

（3）研究和建立国家统一的区域污染源排放清单，对模型建立与影响分析过程中所涉及的监测数据、气象数据等基础数据进行相应的规范化研究。加强环境监测能力，建立 $PM_{2.5}$ 监测体系，实现基础数据共享机制。

（4）为能更有效、更快地开展区域环境影响评价，国家需加大环评队伍的能力建设和评估能力，建议国家建立环境影响数值模拟计算中心和省级分支机构，发挥资源共享等集约化优势。

（三）预案保障

（1）开展欧拉型区域空气质量模式成果转化到环境影响评价工作中的研究，形成区域空气质量评价技术导则。

（2）应用区域尺度空气质量模式针对重点区域及火电、钢铁、建材、石化、交通五大重点行业及相关园区规划开展 $PM_{2.5}$ 和其他污染物环境影响预测分析与研究试点工作。

（3）研究和建立国家统一的区域污染源排放清单，形成可供欧拉型区域空气质量模式使用的分层网格化污染源排放清单。

（4）建立国家和省级环境影响数值模拟计算中心，形成10个以上具备区域空气质量评价能力的评价机构。

（2012年5月）

二、观察思考

战略环评已具试点时机

——浅析“铬渣污染综合整治方案”战略环评的必要性

周学双

摘　要：铬盐行业是重污染行业，国家已多次采取措施，收效甚微。“铬渣污染综合整治方案”旨在规范行业发展，解决历史遗留无责任主体的铬渣污染问题；对此举是否能达到目的作了简要分析，并认为应对该行业规划开展战略环评，方可真正解决行业的环保问题。

主题词：铬盐行业　整治方案　战略环评

铬化合物是无机化工的主要系列产品之一，广泛应用于化工、轻工、冶金、纺织、机械等行业，我国国民经济中约15%的产品与铬化合物有关。随着经济的发展，铬盐作为基本化工原料，国内需求还将增长。铬盐行业的污染主要在于含铬废渣（包括铬渣、酸泥、铝泥等），而含铬废渣又会污染地表水和地下水，扬尘污染周边空气。经过近50年的发展，铬污染已几乎遍布全国各地，曾经生产和正在生产铬盐的区域都毫无疑问地受到污染，尤其是地下水；而且污染的点和面还在不断地扩展，铬盐行业的发展处于无序状态，含铬废渣的治理制约着铬盐行业的健康发展。中央政府各有关部门早已充分认识到彻底解决铬盐行业的污染问题才是其健康发展的根本所在，自20世纪90年代以来，原化工部、原国家环保总局和国家发展与改革委员会从环保角度出发，先后出台了有关政策。最近，国家发展与改革委员会和原国家环保总局准备以“铬渣污染综合整治方案”的形式制定铬盐行业的产业政策，意在既解决老问题又规范行业今后的发展。

一、铬盐行业正陷入悲哀的境地

（1）中国的产能占全球总产量的1/3。目前，全球铬盐生产能力在110万t左右，而2004年我国生产能力已达32万t。根据最新掌握的情况，新建铬盐厂和现有生产厂的扩建都在加速进行，2005年全国总产能将达到35万t以上，占全球总产量的1/3。按目前的态势，如不加以有效的控制，两年以后，我国的产能将可能超过50万t，占全球总产量的1/2，远远超过需求，恶性竞争将不可避免。

（2）工艺落后，生产企业规模小。我国自1958年开始生产铬盐至今，全国先后有70多家企业生产过铬盐，1992年曾有52家企业同时生产。这些企业大多规模小、工艺技术落后，由于缺乏市场竞争力和污染控制手段，先后倒闭、破产、转产，所产生的铬渣则基本没有得到治理。2003年我国25家铬盐生产厂家中，3万t/a以上规模的仅2家（重庆、济南），1万t/a以上的8家，其余厂家大都不足5 000 t/a，规模最小的不足1 000 t/a。

（3）污染严重，铬渣污染遍布全国。只有西藏、海南、贵州、宁夏、黑龙江、浙江等少数几个省份没有铬盐企业，铬渣污染几乎遍布全国各地。据调查，我国铬渣堆存总量400多万t，且每年还在以超过40万t的数量增加。目前，绝大多数铬渣的堆放和填埋都不符合危险废物安全处置要求，有的甚至堆存于重要水源地和人口稠密地区，还有一些破产、倒闭企业的铬渣堆放或填埋情况不明。未经安全处置的铬渣，正严重污染地表水、地下水和土壤，对生态环境和人民生命财产形成巨大威胁。估计被铬渣严重污染的土壤在千万吨以上，形势十分严峻。

（4）铬盐行业发展缺乏有效调控手段。为了控制铬盐行业的环境污染，1992年化工部、国家环保局颁布了《关于防治铬化合物生产建设中环境污染的若干规定》（6号令），提出了对铬化合物生产企业，实施生产许可证制度，生产许可证由化工部统一核发，并严禁建设年生产规模7 000 t以下的铬化合物生产企业。规定的颁布，在当时对规范我国铬盐生产起到了积极作用，一度遏制了一些小企业的盲目建设。2003年，国家环保总局颁布了《关于加强含铬危险废物污染防治的通知》（环发[2003]106号），要求铬化合物的生产建设项目应优先采用资源利用率高、污染物产生量少的清洁生产技术工艺，淘汰有钙焙烧的生产技术、工艺和设备，并禁止建设年生产规模2万t以下的铬化合物生产装置。2004年年底，国家发改委和国家环保总局联合颁布的投融资体制改革管理办法，又将铬盐建设项目环评审批权限上收到国家环保总局。

（5）技术滞后，铬污染失控。实际上，现有统计在册的25家铬化合物生产企业中，内蒙古乌中旗永兴铬盐厂、甘肃民乐县化工厂、甘肃河西化工厂、甘肃陇城永登化工厂、青海湟中铬盐化工厂、山西昔阳大通化工公司、江苏盐城东升化工厂、云南楚雄茅定化工厂共8家企业都是在2000年以后新建的，且产能大都在1万t/a以下，最小的不足1 000 t/a，其中仅甘肃民乐县化工厂（产能为1万t/a）是采用无钙焙烧法。这些企业不仅技术装备落后，而且几乎没有环保方面的投资。与十几年前铬盐行业的局面比较，最大的变化是：大部分国有体制改变成民营体制，污染越来越严重。青海等地甚至出现了未履行环评程序就上铬化合物生产建设项目、造成当地环境严重污染的情况，不少地方存在“政府招商引入污染项目”的现象。

由于地方环保部门环境监管不到位，铬盐企业因所处地区不同和所有制的不同，在环保上执行不同的标准，环保成本差别极大，因而出现了“国有企业因国家环保要求严格而关闭、民营企业污染不治理反倒能生存，并正在从大城市向中西部中小城市转移”的畸形发展态势。如天津同生化工厂、上海浦江化工厂、青岛红星化工厂、沈阳新城化工厂、广州人民化工厂等20世纪50年代的大型国有企业因环保问题被关闭，市场被小型民营企业取而代之，技术骨干因此流失，环境的污染亦因此而失控。

多年来，国家一直把铬盐行业视为环保监控的重点，多次出台政策却收效甚微。在有些方面，如布点、新建项目、技术进步和对铬渣的处置，10多年来收效甚微，铬渣的综合利用几乎没有推广下去，无钙焙烧清洁生产技术至今仅有1家使用，这是铬盐行业发展的悲哀。

二、铬渣污染综合整治方案

（一）核心内容

国家发展和改革委员会会同原国家环境保护总局编制了“铬渣污染综合整治方案”（以下简称“方案”），计划投资95亿元用于铬渣污染防治工程，在2006年年底前，完成环境敏感区域的铬盐厂搬迁；在2008年年底前，实现环境敏感区域铬渣无害化处置，铬盐企业新产生铬渣及时得到安全处置；在2010年年底前，基本完成环境敏感地区铬渣污染场地的治理和恢复工作，实现全部堆存铬渣的无害化处理，彻底消除铬渣对环境的污染威胁，以建立健全铬化合物生产、铬渣治理全过程管理监督机制为保障，采取有效措施，统筹考虑行业发展和污染治理，力争在较短时间内彻底改变我国铬盐行业生产技术落后、铬渣污染严重的局面。

“方案”的根本任务是：（1）解决历史遗留无责任主体的铬渣污染问题；（2）解决现有企业的铬渣污染问题；（3）制定铬盐行业的发展政策。“方案”确定国家对各种铬渣污染治理予以适当资金扶持，并提出“统一规划、合理布局；处置为主、利用为辅；制定铬盐行业准入标准”等发展战略。“方案”实质上是铬盐行业的发展战略，并不是单一的污染治理规划。

（二）环境可行性

“方案”中铬渣治理的总体思路有了重大改变，即改变为“处置为主，利用为辅”。多年的实践已经证明铬渣的综合利用在技术上是毫无问题的，而铬渣处置却有诸多显而易见的弊病，在当今不断倡导循环经济、资源节约指导思想的影响下，铬渣治理的总体思路为何做如此重大改变？“方案”拟安排的40多个铬渣治理项目中，铬渣的填埋场选址问题如何解决？如何保障按危险废物要求规范处置铬渣？谁来监控？现在的铬渣堆存场虽然已经造成污染，但还在明面上，一旦埋入地下，将变成“地雷”。花费了大量投资，又制造了新的污染源，由原来的40多个铬渣污染点变成了80多个铬渣污染点，治理难度由地上变为地下，后果之严重无法想象。这些是否应该进行充分论证？

国家将给予资金用于支持现有铬渣的治理，对“破产倒闭企业遗留铬渣的污染防治和生态修复，以及中西部地区的投资项目，适当提高补助比例”。目前铬盐企业大都是位于中西部地区的民营企业，这是污染向中西部地区扩散的结果。铬盐企业破产倒闭后将污染遗留给政府，然后将资金转移到西部继续制造污染，国家资金支持这种行为是否合适？现有铬盐企业有许多没有执行国家的环保法律，没有执行“三同时”，没有建环保装置，属违法企业，现在国家资金支持他们扩产，名义上是治理污染，实际上扩大污染，扰乱市场。国家资金如此使用是否与其他环保政策相符？是否会引发其他不利反应？对一些没有能力治污、选址不合理、不宜布点、环保门槛不平等的铬盐企业投入国家资金会产生什么后果？这些是否应该进行充分论证？

“方案”中明确：对“环境敏感区域的铬盐厂进行搬迁”。现有的铬盐厂哪些位于环境敏感区域，如何进行确认？现有的铬盐厂搬迁与否必然涉及产业发展政策和产业布局，哪些铬盐厂保留，哪些铬盐厂搬迁，往哪儿搬，是搬迁还是关闭？不在环境敏感区域的铬盐厂是否可以继续存在？是否会再制造新的不公平的环保成本？上述问题是否应该逐一进行充分论证？

仅仅立足铬渣的污染防治是不可能真正解决铬盐行业污染问题的，因为铬盐行业的健康发展秩序未建立起来之前，铬渣的污染将永远持续下去，新产生的铬渣会不断堆存，又会变成积存的铬渣。因此，投入大量资金治理积存的铬渣，并不能达到“方案”的目的。

基于以上理由，“方案”如不进行充分的环境影响评价，将可能产生问题。对于近百亿元的资金如何使用、使用在哪些方面才能发挥最大作用，更应进行充分论证。这不仅仅关系大笔资金的效能问题，而且直接关系铬盐行业的健康发展与全国铬渣污染是否真正得到控制。铬盐行业的环境问题直接关系该行业的兴衰，这是所有相关管理部门应达成的基本共识。因此，只有从环境影响的角度全面评估铬盐行业的现有问题、产业政策、发展方向等一揽子战略，才可能促使任何与之有关的政策、计划、行动更具可行性。铬盐行业经过近 50 年的发展，环境问题的理解与认识也经历了诸多曲折，已经到了该出台全面解决铬盐行业环境问题一揽子战略的时机，现在也是该行业必须解决环境问题的关键时刻。

三、“方案”战略环评的必要性

“方案”涉及现有铬渣污染的治理、产业发展政策和产业布局等多方面，包括大笔资金的投入、行业的重新洗牌以及产业的宏观调控，且由国家发展和改革委员会与原国家环境保护总局联合发布，将产生举足轻重的作用。《中华人民共和国环境影响评价法》实施已近两年，重污染行业的环境问题仅仅通过项目环评是难以控制的，如铬盐、农药、染料等行业环境问题愈显突出，必须对此类行业开展战略环境影响评价，“铬渣污染综合整治方案”可作为试点，积累经验。

理由 1：铬盐行业在国民经济领域并非大行业，但在环境保护领域是理所当然的典型行业，可以说解决好环保问题，就解决了行业的发展问题。鉴于近十几年，国家相关管理部门先后出台政策都未能找到好的解决办法，已积累许多经验教训，因而再次由国家发展和改革委员会与原国家环境保护总局联合发布针对铬盐行业的政策，如政策对路，将能很好地解决该行业的环境问题，并引导行业健康发展。如政策不对路，不仅不能解决该行业积累的环境问题，还可能引发新的环境问题，连锁反应甚至伤及该行业的元气。

理由 2：“方案”中铬渣治理的总体思路改变为“处置为主，利用为辅”，将引发什么样的后果，是不是会导致不可逆转的后果？多年的实践已经证明铬渣的综合利用技术是毫无问题的，如炼铁、用于制水泥、旋风炉发电等多种利用途径。之所以企业没有积极性，主要在于政策不到位、各地环保要求不严、没有将“完全环保成本”纳入总体成本等诸多原因，只要对症下药，是完全可以进行综合利用的。因此，在不断倡导循环经济、资源节约的指导思想下，铬渣治理的总体思路做如此重大改变必须进行环境影响的全面评估。

理由 3：铬盐行业的污染防治思路到底是先解决行业的发展问题还是着眼于铬渣的问题？行业的发展布局直接关系到现有企业的生存，如果仅仅考虑铬渣的治理，铬渣污染将永远持续下去。因为铬盐行业的健康发展秩序未建立之前，新产生的铬渣会不断堆存，如此往复，污染问题是不可能真正解决的。因此，是投入大量资金治理积存的铬渣，还是投入部分资金先扶持优质企业发展，同时依靠这些大型企业集中治理区域性的铬渣，哪种思路真正可行？必须进行环境可行性的比较论证，否则很可能造成国家资金的巨大浪费。问题的根本所在是铬盐行业的无序发展，从而导致铬盐行业的污染失控。

理由 4：国内铬盐生产厂“星罗棋布”，形成的铬渣污染“遍地开花”，成为各级政府急于治理而又难以治理的一大难题。如何尽快扭转铬盐污染的被动局面，使我国铬盐工业走上健康发展的轨道，是值得我们认真探讨、研究的问题。因此，在环境管理、重污染产品的进出口、产业发展、中央与地方政府配合等诸多方面，都十分有必要解剖铬盐行业问题。

理由 5：“铬渣污染综合整治方案”已经多方面讨论，征求过不同方面的意见，具备一定的基础，但还不成熟，如就此颁布将产生意想不到的后果。现在已有许多企业假借“清洁生产改造”名义向国家发展和改革委员会申请资金扩大生产，如不能进行有效的控制，将不可避免地出现新一轮由国家资金支持的恶性竞争。因此，必须尽快对“方案”从环境可行性角度展开评价，客观地评价其环境影响，最终形成可行的能彻底解决铬盐行业现有问题、产业政策、发展方向等一揽子战略的“铬渣污染综合整治方案”。

四、我国铬盐工业健康发展的对策

由于经济发展对铬盐的市场需求不断增加，加上铬盐有钙焙烧生产工艺简单、设备简陋的问题，利益驱使已造成铬盐行业失控。要使我国铬盐工业走上健康发展的道路，必须实施铬盐生产大型化、集中化的战略，利用先进技术集中生产、集中治理，实行统一规划、合理布局、规范管理。铬盐生产大型化、集中化既有利于环境治理，也有利于提高企业的经济效益和市场竞争能力。

（1）统一规划，合理布局，总量控制。铬盐行业的特殊性决定了国家必须控制其发展，不能任由其无序竞争。根据全国的需求和现有国际上的发展趋势，我国铬盐行业布局4～6家大型企业（年产5万t以上）即可满足市场需求，因此现有的大部分企业将不可能存在。布局选点应从如下几方面考虑：地域均布性、环境敏感性、贴近市场、铬渣综合利用的局部优势、交通以及现有企业的基础等。

（2）以满足国内需求为目的，严格限制出口。鉴于铬盐行业的原料铬铁矿在我国较为缺乏，目前大多数企业依赖进口，而铬盐行业又是污染性行业，从全球污染转移的角度考虑，国家必须严格限制该产品的出口，仅以满足国内需求为目的。无论国内企业还是国外企业，都必须坚持这一原则，最近国外著名企业英国海明斯拟进入中国，建设10万t级大型铬盐装置，一旦建成将对中国市场造成冲击，如不限制出口，将会把污染留在国内。

（3）铬渣必须综合利用，不得堆放。多年的实践已经证明铬渣有炼铁、用于制水泥、旋风炉发电等多种利用途径，因此，今后布局的铬盐企业必须考虑其自身综合利用或近距离内相关企业综合利用铬渣的可行性，只有具备这种条件才能保证铬渣长期稳定的综合利用，不仅可做到新渣利用，还可以吃掉区域性积存的铬渣。对于具有长期稳定综合利用铬渣优势的现有企业，规划布局应予优先考虑，国家应给予特殊政策或资金支持。对于不具有长期稳定综合利用铬渣条件的现有企业，规划布局应予以关闭。

（4）铬盐企业的单线生产规模应控制在5万t/a以上且必须是无钙焙烧法或液相法。铬盐企业无论是新建还是扩建改造，单线生产规模应控制在5万t/a以上，并必须采取无钙焙烧法。传统有钙工艺产渣量2.5～3 t/t，少钙焙烧产渣量为1.2～1.5 t/t，无钙焙烧排渣量0.8 t/t（为有钙法的1/3），且渣含六价铬仅0.1%，是有钙法的1/60，因渣不产生铬酸钙，易于解毒治理，因此，无钙焙烧工艺无论在产渣量还是渣的毒性及其解毒治理等方面都优于有钙焙烧工艺。中科院开发的液相法如果成功工业化，将是最清洁的。虽然铬盐行业的污染主要是铬渣，但其他含铬废渣如酸泥、铝泥和硫酸氢钠等也必须引起重视，同样应进行综合利用。中科院开发的液相法则没有酸泥、铝泥和硫酸氢钠等含铬废渣。

（5）扶优扶强，从环保角度清理和规范市场。对现有铬盐企业分别进行现状的环境影响评价，对不符合环保要求或已造成严重污染的企业予以关闭，规范环保要求，消除治污成本的区别，利用市场作用逼部分小型企业退出市场。对积存的铬渣，要求现有企业限期治理，同时缴纳排污费，排污费的计算依据以产品产量乘以 3 倍（有钙焙烧法产渣量为 3 t/t）作为渣的产生量，对于铬渣实行危险废物的管理模式，定期检查，严格监控。只要实行统一的环保成本和标准，小型企业必将毫无优势，自然被市场淘汰。

（6）对铬盐企业实施铬盐生产许可证制度。通过环境评估、清洁生产审计等手段，规范铬盐生产技术及环保行为，对铬盐企业实施排污申报核准制，并发放生产许可证（由国家部委级统一核发）。铬盐生产的大宗原料（如铬矿）由国家统筹计划或执证供给，真正使我国铬盐由市场无序化竞争转变为有计划、有理性的控制发展。

（7）国家应加大铬盐行业的科技投入。对国内科研骨干单位加大投入，如在大力推广天津化工研究院开发的无钙焙烧工艺和中科院开发的液相法的同时，使其真正成为我国铬盐行业的技术支持单位，对铬盐行业分散的现有实用污染防治技术（酸泥、铝泥和硫酸氢钠等废渣的综合利用技术）进行整合、改进，进一步对铬盐行业的各种产品工艺、环保技术进行开发研究。

（2006 年）

保护与开发之博弈
——自然保护区与建设项目现状浅析

牟广丰

摘　要：建立和发展自然保护区是维系人与自然和谐共存的重要举措。近年来，“重开发、轻保护”、项目开发与保护区空间上交织重叠、发展规划与保护规划不协调、少数保护区范围和功能区划不尽合理等问题，导致项目建设屡屡触及自然保护区禁地。针对上述问题，提出统筹资源开发与保护格局，加强规划协调，构建合理经济补偿政策，梳理保护区减少和杜绝保护区选划不合理现象等对策建议，力争解决保护区与项目冲突的矛盾，将双方从“双峰对峙”转为“双赢共进”。

主题词：保护区　建设项目　资源　占用　协调发展

自然环境和自然资源是人类社会赖以生存和发展的基础，建立和发展自然保护区（以下简称“保护区”）是体现生态文明的重要标志，是落实科学发展观，维系人与自然和谐共存的重要举措。

然而，近十几年经济的快速发展，长期的粗放型发展模式，资源与环境状况令人担忧，拉动经济增长的建设项目屡屡触及保护区禁地，二者之间矛盾日益尖锐，保护区为GDP增长让路基本成为常态，这在我国的中西部地区尤为突出。随着国家西部大开发战略的推进，资源能源赋存丰富的西部成为新一轮经济增长的热点，而该地区恰恰具有生物多样性丰富、生态脆弱等特征。从保护区面积看，西部地区占绝对多数，而西部地区 1/3 以上的建设项目都不同程度地影响到了保护区，尽快解决保护区与建设项目之间的矛盾，促使双方又好又快地协调发展迫在眉睫。

一、保护区与建设项目呈齐头并进、双峰对峙状态

我国1956年建立第一个保护区，经过50年的建设和发展，共建立各种类型、不同级别的保护区2 395个，总面积15 153.5万hm^2，其中陆域保护区面积14 553.5万hm^2，约占陆域国土面积的15.16%。西藏、青海、新疆、内蒙古、甘肃、四川、云南等西部省（区）保护区面积总和已达到了 12 650.9 万 hm^2，占全国保护区总面积的83.5%。

从1995—2005年，我国的保护区数量从799个迅速增加到2 349个，增长近200%，

保护区面积增加 1 倍多。10 年当中我国 GDP 保持了年均 9%以上的增长速率，西部地区更是高达 10.3%，同期国家审批建设项目 3 005 个，总投资额 67 951.4 亿元。保护区和建设项目同期快速发展，齐头并进。由于保护区发展规划与开发建设规划之间缺乏有机衔接和统筹协调，在建设项目审批时，常常发生项目选址选线与保护区“撞车”的现象，“保护与发展”的矛盾越来越突出，保护区和建设项目互不相让，呈双峰对峙的局面。随着国家西部大开发的深入推进，以资源能源开发、交通基础设施等为先导的一大批建设项目涉及和影响西部大量保护区。近两年来，国家审批的云南省和内蒙古自治区的建设项目分别有 40%～50%的项目涉及国家或地方级自然保护区。

保护区与经济发展在规划层面的条块分割、各行其道，导致建设项目与保护区“我建我的，你开你的”，碰不上则好，碰上现调，不是一方倾覆就是两败俱伤，其直接后果就是地方与企业跑部门、调功能，旷日持久、劳民伤财，既损害了保护区的法律地位，影响了其权威性和严肃性，又造成了部门之间不必要的推诿扯皮，降低了行政效率，增加了行政成本和社会成本。

二、缘何保护区屡遭侵犯

纵观近年来屡遭建设项目“侵犯”的各级各类保护区，集中表现为：

1. GDP驱动导致“重开发、轻保护”

在保护区与建设项目博弈过程中，我们不难发现保护区被迫作出让步的多，项目妥协牺牲的少，其根本原因仍然是生态保护顶不住 GDP 冲动，单纯的经济指标考核体系必然造成“重开发、轻保护”，在政绩和利益集团的重压下，保护区被迫作出调整的案例比比皆是，有些甚至是节节退让，难保阵地。最为典型的就是金沙江溪洛渡、向家坝水电站项目，该工程位于长江合江—雷波段珍稀鱼类国家级自然保护区核心区边缘和缓冲区，该保护区是为补偿水生生态损失而设立，属长江三峡水利枢纽工程配套，是白鲟、达氏鲟、胭脂鱼等几十种鱼类的重要保护场所。但由于这两个水电工程的建设，保护区核心区、缓冲区又被迫调整至下游，然而调整后的保护区仍然逃脱不了水电开发的命运，据悉有关单位又紧锣密鼓地启动了新调整后保护区内水电工程的前期研究工作，保护区有可能面临第三次调整。但长江上游珍稀、濒危、特有鱼类却无法跟随保护区的不断调整而“搬家”。辽宁蛇岛—老铁山国家级自然保护区也因交通、化工项目的上马面临着同样的命运。

2. 西部地区项目开发与保护区空间上交织重叠

据初步统计，近年来以资源能源开发和交通基础设施类项目涉及保护区的问题居多，占总数的 90%以上。造成这种现象的主要原因是此类项目的选址选线是根据资源能源分布及走线方向确定的，可调整范围有限，空间上容易与保护区交织重叠。我国西部大多数省份保护区面积占有比例高，如西藏自治区高达 34.14%，青海、甘肃和四川等省的保护区面积也均高于全国平均水平，西部地区蕴藏有丰富的资源和能源，我国煤炭资源的86.7%分布在西北、华北和西南，70%以上的水力资源分布在西南，随着国家开发重点和重大项目的西进，一大批交通、能源、水利基础设施的先期进入，项目与保护区产生各种冲突在所难免。如新建铁路太原—中卫—银川项目，全长 747 km，途经山西、陕西、宁夏 3 个省（区），就先后穿越宁夏白芨滩国家级自然保护区、哈巴湖国家级自然保护区、山西薛公岭省级自然保护区，共穿越缓冲区 2.5 km，实验区 26.4 km，且有 3 个车站设在实验区内。

3．发展规划与保护规划的不协调

单纯以经济增长为目的的规划必然会与保护规划发生冲撞，各类专项规划和保护区规划间的不协调、不衔接、“争地盘”的现象在能源资源赋存与保护区密集重叠地区表现得尤为普遍。比较有代表性的是内蒙古泊江海子国家级自然保护区和陕西红碱淖地方级自然保护区，二者均为保护遗鸥种群栖息地设立，但两个保护区的地下均蕴藏着丰富的煤炭和天然气资源，已被国家规划为能源开发区，由于两省都热衷于能源开发规划，看重开发带来的可观短期经济效益，对遗鸥种群的保护相互推诿，寄望于对方保护，自己发展，大量上马的开发很可能使该区域遗鸥种群失去保护，成为弃儿。

4．少数保护区范围和功能区划不尽合理

一些保护区先天不足，少数保护区范围和功能区划不尽合理，也是导致与建设项目的冲突不断的原因之一。我国在保护区发展伊始，以抢救性的方式设立了一大批保护区，在西部地区更是采用先抢占再调查方式，加之地方政府在保护区设立之初误以为补助资金将同保护区面积和数量关联，导致少数保护区设立时缺乏翔实、科学的基础调查，存在着功能划分不合理、范围过大的问题。由此引发区域内建设项目避绕困难，多次穿越或者占用。如厦门珍稀海洋物种国家级自然保护区，几乎将厦门本岛近岸海域全部划入了保护区范畴，因此，在厦门建设的大部分涉海项目都不可避免地涉及该保护区。像此类情况，保护区经过多次占用、多次调整，造成了事实上的名存实亡。天津古海岸与湿地国家级自然保护区也是如此，仅在最近的一年半时间内就有 3 个国家级大型项目穿越该保护区。还有一些保护区在划定时没有为交通廊带留下发展余地，甚至将区内原有公路、铁路、航道包入其中，使得一些改造项目从动议之初就带着与保护区冲突的风险。如处于安西极旱荒漠国家级自然保护区内的连霍国道主干线，早在保护区设立之前就已存在，保护区设立时将其纳入了实验区范围，随后的国道改造不可避免地碰到保护区问题。

总体上看，保护区发展中的“两重两轻”倾向是越来越多建设项目触及保护区范围的重要因素。从 1995 年到 2005 年，我国自然保护区数量净增 1 550 个、总面积增加 7 810 万 hm^2，保护区所占陆地国土面积的比例也从 7.48%上升到 15%，已大大突破《中国自然保护区发展规划纲要（1996—2010 年）》规划的 2010 年保护区总数 1 000 个左右、面积占国土面积比例为 9%的目标，也远远高于美国、英国、德国等发达国家 10%的水平。

三、将双峰对峙转为双赢共进之道

解决保护区与项目冲突的矛盾，通过合理配置和利用资源，加强规划协调，运用适当的经济手段、梳理保护区等方式，将双方从“双峰对峙”转为“双赢共进”，具体对策和建议如下。

1. 把握实施《国家主体功能区规划》的机遇，统筹资源开发与保护的格局

摸清保护区内的资源赋存情况，明确在保护区内的资源禁止开发，实施资源的战略储备，为子孙后代留下可利用的资源空间，体现代际公平原则。在重点开发地区避开各级各类保护区，研究四类功能区域内保护区的发展方向和环境承载能力，明确重点开发区、优化开发区和限制开发区各自保护区内的建设项目准入条件。

建议重点对煤炭、水电和交通基础设施行业开发类规划进行完善，分层次开展主体功能区规划，进一步协调区域、流域发展与保护的矛盾，明确不同行业重点、限制和禁止开发的区域。

2. 构建合理的经济补偿政策

加快建立国家、地方、区域、行业多层次的生态补偿系统和机制。对因设立保护区禁止资源能源开发的地区予以生态资金补偿，强化国家财政纵向补偿方式。鉴于目前国家中央财力的稳步提高，应当本着公共服务均等化原则统筹区域内经济发展和保护区保护，把更多的财力投入到西部保护区的建设上，加大对保护区等禁止开发区域的财政支付转移力度，将“守土有责”转变为“守土有偿”、“守土有奖”，改变西部百姓因守护保护区自身生活长期得不到改善的状况，使保护区百姓的生活水平不低于全国平均水平。改变涉及保护区的基层行政区域领导政绩考核体系，将保护工作作为干部考核的主要指标，转变原有的以经济指标为主的考核方式。

按照“谁开发谁保护，谁受益谁补偿”的原则，对保护区有影响的资源开发要列支生态补偿资金。改革资源市场价格形成机制，将环境投资费用纳入建设和运营成本，建立区域和流域资源开发环境保护基金，提高资源开发环境保护效果。

3. 从战略环评入手，在源头上避免建设项目与保护区之间的冲突

启动政策环评试点工作，加强规划环评。今后在修编各类资源开发规划时必须依法进行环境影响评价，依照环评法要求，进一步加大规划环评力度，力求从规划层面解决建设项目的选址（选线）、布局等与保护区间的冲突，尽可能将矛盾解决在萌芽阶段。扭转资源开发与基础设施建设规划环评制度执行软弱的局面，建议全国人大和国务院组织有关部门对各类资源开发和基础设施建设等有关专项规划执行环评法情况进行检查。

4. 梳理各级各类保护区，减少和杜绝保护区选划不合理现象

抓住四类主体功能区实施的契机，对各级各类保护区进行一次认真的梳理，在此基础上进行整合和优化，把真正具有保护价值的保护好，把功能和范围划分不合理的调整过来，把已经失去保护价值的及时撤销，扭转保护区发展“两重两轻”的局面。一是进一步积极稳步地发展保护区，促进保护区由数量型向质量型转变，由面积型向功能型转变，避免不顾当地社会经济、超越实际能力建设保护区，逐步减小与资源开发的矛盾；二是整合现有保护区，将整合后的成果及时纳入各级主体功能区规划之中。结合经济社会发展规划划建新的保护区，调整范围、功能不科学的保护区，进一步优化空间结构，完善功能，提高质量；三是打破保护区“终身制”，建立升降级制度和退出机制，对因资源开发导致生态破坏失去保护价值，“名存实退”或“名存实亡”的保护区予以降级、撤销。

（2007 年 11 月）

关于开展地震灾区重建规划环评的几点思考

任景明　刘小丽

摘　要：四川汶川大地震损失惨重，随着解救被困人员任务的完成，地震灾区重建工作被提上议事日程，目前已成立国家汶川地震灾后重建规划组。在阐述规划环评在灾后重建中的作用及分析国内外地震灾区重建经验和教训的基础上，对开展地震灾区重建规划环评提出了几点思考：科学选址，避开地震带，尽量实施异地重建；地震造成的次生环境问题在重建中不容忽视；应以保护生态功能、防止新的地质灾害为原则规划主导产业；重建规划应充分考虑资源环境承载力和地质条件；重建中应尽量减少对地形地貌的改变；重建规划环评应重点关注重化工企业布局及水电开发规划等。

主题词：灾后重建　规划环评　思考

2008 年 5 月 12 日，四川省汶川县发生了 8.0 级地震，给四川、甘肃、陕西、重庆、云南等地带来了巨大的生命和财产损失。随着解救地震中被困人员任务的完成，地震灾区的重建工作被提上议事日程。根据国务院抗震救灾总指挥部的决定，国家发改委 6 月 1 日宣布，成立国家汶川地震灾后重建规划组，主要负责组织灾后恢复重建规划的编制和相关政策的研究。灾后重建涉及选址和重新规划等问题，由于此次地震受灾严重、重建任务艰巨的地区主要位于龙门山地震带，为避免或减轻重建地区再次遭受地震危害及次生地质灾害，应充分发挥规划环评在预防或减轻不良环境影响方面的功能和作用，为震后灾区重建、工农业生产合理布局提供技术支持和保障。

一、四川地震灾区受灾状况及重建工作准备情况

（一）受灾状况

据统计，四川省 21 个市州有 19 个市州不同程度受灾，其中重灾区面积超过 10 万 km^2，涉及阿坝、绵阳、德阳、成都、广元、雅安 6 个市（州）、88 个县（市、区）、1 204 个乡镇、2 792 万人。仅北川、汶川两县县城及周边就倒塌房屋 69 片，每片面积 500～10 000 m^2；10 万 m^3 体量的山体崩塌与滑坡 19 处；公路桥梁受损 38 处，损毁里程 5 390 m。位于此次地震断裂带应力释放点附近的北川县城房屋全部毁坏，水、

电、气、道路等公共设施也几乎全部毁光。同时汶川地震也带来地形地貌的改变。据地震专家报道，经过对 GPS 数据分析和现场地质调查，5 月 12 日汶川地震造成映秀至北川断裂带出现垂直和水平方向的位错，最大的垂直位错幅度为 4 m 左右，这造成了四川盆地沉降，龙门山大幅度抬高，重庆地区也有所抬高。

（二）重建工作准备情况

国务院总理温家宝 21 日主持召开国务院常务会议，研究部署当前抗震救灾和经济工作，提出及早谋划和适时开展恢复生产和灾后重建工作。要求在国务院领导下，尽快组织专门力量研究制订灾后重建规划和具体实施方案，充分考虑当地地质条件和资源环境承载能力，合理确定城镇、工农业生产力布局和建设标准。23 日，又在列车上主持国务院抗震救灾总指挥部第 13 次会议。决定成立灾后重建规划组，并要求争取 3 个月内完成灾后恢复重建规划的总体方案。要求在国家汶川地震专家委员会进行现场调查研究、科学论证、地质地理条件评估和科学选址的基础上，抓紧制订灾后恢复重建规划的总体方案。

按照国务院抗震救灾总指挥部要求，国家汶川地震灾后重建规划组已经成立，主要负责组织灾后恢复重建规划的编制和相关政策的研究。近日规划组召开第一次全体会议，研究讨论了《国家汶川地震灾后重建规划工作方案》，明确了灾后重建规划编制工作的主要任务、责任主体和进度要求。计划用 3 个月的时间完成前期工作和灾后重建的总体规划，暂定用 8 年时间完成灾后重建。

二、地震灾区重建规划环评的重要意义

规划环境影响评价是指在规划编制阶段，对规划实施可能造成的环境影响进行分析、预测和评价，并提出预防或者减轻不良环境影响的对策和措施的过程。在震后重建规划编制阶段就介入规划环评，从资源环境承载力和环境容量的角度对规划进行评价，从环境保护的角度提出意见和建议，将为促进重大开发活动、生产力布局、资源配置等科学合理，保障经济社会健康有序发展，降低将来可能的地震灾害造成的危害提供重要的技术支撑与保障。具体表现在以下几个方面：

一是保障重建选址的合理性。灾后重建首要的问题是选址，合理选址将是避免后患、减少未来可能发生地质灾害的关键一步。已有的资料表明，地震对于地震破裂带上的建筑物或横过破裂带的道路、桥梁等构筑物的破坏程度远远大于离开断层破裂带外的其他区域的建（构）筑物。此次汶川大地震受灾严重区域主要位于龙门山地震带，仍有再次发生地震的可能性。规划环评从地质、环境、资源、生态等多个方面和角度对选址、规划等进行评价，提出合理建议，是降低未来灾害损失的有效手段。

二是保障在当地资源环境承载力范围内重建，有利于维护生态安全。如果一个

地方的建设超过了当地的资源环境承载力，一方面很可能引发地震，尤其在地震高发区。如水库蓄水后，巨大体积的蓄水量增加局部水压，打破原有平衡，使岩石中的断裂面发生滑动，使一定区域内岩层和地壳内原有的地应力平衡状态被改变。若建库地段地下存在着活动的断层，水库蓄水后，由于水的重力触发作用将使区域地震发生的概率升高；另一方面也会造成严重的环境污染和生态破坏。

三是促进规划布局科学合理。开展重建规划环评，才能根据灾区生态环境承载能力，对重建的空间布局、发展规模、功能分区、工农业生产力布局等的生态环境适宜性进行分析，提出预防或减轻不良环境影响的对策措施；开展重建规划环评，才能按照区域主体功能定位，确定灾区主要产业的发展方向，规范空间开发秩序；开展规划环评，才能从决策源头上引导工业、石化等高危行业合理布局以及流域水电优化开发等。

三、国内外地震灾区重建的经验与启示

（一）唐山震后重建的经验教训

1976 年唐山发生了 7.8 级地震，造成 242 419 人死亡，164 851 人受伤，直接经济损失达百亿元，震后恢复重建又投入近百亿元。唐山震后重建工作总体上是成功的，在恢复建设时期采用了中心区、古冶区、新区“三角形”的布局。这种分散多核布局，大大拓展了城市发展空间，优化了资源配置，缓解了城市环境压力，奠定了建立生态型城市的良好基础。但在重建的过程中也存在着一些不足。一是灾后选择了原地重建，有些地区没有完全避开地震断裂带。虽然重建以后建筑物在防震性能上大大加强，但是处于“地震断裂带”上的新唐山难保不会出现更大破坏性的地震，这为新唐山留下了隐患；二是没有对地震遗址实行完整保护，唐山市只对中心地带地震遗址进行了保护，没有留下更多的、更完整的、纪念性的地震遗址；三是城市规划设计总体水平不高。表现在规划缺乏前瞻性，随着经济的发展，市中心城区缺少发展空间。此外，县城及小城镇基础设施建设滞后，档次较低，缺乏特色。

唐山的经验和教训表明，选址及重建规划在新城建设及城市未来发展中起着十分关键的作用。因此，震后灾区不应急于重建，首要的任务是进行合理的选址和科学的规划。

（二）日本震后重建的经验教训

1995 年，日本阪神发生了 7.2 级地震。阪神是人口密集且具有多样化产业结构的大都市。地震发生后，当地一些加油站的汽油、洗衣店用作干洗剂的四氯乙烯和一些工厂的化学制剂，由于在地震中储存设施破损而泄漏，渗入地下，导致土壤受到深度污染。震后，日本仅注重对地面上看得见的设施进行整修、重建，而忽视了

治理地下看不见的污染，受污染的土壤甚至被挖出来填埋到别处，导致污染的进一步扩散。经调查发现，在地震发生 1 年后，地震时泄漏的许多有害物质依然残留在土壤中，部分污染物在重力作用下透过浅层堆积物，还对地下水造成了污染。

日本震后重建的教训表明，灾后重建首先应考虑着手调查土壤污染，并对有问题的地方加以治理。土壤污染治理应先于建筑物的重建，因为一旦地面重建工作完成，就会给地下污染调查和治理带来障碍。

四、开展地震灾区重建规划环评的建议

规划环评应及早介入地震灾区重建工作，对规划实施可能造成的环境影响进行全面分析、预测和评价，并有针对性地提出预防或者减轻不良环境影响的对策和措施。在地震灾区重建规划环评中，应重点考虑以下问题。

1．科学选址，避开地震带，尽量实施异地重建

在余震未基本平静之前，若没有全面系统地调查清楚灾区地质灾害分布情况和发展趋势，就匆忙做出新的灾后重建规划并急于付诸实施，显然过于仓促，必将为未来新的灾害和损失埋下隐患。因此，地震灾后重建应尽量防患于未然，运用现代科技手段，进行全面勘察，统一科学规划，让城市尽量避开“地震断裂带”、活动断层、不稳定地区、易砂土液化部位等危险地段。汶川大地震受灾区主要位于龙门山地震带，这一狭长区域长约 400 km，由三条平行的主干断裂带组成，如在此断裂带上恢复重建，将导致新城区受到地震灾害的危害概率大大增加。因此，震后灾区重建要进行科学选址，特别是城市及重大建设项目选址应避开地震带，尽量实施异地重建。

鉴于此，一要尽快对地震造成的灾害及区域地质环境进行全面调查；二是在调查基础上，确定哪些地区还可以继续用于灾后重建；三是新县城的选址还需要考虑文化的传承性。如北川是全国唯一的羌族自治县，重建中羌族的文化风貌要尽量充分地展示出来。

2．地震造成的次生环境问题在重建中不容忽视

一旦大型石化项目、核电、危险废弃物处理场等高环境风险项目在强地震中受损出现危险品泄漏，导致的环境危害将是巨大的。受汶川地震影响，震区有两个化工厂存在液氨泄漏，紫坪坝等水库存在溃坝的危险。尽管最终泄漏被有效控制，受损水库也在严密监控下未出现大的险情，但是强震区内建设项目、特别是重大项目存在的次生环境风险如地质灾害、水污染、土壤污染等仍然是不可忽视的安全隐患，在重建过程中应给予充分的重视，对规划进行环境影响评价时也应将次生环境问题作为衡量规划的一项重要标准。

（1）地质灾害。汶川特大地震引发的地质灾害呈现范围广、程度深、危害大、持续时间长等特点。据调查，特大地震发生后，灾区许多地质灾害隐患点已经成灾，

滑坡、崩塌、泥石流导致许多建筑物和民房倒塌，造成了人员的大量伤亡，也使公路、铁路、桥梁、通信等大量基础设施摧毁。地震之后，汶川县地质危害点初步查明的就有 3 000 多处，包括崩塌、滑坡和泥石流；青川滑坡、崩塌、泥石流接连发生，已经形成了 800 多处地质灾害隐患，其中已查明比较严重的有 40 多处。县城周边的三座大山出现了裂缝，县城北面的山体比南面整体下滑 1 m 多，县城街面出现明显下陷和裂缝，有大量的危石悬吊在半山坡。为避免地质灾害的再次发生，重建之前先要摸清易发生地质灾害的地区以及地质灾害隐患点，在规划新城和重大项目建设时应尽量避开这些区域，如果无法避开，就要对建（构）筑物的防震性能提出更高的要求。

（2）水体污染。地震引发的水体污染问题也不容忽视，以下几个因素容易产生水体污染：一是地震引起的山体滑坡、崩塌、泥石流等地质灾害直接造成的河流水体污染；二是地震发生后引起农药、化工等高环境风险企业中危险化学品等的泄漏，可能对地表水及地下水造成污染；三是防疫过程中使用的大量消毒剂、灭菌剂，以及生活垃圾、生活污水、腐烂动物尸体等，也将威胁河流水环境和群众饮用水的安全。对于水体污染问题，重建过程中应予充分考虑，在进行规划时应将存在严重水体污染的地方纳入污水处理厂的处理范围。

（3）土壤污染。地震中一些有毒有害化学品的泄漏会对土壤造成直接污染。如果对土壤污染不加重视，在重建之前未进行有效的处理，将会重蹈日本的覆辙，增加土壤污染的治理成本，同时也留下后患。因此，在规划进行之初，首先要做的是对可能产生环境污染灾害的区域实行全面调查。按照受灾地区的化工厂分布，圈定可能存在化学品泄漏的点或者区域。由于土壤污染核查是一项复杂的工作，所需时间较长，为避免土壤污染调查和治理影响灾后重建速度，应当先排查受污染可能性低的地点，一旦排除受污染的可能性，就可以在这些地点先行重建。然后重点调查受污染可能性高的地点，之后再进行治理，达到要求后才能在此地重建。

3. 应以保护生态功能、防止新的地质灾害为原则规划主导产业

此次地震灾害发生地是长江上游重要的生态屏障，是生物多样性丰富的地区，同时也是生态环境非常敏感的地区。汶川地震对灾区脆弱的生态环境造成了极大的破坏，甚至可能严重损害灾区生态系统的基础。保护已遭受重创的生态环境以及防止新的地质灾害成为灾区重建的一项重要任务，从规划做起显得尤为重要。因此，应当将保护生态功能、防止新的地质灾害作为灾区重建规划的一项重要指导原则。一是在做大做强现有旅游业和优化水电主导产业的基础上，适度发展与该区域物产相匹配的生态农业。二是根据受灾区具体的生态条件及企业受灾程度决定战略性企业应重建还是搬迁。三是将生态环境状况作为规划布局企业以及工业园区的一项重要的决定性因素。四是对生态破坏和环境影响较大和不具备规模效益的小矿产、小电解铝、小硅铁、小工业硅、小电石、小多晶硅等高耗能工业要严格限制发展。五是继续实施天然林保护、退耕还林、退牧还草以及小流域水土保持综合工程，加快草地沙化治理和干旱河谷治理步伐。

4．重建规划应充分考虑资源环境承载力和地质条件

灾后重建规划要充分考虑资源环境承载能力和地质条件。首先要开展灾区环境资源承载能力的调查和研究。在对灾区生态环境现状、历史发展趋势等做出全面分析的基础上，对灾区拟重建区域做出合理的规划。另外，由于水利水电工程施工将使地形发生很大的改变，可能导致严重的地质环境灾害，并有可能引发严重的次生环境问题，而西南地区是水利水电开发的重点区域，而且这一地区也是我国主要的地震活跃带之一，地质条件复杂，灾害风险极高。鉴于西南地区的生态环境特点，必须坚持“统筹规划、保护优先、有序开发”，深入研究大规模的流域水电开发与地质灾害的关系，特别是要做好地震对水库安全的次生环境风险研究，提出这一地区水电开发的指导性意见。对一些生态环境特别敏感的地区，要进行地震环境风险影响评价，提出更高更严格的保护措施。

5．重建中应尽量减少对地形地貌的改变

环境是全球的主题，灾区重建一定要顺应自然，因地制宜，尽量减少对地质地貌的改变，并且要讲究城市美学，达到美与和谐统一，这样才不至于在将来沦为“弱势城市”。包括日本在内的发达国家在进行规划的时候都是“生态先行”，如日本不会为了修路而去改变河道；在不宜建楼的地方，就空出来种树或者建花园；海边的建筑一般都会留出出风口，让海风可以吹进城里，使城市里不会太闷热，此外，海边还会建设富有自然气息的公共休闲场地。为保障“生态先行”，日本等一些发达国家会启动战略性环境影响评价，并在整个重建过程中贯穿始终。在汶川大地震灾后重建中也应当采用这一做法，保护好现有的地质地貌。

6．重建规划环评应重点关注重化工企业布局及水电开发规划

化工石化行业风险性较高，布局不合理以及环保设施不健全将增加环境风险，也会对生命财产及生态环境带来严重的破坏。水电开发会改变水体及地质状况，不合理的开发将会带来地质灾害发生、生物量衰减等问题。因此，为减少因布局不合理造成的污染事故和地质灾害发生的概率，在对化工行业进行规划时要充分考虑发生灾害时污染物对河流、饮用水、居民区、自然保护区等环境敏感目标的影响，对于水电开发要以“保护优先、统筹开发”为原则进行规划。

（2008年5月）

从汶川地震反思生态类项目环境影响评价
——以水利水电项目环境影响评价为例

陈凯麒　吴佳鹏

摘　要：有关部门初步统计四川汶川地震影响水库896座，其中受较大影响的187座，出现险情的16座，出大问题的2座中型水库，至少有1座水库溃坝，这些出现险情的水库严重威胁着下游人民群众的生命和财产安全，也给下游生态环境带来了毁灭性的威胁。目前，我国西南水利水电工程绝大部分处于地震活跃带上，地质条件复杂。加强地质灾害的环境风险评价，从水利水电规划伊始合理选址，合理选择开发形式，是有效降低灾害发生概率，最大可能减小灾害损失的有效手段，也是调整中国的水利水电工程建设思路，实现真正意义上“水电有序开发”的有效途径。

主题词：汶川地震　堰塞湖　水利水电　风险评价

2008年5月12日14时28分，四川省汶川县发生8.0级强震，重庆、湖南、湖北、上海、山西、陕西、河北、北京等地均有震感。强震给人民生命财产造成巨大损失的同时，汶川县附近区域众多水库也受到创伤，给人民群众生命安全带来了严重威胁。

目前，最为关注的当属位于都江堰水利枢纽上游的紫坪铺水库。2000年“紫坪铺水利工程环境影响报告书”通过国家环境保护总局审查。该工程位于岷江之上，都江堰市与汶川县交界处，2001年3月开建，2006年12月建成，是四川省在岷江上的“一号工程”。该工程的大坝坝高156 m，总库容11.26亿m^3。新华社5月13日报道，“受汶川县‘5·12’地震影响，紫坪铺水利枢纽工程大坝面板出现裂缝，厂房等其他建筑物墙体发生垮塌，局部沉陷，500 kVA向出现避雷器倒塌，整个电站机组全部停机。”

目前国务院专家组对紫坪铺工程各重要部位进行了全面详细的检查，对各种监测数据进行了科学分析评估，认定紫坪铺水库大坝结构稳定、安全。紫坪铺大坝的安危关系着下游都江堰市和成都平原千万人的生命安全，5月12日、13日，国家防总、水利部针对水库隐患连续发出两个紧急通知，要求迅速对水库（尤其是病险或在建水库）、水电站、堤防、闸坝、堰塞湖等开展拉网式排查研判，确保险情及时发现、及时抢护；对发生险情的水库等防洪工程，立即组织专家会诊，制订抢险方案；

应对好强降雨可能引发的山洪、滑坡、崩塌对水库、水电站、堤防等工程造成的不利影响等。

四川汶川地震迫使我们从环境保护角度重新审视生态类工程的环境影响评价工作，特别是水利水电工程的环境影响评价，争取最大限度地减少灾害发生的概率，最大可能地减轻灾害的破坏程度。

一、水利水电工程诱发的环境灾害风险解析

水利水电工程诱发的环境灾害风险包括两个方面：第一，水利水电工程本身及附属工程直接带来的环境灾害风险；第二，在地震、火山爆发等外力作用下，水库诱发的间接环境灾害风险。

（一）直接环境灾害风险

1. 加剧和诱发崩塌、滑坡、泥石流等地质灾害

工程施工使地形地貌发生巨大改变，如山坡开挖导致边坡失稳，大坝构筑及弃渣堆放引起地基变形，从而加剧和诱发崩塌、滑坡、泥石流等地质灾害。1989 年，云南澜沧江漫湾电站在左岸坝基开挖过程中，发生大规模坍塌，造成坝顶公路毁坏，坝基和厂基无法开挖。

2001 年，紫坪铺工程施工区在进行公路改线和排砂洞施工时，由于对边坡进行削坡，致使斜坡崩塌堆积体的自然休止角发生改变，前缘出现高陡临空面，加上连续降雨，结果在 2001 年 7 月 10 日和 19 日两次发生大规模滑坡和坡面泥石流，滑坡体积分别达到 10 多万 m^3 和 50 多万 m^3，造成 213 国道中断。

2004 年 2 月 23 日，雅砻江锦屏一级电站前期施工的公路修建引起雅砻江岸高约 100 m 的山体突然崩塌，雅砻江断流 4 h。

2. 水库诱发地震

水库蓄水后，巨大体积的蓄水量，增加局部水压，打破原有平衡，使岩石中的断裂面发生滑动，使一定区域内岩层和地壳内原有的地应力平衡状态被改变。若建库地段地下存在着活动的断层，水库蓄水后，由于水的重力触发作用使区域地震发生概率升高。

国外水库诱发大地震存在先例。意大利阿尔卑斯山韦奥特水库坝高 261 m，1960 年开始蓄水，随蓄水增加，诱发地震增加，1963 年 9 月上旬就记录地震 60 次，最后托克峰大山崩，3.5 亿 m^3 岩石崩入水库中，形成高出坝顶 110 m 的巨浪并至溃坝，下游村镇被水夷平；1963 年非洲卡拉巴水库诱发 6.0 级地震；1967 年印度戈伊纳水库诱发 6.5 级地震。

我国也有类似水库诱发地震情况的出现。1959 年，广东东江的新丰江水库在蓄水一个月后，就开始有地震活动。在 1960 年 5—7 月，连续发生 3.1 级和 4.3 级地

震。1962 年 3 月 19 日，发生 6.1 级强震，突破当地历史纪录。震中距大坝仅 1.1 km，大坝出现 82 m 长的横贯裂缝并渗水，电站受损停运。此后，一个月之内便发生了 3.0 级以上地震 58 次，后花费高昂代价按 10 度的抗震烈度对大坝进行第二次加固。1962 年 6.1 级强震之后二十余年，在水库水位变化不大的条件下仍有中强地震发生。

青海黄河上的龙羊峡库区蓄水前地震活动较弱，蓄水后库区地震活动明显增强。在围堰拦洪期间，大坝周围发生近 70 余次小震。1986 年 11 月水库完成蓄水，坝前水深达到 148.5 m，三年半后的 1990 年 4 月 26 日，水库附近的共和县发生 7 级地震。其后至 1994 年 10 月又多次发生 5 级左右的地震，而且震中有逐渐靠近水库的趋势。

3. 库岸浪蚀、库水浸泡及库水位频繁变动导致地质灾害体失稳与复活

湖北境内长江支流——清江的隔河岩水库茅坪滑坡，是水库蓄水导致岸坡失稳的一个典型事例。隔河岩和水布垭是清江上两座已建和在建的大型电站，坝高分别为 151 m 和 233 m。1993 年 4 月 10 日，隔河岩水库开始蓄水，在水库水位由 132 m 抬升至 200 m 的过程中，下距隔河岩水库大坝 66 km、上距在建的水布垭大坝 25 km 的茅坪滑坡体开始出现变形，而该滑坡在隔河岩水库蓄水前未见任何变形迹象。据观测，该滑坡已开始整体下滑，方量约 $2.40 \times 10^7\ m^3$，而且近期有较大发展，极有可能在近几年内全面失稳。一旦滑坡体入库堵江，将会因滑坡体的堵塞使水布垭工程中途夭折，还会因滑坡体的溃决，给下游造成严重损失。

云南澜沧江漫湾电站自 1993 年以来，因水库蓄放水，已引起库区周边 100 多处崩塌或滑塌。1995 年 3 月，漫湾电站库区清库排障放水，短期内水库水位迅速由 991 m 降至 940 m，变幅达 51 m，导致库区四周滑塌或坍岸，其中仅景东县库区在一周内即坍岸 51 处。在五里村诱发大型滑坡，至今整个山体仍在下滑。

（二）间接环境灾害风险

1. 大坝决堤引起次生水灾

在地质灾害高危区，一旦大规模灾害事件发生，大坝的存在，尤其是高坝、大库的存在，将极可能对灾害起到放大作用，水灾是地震后危害最为严重的次生灾害之一。

1933 年 8 月发生在四川叠溪的大地震，造成的山体滑坡在岷江中形成两道天然水坝和四个堰塞湖。据记载，地震时死亡 500 余人，而两个月后由于坝体垮塌，导致茂县、汶川、灌县共 2 万余人在洪水中丧生。

200 多年前的 1786 年 6 月 1 日（清乾隆五十一年五月初六），同样在四川的康定南地区发生 7.5 级地震。大渡河沿岸泸定、汉源等地发生巨大山崩，壅塞大渡河，断流十日，并形成巨大的堰塞湖。6 月 11 日堰塞湖溃决，高数十丈的水汹涌而下，乐山、宜宾、泸州、沿江一带人民“漂没者十万众”。

1975年8月，河南省淮河流域特大暴雨，因上游的大型水库—板桥水库溃坝，导致下游石漫滩大型水库、两个中型水库、60座小型水库、两个滞洪区在短短数小时内，相继垮坝溃决。

地震可能使库堤开裂受损，水库附属设施受到破坏，导致水库排水不畅；同时，山体滑坡，大量泥石落入水库中，瞬时抬高了水库的水位，极有可能导致翻坝恶果的出现。据水利部对灾区及相邻地区的初步统计，汶川地震影响水库 896 座，其中受较大影响的187座，出现险情的16座，出大问题的2座中型水库，至少有1座水库溃坝。

汶川地震发生时，降雨导致大量泥石流涌入河道，堵塞河水，并形成大小不一的堰塞湖（堰塞湖是由火山熔岩流或地震活动等原因引起山崩滑坡体等，形成天然堰坝，堵截河谷或河床后储水而形成的湖泊）。四川省水利厅发布，什邡市石亭江干河口、马槽滩、燕子岩，绵竹市清平乡，安县茶坪乡等地，均形成不同程度的堰塞湖。如果堰塞湖不能得到疏通，随着水位上高，巨大的水压力会导致崩堤，形成洪水，若数个堰塞湖与下游得不到及时泄流的水库蓄存水叠加，很可能冲垮库堤，形成更大洪灾。届时会对紫坪铺水库造成极大压力，对水库下游平原造成灾难。

2. 地质环境容量的限制使基础设施面临地质灾害风险

在我国，许多大坝库区尤其是西南部的库区，由于山高坡陡，不仅地质环境脆弱，而且建设用地和农业用地原本就很紧张，淹没后的迁移区用地更显严重不足，地质环境容量面临巨大压力，使移民安置与城镇迁建不得不向灾害堆积体甚至陡坡要地，面临很大的地质灾害风险。三峡库区的多个新建城镇都曾因地质灾害问题造成选址困难，甚至二次迁建；而随着三峡库区蓄水位的逐步提高，如果库区的地质灾害体活动加剧，那么这些新建安置区的地质环境安全将面临更加严峻的考验。

根据2000年编制的“紫坪铺水利工程环境影响报告书”介绍，在水库修建前，有一条自然形成的沿岷江道路，边坡由于长期的自然力作用，比较稳定；而水库蓄水将其淹没，迫使在水库蓄水位以上重新开辟道路，由于山体上部岩层相对破碎，且部分道路由于不符合自然休止角要求，道路疏通过程中不断塌方现象也就不难理解。

3. 水库梯级开发可能带来的连锁反应

在地质灾害多发区，一旦大规模灾害事件发生，梯级大坝的存在，极可能造成具有连锁破坏效应的灾害链。

目前，岷江干流已建和在建的水坝有紫坪铺、映秀湾、太平驿、福堂、姜射坝、铜钟和天龙湖等；岷江一级支流杂谷脑河共有狮子坪、红叶二级、理县、危关、甘堡、薛城、古城、下庄、桑坪共一库九级梯级开发，黑水有两库五级梯级开发，渔子溪有两级开发。

汶川所在的龙门山地震带上活跃着岷江最大的水电站群（见图 1），山体滑坡已经把岷江的部分河段阻断，形成了堰塞湖。一旦溃湖，将严重威胁各梯级大坝的安全，若大坝崩溃形成梯级水库洪水的叠加，后果不堪设想。

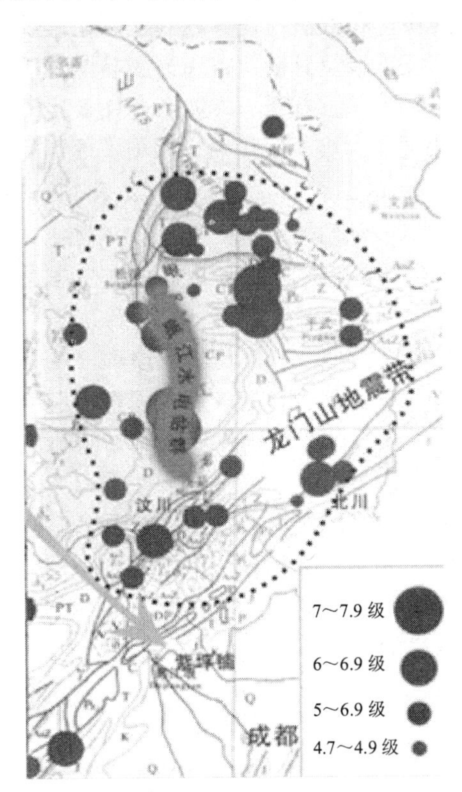

图 1　龙门山地震带和岷江水电站群示意

（数据由四川省地震局提供）

二、环境影响评价中亟待加强的工作

为了更为有效地规避水利水电开发带来的地质方面的环境风险，最大限度地减轻环境灾害的破坏程度，从环境影响评价方面急需加强以下工作。

（一）重视小概率事件，加强环境风险评价

从我国目前环境风险评价开展状况来看，针对污染类项目的环境风险评价重视程度不断提高。1990 年国家环保局（现环境保护部）颁布了《要求对重大环境污染

事故隐患进行环境风险评价》（环发[1990]057号）文件。此后我国重大项目的环境影响报告中也普遍开展了环境风险的评价，尤其是世界银行和亚洲开发银行贷款项目的环境影响报告中必须包含有"环境风险评价"的章节。2004年12月发布了《建设项目环境风险评价技术导则》（HJ/T 169—2004），这是我国第一部关于环境风险评价的规范。将对建设项目环境风险评价纳入环境影响评价管理范畴，提高环境风险评价工作及审查工作的质量和效益，使其达到法制化、规范化和标准化具有重要的意义。但该规范针对的仅是涉及有毒有害和易燃易爆物质的生产、使用、储运等项目，对于生态环境风险分析方面内容，该规范没有涉及。

2005年11月13日松花江污染事故以后，污染类项目的环境影响评价再次得到强化，国家环境保护总局于2005年12月15日下发了《关于防范环境风险加强环境影响评价管理的通知》（环发[2005]152号），明确要求化工石化集中工业园区、基地的开发建设规划进行环境可行性与风险性论证。但对生态类建设项目，特别是水利水电建设项目的环境风险评价尚没有得到应有的注意。

水利水电项目特别是水库大坝，一旦垮坝或溃坝，将对下游沿岸人民群众的生命财产安全构成严重威胁，对于可能会造成重大危害的水利水电项目进行环境风险分析势在必行。目前生态类项目的风险评价尚未有专门的规范进行指导，环境影响评价报告关于风险评价的深度往往不一致。

紫坪铺水利工程环境影响评价报告中关于水库诱发地震风险和溃坝洪水风险分析比较完整，报告中描述："紫坪铺水库区，既没有大规模现代活动断层通过，又没有足以积蓄大应变能的大面积块状坚硬岩体分布，也没有发育的岩溶管道或导水能力很强的断层破碎带，这样的地质环境不利于产生较大的水库诱发地震。同时，建议工程考虑在地震的破坏作用下，上游梯级电站连续溃坝对大坝的破坏做出进一步评价，同时对坝前堆积体和上述过程叠加作用进行分析与评价。"可见当时报告书编制单位已经考虑到梯级电站连锁反应问题。但遗憾的是八年前"报告书"中提出的建议仅停留在纸面上。

目前看来，多数水利水电项目的风险评价深度和细致程度远远不及污染类项目。如何提高水利水电项目生态环境风险分析评价的水平、保证水利水电项目环境风险分析评价的质量已成为水利水电项目环境影响评价工作中一个亟须解决的难点，也应是下阶段工作的重点。

（二）加强地质灾害研究，综合考虑工程选址

四川汶川地震敲响了一个警钟，必须要重视地质条件复杂地区的水利水电开发选址的环境风险评价工作。中国西南处在地震活跃带上，水利水电工程建设中的选址环节显得至关重要。选址，关键的是要避开地震断裂带，选择中间相对稳定的地层；其次，要看历史上最大的震级是多少，设计的时候，尽可能超过历史最高震级

水平。不过，即使躲开地震断裂带，如果地震波及的范围超过水电站、水库设计的最高防震级别，同样是不安全的；此外，还要充分考虑周边的山体特征。

岷江流域主要部分属于龙门山地震带，龙门山地震带沿着龙门山断裂带，北起青川向南西经北川、茂县、大邑至泸定附近，长约400 km，宽约70 km。根据史料记载，该地震带有史以来发生的最大地震是1657年汶川6.5级地震，至1995年8月共发生6级地震5次，5级地震13次。考虑到上述情况，紫坪铺水利工程坝区地震基本烈度值按7度考虑，水工建筑物已按8度设防。本次汶川地震最大烈度达11度。

（三）同等对待附属工程的环境影响评价，最大程度降低项目整体环境风险

目前，水利水电工程环境影响评价中，主体工程的环境风险影响评价相对比较详尽，但附属工程，如道路的环境风险评价则未得到应有的重视。流域性的环境风险没有得到重视，这在一定程度上增加了项目的整体环境风险。尤其在西南山区的水利水电工程开发中，公路基本是沿河谷山体开凿，由于山体上层岩体相对疏松，极易产生山体的滑坡，若大规模的滑坡体进入库区，水位将会急剧壅高，如果处理不及时，很可能产生水流翻坝情况。同时，在大坝出现风险时，可能由于道路、溢洪道等附属工程故障，从而错过大坝风险的最佳治理时机，造成更大的灾害损失。加强工程项目整体的环境风险评价，是从早期有效避免或降低环境风险的必要手段。

（四）重视水利水电规划环评，最大限度地减小环境风险及其带来的损失

加强水利水电规划环境影响评价和建设项目的竣工验收工作是避免环境风险及其灾害损失的有效手段之一。从水利水电规划环境影响评价伊始，就应该充分考虑规划实施的环境风险问题，正如“紫坪铺环境影响报告书”中提到的“建议工程考虑在地震的破坏作用下，上游梯级电站连续溃坝对大坝的破坏做出进一步评价，同时对坝前堆积体和上述过程叠加作用进行分析与评价。”

水利水电项目目前竣工验收工作对环境风险评价部分不够全面和深入。对水污染、疾病传染等风险考虑得较多，对溃坝、地震等导致的水库次生风险研究得较少。必须加强溃坝、地震等类似的小概率事件导致的水库次生风险应急预案的研究和评价工作，做到风险来临时，有章可循。

（五）加强中小水利水电工程的环境影响评价工作，规范中小水利水电工程的建设管理

当风险来临时，最早发生问题的是中小水利水电工程。在流域支流众多无序建设的中小工程的包围下，造成梯级累积风险，对干流的骨干工程带来巨大风险。对

中小水利水电工程的环境影响评价工作亟待加强，迫切需要规范中小水利水电工程的建设管理。

四川汶川地震对岷江水利水电项目的影响给我们敲响了警钟，这仅仅是西南水电基地的一角，相比更大范围的西南水电、水库群而言，显然，其面对的不仅仅是地质灾害风险，更多的是如何进行防治，如何调整中国的水坝建设思路，实现真正意义上的“水电有序开发”。

（2008 年 5 月）

从环保角度看我国煤炭利用与煤化工产业的发展

周学双

摘　要：煤炭是“燃烧经济”的根本基础，诸多环境问题与煤炭的不合理利用密切相关；目前我国煤炭利用存在方式单一、效率不高、环境污染严重等问题，煤炭资源与水资源、消费市场逆向分布的矛盾突出，现有煤化工规模小，循环经济难以实施，火电快速扩张加剧了煤炭资源利用的不合理性。煤炭利用应该以“洁净煤技术”为主旨，大力发展新型煤化工，建设超大型、循环经济型、多联产新型煤化工综合产业群，用环保理念渗透到经济领域、优化经济发展模式，同时通过先进经济发展模式解决环境问题。制定资源、贸易与环境经济政策，引导煤炭及相关资源合理利用，强力调控、科学统筹规划、有序发展，对煤炭利用进行多方案或多种模式的战略环评，起到环保优化经济发展的实际效果，并真正成为经济决策的主要参与者。

主题词：环保角度　煤炭　煤化工　发展

我国是世界第一大煤炭生产和消费国，2007 年我国煤炭消费量约 25.8 亿 t，据预测 2020 年我国煤炭总需求量将达到 34 亿 t 左右。我国同时也是世界上最大的煤化工生产国，在煤制合成氨、甲醇、焦炭和电石生产上居世界之首，其中电石、焦炭占全球产量近 2/3。按照国务院《石化产业调整和振兴规划》“坚持控制产能总量、淘汰落后工艺、保护生态环境、发展循环经济以及能源化工结合、全周期能效评价的方针，坚决遏制煤化工盲目发展势头，积极引导煤化工产业健康发展”的要求，从环保角度分析当前煤炭利用与煤化工存在的问题，提出对策建议，通过调整结构、优化布局、确保规模、延长产业链、发展循环经济、研发与推广洁净煤技术，实现清洁生产、促进节能减排来提高资源利用率，推动环境问题的解决，从而实现环保优化经济发展。

一、煤炭利用与煤化工产业存在的问题

目前，煤炭的主要利用方式是直接燃烧获取热能，正是所谓的“燃烧经济”，而我国煤炭在一次能源生产总量中占 78%，单位 GDP 能耗是日本的 8 倍，美国的 3 倍；特别是相当一部分煤化工企业为区域环境污染大户，属于需要淘汰的“两高一资”企业。诸多环境问题如气候变暖、酸雨、汞污染、大气污染（包括灰霾、大气

棕色云等）、大量固废堆存等，均与此密切相关，并直接关系到国家的可持续发展与子孙后代的生存环境。

（一）煤炭利用方式单一、资源利用率低、环境污染严重

2007 年我国煤电比例为 78%，水电占 20.4%，核电占 1.2%，风电及其他新能源占 0.7%，是世界上少数以煤炭为主发电作为一次能源的国家。从煤炭消费量看，主要集中在电力、钢铁、建材和化工行业。2007 年，我国煤炭消费量中工业消费量为 24.5 亿 t，占消费总量 95%；工业消费量中电力用煤占 56%，钢铁用煤（含钢铁炼焦）占 17%，而化工用煤 1 亿 t 左右，占 5%，尤以电力行业（包括供热）煤炭用量最大。

我国燃煤发电机组参数主要以亚临界为主，近年来，火电机组的参数逐步向超（超）临界方向发展，2007 年年底，我国的供电煤耗水平达到 356 g/（kW·h），与发达国家的差距进一步缩小，但与世界先进水平 320 g/（kW·h）相比，仍相差约 30 g/（kW·h）。作为燃料用煤，其利用效率受到限制，如火电机组平均效率约 33.8%，民用燃煤综合效率一般仅 15%～16%，且仅利用了煤的部分热能，几乎全部元素（如硫、碳）均排入环境。过于单一的煤炭利用方式不仅造成环境严重污染，而且使得许多环境问题无法解决，如直接燃烧中二氧化碳浓度低，难以回收与捕集。

煤炭燃烧排放的污染物是中国大气环境污染的主要来源，在各类污染物总排放量的贡献分别是：二氧化硫为 90%、烟尘为 70%、氮氧化物为 67%、二氧化碳为 70%。2006 年全国二氧化硫排放量 2 588 万 t，其中大部分来源于煤炭直接燃烧。我国酸雨的范围还在不断扩展，二氧化碳的排放量将跃居世界第一位；除此之外，重金属污染（汞、砷等）、氮氧化物、二氧化碳、大量固废、脱硫技术过分单一（95%以上为石灰石-石膏法）等相关问题还未得到足够重视。根据 UNEP“全球汞评估报告”，按照汞在空气中的年均值和平均沉降值，中国属大气汞污染最为严重的地区之一。2003 年我国大气汞污染物排放量约为 623 t（欧洲、美国分别为 239.3 t、118.6 t），其中由燃煤排放的汞为 256.7 t，占总排放量的 41%，主要来源于电厂、工业锅炉和民用燃煤。

（二）火电快速扩张加剧了煤炭资源利用的不合理性

2008 年全国电力装机容量近 8 亿 kW，其中火电占 76%，近 60%分布在东部地区；2007 年国家核准开工的电力项目中火电占近 87%；火电排放的污染物在全国污染物总量中占比分别为：$SO_2$53%、CO_2 36%、NO_x 35%、烟尘 43%；产生粉煤灰 3.8 亿 t/a、脱硫石膏 1 700 万 t/a。近几年电力行业又在借热电联产变相扩张产能，重复建设、刺激“两高一资”企业发展；据统计，我国能源消耗的 26%用于出口，以量取胜的粗放型贸易增长模式占有相当比例，贸易顺差的同时，承受“资源环境逆差”，

即大量出口产品，相当于进口污染。

火电比重过高、布局欠缺合理性以及脱硫方式不合理等，不仅进一步加剧了煤炭资源利用的不合理性，还将埋下诸多隐患，如资源利用率难以提高、环境污染加剧、交通拥堵、CO_2的捕集与封存（CCS）成本过高等，将来电力行业仅CO_2的捕集与封存成本就可能承受不了。我国现在建设的电厂将决定2020年及以后的煤炭利用模式，如果延误过度到以气化为基础的多联产技术的时机，将大大增加未来治理空气污染和温室气体的成本。

（三）煤炭资源与水资源、消费市场逆向分布的矛盾突出

煤化工产业发展需要自然资源、技术装备、产品市场和资金投入作为支撑，我国煤炭资源相对丰富，已查明的资源储量超过1万亿t，但按地域分布极不均衡。在煤炭资源丰富的地区，大都水资源匮乏、生态环境脆弱，经济发展水平较低、远离产品消费市场。按昆仑山—秦岭—大别山一线划界，北部地区煤炭资源占全国的90%，但水资源短缺，仅占21.4%。其中，晋陕蒙宁四省煤炭资源占有量为67%，而水资源仅仅占全国水资源的3.85%。若以大兴安岭—太行山—雪峰山一线东西划界，西部地区煤炭资源占全国的89%，东部沿海的辽宁、天津、河北、山东、江苏、浙江、福建、广东、海南、广西等10省（市、区）火电装机容量3.3亿kW，占全国59%，但煤炭资源仅占全国的3.3%。“北煤南运、西煤东运”压力加大，煤炭资源与水资源逆向分布、煤炭生产与消费市场逆向布局的矛盾更加突出，生产要素分布不匹配制约着煤炭的利用。

（四）各地煤化工发展过热，盲目无序、同质化现象严重

位于鄂尔多斯盆地的陕西、内蒙古、宁夏、山西均在实施煤制甲醇、煤制二甲醚、煤制油与烯烃等宏大的煤化工规划，规划的煤制甲醇和煤制油建设规模均在1 000万t以上，如宁东煤电化基地规划到2020年投资3 000亿元，形成2 000万t煤化工产品的综合生产能力，鄂尔多斯几乎每个旗均规划了煤化工基地，榆林市辖区内建立了多个煤化工基地，山西省为了实现“变山西煤炭基地为煤化工基地，变煤炭能源大省为煤化工大省”目标，制订了《加快发展具有山西优势的煤化工产业三年推进计划》；上述区域均位于典型的干旱或半干旱严重缺水、生态环境脆弱地区，因蕴藏着丰富的煤炭资源，各路资金纷至沓来，且建设项目几乎雷同，严重同质化；此外，云南、安徽、山东、新疆等诸多资源性省份都已启动或规划建设规模庞大的煤化工项目。2008年全国甲醇产能已经突破2 000万t，产量不足1 200万t，目前产能大量闲置，同时还有2 000多万t的拟建和在建项目，如果甲醇的应用领域得不到扩展，庞大产能如何消化将成为产业发展焦点。

（五）现有煤化工规模小、竞争力差，循环经济难以实施

目前，我国焦炭、电石、煤制化肥及甲醇等主要传统煤化工产品产量均居世界首位，其中焦炭、电石生产能力分别过剩 1/4 和 1/2，超过“十一五”预期市场需求。以甲醇行业为例，2006 年我国共有甲醇生产企业 167 家，产能 1 344 万 t/a，10 万 t 以下企业占 60%。焦炭、电石和煤制甲醇企业平均规模分别仅为 20 万 t/a、2.2 万 t/a、3.5 万 t/a，规模普遍偏小。电石行业大部分以开放式电石炉为主，煤制化肥以固定床间歇式煤制气，焦化的煤气、煤焦油大多未综合利用；从气化工艺来看，现有煤化工中气化炉大都是污染严重的固定层间歇式气化炉，约有 4 000 台，而先进清洁的气化炉比重很小，如德士古、壳牌等还不足 100 台。

2007 年全国规模以上焦化企业共生产 3.28 亿 t 焦炭，我国焦炭出口占世界出口总量 50%以上。焦炉煤气产生量 430 m^3/t 焦炭，大约一半回用于焦炉助燃，剩余煤气放散（约 600 亿 m^3），价值超过百亿元；仅山西省每年就有近 200 亿 m^3 放散，相当于两个西气东输工程（国家投资 1 400 亿元）的输气量。现有煤化工企业大都能耗高、污染严重，占有环境容量等重要生产要素，影响整个行业的优势企业和新型煤化工产业的发展。

循环经济难以实施主要原因不是技术与资金问题，往往是规模太小，无法独自回收利用。如一个 100 万 t 的焦化厂所产生的焦炉煤气只能配套 10 万 t 甲醇规模，而全国 80%以上的焦化产能为中小企业（小于 100 万 t），虽然焦炉煤气回收利用技术成熟、价值可观，因构不成规模经济，大都只能将焦炉煤气点“天灯”或直接放散。这也是目前我国循环经济难以实质性推进的症结所在。

二、对策与建议

煤炭资源合理有效利用与新型煤化工发展密不可分已经是不争的现实，落实科学发展观，本着循环经济与可持续发展的理念，站在推动能源替代的战略高度，前瞻性地规划布局，统筹煤炭分布、水资源分布与利用、交通运输与区域市场需求，稳步有序发展资源节约型、环境友好型煤化工产业。

（一）强力调控、科学统筹规划、有序发展

“诸侯经济、行业经济”已经不适应形势发展，煤炭利用所涉及的部门、行业、区域太多，如果没有强有力的调控，则不可能做到“全国一盘棋，有序、可持续发展”。科学统筹规划是从能源替代、资源、市场、技术、交通、贸易、环保等诸多方面进行统筹，摒弃部门和地方的狭隘利益观，以资源、市场、交通等主要生产要素来筹划超越行政区划界限的大区域经济，从国家利益出发，科学地、前瞻性地进行规划；不仅要解决能源替代，还要大幅度提高资源利用率；不仅要加速发展经济，

而且还要做到可持续发展；不仅要解决当代的环境污染，还要解决长期的环境问题；因此，国家应该尽早考虑煤炭利用的综合性中长期规划（包含能源替代、煤化工、冶金、建材、交通、煤炭开采等相关方面），并成立总协调机构，出台煤炭与煤化工的相关政策，有效遏制地方的盲目无序局面。

所谓“有序发展”，既包括时间上与先进洁净煤技术的有序跟进，也包括空间上与资源、市场、交通的有序合理布局，绝不是现在地方的各自为政、“一哄而上”、局部区域严重同质化重复建设的盲目无序发展。如规划中的黄河中上游煤化工产业区位于晋陕蒙宁四省区的交会地区，均属于缺水地区，应该抛弃行政区划的约束，以大区域进行总体规划，发挥各自优势，建立互补性经济。

（二）以“洁净煤技术”为主旨，大力发展新型煤化工

“洁净煤技术”是指在煤炭开发和利用过程中，旨在减少污染和提高效率的煤炭加工、燃烧、转化和污染控制等一系列新技术的总称，是使煤作为一种能源应达到最大限度潜能的利用而释放的污染控制在最低水平，达到煤的高效、洁净利用的技术。新型煤化工是以煤炭为原料生产洁净能源和化学品等，不仅可替代能源和石油化工产品，如柴油、汽油、航空煤油、液化石油气、乙烯丙烯原料、燃料（甲醇、二甲醚）、电力、热力等，而且通过多联产可以削减电力、石化、建材、冶炼等行业的污染源和民用分散污染源以及汽车的污染排放。新型煤化工是典型的“洁净煤技术”。发展“洁净煤技术”是解决我国能源与经济、环境协调发展问题的根本出路，因此煤炭利用应该以“洁净煤技术”为主旨。

新型煤化工的核心就是以煤炭、水、氧等为原料经过气化或转化生成合成气（CO、H_2），然后既可以制备各种替代石油基燃料、化学品，也可以作为能源原料（如发电、供热等）；这一过程中可以对煤炭中主要化学元素如碳、氢、硫、氧等予以充分回收利用，硫和氢的利用率均可以达到99%以上。新型煤化工与直接燃烧的根本区别在于：新型煤化工是把煤当作原料通过化学反应的途径达到生产能源和相关产品，充分利用煤炭里多种化学元素，并实现能源的梯级利用，而直接燃烧仅仅把煤炭当作燃料，通过燃烧获取部分热能，基本不利用任何化学元素，目的单一，浪费严重；通过对以直接燃烧的方式用于发电和以气化的方式用于煤化工进行对比分析（以火电厂脱硫效率90%进行比较），吨煤用于发电最终排入环境的SO_2、NO_x、烟尘分别是煤化工的23倍、13.5倍、9倍，远大于煤作为原料的煤化工行业；由此可见，采用新型煤化工技术利用煤炭的方式，从资源的利用效率与污染物的排放角度来看，均远远优于直接燃烧的利用方式。

因此，新型煤化工可以大幅度提高资源能源的利用率，在实现资源最大化利用的同时，必然达到了污染物的最小化排放。

（三）建设超大型、循环经济型、多联产新型煤化工综合产业群

发展煤化工产业应综合评估分析区域煤炭资源、水资源、交通运输、市场分布以及 CO_2 的捕集与封存条件等诸多因素，在充分考虑短板因素的基础上，以“大区域、大经济”的眼光筹划，互补延伸产业链，寻求资源能源最大化利用、污染物最小化排放、经济最优化发展。循环经济得以实现的前提必须是规模化经济，之所以许多实用的综合利用技术不能被企业所用，主要原因是构不成经济规模。

新型煤化工技术可以将电力（IGCC）、冶金、水泥、电石、焦化、煤气化、醇醚燃料、乙烯、丙烯、合成氨、氯碱以及风能等多行业有机结合。以煤气化为龙头的多联产系统绝大部分技术是成熟的，但必须打破行业界线，建议从国家层面规划部分示范性超大型、循环经济型、多联产新型煤化工综合产业群，结合世界新型煤化工发展趋势，合理解决煤炭资源区域内各生产要素的冲突，进行煤、电、化、热、冶、建材等多产业的综合一体化建设。由于规模大、产业多，资金需求巨大，不是一般性投入，是庞大的系统性工程，因此必须由政府主导，多个企业拼接方能实现。

基于上述理念，国家应该严格限制新布设独立的火电厂、水泥厂、焦化厂、电石厂、钢铁厂、合成氨（尿素）等与煤炭利用密切相关、且目前产能过大的“两高一资”行业，通过建设新型煤化工综合产业群，在优化产业结构的同时，解决能源危机替代产品与相关产品的市场需求，实现环境友好。

（四）制定资源、贸易与环境经济政策，引导煤炭及相关资源合理利用

我国煤炭储量相对较为丰富，但品质差异较大，部分品种短缺，如焦煤；为了合理高效利用，尽可能做到物尽其用，国家应该根据热值、灰分、含硫量、汞和砷等危害元素含量等多种指标，科学区分各种煤炭的使用范围（包括行业与地区），制定全国分地区煤炭基价目录，规范煤炭资源管理，指导煤炭的开采、使用与运输；由于焦煤短缺，国家应该禁止焦煤和焦炭出口；汞和砷等其他危害元素含量较高的煤炭、高硫煤（如硫含量大于1%）、褐煤（效率低、产物量大、浪费运能）和石油焦等不得用做动力燃料；交通运输部门依据相关政策与要求，以“运距最短、作业次数最少”为原则，进行合理调度，最大化发挥运能；燃煤工业锅炉应结合煤气化技术进行优化改造，与区域供热规划相匹配、替代区域分散污染源和城镇民用燃料。

从环境保护角度考虑，研究发展“低碳经济”和“循环经济”的相关问题，及时出台相关环境经济政策，促进“洁净煤技术”的实施；应尽快研究制定减少二氧化碳排放的相关政策，引导碳元素的循环使用，如火电厂应该评估二氧化碳的回收与捕集成本的可行性；对于利用煤焦油、焦炉煤气、转炉煤气、高炉煤气、高硫煤、褐煤以及石油焦、煤层气、煤渣等劣质或废弃资源，应该给予相应的鼓

励支持政策，如综合利用税率优惠或环境税减免等；评估单一的脱硫技术的环境后果；应该对煤炭开采与使用中的多种资源：煤层气、煤焦油、焦炉煤气、转炉煤气、高炉煤气、碳、硫以及渣等主要资源制定利用率考核标准，如对焦炉煤气点“天灯”或直接放散的企业，征收高额环境税或资源税，以经济手段促进资源利用和节能减排。

从环境经济政策和排放标准着手，促进清洁能源的推广使用，如煤基液体燃料（醇醚类燃料）。根据相关统计资料，2006 年车用燃料消耗占全国石油总消耗量的42.5%，交通运输排放的氮氧化物已超过全国排放总量的30%；随着汽车保有量的快速增长，车用燃料的占比将超过50%，将进一步加剧石油的消耗与城市的大气污染。醇醚类燃料替代石油烃类燃料在工业与民用领域有着显著优势，甲醇作为车用燃料，经过台架与公路试验证明，尾气排放的 HC、CO、NO_x 与汽油相比，均能降低 50%以上；以含硫量分析，欧III标准要求小于 150×10^{-6}，而甲醇燃料均小于 0.03×10^{-6}，远远优于汽油；从燃烧机理分析，低碳含氧燃料燃烧后 HC、CO、NO_x 的产生概率较小，充分说明甲醇、二甲醚等低碳含氧化合物作为燃料在环保方面具有明显优势。因此，应结合新能源的开发与替代，制定相应的环境经济政策和更为严格的排放标准，推广煤基液体燃料使用，改善环境质量。

（五）切实做好环保优化经济发展

现代经济发展已经将环保推到前端和中心位置，环保部门应该深入了解产业经济，结合先进前沿的经济技术，研究经济与环保的关系；把环保理念渗透到经济领域、优化经济发展模式，同时通过先进经济发展模式解决环境问题。如煤炭利用，环保不能只考虑脱硫、脱硝等末端治污手段，而是应该研究如何改变煤炭利用方式与途径，做到少产污或不产污，将“源头治理”的理念真正融入经济领域。要认真落实国务院《石化产业调整和振兴规划》的要求，综合考虑酸雨、温室气体、汞污染以及固体废物等多要素，对煤炭利用进行多方案或多种模式的战略环评，在富煤富水区域，建设坑口煤化工基地，延长煤化工产业链，尽可能延伸到市场终端产品，减轻化学品运输压力和环境风险；在有一定水资源的富煤区域，量水而行，鼓励建设大型煤制甲醇项目，可采用甲醇管道运输至市场区域进行深加工；水资源不支持的富煤区域，明确不宜发展煤化工行业，可以进行输煤、引水、输气（包括基础化学品）等多方案比选（包含二氧化碳的处置）。从而起到环保优化经济发展的实际效果，并真正成为经济决策的主要参与者。

（2009 年 5 月）

煤化工废水零排放环保应关注的几个问题

童　莉　周学双　郭　森

摘　要：我国煤化工项目大多位于富煤少水、水资源承载能力和水环境容量有限的区域，煤化工废水零排放是通过提高用水效率和废水回用率，降低生产水耗，最大限度利用水资源以及采用高效的水处理技术，处理高浓度有机废水及含盐废水，使之不外排到自然水体。通过对煤化工废水零排放可能实现的技术途径分析，提出目前应当重点关注的技术经济、环境影响、规划管理等方面的问题，为今后强化煤化工废水零排放环境管理提供借鉴。

主题词：煤化工　废水零排放　环保

一、煤化工废水零排放的概念及由来

煤炭是我国的主要化石能源，煤化工是以煤为原料，经过化学加工转化为气体、液体、固体燃料以及化学品的工业化过程。现代煤化工以煤炭—能源化工技术为基础，煤气化为龙头，运用催化合成、分离、生物化工等先进的化工技术生产能够替代石油的洁净能源和各类化工产品，如成品油、天然气、甲醇、二甲醚、乙烯、丙烯等。

我国煤炭资源和水资源分布极不均衡。昆仑山—秦岭—大别山一线以北地区煤炭资源量占全国总量的90%以上，而水资源仅占全国总量的21%，水资源缺乏地区往往也面临地表水环境容量有限的问题，有些地区甚至没有纳污水体。在我国西部和北部地区，地表水资源的缺乏直接导致地下水过度开采和污染。我国煤化工项目主要分布在内蒙古、陕西、新疆、山西、宁夏、甘肃等地，2005—2009年，环保部评估中心评估了37个煤化工项目，其中15个提出了废水零排放的要求，主要分布在内蒙古、辽宁、山西和新疆。

为促进工业经济与水资源及环境的协调发展，2005年颁布的《中国节水技术政策大纲》首先提出要发展外排废水回用和“零排放”技术。《国家环境保护“十一五”规划》明确要求在钢铁、电力、化工、煤炭等重点行业推广废水循环利用，努力实现废水少排放或零排放。近年来，一些地方也相继颁布了严格的废水排放标准，黄河、淮河等水污染严重的敏感流域、区域地区和省份甚至不允许工业企业废水排放到地表水体。水资源和水环境问题已成为制约煤化工产业发展的瓶颈。寻求处理效果更好、工艺稳定性更强、运行费用更低的废水处理工艺，实现“废水零排放”的目标，已经成为煤化工发展的自身需求和外在要求。

废水零排放在国外称之为零液体排放（Zero Liquid Discharge，ZLD），是指企业不向地表水域排放任何形式的污水。2008 年国家技术监督标准局颁布的《工业用水节水　术语》（GB/T 21534—2008）中对零排放解释为企业或主体单元的生产用水系统达到无工业废水外排。简言之，零排放就是将工业废水浓缩成为固体或浓缩液的形式再加以处理，而不是以废水的形式外排到自然水体。

二、实现煤化工废水零排放的技术途径

煤化工废水零排放是个系统工程，包括两个层次，一是采用节水工艺等措施提高用水效率，降低生产水耗，同时尽可能提高废水回用率，从而最大限度利用水资源；二是采用高效的水处理技术，处理高浓度有机废水及含盐废水，将无法利用的高盐废水浓缩为固体或浓缩液，不再以废水的形式外排到自然水体。

（一）煤化工废水分类

典型现代煤化工企业废水按照含盐量可分为两类：一是有机废水，主要来源于煤气化工艺废水及生活污水等，其特点是含盐量低，污染物以 COD 为主；二是含盐废水，主要来源于生产过程中煤气洗涤废水、循环水系统排水、除盐水系统排水、回用系统浓液等，有时也包括生化处理后的有机废水，其特点是含盐量高。废水零排放整体解决方案如图 1 所示。

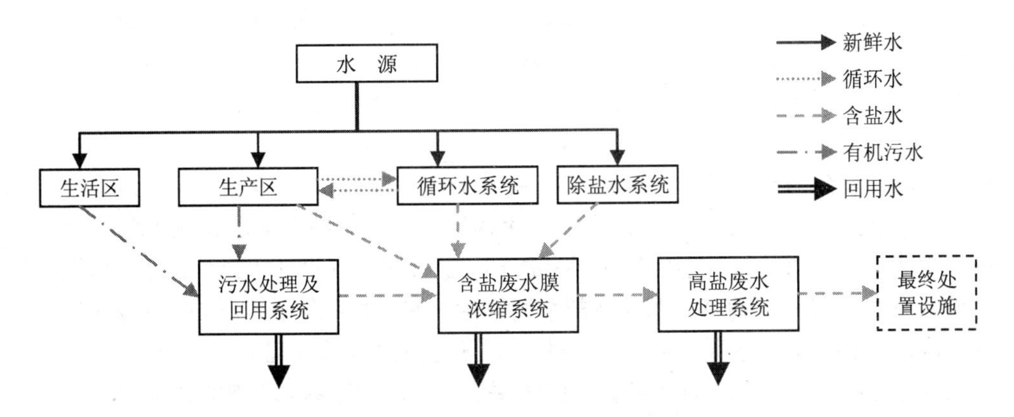

图 1　典型现代煤化工企业废水零排放整体解决方案

煤化工有机废水的成分差别主要源自不同的煤气化工艺。目前煤气化技术国内外有十几种，气化技术的选择主要取决于煤质和投资成本。新建大型煤化工项目采用较多的是中温气化工艺（鲁奇固定层加压气化）和高温气化工艺（GE 水煤浆加压

气化、多喷嘴水煤浆气化、Shell 干煤粉加压气化、GSP 干煤粉加压气化等）。中温气化工艺废水成分复杂，含有难降解的焦油、酚等，采用一般的生化工艺很难处理，需要设置焦油和酚氨回收等设施进行预处理，预处理后的有机废水 COD 浓度仍然高达几千毫克/升，BOD/COD 在 0.3 左右，可生化性较差。高温气化工艺废水成分相对简单，COD 浓度较低，一般在 500 mg/L 左右，BOD/COD 在 0.6 左右，可生化性较好。

煤化工项目含盐废水中的盐主要来自补充新鲜水，循环冷却水，工艺过程中产生、处理除盐水及有机废水过程添加的药剂等。根据神华集团某煤制天然气项目方案设计，补充新鲜水（以黄河为水源）带入整个系统的盐量超过 57%，其次是生产过程和水系统添加化学药剂产生，分别为 29%和 13.6%。新鲜水来源和生产工艺确定后，主要通过合理选择循环冷却系统循环倍数和处理水系统药剂，来降低废水含盐量。煤化工含盐废水总含盐量（TDS）通常在 500～5 000 mg/L，甚至更高。

（二）废水分类处置方式

1. 有机废水处理

高温气化工艺的有机废水通常采用 A/O 等常规生化工艺处理，COD 浓度可控制在 60 mg/L 以下，可满足《循环冷却水用再生水水质标准》（HG/T 3923—2007）要求。以哈尔滨气化厂水煤浆加压气化法制甲醇项目的有机废水为例，经 A/O 法处理后 COD 浓度由 425 mg/L 降至 16 mg/L，COD 去除率大于 96%，氨氮由 185 mg/L 降至 0.5 mg/L，处理效率大于 99%。处理后的有机废水一般可直接回用于循环水系统补水。

中温气化工艺产生的有机废水 COD 浓度很高，通常需要采取预处理设施＋生化处理＋后续处理的流程，废水中 COD 浓度一般可降至 200 mg/L 左右。以大唐阜新煤制天然气项目为例，该工程采用鲁奇工艺，有机废水设置了预处理（絮凝沉淀＋水解酸化）＋A/O 生化处理＋接触氧化＋催化氧化的流程，设计废水 COD 浓度可由 5 000 mg/L 降至 160 mg/L，氨氮从 200 mg/L 降至 10 mg/L，挥发酚从 470 mg/L 降至 0.5 mg/L。鲁奇工艺有机废水经过上述长流程处理后通常仍不满足回用标准，需要再进行超滤＋反渗透处理才能回用于循环冷却水。目前一些设计单位提出了“浊循环”的设计方案，即将不满足《循环冷却水用再生水水质标准》（HG/T 3923—2007）的有机废水直接送循环水系统回用，可大幅降低有机废水的处理成本，但这种回用方案国内还没有运行实例，据了解，美国大平原（Great Plants）和南非萨索尔（Sasol）公司已有类似的运行实例。

2. 含盐废水处理

含盐废水的处理通常采用膜浓缩、热浓缩将废水中的杂质浓缩，清水回用于循环水系统，浓液（高盐废水）另作处理。

膜浓缩技术具有处理成本低、规模大、技术成熟等特点，缺点是对进水水质要求较高、容易发生污堵、浓缩倍数不高。膜浓缩主要原理为反渗透（RO），所产清水中COD、盐类等浓度较低，清水回收率一般在60%～80%，高效反渗透（HERO）可达到90%。还有一种新的膜浓缩技术——纳滤，是介于反渗透和超滤之间的压力驱动膜分离和浓缩过程，与反渗透相比，其操作压力和能耗更低，但应用于废水处理尚处于研究阶段。

热浓缩主要有多效蒸发、机械压缩蒸发、膜蒸馏等方式，浓缩效率较高，但设备庞大，能耗高。其中多效蒸发技术比较成熟，在许多行业中已经得到应用，清水回收率一般在90%左右；机械压缩蒸发能耗相对较低，但设备投资大，清水回收率一般在92%左右；膜蒸馏可利用工业废热等廉价能源，对无机盐、大分子等不挥发组分的截留率接近100%，但该方法尚处于研究阶段。

3. 浓液（高盐废水）的处置

含盐废水处理后产生的浓液，也称为高盐废水，含盐量通常高达20%以上。国内采用较多的处置方式有蒸发结晶、焚烧、冲灰、自然蒸发塘等，国外还有深井灌注等方式。

蒸发结晶是使高盐废水中的盐分以晶体方式析出。GE公司的专有技术——蒸汽压缩结晶系统是热效率最高的，该技术设备投资大，目前已在南非萨索尔（Sasol）的煤间接液化项目及波兰Debiensko煤矿等成功运行，国内仅神华煤制油项目使用该技术处理催化剂制备过程产生的少量高盐废水，但未正常运行。

焚烧是将浓液送入焚烧炉焚烧，产生以盐类为主的残渣。该技术能耗高，防腐要求高，稳定运行比较困难，国内煤化工行业尚无运行实例，辽宁大唐国际阜新煤制天然气项目提出采用这种处理方式，目前正在进行初步设计。

冲灰是将浓液送至煤场喷洒或锅炉冲渣，浓液中的盐分和有机物最终进入灰渣，目前部分小型煤化工项目和电厂多采用这种处置方式。

自然蒸发塘是建设面积足够大的池塘，贮存浓盐水，利用自然蒸发的方式蒸腾水分，使盐分留在塘底，一般需要对蒸发塘采用相应的防渗措施。该方式比较适合于降雨量小、蒸发量大、地广人稀地区的煤化工项目。

深井灌注目前在美国、墨西哥等国家有应用实例，这种方式对自然地质条件要求很高，我国目前尚无相关法律法规和技术标准支持。

三、煤化工废水零排放需关注的几个问题

煤化工废水零排放技术研究和应用在我国处于起步阶段，在技术、经济、环境影响、规划管理等方面存在一些问题，应引起有关部门和相关企业的高度重视。

（一）技术方面

煤化工废水零排放的主要技术难点集中在中温气化工艺有机废水处理、含盐废

水处理及浓液处置三个方面。

中温气化工艺有机废水经过复杂的生化处理后其水质（COD 200 mg/L 左右）仍难以满足循环再生水水质标准要求。反渗透工艺会缩短反渗透膜的寿命，增加装置运行成本，而浊循环系统废水中的有机物容易造成循环水系统腐蚀，缩短系统的使用时间。目前关于浊循环技术对循环系统的影响尚无定论，我国也无相关技术设计规范。

含盐废水处理的核心问题，一是膜浓缩和热浓缩的污堵问题和设备腐蚀问题，二是整个系统盐平衡的优化问题。水中污染物对膜装置的堵塞和高盐分对设备的腐蚀，降低了膜浓缩、热浓缩的处理效率和使用寿命，运行成本较高，亟须开发新型高效含盐废水处理工艺。含盐废水处理应从源头入手，在设计中综合考虑整个系统的盐平衡，对废水处理过程中需要投加药剂的各个环节，进行工艺和药剂的比选优化，最大限度地减少水系统添加的盐量，降低末端治理的压力。神华某煤制天然气项目初步设计资料，预脱盐装置以反渗透技术代替离子交换技术，可使系统总盐分下降 18%左右。

浓液的妥善处置是真正实现废水零排放最重要的环节。自然蒸发塘需要确定合理的防渗级别并解决浓液管输中结晶、保温、堵塞等工程问题。蒸发结晶器、焚烧的最大的问题是能耗高，对材质防腐要求高，在设计中应做好全面的技术经济论证。

针对目前废水零排放的技术工程难点，建议相关部门和企业加大技术投入，从环保角度评估各种煤气化技术的优劣，选择合理的节水和废水处理工艺及设备，推广实用可行的技术，制定相关技术指南与工程规范，开展废水零排放技术的研发。

（二）经济方面

煤化工项目通常投资很大，要实现“废水零排放”，除克服技术方面的困难外，还需要投入大量资金。据估算，目前通过环评审批的煤化工项目中，投资在 100 亿元以上采用水煤浆工艺的，平均水处理投资约 6 亿元，约占环保投资的一半。采用鲁奇工艺的平均水处理投资约 17 亿元，约占环保投资的 2/3。含盐废水处理成本通常是有机废水处理成本的几倍。国内首家已建成但还未真正实现废水零排放的神华煤制油项目，试运行期间吨有机废水处理成本为 5.26 元，吨含盐水处理成本则为 38.77 元。

在整个废水零排放系统中，浓盐水的有效处理是决定废水零排放方案成败的关键环节。由于煤化工艺装置富余的低压蒸汽量有限，不足以作为废水浓缩结晶的主要热源，需要补充外部热源，蒸发结晶装置需要使用高强度耐腐蚀材料，因而增加了投资成本。以鄂尔多斯 300 万 t/a 二甲醚项目为例，仅蒸发结晶就需要投资 2.4 亿元，占整个水处理投资的 40%以上，占项目环保投资的 15%，占项目总投资的 1%。

可见，实现“废水零排放”的经济代价是巨大的，从另一个角度看，废水零排放是以较多的能源消耗换取污染物的减排，因此，在解决水环境污染的同时，一定要综合考虑由此带来的高能耗和高投资运行成本问题，其中应特别关注蒸发结晶、焚烧的处置方式。

（三）环境方面

废水零排放的环境问题主要有浓液处置不当可能产生的次生环境污染以及非正常工况下的环境风险隐患。

浓液采用蒸发结晶处置，产生的结晶废渣量较大，神华煤制油项目仅催化剂制备含盐水结晶废渣高达 4.8 万 t/a，按危险废物处置所需费用很高，废渣中的可溶性盐类在雨水淋溶作用下会造成二次污染。冲灰方式处置浓液会使含有大量有机物、杂盐的浓水进入锅炉灰渣，容易造成二次污染，亦会影响灰渣综合利用产品的质量。蒸发塘若选址不当，可能造成地下水污染，按照危废填埋场要求进行防渗会增大投资。

化工装置非正常工况下将产生大量不满足回用标准，或虽满足回用标准但无回用途径的废水，由于零排放企业无废水排放口，这部分废水只能在厂内长时间贮存，由于废水量较大，很容易造成废水无序排放污染当地地下水环境。如神华煤制油项目，试运行阶段产生的废水无法回用到循环水系统，企业将其作为绿化用水，结果造成了厂区地下水污染。

因此，废水零排放是在煤炭资源丰富、水资源匮乏，又缺乏纳污水体的特定条件下，解决煤化工废水出路的措施，而不应该作为煤化工项目上马的硬性要求之一。对煤化工项目的水污染控制，应立足于不恶化地表水体质量、不污染地下水，将污染限制在可控范围内。在水资源丰富的南方地区不宜倡导零排放，北方地区也应因地制宜，区别对待，如果有纳污水体，应允许利用自然水体，不宜硬性要求零排放，在确实没有纳污水体地区，应该以保护地下水为前提，优先选用能耗物耗较低的处置方式。

（四）规划方面

近年来，许多煤炭资源丰富的北方省份制定了规模庞大的煤化工发展规划，这些规划项目普遍缺乏水资源和水环境条件支撑，如果得不到合理的引导，不仅会造成煤炭资源和水资源浪费，还可能引发严重的环境污染和生态破坏。以煤化工项目密集的鄂尔多斯市为例，根据《鄂尔多斯市工业经济“十一五”发展规划纲要》《鄂尔多斯市能源与煤化工产业基地规划》及其相关文件，该市共规划了十四个工业园区，多数以煤化工作为其支柱产业，煤化工项目“遍地开花”，区域水资源和水环境的矛盾日益尖锐。

煤化工项目的建设首先应立足于合理规划。地方政府在进行产业链规划布局时，应同步开展规划环评工作，指导煤化工产业布局、技术工艺选择及环境管理。以水资源的合理利用和水环境的有效保护为目标进行统筹规划，从区域—园区系统—企业三个层面做好污水的处理处置和水资源的梯级利用，建立园区公共事故水系统，统筹安排区域废水集中储存，分担企业压力，降低环境风险。

（2010 年 2 月）

推进“市矿统筹”，促进煤炭资源富集区可持续发展*

耿海清　陈　帆　赵　玲　刘　杰　安祥华　蔡斌彬

摘　要：在煤炭资源富集区，大型矿业集团对当地社会、经济和生态环境具有深远影响，但在现有管理体制和利益机制下，矿业集团与当地经济的融合度往往不高，从而对矿区可持续发展构成制约。如何协调二者之间的矛盾，以及如何处理矿业开发与区域经济的关系，涉及资源富集区可持续发展的战略议题。根据安徽省淮南潘谢矿区的实践经验，对“市矿统筹”的理念、形成机制及其理论和实践意义进行了解析，提出了煤炭资源富集区市矿统筹的主要内容，分析了市矿统筹的制约因素，最后提出了推进市矿统筹战略的对策建议。

主题词：市矿统筹　煤炭　资源富集区　可持续发展　潘谢矿区

进入21世纪以来，我国工业化和城镇化进程进一步加速，能源需求迅猛增加，东南沿海能源负荷中心连年出现“电荒”，对生产、生活造成严重影响；同时，煤炭价格形成机制的市场化改革，以及国家政策倡导的煤—电—煤化工一体化开发，则直接刺激了各大矿业集团的进一步扩张。2001—2008年，环境保护部环境工程评估中心共评估了180个大型煤矿项目的环境影响评价报告书，这些项目的新增产能高达8.75亿t，投资规模超过了过去50年的总和。值得注意的是，在我国，大型矿业集团往往直属于中央或省级政府，地市级政府对其没有管辖权，企业不仅在地域上以“飞地”形式独立于其所在的城市，而且拥有自己的管理机构和社会服务体系。如果二者对区域内的社会、经济和环境行为采取不合作态度，则很容易演变为市矿冲突或市矿对抗，不利于煤炭资源富集区经济、社会和环境的协调发展。而市矿统筹的理念和安徽省淮南市的实践经验，则为解决这一难题提供了很好的思路和范例。

一、市矿统筹的实践及其基础

（一）市矿统筹的实践

市矿统筹这一理念，最早是国内学者对德国鲁尔地区自20世纪50年代以来通过鲁尔区政府和鲁尔集团的通力合作，共同实现区域和企业转型，走上可持续发展

* 本报告为环境保护部环保公益性行业科研专项项目（课题编号：200809072）成果之一。

道路的合作行为的概括。其实质就是在市场经济条件下，地方政府与矿业集团建立战略合作关系，按照互惠互利、共同发展的原则，整合各自优势，构建区域经济和企业发展的组织机制，并共同制定区域发展规划。从其经验来看，在区域资源已经枯竭或接近枯竭时再寻求转型，往往会付出较大的代价。因此，如何将市矿统筹的理念运用于资源富集区，在资源尚未枯竭时即进行统筹规划，促使矿区提前走上可持续发展道路，不仅引起了学术界的极大兴趣，也引起了矿业城市的热切关注。

从目前掌握的资料来看，国内最早提出实施市矿统筹战略的是安徽省淮南市。2004年，淮南市委召开扩大会议，决定调整城市发展战略，把市矿统筹作为“十一五”乃至今后的发展战略，并成立了淮南市政府和淮南矿业集团主要领导参加的市矿统筹发展领导小组，编制了市矿统筹规划，其指导思想是“统筹产业发展、统筹城市发展、统筹乡村发展、统筹社会发展、统筹环境治理”。通过市矿统筹，总体上可起到以下效果：一是企业可将一部分社会服务功能剥离出来，交给当地政府，从而专注于生产，起到了减负增效的效果；二是通过企业与区域经济的融合，不仅能促进企业自觉承担更多社会责任，而且政府为企业服务的主动性大大增强；三是区域生态整治、污染防治、产业结构调整等工作的效率和质量明显提高。

综上所述，认真总结安徽省淮南市推进市矿统筹的经验，解决我国煤炭资源富集区在开发活动中面临的突出问题，对于实现我国资源富集地区的可持续发展具有重要的战略意义和现实意义。

（二）市矿统筹的基础

从安徽省淮南市的实践经验可以看出，寻求地方政府和矿业集团的共同利益，是实施市矿统筹战略的前提。作为两个性质完全不同的主体，地方政府和矿业集团对矿区范围内的社会、经济和环境现状及其发展变化的关注点不同。矿业集团属于市场微观主体，追求利润是其最终目标，而在实现这一目标的过程中，其需要直接关注的问题主要有：压煤村庄能否按计划搬迁，以便保证采煤进度不受影响；规划项目能否尽快上马，以使企业不断壮大；职工收入和福利能否稳步提高，以维持其生产积极性；环境保护是否达到国家和地方要求，从而不对企业生产构成制约。地方政府的关注点则在于：村庄搬迁和城镇建设是否有序；矿区内经济能否得到发展，以实现政府的增长目标；人民收入和生活水平能否提高；环境质量能否不因采煤恶化，或经治理后有所改善。由此不难看出，地方政府和矿业集团的关注点虽然不同，但关注的内容则有较大交集（见图1)，因而存在合作的利益基础。通过市矿统筹扩展共同利益，可以变博弈为合作，使企业发展与政府的区域发展战略相融合，从而在市、矿双方实现共赢的基础上促进整个区域的可持续发展。

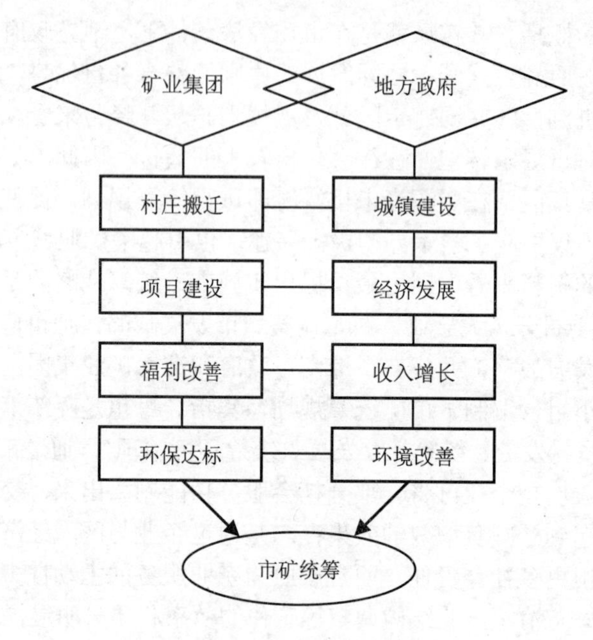

图 1　市矿统筹的利益基础

二、市矿统筹的主要内容

（一）统筹资源释放与搬迁安置

煤炭井下开采会间接引起地表沉陷，露天开采则直接造成土地挖损，两种开采方式均会对地面设施产生明显影响。因此，矿区地面设施的密度及其质量，会对开发活动构成严重制约。特别是在平原矿区，人口密度大，村庄聚落多，村庄压煤极为严重。例如，河北省村庄压占煤炭地质储量达 33.88 亿 t，占全省现有煤矿地质储量的 42%。由于村庄搬迁安置涉及的部门较多，牵扯的问题较为复杂，因而难度极大。许多矿业集团由于无法按时完成搬迁任务，往往导致正常生产受到影响。受压煤制约，一些矿井甚至在可行性研究或设计阶段就把村庄压煤剔除，造成了资源的极大浪费。还有一些矿区由于缺乏统一规划，导致搬迁村庄选址再次压煤，造成二次搬迁。此外，由于搬迁工作各自为政，往往是简单地把小村并入大村，或者在井田之外就近建设新村，导致搬迁安置工作没有很好地与当地的社会经济发展要求统筹考虑，造成社会效益、经济效益的下降。因此，根据煤炭资源和村庄的空间分布关系，尽量在不压煤或少压煤地段安置搬迁居民，提高煤炭资源开采率，使其发挥最大经济效益，应作为市矿统筹的首要内容。在淮南市市矿统筹规划中，将资源释放与搬迁安置作为优先考虑的问题。通过市矿协商，在交通方便、位置适中、空间开阔且不压煤的颍上县迪沟镇建设了附近压煤村庄的集中安置区，不仅提高了农民的居住质量，而且解放了2.1亿t煤炭资源，取得了较好的经济和社会效益。

（二）统筹搬迁安置与城镇化发展

根据诺瑟姆曲线反映的规律，当一国城镇化水平达到30%以后，将进入城镇化发展的加速阶段。1996年我国的城镇化率为30.48%，随后城镇化速度明显加快，近11年间城镇化率年均提高1.31个百分点，标志着我国城镇化已经进入加速阶段。我国煤炭资源富集区的城镇化水平总体较低，但近年来大规模的开发建设，客观上为加快城镇化进程，甚至在城镇建设方面实现跨越式发展创造了条件。一方面，煤炭企业为解放村庄压占资源而提供的搬迁安置补偿费用，为区域加快城市化进程提供了一定的资金支持；另一方面，煤炭、火电、煤化工及其他关联、配套产业的发展，为农业人口向工业及服务业转移创造了条件。因此，在矿区资源开发过程中，应将居民搬迁安置与城镇化发展有机结合起来，并重点关注以下几个方面。首先，居民搬迁安置地选址应尽量靠近原有城镇，可在壮大原有城镇规模的同时，充分利用其基础设施，节约建设成本；其次，由于矿井工业场地往往会成为矿区最现代化的场所，且具有较大的消费能力，对周围地区的带动作用明显，应尽量与居民搬迁安置地相邻布置。二者相互依存，可发展为新兴矿业城镇；第三，当地政府可顺势而为，在矿井工业场地周围及搬迁安置地建立配套服务设施，发展关联产业，有效吸纳失地农民，并创造新的经济增长点。淮南市近年来通过移民搬迁安置，不仅使潘集区、凤台区等工矿区的规模进一步扩大，而且成功建设了迪沟、张集等新城镇。

（三）统筹资源开发与产业结构调整

从世界上具备完整产业体系的大国的产业结构演变规律来看，一般都会经历劳动密集型产业占主导地位的阶段、资本密集型产业占主导地位的阶段、技术密集型产业占主导地位的阶段，最后过渡到后工业时代以知识密集型产业占主导地位的阶段，其中第二和第三阶段统称为重化工业阶段。进入重化工业阶段后，煤炭、电力、冶金、化工、机械等能源、原材料工业在产业结构中的比重会显著上升，而轻纺工业所占比重则明显下降。我国煤炭资源富集区主要分布于中西部经济欠发达地区，其中蒙东、新疆、贵州、宁夏等地的煤炭富集区在发展阶段上尚处于工业化初期，农牧业仍是当地重要的收入来源。因此，以煤炭开发为先导，全面推动当地的工业化进程，实现产业结构演进的跨越式发展，提升当地的经济质量和收入水平，应作为煤炭资源富集区市矿统筹战略的重要内容。具体而言，可从以下几个方面着手进行产业结构调整。第一，在资源环境可承载的前提下，应力求改变过去单纯依靠煤炭采掘与洗选业的发展模式，改为以煤炭开发为主导，适当发展火电、煤化工等下游产业，延长产业链条。第二，在多业并举的基础上，编制循环经济规划，对各生产环节产生的煤矸石、粉煤灰、矿井水、瓦斯等进行综合利用，借此培育新的增长点；第三，大规模的矿业开发及关联产业的发展，必然会增加对房地产和基础设施建设的需求，从而促进建筑业的迅猛发展。当地政府应因势利导，推进房地产开发和基础设施建设；第四，区域城镇化和收入水平的提高，为传统农业向现代农业转变提供了强大的市场需求。在对地表沉陷的治理过程中，不仅可发展出生态治理产业，而且通过在永久积水区发展水产养殖，可促进农业结构的实质性调整。第五，为避免重蹈世界上大多数矿业城市在资源枯竭时陷入衰退的命运，地方政府与矿业集团应共同携手，在资源型产业尚处于繁荣时期即着手培育新的经济增长点，增强区域产业结构的多样性和均衡性，为未来资源枯竭后的产业接续做准备。综上所述，在煤炭资源开发过程中，应加强产业规划，促进产业结构调整，实现区域资源的优化配置。淮南市在市矿统筹规划中提出了构建以煤炭为基础的“煤、电、化、机、环”主导产业体系，就是立足资源优势，进行产业结构调整的具体实践。但从城市和矿业集团的永续发展来看，还应进一步培育替代产业。

（四）统筹区域生态整治与空间结构优化

近年来煤炭资源富集区大规模的煤炭、火电、煤化工、交通一体化开发，必将使区域生态格局、景观格局、产业结构等发生深刻变化，原有城镇的功能、性质将因此而改变，新的矿业城市则会不断壮大。因此，根据区域开发活动对不同节点的影响变化，进行区域空间结构优化或重构，对于形成合理的城镇体系和产业分工格局具有重要意义。在这一过程中，必须充分考虑采煤沉陷区或挖损区对区域空间结构调整的制约，将生态治理与空间结构调整有机地结合起来。例如，淮南市农村居民点数量众多、布局分散，每 100 km^2 50～70 个，居民点平均间距 0.7～1 km。在市矿统筹规划中，根据“迁村入镇、迁村并镇、迁村扩镇、小村并大村”的指导思想，对区域空间结构进行了优化，并在 2006—2010 年安排了 12 处搬迁安置新址。这些新村镇大多依托现有城镇或新建煤矿的工业场地，不仅节约了土地，而且增强了原有城镇的功能。村庄搬迁后，淮南矿业集团对原村址进行了土地复垦，可增加耕地 8 000 亩。区域空间节点的减少，使空间结构更加有序，也为沉陷区的治理提供了更大空间，可因地制宜地对其进行系统改造。除了复垦为耕地外，永久性积水区还可改造为鱼塘和景观水域，使区域景观多样性明显提高。此外，矿业城市因矿而兴，在其发展早期往往偏重于生产功能或生产服务功能，而对居住、文化、政治等功能重视不足。随着资源开发及其关联产业的发展壮大，城市地域空间的扩张动能不断增强，而建成区外围的生态破坏和环境污染往往会对城市建设构成制约。因此，将生态综合整治与城市空间扩张及其地域结构调整统筹规划就是一个紧迫而现实的选择。淮南市的发展面临同样的问题，城市东部外扩受到了“泉九”资源枯竭矿区的制约。为协调生态治理与城市发展之间的矛盾，经淮南市政府与淮南矿业集团协商，东部沉陷区由淮南矿业集团组织生态修复。矿业集团通过对该区域的复垦，可用于置换将来在别的区域采煤可能造成的塌陷土地的使用权。目前，该区域已投资 12 亿元进行了生态修复，并建成了 22 km^2 的以“山、水、林、居”为特征的新城区，不仅优化了城市地域结构，也丰富了城市内涵。

三、市矿统筹的主要制约因素

（一）矿区多头开发对统一规划的制约

市矿统筹需要地方政府和区域经济主体共同参与规划编制，并在约定的责、权、利关系下共同推进规划的实施。如果区域开发主体之间的利益难以协调或步调不一致，则很难形成统一规划并增加规划实施的难度。在从 2003 年开始的新一轮煤矿建设高潮中，矿区多头开发一直是一个非常突出的问题，直接导致了矿区开发秩序的混乱。例如，山东巨野矿区共规划 7 对矿井，却分别由 5 个业主开发，这些企业在发展思路和目标上各不相同。新汶矿业集团提出了依托龙固矿井，建设现代化矿山循环经济工业园区的规划，由矿井、洗煤厂、热电厂、焦化厂、建材厂、生活区组成“一矿四厂一区”的产业格局；兖矿集团提出要利用赵楼矿井和万福矿井，重点建设坑口综合利用电厂；鲁能集团提出要依托郭屯矿和彭庄矿，建设坑口电厂，并辅以煤矸石综合利用建材项目；山东里能集团提出要依托郓城矿，主要建设天然焦电厂；肥城矿业集团梁宝寺矿井在地理位置上相对独立，也提出了自己的综合规划。矿区多头开发，不仅使其相互之间的利益难以协调，而且容易造成责任扩散，增加市矿统筹的难度。

（二）资源分布对搬迁安置地的制约

区域空间结构的演化有其自身规律，许多地理学家均对此进行过研究，并提出了相应的理论模型。根据区域自然演化形成的聚落体系来组织生产，无疑会取得较好的社会效益、经济效益。然而，对于煤炭资源开发来说，不仅矿区总体规划需要根据资源的地质分布情况来确定，搬迁安置点的选址也受到资源分布情况的制约，如果规划不当，必然会导致不符合社会经济发展规律的情况出现。例如，淮南丁集矿井全井田范围内共涉及 84 个村庄，最终搬迁规模可能高达 4.2 万人，但设计中给出的集中安置区是一个宽 1.4 km、长 7.4 km 的条形地带，内部还有高压线、铁路专用线和省级公路纵穿全境。将来地表沉陷后，整个搬迁安置区将成为被永久积水区包围的面积仅 10 km^2 左右的孤岛。尽管按相应的用地标准可以容纳全部移民，但对于城镇的进一步发展必然构成制约。

（三）土地产权问题对征迁安置的制约

根据土地管理法的规定，我国实行土地公有制，城市市区土地归国家所有，城市郊区和农村土地一般归农民集体所有。任何单位和个人进行建设，需要使用土地的，必须依法申请使用国有土地。也就是说，如果企业需要在原集体所有制土地上开发建设，必须先由国家通过征用的方式将集体所有制土地转变为全民所有制土地，然后再由政府出让给企业。这一制度性安排，在客观上对沉陷区的土地治理构成制约。首先，为减少社会矛盾，保证生产进度，煤炭企业倾向于提前征用受沉陷影响农民的耕地及其宅基地。但在现行制度下，企业无法直接与土地所有者进行交易，而必须通过县政府或镇政府再去与村代表谈判。这一操作模式不仅增加了交易成本，而且由于国家征用土地采用的是农用地补偿标准，远未反映土地的市场价值，因而农民的积极性普遍不高。其次，具体办事官员的腐败和农民的不信任等因素，往往使征迁工作进展缓慢，甚至影响生产。最后，由于矿业集团对沉陷土地没有完全产权，因而也缺乏对其进行及时治理和高效利用的积极性。

（四）保障机制不完善对结构调整的制约

由煤炭资源开发导致的区域空间结构调整和产业结构调整，以及与之相伴随的城镇化进程加速，要求失地农民在居住空间上由农村向城镇转移，在就业上由农业向工业和服务业转移。然而，由于缺乏应有的保障机制，在这一结构调整过程中，尚存在较大的困难。首先，煤炭资源开发及相关产业的发展，的确能够创造出一些就业岗位，给失地农民提供就业机会，但就业咨询、职业介绍、职业培训等配套服务普遍缺乏，影响了农民的职业转换速度；其次，由于我国城乡二元分割的户籍管理制度尚未打破，农民并没有城市居民所享有的最低生活保障、养老保险、医疗保险等社会保障服务。因此，失地农民的后顾之忧难以解决，也成为影响市矿统筹规划实施的重要制约因素。

四、推进市矿统筹的对策建议

（一）坚持一个矿区一个业主的开发模式

减少矿区开发主体的数量，并尽可能实现一个矿区一个业主的开发模式，符合煤炭行业提高产业集中度，培育大型企业集团的发展战略要求，也是实施市矿统筹的必要条件。具体而言，主要体现在以下几个方面。首先，一个矿区一个业主的开发模式，有利于矿业集团和地方政府统筹规划矿区范围内的资源开发、基础设施建设和环境保护工作；其次，一个矿区一个业主的开发模式，可使矿业集团迅速发展壮大，成为在区域占主导地位的企业，同时也成为矿区环境质量的主要责任人，从而增强企业承担社会责任和保护环境的责任心。最后，一个矿区一个开发主体的开发模式，可使生态综合整治和发展循环经济成为企业自身的利益诉求，减少内部成本外部化的行为。由于矿业城市与矿业集团相互依存，矿业集团可充分享受由环境保护带来的利益，因此可大大地提高矿业集团推进环保工作的积极性。

（二）坚持规划先行的原则

为规范矿区开发秩序，促进资源的优化配置，在市矿统筹战略中，应把规划编制作为核心工作。根据煤炭资源富集区的特点，应重点编制以下规划：第一是城镇体系规划。大面积的资源开发、基础设施建设及地表沉陷，将使区域空间结构发生质的变化，区域空间结构调整势所必然，而城镇体系规划则是主要依据；第二是产业发展规划。煤炭、火电、煤化工、交通运输及其他关联产业之间如何协调发展，矿区产业结构如何均衡，都需要产业规划来指导；第三是循环经济规划。大量重化工业的发展，必然会产生煤矸石、矿井水、瓦斯、粉煤灰等废弃物，如何对其综合利用，是减轻矿区环境污染的重要手段；第四是生态治理规划。在煤炭开发过程中，地表沉陷将使区域生态格局、景观格局发生明显变化，影响生态服务功能，必须制定生态综合整治规划对其进行治理。

（三）建立市矿统筹组织机构

市矿统筹战略的实施，需要当地政府与矿业集团建立战略合作关系，并通过共同规划来推进区域社会经济发展和环境保护工作。这一过程不仅涉及当地政府、矿业集团及受影响群众等利益主体，而且规划的推进需要发改、国土、城建、水利、环保、交通等众多部门的配合。因此，必须建立包括相关利益主体和职能部门的组织机构，为市矿统筹战略的实施提供组织保障，及时协调解决规划编制和实施过程中的各类利益冲突。从目前来看，仅安徽省淮南市和淮北市成立了由市、矿主要领导和双方相关职能部门代表组成的市矿统筹领导小组，其他煤炭资源富集区还没有成立类似机构。从促进矿区协调发展的角度而言，市矿统筹组织机构的建立也是一个必要条件。

（四）创新矿区土地所有制实现形式

产权在本质上是一种预期，明晰的产权可使所有者对其资产收益形成稳定和明确的预期，减少短期行为，从而提高资产收益，而我国集体所有制土地产权关系的模糊，不仅使征迁进度受到影响，沉陷土地的治理也困难重重。为此，应考虑在现行土地所有制框架下，创新矿区集体所有制土地的实现形式。具体而言，有两条路径可供选择。首先，对于沉陷后难以耕种的土地，应预先由政府全部征用，征用后土地所有权转为国有，但出让给矿业集团使用，矿业集团可对其进行开发并取得收益。其次，也可不征用土地，而是采取土地承包经营权入股的方式，使失地农民成为矿业集团的股东，定期领取分红，而土地同样归矿业集团使用。上述两种方式均可起到进一步明晰土地产权的效果，不仅可促进征迁安置进度，而且有利于矿业集团及时对沉陷土地进行统一治理。

（五）健全就业和社会保障机制

建设和谐矿区，应作为市矿统筹的重要战略目标。为此，就必须将失地农民的就业和社会保障作为优先解决的问题。从目前来看，可考虑从以下几个方面入手。首先，以煤炭开发为主导产业而建立起来的产业体系，主要以资本密集型产业为主，单位资本存量对应的劳动力数量相对较少，且对劳动力的素质要求较高，因而对当地的就业吸纳能力极为有限。从另一方面来看，过度依赖资源开发的产业结构也为区域长远发展埋下了隐患，因而煤炭资源富集区需要培育新的非煤增长点。将以上两方面统筹考虑，矿区应在煤炭开发的同时适度发展劳动密集型或劳动-技术密集型产业。其次，应考虑直接将失地农民的户口转为城镇户口，使其享有城镇居民的各项权利和保障。第三，应建立健全农村社会保障制度，为不愿转入城镇生活或暂时安置存在困难的失地农民提供保障。最后，能否解决失地农民的就业，是比社会保障更为关键的问题。为此，政府应成立专门的就业指导和培训部门，并制定相应的政策鼓励企事业单位积极吸纳失地农民。

（六）建立矿区生态补偿机制

我国煤炭行业一直没有建立起规范的生态补偿机制，对于矿区综合整治所需的资金来源、补偿标准、实施主体、监督管理等缺乏明确规定，并且由于没有土地复垦标准，导致了煤炭资源富集区的综合整治工作基本上成为企业的自觉行为，总体上效果不佳。从促进整个煤炭行业良性发展的角度来看，建立具有法律约束力的生态补偿机制已经非常紧迫。近年来，国务院已经意识到这一问题，并且批准了在山西省率先开展政策试点。自2008年起，山西省已经初步建立了煤炭开发生态补偿基金，其中煤矿自提自用10元/t煤，计入成本，专户储存，政府监管，专款专用，进行井田范围内沉陷区的生态恢复。在经验成熟的基础上，煤炭行业应进一步建立规范的生态补偿机制，将生态补偿问题上升到法律高度。

（2010年3月）

探索分区域环境管理政策，促进煤炭工业可持续发展*

耿海清　陈　帆　蔡斌彬

摘　要：煤炭开采是我国最大规模的自然资源开发活动，造成的地表沉陷、土地挖损、环境污染等问题也日益突出。近年来，随着煤炭开发强度的进一步加大和开发布局的明显西移，环境保护面临的形势更加严峻。从目前的环境管理政策和环境管理模式来看，明显存在政出多门、政策要求不统一、政策单元不明确、管理要求与区域资源环境承载能力不匹配、开发布局与区域功能定位不协调等问题。"一刀切"的行业管理思路，已经不能适应"分区管理、分类管理"的现实需求。为此，以煤炭开发产生的生态影响、水资源影响和耕地影响三类主导影响为依据，根据全国不同区域的资源环境条件，将全国划分为6类煤炭工业环境管理政策单元——类型区，并提出了相应区域的环境管理要求。

主题词：煤炭　资源环境　环境管理　类型区　政策

自进入21世纪以来，我国经济持续、快速发展，能源需求迅猛增加，煤炭开发强度明显加大，并出现了"遍地开花"式的无序发展态势，生态破坏和环境污染日趋严重。从煤炭工业环境管理模式来看，我国一直实施的是针对全行业"一刀切"的条状管理，与各地千差万别的自然条件难以匹配。2010年12月，国务院发布了《全国主体功能区规划》，要求根据资源环境承载能力、现有开发强度和发展潜力确定不同区域的主体功能定位，并据此确定开发方向，完善开发政策，控制开发强度，规范开发秩序，逐步形成人口、经济、资源环境相协调的国土空间开发格局。作为我国最大规模的自然资源开发活动，煤炭工业也应根据不同区域的资源环境承载能力，划分相应的环境管理政策单元，进而制定与之相匹配的环境管理政策，实现条、块管理的有机结合，从而实现煤炭资源富集区的可持续发展。

一、储量丰富、分布不均的资源禀赋，与现有开发格局关系密切

我国煤炭资源分布面积为60多万km^2，占国土面积的6%；已查明资源储量1

* 本报告为2008年国家环保公益性行业科研专项项目（课题编号：200809072）成果之一。

万亿 t，居世界第三位，但区域分布极不平衡。在已查明资源储量中，晋陕蒙宁占67%；新甘青、云贵川渝占20%；其他地区仅占13%。经过新中国成立后60多年的大规模开发，目前全国30个省（区）中的1 300个县（市）均建有煤矿，矿井数量最多时达8万余处。自1998年以来，经过多年的整顿提高，到2005年年底约有2.48万处，2010年年底有1万余处。图1为我国煤炭资源及现有煤矿分布情况。

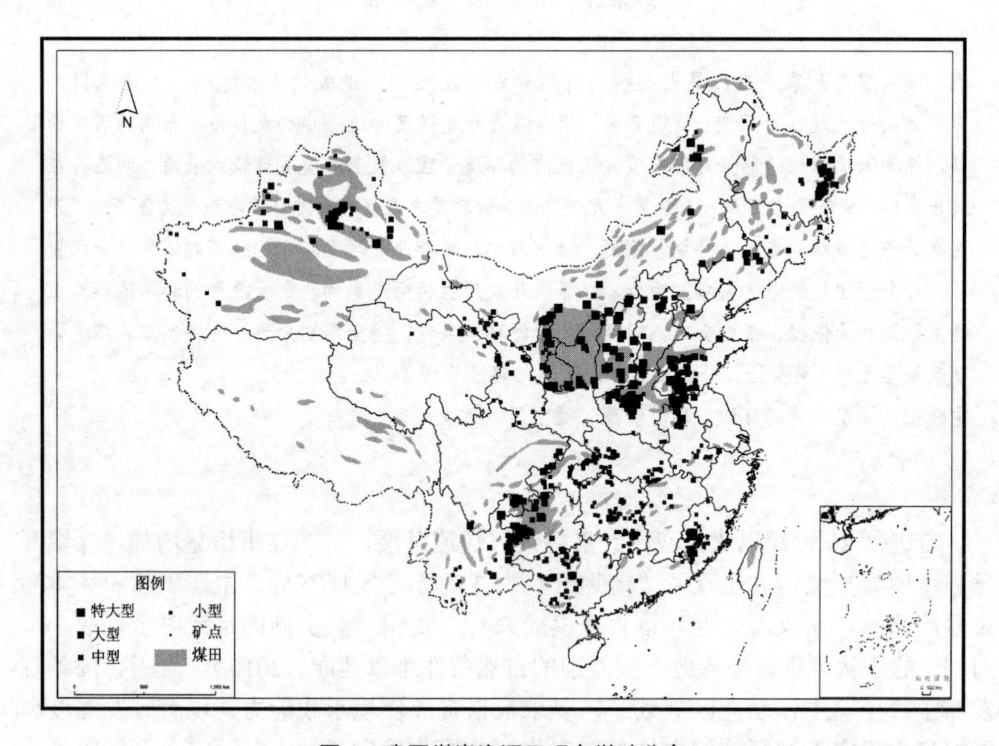

图1 我国煤炭资源及现有煤矿分布

我国化石能源的基本赋存特征是“贫油、少气、富煤”，石油和天然气资源仅占全球总量的1.24%和1.32%，而煤炭储量则占13.90%。因此，新中国成立后煤炭工业迅速发展，煤炭产量不断创出新高。1949年全国煤炭总产量仅3 243万 t，1980年达到6.2亿 t，2000年产量有所回调，但随后迅猛增长，10年间增加了1.5倍，2010年总产量高达32.4亿 t，占世界总产量的48.3%。

图2为1980—2010年我国煤炭总产量及其在一次能源生产结构中所占比例的变化情况，无论总量还是比例均呈增加趋势。

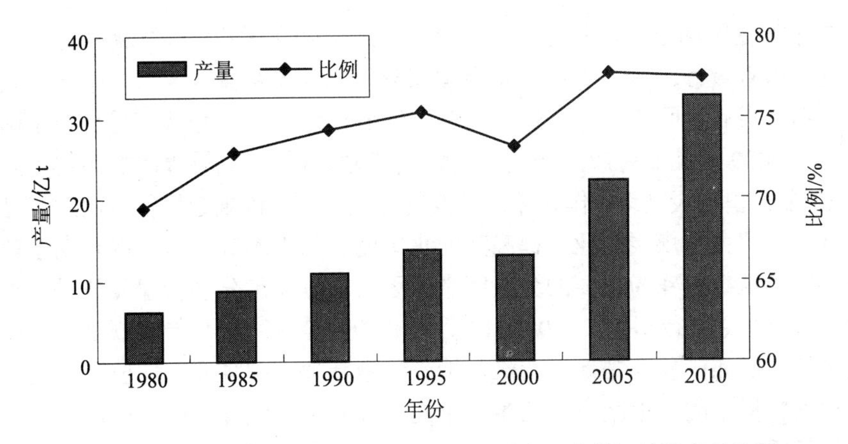

图 2　1980—2010 年我国煤炭总产量及其在一次能源结构中的比例

二、无节制开发已经对地下水资源和耕地造成破坏，影响生态系统健康

煤炭工业同时涉及地下作业和地上作业，生态影响和污染影响均比较突出。根据最新统计资料，目前全国采煤沉陷区面积已达 84.2 万 hm^2，露天开采挖损与压占土地总量约 4.5 万 hm^2，造成大面积植被破坏、耕地受损，进而导致水土流失、土地荒漠化、生物多样性减少等严重生态问题。以兖滕两淮地区为例，在其现有的煤炭开采塌陷地中，85%以上为可耕地。另据估算，我国煤炭大省山西，因采煤造成的生态环境损失已高达约 4 000 亿元。同时，煤炭开采会破坏地下含水层，造成水资源流失。2010 年我国排放矿井水总量约 54 亿 m^3，重复利用率不足 70%，不仅造成部分地区人畜饮水困难，而且增加了地表水体污染负荷。资料显示，山西孝义市西辛庄镇 36 个村 3 850 户人畜因煤矿及洗煤厂排水等原因，饮水存在不同程度困难，不少群众不得不从附近乡镇买水吃，个别村买水历史已有 20 年之久。我国共有 1 500 多座矸石山，历史积存煤矸石约 45 亿 t，其中约 400 座长期自燃，排放的烟尘、二氧化硫、一氧化碳、硫化氢等有害气体对环境空气造成污染。此外，在村庄密集的平原矿区，采煤引发的搬迁问题也极为突出。如在两淮地区，一个井田的最终搬迁规模往往超过万人，由此引发的社会问题也不容忽视。

三、现有煤炭工业区划、各项管理政策存在不足，难以适应不同区域的资源环境承载力

（一）现有区划难以满足国家实施主体功能区规划的战略要求

煤炭工业的空间规划主要有两个，一个是 20 世纪 80 年代提出的关于全国 3 个

区带和 7 个规划区的划分。具体而言，就是从区域之间煤炭供需平衡和运输调配的角度出发，以省级行政区为单位，将全国划分为东部煤炭调入区带、中部煤炭供给区带和西部煤炭后备区带，三个区带又进一步细分为 7 个规划区。另一个是国家发展改革委于 2009 年编制完成的全国大型煤炭基地规划，将全国煤炭资源富集区共划分成了 13 个大型煤炭基地，作为今后开发的重点区域。该规划的基本出发点是促进资源整合，培育大型煤炭企业，提高产业集中度。从中不难看出，现有规划都没有把资源、环境承载力作为重要的分区因素，因而难以满足分区管理和分类管理的需要。此外，该规划与国务院 2010 年 12 月发布的《全国主体功能区规划》存在众多不协调之处。例如，鲁西基地、两淮基地、河南基地大部分面积均位于《全国主体功能区规划》提出的“七区二十三带”中的黄淮海平原粮食主产区内，煤炭开发与耕地保护矛盾尖锐。晋中基地、陕北基地、黄陇基地与“两屏三带”生态安全战略格局中的黄土高原—川滇生态屏障也存在明显冲突。鉴于《全国主体功能区规划》是我国国土空间开发的战略性、基础性和约束性规划，煤炭开发活动及其环境保护要求应与之相协调。为此，亟须根据不同煤炭资源富集区在《全国主体功能区规划》中的功能定位和保护要求制定差别化的环境管理政策。

（二）现有环境管理政策全国“一刀切”现象突出，实施效果不尽如人意

我国以往针对行业进行的环境管理，对地区差异考虑不足，因此，实施效果不尽如人意。如《矿山生态环境保护与污染防治技术政策》中提出，到 2010 年，大中型煤矿煤矸石利用率达到 55%以上，矿井水重复利用率达到 65%以上，土地复垦率达到 75%以上。然而，不同煤炭资源富集区的自然条件差异巨大，对地表沉陷、矿井水疏排、煤矸石占地等具体影响行为的承受能力不同，在环境管理上统一要求不尽合理。例如，在云贵地区由于地形复杂、交通不便、工业项目少，一般很难达到上述矿井水和煤矸石利用率要求。其他已经出台的环境管理政策，也大多存在此类问题。作为我国最主要的资源开发活动，应根据区域资源环境承载能力，制定差别化的环境准入政策，提高环境管理的科学性。

（三）多头管理造成的政策要求不统一，降低了各项管理政策的严肃性

经过对 1990 年以来国家相关部委发布的政策、法规等的对比分析可以发现，煤炭工业环境管理存在突出的“政出多门”现象。国家发展改革委、国土资源部、环境保护部、水利部、科技部等均发布过煤炭工业环境管理方面的政策要求。这些要求在内容上协调性不强，甚至相互矛盾。例如，国家环境保护总局、国土资源部、卫生部于 2005 年联合发布的《矿山生态环境保护与污染防治技术政策》提出，2010 年煤矸石的利用率应达到 55%以上，2015 年达到 60%以上。然而，时隔一年，在 2006 年国家发展改革委发布的《关于印发加快煤炭行业结构调整、应对产能过剩的指导

意见的通知》（发改运行[2006]593 号）中则提出，“十一五”期间，煤矸石和煤泥利用率达到 75%以上。2007 年，国家发展改革委又在其他政策文件中将这一指标定为 70%。同样，在煤矿污染防治和生态保护方面，也存在类似问题，客观上使煤炭企业无所适从，降低了各项管理政策的严肃性。

（四）煤炭开发与区域资源环境承载力的矛盾日益尖锐

我国秦岭—大别山以北的煤炭保有储量占全国的 90%以上，而水资源仅占 22%左右，这些地区水土流失和土地荒漠化十分严重。主要煤田大多位于防风固沙生态功能区或土壤保持生态功能区，水资源贫乏，植被覆盖率低，煤炭开发面临的水资源约束和生态约束非常突出。近年来，随着我国能源需求的进一步增加和中东部煤炭资源的日趋枯竭，煤炭重点开发地区逐步向西部倾斜。《煤炭工业发展“十二五”规划（征求意见稿）》已经明确提出，“十二五”期间我国煤矿建设将控制东部，稳定中部，大力发展西部。从目前来看，西部晋陕蒙、蒙东、新疆、宁东的煤炭开发已经呈现出加速发展的态势。为此，从区域可持续发展的角度出发，亟须加强煤炭工业环境管理，制定与当地资源环境条件相匹配的环境管理政策。

四、构建煤炭工业的资源环境承载力指数，划分煤炭工业环境管理类型区

划分煤炭工业环境管理类型区的基本依据是不同区域对煤炭开发主要资源环境影响承载能力的差异性，根据煤炭开采的主要资源环境影响，可将其归纳为生态破坏、水资源破坏、耕地破坏和环境污染四类。鉴于煤炭开采过程中的污染影响并非其主要环境影响，空间差异性不明显，在此不作为分区依据。

在分区过程中，针对生态、水资源和耕地三类影响，以县级行政区为评价单元，分别构建了生态敏感性指数、水资源敏感性指数和耕地资源敏感性指数。其中，生态敏感性指数由水土流失敏感性、沙漠化敏感性、石漠化敏感性和生物多样性保护功能重要性四个指标组成，表征煤炭开发地表沉陷、土地挖损、土地占用等引发的生态问题的可能性及其程度；水资源敏感性指数分别选用单位面积可利用水资源量和年均降雨量两个指标来表征，前者反映水资源的存量，后者反映水资源的流量（可补充量）；耕地资源敏感性指数采用耕地面积占县域面积的百分比来表示。

各个指标在相应指数中的权重，分别采用层次分析法和德尔菲法确定。对于指数的计算，生态敏感性指数采用了灰色定权聚类法，水资源敏感性指数采用了加权求和法。通过煤炭开发生态敏感性分区和水资源敏感性分区的组合，确定了基本分区框架，进而采用主导因素法，叠加耕地资源密集区对分区框架进行补充完善，并将国家法律、法规禁止开发的区域调整出其所在区域，最终确定分区结果（见图 3，受数据所限，图中仅标出了禁止类开发区中的主要自然保护区）。各类型区的区域特

征、资源条件、开发现状及主要资源环境制约见表1。

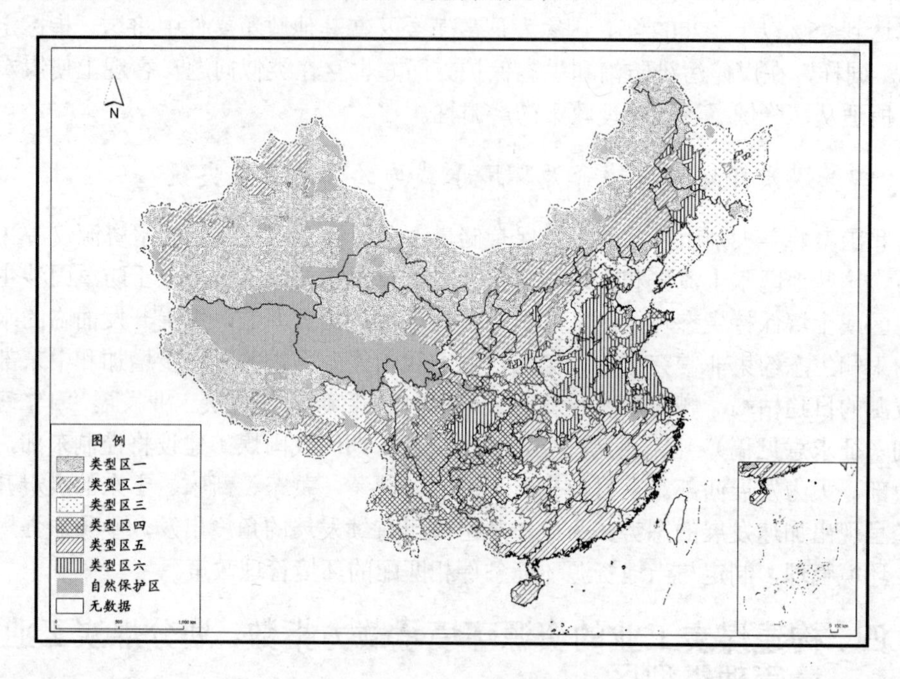

图3　煤炭工业环境管理类型区划分示意

表1　煤炭工业环境管理类型区划分结果及分区特点

分区	区域特征	资源条件	开发现状	资源环境制约
类型区一	分布于新疆大部，西藏、青海、甘肃西北部及内蒙古北部。地貌类型多样，气候干旱，水资源贫乏，植被覆盖度较低；生态功能主要为防风固沙，但土地沙化严重	煤炭资源主要集中在内蒙古东部和新疆西部；蒙东主要为褐煤，新疆则以长焰煤、不黏煤、气煤等为主。煤层厚度大，构造简单，适合大规模、机械化开采	现有煤矿以大中型为主，近年来开发强度明显加大。目前已经规划了若干个亿吨级煤炭矿区，今后很有可能成为我国的主要煤炭、煤电及煤化工基地	煤炭开发及后续产业发展的主要制约因素是水资源短缺。此外，该区气候干旱，风沙较大，地表沉陷和土地挖损容易导致风蚀加剧，诱发固定沙丘活化，加快草原荒漠化进程
类型区二	主要分布于晋陕蒙接壤区，新疆西部，宁夏、甘肃南部，内蒙古东部赤峰、通辽、兴安盟等地。地貌以山地和丘陵为主，生态功能主要为土壤保持和水源涵养，目前水土流失严重	煤炭资源主要集中于晋陕蒙接壤区，共有5个国家规划的大型煤炭基地，其煤炭保有储量占全国煤炭保有储量的65%以上，煤种齐全，煤质优良，资源赋存条件好，适合大规模、机械化开采	该区开发历史较长，目前是我国最大的煤炭资源调出区，拥有一批具有世界先进水平的大型露天矿和井工矿。现有、在建及拟建项目均以大中型为主；该区将来在我国能源供应体系中的地位将进一步提升	水资源短缺是该区以煤为主导的产业体系的主要制约因素；地表沉陷和土地挖损极易引发水土流失，降低区域生态服务功能。此外，经过多年开发，该区生态破坏严重，水污染、扬尘污染等问题也较为突出，部分地区已无环境容量

分区	区域特征	资源条件	开发现状	资源环境制约
类型区三	主要分布于东三省东部、华北平原西部、汾渭平原及青海南部、湖南中部、广西西北部等地；地貌以丘陵和平原为主，生态功能主要为水源涵养和农产品提供；植被退化和水土流失相对严重	煤炭资源主要集中在我国东北地区东部以及山西和河北交界一带。国家大型煤炭基地中的晋中基地和冀中基地位于该区。矿区煤层埋藏较深，煤质以中变质程度的气煤、肥煤、焦煤等为主	该区煤炭开发历史较长，小煤矿数量较多，目前普遍面临资源枯竭的威胁。特别是在东北地区，后备资源已明显不足；今后的主要任务是进一步挖掘潜力，力求保持产量稳定，同时对优质炼焦用煤实行限制性、保护性开发	水资源短缺、耕地破坏、矿区移民搬迁安置等均对煤炭开发构成制约。此外，该区重化工业比例较高，历史遗留的生态破坏和环境污染问题较为突出，大部分煤炭富集区已无环境容量
类型区四	主要分布于四川盆地周边的四川、贵州、重庆、云南等地。地貌以山地为主，生态功能主要为生物多样性保护和土壤保持；不合理的土地利用导致植被退化和石漠化较为严重	云贵基地位于该区，是我国长江以南最大的煤炭富集区，煤质以炼焦煤和无烟煤为主。煤层赋存条件复杂，含硫量较高，部分地区含砷、汞等有毒有害元素，且绝大部分矿井为高瓦斯矿井	现有煤矿主要集中在贵州西部，规模以中型以下为主，小煤矿数量众多，资源环境破坏严重。近年来开发力度明显加大，已成为“西电东送”南部通道的主要煤电基地	煤炭开发与区域生物多样性保护及土壤保持存在较大矛盾；区域酸雨污染严重，对中高硫煤的开采和使用构成制约。此外，该区地质构造复杂，地质稳定性较差，煤炭开发易诱发地质灾害；煤炭运输过程中的噪声污染也不容忽视
类型区五	主要分布于浙江、福建、广东、江西、海南及广西东部等地；地貌以山地、丘陵和平原为主；人口密度大，经济发展水平高。生态服务功能主要为土壤保持、产品提供及水源涵养	区内煤炭资源贫乏，无大型煤炭基地和国家规划矿区分布	现有煤矿主要为小煤矿，在福建和江西境内相对集中，在其他区域则零星分布	煤炭开发的社会、经济、环境综合效益不高，与区域发展水平不相称。小煤矿资源环境破坏严重，人群健康影响和社会影响较突出
类型区六	主要分布于东北平原、黄淮海平原及四川盆地等农产品主产区；地貌以平原和台地为主；生态功能为农产品提供。大规模工业化、城镇化建设对农田的侵占问题较为突出	煤炭资源主要分布于河南、安徽、山东三省邻近区域及四川盆地外缘。鲁西基地、两淮基地及蒙东基地、河南基地的部分矿区位于该区。煤层平缓，埋藏较深，煤质以气煤、肥煤、焦煤等中变质煤为主	现有煤矿以大中型为主，主要集中于安徽、山东及河南三省，其中安徽淮南、淮北矿区近年来煤炭开发力度较大；其他矿区由于后备资源不足，基本上仅能维持现有产能	该区由于煤层总厚度大，第四系潜水水位浅，地表沉陷往往会形成大面积永久积水区，造成严重的耕地破坏和移民搬迁安置问题，耕地保护和煤炭开发之间矛盾尖锐。此外，由于人口密集，下游重化工业的发展也受到较大制约

五、针对不同煤炭工业环境管理类型区，实施相应的环境政策

根据各煤炭工业环境管理类型区的资源环境条件、煤炭开发现状和未来开发潜力，结合《全国主体功能区规划》《全国生态功能区划》《煤炭产业政策》《煤炭工业发展“十二五”规划（征求意见稿）》等文件对所在区域的功能定位要求，实行适合于不同类型区的环境管理政策，其重点如下：

（一）类型区一

（1）鼓励在资源条件优越的蒙东和新疆集中建设若干大型煤炭基地，新建井工矿规模应在120万t/a以上，露天矿应在300万t/a以上；其他地区新建煤矿规模应至少为60万t/a。

（2）在布局上严格坚持“点上开发、面上保护”的策略。对于资源条件一般、配套条件相对较差且生态敏感的区域，应考虑设置为后备区，暂不开发。

（3）严格控制开发活动的生态扰动范围，减轻对草原植被和半固定沙丘的扰动。加强矿区生态建设，力争开发后区域生态质量有所提高。露天矿应实现剥离—采矿—排土—复垦一体化，井工矿应及时充填沉陷裂缝、平整沉陷台阶、恢复受损植被，土地复垦率应达到100%，扰动土地整治率应达到90%。

（4）煤炭开发及下游产业须采用世界最先进的节水工艺；矿区工业项目应优先使用矿井水、矿坑水和疏干水，不足部分方可外取。对于不能全部利用的伴生水资源，应作为排土场和扰动区的生态用水。

（5）积极利用煤矸石充填露天矿坑、填沟造地或制作建材，其利用率应达到100%。加强煤炭储、装、运各环节的扬尘控制，并禁止设置露天储煤场和排矸场。

（二）类型区二

（1）该区应通过资源整合和结构调整提升煤炭开发整体水平，建成若干具有国际竞争力的大型能源企业集团。为此，新建井工矿的规模应至少为120万t/a，新建露天矿的规模应至少为300万t/a。

（2）煤炭开发布局应重点避让自然保护区、风景名胜区、地质公园等国家法定的禁止开发区域，并防止对泉域和居民饮用水水源产生影响。

（3）井工矿应及时修复地表沉陷裂缝，平整沉陷台阶，进行植被恢复，露天矿应实现剥离—采矿—排土—复垦一体化，防止水土流失。加强生态建设，土地复垦率应达到100%，扰动土地整治率应达到95%以上，争取生态服务功能比开发前有所增强。

（4）煤炭开发及下游产业，应根据“以水定产”的原则来确定生产规模，并采用世界最先进的节水工艺。矿区工业项目应优先使用矿井水、矿坑水和疏干水，确保不挤占生态用水和生活用水。矿井水和生活污水利用率均应达到100%。

（5）煤矸石应全部综合利用，具体利用途径包括煤矸石发电、制砖、修路、填沟造地等。加强煤炭储、装、运各环节的扬尘控制，并禁止设置露天储煤场，尽量做到原煤“不露天，不落地”。

（6）本区村庄压煤比较突出，应结合矿业开发，实现生态移民，提高资源采出率。

（三）类型区三

（1）加大资源整合力度，提高煤炭回采率，重点开发动力煤，适度开发炼焦煤；新建和改扩建煤矿规模应在 60 万 t/a 以上。

（2）妥善解决村庄压煤与提高优质炼焦用煤采出率之间的矛盾；在统筹考虑煤炭开采的社会效益、经济效益和环境效益关系的基础上，安排好煤炭开发布局和开发时序。

（3）近期和中期应通过发展煤矸石制砖、制建材、发电、充填沉陷区等方式，逐步消灭矸石山，实现生态环境综合整治和产业转型的有机结合。从远期来看，应扶持替代产业，逐步减轻对煤炭工业的依赖。

（4）新建和改扩建项目应通过“以新带老”，加快解决历史遗留的生态破坏和环境污染问题，特别应加强针对沉陷区和挖损区的治理。新建项目土地复垦率应达到 100%，扰动土地整治率达到 90%。

（5）编制市矿统筹规划，统一考虑矿区产业转型、生态治理、棚户区改造、移民搬迁安置等问题，促进矿区可持续发展。

（四）类型区四

（1）通过资源整合规范煤炭开发秩序，提高煤炭开采的机械化和现代化水平。对优质炼焦煤和无烟煤实行限制性和保护性开发，严禁降低用途。新建、改扩建及资源整合煤矿的规模均应在 15 万 t/a 以上。

（2）煤炭开发布局应注意避让生物多样性敏感区域，并防止对具有重要供水意义的井、泉、水库等产生明显影响；禁止在地质灾害危险区、限制在地质灾害高（易）发区内采煤；禁止占用基本农田保护区，工业设施选址应尽量少占耕地。

（3）严禁开采高硫煤、高含砷煤及含有其他有毒有害元素的煤炭资源，防止对人体健康产生严重影响。

（4）采矿剥离和占用区域须注意保存地表植被及土壤，将来用于土地复垦。加强对矿区地质灾害的监测，对其造成的生态破坏应及时治理。土地复垦率应达到 85% 以上，扰动土地整治率应达到 90%。

（5）鉴于该区水资源极为丰富，矿井涌水量较大但缺乏利用途径，对矿井水的利用不宜设置硬性指标，但应严格达标排放。

（6）该区煤矸石综合利用难度较大，不宜设置硬性利用率指标，但应提倡因地制宜地利用煤矸石充填井下废弃巷道、采空区、填沟造地、修路等。

（7）高瓦斯矿井应配套建设瓦斯利用设施，其抽采利用率应达到60%以上。

（8）由于运煤公路大多途经村庄，须充分关注噪声扰民问题。

（9）对于煤炭矿区内零星分布的村镇，尽量结合煤炭开发进行生态移民。搬迁安置点应根据当地城镇体系规划、城市规划或新农村建设规划确定。

（五）类型区五

（1）加快整合、关闭现有小煤矿，资源整合矿井的规模应在15万t/a以上，新建矿井规模应在30万t/a以上。

（2）对于邻近生态敏感区和人口集中居住区的矿井，应逐步予以关闭或规范其环保行为。从长期来看，应通过严格的环保要求促进煤炭开发逐步退出市场，提升当地产业层次。

（3）加强关闭和整合小煤矿的生态治理；对现有、新建和改扩建煤矿，要强化生态建设，土地复垦率和扰动土地整治率均应达到100%。

（4）煤矸石综合利用率应达到100%，矿井水综合利用率应达到70%以上。

（六）类型区六

（1）通过技术改造，提升现有煤矿的技术水平和生产能力，新建和改扩建煤矿的规模应在60万t/a以上。

（2）禁止在基本农田保护区内采矿；矿井工业场地应尽量依托现有城镇建设，减少耕地占用。

（3）沉陷区一旦稳定，应立即进行永久性治理，能恢复耕种的应尽量复垦为耕地。对于不能恢复耕种的永久积水区，应复垦为水产养殖用地或景观用地。加强未稳定沉陷区的利用，不得使其撂荒。土地复垦率和扰动土地整治率均应达到100%。

（4）矿井水综合利用率应达到75%以上，外排部分尽量处理达到地表水III类水质标准，减少当地水体的污染负荷增量。

（5）制定煤矸石综合利用规划，加快消灭原有矸石山，并不得新建矸石山。煤矸石应优先用于充填井下废弃巷道和地表沉陷区，其次用于煤矸石制砖、制水泥等黏土替代项目。

（6）对于煤矿井田范围内的村镇，在开采之前应先行搬迁。搬迁安置点的选择，应结合本区域城镇体系规划和城市规划来进行，原则上应集中安置，并尽可能依托现有城镇。

（7）编制市矿统筹规划，统一考虑矿区空间结构优化、产业结构调整、生态治理、移民搬迁安置等问题。完善土地复垦和征迁安置补偿机制，有效化解矿农矛盾。

（2011年11月）

我国煤化工废水排放的困境与出路

杨 晔 刘 薇 姜 华

摘　要：我国煤化工产业布局受煤炭资源主导，部分地区废水排放受限。系统梳理了煤化工废水“零排放”方案面临的问题，提出废水“零排放”实践存在非正常工况废水水质波动大、中水平衡调度困难、能耗指标高、潜在二次污染转移等诸多难点，严格意义上的废水零排放尚难以实现。研究建议从稳定生产工艺前端入手，提高水循环利用水平，实现废水处理工艺能力的匹配，增加废水回用点，由“定点回用”改为“一水多用”以强化风险防范。同时，应切实加强对煤化工废水“零排放”项目的规范引导，在加快推进废水处理关键技术研究的基础上，谨慎试点、分类管理、强化监督、稳步推广，引导煤化工产业实现合理、有序发展。

主题词：煤化工　废水　困境及出路

煤化工是通过化工工艺将煤炭转化为石油替代产品的工业，按工艺产品路线可分为传统煤化工和现代煤化工。传统煤化工主要包括合成氨、甲醇、焦炭和电石等产品。2010 年，我国焦炭、电石、合成氨和甲醇的产量分别为 38 757 万 t、1 470 万 t、4 963 万 t 和 1 574 万 t。

“十一五”期间，我国逐步形成了以先进煤气化技术为先导的现代煤化工工业，并重点明确了煤制油、煤制烯烃、煤制二甲醚、煤制天然气、煤制乙二醇五类煤化工示范工程，目前我国已建成示范项目 11 个，煤制油规模为 168 万 t/a，煤制烯烃规模 160 万 t/a，煤制二甲醚规模 41 万 t/a，煤制乙二醇规模 20 万 t/a，主要分布于内蒙古、宁夏、山西等省份。

目前，我国煤化工行业仍以传统煤化工产品为主，根据我国国民经济核算体系测算，2010 年我国煤化工行业耗煤量约为 1.7 亿 t，约占全国产煤总量的 5.3%。

为保障我国能源安全，适度发展煤化工是我国缺油、少气、富煤资源禀赋条件下较为现实的解决途径之一。基于原料运输问题和地区经济发展的考虑，我国煤化工政策鼓励煤炭资源的就地转化，目前我国东部省区煤炭资源经过长期高强度的开采，资源已经严重枯竭，为确保煤炭的持续、稳定供给能力，今后我国的煤炭开发将往西北地区转移，“十二五”及以后的煤炭主要开采区域将主要集中在神东、晋北、云贵、黄陇、宁东、陕北等基地和新疆维吾尔自治区等地区，产业发展呈现大型化、集中化趋势。

目前我国传统煤化工产业产能出现过剩，同时以煤气化为核心的现代煤化工项目投资呈过热增长。国家部委多次出台相关政策进行调控，提出煤炭供应优先满足群众生活和发电需要，严禁挤占生活、生态和农业用水发展煤化工，推动区域产业规划环评，暂停审批主要污染物排放总量超标地区新增主要污染物的煤化工项目，暂停审批取水量已达到或超过控制指标地区的煤化工项目新增取水，力图引导煤化工产业实现合理、有序发展。

一、煤化工废水“零排放”的提出

“煤”“水”是煤化工的两大资源要素。我国煤炭资源和水资源总体呈逆向分布，由于产业布局受煤炭资源主导，使得产业发展中水资源配置的问题尤为凸显。以煤制油项目为例，煤炭用量为 3～4 t/t 产品，水资源消耗高达 8～12 t/t 产品，煤化工项目建设往往需配套数十亿吨的大型煤炭基地及每年消耗数千万吨的水资源，而水资源匮乏的地区往往水环境容量不足，甚至缺乏纳污水体，大量废水面临无处可排的困境。

由于废水排放受限，一些煤化工项目相继提出废水“零排放”的设计方案，期望解决废水的出路问题。据统计，2005 年以来，环保部共审批煤化工项目 27 个，项目总投资约为 2 982 亿元，其中提出废水零排放的项目 15 个，约占总投资的 80%，涉及煤炭资源用量 1.3 亿 t/a，原料煤转化量 9 452.2 万 t/a，其中属于煤化工示范工程的 13 个，包括煤制醇醚项目 5 个，煤制天然气项目 4 个，煤制油项目 2 个，煤制烯烃项目 2 个。就区域水环境特点分析，废水零排放项目 10 个位于黄河中上游区域，该区域水资源短缺，大多采取跨区域、流域调水方式，但由于黄河排污受限，缺少纳污水体；3 个位于华北、华东地区，该区域水资源矛盾相对缓和，但地表水体如辽河、淮河水体污染严重，已无环境容量；2 个位于新疆边境地区，由于涉及地表水体多为跨境河流，如伊犁河属国际河流，为下游哈萨克斯坦的重要水源地，水域环境敏感。由此可见，区域排污受限已成为煤化工选址布局中面临的突出问题。

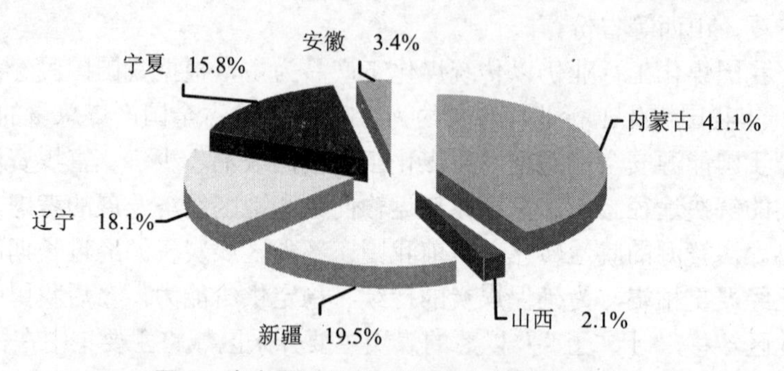

图 1　废水零排放项目煤资源消耗区域分布

煤化工废水可分为有机废水和含盐废水，有机废水主要包括生产过程中的含油污水、含酚氰废水及生活污水等，含盐废水主要包括生产过程中的煤气洗涤废水、循环水系统排水、除盐水系统排水等。废水零排放是在对水系统进行合理划分的基础上，结合废水特点实现最大限度的处理回用，不再以废水的形式外排至自然水体的设计方案。

目前的废水零排放方案主要包括：浓盐水多效蒸发后作为煤场调湿、蒸发塘（池）处置、电渗析脱盐与盐水浓缩结晶、多效蒸发浓缩以及多效蒸发与焚烧等。其中，焚烧方式能耗过高，且缺乏成熟的技术设备，目前尚处在实验室研究阶段；煤场调湿消纳水量有限，难以实现废水的全部回用。目前，煤化工项目选用的零排放方案主要以采用蒸发结晶、自然蒸发塘为主。

二、煤化工废水“零排放”实践中的主要难点和风险

煤化工废水零排放方案虽然在技术理论方面基本可行，但在实际工程设计中却存在诸多难点问题，废水零排放的实现与主体工艺的稳定性、水处理单元工艺集成、废水回用调度等密切相关，其技术经济可靠性均面临严峻考验。环保部已审批的煤化工废水零排放项目中，目前已建成试生产的仅 1 个，开工准备期的 3 个，其余均尚未建成。唯一投入试生产的废水零排放项目——神华煤直接液化项目采用蒸发塘方式，尚未实现稳定运行。其突出的问题及环境风险主要包括以下几个方面。

1．非正常工况废水水质波动大

（1）工程试生产及废水处理调试阶段。

由于污水处理厂运行初期的 3～6 个月，需要对生化处理菌种进行驯化，其间出水很难达到设计值，需对无法达标的废水进行妥善处置。神华煤直接液化项目为保证废水的处理效率，在项目开车前，先期在水中投加大量营养盐对菌种进行驯化，并在工厂西南部设置了两个 1.5 万 m^3 的雨水调节和事故水池，在一定程度上缓解了调试期废水储存和处理问题。但在实际开车后，生产废水排放量变化幅度在 200%以上，水质波动幅度达 150%以上（进水 COD 平均达到 828 mg/L，高于设计值 500 mg/L），均远超过设计能力，污水处理厂等设施难以消纳大量超出正常设计范围的污水，只能送出界外。

（2）示范工程调试、检修期。

目前，现代煤化工项目大多处于示范工程阶段，为实现高效低能耗生产，工艺参数需要不断调试。而物料平衡、反应温度、压力等的变化必然导致废水水量和水质的变化，并直接影响废水的末端治理和回用。

作为国内首套煤直接液化工业化装置，神华煤直接液化项目自 2008 年年底开始试生产，2010 年开车运行达到 5 172 h，其中单周期运行达 2 071 h，实现了历史性的突破。但最高 3 个月的连续运行期后，装置就必须进行新一轮的调试和检修。由

于煤质波动和前端生产操作系统的不稳定，进水COD波动范围为500～6 000 mg/L，生化处理的菌种驯化十分困难，废水处理系统部分出水无法达到回用水要求，只能送出界外。

2．中水无法全部回用，水平衡难度大

深度处理及回用是实现废水零排放的重要环节。调研表明，目前大部分煤化工企业都开展了生产废水综合利用，回用废水主要包括经生化处理后的生产废水和循环排污水，废水经深度处理回用于循环水系统补充水。为进一步增加废水回用能力，一些企业已开始尝试将气化工艺废水处理后作为循环补充水回用于“浊循环”系统。

但在工程实际运行中，由于主体生产装置运行稳定性差，循环水需求变化很大，导致中水平衡调度十分困难，往往难以全部回用。此外，由于大部分煤化工企业均位于西北寒冷地区，冬季由于室外温度低，循环水场补水量出现大幅下降，神华煤直接液化项目运行中冬、夏两季循环水系统的补水量变化达到20%～30%，冬季大量难以回用的中水只能临时储存厂内或送出界外。

3．额外蒸汽消耗增加能耗指标

（1）高浓度废水预处理。

煤气化废水是煤化工废水处理的重点和难点，其中尤以褐煤低温（中温）气化废水污染物组成复杂。由于高硫、高灰劣质煤转化需要，新型煤制天然气项目大多使用褐煤等低品质煤种。基于气化煤种选择性考虑，大多使用碎煤加压气化（固态排渣）和BGL气化（液态排渣）工艺。上述气化工艺的技术相对较为成熟，但工艺副产的煤气水中焦油含量高，含有多元酚等大量生物难降解物质（约占总COD的20%～30%），并含有一定生物抑制作用的污染物（如氰化物等），处理十分困难。

中煤龙化哈尔滨煤化工有限公司采用的“单塔加压汽提脱酸脱氨工艺技术”和“MIBK（甲基异丁基酮）萃取技术”取得了酚、氰废水治理的重大突破，将气化装置废水处理后的多元酚含量由1 200 mg/L降至300 mg/L以下，满足了生化处理进水设计要求。但该加压汽提工艺需要消耗大量高等级蒸汽，300 t/h废水处理装置的中压蒸汽耗量高达150 t左右。对大型煤制天然气示范工程而言，气化废水产生量高达数千吨每小时，将直接导致企业运行能耗的增加。

（2）浓盐水多效蒸发结晶。

煤化工废水经过处理回用及二段再浓缩回用后，废浓盐水的含盐量为6 000～80 000 mg/L，浓盐水的去向是实现零排放的关键。

蒸发结晶一直是企业研究的重点，这也是最直接的零排放方式。目前多效蒸发结晶技术主要由国外专利商主导，对设备材质有较高的要求，需要使用高强度耐腐蚀材料，神华煤直接液化项目引进GE公司的两套103 t/h、129 t/h多效蒸发结晶设备，投资高达1.4亿元。该技术主要通过一定压力的蒸汽加热使浓盐水蒸发结晶，能耗极高。据测算，每吨浓盐水多效蒸发结晶的蒸汽消耗高达1.6 t。多效蒸发结晶设计中一般配置蒸汽压缩机，或由企业对全厂的蒸汽进行平衡，为蒸发结晶提供蒸汽。如何有效实现全厂的蒸汽平衡，降低工程能耗指标，是废水零排放企业面临的难题。

神华煤直接液化项目废水处理运行情况的初步测算表明，有机废水生化处理的综合能耗为66.67 MJ/t污水，含盐污水处理的综合能耗为1 023.16 MJ/t污水，与《石油化工设计能耗计算标准》(GB/T 50441—2007)中耗能工质污水的标准值46.05 MJ/t污水相比较，能耗数据分别提高了1.45倍和22倍，废水处理运行能耗代价高昂。

4．污水深度处理产生二次污染

煤化工废水零排放设计中，为提升废水回用能力，将工艺废水经处理后回用于循环水系统，这也进一步增大了后续循环排污水深度处理和再回用的难度。

呼伦贝尔金新化工公司尝试将高效反渗透（HERO）废水处理工艺首次运用于处理煤化工循环水排污水。根据阿奎特公司专利技术数据，该工艺废水回用率可由普通膜处理的70%提高至90%，可大幅降低浓盐水的蒸发结晶处理量。但其技术风险在于：为了满足超滤和反渗透的进水要求，HERO工艺在前端废水处理中需要投加大量的软化药剂进行除垢，清除废水中的钙、镁、硅等杂质，据测算，每处理100 t废水污泥产生量高达1.2 t，需进一步论证其安全处置方式，以防止产生二次污染。

5．蒸发塘处理存在诸多问题

在固态蒸发结晶的能耗代价难以承受时，大多数企业对浓盐水的处理转向自然蒸发塘。考虑到西北地区地域辽阔、气候干燥、降雨量小、蒸发量大，一些建设单位和设计单位提出利用天然条件建设蒸发塘，最后的浓盐水通过管道送至蒸发塘，自然蒸发结晶后填埋。

现阶段，国内蒸发塘的前期研究较少，尚无设计规范可循，以煤制天然气项目为例，内蒙古克旗年产40亿m^3煤制天然气项目蒸发塘设计面积100 hm^2、中煤能源新疆准东年产40亿m^3煤制天然气蒸发塘设计面积约20 hm^2、开滦准东年产40亿m^3煤制天然气蒸发塘设计面积约8.2 hm^2，存在很大差异。神华煤制油项目根据理论测算，蒸发塘占地约15 hm^2，设计库容26.7万m^3，最大蒸发面积12万m^2，正常运行状态下，蒸发塘的蒸发量与降水量和污水处理厂排入的废水量基本平衡。项目调试运行中，由于生产工艺装置不稳定，实际废水外排量远高于蒸发塘设计量，蒸发塘储存、处理能力明显出现不足，导致蒸发塘长期处于高水位状态（冬季尤为突出），大量难以回用的废水以及排出的浓盐水的出路问题，成为企业面临的困境。

蒸发塘作为废水处理储存的末端防线，若不能做到与实际开车运行状况匹配，将直接影响项目正常生产运行。初步研究表明：为防止出现导热循环，确保废水得到有效蒸发，蒸发塘水深必须严格控制；随着塘内污水含盐浓度提高，将导致蒸发效率下降；西北部地区冬季温度低，导致蒸发困难。目前蒸发塘的容积设定仍是一个难题。

严格来说，蒸发塘并非真正意义上的废水零排放。对企业而言，大量的废水处置依赖蒸发塘，面临土地资源占用及资源压覆的问题。就环境而言，存在多重环境隐患，包括：蒸发塘接纳的浓盐水中含有工业污染物，对地下水有潜在的污染；蒸发塘作为大量废水的集中储存设施，存在污染物挥发、溃坝等环境风险；蒸发产生的固体废物以可溶的盐分为主，仍需妥善处置，防止造成二次污染等。

三、煤化工废水“零排放”的出路探索

1. 规范废水零排放项目准入，谨慎开展试点

从某种意义上说，煤化工废水零排放是通过高能耗的代价来弥补资源环境的短板，投资代价高昂，且存在较大风险，不宜进行开放式管理。作为环保部门，应严格项目审核，建议在国家能源战略总体布局框架下，谨慎开展废水零排放项目的试点，重点在于科学规范煤化工行业发展布局，不宜硬性要求废水零排放。

（1）严把产业政策准入关，对于未列入国家定点的煤化工项目暂不予受理和审批，对未通过水资源论证不具备水资源支撑条件的煤化工项目暂不予受理。

（2）列入国家定点的煤化工项目需深入开展厂址比选，尽可能选择有环境容量的区域建设，慎提废水零排放方案，对于新布点的废水零排放项目，原则上不再受理和审批。

（3）重点抓好现有煤化工废水零排放项目试点工作，各级环保部门从环评、验收、监管、后评价等环节进行全过程强化管理，完善跟踪监控及后评价。

（4）对于特殊区域重大项目，建立部委协商机制，从国家能源战略布局、技术装置工业化水平、水资源配置、环保治理等方面明确准入要求。

2. 废水零排放项目分类监管，促进煤化工行业有序发展

我国现代煤化工大多处于工业示范阶段，对于不同类型的煤化工项目不宜“一刀切”，建议根据生产工艺技术的工业化成熟度，对现有废水零排放项目进行分类、分阶段监管。

（1）对于国内首次建设投运的煤化工示范项目，由于工业化运行指标尚需进一步验证，生产排污数据缺乏第一手现场资料，对应的污染防治措施，特别是各种不同性质的废水处理技术尚处在探索之中，还缺乏实际运行业绩考核，废水零排放的系统风险尚难以预判。在满足达标排放的前提下，建议不强制废水零排放。应在切实加强监管的基础上，提出逐步减少污染物排放的阶段实施方案，分阶段明确验收考核要求，最终实现废水零排放目标。

（2）对于工业化技术、设备较为成熟的煤化工项目，应通过全过程跟踪监控，对废水处理的经济性及能耗指标给出全面客观的评价。

（3）对于未列入零排放试点的项目，应暂缓受理，待试点项目工业化技术成熟、废水处理工艺稳定、运行管理到位后再进行推广。

3. 提升园区水资源统筹调度能力，强化园区末端处理

依据《规划环境影响评价条例》《关于抑制部分行业产能过剩和重复建设引导产业健康发展若干意见的通知》（环发[2009]127号）（国务院第559号令）等相关文件，煤化工项目必须入园建设。煤化工项目废水水量大、水质不稳定、成分复杂、处理难度大，目前废水零排放主要依托蒸发塘、高效浓缩等方式实现，就单个、分散项目而言，废水零排放的能耗、物耗代价极高，且水平衡调度困难，导致存在较大的环境风险。因此，煤化工园区在编制总体规划和规划环评时，不能单纯考虑龙头煤化工项目，而应以区域资源承载力、环境容量为基础，统筹调度，大力推进园区废水的集中污染治理和回用设施，做到分质处理、梯度回用，在园区内实现水资源的最大化利用，减少取排水，有效保护区域整体环境，降低区域环境风险。在迫不得已必须采取零排放的地区，强化废水末端处理保障，建议采用自然蒸发塘和多效蒸发结晶互为备用的方式，确保废水不进入地表水体。

4. 加快推进废水处理关键技术研究，探索煤化工行业废水合理处理途径

现阶段，应加快推进煤化工废水处理的关键技术研究。煤化工废水零排放运行管理的关键问题在于系统风险的控制，最大的难点在于“水”的合理调度。应大力推动煤化工企业加强水的循环利用，在摸清各装置用水要求的前提下，实施废水分质处理回用，最大限度地利用水资源，探索含盐污水的“最小化”排放控制技术路径。为降低生产操作变化导致的工程系统风险，废水设计应由传统的“定点回用”设计转变为“一水多用”，增加废水回用点，从而提高“水”调度的灵活性和系统的抗冲击能力，降低环境风险。同时，应重点推进高浓度工艺废水，尤其是酚氰废水、高有机酸废水、高盐水的处理技术创新研究，积极开展高效膜技术等前沿技术在煤化工废水减量化方面的研究运用。

目前，煤化工项目废水“零排放”存在能耗、运行成本高，系统风险大，以及可能存在污染转移等问题，严格意义上的零排放难以实现。应从稳定生产工艺前端入手，提高水循环利用水平，实现废水处理工艺能力的匹配，增加废水回用点，减轻末端处理压力，强化风险防范。

环保部门应切实加强对煤化工废水零排放项目的规范和指导，对于新建项目水资源、水环境承载力存在问题，不具备上马条件的，暂不予受理和审批。对于已批准和正在实施的项目，在加快推进废水处理关键技术研究的基础上，谨慎试点、分类管理、强化监督、稳步推广，引导煤化工产业实现合理、有序发展。

（2011年12月）

采取综合措施促进煤化工产业发展转型

段飞舟 刘佳宁

摘 要：受煤炭主产区延伸煤炭产业链、实现经济转型和结构调整以及地方发展经济等多方面因素的推动，煤化工产业正陷入“老问题未解决、新问题又出现”的困局。2006—2011年，国家发改委先后发布了五个文件，试图遏制煤化工产业无序发展的态势，但效果并不理想。未来5～10年，是煤化工产业的重要发展机遇期，应综合考虑煤炭资源合理高效利用、生态保护、污染控制和二氧化碳减排等因素，引导煤化工产业科学、有序、可持续地发展。

主题词：综合措施 煤化工 发展 转型

受煤炭主产区延伸煤炭产业链、实现经济转型和结构调整以及地方发展经济等多方面因素的推动，煤化工产业正陷入“老问题未解决、新问题又出现”的困局。2006—2011年，国家发改委先后发布了五个文件，试图遏制煤化工产业无序发展的态势，但效果并不理想。未来5～10年，是煤化工产业的重要发展机遇期，应综合考虑煤炭资源合理高效利用、生态保护、污染控制和二氧化碳减排等因素，引导煤化工产业科学、有序地发展，促进产业转型。

一、我国煤化工产业总体情况

由于可以作为石油天然气化工的重要补充和替代，为拓宽石化工业原料和燃料结构创造条件，有助于提高能源利用效率、提升煤炭资源的经济效益等优势，近10年来我国煤化工产业发展迅速。2005—2011年，仅环保部审查批准的大型煤化工项目就达27个，总投资约3 000亿元。中国石油和化学工业联合会公布的2011年上半年行业经济运行数据显示，截至2011年6月底，全国煤制烯烃的在建及拟建产能达2 800万t，煤制油在建及拟建产能达4 000万t，煤制天然气在建及拟建产能接近1 500亿m^3，煤制乙二醇在建及拟建产能超过500万t。根据国家发改委《煤炭深加工示范项目规划》，“十二五”期间各类煤化工项目有37个，总投资预计达到7 000亿元。

二、煤化工产业发展面临的突出问题和制约

（一）面临“产能过剩”和“高水平重复”的双重压力

产业规模快速扩张、产能过剩严重一直是我国煤化工产业的突出问题。2005 年，电石产能已经是产量的 2 倍，焦炭生产能力超出国内市场需求 7 000 余万 t。2005—2010 年，电石、煤制甲醇产能分别增长 160%和 400%，煤制二甲醚产能则由 20 万 t/a 跃升至 850 万 t/a，增长 40 余倍。与产能大幅度增长形成鲜明对比的是装置开工率的严重不足。2009 年，焦炭装置平均开工率约 91%，电石消装置平均开工率低于 70%，煤制甲醇装置平均开工率仅 37.4%。产能过剩不但造成资源浪费，也导致了恶性竞争，影响产业可持续发展。

传统煤化工“产能过剩”问题还没得到有效解决，新型煤化工又出现“高水平重复”的苗头。新型煤化工近两年已经迅速成为资本投入的热点，大型国企、民营企业、跨国公司纷纷投向这一领域。2011 年，长期从事 IT 产业的联想集团也计划分两期投资 180 亿元，在山东建设以百万吨烯烃及精细化工为主业的煤化工产业基地。尽管新型煤化工技术取得了一系列突破，但还远未达到大规模产业化的阶段，且核心技术大多掌握在国外企业的手中。新一轮的新型煤化工建设热潮，有可能把我国变成新型煤化工技术的试验场，既加大资源环境压力，也会影响产业升级转型的战略部署。

（二）“水资源约束”难以得到根本性解决

近年来，依据提高煤炭就地转化率、延长产业链、提高煤炭资源效益的思路，西部的内蒙古、宁夏、甘肃、陕西以及新疆等省区都将煤化工作为本地煤炭资源开发和产业发展的重点，规划了众多煤化工产业基地。煤水逆向分布一直是我国资源禀赋的突出特点和煤化工产业发展的主要制约因素。据第三次全国煤田预测资料，西北五省（区）煤炭资源总量占全国的 58%，是主要的煤炭赋存区和调出区。而这五省（区）水资源总量仅占全国水资源总量的 8.3%，地下水天然资源占全国的 13.3%，地下水可采资源量占全国的 14%。这些地区多属干旱半干旱地区，自然生态脆弱，水资源对产业发展的约束强。以宁陕蒙三角地区为例，神东、陕北、宁东三大基地“十一五”末的规划煤炭产量将达到 5 亿 t，按照 50%的就地转化率，需水将达到 25 亿 m^3 以上，而神东、陕北、宁东的水资源总量约为 67 亿 m^3，实际可利用量约为 25 亿 m^3。

资源型水资源短缺一方面导致工业用水供给短缺，存在挤占生活、生态用水及其他生产用水的风险；另一方面也表现为地表受纳水体不足，且西北多为季节性河流，环境容量极为有限。目前，水资源过载、地下水污染、生态退化等生态环境问

题在西部地区煤炭富集区普遍存在，如果不能对煤化工产业的发展加以有效引导，将对煤炭资源的可持续利用和区域生态安全造成严重影响。

（三）爆发式增长加大污染防控压力

污染物排放总量不断增加与环境保护投入低、管理能力滞后是西部煤炭富集区面临的另一对突出矛盾。长期以来，西部地区环境保护资金投入和能力建设相对滞后，污染物排放强度则高于东部发达地区和全国平均水平。2009 年，西部地区环境污染治理投资占全国环境污染治理投资的 16.27%，万元 GDP 工业废水排放量是东部地区的 1.34 倍，是全国平均水平的 1.15 倍。根据预测，到 2020 年，西北地区煤炭工业废水排放量将达到 12.1 亿～17.4 亿 t，平均值将是目前全国煤炭生产与洗选加工废水排放量的 3 倍。煤化工企业生产过程中产生大量含有机物和含盐废水，废水排放将是煤化工大规模发展后西部地区面临的另一个难题。如果保持目前的工业废水处理率不变，则污染物排放量增长更为迅速，对西北地区已经恶化的水环境来说无疑是雪上加霜。

（四）二氧化碳排放问题应引起重视

煤化工属高耗能、高排放产业，能源消耗和二氧化碳排放强度均为我国产业平均水平的 10 倍以上。以煤制甲醇为例，每生产 1 t 甲醇，要排放出 3.85 t 的二氧化碳；而生产 1 t 烯烃，排放出的二氧化碳高达 11.63 t。一个年产油品 300 万 t 的间接煤液化工程，原料生产部分排放出的二氧化碳量是 880 万 t，如果最终建设规模是油品 1 000 万 t，则二氧化碳年排放量为 2 930 万 t。根据预测，按照在建和规划拟建项目的产能，到 2020 年我国现代煤化工的二氧化碳排放将达到 7.38 亿 t，将消耗原煤近 6.28 亿 t。碳排放等议题目前已经成为国际环境政治的重要内容和热点问题，未来煤化工产业发展的碳排放问题应当引起足够重视。

三、关于引导煤化工可持续发展的初步建议

（一）利用绿色信贷等环境经济政策，控制煤化工无序发展

煤化工项目具有很高的投资强度，利用绿色信贷政策可抑制投资冲动。以 100 万 t/a 煤液化项目为例，每万吨油品的建设投资高达 1 亿元以上。动辄百亿元的投资强度，没有银行贷款将难以实施，卡住煤化工项目的资金来源，可以有效遏制各地煤化工项目“遍地开花”的局面。利用信贷杠杆对煤化工产业发展进行调控，必须适时调整完善相关政策，统筹考虑产业布局与地方收益的关系，平衡各方利益，从根源上消除资源富集区发展陷入“资源依赖”的体制性原因。应完善政绩考核体系，从制度上消除地方各级政府通过开工程、上项目刺激产业发展的内在动力和外在压

力，改变政府为煤化工产业高速、盲目发展做“推手”的角色，使市场调控机制在推动煤化工产业健康、有序发展上发挥更大作用。

国务院《关于加强环境保护重点工作的意见》第十三条要求“实施有利于环境保护的经济政策”。建议尽快开展煤化工产业政策环境评价、信贷政策环境评价。

（二）利用环评审批制度，提高环境准入门槛

发展缺乏整体性、战略性，产业布局缺少统筹、“遍地开花”是煤化工产业的突出问题。一些煤炭富集区片面强调对煤炭的开发利用，忽视资源环境承载和约束，发展煤化工项目存在盲目性；一些企业则顺水推舟，借着地方政府提高煤炭就地转化率等政策要求，以发展煤化工圈占煤炭资源。相关资料显示，规划和新增煤化工产能中，相当一部分是地方政府批准的。以煤制天然气为例，近期众多煤制天然气项目中只有 4 个获得国家发改委核准，而仅新疆地区在建和拟建的煤制天然气项目就达 14 个。这种态势如不及时扭转，将扰乱煤炭资源开发利用和煤化工产业发展的秩序，必定会对未来西部地区的生态环境产生诸多负面影响，也会影响我国二氧化碳减排工作的效果。

环评审批是大型建设项目落地的重要条件，没有环评审批文件，违规煤化工项目即使落地也是“黑户”，后续开发会遇到一系列难题。建议国家环境保护主管部门考虑将煤化工产业纳入直接审批的建设项目目录，提高环境准入门槛，并结合国家有关煤化工产业发展的总体思路，严格控制规划布局、限制总量，提高新型煤化工产业准入门槛，进一步强化环境影响评价“调节器、减压阀”的作用，及时遏制煤化工产业盲目、无序发展的态势。

（三）探索差别化管理政策，支持煤化工可持续发展模式研究

煤化工项目废水排放量大、治理难度大，近年来“零排放”作为一种废水污染控制模式，开始在一些煤化工项目进行示范。但从总体而言，煤化工项目“零排放”仍面临投资巨大、处理成本高、处理工艺能耗高、浓缩物易形成二次污染等众多技术及管理难题，都是煤化工产业发展亟待解决的突出问题。能否根据我国当前的经济技术水平和自然环境特点，科学界定“零排放”的采用条件、排放标准，选择适合的处置方式，将直接影响西部缺水地区煤化工产业的发展规模、布局和产业与资源环境的协调可持续发展。

建议开展“煤化工产业废水处置及差别化管理政策”研究，分析缺水地区煤化工项目废水“零排放”的环境、经济可行性及其在实际操作中存在的问题，探讨在尽可能提高水循环利用率的前提下，对于部分处理成本高昂、处理后存在污染隐患的废水，研究利用煤化工废水进行自然蒸发或者污水深井灌注等处置模式的可行性，探索煤炭富集区煤化工产业发展的差别化管理途径，为缺水地区煤化工产业找到适

宜的环保措施和发展模式。此外，未来煤化工发展必须重视二氧化碳的排放问题，注重解决碳的封存和捕集问题的研究，并制定相应的管理对策。

（四）开展战略环评，破解煤化工发展与资源环境承载力的矛盾

从长远看，发展新型煤化工是解决我国原油和天然气资源短缺的有效途径之一，探索协调、可持续发展的煤化工产业发展模式对我国能源安全具有重要意义。西部地区富煤少水，正处于工业化初期阶段，煤化工产业健康发展将对带动区域工业化和经济社会发展起到积极的推动作用。但现在的状况是西部石化、农业用水指标居高不下，向东部港口运煤车皮大量空运，远洋船队出口服装、鞋帽、箱包等加工品和生活日用品的集装箱也大量空运，形成运量大量浪费，建议利用现有远洋船队和运煤返程运输能力，适当进口粮食，置换部分农业用水用于优质煤化工业。“十二五”期间，我国将进一步加大西北煤炭资源的开发力度，西部资源富集区将布局一批资源开发及深加工项目，建设国家重要能源、战略资源接续地和产业集聚区。实现西部煤炭富集区资源开发与生态环境协调发展，将有助于调整优化能源结构，构建安全、稳定、经济、清洁的现代能源产业体系。

建议尽快开展煤化工产业发展战略环评，探索煤炭富集区资源开发与生态环境相协调的可持续发展模式，研究制定差别化的环境管理政策和调控手段，突破西部地区煤化工产业发展的水资源瓶颈，引导煤化工产业健康、有序地发展，为西部大开发战略的深入实施提供决策依据。

（2012 年 2 月）

开展决策环境风险评估，提高决策科学化水平

耿海清　任景明

摘　要：2010 年 10 月，国务院发布了《国务院关于加强法治政府建设的意见》（国发[2010]33 号），明确提出：凡是有关经济社会发展和人民群众切身利益的重大政策、重大项目等决策事项，都要进行合法性、合理性、可行性和可控性评估，重点是进行社会稳定、环境、经济等方面的风险评估。环境保护部受国务院委托，具有对重大经济和技术政策、发展规划以及重大经济开发计划进行环境影响评价，努力从源头上预防、控制环境污染和生态破坏的职责。因此，提出贯彻落实《意见》的对策措施是当前一项重要任务。为此，归纳了国际上防范决策环境风险的一般性制度安排，分析了我国开展决策环境风险评估的必要性，并对当前正在实施的重大战略、主要规划及公共政策进行了梳理，提出了应该开展决策环境风险评估的优先领域，以及重大决策环境风险评估的实施建议。

主题词：决策　环境风险　评估　建议

2004 年 3 月，国务院发布了《全面推进依法行政实施纲要》（以下简称《纲要》），提出了建设法治政府的奋斗目标和依法治国的基本方略。《纲要》指出，要建立健全公众参与、专家论证和政府决定相结合的行政决策机制；实行依法决策、科学决策、民主决策；涉及全国或者地区经济社会发展的重大决策事项以及专业性较强的决策事项，应当事先组织专家进行必要性和可行性论证。《纲要》实施以来，我国各级政府和部门大力加强法制建设、建立健全民主决策机制、改进行政管理方式，极大地提高了决策科学化和民主化水平，推动了规划环评和战略环评的开展。2010 年 10 月，国务院进一步发布了《国务院关于加强法治政府建设的意见》（国发[2010]33 号）（以下简称《意见》）。其中明确提出要完善行政决策风险评估机制，凡是有关经济社会发展和人民群众切身利益的重大政策、重大项目等决策事项，都要进行合法性、合理性、可行性和可控性评估，重点是进行社会稳定、环境、经济等方面的风险评估。要把风险评估结果作为决策的重要依据，未经风险评估的，一律不得做出决策。《意见》第一次明确指出了环境风险评估在我国决策科学化、民主化进程中的重要作用，是我国建设法治政府的又一重大举措，也标志着环境保护在国家综合决策中的地位得到了进一步提升。随后，《国家环境保护“十二五”规划》提出要把环境风险评估与主要污染物总量控制、环境容量、环境功能区划等一道作为区域和产业发展

的决策依据。2011年12月20日，李克强副总理在第七次全国环保大会上也要求：要牢固树立隐患险于事故、防范胜过救灾的理念，加大风险隐患排查和评估力度，把环境污染事件消灭在萌芽状态。可以说，开展重大决策环境风险评估，是保障决策科学化、民主化，从根本上消除环境风险隐患的最有效手段。然而，时至今日，我国环境管理中尚缺乏相应的制度设计和政策保障，客观上制约了环境保护参与国家综合决策能力的提升。

一、国外防范决策环境风险的制度安排

环境风险评估是指对人类社会经济活动所引发的，可能对人体健康和自然环境造成严重损害的事件进行评估，并据此进行决策和管理的过程。1969年美国颁布了《国家环境政策法》，在世界上首次确立了环境影响评价制度，并直接覆盖了从立法、政策、规划、计划直至建设项目的整个决策链条。随后，欧洲、日本等纷纷效仿，并在20世纪70年代建立了适合本国国情的环境影响评价制度。环境影响评价制度的建立，开创了人类历史上将决策评价机制引入政府行政领域的先河。鉴于环境风险评价是环境影响评价的重要内容，因而环境影响评价制度也成为迄今为止防范决策环境风险的最有效的制度安排。特别是高层次决策的战略环评，对从决策源头防范重大环境问题发挥了重要作用。

从20世纪末开始，为进一步适应公共决策科学化、民主化的要求，法国、日本、美国等西方发达国家逐步建立了独立于环境影响评价制度之外的公共政策评估制度。例如，从1996年开始，法国计划总署对原有职能进行了调整，开始承担了许多公共政策的评估工作，2002年进一步成立了全国评估委员会。2001年6月，日本制定了《关于行政机关实施政策评价的法律》，要求各行政机关自行设立“政策评价委员会”，对预算较大的支出或对国民有重大影响的政策，在实施前期、中期、后期均需开展政策评价，以便及时掌握政策方向和效果，发现和改善政策存在的不足。在各行政机关自我评价的基础上，日本总务省行政评价局还会对其评价结果开展二次评价。2003年9月，借政府预算绩效改革之机，美国政府颁布了《政策规定绩效分析》，规定政府部门在废除或修改已有政策或者制定新政策时都应进行政策绩效分析，具体评估内容包括政策制定的必要性、政策工具的选择及政策绩效。除上述国家外，韩国、中国台湾等也已建立了较为完善的公共政策评估制度。尽管政策评估的重点是政策绩效，但一般都会涉及环境保护方面的内容，对于防范决策环境风险也发挥了积极作用。

二、我国开展决策环境风险评估的必要性分析

由于决策体制、机制不健全，我国尚缺乏保障决策科学化、民主化的有效制度安排，因而开展决策环境风险评估尤为必要，具体原因有以下几点。

（一）现有决策模式难以适应决策科学化的要求

我国的决策模式属于管理主义模式，政治精英在决策中居于主导地位，其他社会主体参与不足，决策过程缺乏制衡机制。因此，与大多数西方国家相比，我国的决策更容易受到决策者个人偏好及利益主体的左右，从而偏离科学决策的轨道。从政策的制定和实施过程来看，产生决策风险的原因主要有以下几点：第一，公共决策的组织结构是自上而下金字塔式的官僚体制，下级决策者以完成上级下达的刚性任务为首要目标，与决策者偏好不一致的意见往往得不到采纳，因而体制内部缺乏有效的决策纠错机制；第二，地方诉求与国家战略意图不完全一致，特别是现有财税体制下地方政府片面追求 GDP 总量扩张的诉求与国家强调的均衡增长、协调发展、环境保护等目标明显偏离；第三，政策目标之间往往并不完全相容，如西部大开发战略提出的大力推进基础设施建设、加大能矿资源开发力度就与加强生态环境保护的目标不协调；第四，政策执行过程中存在诸多的不确定因素，随时有可能使政策走偏，出现非预期的不良影响。

（二）战略环评参与决策的广度和深度不足

战略环评涵盖了除建设项目之外的政策、规划和计划等多种决策形式，是目前国际上通用的防范决策环境风险的主要工具。我国虽然在 2003 年正式以立法的形式将“一地、三域、十个专项”规划纳入了法定的环境影响评价范围，但与欧美等发达国家相比，战略环评的广度和深度明显不足。首先，我国的战略环评并未涵盖在现行规划体系中居于核心地位的国民经济和社会发展规划以及发展战略、经济政策、技术政策等对生态环境有更深远影响的决策形式；其次，西方国家的战略环评是决策过程的有机组成部分，普遍将方案比选作为评价重点，而我国目前大多只是评价给定方案的环境可行性，从而极大地削弱了这项制度对于防范决策环境风险的能力；最后，从目前我国各重点领域规划环评的评价内容来看，与项目环评高度雷同，重点仍是规划实施对单个环境要素的影响，缺乏从区域和生态系统整体角度的有效分析。

（三）公共政策评估体制不健全

从目前来看，我国尚没有关于政策评估的法律法规，更没有规范的评估制度，类似职能一般通过以下三种方式来实现，一是自上而下的评估，如政策制定部门对政策执行情况调研或到政策执行部门检查工作。中共中央办公厅、国务院办公厅及地方各级政府办公厅一般都具有这一职能；二是自下而上的评估，如政策执行部门进行经验总结或向政策制定部门汇报工作、反映情况；三是民间评估，具体方式有媒体报道和群众上访等。由于社会制度的原因，民间评估所能发挥的作用非常有限。

官方自我评估则因评估程序、过程、方法等不规范，使得评估结果经常报喜不报忧，甚至沦为为领导部门歌功颂德的工具。由于缺乏规范的政策评估制度，政策实施可能产生的环境风险难以从决策源头避免。

三、开展决策环境风险评估的重点领域建议

我国的决策共包括法规、战略、规划和政策四种类型，其中法规主要是用以界定当事人权利和义务的社会规范，短期内尚不具备开展环境影响评价的条件，因而本文重点对目前正在实施的主要战略、规划和政策进行了梳理，初步筛选出了可能产生重大环境影响，需要优先开展决策环境风险评估的重点领域。

（一）重大战略

重大战略是指事关我国发展方向和长远目标的决策，通过对国家领导人讲话及党中央、国务院发布的重要文件的梳理，发现我国正在实施的主要战略共有15项，分别是区域发展总体战略、主体功能区战略、培育和发展战略性新兴产业、公共交通优先发展战略、海洋发展战略、节约优先战略、科教兴国战略、人才强国战略、知识产权战略、就业优先战略、重大文化产业项目带动战略、开放战略、“走出去”战略、自由贸易区战略及可持续发展战略。其中与投资密切相关，最有可能产生重大环境风险的战略见表1，这些战略可作为开展决策环境风险评估的优先对象。

表1 需要优先开展环境风险评估的重大战略

战略名称	重要性	开展环境风险评估的原因
区域发展总体战略	从“十一五”开始正式上升为国家战略，是我国促进区域协调发展、实现经济结构转型的基本战略	“两高一资”产能可能由东向西转移，再加上中西部大规模的基础设施和能源、原材料基地建设，可能导致空间开发失序、产业结构趋同、生态功能区退化、环境污染加剧等严重问题
培育和发展战略新兴产业	从“十二五”开始正式上升为国家战略，是我国应对国际金融危机、转变发展方式的重要抓手	我国的财税体制和条、块分割的管理体制，极有可能导致新兴产业一哄而上，重复建设，出现产能过剩、资源环境破坏等问题，目前多晶硅、风电等领域已经出现了上述问题
海洋发展战略	从“十二五”开始正式上升为国家战略，是我国发展为世界政治、经济强国的必经之路	目前已经出现了岸线资源的无序开发、大规模填海造地、沿海重化工业迅猛发展等对生态空间的挤占，以及对海洋资源和海洋环境的破坏，将来这些问题有可能进一步加剧
开放战略	从“十一五”开始正式上升为国家战略，是我国利用全球资源、技术、资金，提高经济发展水平的重要举措	在中西部地区承接国际产业转移的过程中，可能因政策工具运用不当或执行不力而导致落后产能向内陆转移，造成严重的资源环境问题。此外，一些严重消耗资源、破坏环境的产品的出口量可能会增加

（二）主要规划

我国实行“三级三类”的规划管理体制。各类规划按行政层级分为国家级、省（区、市）级和市县级，按对象和功能类别分为总体规划、专项规划和区域规划，其中国民经济和社会发展规划属于总体规划。对照环评法中提出的“一地、三域、十个专项”范围及《关于印发〈编制环境影响报告书的规划的具体范围（试行）〉和〈编制环境影响篇章或说明的规划的具体范围（试行）〉的通知》（环发[2004]98号）可以发现，目前开展环评的规划主要对应于我国专项规划中的基础设施建设类和自然资源开发类。这些规划在环境影响评价文件中一般都有环境风险评价章节，因而已经具有防范决策环境风险的机制和程序。然而，在规划体系中居于核心地位的国民经济和社会发展规划，以及针对重点开发区域的区域规划尚未开展规划环评。对于专项规划中的重点产业规划，尽管根据环评法要求应该编制环境影响报告书，但事实上并没有开展起来。为此，从防范决策环境风险的角度出发，应开展针对上述规划的环境风险评估，具体见表2。

表2　需要优先开展环境风险评估的规划类别

规划类别	地位	编制情况	开展环境风险评估的原因
国民经济和社会发展规划	属于总体规划，是其他各类规划编制的基本依据	各级政府均会组织编制，开展情况良好	该规划是行政辖区内的共同行动纲领，一旦出现方向性、目标性、布局性失误，其资源环境影响将难以补救
区域规划	是总体规划在特定区域的细化和落实	一般由国家发改委系统组织编制，以前较少，但近两年突然增多	数量明显增加后，国家财力难以兼顾，很可能出现各地发展定位、产业结构雷同等现象，造成资源浪费、耕地破坏、环境污染等问题
重点产业规划	是针对经济领域特定问题制定的专项规划，是项目审批和核准的依据	一般由国家发改委组织编制，数量较多，名称不统一	由于直接与投资挂钩，容易受部门和地方利益左右，出现规划规模超出当地资源环境承载能力，规划布局不合理等问题

需要特别指出的是，2008年发生国际金融危机后，为扩大内需，我国在不到两年的时间内突然推出了海西经济区、关中—天水经济区、黄河三角洲等多部区域规划，以及石化、纺织、钢铁等十大产业振兴规划。这些规划当时主要是为了应急，由于编制的时间较短，难免会对一些资源环境问题考虑不周，而在实施过程中则更容易受地方和部门利益左右而出现偏差，甚至诱发一些国家过去重点调控的“两高一资”行业死灰复燃，延缓我国转变经济发展方式这一战略目标的实现。区域规划的规划期一般为五年，十大产业振兴规划的规划期均为2009—2011年。因此，为防范和控制上述规划实施产生重大环境问题，应考虑对近年出台的区域规划开展环境

风险中期评估，对产业振兴规划开展环境风险跟踪评估。此外，我国在“十一五”规划中提出了培育和发展战略性新兴产业的目标，大量新兴产业规划正在等待批复。如何防止其“一哄而上”，重演历史悲剧，目前尚无有效的制度和体制约束，开展决策环境风险评估不失为一个投入少、时间短、效果好的手段。

（三）公共政策

公共政策是以政府为主的公共机构对社会事务进行管理的工具，从层次和范围上，一般可分为元政策、总政策、基本政策和具体政策。由于元政策、总政策和基本政策主要涉及的是价值观、理念、原则、方针等抽象问题，其要求已经在意识形态、社会制度、法规、战略等顶层设计中有所体现，因而政策环评和政策环境风险评估应聚焦于具体政策。具体政策从类别上可分为政治政策、社会政策、经济政策、环境政策、技术政策等。从我国的实际情况来看，主要表现为各级政府和部门发布的规范性文件，如公告、意见、通知等。这类文件数量多，涉及面广，直接关系到社会秩序、资源配置和公共利益，但现行法规对规范性文件的含义、制定主体、制定程序、权限以及审查机制等尚无全面、统一的规定，因而这类文件在实施过程中最有可能出现重大资源环境问题。例如，进入21世纪以来，为拉动内需，我国曾出台了众多鼓励购买汽车和房地产的政策。其结果是，汽车保有量的迅猛增加直接导致了许多大城市的交通拥堵和复合型大气污染；房地产市场过热引发的投机则造成大量房屋空置和钢铁、水泥等关联产业产能过剩，最终都导致了严重的资源浪费、生态破坏和环境污染。根据我国的实际情况，应重点加强针对直接涉及开发活动的政策的环境风险评估，如产业政策、投资政策、土地政策、财税政策等（见表3）。

表3 需要优先开展环境风险评估的政策类别

政策类别	作用	编制情况	开展环境风险评估的原因
产业政策	是各级政府部门进行项目审批、核准的重要依据	一般由国家发改委制定并发布，数量较多	该类政策往往直接对具体建设项目的规模、工艺、布局等提出鼓励性和限制性规定，对产业发展具有重要影响，一旦失误，会导致系统性资源环境问题
投资政策	是关于投资领域、投资方式、投资管理程序等的规定，也是政府部门安排财政投资的依据	由国家发改委、商务部等投资主管部门制定，数量不多	由于涉及鼓励性和限制性的投资领域、产业布局导向、相关主管部门的责权划定等，一旦出现导向失误和管理混乱，会造成资源低效配置和严重的环境问题
土地政策	是土地资源开发、利用、治理、保护和管理方面的行动准则	一般由各级政府和国土资源管理部门制定	对不同开发、建设活动用地审批的松紧程度不同，会直接影响土地利用方式，进而影响资源配置和生态环境
财税政策	是市场微观主体决定其生产和消费行为的重要依据	一般由财政部门制定	通过财政补贴、税收和政府直接投资等手段影响资源配置，进而对生态环境产生深刻影响

四、重大决策环境风险评估的实施建议

决策环境风险评估是防范决策失误产生重大资源环境问题的决策辅助制度，是战略环评的有机组成部分，也可看做是政策评估中的专题评估。当前，贯彻落实科学发展观，建设资源节约型、环境友好型社会已经成为全国上下、社会各界的共同追求，环境保护工作也迎来了难得的发展机遇。鉴于政府决策模式的转变是一个长期过程，将重大决策作为法定环评对象仍然面临较大阻力，而规范的政策评估机制短期内又难以建立。因此，开展针对重大决策的环境风险评估就不失为当前推动决策科学化、民主化的可行方式。

（一）决策环境风险评估的组织形式

根据《国务院办公厅关于印发环境保护部主要职责内设机构和人员编制规定的通知》（国办发[2008]73号），“加强环境政策、规划和重大问题的统筹协调职责。承担从源头上预防、控制环境污染和环境破坏的责任。受国务院委托对重大经济和技术政策、发展规划以及重大经济开发计划进行环境影响评价”是国务院赋予环境保护部的一项重要职责。为此，环境保护部应主动承担起组织、领导开展此项工作的责任。具体包括确定主管部门、制定相关规定、设立科研与财政专项予以支持等。

（二）决策环境风险评估的重点

考虑大部分的决策为问题导向，从制定到发布时间较紧。与此相适应，环境风险评估应抓住主要问题，并体现出快速化和专业化的特点。为此，决策环境风险评估首先应追求有限目标，具体而言，应重点聚焦决策所涉及的区域和产业发展定位、规模、布局、结构等方面的重大问题和关键问题；其次，在评价内容上，应重点关注决策实施的长远影响、累积影响、人体健康影响、对生态安全的影响，以及与国家主要战略意图的协调性；最后，考虑到涉及的问题较为复杂，应加强专家咨询和公众参与，多采用定性和定量相结合的方法。

（三）决策环境风险评估的开展方式

鉴于决策环境风险评估在我国属于新生事物，是政策环评纳入法律要求之前的过渡形式，决策环境风险评估应采取循序渐进的推进方式，并尽量利用目前的环境影响评价资源。具体而言，首先，根据目前国家和地方实施的重大战略和决策，环境保护部门可主动立项，开展决策环境风险评估，向决策部门提出建议。其次，从培育政策环评队伍的角度出发，战略环评的承担单位可适当向国内的环评队伍倾斜，特别是成功开展过规划环评的单位。

（2012年2月）

三、政策研究

基于不同环境管理类型区的火电行业准入政策研究*

陈　帆　耿海清　安祥华　周大杰　刘　磊

摘　要：对节能减排的重点行业火电行业进行分区域管理的政策研究，是环保系统落实国家按照主体功能区规划对国土进行开发与保护重大战略举措的一次重要探索。在研究水资源量、二氧化硫承载力及生态功能区划的基础上，提出了将国土空间划分为八大火电行业环境管理类型区的构想，并结合不同类型区现有火电发展现状和趋势，从机组技术水平、节水要求、污染物总量控制及清洁生产水平等方面，提出了不同类型区火电行业环境准入政策建议。

主题词：火电　环境管理　类型区　准入政策

为进一步深化“两高一资”行业的环境管理，完成污染物总量减排任务，促进火电行业的可持续发展，探索分区域环境准入模式，在研究制约火电行业发展的主要资源环境承载能力的基础上，将国土空间划分为 8 个环境管理类型区，将其作为制定不同环境准入政策的管理单元，并结合不同类型区现有火电发展现状和趋势，提出了不同类型区火电行业环境准入政策建议，以促进节能减排，优化产业布局，提升产业结构层次，推进技术进步，实现火电行业的可持续发展。

一、我国火电行业发展现状及主要资源环境问题

我国火电企业主要分布于经济发展水平较高的东部沿海和煤炭资源富集的地区。截至 2005 年年底，全国发电装机容量 51 718 万 kW，其中火电装机容量为 38 413 万 kW，占 75.3%。根据《能源发展“十一五”规划》，今后我国将重点在七大煤炭基地内建设坑口燃煤电站，在东部电力负荷中心建设港口、路口电站。预计“十一五”期间，我国将新增火电装机容量 1.4 亿 kW。

目前，我国火电厂生产技术装备水平与国际先进水平差距较大，截至 2005 年年底，全国平均单机容量不到 70 MW；供电煤耗平均为 370 g/（kW·h），比国际先进水平高约 30%；平均发电水耗为 3.1 kg/（kW·h），比国际先进水平高 94%。

技术水平低，高物耗，加上治理措施跟不上，使我国的火电行业一直是污染物

* 报告中主要数据来源于《2006 中国电力年鉴》《电力工业中长期发展规划（2004—2020 年）》。

排放大户。截至2006年年底，全国建成并投运的脱硫机组装机容量为1.04亿kW，仅占全国火电装机容量的21%。2006年火电行业二氧化硫排放量为1 375.1万t，占全国排放总量的53%。同时，火电行业还排放大量的氮氧化物和二氧化碳。据统计，以燃煤为主导致的酸雨对健康造成的危害、建筑物腐蚀和生态破坏，每年给我国带来的经济损失超过 1 100 亿元。随着我国火电行业的发展，如不进行有效控制，这种损失还将持续扩大。

二、不同环境管理类型区的火电行业准入政策建议

在深入分析研究制约我国火电行业发展的水资源量、二氧化硫容量以及各类生态功能区、国家级自然保护区、世界文化自然遗产等布局的基础上，将国土空间初步划分为东北、陕甘宁蒙、西北、华北、青藏、西南、中南、海南8个环境管理类型区。综合考虑各区域火电发展现状、趋势和国家战略需求的情况下，提出各类型区火电行业环境准入政策建议。

（一）东北类型区

该区域主要包括黑龙江、吉林、辽宁及内蒙古东部。涵盖了目前初步划定的沈阳、大连等国家级优化开发区以及大小兴安岭森林生态功能区、内蒙古呼伦贝尔草原沙漠化防治区等国家级限制开发区。区内水资源相对丰富，人均水资源量基本与全国平均水平持平；除沈阳、大连等地区二氧化硫环境容量较小以外，其余地区尚有较大容量。

为保证振兴东北老工业基地战略的顺利实施，可在煤炭及水资源相对丰富，且二氧化硫容量较大的黑龙江等地适度发展燃煤机组；考虑到蒙东地区大部分已被国家划为限制开发区域，原则上不再发展火电；区内的国家级优化开发区沈阳、大连等地也不再扩大火电规模。

区域环境准入政策如下：

（1）新建、扩建、改建发电机组应采用单机容量60万kW及以上的超临界、超超临界机组；热电联产机组单机容量应达到30万kW及以上；鼓励可再生能源开发利用及清洁煤发电机组建设。

（2）鼓励发展空冷技术。新建火电厂应利用城市污水处理厂的中水或其他废水，严禁取用地下水。

（3）新建、扩建、改建项目应确保脱硫效率在90%以上，二氧化硫总量指标应从电力行业现有的总量指标中取得。国家级优化开发区内的现有及改建机组应逐步采取脱硝效率在80%以上的脱硝措施，并逐步将氮氧化物列为总量控制指标。

（4）新建、扩建、改建机组的清洁生产指标应达到国内先进水平。

（二）陕甘宁蒙类型区

该区域主要包括陕西、宁夏、甘肃中南部及内蒙古中西部。涵盖了目前初步划定的关中平原国家级重点开发区以及毛乌素沙漠化防治区等国家级限制开发区。该区域大多地处我国半干旱地区，水资源相对短缺，人均水资源量仅为全国平均水平的一半，尤其宁夏，人均水资源量不及全国平均水平的7%。除陕宁蒙交界区、陕西中部及甘肃中部等区域二氧化硫已无环境容量外，其他大部分地区二氧化硫尚有一定容量。

总体而言，水资源短缺使该区域不适合大规模发展火电。在国家规划的宁东等大型煤电基地内可适度发展高参数、大容量、清洁生产水平高的坑口电站，但应大幅度削减所在区域的二氧化硫排放量，严格控制水资源消耗量。国家级重点开发区关中平原地区不再扩大火电规模。

区域环境准入政策如下：

（1）新建、扩建、改建发电机组应采用单机容量60万kW及以上的超临界、超超临界机组；热电联产机组单机容量应达到30万kW及以上；鼓励可再生能源开发利用及清洁煤发电机组建设。

（2）严禁取用地下水。新建机组应采用空冷技术，并利用城市污水处理厂的中水或其他废水，煤电基地内的火电厂应利用矿井疏干水。改建、扩建电厂应对现有机组进行节水改造，做到发电增容不增水。

（3）鼓励采取脱硝措施。新建、扩建、改建机组的清洁生产指标总体应达到国际先进水平。

（三）华北类型区

该区域主要包括北京、天津、河北、山西、山东、河南、安徽、江苏北部地区，涵盖了目前初步划定的国家级优化开发区环渤海地区及国家级重点开发区中原地区。区内水资源极为短缺，人均水资源量仅为全国平均水平的1/5；二氧化硫排放强度较高，山西大部分地区二氧化硫超载严重，其他地区二氧化硫部分超载，区内已基本无容量。

水资源短缺、基本无二氧化硫容量是制约该区域大规模发展火电的重要因素。区域内的京津冀鲁经济发展所需电力可从外部调入，火电发展应以“上大压小”的港口电厂为主，北京地区严禁发展纯发电燃煤机组。在国家规划的大型煤电基地内可适度发展高参数、大容量、清洁生产水平高的坑口电站，但应大幅度削减所在区域内的二氧化硫排放量及水资源消耗量。国家级重点开发区中原地区不再扩大火电规模。

区域环境准入政策如下：

（1）新建、扩建、改建发电机组应采用单机容量100万kW及以上的超超临界机组；新建供热机组原则上应实现热、电、冷多联供，单机容量应达到30万kW及以上；鼓励可再生能源开发利用及清洁煤发电机组建设。

（2）严禁取用地下水。除沿海地区外，新建火电厂应利用城市污水处理厂的中水或其他废水，新建坑口电站应利用矿井疏干水。改建、扩建电厂应对现有机组进行节水改造，做到发电增容不增水。沿海地区应采用海水淡化技术，其他地区鼓励采用空冷技术。

（3）未加装脱硫设施的现役机组应于2010年以前完成脱硫改造。逐步采取脱硝措施，近期脱硝效率可在50%以上，远期逐步达到80%以上。国家级优化开发区内的现有及改建机组应逐步采取脱硝效率在80%以上的脱硝措施，并逐步将氮氧化物列为总量控制指标。

（4）新建、扩建、改建机组的清洁生产指标应达到国际先进水平。

（四）中南类型区

该区域包括广东、广西、湖南、湖北、江西、浙江、上海、福建、重庆、贵州全省及江苏沿江地区和云南、四川东部等地区，涵盖了目前初步划定的国家级优化开发区长三角、珠三角地区和成渝、北部湾及长江中游等重点开发区。区内大部分地区水资源丰富，但二氧化硫排放强度很高。贵州、重庆、广西、四川和云南东部等地二氧化硫极度超载，长三角和珠三角超载也较严重，其他地区二氧化硫均有部分超载。总体而言，该区域二氧化硫已无容量。

二氧化硫超载是该区域火电发展的主要制约因素。西部应以发展水电为主，其他地区可适度发展高参数、大容量、清洁生产水平高的沿海电站、坑口电站，并以新建机组容量超量替代区内小火电机组的容量，长三角和珠三角国家级优化开发区内不再扩大火电规模。区域环境准入政策如下：

（1）新建、扩建、改建发电机组应采用单机容量60万kW及以上的超临界、超超临界机组；东部沿海地区应采用单机容量100万kW及以上的超超临界机组；新建供热机组原则上应实现热、电、冷多联供，单机容量应达到30万kW及以上。鼓励可再生能源开发利用及清洁煤发电机组建设。

（2）东部未加装脱硫设施的现役机组应于2010年以前完成脱硫改造。逐步采取脱硝措施，近期脱硝效率可在50%以上，远期逐步达到80%以上。国家级优化开发区内的现有及改建机组应逐步采取脱硝效率在80%以上的脱硝措施，并逐步将氮氧化物列为总量控制指标。

（3）沿海地区鼓励采用海水淡化技术，长三角地区应采用循环冷却技术。

（4）新建、改建、扩建机组的清洁生产指标西部地区应达到国内先进水平，东部地区应达到国际先进水平。

（五）西北类型区

该区域主要包括新疆及甘肃北部地区。涵盖了新疆塔里木河荒漠生态功能区、新疆阿尔泰山地森林生态功能区、新疆阿尔金草原荒漠生态功能区等目前初步划定的国家级限制开发区以及一些禁止开发区域。该区是我国典型的干旱区，水资源分布极不均匀，总体而言，水资源严重短缺。二氧化硫排放强度较低，容量较大。为发挥地区煤炭资源及环境容量的优势，并满足区域用电的需求，可在水资源相对丰富的地区适度发展热电联产机组，并确保大气污染物达标排放，清洁生产指标应达到国内平均水平以上。鼓励可再生能源开发利用机组建设。

（六）青藏类型区

该区域主要包括青海、西藏北部地区，大多为目前初步划定的国家级限制和禁止开发区域。区内水资源丰富，二氧化硫排放强度低，环境容量大，但生态环境极为脆弱，作为全国的“水塔”，在未来国家发展战略中以保护生态环境为主，不宜发展火电，鼓励可再生能源开发利用机组建设。青海地区的火电建设应以热电联产机组为主，并确保大气污染物达标排放。

（七）西南类型区

该区域包括西藏南部、四川和云南东部，经济发展落后，约一半土地为目前初步划定的国家级限制和禁止开发区域。区内地处长江、澜沧江、怒江等大江大河上游，是河流水环境保护的天然屏障，水资源和生物多样性极其丰富，但生态环境脆弱，煤炭资源贫乏，基本无火电机组。区内现有水电完全可满足经济社会发展的需要，因此，该区域不应发展火电，鼓励可再生能源开发利用机组建设。

（八）海南类型区

该区域水资源丰富，二氧化硫有较大的环境容量。区内优良的环境条件及景观资源，使其具有发展第三产业的优势，对电力的需求有限，火电发展应以网内自给自足为原则，鼓励可再生能源开发利用机组建设。

（2007年11月）

我国造纸工业发展现状及环境政策研究

钟树明　周学双

摘　要：2007 年上半年，全国 COD 排放总量与 2006 年同期相比增长 0.24%，其中造纸工业 COD 排放量约占全国工业 COD 排放量的 30%，减排形势严峻。在我国造纸产业蓬勃发展的同时，也面临资源约束和环境压力的问题，主要体现在规模不合理、效益低、分布缺少规划、纤维原料结构不合理、生产工艺落后、碱回收率低和污染物排放标准过宽等方面。针对以上问题，提出了造纸工业可持续发展对策及建议，包括推进造纸产业发展规划环评、优化原料结构、促进林纸一体化工程建设、修订排放标准、禁止纸浆出口、提高环保准入门槛、“上大压小”和加强环保监督等。

主题词：造纸工业　发展现状　存在问题　环境政策　研究

造纸工业是国民经济重要基础原材料产业之一，2006 年我国纸及纸板的生产及消费量均居世界第 2 位，仅次于美国，已成为世界造纸工业生产、消费和贸易大国。据核算，我国造纸产量正以每年 10%以上的速度剧增，到 2012 年预计将达到 1 亿 t 以上。随着世界经济发展和纸产品消费需求增长，今后全球纸业发展将面临资源约束、环境压力等问题，我国所面临的这些问题尤显突出。

一、我国制浆造纸工业发展现状

1．世界造纸工业发展现状

2005 年世界纸及纸板产量约 3.67 亿 t，产量居世界前 5 位的是美国、中国、日本、德国和加拿大。纸浆产量约 1.89 亿 t，产量居前 5 位的是美国、加拿大、中国、瑞典和芬兰。纸和纸板消费量约 3.66 亿 t，人均消费量 56.3 kg，北美最高为 293.0 kg，亚洲和非洲最低，分别为 35.3 kg 和 6.8 kg，我国为 45.0 kg。预计到 2010 年世界纸及纸板需求量将由 2005 年的 3.66 亿 t 增加到 4.15 亿～4.25 亿 t，纸浆需求量将由 2005 年的 1.89 亿 t 增加到 2.08 亿～2.13 亿 t。

2．我国造纸工业发展现状*

根据中国造纸工业协会编制的中国造纸工业 2006 年度报告及国家发改委 2007

* 数据来源于国家发改委 2007 年第 71 号公告的附件 2 及中国造纸工业协会编制的中国造纸工业 2006 年度报告。

年第 71 号公告的附件，2005 年我国纸及纸板生产企业约有 3 600 家，占世界造纸工业总企业数的 40%以上。纸及纸板生产量为 5 600 万 t，仅占世界总生产量的 15%；消费量 5 930 万 t，占世界总消费量的 16%。生产及消费量与 2000 年相比分别增长 83.6%、65.9%，人均消费量从 2000 年的 27.8 kg 增长到 45 kg，但与世界人均消费量 56.3 kg 相比仍有较大的差距，仅为北美人均消费量的 19%。2005 年纸浆生产量 4 446 万 t（木浆、非木浆和废纸浆比例为 8%、28%和 63%）、消费量 5 200 万 t（木浆、非木浆和废纸浆比例为 22%、24%和 54%），与 2000 年相比分别增长 111.7%、111.8%。与 2000 年消费结构相比，木浆由 8.1%提高到 22%，非木浆由 45.4%下降到 24%，废纸浆由 46.4%提高到 54%。非木浆中，禾草浆、苇（芒秆）及蔗渣浆消费量均比上年有所增加，但所占纸浆消费总量的比例总体呈降低趋势。

预计到 2010 年纸及纸板的消费量将由 2005 年的 5 930 万 t 增长到 8 500 万 t，国内自给率保持在 90%左右，人均消费量由 2005 年的 45 kg 增至 62 kg。

3．我国环境污染及治理现状

“十五”期间环保部门加强环境监督和管理，关停了 1 500 多家落后的制浆造纸企业，在产量增长高达 83.5%的情况下，造纸工业废水排放量由 2000 年的 35.3 亿 t 略增至 2005 年的 36.7 亿 t，COD 排放量由 287.7 万 t 降至 159.7 万 t。吨产品综合能耗由 1.55 t 标煤降至 1.38 t 标煤，综合取水量由 139 t 降至 103 t。但是 2005 年造纸工业废水排放量仍占全国工业废水总排放量的 17%，COD 排放量占全国工业 COD 总排放量的 32.4%，造纸工业已成为全国化学需氧量减排的重点行业。

二、我国制浆造纸工业存在的主要问题及原因剖析

1．规模不合理，规模效益差

2005 年世界木浆厂（不含中国）数量为 900～1 000 家，平均产能规模为 20 万 t/a，造纸工业发达国家平均产能在 30 万 t/a 以上。世界造纸（不含中国）企业数量约 4 500 家，平均产能规模为 8 万 t/a，发达国家平均产能在 20 万 t/a 以上。我国拥有木浆企业 50 余家，平均产能规模仅 10 万 t/a，达世界平均产能规模（20 万 t/a）的企业只有 4 家，远落后于发达国家水平（30 万 t/a），在亚洲也不如印度尼西亚、日本、中国台湾、韩国和泰国等国家和地区；造纸企业约 3 600 家，占世界总数的 40%以上，但平均产能规模仅 1.9 万 t/a，远落后于发达国家水平（20 万 t/a），达到世界平均产能规模（8 万 t/a）的企业只有 80 余家，与世界前 10 位造纸企业相比，我国前十位的造纸企业产量总计仅为其 1/10。据核算，万吨左右的小造纸合理税收约在 250 万元（不含偷漏税等），而 20 万 t 以上大型造纸企业的税收等于 20 个以上的小型造纸企业税收之和，而在我国 250 万造纸从业人员中，大型造纸企业仅占 20%左右。

2006 年全国造纸产业占全国 GDP 总量的 2%左右，但 COD 排放量却占到全国总量的 33%。按照我国大型、中型、小型企业划分标准，在 3 388 家规模以上造纸

企业中，大中型造纸企业 396 家，企业个数、利税总额和就业人数分别占 12%、68% 和 30%；小型企业 2 992 家，企业个数、利税和就业人数分别占 88%、32%和 70%。前 20 位企业的产量、利税总额占规模以上企业上述指标的比重分别为 29%、42%，但 COD 排放量仅占造纸工业 COD 排放量的 8%左右。

2．造纸企业分布不合理，局部地区污染严重

我国造纸工业多分布在沿海地区，东部、西部和中部的产量比例分别为 73.9%、5.3%和 20.8%，并呈现逐步集中的趋势。非木浆主要分布在河南、山东和河北等省份，水体受草浆制浆废水污染严重，如黄河、淮河、辽河及海河等，其中淮河曾经受沿线草浆造纸企业废水严重污染。木浆和废纸浆企业，主要分布在东部沿海地区，而该地区经济较发达，水体受污染程度较重，多数水体已没有环境容量。造纸工业作为水体 COD 主要污染源之一，其布局不尽合理。

3．制浆纤维原料结构不合理，林木资源短缺

国际造纸工业纸浆消费总量中木浆比例平均为 63%，发达国家木浆比例在 70%以上，我国木浆比例仅为 24%，而且 60%以上依赖进口。随着造纸原料结构调整，木浆将逐步成为我国造纸的主要原料，但却面临林木资源严重短缺的问题，预计到 2010 年造纸工业木材需求将达到 3 600 万 m^3 以上，缺口将达 1 000 万 m^3 以上。

多年来，我国废纸回收率始终处在 30%左右的低水平，而世界平均回收率达 47.7%，一些国家和地区可达 70%以上。世界废纸出口总量约 3 990 万 t/a、净出口量约 2 796 万 t/a（其中 60%以上供应给我国）。国内废纸回收率低除了与进出口产品包装有关外，主要原因是废纸回收行业缺乏标准，目前还停留在民间自发的小规模低水平阶段。

从环境上分析，非木浆是污染最严重的一类浆，吨浆 COD 产生量是废纸浆的 7 倍以上、木浆的 2.5 倍以上。全球造纸工业非木浆消费量仅占总量的 3%～4%，而且主要是在一些木材资源短缺的国家使用。我国非木浆比例过高，存在以下主要问题：① 污染严重，非木浆产量仅占总浆量 22%的情况下，COD 排放量却占整个造纸工业排放量的 60%以上；② 非木浆生产线规模偏小，平均产能规模为 2 万 t/a 左右，低于行业对非木浆年产 3.4 万 t 以上标准的要求。

4．生产工艺和治污水平落后，与世界先进水平差距较大

目前我国造纸企业主要装备大部分是 20 世纪 70 年代以前的水平，小部分为 80 年代水平，少数达到 90 年代水平，生产和技术装备水平与国际先进水平差距较大，主要体现在以下几个方面：① 大部分的中小型浆厂仍采用间歇蒸煮工艺，采用连续蒸煮工艺的仅占 18%，而世界上 70%以上的制浆厂采用连续蒸煮工艺；② 我国 90%以上浆厂仍采用传统的元素氯漂白工艺，而发达国家 90%以上浆厂采用无元素氯漂白工艺；③ 洗涤工艺普遍采用双圆网浓缩机等传统工艺，而发达国家均采用多效真空或压力逆流洗涤系统；④ 浆料筛选浓缩工艺采用传统工艺，而发达国家均采用封闭筛选工艺。

造纸工业废水治理技术已较成熟，近年来国外在漂白废水和废纸制浆造纸废水回用方面有一些进展，但仍是采用传统的方法，我国除近年来建设的规模木浆企业基本可达到国际先进水平外，企业规模普遍偏小，污染治理水平落后，部分地区甚至还在讨论废纸造纸企业应该采用一级处理还是二级处理废水的问题。

5．资源消耗较高，清洁生产水平低

我国造纸工业资源消耗和清洁产生水平与发达国家相比有较大差距，主要体现在以下几个方面：① 吨浆纸取水量平均为 103 t，发达国家为 35～50 t；② 吨浆纸综合能耗平均为 1.38 t 标煤，发达国家为 0.85～1.2 t 标煤；③ 木浆碱回收率为 50%，非木浆仅 30%，发达国家碱回收率在 90%以上；④ 化学木浆吨浆 COD 产生量为 60～180 kg，发达国家为 45～50 kg；⑤ 废纸浆吨浆 COD 产生量为 20～80 kg，发达国家为 2～10 kg；⑥ 草浆吨浆 COD 产生量为 128～190 kg，若无碱回收装置，COD 产生量将高达 1 475 kg。

6．碱回收率低，综合利用水平低

全国共有 130 个制浆厂建有碱回收设施，其中仅有 89 个正常运行。木浆企业中共有 24 家配套建有碱回收装置，实际产量约 150 万 t/a，仍有 50%无碱回收装置；非木浆企业中共有 65 家配套建有碱回收装置，其中蔗渣浆、麦草浆和苇浆分别为 5 家、21 家和 6 家，碱回收率只有 30%，仍有约 70%非木浆无碱回收装置。

以蔗渣浆为例，近年来产量在 50 万～60 万 t/a，最大制浆规模为 4 万～5 万 t/a，平均规模仅为 1 万 t/a，世界上蔗渣制浆造纸厂的最大制浆规模已超过 10 万 t/a。目前，我国只有 6 家蔗渣制浆造纸厂建有碱回收装置（其中 1 套停运），实际产浆约 9 万 t/a，约占全国蔗渣浆的 15%。

7．造纸工业现行污染物排放标准过宽

欧盟规定漂白硫酸盐木浆吨浆排水、COD 和 AOX（可吸附有机卤代烃）排放限值分别为 30～50 m^3、8～23 kg 和 0.25 kg；我国分别为 220 m^3、88 kg 和 2.64 kg，排放标准过宽。发达国家大多制定了严格的 AOX 控制工艺，并不断尝试通过改进工艺和生产技术以将其彻底消除。我国目前 AOX 指标只作为参考指标。美国 EPA 对浆厂废水监测结果表明，60%制浆废水中含有二噁英成分，我国目前尚未关注此类问题。

三、造纸工业可持续发展的对策及建议

1．加大关闭力度，大幅度淘汰污染严重的制浆造纸企业

根据制浆造纸行业的治污投资及运行成本估算，制浆生产企业产能在 5 万 t/a 以上才有能力进行污染治理和配套碱回收装置。建议应将制浆企业淘汰产能规模提高至 5 万 t/a（发改运行[2007]2775 号文规定淘汰规模为 3.4 万 t/a 草浆生产装置、1.7

万 t/a 化学木浆生产线和 1 万 t/a 废纸企业）；废纸造纸企业的淘汰规模根据其产品进行核定，产能要求 3 万 t，新闻纸淘汰幅宽 3 200 mm 以下的纸机，文化用纸和包装用纸淘汰幅宽 1 760 mm 以下的纸机。

现有草浆和废纸企业进行整合，除淘汰不符合产业政策的落后的 650 万 t 草浆等非木浆造纸外，还要限期淘汰规模不符合上述要求和污染物排放不达标的企业，包括单一厂址制浆产能在 5 万 t/a 以下且无碱回收装置的制浆企业、在饮用水水源上游等水环境敏感区域且采用元素氯或次氯酸钠漂白工艺的制浆企业、在已无环境容量区域的制浆企业。

2．合理布局，积极推进造纸产业发展战略规划环评

根据我国造纸纤维资源、水资源、水环境容量及地区消费水平，结合全国主体功能区划，开展造纸工业战略环评，要根据整个造纸业的发展及环境容量的限度、生态承载力等合理布局，并就其发展规划及布局提出战略性建议；要开展造纸、林业、水源涵养的生态关系研究，并根据研究成果，对以纤维资源为原料的省份，加大造纸纤维资源整合力度，以资源规模确定木浆、草浆和废纸造纸发展规划。原则上以阔叶木、针叶木为原料的化学浆企业产能起始规模为 60 万 t、30 万 t；化机浆和非木浆起始规模为 10 万 t；废纸中瓦楞纸及箱纸板起始规模为 10 万 t，白纸板等其他纸种起始规模为 5 万 t。在资源合理利用、科学采伐、保护生态环境的前提下可对起始规模做适当调整。

东南沿海、长江三角洲及珠江三角洲地区鼓励建设以进口木片或木浆为原料的项目；东北地区鼓励利用俄罗斯木材资源建设规模木浆企业；西北地区严格控制扩大产能；在城市规划区、水资源缺乏区和水体无环境容量区等环境敏感区域，不再布设耗水量大的制浆企业。

3．优化原料结构，加强废纸回收，合理布局非木浆企业

总体要求是提高木浆比重、控制草浆规模和保持废纸比重。鼓励发展林纸一体化项目建设，以国内木材资源为主的林纸一体化项目必须先落实林基地，根据林基地规模确定制浆规模；以国外木材资源为主的制浆造纸企业不得利用国内木材资源。

原则上不再新建化学草浆生产企业，整合现有企业，建设大型草浆项目，提高清洁生产和治污水平。政府加强引导，加快建立国内废纸回收系统和废纸回收标准，加大国内废纸回收力度，提高废纸回收率和利用率，争取到 2010 年废纸回收率达 35%左右，利用率达 40%左右，保持废纸浆的比例。

4．强制推行清洁生产审核，修订造纸行业污染物排放标准

强制推行清洁生产审核，现有企业必须达到二级水平，促使其进行技术改造，如将间歇蒸煮改进为连续蒸煮工艺、元素氯漂白改为无元素氯漂白工艺等，到 2010 年要求全部制浆企业配套碱回收装置。尽快修订新的污染物排放标准，建议增加化机浆污染物排放限值，AOX 列为强制性指标，并要求淘汰元素氯和次氯酸钠等漂白工艺，将二噁英指标作为参考指标，适用于采用含氯漂白工艺的制浆企业。

5. 国内造纸工业规模应立足于满足国内需求

禁止纸浆出口，限制纸及纸板出口，取消浆纸加工贸易，取消所有出口优惠政策，并对出口的纸及纸板适当征收环境税，防止我国成为世界制浆造纸工厂，对进口木片和木浆的造纸企业在政策上给予一定的导向。同时，严格控制纸制品的出口，提高出口关税，控制造纸产量大幅度提升。

6. 提高环保准入门槛，实现规模效益

新建、改扩建项目清洁生产水平必须达一级水平，采用无元素氯漂白工艺，配套建设碱回收装置。造纸林基地建设要注重生态保护，保护生物多样性，严禁毁林造林，防止水土流失。

7. 改进环境管理机制，加强环境保护监督管理

修订环发[2004]164号文，建议将产能10万t/a及以上的废纸浆项目上报国家环保总局；其他纸浆项目需上报各省环保局审批，并报国家环保总局备案。加强环境保护监督管理，强制上污染治理设施，并重罚直排企业，营造造纸工业公平竞争环境。加强与银行、税务等部门合作，将企业环境信用作为考核指标。适当奖励守法企业，对连续三年污染排放及清洁生产水平符合国家要求的企业，在综合考核的基础上授予国家环境友好企业或准予使用绿色环保标志，并纳入政府优先采购产品目录。

（2007年11月）

我国钛白粉工业发展现状与环境政策研究

周学双　蔡春霞

摘　要：2006 年，我国钛白粉表观消费量约为 92.3 万 t，现全国共有 67 家工厂，产量达 86 万 t，仅次于美国，位居世界第二；主要分布在广西、四川、江苏、山东四省境内。预计 2010 年之前，我国钛白粉工业的产能将达到 230 万 t/a 左右，高居全球第一。目前，由于各地盲目无序扩张，该产业基本处于失控状态，如此高速的增长，将创最高历史纪录，低水平恶性竞争的后果将不堪设想。攀西地区钒钛磁铁矿是多金属共（伴）生的世界特大型矿床，占全国钛资源 90.5%，因品位较低、钙镁含量高、细颗粒选矿困难等，以钢铁为主业的现有生产系统钛资源利用率仅为 14.5%，每年流失大量钴、镍、钪、镓，资源流失极其严重。我国除一家企业采用目前世界上先进的氯化法生产钛白粉外，我国的钛白粉企业均采用工艺复杂且流程长的硫酸法工艺，普遍存在生产工艺落后、资源利用率低、消耗高、环境污染严重等诸多问题。建议提高钛白粉行业准入门槛，制定环保准入条件，国家大力支持技术研发，完善具有自主知识产权的高新技术，从根本上改变行业环境污染状况。

主题词：钛白粉现状　存在问题　对策建议

根据 2006 年的不完全统计，世界钛白粉市场销售量近 500 万 t，我国钛白粉表观消费量为 92.3 万 t，行业内共有约 67 家工厂，综合产能为 114 万 t/a，实际总产量 86 万 t 左右，是仅次于美国的世界钛白粉第二生产大国；主要分布在广西、四川、江苏、山东四省境内（占企业总数的 48%、产能的 56%），四川、江苏、山东三省在建项目共计 16 个，增加产能近 80 万 t，预计 2010 年上述四省的综合产能将达 143 万 t。

我国钛白粉工业始于 20 世纪 50 年代，1958 年天津化工研究院开发研究硫酸法钛白粉生产工艺，1971 年开始研究氯化法钛白粉生产工艺。钛白粉工业主要应用于涂料、塑料橡胶、化纤和造纸等领域。近 60%用于涂料、20%用于塑料、10%用于造纸、3%用于印刷油墨、7%用于其他（包括橡胶、化妆品、医药、搪瓷和化纤等）。

目前，我国钛白粉工业存在生产工艺落后、资源利用率低、消耗高、环境污染严重等诸多问题，各地盲目无序扩张，基本处于失控状态，如不进行调控，必将造成恶性竞争、牺牲环境的严重后果。

一、我国钛白粉工业现状与存在的主要问题

（一）企业规模小、产业集中度低

世界钛白粉工业呈高产业集中现象。全球产能排名前 5 家企业的合计规模占世界钛白粉产能的 70%。其中，美国杜邦公司产能为 110 万 t/a，占 22%，利安德产能为 72 万 t/a 占 14%。在地区结构上，主要集中在北美与西欧，两地区产能合计占全球总产能的 70%，亚太地区占 20%。

与全球钛白粉的产业格局完全不同，中国钛白粉呈现明显的低产业集中度特征。2006 年，我国钛白粉企业约 67 家，预计 2008 年将发展到 90 家，分布于全国 19 个省市，2006 年产能约 114 万 t/a，仅相当于美国杜邦公司产能；国内最大企业山东东佳集团的产能也仅 10 万 t/a。产量 2 万 t 以上的有 12 家，1 万 t 以上的有 33 家，半数以上的企业产能不足 1 万 t/a，规模普遍太小（2006 年全国钛白粉企业情况见表 1）。

国内钛白粉工业主要分布在广西、四川、江苏、山东四省境内，前两省为原料依赖型，后两省为市场依赖型。广西共有 14 家企业，总产能约 20 万 t/a；四川已投产 5 家钛白粉企业，另有 11 家在建，全部竣工后，产能约 60 万 t/a，居全国第一；山东现有 5 家企业，若杜邦公司的东营生产厂 20 万 t/a 竣工后，产能将达到 50 万 t/a 左右，居全国第二；江苏现有 8 家企业，另有 2 个在建，产能为 20 万 t/a 左右。

（二）生产工艺落后、产品结构不合理、产品档次低

目前，钛白粉工业主要为硫酸法和氯化法两种生产工艺。全球氯化法钛白粉的产量已占总产量的 55%以上，而国内仅攀钢锦州钛业公司 1.5 万 t 为氯化法，其余企业均采用硫酸法，占总产量的 98%以上。2006 年科美基公司关闭在美国的硫酸法生产厂后，美国已经没有硫酸法钛白粉装置。

钛白粉产品主要分为金红石型与锐钛型两种。在耐候性、遮盖力、消色力、吸油量等质量指标方面，金红石型钛白粉明显优于锐钛型钛白粉，因此金红石型被视为高端产品的代表。

迄今为止，我国仅有 12 家企业具有生产金红石型产品的能力，金红石型产品只占钛白粉总产量的 35.3%，而国际上这个比例为 85%～90%，我国的差距仍然很大。因此，国内钛白粉产品主要为以锐钛型钛白粉产量占主导地位中低档的通用性产品，产品结构极不合理，在国际市场中处于竞争劣势。国内所需的高端钛白粉产品仍主要依赖进口，2006 年进口各类钛白粉 25.66 万 t。

除生产工艺落后外，我国硫酸法生产的钛白粉质量赶不上芬兰等国外企业同类产品质量的主要原因是后处理工艺和设备落后；另外，我国钛铁矿采选技术及装备也相对落后，已成为制约钛白粉工业发展的瓶颈。

（三）资源利用率低、浪费严重

钛白粉生产所用原料钛铁矿中约 30%的铁元素和其他稀有金属如钒等资源均未加以利用，不仅造成资源浪费，而且污染环境；在硫酸法钛白粉的生产中，每生产 1 t 钛白粉约消耗 100%硫酸 4 t，这部分硫酸通过污水、固废和废气的途径完全进入环境，严重污染环境。

我国攀西地区钒钛磁铁矿是多金属共（伴）生的世界特大型矿床，因资源复杂、品位较低、钙镁含量高、细颗粒选矿困难等，以钢铁为主业的现有生产系统钛资源利用率仅为 14.5%，每年随着尾矿和高炉渣流失大量钴、镍、钪和镓，资源浪费流失极其严重。

（四）硫酸法钛白粉环境污染严重

目前，除攀钢锦州钛业公司有 1.5 万 t 钛白粉采用氯化法外，我国的钛白粉企业均采用工艺复杂且流程长的硫酸法工艺，该工艺钛资源的转化率比氯化法低，水耗是氯化法的 3～8 倍；生产 1 t 钛白粉产生 3～4 t 硫酸亚铁、废硫酸 8～10 t（20%）、酸性废水 80～200 t、固体废物 4 t 左右以及大量酸性废气，对周边大气环境、水环境和土壤等污染极其严重（硫酸法和氯化法工艺比较见表 3）。

根据估算，如果严格按照环保要求处理“三废”，处理成本高于 2 500 元/t 钛白粉，而现在钛白粉企业锐钛型产品的利润尚不足 2 000 元/t，也就是说大部分企业“三废”处理是不符合要求的，尤其是中小企业。近几年，各级环保部门不断严查包括钛白粉工业在内的所有污染源生产企业，硫酸法钛白粉因“三废”排放量大而受到特别关注，全行业几乎所有企业都被曝光和查处过。

（五）“三废”综合利用存在二次污染隐患

硫酸法钛白粉产生大量的硫酸亚铁和 20%废硫酸，大部分企业将硫酸亚铁综合利用作为饮用水和废水处理的凝聚剂，也用于农业和饲料添加剂，20%废硫酸用于生产化肥；由于钛矿中含有铬、镍、钍、铀等重金属和放射性元素，从机理上分析，废酸、废水和固体废物中都有可能存在上述物质，因此，在未确定硫酸亚铁和 20%废硫酸的危害性之前，目前的利用途径存在污染食物链的可能，应予以高度关注。

（六）钛白粉工业低水平增长过快

近年来，我国钛白粉的产量快速上升，1998 年我国钛白粉总产量仅为 14 万 t，2006 年末钛白粉工业综合生产能力已经达到 114 万 t 左右，不到 10 年时间，增长了 7 倍。

当前，全国还有处于施工、设计或筹划等不同阶段的钛白粉项目至少有 28 个，除其中 14 个是现有生产商的异地重建或扩建和杜邦公司的山东东营项目外，其余 14 个项目则是业外企业新加盟钛白粉产业。这 28 个项目分布于 12 个省、市，涉及的综合生产能力为 128 万 t/a 以上，近 80%的产能为硫酸法，甚至还有部分产能为低档的锐钛型产品。尤其是攀西地区在建项目达 11 个，且位于长江上游的金沙江流域，环境敏感，严重威胁水环境安全。

按照这些项目的计划进度，竣工时间都将在 2010 年之前，届时我国钛白粉工业的总生产能力将远远超过美国的 150 万 t/a，达到 230 万 t/a 左右，高居全球第一。如此高速的增长，将创历史最高纪录，低水平恶性竞争的后果将不堪设想（见表 2）。

二、原因剖析

（一）钛白粉工业准入门槛过低，产业政策宏观导向性差

1988 年，国家规定“禁止建设年产 3 500 t 及以下硫酸法钛白粉项目”，1991 年化工部对钛白粉行业实行生产许可证制度。国家产业政策（2005 年版）对钛白粉产业的宏观导向可综合为：鼓励发展氯化法钛白；限制发展硫酸法钛白（产品质量达到国际标准，废酸、亚铁能够综合利用，并实现达标的除外）。这些产业政策过于宏观，导向性差，基本不具有约束力。实际上，现在基本上没有规模和其他限制条件，生产许可证制度也没有实施。

（二）市场需求旺盛

由于近几年我国房地产工程建设、化纤和造纸制造业等增速较快，锐钛型钛白粉的应用领域如塑料、化纤、造纸和中低档涂料等，增长很快，从而导致硫酸法钛白粉快速增长；但用于高端领域（如汽车、船舶等）钛白粉，仍然需要大量进口。目前，我国还没有任何一个品牌可以稳定达到国际中上等水平。

（三）钛白粉原料生产不符合清洁生产要求

酸溶性高钛渣（$TiO_2$80%左右）是钛铁矿通过电炉熔炼，使矿中的铁氧化物被碳还原，实现铁钛资源分离，钛氧化物被富集在炉渣中所形成的产品。而钛铁矿中的有效成分 TiO_2 一般在 50%左右，其余为铁、钒等物质，目前国内企业几乎都使用钛铁矿；由于有效成分低，必然多消耗水、硫酸等资源和产生大量“三废”，如硫酸亚铁等。生产 1 t 钛白粉使用高钛渣比钛铁矿少消耗 30%的硫酸，避免产生 3～4 t 硫酸亚铁，污染和消耗都会降低，同时还可回收铁资源（见表 4）。

中国是世界上钛矿资源大国，但钛矿原料工业与钛白粉工业的发展不同步，至今还未形成规模化的钛矿加工业；从总体上看，我国矿点分散、规模小、技术进步缓慢、生产装备落后，根本不能适应钛白粉工业的发展需要。

（四）标准体系不适应需要

我国钛白粉产品原 GB 1706—1993 标准的强制性指标规定对行业的发展已具有

明显的负面影响和滞后作用。由于指标过于具体，幅度太窄，限制和约束了企业对一些专用型产品的开发和生产，不利于技术实力较强的大型企业开创具有更强市场竞争力的高新产品和“做大做强”，也不利于与国际上标准接轨和参与全球化市场竞争。新版 GB/T 1706—2006 标准实施后将会有所改善。

由于我国钛白粉工业传统上采用品质低劣的普通钛铁矿做原料，而钛矿中含有铬、镍、钍、铀等重金属和放射性元素，不仅生产过程中排出大量难以处理的“三废”，而且容易造成二次污染。我国亟须制定钛白粉原料标准，规范生产。

（五）环保执法与监管不到位

钛白粉生产属于重污染行业，目前几乎所有钛白粉工程的环评均由地方环保部门批复，现有钛白粉企业未能按要求治理“三废”，却还在不断扩产，全行业处于无序混乱的发展状态；诸如硫酸亚铁和 20%废硫酸等危险废物转移，尚未被纳入环境保护行政主管部门的监管范围。由于各地区环保执法尺度不一，各企业治污成本存在不平衡现象，尤其是一些中小企业为降低产品成本，不承担污染治理责任和义务，造成钛白粉市场竞争的不公平性。

三、对策与建议

基于对钛白粉工业现状存在问题及原因剖析，为促进钛白粉工业的健康发展，从环保角度提出如下对策与建议。

（一）合理规划布局、有序发展

针对钛白粉的行业特点，国家应根据资源分布，结合市场与环境敏感性等因素，进行合理布局与宏观调控，不能任由市场无序发展。按照“强化环保、做大做强、节约资源”的可持续发展原则，制定行业分阶段的发展规划，原则上应不再新布设硫酸法钛白粉企业。

（二）环保洗牌、整合现有企业

对现有钛白粉企业进行环保审计与环境评估，对位于水源地上游、地下水补给区、城区、城市主导上风向、居民区等环境敏感区域的企业实行关停并转；对没有环保设施或环保设施不运转、扰民、不达标的小企业，限期关停；对不符合环保要求的骨干企业，采取挂牌督办限期治理等，加大力度关掉一批没有实力治污和环保信用差的企业。

（三）提高钛白粉行业准入门槛，制定环保准入条件

钛白粉行业环保成本所占比重较大，污染治理成本左右企业的生死，因此必须

从环境保护角度提高准入门槛，控制钛白粉企业的无序发展。

建议：单个钛白粉企业的规模不得低于 5 万 t/a，煅烧窑直径不得小于 3.0 m，原料必须使用有效成分 TiO_2 高于 80%的钛渣，不得新建或扩大锐钛型钛白粉生产规模，削减现有锐钛型钛白粉产能，进一步限制硫酸法钛白粉发展，鼓励使用清洁工艺生产，鼓励资源地区建设钛矿原料加工型企业。除此之外，还建议对硫酸法钛白粉出口征收关税（环境污染税）。

（四）强化环保监督管理、清理整顿在建项目

鉴于钛白粉行业污染重的特点，为控制钛白粉企业的无序发展，建议将钛白粉行业建设项目环评审批权上收至国家环保总局；针对目前钛白粉行业盲目无序的扩张建设，建议全面进行清理整顿，严肃惩处违法违规建设；地方和国家督察中心应对现有钛白粉企业进行重点监控。

（五）制定相关标准、规范“三废”排放与综合利用

由于原料的差异直接关系生产过程中“三废”的产生与利用，与清洁生产水平密切相关。我国钛白粉行业对钛铁矿尚未有统一的标准，一直沿用原冶金工业部的标准，该标准未能表征出金红石、钙、镁、硅、放射性元素及其他有害杂质等因素，存在明显不足，应尽快制定出新的行业标准。除此之外，还应针对钛白粉行业的“三废”特性，制定符合行业监管需要的排放标准，尤其是硫酸亚铁和 20%废硫酸的综合利用途径，必须根据其危害性，限制使用范围，避免污染食物链。

（六）加大科研开发投入，提高资源利用效率

多年来，由于国外氯化法工艺的技术封锁，国内一直没有实质性进展，与科研开发投入不够分不开，要彻底改变硫酸法一统天下的局面，必须加大科研开发投入。

攀西地区钒钛磁铁矿是多金属共（伴）生的世界特大型矿床，占全国钛资源 90.5%，因品位较低、钙镁含量高、细颗粒选矿困难等，以钢铁为主业的现有生产系统钛资源利用率仅为 14.5%，每年含钛 20%的高钛型高炉渣就有 300 多万 t，流失大量钴、镍、钪和镓，资源浪费流失极其严重。

目前，中科院过程所将亚熔盐平台技术拓展至钛行业（该技术已成功应用于铬盐生产），提出了亚熔盐清洁转化—多场耦合强化钛铁分离—多钛酸盐水解—介质再生循环的钛白粉清洁生产原创性新技术。与硫酸法和氯化法等酸法钛白生产工艺比较，可实现铁、铝、镁、钙等深度资源化，钛资源全组分的深度利用和废渣零排放，钛总回收率大于 95%，从生产源头解决硫酸法和氯化法生产钛白粉的重大环境污染难题。建议国家大力支持类似的技术研发，完善具有自主知识产权的高新技术。

表1 2006年全国钛白粉企业名单及产能 单位：万 t/a

地区	序号	企业名称	金红石型	锐钛型	总产能
上海市	1	上海焦化有限公司钛白粉分公司	—	1.2	1.2
	2	上海东钛化工厂	—	0.4	0.4
江苏省	3	江苏太白集团有限公司	4	—	4
	4	南京钛白化工有限责任公司	1.5	1	2.5
	5	常州长江钛白粉厂	—	1	1
	6	无锡锡宝钛业有限公司	—	1.5	1.5
	7	苏州宏丰钛业有限公司	—	1.5	1.5
	8	淮安市飞洋钛白粉制造有限责任公司	—	2	2
	9	镇江泛宇钛白粉厂	—	0.8	0.8
山东省	10	山东东佳集团	7	3.5	10.5
	11	枣庄天元精细化工有限公司	—	0.8	0.8
	12	济南裕兴化工有限公司	2	1	3
	13	无棣海星煤化工有限公司	—	3	3
	14	嘉祥蒂澳钛白粉厂	—	0.5	0.5
浙江省	15	宁波新福钛白粉有限公司	—	—	1
安徽省	16	安徽安纳达钛业股份有限公司	—	3	3
	17	超彩钛白科技（安徽）有限公司	—	1.5	1.5
	18	马鞍山金星化工集团	—	—	0.8
江西省	19	江西添光化工有限公司	—	1.5	1.5
辽宁省	20	攀钢集团锦州钛业股份有限公司	1.5	—	1.5
黑龙江省	21	大庆鑫隆化工有限公司	—	1.5	1.5
河南省	22	河南佰利联化工股份有限公司	4.5	2	6.5
	23	漯河市兴茂钛业有限公司	1.5	1	2.5
	24	安阳市宏达钛白粉有限公司	—	0.4	0.4
	25	栾川太白钛业有限公司	—	0.3	0.3
	26	商丘市沪东钛白粉有限公司	—	0.2	0.2
河北省	27	磁县宏鹏化工实业有限公司	—	0.8	0.8
山西省	28	平定县永安化工厂	—	0.5	0.5
湖南省	29	湖南永利化工股份有限公司	1	2	3
	30	衡阳天友化工有限公司	2	1	3
	31	衡阳永生化工实业有限公司	—	1	1
	32	衡阳和记化工实业有限公司	—	1	1
湖北省	33	武汉方圆钛白粉有限公司	—	0.8	0.8
	34	湖北丽明化工股份有限公司	—	1.2	1.2

地区	序号	企业名称	金红石型	锐钛型	总产能
广东省	35	乐昌市韶乐钛业有限公司	—	0.3	0.3
	36	乐昌市宏宇化工有限公司	—	0.8	0.8
	37	云浮市惠沄钛白粉有限公司	—	1.5	1.5
广西壮族自治区	38	苍梧顺风钛白粉制造有限公司	—	2	2
	39	藤县雅照钛白粉有限公司	—	1	2
	40	藤县金茂钛业有限公司	—	1.5	1.5
	41	藤县藤钛化工有限公司	—	0.5	0.5
	42	藤县富华化工有限公司	—	—	0.8
	43	广西百合化工股份有限公司	—	1	1
	44	广西平桂飞碟公司	—	2	2
	45	广西大华化工厂	2	1.5	3.5
	46	广西兴美祥钛白粉有限公司	—	1.5	1.5
	47	陆川县钛白粉厂	—	0.8	0.8
	48	梧州佳源实业有限公司	—	1.5	1.5
	49	博白县宏宇钛白粉厂	—	0.8	0.8
	50	岑溪县钛白粉厂	—	—	0.6
	51	灵山县钛白粉厂	—	0.6	0.6
云南省	52	云南大互通工贸有限公司	—	3	3
	53	云南玉飞达钛业有限公司	—	0.4	0.4
四川省	54	四川龙蟒集团钛业公司	8	—	8
	55	攀钢集团钛业公司	—	2	2
	56	攀枝花兴中钛业有限公司	—	1.5	1.5
	57	攀枝花鼎星钛业有限公司	—	1	1
	58	攀枝花卓越投资公司	—	1	1
重庆市	59	攀钢集团重庆钛业股份有限公司	4	—	4
	60	重庆新华化工厂	—	1.5	1.5
甘肃省	61	中核华原钛白股份有限公司	5	—	5
	62	酒泉市河西化工厂	—	0.4	0.4
合计			44	66	114.2

注：2006年共有钛白粉企业67家，其中5家小企业或更多企业未统计在此表内。

表2 在建或待建的硫酸法钛白工程项目 单位：万 t/a

地区	序号	项目（工程）名称	产能		备注
			锐钛型	金红石型	
上海市	1	东钛化工厂新厂	2	—	正施工中，2007 年竣工
江苏省	2	南京钛白化工有限公司新厂	2	3	2007 年年底投产
	3	盐城福泰化工有限公司	—	3	2007 年 9 月竣工投产
浙江省	4	宁波新福钛白粉有限公司新生产线	—	6～8	2007 年 7 月投产
山东省	5	杜邦公司新建厂	—	20	2010 年前投产
	6	济南裕兴新建厂	2	3	2007 年年底投产
	7	烟台地区龙口钛白项目	—	6	2008 年年底以前
湖南省	8	岳阳中天石化有限公司	—	3	2008 年 3—4 月投产
湖北省	9	武汉方圆钛白粉有限公司新生产线	—	2	2007 年年底投产
云南省	10	富民龙腾钛业有限公司	1.5	—	2007 年下半年投产
	11	富民县大钛白项目	—	5	2008 年年底以前
	12	楚雄州大钛白项目	—	6	2008—2009 年
四川省	13	龙蟒集团	—	12	2008 年投产
	14	四川金柚钛业有限公司（泸州市纳溪区大渡清溪村）	—	2	2007 年年底投产
	15	西昌瑞康钛业公司（西昌市太和镇）	—	5～6	2008 年上半年投产
	16	西昌新钢业钒钛有限公司	2	—	—
	17	攀枝花大互通钛业有限公司	2	—	2007 年 10 月投产
	18	攀枝花钛海钛业有限公司	—	4	2008 年年底投产
	19	攀枝花钛都钛业有限公司	2	—	2007 年年底投产
	20	攀枝花蜀峰钛业有限公司	—	4	2007 年 2 万 t/a，2008 年 4 万 t/a
	21	攀枝花紫东钛科技有限公司	—	4	2008 年投产
	22	攀枝花述伦集团	2	—	—
	23	攀钢集团钛业公司	—	2	2007 年年底投产
海南省	24	海南泰鑫钛业有限公司	—	5	—
合计			113.5		—

注：以上为不完全统计，最近又有新的报道：云南、辽宁正在建设大型氯化法钛白企业。

表3　硫酸法和氯化法工艺对比

项目	硫酸法	氯化法
原料	钛铁矿（TiO_2质量分数43%）、酸溶钛渣（TiO_2质量分数80%）	氯化钛渣、人造金红石（TiO_2质量分数90%～96%）
产品类型	既可生产锐钛型钛白粉也可生产金红石钛白粉	仅能生产金红石钛白粉
生产技术	生产难度小，设备简单，技术成熟，国内广泛采用	生产技术难度大，关键设备结构复杂，要求耐高温、耐腐蚀材料，国内应用较少，国际上只有少数公司拥有此技术
产品质量	采用先进的工艺控制和完善的包膜技术，缩小了与氯化法产品质量的差异	产品质量好，应用范围广泛
主要污染物	以钛铁矿为原料，每生产1 t钛白粉，将产生3～4 t绿矾和7～8 t废酸。以钛渣为原料，不存在绿矾问题，产生4～6 t废酸。在煅烧阶段，每吨钛白粉有7～8 kg SO_3排出	以金红石为原料，废物排放量很低。以钛熔渣为原料，每生产1 t钛白粉，可产生约1.6 t含氯和盐酸的FeC_3
工厂安全	主要危害来自于热浓硫酸的处理和二氧化钛粉尘	氯气、高温$TiCl_4$气体、TiO_2粉尘
生产方式	间歇式生产	连续式生产，易于实现自动控制
原料消耗量	2.5 t钛矿石（含$TiO_2$50%，质量含量）/ t产品	1.8 t钛矿石（含$TiO_2$60%，质量含量）/t产品
新鲜水消耗量	100～200 m^3/t TiO_2产品	30 m^3/t TiO_2产品
能耗	1 233万kcal/t TiO_2产品	694.4万kcal/t TiO_2产品
总CO_2排放量	1.91 t/t TiO_2产品	1.69 t/t TiO_2产品
总固废排放量	2～5 t/t TiO_2产品	0.23 t/t TiO_2产品
废水排放量	80～200 m^3/t TiO_2产品	15 m^3/t TiO_2产品

表 4　不同工艺不同原料生产钛白粉的能耗、物耗和污染物排放情况

对比指标		单位	钛精矿（硫酸钛白）	高钛渣（硫酸钛白）	高钛渣（氯化钛白）
能　耗					
蒸汽		t/t	10.25	5.2	4.2
电		kW·h/t	1 212.5	854.75	1 150
煤气		m^3/t	4 450	1 655	（天然气）226.7
物　耗					
钛精矿（TiO_2≥47%）		kg/t	2 566	—	—
高钛渣（TiO_2≥79%）		kg/t	—	1 440	（≥92%）1 200
氯气		kg/t	—	—	200
石油焦		kg/t	—	—	333
氧气		m^3/t	—	—	343
新水		m^3/t	80.49	72.9	23
脱盐水		m^3/t	44	39.9	6
污染物排放					
废气	TSP 排放量	kg/t	8.07	2.43	0.8
	SO_2 排放量	kg/t	6.26	21.75	（Cl_2）0.86
	硫酸雾排放量	kg/t	0.73	0.49	（HCl）1.32
固体废物	七水亚铁产生量	kg/t	—	—	—
	一水亚铁产生量	kg/t	170	—	—
	其他固废产生量	kg/t	3 637	1 600	570
废水排放量		m^3/t	80～200	80～150	10
22%废酸产生量		t/t	7～10	5～7	—

注：① 高钛渣由钛精矿通过矿热炉熔炼分离铁精矿中的金属铁得到，二氧化钛的含量可由 45%左右提高到 80%以上，二氧化钛含量 90%以上方可作为氯化法钛白粉生产的原料。高钛渣生产过程的环境问题主要是产生粉尘。

② 氯化法钛白粉生产渣量虽然较硫酸法钛白粉少，但是废渣的处理难度大。

③ 废酸由 20%浓缩至 70%，初步估计，吨酸（70%）能耗：蒸汽 5.5 t，电 150 kW·h。

（2007 年 10 月）

二氧化硫减排的可达性与路径依赖初探

曹凤中

摘　要：国家制定的强制性主要污染物减排目标，经济与环保部门联动采取措施，二氧化硫减排效果明显，电力消费弹性系数从2004年至今逐步下降。按计划，到2010年电力二氧化硫排放总量控制在951.7万t；根据火电脱硫趋势，到2010年电力二氧化硫的排放总量可控制在870万t左右。电厂脱硫约占减排任务的80%，所以实现二氧化硫减排的目标是可以达到的。但是，如果经济发展速度持续加快，完成二氧化硫减排的目标还存在一些问题，例如，2007年上半年，钢铁、有色、建材、石油化工、电力等6个行业，增速依然偏快，同比增长20.1%。因此，完成减排的指标单纯从环境角度出发是不行的，必须同时要控制经济增长的速度。

主题词：脱硫　减排　环境

2007年上半年单位国内生产总值能耗同比下降2.78%；钢铁、建材、化工、电力等行业单位增加值能耗同比分别下降6.5%、7.8%、5.2%和2.6%。主要污染物排放有所控制，二氧化硫排放量同比减少0.88%；化学需氧量排放量增长0.24%，增幅比上年同期回落3.46个百分点。

成绩来之不易，但中国在经济高速发展的同时，环境问题也日益严重，实现减排的目标仍需经过艰苦的努力。

一、完成二氧化硫减排目标的压力分析

我国能源结构以煤为主，煤炭燃烧是造成大气污染的主要原因，燃煤电厂是二氧化硫排放的主要来源。“十五”期间，国家加强了火电厂烟气脱硫设施建设。据有关部门统计，到2005年年底，全国已配套建设脱硫设施的火电装机容量达到5 300万kW，占火电总装机容量的比重由2000年的2%左右提高到14%。同时，必须清醒地看到，我国大气污染形势依然十分严峻，已经成为世界上二氧化硫排放最多的国家，酸雨区面积占到国土面积的1/3。目前，全国还有3.3亿kW火电机组尚未安装脱硫设施，未来五年还将新增一批火电装机，控制二氧化硫排放的任务十分艰巨。2006年全国二氧化硫排放量2 588.8万t，比上年增长1.5%。

从2002年开始，火力发电项目由于建设周期短并可以迅速投产填补供需缺口，

因而发展很快，全国电源结构中火电比重进一步上升。截至2006年年末，我国火力发电装机容量达48 405万kW，比2005年年末增长23.7%。

2006年全年，全国累计完成火电发电量23 186亿kW·h，同比增长15.8%，增速高于2005年同期3.3个百分点。近15年来，我国火力发电量在全国发电总量中所占的比例一直在79%至83%的范围中变化，2006年，我国火电发电量占全国发电总量的比例为83.17%，略高于近年来的平均水平。

火电是二氧化硫的主要污染源，2005年全国二氧化硫排放量高达2 550万t，比2000年增长了27%。总排放量较2000年确定的目标高出42%。考虑中国在这段时间内煤炭总消耗量增加了8亿t，而二氧化硫排放量没有等比增加，仅增长了27%，说明国家采取的控制措施开始生效。

我国重化工业快速发展，钢铁、水泥及重要的化工产品的产量均是世界第一，另外对煤炭的依赖是导致二氧化硫排放量上升的最主要原因，目前煤炭在中国能源消费中的比例占到了70%左右。

在重化工业快速增长的情况下，要求二氧化硫排放量不升反降，其难度可想而知。

2006年以来，国家全方位加大了减排的力度，有关部委通力合作，2007年上半年，全国二氧化硫排放总量1 263.4万t，与上年同期相比下降0.88%，首度出现下降趋势。

二、完成二氧化硫减排的可达性分析

控制我国的二氧化硫排放量是一个大的系统工程，二氧化硫排放量与经济发展速度密切相关。从技术层面看涉及增长方式的转变、技术与装备的水平；从资源层面看涉及总能耗量与能源结构、耗煤量及其年均增长率、煤质含硫量、能源与发展模式（能源消费弹性系数）等；从政策层面看涉及排放二氧化硫收费标准与二氧化硫管理政策等。

（一）国家采取强制性二氧化硫控制的政策措施已经生效

我国2000年GDP为8.9万亿元，到2005年增加到18.2万亿元，增长了104.5%；与此同时，二氧化硫从1 995.1万t只增加到2 549.3万t，增长了27.8%。特别是2007年上半年，全国二氧化硫排放总量1 263.4万t，与上年同期相比下降0.88%，这是最近两年国家采取“区域限批”，签订“责任书”等各种手段的结果。说明只要采取有力措施使重化工业健康有序发展，完成减排的任务是可行的。

国家环境保护总局采取二氧化硫控制政策，2006年建成电厂脱硫能力1.04亿kW，超过了前10年电厂脱硫能力建设4 600多万kW的总和。2006年，国家环保总局评估中心在项目环评报告技术评估中，退回和否决建设项目62个，涉及投资2 859.3亿元，排放SO_2 104 663 t、烟粉尘26 552 t、COD 19 752 t，其中最后否决项目24个，涉及投资 1 275 亿元，排放 SO_2 34 919 t、烟粉尘 11 697 t、COD 6 564 t，发电装机容量 10 500 MW，有效地遏制了火电快速增长和 SO_2 排放增长的势头。

2007 年 1—6 月全国火力发电煤耗持续下降，平均为 356 g/（kW·h），同比下降 8 g/（kW·h），大中型钢铁企业吨钢能耗 627 kg，下降 4.4%。在火力发电量增长 18.3%的情况下，二氧化硫排放量同比下降了 5.2%，抵消了其他行业二氧化硫的排放增量。

（二）国家整体技术进步，资源利用水平提高

在国家环境保护总局审批的火电项目中，600 MW 及以上的机组数目呈逐年上升趋势。2005 年 1—8 月，审批的项目中 600 MW 及以上机组数目为 155 个，机组容量达 98 600 MW，比 2004 年增长 33.6%，五年内审批的 600 MW 及以上机组容量占总装机容量的 56.2%。

随着大容量机组的迅速发展，资源能源利用水平也逐年提高。2005 年，审批火电项目的发电标准煤耗平均为 297 g/（kW·h），水耗为 0.45 m^3/（s·GW），分别比 2000 年平均水平降低 18.2%和 52.6%，见表 1。

表 1　2001—2005 年火电装机指标①

指标	2001 年	2002 年	2003 年	2004 年	2005 年
火电装机容量/MW	16 416	16 765	35 065	107 590	168 546
600MW 及以上机组容量/MW	—	4 800	16 400	73 820	98 600
600MW 及以上机组数目/个	—	8	26	121	155
发电标准煤耗/[g/（kW·h）]	—	321	312	298	297
水耗/[m^3/（s·GW）]	0.93	0.79	0.6	0.55	0.45

注：① 国家环境保护总局环境工程评估中心内部数据。

（三）国家经济与环境保护部门联动采取强硬的政策

严格控制高耗能、高排放行业盲目扩张。通过落实钢铁、电力、水泥等 13 个行业结构调整指导意见，对电力行业实施“上大压小”，对钢铁、水泥等行业实施以先进代落后的等量替代，对铁合金、焦炭、电石等行业实行更高的准入条件，对涉及投资额 3 309 亿元的 103 个不符合环保标准的项目不批或缓批等措施，使“两高”行业盲目扩张的势头得到一定抑制。上半年，城镇 500 万元以上项目中，钢铁行业投资增长 8.7%，铁合金投资增长 0.7%，电力行业投资增幅同比回落 5.3 个百分点。根据电力市场需求、中国能源资源的特点以及环境保护需要，电力发展要与促进和谐社会发展相适应，与依法治国的要求相一致。为此，现有污染物超标排放电厂应

全部达到现行国家排放标准的要求；新建电厂全部满足排放标准和总量控制要求。二氧化硫排放总量在“十五”末的基础上减少10%左右，即年排放量控制在1 200万～1 300万t，平均排放绩效指标比“十五”末下降20%以上，即相当于5.0 g/（kW·h）左右；烟尘排放量继续做到基本持平，年排放量控制在300万t左右，平均排放绩效指标比“十五”末下降25%以上，即相当于1.2 g/（kW·h）左右；到2010年火电平均供电煤耗下降到360 g/（kW·h）；线损率下降到7%；单位千瓦水耗指标下降10%；粉煤灰综合利用率达到70%。

（四）电力脱硫设施建设明显加快，电力消费弹性系数[①]下降明显[②]

自2000年以来，我国电力消费弹性系数已经连续5年超过1，其中2003年高达1.74，从2004年开始下降且幅度较大。电力消费弹性系数大于1，意味着GDP的边际电耗大于其平均电耗。从经济学的角度来看，若GDP的边际成本大于其平均成本，则其经济效率降低，经济发展中可能出现了某些不健康的因素，需要从宏观上及时调整。从2006年开始，电力弹性系数逐步下降。

据国家电网公司的统计，预计2007年全国新增发电装机容量将分别达到7 800万kW左右，预计2010年我国火电装机规模将达64 000万kW左右。两个投产高峰年过后，2008—2010年，我国发电装机增长将有所减缓，对减排的压力逐渐下降。

三、完成二氧化硫减排指标的路径选择

2007年上半年节能减排效果初显，但是节能减排的任务仍十分艰巨。从钢铁、有色、建材、化工、电力等6个行业运行情况来看，节能减排政策效果正在显现，但经济增速依然偏快，与2006年同期相比增加了3.6个百分点。部分行业结构性问题十分突出，加快淘汰落后产能面临许多挑战。

在经济发展的同时解决环境问题，一直是人们追求的目标，在现实情况下，地方政府追求GDP而忽略环境保护也势在必然，这是因为缺乏机制与体制的安排。在这种情况下探讨二氧化硫减排的路径依赖非常必要。

（一）落实科学发展观，强制性建立经济发展与环境保护捆绑式的决策机制

环境污染的形势警示我们，中国不能继续循着传统的工业化道路走下去。一定要强调技术创新和制度创新的作用，转变增长方式，在经济发展的同时，创造一个舒适优美的生存环境。这样，必须落实科学发展观，树立经济与环境融合的思维模式，强制性建立经济发展与环境保护捆绑式的决策机制，把强化环境保护执行力落

① 电力弹性系数以全国发电量增长速度与国内生产总值增长速度之比表示。

② “十一五”期间中国电力消费弹性系数预测 http://www.dataci.cn/Article_Show.asp? ArticleID=10722。

到实处。通过运用各种激励和约束手段促进企业节能减排工作。

在2007年年初已安排113亿元资金的基础上，中央财政又增加100亿元支持节能减排。提高了脱硫火电机组上网电价，促进企业脱硫改造。有关部门制定了高耗能产品能耗限额强制性国家标准和部分行业的污染物排放标准。“绿色信贷”政策开始实施，首批30家违反产业政策和环境违法企业信贷受到严格控制。

事实说明，需要重新构建一套适合中国经济与环境融合的理论体系，探索经济发展与环境保护融合的决策机制，避免经济在发展过程中的环境污染和生态破坏损失，在完成节能减排任务的同时，使国民经济取得稳定、快速、持续、健康的发展。

2007年减排成效显著关键在于形成了捆绑式经济与环境决策机制。经济发展与环境保护捆绑式的决策机制是对环境保护参与综合决策机制缺失的救济，它要求各级决策机构和决策者在进行经济社会发展决策时必须同时考虑环境保护，在实施环境保护战略和政策时，必须考虑经济社会发展的因素，而环境影响评价就是一种典型的经济发展与环境保护捆绑式的决策机制。7月中旬，国家环保总局、中国人民银行、中国银监会联合出台了《关于落实环境保护政策法规防范信贷风险的意见》也是金融部门与环境保护捆绑的成功范例。只有每个部门、每个地方的党政决策部门都能够把环境保护作为约束条件捆绑在其决策链条的前端，并在后续的各个环节一以贯之，科学发展与和谐社会的理念和思想才会落到实处，而不是作为一个口号仅仅挂在嘴上，写在文件上。

（二）实施战略环境影响评价，从经济发展的源头解决环境问题

电力建设是经济发展的动力，能有效推动经济的增长。目前，针对国内出现电力紧缺的局面，加快火电建设是合理的，但是，出现的盲目、无序、重复建设电厂的势头，必然导致电煤供需失衡和大气污染形势加剧。

建议开展国家能源战略和规划环评，根据区域资源禀赋和环境制约调整优化产业布局，避免在不适合开发火电的地方再过多上火电项目；对国家重化工发展战略和政策进行环境影响评价，优化我国重化工业发展战略，使我国相关产业得以健康发展。

（三）坚持公平与正义原则，构建环境法规体系

我国的环境污染和破坏、资源浪费等问题相当严重，而经济、科学技术和文化水平又相对落后，这既是制定和实施中国环境政策无法回避的矛盾，也是现行中国环境政策问题和缺陷的主要症结。因此，在环境政策的制定和环境立法中也还存在着“重义务而轻权利、严于民而轻于官”等与环境正义和现代民法原则相背离的倾向，造成了目前中国的环境政策还处在“以行政命令、末端治理、浓度控制、点源控制为主”的阶段。现在虽然推行清洁生产与循环经济，但是还没有建立起健全的

社会主义市场经济体系下的环境政策体系。

环境正义问题是社会性的、多元化的。尤其是环境问题的开放性、共同性背景使得全球环境立法趋同化显著，环境保护的国际协议一直在各国政治经济利益的协调与退让的矛盾斗争中蹒跚前行。

环境正义归根结底是人们关于环境的各种利益、意志和行为的交织、冲突与调和。它包含了以国家利益和个体利益为主多重利益关系。在环境保护中，所得利益往往集中于一方，而使另一方承担相应的损失。因此，必须从环境正义立场出发，着眼于现实的环境利益分配，依据现代社会的基本原则，确立环境法律制度，不断完善我国的环境政策，实现环境资源配置的多元化、权利化和法制化，从而在环境问题上实现真正意义上的正义与公平。

（四）依靠科技进步，推行循环经济，提高企业发展的内力

对于火电行业来说，循环经济大有用武之地，发展超临界、超超临界机组，发展冷热电联产机组，节省能源是减量化；利用煤渣、煤灰、余热是再利用；工业水和循环水回收利用是再循环。目前，正在实施的“氯碱法烟气脱硫及资源化利用项目”将火电厂排放的二氧化硫回收生产硫酸，不仅减少了污染物的排放，而且还极大地提高了资源利用效率。

（五）坚持转变经济增长方式，贯彻“上大压小”政策

在依法加快新能源发电步伐，推进核电建设，健康有序发展水电的基础上，合理规划布局、积极贯彻“上大压小”政策优化煤电，促进能源行业协调发展，是实现二氧化硫减排任务的基础。

小火电由于技术设备落后，耗能高、效率低、污染重。据统计，一台 60 万 kW 发电机组每发 1 kW·h 电的耗煤量平均为 297 g，而 13 万 kW 以下机组则高达 350～400 g，多耗煤 18%～35%。国家从“九五”后期相继出台了关停小火电、“老机组替代改造、上大压小”等一系列结构调整的方针和政策。但是，“十五”期间，由于我国电力紧缺，一些本该关停的小火电没有关停，而且许多地方未经审批纷纷上马小火电，有的地方竟将过去报废的小机组又拿出来重新发电，造成了严重的环境污染和能源浪费。建议相关部门切实采取措施加大小火电关停力度。尤其是对基础性、主导性的煤电，在着重优化布局和增量上紧跟国际先进水平的同时，加大力度实施以关停超期服役、能耗高、污染严重的纯凝汽式小火电机组为特征的“以大代小”步伐。

2007 年，电力行业新增机组脱硫设备和关闭小火电机组，是电力行业取得成效的关键。自 2006 年以来，全国新投运煤电机组同步安装并运行脱硫设施（不包括循环流化床锅炉脱硫）的装机容量比例达到 82.5%；截至目前，脱硫机组的比例已经

从 2005 年年底的 12%上升为 30%以上；同时，2007 年上半年淘汰小火电装机容量 551 万 kW。

（六）提高环境保护政策的执行力

环境保护政策执行力太软，关键在于环境保护政策不能直接与经济挂钩，最近国家环境保护总局实施的“区域限批”政策，体现了环境保护执行力。我们要根据减排的进展，需要逐步提高二氧化硫的排放标准；依靠科技进步，加速转变经济增长的方式；制定经济赔偿与补偿政策，进一步完善排污收费政策，制定环境保护投入政策，对没有完成减排任务的企业立即关停的政策等。

提高环境保护执行力，必须加快环境保护的立法进程，重新修订相关法规。建立有效的执法队伍。

（七）地方人民政府要落实二氧化硫减排的责任

地方各级人民政府要高度重视大气污染防治工作，省级人民政府要对本地区二氧化硫减排工作负总责。要把抓减排与抓生产、抓建设放到同等重要的位置，主要领导同志亲自过问，分管领导同志具体负责，相关单位协调行动，确保如期实现二氧化硫减排目标。

地方政府在解决环境问题中有不可推卸的责任，但是涉及政绩考核机制等问题，不是短期能够解决的。

（八）公众参与是解决环境问题的基础

公众参与作为解决环境问题的第三支力量，正在全球兴起。一方面，公众参与作为一种非政府的社会力量，可以将民意真实地反馈给政府，有助于政府对环境问题的全方位管理；另一方面，公众参与环境保护，有利于公众环境意识的提高，使公众对环境政策由消极观望转换为积极的响应和合作，使政策执行中的冲突与摩擦最大限度地减少，更加富有成效，有利于环境问题的解决。

构筑环境公众参与平台至少需要在三个方面作出制度安排：法律层面、组织层面和操作层面，要明确规定公众参与环境建设是公众必须履行的法定义务。我国的环境保护法在法律方面规定的法律规范还很少，今后在立法上应给予充分考虑。在组织层面上，要积极引导、培育和支持环境保护领域的非营利民间组织和非政府组织。在操作层面上，要设立专门机构、制定专门办法，方便和鼓励公众参与。

在当代环境意识日益深入人心，构筑环境建设的公众参与平台，不仅是保护和改善环境的要求，也是社会公众的强烈呼唤。

按照《国务院关于“十一五”期间全国主要污染物排放总量控制计划的批复》，到 2010 年电力二氧化硫排放总量控制在 951.7 万 t；根据火电脱硫趋势，到 2010 年电力二氧化硫的排放总量可控制在870万t左右。而电厂脱硫占减排任务的80%左右，所以实现二氧化硫减排的目标是可以达到的。但是，如果经济发展速度持续加快，完成二氧化硫减排的目标还是存在一些问题，例如，2007年上半年，钢铁、有色、建材、石油化工、电力等6个行业，增速依然偏快，同比增长20.1%。因此，完成减排的指标单纯从环境角度出发是不行的，必须同时要控制经济增长的速度。

（2007年11月）

参考文献

[1] 马凯．国民经济和社会发展计划执行情况报告．人民日报，2007-08-30.

[2] 韩国刚．中国二氧化硫减排控制指标体系与减排对策研究．环境影响评价动态.

[3] 李继文．我国“十五”期间火电项目环评分析与政策建议．经济要参，2006（70）.

[4] 曹凤中．建立我国经济与环境融合机制．环境科学研究，2005（4）.

[5] 国家发改委．今年上半年全国经济运行趋势．人民日报，2007-07-26.

[6] 2007—2008年中国火电行业投资及竞争分析研究报告．能源在线，2007-07-25.

我国电力行业节能减排与可持续发展宏观研究

王　圣

摘　要：截至2006年年底，我国电力总装机容量为6.2亿kW，年发电量为28 344亿kW·h，分别比1949年年初增加了334倍和656倍，装机容量和发电量已连续12年列世界第二位。我国燃煤发电存在两大主要问题：一是能耗高，二是污染物排放量大。我国目前电力结构不合理，火电比重较大，电力建设过多地考虑煤炭成本，忽视资源与环境承载力。随着电力建设步伐的加快，电力环境问题逐渐突出，由此带来的环境影响主要表现在酸雨现象及温室效应的加剧。而在内蒙古、山西、宁夏、陕西等缺水地区，火力发电大量占用有限的地表水资源，对原本就较脆弱的生态环境构成了现实的和潜在的破坏性。电力发展与区域环境承载力（包括水资源、环境容量、生态环境等）之间的矛盾日益突出。以科学发展观为统领，在优化电力建设布局的同时，突出节能减排，促进电力建设与区域资源、环境的和谐发展将成为电力可持续发展的重点和方向。

主题词：电力行业　节能减排　可持续发展　宏观研究

我国电力工业始于1882年，至今已有125年的历史。截至1949年全国发电设备总装机容量仅为184.86万kW，年发电量43.10亿kW·h（统计数据不含台湾、香港和澳门，下同），分别居世界第21位和第25位。1949年以后，我国的电力发展速度加快，至2006年总装机容量为6.2亿kW，年发电量28 344亿kW·h，分别比1949年年初增加了334倍和656倍，装机容量和发电量已连续12年位列世界第二位。

我国以煤炭为主的能源结构决定了我国的电源结构在相当长的时期内都会以燃煤电厂为主。目前，我国燃煤发电存在两大主要问题：一是能耗高，二是污染物排放量大。此外，随着电力建设步伐的加快，伴随着部分电源点的无序建设，电力发展与区域环境承载力（包括水资源、环境容量、生态环境等）之间的矛盾日益突出。以科学发展观为统领，在优化电力建设布局的同时，突出节能减排，促进电力建设与区域资源、环境的和谐发展将成为电力可持续发展的重点和方向。

一、我国火电行业发展现状

（一）我国火电装机容量

截至2006年年底，我国发电装机容量达到62 200万kW，与上年同比增长22.3%。

其中，火电总装机容量达 48 405 万 kW，约占总容量 77.82%；水电达 12 857 万 kW，约占总容量 20.67%；核电达 870 万 kW，约占总容量 1.39%；新能源发电达 68 万 kW，约占总容量 0.12%。

从我国 2000—2006 年逐年总装机及火电装机容量变化情况可以看出（见表 1），近年来我国发电总装机及火电总装机同步增长，两者均呈加速增长的趋势。

表 1　我国近年电力及火电装机容量

年份	总装机容量/万 kW	火电装机容量/万 kW	火电装机容量占总装机容量比例/%
2000	31 927	23 754	74.40
2001	33 842	25 314	74.80
2002	35 660	26 554	74.46
2003	39 141	28 977	74.03
2004	44 070	32 490	73.72
2005	50 841	39 137	76.98
2006	62 200	48 405	77.82

（二）我国发电量及使用情况

截至 2006 年年底，全国发电总量达到 28 344 亿 kW·h，与上年同比增长 14.5%。全社会用电量达到 28 248 亿 kW·h，其中第二产业用电量为 21 354 亿 kW·h，占 75.6%。

从我国 2000—2006 年逐年总发电量及火电发电量变化情况可以看出（见表 2），近年来我国火电发电量比重在 80%以上，说明火电在电力构成中仍占统治地位。

表 2　我国近年总发电量及火电发电量

年份	总发电量/（亿 kW·h）	火电发电量/（亿 kW·h）	火电发电量占总发电量比例/%
2000	13 668	11 079	81.06
2001	14 977	12 045	80.42
2002	16 400	13 522	82.45
2003	18 462	15 800	85.58
2004	21 870	18 073	82.64
2005	24 747	20 437	82.58
2006	28 344	23 573	83.17

（三）全国燃煤量及火电耗煤量

截至2006年年底，中国环境统计的煤炭消费总量达到了23.7亿t，与上年同比增长4.79%。其中，火电燃煤量达12.63亿t，约占煤炭消费总量的53.29%。

从我国2000—2006年全国及火电燃煤量变化情况可以看出（见表3），火电用煤所占比重逐年稳步增加，目前火电用煤已达总煤炭消费的50%以上，成为最大的消费途径。

表3　我国近年全国及火电燃煤量

年份	全国燃煤量/Mt	全国火电耗煤（原煤）/Mt	火电耗煤（原煤）占全国燃煤量比例/%
2000	1 375.81	591.9	43.02
2001	1 422.17	645.6	45.40
2002	1 528.12	732.8	47.95
2003	1 724.30	850.0	49.30
2004	1 956.11	994.0	50.82
2005	2 261.64	1 110	49.08
2006	2 370	1 263	53.29

（四）我国供电煤耗

2006年我国供电煤耗为366 g/（kW·h），当前世界先进水平的供电煤耗是285 g/（kW·h），世界平均水平为335 g/（kW·h），2005年日本为312 g/（kW·h），2005年美国为350 g/（kW·h）。目前我国供电煤耗相当于发达国家1990年左右的平均水平。

目前我国不同等级机组的供电煤耗差距较大，有些小机组的煤耗已超过了500 g/（kW·h），而我国具有国际先进水平的百万千瓦级超超临界燃煤机组浙江华能玉环电厂（2×1 000MW）的供电煤耗为283.2 g/（kW·h）。

从我国近年来火电供电煤耗变化情况可以看出，我国供电煤耗从2001年的385 g/（kW·h）降到了2006年的366 g/（kW·h），2007年上半年为355 g/（kW·h），呈逐年稳步下降趋势，主要原因是高耗能的小火电机组的逐步淘汰以及火电技术水平的提高。

（五）我国火电大气污染物排放

2006年全国SO_2排放量为2 594.4万t，比2005年增长1.8%，其中火电SO_2排放量为1 375.1万t，比2005年增长5.8%，2006年火电SO_2排放量占全国SO_2排放量的 53.01%。

参考相关资料并进行估算，2006 年火电 NO_x 排放为 831.1 万 t，比 2005 年增长 13.8%。

根据历年火力发电量及发电煤耗等数据对火电 CO_2 排放进行了推算，2006 年火电 CO_2 排放量为 22.55 亿 t，比 2005 年增长 13.77%。

从我国 2000—2006 年火电大气污染物排放变化情况可以看出（见表 4），我国火电二氧化硫排放虽然逐年增长，但是增长幅度正在逐渐减少；火电氮氧化物排放正逐年增加；火电二氧化碳排放与火电耗煤基本成比例增加。

表 4　我国近年火电大气污染物排放量

年份	全国二氧化硫排放量/万 t	全国火电二氧化硫排放量/万 t	全国火电氮氧化物排放量/万 t	全国火电二氧化碳排放量/万 t
2000	1 995.1	810.0	469	1 056.5
2001	1 947.8	784.4	497.5	1 152.4
2002	1 926.6	761.0	536.8	1 308.0
2003	2 158.7	1 054.0	597.3	1 517.3
2004	2 254.9	1 200.0	665.7	1 774.3
2005	2 549	1 300.0	730.4	1 981.4
2006	2 594.4	1 375.1	831.1	2 254.5

二、我国火电行业存在的主要问题

（一）电源点分布不尽合理

据统计，2005 年全国火电厂总装机容量为 3.91 亿 kW，火电装机容量排在前三位的省份是江苏（10.86%）、山东（9.54%）、广东（8.99%）。

按区域划分，东部地区 13 省市（黑龙江、吉林、辽宁、北京、天津、河北、山东、上海、江苏、浙江、福建、广东和海南）火电厂装机容量和发电量分别占全国总量的 55.7%和 54.1%，均超过了全国半数。中部地区 6 省（山西、河南、湖北、湖南、安徽、江西）火电厂装机容量和发电量分别为全国的 26.1%和 26.5%，均约占全国的 1/4。西部地区 12 省（市、区）（重庆、四川、贵州、云南、广西、西藏、内蒙古、陕西、甘肃、宁夏、青海、新疆）火电厂装机容量和发电量分别占全国的 18.2%和 19.4%，约为全国的 1/5。

由此得出，我国火电行业的空间分布区域性差异显著，形成以东部及北部地区为主、中部地区略大于西部的分布格局，我国火电分布格局是与我国区域经济、产业布局、工业用电水平密切相关的。由于这种火电分布格局与我国经济发展是一致的，与我国资源分布是矛盾的，由此便带来了长距离输煤与输电哪个更合理、哪个更环保的问题，也就是如何科学发展火电、如何科学布局火电、如何科学调整电力结构的问题。

（二）电力结构不合理，火电比重较大，电力建设过多地考虑煤炭成本，忽视资源与环境承载力

据联合国能源统计资料显示，1999 年世界总发电量中火电占 63.4%，水电占 17.9%，核电占 17.1%，其他能源发电占 1.6%；世界发电装机中火电装机占 65.4%，水电装机占 22.8%，核电装机占 11.4%，其他能源装机占 0.4%。

与世界电力装机容量及发电量平均水平相比，我国的电力结构不尽合理，主要表现在三方面：① 我国火电总装机容量占总装机容量的 77.82%，比例高于世界平均水平，清洁能源的电力发展跟不上。② 目前的火电中小火电占比例较大，全国平均单机容量不足 7 万 kW。③ 2006 年新增机组中燃煤火电装机容量占到了 88%。

由于我国火电的发展基本上全部依赖于煤炭，尤其是大型煤炭矿区。据预测，2020 年电煤在动力煤中的比例将达到 74%以上，在煤炭消费总量中的比例将达到 66.6%。火电建设对煤炭的需求及依赖程度过高。因此，在电源点的布置上过多地考虑煤炭成本，对资源与环境承载力考虑不够，形成不理性的电厂群现象，例如，鄂尔多斯地区、淮南淮北地区的电厂群已造成局地大气污染和生态环境形势严峻，并成为酸雨源。

（三）火电发展带来的环境问题突出

因为火电是高耗能产业，“高投入、高消耗、高排放、低效率”问题仍较突出。资料显示，与国际水平相比，我国平均供电煤耗比发达国家约高出 80 g/（kW·h），线损率比发达国家高出 2%～3%，火电厂耗水率每千瓦时比国际先进水平高出 40%多，由此带来的环境问题较明显。

电力生产是我国二氧化硫及二氧化碳的最大排放源，2006 年已经分别占到全国排放量的 53.01%及 36.23%。由此带来的环境影响主要表现在酸雨现象及温室效应的加剧。

而在内蒙古、山西、宁夏、陕西等缺水地区，火电厂较高的耗水指标逐步对有限的地表水资源构成了威胁，从而对原本就较脆弱的生态环境构成了现实的和潜在的破坏性，该区域面临的最大挑战是水资源和生态环境的承载力问题。

从环保角度看，酸雨、水资源短缺造成的生态恶化、温室效应等问题均不是单个项目环境影响评价所能解决的，迫切需要通过电力规划环境影响评价来调整电源点布局与规模，至少应考虑区域环境与资源承载力。

在“长三角”“珠三角”火电厂比较集中的区域，除了二氧化硫、氮氧化物、PM_{10}

等大气污染物排放量较大，对大气环境造成巨大压力之外，还涉及集中温排水的问题，对水生生态产生一定的影响。

（四）电力发展过快，电力市场需求总体呈由平衡逐步向地区性饱和发展的趋势

根据国家统计局历年统计公报，2000—2006 年我国 GDP 每年分别增长 8.0%、7.3%、8.0%、9.1%、9.5%、9.9%、10.7%，同期全国电力总装机容量增长分别达到了 6.9%、6.0%、5.4%、9.8%、12.6%、15.4%、22.3%。可以看出，从 2003 年我国电力发展速度已超过 GDP 的发展速度并逐步加快。

2006 年缺电范围明显缩小，缺电程度明显减轻，电力总体供需基本平衡，仅有部分省区在部分时段供电紧张，全国缺电省份由 2005 年年初的 25 个减少到 2006 年 12 月的 6 个，供应偏紧的省份主要是山西、辽宁、四川、湖北、广东和云南等。2007 年上半年全国电力供需形势基本平衡，我国电力生产消费继续保持了较高的增长速度，随着在建项目的逐步投产以及三峡等水电投入运行，有部分地区已存在电力饱和的趋势。

（五）小机组总规模仍较大、机组平均煤耗高

截至 2006 年年底，我国火电装机容量为 4.84 亿 kW，300 MW 及以上占 42%，300 MW 以下占 58%，装机容量占有绝对比重，其中 100 MW 及以下的小火电机组总装机容量大约为 1.15 亿 kW，约占 2006 年火电机组的 23.8%，其供电标准煤耗为 380～500 g/(kW·h)，600MW 及以上超临界机组供电煤耗水平为 270～330 g/(kW·h)。关停小火电机组，提高大容量机组的建设可以大大提高能源利用效率。

三、我国电力行业可持续发展的对策与建议

（一）调整我国产业布局，减缓电力发展速度

截至 2006 年年底，我国全社会用电量达到 28 248 亿 kW·h。其中工业用电量为 21 354 亿 kW·h，占 75.6%，其中轻工业、重工业用电量比例为 1∶4.12。

资料表明，目前发达国家工业用电的比例一般在 36%～46%，与发达国家相比我国的工业用电比例较大。我国工业发展过快尤其是重工业发展加快以及重工业本身的生产技术水平低导致了社会用电量的增长加快，2007 年上半年，钢铁、有色金属、化工、建材四大行业呈现加快发展态势，已成为带动全社会用电量快速增长的主导力量。

所以，应当根据我国工业发展的现实情况，重点解决四大用电行业的高耗能以及工业节能问题，通过调整我国的产业结构布局，并通过科学技术的革新来改变我

国重工业的粗放型、高能耗增长方式，以此来抑制我国电力的快速增长。

（二）加强水电、核电及风电发展，科学调整电力结构，转变电力增长方式

通过加大水电、核电的建设力度，加速发展风电等新能源发电，加大对电力工业科技进步的投入等加快电力行业结构的科学调整。

目前，我国核电装机容量占全国的1.39%，远远低于目前17.1%的世界平均水平。大幅度地提高核电比重，用核电替代部分煤电，对于我国保障日益增长的能源需求，优化能源结构、减少对国外能源的依赖，实施可持续发展战略具有不可替代的重要作用。同时，从安全和便于管理的角度考虑，核电布局不宜过度分散，从缓解能源消费中心与资源中心不一致的角度，以及减轻煤炭长距离运输对环境的压力来考虑，我国核电站应该主要建在东南沿海经济发达地区。

国外先进国家的资料表明，可再生能源发电发展很快。2002年美国加利福尼亚的可再生能源发电已经达到12%，2017年将达到20%；1999年欧盟的可再生能源发电已经达到14%，2010年将达到22%；2002年德国的可再生能源发电已经达到6.8%，2020年将达到20%；2010年拉丁美洲的可再生能源发电将达到10%。而我国目前的可再生能源发电比例才达到 0.12%，发展潜力很大，建议在我国东部沿海地区加快发展风电是合适的。

所以，我国将来的电力发展应该在目前水电发展的基础上，加快发展东部核电和风电来代替东部地区的部分火电。

根据我国至2020年人均GDP比2000年翻两番的目标，初步预计至2020年我国电力总装机容量将超过10亿kW，结合国际先进水平以及我国可能达到的水平，建议2020年我国合适的电力结构目标为：水电（25%）、核电（5%）、风电（5%）、其余清洁能源（包括燃气等，3%）、火电（62%）。从这个比例分析，火电的比例为目前世界的平均水平，是比较客观的。

（三）开展国家层面的电力政策的战略环境影响评价，加强电力科学发展，促进生态文明社会的建设和电力的可持续发展

电力建设是经济发展的动力，能有效推动经济的增长。合理的火电建设是必需的，但出现的盲目、无序、重复建设电厂势头，必然导致电煤供需失衡和大气污染形势加剧。也无法完成国家确定的“十一五”及今后长期的总量控制、节能减排目标。所以，必须从源头上进行合理规划，依法开展对电力发展有明显指导意义的战略规划的战略环境影响评价工作，避免在不适合开发火电的地方再过多上火电项目。

近年来，我国电力发展的结构性矛盾十分突出。厂网分开后的这几年，各集团“跑马圈地”、“大干快上”造成部分发电项目盲目布点。所以，需推动电力发展的重

点省市如山东、山西、河南、内蒙古、江苏等电力发展规划的规划环境影响评价工作。以电源点和电网规划为对象，电源点的规划环境影响评价应结合电网规划环境影响评价统筹考虑。

在一些煤化工能源基地，例如，内蒙古的鄂尔多斯规划的四个煤化工基地，陕西榆林市规划的两个煤化工基地，宁夏规划的宁东能源重化工基地等，必须通过规划环境影响评价来优化并全局考虑煤炭基地火电发展的节奏，并探讨资源节约型、环境友好型的发电方式。同时对能源基地的循环经济及耗能等也要进行科学的、实事求是的评价，通过环境影响评价及节能评价对如何形成能源工业循环经济产业链以提高资源综合效益进行研究。并建议对如何通过火电的建设来提高区域性的生态水平进行研究。

（四）进一步加强控制火电厂大气污染物排放，开展火电厂二氧化碳减排方面的研究工作

2006 年，全国建成并投运的燃煤电厂脱硫机组装机容量达到了约 1.04 亿 kW，是前 10 年脱硫机组总装机容量的 2 倍多。2007 年上半年，在火电发电量增长 18.3% 的情况下，电力行业二氧化硫排放量同比下降了 5.2%。

但是，我国大气污染形势依然十分严峻，已经成为世界上二氧化硫排放最多的国家，酸雨区面积占到国土面积的 1/3。目前全国还有约 3 亿 kW 的火电机组尚未安装脱硫设施，必须采取措施促进这部分机组加快脱硫设施的建设。同时，对已建的火电厂脱硫设施，需要在日常运行管理方面加强监督，只有脱硫设施正常运行，火电二氧化硫才能彻底减排。

除了火电脱硫之外，火电脱氮也已经逐步得到加强。虽然单位发电量的氮氧化物排放水平总体逐步下降，但与发达国家相比仍然很高，2006 年我国火电氮氧化物的排放水平为 3.52 g/（kW·h），而 1999 年美国、英国、德国、日本的火电氮氧化物排放水平分别为 2.2 g/（kW·h）、1.9 g/（kW·h）、0.9 g/（kW·h）、0.29 g/（kW·h）。

同时，我国火电排放的二氧化碳尚未展开深入研究。京都议定书生效后，控制温室气体二氧化碳排放，已经成为全球高度关注的重大环境问题。我国虽然没有减排义务，但作为二氧化碳排放的大国，未来减排的压力非常大，需要早作准备，积极应对。美国虽没有签约京都议定书，但在二氧化碳排放的监测、控制等方面已做了大量研究。所以，我国火电二氧化碳减排也应该早定目标、自主创新、寻找减排及可能循环利用的途径。

所以，火电大气污染物控制应按“巩固脱硫，加强脱氮，开展脱碳”的原则全面推进。

对“长三角”“珠三角”火电厂集中区域的环境问题，则可以通过制定区域环保规划、区域火电排放标准等强制性手段来解决。

（五）进一步加强并执行电力行业的产业政策

针对目前我国占比例较高的高能耗的小机组问题，在现有政策基础上进一步提高要求，坚决实行“以大代小”，采用大容量机组，实现节能减排。建议 2010 年前，以煤耗指标大于 380 g/（kW·h）的小火电机组为关停重点；至 2015 年以目前世界供电煤耗的平均水平为参考，把大于 350 g/（kW·h）的火电机组关停作为重点，降低火电的耗能，实现节能减排。

截至 2007 年 9 月初，电力工业已关闭 253 台高耗能、高排放的燃煤小火电机组，合计关闭装机容量 903 万 kW，估算每年可节约原煤 1 350 万 t，减排二氧化硫 23 万 t、二氧化碳 2 700 万 t。“压小”不是最终目的，是要通过“压小”促进节能减排工作，使电力工业可持续、健康、有序地发展。

（2008 年 11 月）

氧化铝产业可持续发展研究

聂 菲 苏 艺 多金环

摘 要：我国氧化铝产业正处于高速发展阶段，产能已居世界第一位。但我国氧化铝厂与国际先进水平相比，在生产工艺、清洁生产、污染控制等可持续发展方面还有一定的差距。在分析我国氧化铝产业现状及生产工艺的基础上，从提高清洁生产和污染控制水平及合理利用铝土矿资源、促进先进工艺的利用等方面提出了氧化铝产业可持续发展的一些看法和建议。

主题词：氧化铝 可持续发展 研究

氧化铝是白色无定形粉末，俗称矾土，大部分作为电解铝原料制金属铝，用做其他用途的不到10%。自1953年我国第一个氧化铝厂——山东铝厂建成投产以来，我国氧化铝工业取得了长足发展。特别是20世纪80年代末期开始，我国新建了山西铝厂、中州铝厂、平果铝厂等多个大型氧化铝生产基地，通过大规模的扩建和技术改造，氧化铝产量大幅度提高。近年来，由于国内氧化铝供应缺口较大，各地争上氧化铝项目的积极性高涨，我国氧化铝工业正处于飞速发展之中，年平均增长速度超过11%，2006年我国氧化铝产量1 370万t，2007年（截至11月）产量1 945.65万t，已居世界首位。随着我国氧化铝工业的急速发展，进口铝土矿增加很快。2007年，我国共进口铝土矿 2 326 万 t，同比增加 140%，其中从印度尼西亚进口铝土矿约1 542.8万t，从印度及澳大利亚进口量也在不断增加。2007年，我国进口氧化铝512.4万t，比2006年下降了25.9%，目前国内氧化铝自给率已达到80%。

氧化铝工业属于耗能、耗水、耗资源的工业类型，生产过程中排放大气污染物，影响环境空气，赤泥废渣含碱高，可能污染地下水，生产废水含碱和悬浮物，可能污染地表水。同时受铝土矿资源品位先天不足的影响，我国氧化铝厂与国际先进国家相比，能耗指标尚有一定差距，部分环保治理设施不能稳定高效运行，节能减排压力很大。据不完全统计，2007年，氧化铝行业年排放二氧化硫约4万t，烟粉尘的排放量还很大，部分企业生产废水、生活污水还不能做到零排放。为实现氧化铝工业可持续发展，必须提高铝土矿利用率、清洁生产工艺技术和污染防治措施治理水平，为节能减排作出贡献。

一、氧化铝企业概况

我国氧化铝企业主要分布在河南、山西、山东、贵州、广西等省区。山西省现有产能330万t/a，河南省810万t/a，山东省653万t/a，贵州省95万t/a，广西壮族自治区90万t/a。

二、全球铝土矿分布及我国铝土矿特点

生产氧化铝的铝土矿主要有三种类型：三水铝石、一水硬铝石、一水软铝石。目前全球已探明的铝土矿储量约为245亿t，在世界各地分布极不均匀，其中92%是风化红土型铝土矿，属三水铝石型，特点是低硅、高铁、高铝硅比，这些铝土矿品位高、单体储量大，集中分布在非洲西部、大洋洲和中南美洲；其余的8%是沉积型铝土矿，属一水软铝石和一水硬铝石型，属中低品位，主要分布在希腊、前南斯拉夫及匈牙利等地。储量在10亿t以上的国家有几内亚、澳大利亚、巴西、中国、牙买加及印度等，这些国家拥有的铝土矿占世界铝土矿总储量的73%。按世界铝土矿产量计算，静态保证年限在200年以上。据美国地质调查局估计，2002年，世界铝土矿资源量为550亿～750亿t，主要分布在南美洲（33%）、非洲（27%）、亚洲（17%）、大洋洲（13%）和其他地区（10%）。从国家看，几内亚、澳大利亚两国的储量约占西方世界储量的1/2，南美的巴西、牙买加、圭亚那、苏里南约占西方世界储量的1/4。

表1　世界主要国家的铝土矿储量占西方世界储量的比例

国家	澳大利亚	几内亚	巴西	中国	越南	牙买加	印度	圭亚那
比例/%	56.2	56.4	28.0	23.0	20.0	20.0	10.0	7.0

资料来源：IAT。

表2　全球铝土矿分布

地区	南美洲	非洲	亚洲	大洋洲	其他地区
储量百分比/%	33	27	17	13	10

资料来源：美国地质调查局。

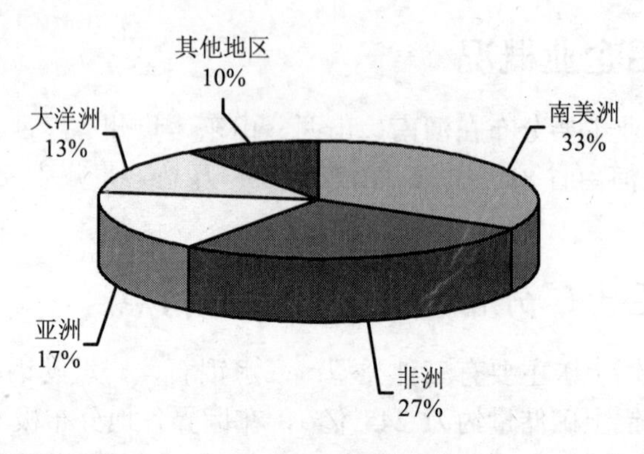

图 1　全球铝土矿分布

我国铝土矿资源储量占世界总量的 2.4%，虽然居世界第六位，但具有经济意义可开采利用的储量只占查明资源储量的 21.5%，人均拥有铝土矿资源量不到世界人均拥有量的 1/3，是铝土矿资源相对缺乏的国家。特别是近年来中国铝工业的快速发展，铝土矿资源的保证程度越来越令人忧虑。

国外铝土矿多为铝硅比高的三水铝石和一水软铝石，而我国铝土矿资源可经济应用的铝土矿大部分是高铝、高硅、中低品位的一水硬铝石铝土矿，与国外应用的铝土矿相比，提取氧化铝的难度大，磨矿及溶出条件苛刻，工艺能耗及生产成本均较高。

我国铝土矿主要分布在山西、广西、贵州、河南四省区，其资源储量占全国的 90%以上。适合清洁生产水平较高的拜耳法氧化铝生产工艺的三水型铝土矿占全国总量的 1%以下，而沉积型一水硬铝石占全国铝土矿资源总量的 98%以上，属于高铝、高硅、低铁、难溶的中低品位矿石。山西、贵州、河南、山东、重庆等全国大部分地区矿床类型以沉积型为主，适于露天开采的矿量占总量的 38%，坑采储量约占总储量的 60%以上。

三、氧化铝生产工艺分析

世界上碱法生产氧化铝的方法主要有三种，即拜耳法、烧结法和联合法，工艺技术方法应用主要依据铝矿石的质量。世界上用拜耳法生产的氧化铝要占到总产量的 90%以上。

（一）拜耳法工艺技术及应用

拜耳法生产氧化铝是利用较高品位的铝矿石与碱液、石灰乳及循环母液按比例混合后磨制成料浆，经预脱硅后在相应温度、压力条件下直接溶出铝酸钠，再经赤泥分离、种子分解、氢氧化铝焙烧等工序制得成品氧化铝。对于高品位（铝硅比大于 7）的矿石，一直以拜耳法生产工艺为首选，其能耗低、产品质量好、投资省，污染物产生量少。

根据我国铝土矿类型多为难溶解的一水硬铝石，需要在高温高压蒸汽下实现矿石中氧化铝溶出的特点。20 世纪 90 年代通过国家重点科技攻关，开发了“选矿拜耳法”“石灰拜耳法”氧化铝生产工艺技术，并在中铝河南分公司、山西分公司、中州分公司得到成功应用。其中选矿拜耳法是通过“选择性磨矿—聚团浮选”工艺处理铝土矿，将铝硅比由 5 左右提高到 11 以上，使中低品位的高硅铝土矿变得适合于拜耳法生产工艺的要求。石灰拜耳法是在溶出过程中添加过量石灰，使中等品位铝土矿中的 SiO_2 尽可能多地与 CaO 反应生成水合硅铝酸钙，从而大幅度降低溶出赤泥的 N/S，使中等品位高硅铝土矿适合于拜耳法生产。

（二）烧结法工艺技术及应用

烧结法是将铝土矿破碎后与石灰、纯碱、无烟煤及返回母液按比例混合，磨成生料浆，喷入烧成窑制成熟料，再经熟料溶出、赤泥分离、铝酸钠分解、氢氧化铝焙烧等工序，制得成品氧化铝。该工艺流程长、能耗高、污染物产生量大。但利用低品位铝土矿是该工艺最大优点，符合我国铝土矿资源的特点。

中铝中州分公司利用原有设备进行技术开发的强化烧结法通过采用适宜的熟料配方和相应的烧成制度，利用高品位矿石生产高品位熟料，原辅材料及能源消耗较传统烧结法大幅度降低，提高劳动生产率，污染物排放量显著减少。

（三）联合法工艺技术及应用

联合法是将拜耳法和烧结法联合起来，处理铝硅比 3～7 的矿石，充分发挥各自的长处，联合法有并联、串联以及混联三种基本流程。

混联法是将高品位矿石采用拜耳法处理，拜耳法赤泥与低品位的矿石一道进入烧结法生产系统。整个工艺流程复杂，但氧化铝实收率高。能耗、物耗比单纯烧结法低，比常规拜耳法高，单位产品排污量介于二者之间。

串联法是将全部矿石先用经济的拜耳法处理，回收绝大部分氧化铝，然后用烧结法处理拜耳法赤泥，回收大部分碱和小部分氧化铝，烧结法溶液经脱硅后进入拜耳法系统，溶液析出的碱返回烧结法系统配料。

20 世纪 90 年代前我国氧化铝生产方法仅有烧结法、混联法，90 年代末期开始，我国开发应用了石灰拜耳法、选矿拜耳法、强化烧结法，同时中铝山东分公司从国外引进铝土矿采用拜耳法工艺。近年我国氧化铝工业迅猛发展，各地依据铝土矿资源和地区的特点，形成了多重并举的局面，东部沿海地区进口国外优质铝土矿采用拜耳法生产，广西、河南、山西地区利用中等品位铝土矿采用石灰拜耳法生产工艺，利用中低品位铝土矿采用石灰拜耳法生产工艺。为了进一步开拓中低品位铝土矿的应用，开展了串联法科研、设计工作。

几种氧化铝生产方法的指标及应用情况见表 3。

表 3　我国几种生产方法的铝矿成分及消耗指标比较

项目		拜耳法			烧结法		联合法	
		常规拜耳法	石灰拜耳法	选矿拜耳法	常规烧结法	强化烧结法	混联法	串联法
铝矿要求	铝矿类型	三水铝石	一水硬铝石	一水硬铝石	一水硬铝石	一水硬铝石	一水硬铝石	一水硬铝石
	适用 A/S	＞8	～7	＞5	4～6	～8	4～8	3～6
单位产品主要消耗指标	石灰/t	0.054	0.3～0.5	0.433	0.896	0.812	0.812	0.812
	碱耗/kg	38～95	68～80	72	85～102	76	78～87	78～87
	综合能耗/GJ	11～18	16～21	14.85	35	22	32.7	32.7
	蒸汽/t	2.8	3.2	3.36	5	5	5.89	5.89
	新水/m^3	8～10	10～12	11.5	14～25	13	10～16	17
	氧化铝回收率/%	72～82	75～81	74.4	90.7	86	91～92	91.3
国内应用实例		中铝广西、山东分公司，山东信发氧化铝，山东魏桥氧化铝	中铝河南、山西分公司，河南开曼铝业，河南万基铝业	中铝中州分公司	中铝山东分公司	中铝中州分公司	中铝河南、贵州、山西分公司	尚未投产

四、现有企业的污染治理效果

（一）废气治理

1．熟料烧成窑烟气

熟料烧成窑是烧结法生产最主要废气污染源，以煤粉为燃料。我国早期氧化铝企业对熟料烧成窑尾气一般都采用旋风＋棒纬式电除尘治理，粉尘浓度一般在 250～700 mg/m^3，对环境污染严重。近年来，各氧化铝厂对熟料窑烟气都加大治理力度，处理方式都是采用板卧式电除尘取代棒纬式电除尘，板卧电除尘器为三电场或四电场，除尘效率达 99.5%以上，粉尘排放浓度可控制在 200 mg/m^3 内，污染物可达标排放。

2．氢氧化铝焙烧炉

氢氧化铝焙烧采用流态化焙烧炉，其主要污染物为粉尘，主要来源于文丘里干燥器，烟气采用板卧式电除尘器除尘净化后由烟囱排放。国内外氢氧化铝焙烧炉全部采用该种除尘器，排尘浓度可控制在 50 mg/m^3 内。

3. 生产性粉尘

生产环节物料破碎、筛分、磨粉设备、仓储及输送等散尘点均采取集尘罩并辅以通风除尘系统，并采用高标准设备，以提高集尘罩的捕集率，通风除尘系统采用布袋除尘器，除尘效率在99%以上，粉尘浓度一般可控制在100 mg/m^3 以内。

目前氧化铝厂主要环境问题是原燃料堆场的无组织排放。氧化铝生产工序多，流程长，原料物料储存量大，氧化铝企业的原料堆场，特别是铝土矿堆场多数为露天堆存，在风吹雨淋时，不仅容易造成原料物料损失，而且容易造成环境污染。

（二）废水治理

目前我国氧化铝厂已基本实现了生产废水的零排放或负排放。中铝山东分公司是我国较早实现零排放的氧化铝厂，目前除氧化铝厂新水全部在流程内消耗外，还回收了电解铝系统排放的少量废水，实现生产废水的负排放。广西分公司采用拜耳法生产，也是我国实现零排放较早的氧化铝厂。2003年中铝河南分公司不仅实现了氧化铝生产系统废水零排放，而且回收利用了厂区内其他生产系统的废水。中铝贵州分公司全部综合利用厂内工业废水和生活污水站处理后的生活污水。废水零排放已作为氧化铝厂生产、环保的重要考核指标。

（三）赤泥堆放

氧化铝生产过程中排放的废渣是赤泥，主要含有Al_2O_3、Na_2O、SiO_2、CaO、Fe_2O_3、TiO_2等。主要有害成分是含Na_2O的附液，附液含碱1～2 g/L，赤泥附液中含有Al_2O_3、Na_2O、SiO_2、CO_2、NaCl、H_2O等。赤泥一般经泵直接由管道输送至赤泥堆场堆存。

根据国内外生产实践及试验结果，赤泥浸出液 pH≤11.78 的赤泥属于一般固体废物。国内赤泥堆场的建设均按《危险废物填埋污染控制标准》（GB 18598—2001）的标准设置防止附液流失、渗漏的防渗措施。现有国内赤泥堆场排放情况见表4。

表4　国内氧化铝厂赤泥堆场情况比较

厂名	使用年限/a	渗透系数/（cm/s）	地下水水质/（mg/L）		生产方法	堆存方法
			pH	氟化物		
中铝河南分公司	22	6.4×10^{-9}	<8.5		混联法	湿法
中铝贵州分公司	26	1×10^{-9}	6.1～7.7		混联法	湿法
中铝山西分公司	12	1×10^{-11}	<8.0		混联法	湿法
中铝广西分公司	10	1×10^{-9}	7.11～8.08	0.05～0.14	拜耳法	干法
中铝中州分公司	12	1×10^{-12}	7.75～8.0	0.16～0.24	烧结法	湿法
	2	1×10^{-12}			选矿拜耳法	干法
国家标准			6.5～8.5	≤1.0		

五、氧化铝产业可持续发展技术措施

（一）提高清洁生产技术措施

1. 提高铝土矿资源利用率，实施生态保护措施

我国铝土矿资源十分紧缺，但年开采量却占全世界开采总量的8%。铝土矿资源特点是以中低品位的一水硬铝石为主。为提高资源保证率，加大我国铝土矿资源勘查工作，合理开采和利用现有铝土矿资源。近年氧化铝价格处于高位，为追求氧化铝产量，往往采用富矿、弃贫矿，造成铝土矿资源的浪费。为此，应整合铝土矿资源配置，发挥集团公司既有利用中高品位氧化铝生产系统，又有处理中低品位铝土矿生产系统的优势，充分利用中低品位铝土矿，避免丢弃低品位铝土矿，使铝土矿资源得到充分利用。禁止建设资源利用率低的铝土矿山，采矿损失率坑采不超过12%，露采不超过8%，采矿贫化率坑采不超过10%，露采不超过8%。

铝土矿露天开采应采用采矿和复垦的一体化工艺，实行“剥离—采矿—复垦”一体化工艺方案，将复垦工作作为采矿工艺的组成部分。及时复垦，改善植被立地条件，恢复被采矿作业破坏的耕地、林地、草地等的生态功能。

2. 利用国外优质铝土矿

世界生产成本最低的氧化铝厂集中在铝土矿资源丰富、优质的澳大利亚、印度和拉丁美洲，其主要原因是铝土矿优质，能源成本低。

我国周边国家（如越南、印度、印度尼西亚、菲律宾等）和澳大利亚的铝土矿十分丰富、品位优良，多为三水铝石或三水铝石-一水铝石的混合矿。积极实施“走出去”战略，合理开发利用国外优质铝土矿资源，采用拜耳法生产工艺技术，低成本、低污染生产氧化铝的优势十分明显。

3. 加大科研投入，实现串联法工艺技术产业化

串联法是可以直接处理中低品位矿石的氧化铝生产方法，其优势在于：

（1）矿中的 Al_2O_3 经拜耳法和烧结法两次提取，提高了氧化铝的回收率，同时又降低了碱耗，拜耳法赤泥中的 Na_2O 可尽量回收。

（2）充分发挥拜耳法的优势，提取矿石中的大部分 Al_2O_3，提高 Al_2O_3 的回收率；简化了烧结法工艺流程，缩小了其产能比例；烧结法不出产品，全部产品由拜耳法种子分解产出，有利于提高产品质量。

（3）可以降低单位产品的投资及单位产品成本。

串联法生产氧化铝新工艺适宜处理我国中低品位铝土矿，符合“矿山开采应充分利用资源，富矿贫矿合理兼顾”的设计原则，有效保护了资源。与现行的混联法比较，可扩大拜耳法的比例，减少高能耗的烧结法比例，简化工艺流程，与目前的混联法相比能耗可降低 11 GJ/t Al_2O_3，每吨氧化铝的建设投资降低 12%。因此，串

联法技术具有能耗少、投资省、生产成本低的优点，做到了最大限度地利用资源。

目前，世界上仅有前苏联有一家串联法氧化铝厂，即现在的哈萨克斯坦巴夫达洛尔厂。最近中铝公司重庆氧化铝项目的串联法已进入施工阶段，有关部门应加大科研投入，实现串联法工艺技术产业化，对于我国日益贫化的铝土矿资源，利用现有矿山低品位铝土矿资源，提高资源利用率，保护我国氧化铝工业均具有积极意义。

4．提高砂状氧化铝产量，改善电解铝厂氟净化效率

氧化铝是电解铝生产的原料，电解铝的特征污染物是氟，国内外均采用氧化铝吸附干法净化技术处理氟化物。砂状氧化铝可以提供很大的活性吸附表面，可提高氟化物的吸附效率，减少氟化物的排放量。

5．采用先进的工艺技术设备

全面采用间接加热溶出工艺，与传统的压煮溶出技术及装备相比，每溶出 1 t 氧化铝的热耗低 1.86 GJ，年降耗折标准煤 6.35 万 t。

目前，砂状氧化铝种子分解技术有两种：一种是以法国铝业为代表的使用大量种子的高浓度一段分解技术，另一种是以瑞铝为代表的一段细种子附聚和二段结晶长大的两段分解技术。采用一段分解技术比两段分解技术产出率高 10 kg/m^3，设备费投资减少 21%以上，运行费用减少 24%以上，电耗降低 32%。

采用安全低耗的机械搅拌技术和流态化焙烧先进技术等。

（二）提高污染防治水平技术措施

1．提高熟料烧成窑烟气的净化效率

对电除尘器进行改造，将原三电场除尘器改造为四电场除尘器，或采用在除尘系统加装高频集成整流电源技术或三相电源等以提高除尘效率，使排尘浓度控制在 100 mg/m^3 以下。

2．加强无组织排放控制

氧化铝厂存在的普遍问题是原矿堆场及配套热电系统煤堆场的露天堆存无组织排放，特别是在春季风大造成厂区及附近地区浮尘。为了减少原料物料损失，减轻物料扬尘对环境的污染，应加强对原矿槽、均化堆场、煤堆场实施封闭或半封闭措施。

3．保证生产废水处理站处理能力，确保废水零排放

氧化铝厂生产废水处理站设计除了考虑日常生产废水的处理，还应考虑回收初期雨水处理量，突发性事故消防用水处理量，以及生产系统不正常时盈水处理问题。一旦发生以上情况，废水可进入废水处理站沉淀池暂时储存，待生产系统恢复正常后，储存的事故废水分期分批进入污水处理站进行处理后，取代部分水源进入生产系统循环，确保各种情况下，工程废水都能实现零排放。

4．赤泥堆场监控

有些地方氧化铝企业，建设单位仅建设赤泥堆场，未按规范设置长期监测井和位移监控系统。

赤泥堆场应设置相应的长期监控井，对监控赤泥堆场长期稳定运行非常重要。设置坝体位移观测和坝体浸润线观测设施，监控赤泥堆场横断面和浸润线变化，以确保坝体安全稳定运行。

5．赤泥干法堆存

目前，国内大部分氧化铝生产企业赤泥均为湿法堆存，容易造成地下水污染及占用土地面积较大。三门峡开曼铝业及山东魏桥铝业现已采取了对赤泥干法堆存的措施，特别是魏桥铝业采取赤泥湿法输送，在堆场进行压滤烘干的措施节能降耗效果比较好。

6．设置连续监测装置

目前多数氧化铝企业对熟料烧成窑、焙烧炉、锅炉等烟气的监测基本采用人工取样，实验室分析。污染源监测频次一般为每月或每季 1 次。一旦净化系统出现故障，难以及时发现和维修，不正常排放时间延长。

目前中铝中州分公司在炉窑净化系统排放口装设连续监测装置，对污染物排放实行在线监控，对烟粉尘、SO_2 等污染物浓度实行在线监控，可为氧化铝厂烟气净化设施能高效稳定运行提供管理保障。

六、关于氧化铝工业可持续发展的几点想法

（1）我国氧化铝工业技术水平已达到国际先进水平，国际先进的技术和大型专用设备得到广泛采用。

（2）受铝土矿质量的限制，我国氧化铝工业在能耗、质量等技术经济指标及环境保护方面与铝工业最先进国家相比尚有一定的差距。

（3）各职能部门应加强引导及采取有效措施，促进国内合理开采和利用铝土矿资源，禁止建设资源利用率低的铝土矿山，采矿损失率坑采不超过 12%，露采不超过 8%，采矿贫化率坑采不超过 10%，露采不超过 8%。铝土矿露天开采应采用采矿和复垦的一体化工艺，及时复垦和恢复植被，改善生态环境。

应积极合理开发利用国外优质铝土矿资源，采用拜耳法生产工艺技术，降低消耗。

（4）应根据铝土矿的特点选择适宜的氧化铝生产工艺，对于高品位铝土矿优先选择拜耳法生产工艺，对于中低品位铝土矿采用串联法氧化铝工艺技术，全面提高低品位铝土矿的利用，保证我国氧化铝工业可持续发展。严禁采用烧结法、混联法等污染较重工艺的氧化铝项目建设。

（5）对于几个铝土矿资源大省，要促进开展铝土矿开采—氧化铝生产—电解铝生产规划环境影响评价，从能源布局、环境保护、经济发展等方面对铝工业进行合理布局，引导全国铝工业的适度、可持续发展。

（2008 年 12 月）

生物燃料乙醇行业调研及环保对策研究

杨 晔

摘 要：为解决粮食相对过剩和应对石油资源的短缺，我国于 2000 年正式启动了燃料乙醇的生产和试用工作。“十五”期间已形成燃料乙醇生产能力 102 万 t/a，实现年混配 1 020 万 t 的乙醇汽油能力，2007 年四家定点生产企业总产量约在 140 万 t，成为继巴西和美国之后的世界第三大燃料乙醇生产国和应用国。目前我国燃料乙醇产业的发展主要存在以下几方面问题：一是产业发展布局主要由原料和市场半径决定，对区域的环境承载力考虑不足，产业发展与资源环境承载力之间的矛盾突出；二是国家对燃料乙醇行业采取财政补贴，各地投资热情高涨，一些传统酒精、发酵企业纷纷转向燃料乙醇生产，行业发展存在较大污染隐患；三是在国家非粮加工政策限制下，燃料乙醇原料结构面临大调整，而目前对于薯类、纤维素等新原料加工工艺的环保治理技术研究十分薄弱，如不能及时跟进，可能引发新一轮的区域环境污染问题。燃料乙醇行业现状分析表明，产业发展的关键应从环境资源合理配置角度优化产业布局；合理配置非粮原料比例，稳步推进原料结构调整；尽快建立和完善行业清洁生产考核体系和环保准入门槛；加快推进新原料生产和环保治理核心技术研究，提高原料转化效率，降低生产的环境成本。通过加强宏观政策引导和技术支撑力度，实现产业与资源环境的协调发展。

主题词：燃料乙醇　行业调研　环保　对策研究

一、国外燃料乙醇产业的发展

燃料乙醇作为石油的替代品和可再生能源，受到了包括美国、巴西、欧盟在内的世界各国政府的高度重视。美国在 1979 年提出了“乙醇发展计划”，2006 年燃料乙醇的产量达到 1 400 万 t，占世界总产量的 48.7%，已超越巴西成为世界最大燃料乙醇生产国。2007 年，美国发布了未来十年的可再生能源发展计划，提出到 2017 年美国对石油的依赖程度将降低 20%，替代燃料和可再生燃料的使用量将增加到每年 350 加仑（约 10 000 t）。巴西于 1975 年启动乙醇计划，2006 年已达到 1 200 万 t/a 生产能力，占世界总产量的 41.7%。欧盟近年来积极推动生物能源的发展，目前燃料乙醇的产量已达到 180 万 t/a。由燃料乙醇生产成本分析，每桶原油价格为 40～50 美元可以达到平衡点，目前国际每桶原油价格已达 100 美元以上。由于石油资源匮乏和国际能源价格长期居高不下，燃料乙醇在能源供应的可持续发展中正日益发挥积极的作用。

二、我国燃料乙醇企业的发展布局

（一）“十五”期间企业规模和现状

为解决粮食相对过剩和应对石油资源的短缺，我国于2000年正式启动了生物燃料乙醇的生产和试用工作。“十五”期间在黑龙江、吉林、河南、安徽确定了四家定点燃料乙醇生产企业，其中黑龙江华润酒精有限公司10万t/a、吉林燃料乙醇有限公司30万t/a、河南天冠燃料乙醇有限公司30万t/a和安徽丰原生化股份有限公司32万t/a，“十五”期末已形成燃料乙醇生产能力102万t/a，在黑龙江、吉林、辽宁、河南、安徽5个省及湖北、河北、山东、江苏四个省的27个地市开展了车用乙醇汽油的试点工作，基本实现车用乙醇汽油替代普通无铅汽油，实现年混配1 020万t生物乙醇汽油的能力。从原料结构分析，四家定点燃料乙醇生产企业中除河南天冠公司有部分燃料乙醇的生产使用陈化小麦外，大部分以玉米作为生产原料，约占80%，其余为薯干和陈粮。

（二）“十一五”期间企业发展布局的调整态势

1. 产能持续快速增长

进入“十一五”后，燃料乙醇生产能力继续呈现快速增长的态势。2006年，黑龙江、吉林、河南、安徽四家燃料乙醇定点生产企业年总产量约为120万t，约占世界总产量的4.1%，目前已达到140万t。根据我国《可再生能源发展“十一五”规划》目标，到2010年，燃料乙醇产量将继续翻一番，年总生产能力达到300万t。

2. 原料结构面临大调整，非粮比例显著上升

燃料乙醇产业的发展将促进农产品的工业转化，对于促进农业的发展以及农民增收具有积极意义。但就我国人多地少的现状考虑，“十一五”期间国家提出在高度重视粮食安全的前提下，燃料乙醇产业不与粮争地，走工艺技术柔性化、原料多元化的路线。国家发改委于2007年9月发布《关于促进玉米深加工业健康发展的指导意见》，明确指出“十一五”期间，限制发展“以玉米为原料的食用酒精和工业酒精”，“原则上不再核准新建玉米深加工项目”。发展燃料乙醇从原先消化利用玉米、陈化粮为主，正逐步发展到开发薯类、甜高粱、甘蔗等非粮食作物，并重点开发荒地、盐碱地等不宜粮食耕种的土地资源潜力，建设规模化非粮食生物燃料乙醇试点示范项目。就目前各地筹建的燃料乙醇项目分析，“十一五”期间薯类原料的比例将明显上升，在近期原料结构调整中，可以占到60%～70%。

3. 产业布局呈现多源、多点发展

《2007年中国国土资源公报》数据显示，中国共有土地面积142.5亿亩，其中耕地约18.26亿亩，已逼近18亿亩的警戒线，未利用地约39.12亿亩，约占27.45%，其中荒草地约7.43亿亩，盐碱地1.56亿亩。受粮食产量和耕地资源制约，“十一五”燃料乙醇将以利用非粮、荒地为主。各地方根据资源分布的特点，开始逐步在山东、黑龙江、内蒙古和新疆等地建设以甜高粱为原料的燃料乙醇示范项目，在广西、海南等地发展以甘蔗和木薯为原料的燃料乙醇示范项目。在我国东北地区，黑龙江省开展了甜高粱乙醇试验项目，目前生产能力已达到 5 000 t/a；在我国西南地区，广西启动了以木薯为原料的年产20万t生物燃料乙醇的一期试点项目，四川拟启动年产15万t红薯燃料乙醇生产项目；在我国华北地区，河北省以红薯、甜高粱为原料的30万t燃料乙醇生产项目正在积极筹备之中。另外，我国也在积极开展纤维素制取燃料乙醇的技术研究开发，现已在安徽丰原等企业形成年产3 000 t的试验生产能力。就整体而言，我国燃料乙醇生产布局已由“十五”期间主要分布于黑龙江、吉林、安徽、河南四省，逐步扩展到黑龙江、内蒙古、新疆、河北、天津、山东、广西、海南、湖北、江苏等地。

三、我国燃料乙醇行业主要环保问题

（一）产业布局不合理，与区域环境资源承载力间的矛盾突出

我国燃料乙醇总体产业发展布局主要由原料及销售市场决定。据测算，燃料乙醇的原料半径约为300 km，而市场半径为500～700 km。这两个指标限定了燃料乙醇的生产企业及使用市场必须集中在一些大的产粮区，如黑龙江、吉林、辽宁、安徽、河南等地，我国“十五”期间大的燃料乙醇生产项目都集中在上述地区。

随着原料结构的调整，“十一五”期间燃料乙醇产业开始逐步向内蒙古、新疆、河北、天津、山东、广西、海南、湖北、江苏等地扩展，但产业布局对区域环境承载能力考虑不足。燃料乙醇生产属于高耗水、高耗能、高产污的生产行业，以年产20万t红薯燃料乙醇的大型企业为例，工业废水污染物COD产生量约为33 000 t/a，大致相当于一座160万人口城市生活污水的COD产生量，生产废水末端治理难度大，对区域水环境造成较大压力。由于缺乏对环境制约因素的考虑，一些大型燃料乙醇企业布点位于“三河三湖”等敏感流域区，企业发展与区域水环境承载力之间的矛盾突出。

（二）传统酒精酿造行业纷纷转型，行业发展存在较大污染隐患

国家“十五”期间为扶持新生物能源产业的发展，针对燃料乙醇制定了税收优惠和国家补贴政策，并采取定点生产、定点销售。“十一五”期间国家将继续大力扶

持燃料乙醇产业的发展，并逐步放开燃料乙醇市场。

目前我国汽油的消耗量已超过 4 000 万 t/a，按 10%的燃料乙醇添加比例计算，预计到 2010 年，我国燃料乙醇的市场总量可达到 500 万 t/a。而目前国家定点的四家燃料乙醇生产企业总产量在 140 万 t/a 左右，市场发展潜力很大。基于稳步发展的考虑，“十一五”国家提出新增 200 万 t/a 非粮燃料乙醇生产能力，燃料乙醇总生产能力达到 300 万 t。2007 年全国酒精总产量（不包括燃料乙醇）约为 340 万 t，已出现了产能过剩，酒精市场状况疲软。受燃料乙醇优惠政策影响，各地投资热情高涨，一些酒精、发酵企业纷纷转向燃料乙醇的生产。而就我国传统的酒精酿造行业而言，高耗水、高污染的问题非常突出，燃料乙醇产业发展存在较大的污染隐患。

（三）原料结构面临大调整，配套环保治理技术落后

我国发展燃料乙醇的初衷是消化陈化粮和石油替代。“十五”期间，燃料乙醇企业 80%以上是以玉米为原料，其余为小麦和薯类。一些大型生产企业通过引进 DDGS 工艺，将高浓度的玉米发酵醪液通过蒸发浓缩制成高蛋白饲料（DDGS），其蛋白含量高达 27%～30%，在回收高价优质蛋白饲料产品的同时，也基本解决了玉米燃料乙醇高浓度废水治理的问题。

受国家非粮原料政策影响，“十一五”期间燃料乙醇企业由以玉米原料生产为主，纷纷转向以薯类、甜高粱、甘蔗等非粮原料生产。在企业投入大量资金、人力、物力进行新原料燃料乙醇生产技术研究的同时，其配套的污染治理研究却十分薄弱。就将来的主导原料薯类而言，由于薯类发酵醪液中蛋白质含量少，商业回收价值低，企业一般将糟渣分离干燥后制成蛋白饲料（DDG）外售，而其分离的发酵醪液 COD 浓度高达 4 万～6 万 mg/L，处理难度很大，国内尚无大型废水处理工程实例。一般需采用多级厌氧、好氧生物处理串联工艺并配合物化处理工艺才能使废水处理达到《污水综合排放标准》（GB 8978—1996）中酒精行业一级标准（COD 100 mg/L），废水处理设施占地面积大、停留时间长、运行费用高，且存在一定的技术风险。同样，作为未来燃料乙醇的主要原料发展方向，纤维素乙醇的研究目前已取得阶段性成果，但从目前调研的产品数据分析，生产 1 t 燃料乙醇，玉米、薯类消耗量大约为 3 t，而秸秆原料的消耗量约为 6 t。由此可见，纤维素乙醇的原料耗量、耗水量和产污量将显著高于玉米、薯类乙醇，并且纤维素原料成分中含有大量的难降解高分子组分，将进一步加大后续末端污染治理的难度，而目前企业针对纤维素乙醇废水治理技术的研究尚未开展。目前原料结构面临大调整，如环保治理技术上不能及时跟进，将引发新一轮的区域水环境污染问题。

四、我国燃料乙醇行业发展对策和建议

（一）科学规划产业布局，加强重点流域宏观调控

根据《可再生能源发展“十一五”规划》目标，到2010年，我国燃料乙醇的年生产能力将达到300万t，工业废水污染物COD产生量将达到50万～60万t/a。2006年中国环境状况公报数据显示，全国地表水Ⅳ～Ⅴ类、劣Ⅴ类水质的断面比例分别为32%和28%，水环境污染问题已成为中国经济社会发展中的突出问题。燃料乙醇应在充分考察区域水环境承载力的基础上制定不同的环保准入政策，引导产业优化合理布局。

就燃料乙醇产业的总体布局而言，应主要定位于流域水环境容量较大、水环境敏感度低的区域。对于“三河三湖一海”等重点控制流域、区域内，应严格执行区域的环保准入，原则上不应新建大型燃料乙醇生产项目，对上述重点污染流域、区域内已建成的燃料乙醇生产企业，应加大废水环保治理力度，推广DDGS等先进环保治理技术，做到生产废水“零排放”或基本不排。

（二）合理配置非粮原料比例，稳步推进原料结构调整

不同的燃料乙醇原料发展应充分考虑原料种植资源、产品市场半径，并充分考察区域环境对其“三废”的接纳能力，因势利导，合理确定原料配置规模和比例。我国“十五”期末燃料乙醇产量约为102万t，如全部以玉米为原料测算，年消耗玉米约为304万t，2006年我国玉米总产量约为1.5亿t，仅占总量的2%。经过“十五”期间的发展，玉米燃料乙醇废水的治理技术已趋成熟，已基本解决了高浓度生产废水治理的问题，而目前非粮燃料乙醇的清洁生产及污染治理技术尚不完善。因此，应在总量控制基础上，合理设定玉米原料的比例，以实现原料的多元配置和优势互补。

“十一五”期间薯类原料将占据燃料乙醇生产原料的主体，到2010年，我国非粮燃料乙醇的年生产能力将达到200万t，COD产生量将达到30万～40万t/a。而目前对于薯类乙醇生产等高浓度有机废水的治理存在工艺复杂、治理费用高且存在一定的技术风险，对于燃料乙醇的发展主导方向——纤维素乙醇的污染治理技术研究尚未起步。燃料乙醇发展应充分考虑配套环保治理技术的同步性，分阶段进行原料结构梯度调整，在试点及示范项目取得经验的基础上，稳步推进原料结构调整。

（三）结合原料结构的调整，加快推进生产和环保治理核心技术研究

燃料乙醇作为新兴的生物能源工业，较传统石油能源工业而言，其在生产成本、能源转换效率上存在差距。最大限度地进行原料加工利用，减轻末端治理压力，降

低环境成本，是关系燃料乙醇这一新型生物能源行业能否实现新跨越的关键所在。

目前国内燃料乙醇生产成本较高，而成品油价尚未与国际接轨，行业整体利润水平较低，应重点加快产品核心技术的研发，促进产业的升级换代。美国等发达国家一直积极致力于燃料乙醇新型生物发酵技术的研究。以浓醪发酵技术为例，目前已在实验室研制出可以耐受23%酒精的酵母菌，而国内发酵水平浓度一般在12%左右，先进的可以达到14%～16%。初步核算，发酵酒精浓度从目前的12%提高到14%的水平，能耗即可降低30%，吨酒精成本可下降300元。就酒精产品能量和投入总能量的能量比分析，目前国内平均水平约为1.24，远低于美国平均水平2.1，具有较大的技术提升空间。由于薯类、甜高粱等乙醇生产废水排放浓度高达2万～5万mg/L，治理难度大，应依托技术、管理力量强的先进企业建设项目，设立环保治理研究及示范工程，在取得较为成熟的设计、运行、管理经验后，再进行稳步推广，实现产业发展与资源环境的协调发展。

（四）建立和完善行业清洁生产考核体系，提高企业清洁生产水平

燃料乙醇生产作为新型生物能源和石油替代产品，对于能源结构调整和温室气体减排具有积极的意义。“十五”期间是我国燃料乙醇行业快速发展的阶段，在产量获得突破的同时，企业也不断致力于节能降耗新技术的研发工作，开发了包括差压蒸馏技术、生物能搅拌生产沼气技术、连续离子交换技术、淀粉脱水技术在内的多项相关专利。以余馏水回流拌料技术为例，统计数据分析表明，通过开展酒糟离心清液和精馏余馏水回用，吨酒精产品拌料水补充新鲜水用量可降低8～12 t，对于节水减排起到了积极的作用。就目前几大燃料乙醇集团公司上报筹建的燃料乙醇项目能耗、物耗、产污水平分析，其行业整体的发展态势已逐步脱离了传统的食用酒精发酵生产行业，迈入新型生物能源工业范畴，初步构建了良好的产业技术发展平台。“十一五”期间，国家将逐步放开燃料乙醇市场，针对一些酒精、发酵企业纷纷转型燃料乙醇生产的状况，应充分结合行业现有的技术基础条件，尽快建立和完善适合于这一新型生物能源产业发展的清洁生产考核体系，促进原料的循环经济利用，制定相应的环保准入门槛，鼓励企业进行环境友好技术的开发和应用，以引导、规范燃料乙醇行业的可持续发展。

（2008年5月）

“区域限批”政策跟踪研究报告

任景明　张　辉　刘小丽　段飞舟　刘　磊

摘　要：2008 年 3 月，环保部环境工程评估中心对河北省唐山市、山西省河津市、安徽省芜湖市（重点是芜湖经济技术开发区）和河南省周口市开展了“区域限批”政策跟踪研究。研究表明，“区域限批”推动了地方政府对环境的治理整顿工作，在环境保护、经济发展和提高全社会环保意识等方面均取得了显著的成效。但在该政策执行过程中不可避免地会带来阵痛并付出一定的经济和社会代价。同时，“区域限批”政策执行时间较短，理论研究还不充分，法律基础较为薄弱，致使该政策在执行中还存在一些问题。针对这些问题，从完善“限批”政策、配套相应措施和采用经济、行政综合手段等三个方面提出了具体的建议，力图为完善“区域限批”政策，进一步推动该政策的有效实施提供依据。

主题词：区域限批　成效　问题　建议

一、有关背景

近年来，部分地方政府由于没有意识到环境问题的严重性，盲目扩大投资，对污染企业一路开绿灯。大量违规项目扰乱了国家和地区的宏观经济调控和产业结构调整，一些地区治理速度甚至赶不上污染的速度。为控制愈演愈烈的环境问题，2007 年 1 月，原国家环保总局重拳出击，首次启动了“区域限批”政策。由于该政策执行时间较短，尚缺乏有效的实践检验，因此，需要对该政策进行跟踪研究，总结政策执行的成效，发现政策执行中存在的问题，并提出有针对性的建议和措施，为逐步完善“区域限批”政策、进一步推动该政策的有效实施提供依据，同时也为更加有效地控制区域污染物排放、优化地方产业结构、促进社会经济全面协调可持续发展提供重要保障。

河北省唐山市、山西省河津市、安徽省芜湖市（重点是芜湖市经济技术开发区）及河南省周口市这四个区域环境违法严重，“限批”情况复杂，由于治理措施得当，治理力度较大，“限批”后治理到位，情况较好，具有典型性和借鉴性，因此，本报告选择了这四个区域作为研究对象。

二、成效显著

（一）在改善地方环境的同时，促进了地方环保工作的发展

（1）环境质量明显改善。通过淘汰落后企业，加强对污染企业的环境深度治理，较大限度地削减了污染物的排放量，环境质量得到明显改善。2007年河津市通过环境深度治理后，二氧化硫、烟尘和粉尘的排放量同比分别下降了 24.8%、17.1%和9.4%，城区空气质量二级以上天数达185 d，比2006年增加了41 d。

（2）环保投入力度加大。“区域限批”政策的实施一方面促进了政府和企业对环保的投入力度，唐山市2007年环保投入共计63.92亿元，比2006年增加9.82亿元，同比增长 18.2%；另一方面也促进了地方政府加强环保设施的建设。芜湖市为提高城市污水处理水平，计划在年内开工建设三处污水处理厂，使“十一五”期间城市生活污水处理率达到80%以上。

（3）环保机制逐步完善。一是建立健全环境保护考核机制，坚持把环境保护目标作为考核各级领导干部的重要内容，实行“环保一票否决”；二是建立健全环保准入机制，严格落实建设项目环境影响评价和“三同时”制度；三是建立健全联合执法监督机制，完善环保、国土资源、发改委等相关部门联合执法及办案制度；四是建立健全环境污染责任追究机制，对造成重大环境污染的地区或部门，严格落实行政“问责制”和过错“追究制”。

（二）优化了经济增长方式，提高了区域竞争力

（1）促进产业结构调整，转变经济增长方式。如唐山市以“区域限批”为契机，提出并实施了以建设科学发展示范区为主导，推动资源型城市全面转型的发展战略。在淘汰落后产能的同时，立足产业基础，优化产业结构，提升产业层次，形成了资源深度加工、产品高端延伸、产业相互融合、区域优势互补的良好局面。

（2）市场环境得到净化，区域竞争能力不断提升。通过淘汰落后产能、关停土小企业，抑制了无序竞争，净化了市场环境，也更有利于提高大企业遵守国家环保法律法规的积极性。此外，通过地方政府和环保部门对环境的综合治理整顿，当地的市场环境得到明显改善，对增强区域综合竞争能力，促进地方经济长期稳定发展起到重要作用。

（3）推动发展循环经济，提高了资源利用率。“区域限批”的实施，促使地方政府要求各类企业发展循环经济，利用新工艺、新技术和新装备，不断提高资源利用率，取得了显著的成效。2007年唐山市仅推广高炉煤气发电一项，就节约了56万t标准煤，高炉煤气综合利用率达到95%。

（三）全面提高社会环保意识

（1）提高了地方政府的环保意识。“区域限批”使地方政府官员逐渐认识到只注重 GDP 的发展而忽视环境质量改善的政绩观并不利于个人的长远发展。政绩观的转变促使地方政府加强了对环保工作的重视程度，唐山市、河津市和芜湖市都建立了“环保一票否决制”。

（2）提高了企业的环保意识。“区域限批”后，政府加大了对环境污染的整治力度，企业逐渐认识到环保就是企业的生命，从而变被动环保为主动环保。“区域限批”涉及区域的企业，对环境保护相关法律法规的重视程度也相应提高。

（3）提高了公众的环保意识。通过各种媒体的宣传，公众对环境质量的要求有所提高，同时也唤醒了公众的环境维权意识。“区域限批”后，部分地区专设了环境污染投诉电话，公众积极主动地向环保局投诉污染企业，进一步促进了企业对污染的治理力度。

三、带来一定经济和社会代价

虽然“区域限批”这种行政手段在打击环境违法行为方面发挥了重要的作用，对政府唯 GDP 增长的政绩观转变起到了“催化剂”的作用，但是在执行过程中不可避免地会带来阵痛以及经济和社会代价。一是拆除落后设备，造成了经济损失和资源浪费；二是停止审批建设项目，减少了地方财政收入；三是受到“区域限批”通报后，地方的社会形象受损，导致外来投资减少。

四、存在的问题

由于“区域限批”政策执行时间较短，理论研究还不充分，法律基础较为薄弱，致使该政策在执行中存在一些问题：一是缺乏“区域限批”执行办法与标准，导致该政策在实施中缺乏相关的依据；二是环评管理人员严重不足，对“区域限批”执行情况缺少有效监管；三是“区域限批”只是审批与否的权力，对“未批先建”缺乏足够的杀伤力；四是环保系统上下缺乏有效沟通与协调，导致部分地区省级“区域限批”尚未解限，国家级“区域限批”又开始执行；五是对“区域限批”政策宣传不够，部分地方对此政策还存在认识误区。

五、建议

（一）完善“区域限批”政策，切实改善区域环境

（1）完善法律法规体系建设，建立“区域限批”长效机制。一是要完善上位法，通过修订《环保法》《环评法》，在法律中赋予环境主管部门“区域限批”管理的职责，

明确“区域限批”的原则、实施主体、适用范围与对象，使该项工作真正做到有法可依、有据可循；二是结合地方“区域限批”的实践，编制“区域限批”技术规范，为“区域限批”的具体实施提供科学依据；三是配合《环保法》《环评法》的修订，制定专门的“区域限批”管理办法，为“区域限批”长效机制的建立提供保障。

（2）规定“限批”和“解限”程序，提高政策的规范性。在“区域限批”管理办法中，应对“限批”和“解限”程序进行规定。“限批”和“解限”程序应包括限批建议、限批方案的确定、限批方案和名单的公布、环境违法行为整改、整改的督察、解限申请、解限申请的审查、解限情况的公示、解限公告等内容。

“限批”程序可以进行以下具体规定：首先，由环境保护部有关业务管理和执法监督部门查实地方的环境违法事实，提出限批建议；第二，由环境保护部专门负责限批工作的部门对限批建议进行研究，并确定限批名单和限批工作方案；第三，将限批名单和限批工作方案报环境保护部部领导批准后，以正式文件将限批原因、治理要求、限批时限等情况下发限批所在区域的省、市、地方环保部门及相关政府部门，并在下发文件中明确环境保护部负责此项工作的部门和联系人，同时通过媒体向社会公开限批区域违法事实、治理要求、限批整改期限、举报电话及举报信箱；第四，由专门负责限批工作的部门对限批整改情况进行定期督察，并要求限批区域定期向负责部门汇报整改情况，同时通过媒体定期向社会公布限批区域整改情况及公众监督举报电话和信箱。

“解限”可按以下程序进行：由限批区域提出解限申请，专门负责此项工作的部门派检查组对整改情况进行检查并委托相关监测部门对污染物排放情况进行监测。检查组将实际情况反馈给环境保护部专门负责限批工作的部门讨论，将结果提交部领导批准后通过政府网站和主要媒体公示解除限批决定及公示期，公示期过后如果没有异议，将以正式文件下发到限批区域所在省、市、地方环保部门及地方政府，同时通过媒体向社会公告。

（3）制定“区域限批”的标准，提高政策的可执行性。对于在何种情况下可以执行区域限批以及治理到什么程度可以解限，应该有明确的标准，能量化的指标应尽量进行量化。其中，由于治理污染类的项目对保护环境有利，应对这类项目“开绿灯”；循环经济类的项目也可能会对环境产生污染，有的项目还可能对环境产生较严重的污染，如再生金属行业。因此，对于循环经济类的项目，应区别情况进行限批，不应全部“放行”。另外，由于各地限批的原因各有差异，治理要求也不同，应当将下发限批通知要求的治理标准作为“解限”的标准，限批区域达到治理要求后，即可以解限。

（二）配套相应措施，继续落实“区域限批”政策

（1）强化后续监管，保障“限批”效果。一方面，要加强对“限批”区域治理

情况的监管，组成专门的督察小组对“限批”区域的整改方案、治理措施及治理效果进行监督检查，对未按要求进行治理整顿的地区延长“限批”期限，并进行通报批评；另一方面，应加强对区域解限后的环境监管，在排污企业周边建立定位监测点，对污染物排放情况及环境质量状况进行监测和上报，对再次违反环境法律法规、超标排放污染物的企业给予严厉处罚，并对该区域加大“区域限批”实施力度和延长“限批”时间。通过以上监管措施，保障“区域限批”的执行效果。

（2）强化环评管理，增加人员配备。发动“区域限批”“环评风暴”之时，原国家环保总局环境影响评价管理司仅 14 人，而第一次限批涉及四个城市四个企业集团、82 个项目，环评管理人员严重不足，导致对“区域限批”的执行情况及执行效果缺乏有效监管和后评估。因此，要深化“区域限批”工作，首先需要充实环评队伍，增加环评管理人员配备。

（3）强化舆论宣传，提高环保意识。一方面，加强对“区域限批”政策的宣传，将“限批”情况良好的区域树立为典型，重点宣传其整顿方法和治理效果，转变一些地方政府和企业对“限批”政策的抵触情绪；另一方面，加强对环境保护重要性的宣传，使人们认识到环境污染的危害，提高公众环境维权意识，同时设立专门的环境举报热线电话和举报信箱，通过公众参与，对环境违法和环境污染严重的地区和企业起到监督作用。

（4）强化部门协调，建立联动机制。地方政府应协调各部门积极配合，建立联动机制，形成合力，加大“区域限批”实施力度。一是与发改委联合，停批“限批”区域新上项目的立项（治理污染类项目除外）；二是与土地部门联合，对违规新上项目停止批地；三是与金融系统联合，严格执行绿色信贷制度，合理控制贷款发放，通过金融杠杆对环保实施调控；四是与工商部门联合，对污染超标严重且未及时整改的企业吊销营业执照，对“限批”区域的新上项目（治理污染类项目除外）停发营业执照；五是与监察部门联合，在做出“限批”的同时，建议监察部门追究有关严重违反环评和“三同时”制度的负责人员的行政责任；六是与市政部门联合，对未按期整改的企业采取停水停电措施。

（三）采用经济、行政等综合手段，从根本上解决环境问题

（1）采用经济杠杆，有效控制污染。一是进一步加强落实绿色信贷制度，对不符合产业政策和环境违法的企业和项目进行信贷控制；二是强化绿色财税制度，对环境污染行为和导致环境污染的产品征收特定的污染税；三是推进绿色证券制度，以上市公司环保核查制度和环境信息披露制度为核心，遏制“双高”行业过度扩张。

（2）强化环保意识，建立考核机制。一是建立正确的干部考核机制，将环境因素融入干部考核中；二是强化企业的环保意识，建立污染企业定期考核机制和奖惩机制；三是进一步强化居民的环保意识，鼓励公众参与各地环保工作的监督与考核。

（3）改革环保管理体制，实施垂直管理。实施垂直管理将会使各级环保部门在人财物上独立于地方政府，从而获得较大自主权，摆脱地方政府掣肘，也更有助于跨区域、跨流域的环境规划与管理，环境执法也将更加权威、统一、科学和高效。

（4）提高行业准入门槛，减少经济损失和资源浪费。一是适当提高限制类项目的生产能力、工艺和产品的要求；二是统筹考虑鼓励类目录的制定需要，提高对鼓励类项目的要求；三是提高淘汰落后产业的要求，目前属于限制类的项目，如果区域环境污染较重，也适当考虑列入淘汰类进行淘汰。

（5）强化咨询服务，建立推广机制。一方面，要加强环境保护与污染治理技术的研究，强化环境保护与污染治理技术服务；另一方面，建议成立专门的环境保护技术推广部门，对实用环保技术与污染治理技术进行集成与推广，定期组织同类型企业进行治污技术交流，并定期对各地政府和企业开展环境保护与污染治理技术的培训，提高环保技术水平。

（2008 年 6 月）

我国电力行业节能减排与可持续发展宏观研究
——IGCC电站发展与探讨

薛其福　多金环

摘　要：我国火电用煤已占到煤炭消费50%以上，未来我国以煤为主的能源格局不会改变；如何实现电力行业的节能减排与可持续发展，探索高效清洁的煤发电技术成为有效途径。IGCC作为新型、高效的洁净煤发电技术之一，引起当今国际社会的高度关注。与燃煤火电站相比：IGCC提高了供电效率，节约了不可再生的煤炭资源；IGCC通过硫回收技术，提供单质硫磺，实现了煤中硫的资源化利用，将改变国内硫磺大量进口的局面；IGCC能够节水30%~50%，避免了占用大量宝贵的水资源。当前，火电发展与区域环境承载力（包括水资源、环境容量、生态环境等）矛盾日益加剧，必须以科学发展观为纲领，加快技术攻关，提高IGCC可用率，以优质煤炭资源保障IGCC发展，促进我国电力行业的节能减排与可持续发展。

主题词：电力　IGCC　节能减排　可持续发展　宏观研究

目前，国内火电用煤已占到煤炭消费50%以上；然而，提高燃煤电站发电效率的经济代价与技术难度逐渐增大，而且其污染物治理属于末端治理，未实现资源化利用。因此，当前环境压力下，电力行业如何实现可持续发展，可谓机遇与挑战并存。整体煤气化联合循环发电（IGCC）将煤炭、生物质、石油焦、重油等多种含碳燃料气化，将合成气净化后用于燃气—蒸汽联合循环的发电技术，该技术不仅提高了发电效率，而且实现煤炭资源的综合利用。因此，IGCC是当今国际上最引人注目的新型、高效的洁净煤发电技术之一，是电力行业实现节能减排与可持续发展的途径之一。

一、国外IGCC发展趋势

目前，全世界已运行的IGCC电站约22座，装机容量约6 500 MW，美国和欧洲分别有6套和12套，可见IGCC电站主要分布于欧美经济发达地区。以煤为原料气化的IGCC电站有美国Tampa Polk、Wabash River、荷兰Buggenum、西班牙Puertollano四个电站，占18.2%，比例不高，但分布于不同国家与地区，起着示范性作用。统计表明，已运行的IGCC电站大部分建在以煤为原料的化工厂或炼油厂（产生大量的石油焦、重渣油）内部或附近，可实现资源短距离调配，做到合理化利用。

据不完全统计，全世界规划或在建 IGCC 机组共有 20 座，总装机容量约 11 500MW，约为现运行 IGCC 装机总量的 2 倍，单台机组最大功率平均为 575MW，装机规模呈现扩大化趋势。美国规划建设 8 个 IGCC 项目，平均单机功率为 770MW，均以含硫量较高的煤和石油焦为原料；欧洲如法国、苏格兰、西班牙、英国均计划建设 IGCC 电站；可见，世界范围内 IGCC 电站将呈现快速发展，并向大型化、商业化发展。

二、国内 IGCC 发展情况

从 20 世纪 80 年代起，我国就跟踪 IGCC 的发展，并且将其列入国家重点科技发展项目。2004 年华能集团推出了“绿色煤电”发展计划，与 7 家公司共同成立绿色煤电公司以具体推进该计划。该项目分 3 个阶段，第一阶段即“十一五”期间，将在汕头电厂建设 120MW 级 IGCC 示范电站；第二阶段即“十二五”期间，将建设 300～400MW 级 IGCC 示范工程；第三阶段于 2020 年左右，形成以煤气化制氢、氢气轮机联合循环发电和燃料电池发电为主，并进行 CO_2 分离和处理，建成适合中国国情的煤基绿色能源系统。

目前，国内五大电力企业正在积极发展 IGCC 电站，如大唐集团在天津大港、北京房山、广东深圳和东莞均规划建设 IGCC 项目，设计总装机容量在 4 000 MW 以上；中国电力投资集团公司在河北廊坊建设 2 台 400MW 级 IGCC 发电机组；此外，神华集团、兖州矿务局等煤炭集团也纷纷加入 IGCC 电站的建设中。据了解，国家发改委正在积极推进国内 6 个 IGCC 电站的建设工作。随着国内经济发展与环保要求的不断提高，我国必将进入 IGCC 电站建设的高峰期。

三、IGCC 的技术特点与发展趋势

IGCC 电站技术特点主要在于高效的供电效率、低资源消耗、优越的环保性能。

（一）供电效率的提高，将更加有效地利用煤炭资源

现运行以煤为头的 IGCC 技术经济水平见表 1。由此可见，目前国际上运行的 IGCC 示范电站供电效率已高达 45%，比同期建设的常规亚临界燃煤电站效率高 5～7 个百分点，与超超临界机组供电效率相当。随着燃气轮机技术不断更新，能量实现梯级利用，IGCC 供电效率可达 52%，可见 IGCC 电站供电效率较高，具有燃煤电站无可比拟的优势，从而提高煤炭资源的利用效率。但 IGCC 电站劣势是工程建设成本较高，单位千瓦造价为燃煤电站的 2.9～4.2 倍（我国燃煤机组工程造价约 3 800 元/kW，折合美元（按 7∶1）542.8 美元/kW）；随着国际设备制造商系统整合、运行技术的提升，将保障 IGCC 电站运行的可靠性，提高可用率，从而降低 IGCC 电站的工程造价。

表 1　煤气化 IGCC 示范电站的技术经济水平

电站	Buggenum	Wabash River	Tampa Polk	Puertollano
国家	荷兰	美国	美国	西班牙
投运年份	1984	1994	1996	1997
净容量/MW	253	265	250	300
气化炉	Shell	Destec	Texaco	Prenflo
燃气轮机	V94.2	GE-7EA	GE-7EA	V94.3
效率/%	43.3	40	37.8	45
造价（美元/kW）	1 858	1 591	1 650	2 303
可用率①/%	86.1	80	77	66.1

注：① 可用率=操作时间/计划工作时间，它是用来评价停工所带来的损失，包括引起计划生产发生停工的任何事件，如设备故障，原材料短缺以及生产方法的改变等。

（二）节约水资源，回收煤中的硫资源

众所周知，我国北方水资源相对匮乏，水资源往往制约燃煤火电站的建设；而 IGCC 是将煤气化，由煤气直接燃烧膨胀做功发电，不同于常规火电站煤燃烧产生的高温高压水蒸气做功发电，避免了水蒸气的蒸发消耗，因而节约水资源。统计数据（见表 2）表明，IGCC 同超超临界机组相比，能够节约 30%～50%水资源；因此，IGCC 电站相对适于建设在富煤而缺水地区，将有效解决我国煤水分布不均造成的资源利用困境，缓解大量煤炭外运造成的运输压力。

表 2　IGCC 与其他火电排放水平对比

技术	烟尘/[g/（kW·h）]	SO_2/[g/（kW·h）]	NO_x/[g/（kW·h）]	水耗/[L/（kW·h）]
超临界（脱硫＋脱硝）	0.103	0.24	0.654	2.271～2.498
IGCC	0.012	0.059	0.342	1.363～2.044

2006 年全国 SO_2 排放量 2 588 万 t，其中大部分来源于煤炭直接燃烧，如火电厂全部脱硫需花费数百亿投资，仅是将 SO_2 从气态污染物转变为固体废物，仍需占用大量土地存放。IGCC 将煤炭气化，利用高效稳定的硫回收技术，将硫回收为单质硫磺，其硫排放量仅为火电厂脱硫后的 1/20 左右。据悉，今年我国硫磺消费量达到 1 120 万 t，90%硫磺需要进口，随国际硫磺市场变化，硫磺价格由 2007 年一季度的 70 多美元/t，上涨到今年一季度的 600 多美元/t。因此，IGCC 电站将有效利用煤炭中的硫资源，变废为宝，可缓解我国硫磺资源的短缺。以中国电力投资集团公司廊坊 400 MW IGCC 电站为例，可有效回收硫磺约 9 771 t/a，直接经济效益近 600 万美元/a（按现价）。

（三）燃烧前脱除污染物技术，将有效减排污染物

IGCC 电站对合成煤气采用“燃烧前脱除污染物”技术，合成煤气气流量小（大约为常规燃煤火电尾部烟气量的 1/10），易于高效处理；目前，IGCC 电站常用的脱硫有低温甲醇洗（Rectisol）法、Sulfinol（环丁砜）法、塞来克索尔（Selexol）法、NHD 法和 MDEA 法等，其脱硫效率可达 99%以上，远高于常规火电站的石灰石-石膏湿法脱硫效率（90%），将大大削减 SO_2 排放。IGCC 除尘一般采用干式除尘和湿式洗涤相结合方式，除尘效率可达 99.9%，高于火电站的静电除尘和布袋除尘；并且 IGCC 燃气轮机采用低氮氧化物生成的清洁生产技术，大大降低氮氧化物的产生与排放（IGCC 氮氧化物排放浓度为 50 mg/m^3，远远低于火电的 450 mg/m^3）；表 2 对比给出了 IGCC 电站与火电排放水平，可见其 SO_2、烟尘、NO_x 排放水平远低于超临界燃煤火电机组（脱硫＋脱硝）。

（四）IGCC 电站的 CO_2 减排潜力

2005 年 2 月 16 日，《京都议定书》开始生效，我国政府承诺履行《联合国气候变化框架公约》和《京都议定书》中规定的义务。作为发展中国家，现阶段没有 CO_2 等 6 种温室气体的减排任务。但是，我国温室气体 CO_2 排放量已经居世界第二；预测表明，到 2020 年，我国 CO_2 排放量将接近排名第一位的美国。届时我国将会承受国际社会减排要求的巨大压力，势必会影响我国燃煤电厂的发展和经济效益。

目前，常规燃煤电站没有经济有效的脱除 CO_2 方法，而 IGCC 由于机组效率的提高，同样外供电量的前提下，将有效节约煤炭，间接地减少 CO_2 排放量。同时，在 IGCC 系统中可将 CO 变换生成 H_2 和 CO_2，H_2 作为最清洁的燃料（如燃料电池）使用，CO_2 可以进行分离、脱除、填埋回注、油田助采，以实现 CO_2 减排或零排放。

据 Thomas 研究表明，IGCC 减排其产生的 CO_2 时，需要减少 5%的出力，增加 30%投资，发电成本提高 25%；超超临界燃煤机组则会减少 28%的出力，投资增加 37%，发电成本上升 66%；由此可见，相对超超临界机组，IGCC 应对 CO_2 减排具有很大优势。现阶段，我国 IGCC 项目投产后，即可以根据《京都议定书》所规定的发达国家和发展中国家之间的排放指标交易机制（清洁发展机制 CDM），就所能减排的 CO_2 量进行交易。

由于 IGCC 电站有以上优势，国际上 IGCC 的发展正由政府主导转向企业主导，从示范运行转向商业运行，众多电力运行企业和设备制造生产商纷纷介入，必然引起新一轮 IGCC 发展热潮。

四、稳定煤源与煤质是提高 IGCC 可用率的关键

相比燃煤电站，IGCC 电站可用率较低（80%左右），主要受煤气化环节制约，

而煤质是影响煤气化技术能否顺利操作的关键。目前，国际上先进的气化工艺有鲁奇移动床加压气化、水煤浆德士古（Texaco）气流床气化和 Shell 粉煤干法气化。不同工艺、不同气化炉型对原煤煤质要求不同：

（1）Texaco 气化工艺：最好为烟煤，煤质必须满足 4 个条件：① 发热量大于 25.12MJ/kg，以保证气化炉的热平衡；② 灰熔融流动温度在 1 300℃左右；③ 煤中灰含量小于 15%，越低越好；④ 煤的成浆性能好，水煤浆浓度在 60%以上。

（2）Shell 气化工艺：对于干粉加料的 Shell 粉煤气流床液态排渣气化来说，煤的灰熔点、煤的活性、灰渣的黏温等至关重要：① 煤的灰熔点是 Shell 气化法选择原料的主要条件，一般煤质的灰熔点控制在 1 400℃以下，超过 1 500℃的煤不宜采用；② 煤的活性要好，一般以年轻的烟煤和褐煤为宜；③ 灰渣的黏温特性碱性组分含量应大于 0.30；④ 灰分不应超过 30%。

（3）鲁奇移动床加压气化工艺：一般要求：① 煤质水分控制在 10%左右；② 灰分小于 20%为宜，避免气化炉运行紊乱；③ 煤质的灰熔点大于 1 250℃，且结渣性弱；④ 煤质黏结性弱或无，原料煤块均匀，粒度在 6 mm 左右，一般 d_{max}/d_{min} 小于 2。

由以上三种主要气化炉对煤质要求的分析可知，气化炉对煤质要求比常规火电站锅炉要求严格，特别是灰分和灰熔点等指标要求高，使其煤种选择范围较窄，但对含硫量要求不高。为保证气化炉运行的经济性指标，一旦气化炉设计与建成，必须有稳定、统一的煤源供给，尽量避免因煤质波动造成气化炉喷嘴、耐火材料等设备更换速率加快，降低 IGCC 电站的经济效益与可用率。因此，稳定的优质煤源供给，将大大提高 IGCC 电站的可用率，取得良好经济效益。

五、IGCC 发展的对策与建议

我国以“煤为基础”能源格局在未来几十年里不会改变，电力的主要来源依然为煤电；提高电站的发电效率、降低 SO_2 和氮氧化物排放水平、提高火电的清洁生产水平以及即将面临的 CO_2 减排等问题，是摆在我们面前的重大课题。目前，IGCC 技术成为解决上述课题的有效途径之一。

（一）提高认识，加快技术引进与消化，鼓励自主研发

IGCC 将我国的主要动力资源（煤炭）与高效环保的发电技术结合在一起，在发电效率和环保等方面具有无可争议的优势，符合中国资源利用的特点，是我国电力行业实现可持续发展的重要途径之一，我们应该充分认识开发应用 IGCC 技术的重大意义。积极开展 IGCC 技术的国际合作，通过政府谈判、CDM 技术合作、企业交流等方式，引进国外的先进技术和经验；同时，组织有关科研机构进行技术攻关，特别是关键技术——煤气化炉的攻关，提高核心技术竞争力，建设国内 IGCC 电站的示范点，为商业运营积累经验。

（二）加大政府投资力度，完善配套政策，鼓励 IGCC 与大型煤化工联合，发展大型产业群

国家应尽快制定 IGCC 专项规划，并配套专项资金，支持和鼓励 IGCC 技术的研发，支持 IGCC 示范电站的建设和运营。在此基础上，研究制定鼓励 IGCC 电站与大型煤化工联合运营的优惠政策，运用环评审批、核准等行政手段，发挥电价、税收等经济杠杆作用，鼓励区域内建设 IGCC 电站与大型煤化工企业，发展区域内循环经济，积极探索 CO_2 的减排，引导碳元素的循环使用，减少温室气体排放。

（三）整合资源，以国家重点煤矿区为基础，开展战略环评，优化国内煤化工与 IGCC 产业布局

结合国家四类主体功能区划分，立足于国家已核准的煤炭规划矿区，以稳定供应优质煤源为基础，着眼解决规划布点、水资源分布与利用、生态环境冲突、环境承载力等问题，在富煤富水区域，建设煤化工（如煤制烯烃、制油、合成氨、焦化等）、IGCC 电站等产业群，对优质煤进行合理利用，建设煤气化炉群，稳定区域内煤气供给，以保证下游设备开工率与产业间的互补，尽可能延长产业链，减轻化学品运输压力和环境风险。在政策层面指导地方产业健康发展，确保产业发展不挤占居民、农业和生态用水，保护生态环境，做到可持续发展。

（四）鼓励 IGCC 电站使用高硫煤，探索高硫煤使用方式

由于现有煤炭利用技术水平低，污染物排放量大，国家规定禁止开采含硫大于3%的煤矿。但是随着能源需求的不断增加，优质煤炭将会逐渐减少，大量的高硫煤和劣质煤炭将被开采，如果采用现有的煤炭利用技术，污染物排放量将难以承受。而新的洁净煤技术硫回收率高（高达 99%），并且煤质中硫含量越高，回收的硫磺越多，可有效解决我国硫磺资源的短缺。因此，建议我国高含硫煤储藏地区（如云贵地区），而且水资源相对丰富区域，优先发展 IGCC 项目，利用高硫煤发电，探索高硫煤的利用途径。

（五）关注 IGCC 的 CO_2 减排技术

由于 IGCC 的燃气经过了分离和净化，燃烧后形成高浓度的 CO_2，使得火力发电的碳捕获成为可能。组合 IGCC 技术和碳捕获及封存技术（CCS），可大大提高燃煤效率，实现 CO_2 的零排放，被认为是温室气体减排最有潜力的技术，有望破解燃煤和全球气候变暖的矛盾。因此，应高度重视其 CO_2 减排技术的研发，积极推进，做好技术储备。

总之，当前 IGCC 技术作为洁净煤发电技术之一，对国家能源安全及经济社会

的可持续发展是十分必要的，但也存在技术风险；因此，国家必须在合理科学规划布局的基础上，集中资金、技术、政策等优势资源，建立我国 IGCC 与煤化工联合产业示范区域，促进区域内各产业间的互补，降低建设成本，提高资源、能源利用率，继而推进 IGCC 的可持续发展。

（2007 年 10 月）

参考文献

[1] 华能集团“绿色煤电”发展战略. 中国电力信息网.

[2] 李玮琦. 浅析 IGCC 技术及其发展趋势. 电力学报，2007，2.

[3] 徐强. IGCC 特点综述及产业化前景分析. 锅炉技术，2006，6.

[4] Thomas Kruege. Integrated gasification combined cycle（IGCC）[J]. IGCC Development & Finance Conference，2005（11）：14-16.

铝工业环境管理类型区划分及准入政策研究*

蔡斌彬　陈　帆　耿海清　姜　昀　刘　杰

摘　要：铝工业的现有环境管理模式和环境管理政策难以从源头上解决区域开发、行业发展与环境保护间的矛盾，部分地区的铝工业结构型污染日益凸显。从我国铝工业环境管理现状来看，全国和地方行业发展规划均没有充分考虑铝工业发展的生态环境承载能力，全国“一刀切”的铝工业准入政策也忽略了不同地区资源环境承载力的差异性，不利于铝工业根据区域资源环境承载能力进行科学布局。为了落实“分类管理、分区管理”的要求，促进铝工业的可持续发展，根据区域资源赋存条件、资源环境承载力特点、铝工业发展特征及环境影响，将全国划分为五个铝工业环境管理政策单元，并提出有针对性的铝工业环境准入政策。

主题词：铝工业　环境管理　类型区　准入政策

从新中国成立之初全国铝产量仅 10 t，到目前已经成为世界上最大的产铝国、用铝国，中国铝工业发展走过一条规模从无到有，产量从小到大，技术从弱到强的道路。但是，近 10 年以来，铝工业开始出现氧化铝盲目发展，电解铝重复建设、“遍地开花”的局面，不仅造成铝工业布局混乱，产业结构不合理，还出现了铝土矿资源消耗加剧，生态破坏和环境污染严重等问题。从全国以及地方铝工业发展规划来看，主要以资源赋存、市场需求、经济发展等因素确定铝工业发展的规模、结构和布局，对环境保护的因素考虑甚少。同时，国家近年来出台的有关铝工业宏观调控、清洁生产和淘汰落后产能等政策，虽然在一定程度上有利于节约资源、节能减排，但全国“一刀切”的政策调控，难以充分考虑区域资源环境承载力的差异，不利于全国铝工业的科学发展。2010 年 12 月，国务院发布了《全国主体功能区规划》，要求根据不同区域的资源环境承载力、现有开发强度和发展潜力等进行国土空间划分，优化产业布局。在这一指导思想下，根据区域资源环境特点进行铝工业环境管理类型区划分，并在此基础上明确不同类型区的环境管理政策，对于引导铝工业健康有序发展具有重要意义。

* 本报告为环境保护部环保公益性行业科研专项项目（课题编号：200809072）成果之一。

一、我国铝工业发展现状

我国是世界十大铝土矿资源国之一，2003 年年底全国铝土矿资源总量 25.45 亿 t，居世界第六位。“十五”期间，我国氧化铝产量一直保持平稳增长，产量增幅在 12.2%～20.9%，之后全国氧化铝产量急速扩张，到 2007 年 60 万 t 以上氧化铝生产企业达 20 家，氧化铝产量 1 946 万 t，跃居世界第一位。2000 年，我国已成为世界最大的电解铝生产国，之后产量和产能不断扩大，企业平均规模已由 2003 年的 5.7 万 t 达到目前的 33.7 万 t。全国铝工业产量变化趋势见图 1。

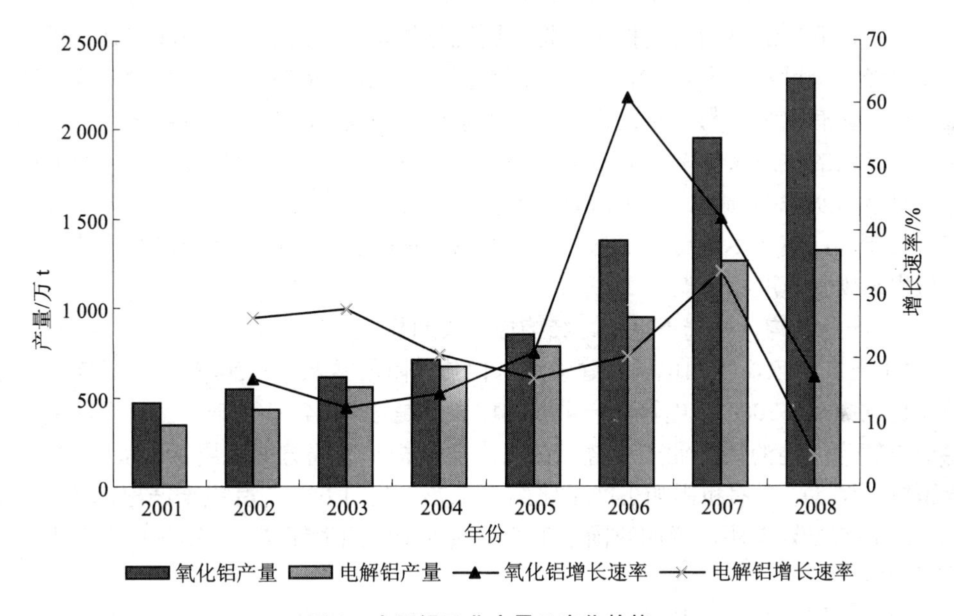

图 1　全国铝工业产量及变化趋势

从资源分布来看，我国铝土矿资源主要集中在山西、广西、河南、贵州 4 省区，占全国资源总量的 90.2%。根据“国土资源大调查项目”的调查结果，截至 2000 年，我国铝土矿共 101 处，其中大型矿 11 处，中小型矿 86 处，也主要位于上述 4 省区，同时山东、湖南、湖北和云南等地分布有少量矿点。我国氧化铝企业主要分布于铝土矿资源丰富地区，据统计，2010 年山东、河南、山西、贵州、广西 5 省的氧化铝产能占全国的近 95%。我国电解铝企业在全国范围内分布较广，共分布于 20 余个省、市、区，产能在 50 万 t 以上企业主要分布于河南、山东、贵州、内蒙古、青海、云南和宁夏 7 省区，占全国电解铝总规模的 40%左右。

二、铝工业发展导致的环境问题

1. 资源开发加剧，生态破坏严重

我国铝土矿 85%以上为露天开采，生态破坏较地下开采更为严重。据统计，生产 1 t 氧化铝会破坏植被约 0.657 m^2，永久性占地约 0.462 m^2，则 2008 年氧化铝生产将破坏植被 1 497.3 万 m^2，永久性占地 1 052.9 万 m^2。铝土矿资源开采速度高于生态修复速度，是铝工业生态破坏日趋严重的主要原因。一方面，铝土矿布局随意，开发秩序混乱，导致生态系统的破碎化，如“十五”期间，中国特色的铝土矿小规模露天民采，滥采严重而缺乏恢复，曾一度造成“鸡窝矿”的严重生态破坏现象。另一方面，开采速度的迅速扩张，将加剧现有生态破坏问题。目前我国铝土矿年开采量已经占全世界开采总量的 8%，而储量仅占世界总量的 2.4%，资源的开采速度远超过其保有储量。与此相比，铝土矿生态恢复的速度和效果却进展缓慢，如铝工业大省广西的生态恢复率目前不足 40%，生态恢复效率低，虽然受制于目前现有生态恢复技术水平的局限，但更重要的是没有根据区域生态承载力特点合理安排铝土矿开发布局，使之尽量避让生态环境的敏感区和脆弱区，调整铝土矿开采速度，使之与生态恢复速度相协调。

2. 产业结构、布局不平衡，结构性污染明显

“十五”以来，我国电解铝建设进入白热化阶段，2001—2003 年产量连续三年增长超过 20%，2007 年电解铝产量年均增长更是达到 34%。同时，虽然全国铝工业已形成较为完整的铝工业产业链，但在产业结构和布局方面发展不平衡。2008 年全国氧化铝、电解铝和铝加工产量比约为 1.73∶1∶1.08，与其完全产出比约为 2∶1∶1.2 还有一定差距，说明我国铝工业依然处于资源消耗高、污染排放大的粗放式发展阶段。

铝工业规模的迅猛发展，加之产业结构以初级产品生产为主、产业布局过于集中但集中处理污染的设施与技术跟不上，导致近年来铝工业结构性污染逐渐显现。以广西铝工业为例，自治区氧化铝、电解铝企业集中于百色市，虽然铝工业二氧化硫排放量占全省比例较低，但 2008 年二氧化硫排放量已占全市工业排放量的 1/4，氟化物占全区排放总量的 90%以上，说明在末端治理因技术手段与经济效益双重影响而跟不上污染排放速度的情况下，初级产品生产布局过于集中已给区域减排工作造成一定压力，其特征污染物集中排放的结构性污染严重，甚至可能引起环境风险问题。可见，铝工业的规模、结构、布局与区域资源、环境的承载力不匹配是区域生态环境问题不断加剧的根本原因，应基于各地区铝工业发展水平、发展潜力不同，调查研究不同区域的铝工业特征，调整铝工业发展模式。

三、铝工业分区环境管理的必要性

针对“十五”以来，铝土矿小规模民采严重，铝工业快速无序发展，电解铝局部“遍地开花”等问题，国家陆续发布了《关于加快铝工业结构调整指导意见的通知》《铝行业准入条件》（国家发改委公告 2007 年第 64 号）等政策，这些政策的落实对于遏制铝工业盲目发展势头，规范全国铝工业发展秩序，限制低水平重复建设，节约资源、能源，防治环境污染等起到了积极的作用。但这些政策是面对全国提出的“一刀切”式的管理模式，缺乏针对性，不利于平衡和引导不同区域的铝工业发展。如《铝行业准入条件》对氧化铝、电解铝能源消耗、污染排放量提出统一的准入要求，一方面，导致资源充足、环境容量较大的落后地区因铝工业政策门槛过高而起步艰难；另一方面，发达地区因节能减排压力不足，不投入资金进行环保技术改造。再如《矿山生态环境保护与污染防治技术政策》要求新建矿山土地复垦率达到 75%以上，该指标对于生态承载力较高的地区尚可接受，但对于水土流失严重、植被覆盖率较低的地区（如陕甘地区）则要求过低，将加速区域生态系统退化。可见，“一刀切”式的管理要求，对区域铝工业发展制约或引导性不足，环境保护效果不佳。

总之，从我国铝工业环境管理现状来看，无论是全国和地方行业发展规划，还是铝工业管理政策均没有考虑铝工业发展的生态环境承载能力差异性，无力通过调节区域铝工业的规模、结构、布局及开发时序，达到环境保护的目的。因此，划分全国铝工业环境管理政策单元，制订差别化的铝工业环境准入方案，对于引导区域乃至全国铝工业健康有序发展、因地制宜地解决区域生态环境问题具有重要意义。通过确定与生态环境承载力相匹配的铝工业发展模式，从源头上降低区域建设、行业发展与环境保护间的矛盾；通过确定与生态环境承载力相匹配的铝工业污染治理、清洁生产水平及循环经济方案，有针对性地控制或治理铝工业生态破坏和环境污染，保证铝工业的可持续发展。

四、铝工业环境管理类型区划分

铝工业环境管理类型区划分以铝土矿、氧化铝和电解铝为分区研究对象。铝土矿露天开采将造成植被破坏、水土流失等生态问题；氧化铝和电解铝生产过程中产生二氧化硫、粉尘、氟化物、烟尘、含碱和含油的废水等多种污染物。为了突出铝工业造成的主要生态环境问题，通过层次分析法选取水土流失敏感性、沙漠化敏感性、水源涵养功能重要性、生物多样性维持功能重要性、盐渍化敏感性、石漠化敏感性、冻融侵蚀敏感性作为铝土矿开采的生态制约因素；选择二氧化硫、可吸入颗粒物、氟化物、化学需氧量的环境质量状况作为区域氧化铝、电解铝的环境制约因素。

将以县为单位的铝工业发展的生态制约和资源环境制约分别进行灰色聚类评估，将两类评估结果构建基于资源环境承载力的铝工业发展适宜性评价判断矩阵，确定各县铝工业发展类型并运用GIS对计算结果进行全国划分，得到铝工业环境管理类型分区，明确类型区布局及区域特点，具体见表1。

表1 铝工业环境管理类型区布局及区域特点

类型分区	布局	资源特征及开发现状	生态环境制约因素
类型区一	包括贵州大部分地区，陕西中部和北部及与山西交界地区、内蒙古与宁夏交界处，并零星分布于青海、四川、宁夏，云南等地	贵州铝土矿资源丰富，山西北部及与陕西边界处、重庆、云南等地分布有一些中小型矿点。区内贵州遵义、内蒙古包头和呼和浩特市、云南昆明已建和拟建规模以上氧化铝、电解铝企业共6家	区域生态敏感性极高，水土流失、沙漠化严重，贵州水蚀敏感性、石漠化敏感性较高；大气环境污染严重，陕西北部、贵州大部分地区SO_2环境质量严重超标，已无环境容量
类型区二	包括西藏东南部、四川中部和西部、云南中部和东部、重庆大部，并零星分布于广西、内蒙古、新疆等地	区域内大部分地区不存在铝土矿，仅在广西西部有大型、中型矿点，云南中部有小型矿点。目前集中在青海和甘肃交界地区，以及云南和广西有5家规模以上的电解铝、氧化铝企业	区域生态环境敏感、脆弱，四川东部水蚀敏感性较高，云南和重庆大部存在水土流失，西藏东南部具有重要的水源涵养功能，云南大部和四川东部存在石漠化现象。环境质量较好
类型区三	包括内蒙古中部、东部地区，陕西中部和北部、山西、河北大部分地区、河南中部和北部、青海中部、广西和贵州交界地区以及少部分分布于山东、湖北、湖南、福建等地	区内铝土矿资源丰富，区内山西、河南、广西均分布有大中型矿点。山西、河南北部，山东中部、贵州中部等地区已建和拟建多个规模以上氧化铝（12家）和电解铝（12家）项目	北方平原地区，人口密集；区域生态环境较好；环境污染严重，内蒙古中部地区、山西中部、南部，河南北部SO_2超标，贵州部分地区及其与广西交界地区COD超标严重
类型区四	包括黑龙江、吉林、山东、湖北、湖南、安徽、江西、甘肃的大部分地区，河南南部、内蒙古、新疆西北部部分地区，以及沿海的山东、江苏、浙江、福建、广东、海南大部分地区	区内铝土矿资源不丰富，但部分地区周边储有较高的铝土矿资源。山东、重庆和广西已建和拟建氧化铝企业5家，甘肃东南地区、山东、辽宁、宁夏、内蒙古和浙江、福建等沿海城市已建电解铝企业12家	内蒙古西部，新疆和西藏地区生态环境比较脆弱，有一定的制约，其余地区生态承载力较高，环境质量现状良好，适宜打造完整的铝工业产业链
类型区五	主要分布在我国的西部地区，包括西藏北部、青海西部和新疆南部及东部地区	区内已探明铝土矿资源不丰富，且周边地区亦没有可提供的铝土矿资源，没有建设规模以上氧化铝企业	具有一定的生态环境承载力，但资源不丰富，地处内陆，交通不便，发展潜力很小

五、铝工业环境管理类型区的准入政策

根据区域资源赋存条件、铝工业环境影响和生态环境承载力特点，将全国划分为 5 个铝工业环境管理政策单元，并提出有针对性的铝工业环境准入政策（未提及的准入政策按照《铝行业准入条件》（国家发改委公告 2007 年第 64 号）执行），实现区域管理与行业管理相结合的环境保护模式。

1. 类型区一

对于新建、改建、扩建项目的准入要求建议如下。

（1）严格控制新建铝土矿，新建铝土矿必须充分论证生态环境可行性；明确划定禁止、限制开采区，限制开采生态环境敏感、开发区铝硅比低的铝土矿矿区。矿山土地复垦率达到 100%以上，林草植被恢复率达到 100%。

（2）严格控制氧化铝新建项目，氧化铝准入规模不低于 100 万 t/a，自建铝土矿山比例应达到 100%，清洁生产水平达到《清洁生产标准 氧化铝业》（HJ 473—2009）一级水平，氧化铝回收率达到 83%以上（拜耳法）、91%以上（其他），尾矿综合利用率达到 50%，赤泥综合利用率达到 30%以上。

（3）严格控制电解铝新建项目，新建企业需采用 300 kA 及以上预焙槽，清洁生产水平达到《清洁生产标准 电解铝业》（HJ/T 187）一级水平，全氟产生量低于 16 kg/t 铝，最高排放限值 0.9 kg/t 铝；电解铝项目工业废水零排放。

（4）对于没有环境容量及高氟地区严格实行区域限批。

2. 类型区二

对于新建、改建、扩建项目的准入要求建议如下。

（1）严格控制铝土矿开发，现有民营矿、小型铝土矿应进行全面资源整合；加强已开发矿区的生态恢复工作，土地复垦率达到 100%以上，林草植被恢复率达到 100%；减少区域水土流失、降低石漠化程度，水土流失控制比达到 0.7。

（2）新建氧化铝企业尽量布局于类型区内的重庆、四川、云南和广西地区，依靠周边资源优势，鼓励发展大型氧化铝（200 万 t/a）。氧化铝回收率达到 83%以上（拜耳法）、91%以上（其他），尾矿综合利用率和赤泥综合利用率最低应达到 20%，生产工艺达到国内先进水平。

（3）发展大型电解铝工业，延伸铝工业产业链。布局于四川西部、云南西北部煤炭资源或水电资源丰富的地区，鼓励采用“铝电联营”的模式，大型电解铝企业应配备自备电厂，生产工艺达到国内先进水平，部分地区（如广西）达到国际先进水平，全氟产生量低于 18 kg/t 铝、最高排放限值为 0.9 kg/t 铝。

（4）对甘肃和青海高氟地区新建电解铝项目实行区域限批。

3. 类型区三

对于改建、扩建项目的准入要求建议如下。

（1）在做好移民安置、生态恢复工作的条件下，鼓励进行规模化、机械化铝土矿开采，回采率达到 75%以上。在人地矛盾突出的山西、河南等地区，采后地区的耕地复垦率达到 100%。

（2）加快重点铝工业基地建设，延长铝工业产业链，形成具有国际先进水平的大型铝工业基地。

（3）严格控制新建氧化铝企业，以“上大压小”、淘汰落后、提高其准入要求和清洁生产水平，氧化铝规模不低于 100 万 t/a，自建铝土矿山比例应达到 100%，在铝土矿品质较好的部分地区（如广西、贵州等地）生产工艺采用拜耳法，氧化铝回收率达到 83%以上（拜耳法）、91%以上（其他），氧化铝二氧化硫产生量拜耳法为 0.15 kg/t 铝、联合法或其他为 0.25 kg/t 铝。

（4）严格控制新建电解铝企业。电解铝项目必须采用 300 kA 及以上大型预焙槽工艺，水耗低于 6 t/t 铝，全氟产生量低于 16 kg/t 铝、最高排放限值为 0.9 kg/t 铝，定期对氟化物进行监测；以上企业清洁生产水平达到相应标准的一级水平。生产废水全部回用。

4．类型区四

对于新建、改建、扩建项目的准入要求建议如下。

（1）在研究论证确保生态环境可持续发展的基础上，合理确定铝工业的发展规模和产品类型。

（2）内陆地区应进一步探明区域内部铝土矿储量，发掘优质铝土矿资源，并借助周围铝土矿资源优势，在行业规划的基础上发展较为平衡的铝工业产业链。

（3）北方缺水地区新建电解铝厂整流机组应采用风冷技术，控制新水消耗量，西南水资源丰富地区电解铝生产充分利用水电资源，提高水电能源使用比例，新建、改扩建氧化铝、电解铝项目清洁生产水平达到相应标准的二级水平。

（4）沿海地区充分利用区域地理位置优势，进口铝土矿、氧化铝，适度发展电解铝，打造以铝深加工产品为目标的规模化铝工业。氧化铝项目清洁生产水平达到《清洁生产标准　氧化铝业》（HJ 473—2009）二级水平，电解铝项目清洁生产水平需达到《清洁生产标准　电解铝业》（HJ/T 187）一级水平。

5．类型区五

该类型区虽然生态环境良好，几乎没有环境污染，环境容量较大，但铝土矿资源贫乏，且周边没有可提供的资源支持，加之交通不便，市场前景不广阔，铝工业发展潜力较小。应在进一步勘探、确定资源储量的基础上，确定铝工业发展规模、布局和产业结构，暂不提出准入方案要求。

（2011 年 7 月）

解决渤海环境问题的对策研究

刘小丽　任景明　张　辉

摘　要：渤海是典型的半封闭性内海，承接北方三大流域以及汇流区污染物，生态环境形势严峻。虽然经过多年的治理，局部地区生态环境有所改善，但生态环境恶化的趋势并未得到根本扭转。通过对渤海环境治理失效原因以及日本濑户内海成功治理经验的分析，提出了建立渤海综合整治协调机制、开展环渤海三省两市发展规划及规划环评、建立完善的法律法规体系以及强化环境保护目标考核等对策措施，为渤海环境治理提供参考。

主题词：解决　渤海　环境问题　对策

渤海是典型的半封闭性内海，生态环境脆弱。在国家加快区域经济发展战略的推动下，环渤海地区正在成为继长三角、珠三角之后国家宏观经济战略的重要指向区域和新的经济增长极。随着渤海地区经济社会的快速发展，渤海生态环境问题日益突出。虽然经过了近 30 年的治理，但渤海生态环境形势仍不容乐观。在国家重点战略布局中，渤海的生态环境健康是促进滨海新区、东北老工业基地振兴、山东半岛蓝色经济区等发展战略的基础条件之一，同时也是区域可持续发展的重要保障。本文通过对渤海治理失效的原因分析，并借鉴日本濑户内海的治理经验，提出了解决渤海环境问题的对策建议，为渤海的环境治理提供参考。

一、渤海环境治理历程回顾

渤海环境问题产生于 20 世纪 70 年代，从 80 年代开始，环渤海地区的环境治理问题一直深受重视。“十五”期间，国务院批复了《渤海碧海行动计划》，把渤海列入了污染防治的重点海域。几年来，在各方的共同努力下，渤海生态环境恶化的势头有所减缓，局部海域水质有一定改善，但从总体上看，渤海污染问题仍然十分严重，生态环境形势相当严峻，《渤海碧海行动计划》未能按期完成。2006 年 7 月国家发展与改革委员会启动《渤海环境保护总体规划》的编制工作，2008 年 2 月国家海洋局公布了新出台的《渤海环境保护总体规划》，计划追加 400 亿元来治理渤海，宣告《渤海碧海行动计划》实践失败。这一备受重视、设计完善、部署科学、以整治海洋环境污染为目标的《渤海碧海行动计划》为何只实施了不到 5 年？如何才能彻底根治渤海环境问题？找准渤海环境问题产生的根源以及屡治不止的原因，才能“对症下药”。

二、渤海治理失效原因分析

渤海环境污染为何屡治不止？既有渤海自身特殊性问题，更在于我国以行政区域为界的分而治之的体制、现有法律法规体系的不完善以及管理的缺位。

1．内海以及位于众多河流下游的特殊性加大渤海环境治理的难度

渤海地处黄河、辽河、海河三大流域下游，所处地理位置决定了渤海不仅仅容纳环渤海地区排放的污染物，同时还要接纳海河、辽河和黄河北方三大主要流域上游及汇流区污染物。海河、辽河、黄河三大水系途经 13 省（区、市）注入渤海。据统计，2007 年环渤海沿海 13 市对渤海纳污量的贡献约为 40%，其余 60%来自上游地区，这一特征使渤海的治理具有复杂性。同时，作为相对封闭的内海，渤海由于水体循环能力差，自净能力有限，纳污承受能力较差，治污欠账较多，环境相当脆弱，环境治理的难度很大。特殊的地理位置以及半封闭内海的特殊性加大了渤海环境治理的难度。

2．经济和环保职能的分离导致渤海环境保护和经济发展缺乏紧密联系

经济建设和环境保护“两张皮”是渤海区域的普遍现象。资源环境的破坏主要发生在生产过程和能源消耗过程，是伴随经济发展产生的。李克强副总理在第七次全国环境保护大会上谈到:“环境作为发展的基本要素，良好的生态环境是先进、可持久的生产力，是一种稀缺资源。不保护环境，经济就会陷入‘增长的极限’。”而在我国现有政策体系中经济管理政策和环境保护政策并行的体制仍然占主导，导致两类部门职能之间目标的不协调、不一致。环境管理和发展建设缺乏紧密联系，政策体系不一致是渤海环境问题解决不利的重要症结。渤海区域部分省市政府在抓经济建设和环境保护时未将两者进行有效的统一，抓经济建设时无视自然规律，以牺牲环境为代价换取经济增长；进行环境保护时未充分利用经济规律，一味采取禁止排放、罚款等行政手段进行调控，效果往往不尽如人意。而且，在“唯 GDP”的考核体制下，环境保护职能更是被弱化，在两者的博弈过程中，环境保护往往要为经济发展让路。

3．以行政区域为界的条块分割治理模式难以考虑渤海的整体性

渤海跨行政边界，沿岸和三大流域的众多地方分享其环境效益和经济效益。但渤海地区环境的整体性特征决定了环境和资源保护活动具有跨区域性和整合性特征，需要国家、沿海各地方政府以及三大流域的众多利益相关者共同参与以及相关行业和部门的积极协作，而非以人为的行政区为界分而治之。条块分割，部门过多，权力分散，使用和保护分离，是渤海环境管理中存在的主要问题。在对渤海海域的使用上，各地、各部门根据自身利益需求进行决策，部门之间、行业之间、海域使用者之间、国家和地方之间存在的矛盾，导致渤海地区产业结构趋同，同时也严重影响了渤海海域的合理开发利用。此外，在污染治理上，环境保护部、海洋局、交通部、农业部等多个部门都在进行渤海污染治理，尽管各部门都有相应的措施，但渤海的总体治理效果并不理想。管理上政出多门是造成渤海污染治理不见效的重要

原因，主要体现在两方面：一是“海洋部门不上岸，环保部门不下海，管排污的不管治理，管治理的管不了排污”的部门割据现象严重，无法形成综合治理的合力；二是渤海污染源来自多个省份，污染责任认定比较困难，容易相互推诿。各个省市往往各自为战、治理步调不一致，影响治理效果。

4．法律法规体系不完善削弱执法力度

渤海环境综合整治中缺少统一的法律法规体系，是渤海环境管理力量分散、关系难以理顺的重要原因。我国1982年制定了《海洋环境保护法》，1999年修订后从2000年4月1日起正式施行，《海洋环境保护法》实施10余年来，相关的配套法规并没有随之修订完善，一些重要的海洋环境标准仍是空白。而经国务院批准的《渤海碧海行动计划》中确定的《渤海环境保护管理条例》及《渤海船舶污染物排放管理规定》《渤海沿岸采挖砂石管理规定》《渤海渔业资源保护管理规定》《渤海渔业水域生态环境保护管理规定》《渤海沿海地区禁止生产销售使用含磷洗涤剂用品管理办法》《渤海生物物种引进规定》和《沿海重点企业污染事故应急计划制定办法》等部门规章的制定实施工作也未如期启动。遏制海洋环境污染关键靠法制，特别是针对渤海这样一个特定的半封闭内海，海域水交换能力相对较低，纳污承受能力较差，而沿海工农业较发达，就必须建立特定的法规体系。进一步加强渤海立法，不断完善海洋环境法律体系，使各种法规、标准配套，严密、具体、切实可行，才能保障渤海污染趋势得到扭转，才能实现经济社会的可持续发展。

三、濑户内海治理的启示

渤海的治理需要参考和借鉴其他相关海域的成功经验。日本濑户内海无论在地理区位特征、工业区和人口分布密集的社会经济情况、治海状况和污染历程上都与渤海有很多相似之处。经过近30年的治理后，濑户内海已成为基本清洁的海域，沿岸资源、环境都得到了有效恢复。借鉴濑户内海治理模式和经验，将有助于渤海的治理。

1．濑户内海的治理措施

第二次世界大战日本战败后需全力发展经济，工业布局开始向沿海集中，濑户内海被选为最为重要的工业基地。然而，经过近30年的高速发展，濑户内海几乎成为“濒死之海”。从20世纪70年代开始，日本开始着手治理濑户内海，首先从工业布局和结构整顿着手。日本政府制订了“工业重新布局计划”，主要包括：调低经济增长速度，经济增长目标10年年均在5.7%～6.7%；从产业结构来看，第一产业要下降，第三产业要提高；在资源能源的制约下工业部门要充分考虑环境保护、社会治安，特别注意节省资源、能源、物流，要以技术集约化为主轴推进产业结构的高度化；基础资源性的工业要长期地推进海外布局，与国外生产需要相适应；从国土平衡的角度出发进行工业重新布局，推进必要的产业设施、生活设施建设，以及教育、文化、医疗的配套。

具体措施包括：一是采取国家贷款和实行经济补贴，将严重污染企业搬迁到内陆或郊区，建设新的工业团地，企业旧址作为改善环境的用地；二是鼓励海外投资建厂，发展海外基地的模式，以消除濑户内海沿岸大城市中小企业过于拥挤的现象；三是在工业特别整治区，限制钢铁、石油化学、石油冶炼等基础资源型工业的发展，积极引导和扶持电子、电气机械、精密机械等具有高附加值的尖端技术产业，大力扶持和培育与流通相关联的产业以及印刷、高级日用品杂货等城市型产业；四是振兴濑户内海沿岸的农业、林业、水产业、流通业以及旅游业。

其次，对城市规划和公用基础设施进行整顿。一是建设以新干线、高速公路和现代化航空、航海为标志的海陆空相结合的综合高速交通体系，减轻海上运力；二是在城市功能建设方面，促进各地区的均衡发展，疏散密度过大的人口。

最后，采取综合的政策措施并以立法形式规范各县、企业的排污行为，如"濑户内海环境保护临时措施法"及其"施行令"，制定水质方面各种标准，研究濑户内海的环境容量，确定总的污染物排放量和控制目标等，进行长期的水质监测和预报，调查、监督和管理以及清理污染源，禁止填海造地，建立91个自然海滨保护地区。

2. 濑户内海治理启示

分析濑户内海治理成功的根本原因和首要措施包括三个方面：一是调整产业结构和布局，工业的重新布局成为濑户内海地区国土整治的核心环节，不仅直接影响到工业生产布局，更关键的是直接减少和切断污染源，同时也有利于社会、文化、福利的提高与环境的改善。二是推动城市均衡发展，吸引人口向其他城市转移，降低濑户内海沿岸城市人口和产业密集度。三是政府的重视以及专项法律保障。为了治理濑户内海，1973年10月日本出台了《濑户内海环境保护临时措施法》，1978年改称《濑户内海环境保护特别措施法》，以立法形式，规范府县、企业的排污行为，对濑户内海沿岸13个府县实行产业排水COD污染负荷量减半计划，按府县分配限度量，并提出时限要求。

日本濑户内海的治理经验表明，调整产业结构和布局、明确政府环境责任、推动城市均衡发展以及立法保障对于治理内海环境污染均是有效手段。

四、解决渤海环境问题的对策建议

彻底根治渤海环境问题，需要针对渤海的特点以及环境治理过程中存在的主要问题，从体制、机制的改变以及法律法规的完善入手。

1. 建立渤海综合整治协调机制，对渤海区域经济发展与环境保护进行统筹管理

打破行政区划的分割治理模式，建立健全渤海环境综合整治统一协调机制。虽然渤海地区建立了"环渤海地区市长联席会议"，从目前实际情况看，因涉及三省二市及相关各部门的利益权限等问题，仅由三省二市来组织建立协调机制对于区域的环境保护统筹协调不够。为使环渤海地区环境得到有效管理，可由中央各有关部委会同环渤海三省二市共同组成"国家渤海综合整治管理委员会"，从宏观上协调整个渤海区域的环境整治与经济发展中各方面的关系，使渤海环境保护和经济工作做到全区域一盘棋。建议“国家渤海综合整治管理委员会”下设负责日常事务的“渤海综合整治办公室”，挂靠环境保护部，使治污工作在组织上有所依托。同时，要对“渤海综合整治管理委员会”进行规范化、制度化的管理，需要规范委员会的运作：包括会议召开时间的相对固定性、会议内容的可实施性、可考核性等；选择合适的委员会成员、确定适当的委员会规模；发挥委员会主席的主导作用，为此要求委员会主席应具有权威性和影响力。

2．开展环渤海三省两市战略环评及规划环评，实现经济与环境的协调发展

建议由国家相关部门牵头编制环渤海区域发展总体战略规划，确定区域城市定位和产业分工，避免产业“同构化”和恶性竞争。综合考虑环渤海沿海各地市社会经济发展水平、产业发展定位和资源环境承载能力的差异，统筹安排区域内各省市的重点产业以及重大项目布局，引导重污染行业向其他区域布局。切实发挥规划环评作用，全面推进重点区域、临港工业区、重化工基地以及“两高一资”重点行业的规划环境影响评价。

3．建立完善的法律法规体系，为渤海环境治理提供法律保障

渤海是一个跨行政区域的、具有独特社会经济和自然地理特征的区域性海洋单元，各部门权力相互交叉，一些问题很难在现实中解决和落实。通过对渤海区域制定专门的法律，突出地方政府对渤海区域管理的职责，明确地方政府的责任，将有利于解决国家主管部门之间职责交叉等矛盾，为渤海及其沿海地区的区域性环境保护与统一监管提供法律保障，更科学、更全面地促进渤海环境管理，实现渤海区域的可持续发展。研究制定“渤海海岸带开发与保护管理条例”，打破行政区域和部门管理的界限，划定海岸带空间管制区域，确立渤海自然岸线占用与海洋生态损害的补偿赔偿机制，明确补偿款项使用原则。在国家标准的基础上，研究并从严制定环渤海沿海地区污染物排放标准。实行分区域差别化的环境准入政策，提高重点产业准入门槛。建立落后产能淘汰机制，对新建项目执行严格的导向性准入政策。

4．明确各级政府环境保护责任，强化环保目标考核

彻底改变“唯 GDP”的政绩考核制度，把资源节约与环境友好变成经济发展的内在动力。一是要建立对各级政府的科学考核制度，强化政府在落实科学发展观中的环境与资源保护责任，明确各级政府对生态环境质量负责的基本义务，在行政管理上将生态环境保护与经济发展并重；二是要建立党政领导干部科学考核制度，将生态环境质量、节能减排等环保绩效作为干部的一项重要政绩考核；三是要进一步完善环境保护责任制以及责任追究制度，明确各级政府对辖区内的环境负责，党政一把手是辖区环境保护的第一责任人，并建立相应的责任追究制度。

（2012 年 2 月）

参考文献

王琪，高忠文. 关于渤海环境综合整治行动的反思. 海洋环境科学，2007，26（3）.

我国农业政策的战略环境评价研究
——环境保护参与综合决策成果之一

喻元秀 任景明 王如松 刘 磊

摘 要：基于改革开放以来30年农业政策的演变历程，利用产业复合生态系统与环境经济学理论，政策分析和系统分析方法，定量与定性相结合，系统剖析了改革开放以来我国农业政策系统与农业复合生态系统的演变规律、动力学机制和系统调控方法，总结了我国农业政策所产生的主要环境问题。在系统梳理我国农业政策的基础上，构建了农业政策环境影响评价的基本框架，研究了农业政策对环境的影响及其作用机理，提出了相关政策的优化建议。可为制定农业"十二五"发展规划提供参考，避免或尽可能降低由于决策失误或实施过程中的"政策失灵"带来的不利环境影响。

主题词：农业 产业复合生态系统 政策环境评价 农业环境问题

党的十七届三中全会指出："农业、农村和农民问题，始终是关系党和国家工作全局的根本性问题。必须懂得，中国现代化的成败取决于农业，没有农业的现代化就没有整个国家的现代化，我国仍要大力发展农村经济，提高农民的生活水平。"农业和农村是连接人与自然的主要纽带，农村地区是中华民族生存和发展的重要根基，必须站在国家生态安全的战略高度，推进农村生态文明建设。环境是人们生存和发展的基本条件，是关系民生的重大问题。然而，随着农村经济水平和农村综合生产能力的不断提高，农业环境污染和生态破坏问题越来越突出。

由于农业政策的实施将引导一系列的农业发展规划和计划竞相出台，一系列项目逐步落实。对农业政策进行战略环境评价，有利于为后续决策提供相关环境保护参考依据，为从源头上控制农业发展对环境产生的不利影响，使农业发展向有利于环境保护的方向前进。

一、农业政策系统分析

中国农业政策主要包括农村基本经营制度及农业土地政策、农业结构政策、农业财政政策、农业生产资料相关政策、农业环境政策等。其中农村基本经营制度及农业土地政策、农业结构政策是基础，为其余政策手段提供服务导向，而其余政策的变化也会影响到这两种政策；各时期农业政策的目标不同，其中又以保障粮食安全和增加农民收入为主。改革初期（1978—1992年），中国农业政策的主要目标是要解决人民温饱问题，农业发展追求数量上的“高产”；改革深化时期（1993—2003年），人民温饱问题基本解决，为了达到小康水平，一方面强调粮食安全，另一方面要提高农民收入和加强食品安全，农业发展要求达到“高产、优质、高效”，并对化肥、农药的产量提出了要求；到了新时期（2004—2007 年），决策层意识到提高农民收入是保证粮食安全的重要条件之一，将提高农民收入放到农业政策的首位，同时也决不放松粮食生产，还意识到农业的多功能性及农业环境保护的重要性，农业发展要求达到“高产、优质、高效、生态、安全”。

二、我国农业复合生态系统历史演变趋势及现状分析

（一）农业社会子系统

改革初期：人口持续增长；人口自然增长率忽高忽低，变动较大；各产业从业人员数量均呈上升趋势，第一产业从业人员数占从业人员总数的比例较高，远高于第二、第三产业人员所占比例，但总体呈下降趋势，城乡收入差距相对较低。

改革深化时期：人口持续增长；人口自然增长率逐年稳定降低；第一产业从业人员数缓慢降低，第二产业从业人员数小幅上升，第三产业从业人员数增加较快；城乡收入差距快速加大。

新时期：人口持续增长；人口自然增长率逐年稳定降低；第一产业从业人员数快速下降，第二、第三产业从业人员数快速增长，城乡收入差距再次拉大。

（二）农业经济子系统

改革初期：国内生产总值缓慢增长，第一产业增加值占GDP的比重在波动中下降，各产业增加值缓慢上升；在大农业结构中，农、林、牧、渔业产值均缓慢增加，农业产值比重逐步减小，而牧业产值比重逐渐加大；农作物播种面积在1978—1985年逐年减少，而1985—1992年则快速增长，粮食作物占农作物播种面积的比例在小幅波动中缓慢降低。

改革深化时期：国内生产总值快速增长，第一产业增加值占GDP的比重却快速下降，第一产业增加值缓慢上升，而第二产业增加值和第三产业增加值则快速上升；在大农业结构中，各产业产值均远高于改革初期，在1992—1996年，农业（种植业）和牧业增加值增长速度相对较快，1997—2002年相对平稳，林业和渔业增长相对较慢。农作物播种面积在1993—1999年快速增长，而1999—2003年则又有所降低，这一时段粮食作物播种面积占农作物播种面积的比重则持续降低。

新时期：国内生产总值仍然快速增长，而第一产业增加值占GDP的比例却仍然一直下降，到2007年，第一产业增加值占GDP的比重只有11.47%；而这段时期，

第二、第三产业却快速发展；在大农业结构中，各业在这一时段增速均较大，种植业和养殖业尤其明显，农作物播种面积逐年增加，粮食作物播种面积占农作物播种面积的比例也逐年提高。

（三）农业自然子系统

在自然子系统中，由于我国农业环境管理受重视程度不够，相应的基础数据缺乏。但自然子系统的状态又决定了政策的环境影响状况。本研究查阅了大量文献资料，整理出我国资源开发利用现状及问题（包括水资源现状、水资源开发利用情况、农业水资源问题、耕地资源现状与问题）、环境质量现状及问题（包括水环境质量及耕地环境质量现状及问题、农产品污染及对人体健康的危害）。由于在相同的技术经济水平下，农业环境污染源的源强越大，其对农业环境可能产生的污染就会越大，从而对农业环境影响源的历史变化情况进行分析，可在一定程度上反映农业自然子系统的环境状况。因此，本研究也对农业环境影响源（包括化肥、农药、农膜、农作物秸秆、畜禽养殖、污水灌溉、农村生活污染、乡镇企业、城市污染向农村的转嫁）进行了分析。

（1）水资源现状及问题：我国水资源总量丰富但人均占有量低，时空分布不均，农业用水效率低；地下水存在不合理利用情况，由于地下水资源的不合理利用，已带来地下水位下降，产生地面沉降和地裂缝，形成地下水降落漏斗、地面塌陷、海水入侵、土壤盐渍化等问题。

（2）耕地资源历史演变及现状问题：耕地资源逐年减少，人地矛盾日益尖锐；耕地资源空间分布不均衡，水土资源匹配不协调；耕地后备资源日益缺乏，开发整理复垦难度大。

（3）水环境质量：总体上看河流污染未能得到有效控制，湖泊富营养化较为严重，湖泊污染中非点源污染贡献率较高，河口地区污染较为严重，近岸海域水体总体为轻度污染，浅层地下水污染较为普遍，地下水硝酸盐污染日益严重。

（4）耕地环境质量：耕地污染和退化均严重。总体上污染已从局部蔓延到区域，从城市城郊延伸到乡村。从单一污染扩展到复合污染，从有毒有害污染发展至有毒有害污染与 N、P 营养污染的交叉，新老污染物并存、无机有机复合污染；现已形成点源与面源污染共存，生活污染、农业污染和工业污染叠加，各种新旧污染与二次污染相互复合或混合的态势。耕地退化主要表现在“占优补劣”、水土流失、土地荒漠化、土壤盐渍化及土壤酸化等方面。

（5）农业环境影响源：化肥、农药的施用量及施用强度逐步加大，施用结构不合理，施用技术落后，利用效率偏低，从而导致化肥、农药对环境的污染日益严重；农膜施用量也逐渐增加，回收率低，污染较为严重；秸秆产量也在波动式上升，综合利用率相对较低。畜禽养殖业粪便产生量快速增长，到 2007 年已近 30 亿 t，此外，种养分离日益严重，规模化养殖场、养殖小区发展迅速，但达到《畜禽养殖污染防治管理办法》规模养殖场的数量极少，其中 2007 年能纳入环境管理的养猪场仅占养猪场总数的 5.4%；蛋鸡养殖场能纳入环境管理的仅占总养殖场的 2.07%。经过实地调研，纳入环境管理的畜禽粪便处理状况良好，而未纳入管理的养殖场只有简易的处置，环境污染比较严重。此外，污水灌溉、农村生活污染、乡镇企业及城市污染向农村的转嫁均在一定程度上造成了农业环境的污染。

三、我国农业政策的环境影响

（一）农村基本经营制度及农业土地政策的环境影响

我国这项政策主要存在三个问题：一是由于农地均分，导致土地经营主体的细小化以及地块的零碎化；二是农地产权不明晰；三是土地承包经营权不稳定。农地均分从三个方面使得农业生产资料大量使用，造成环境污染。首先，通过规模化经营提高经济效益的道路不通，加大化肥、农药等生产要素的投入就成了提高产量、增加收入的唯一途径。其次，单个农户分散经营加大了技术推广工作的难度，农户缺乏系统的技术指导，使得农业生产资料有效利用率降低。最后，小农经济的生产模式降低了农业生产的比较利益，农户在农业生产上存在严重的兼营现象。产权不明确导致一家一户的耕作方式，使得集体经济时代留下来的农田水利设施、农业防林体系成为外部性设施。集体难以形成有效的监管维护，农民只管使用不管维护的“搭便车”行为很快就使设施失修乃至报废，从而影响农业环境；土地承包经营权不稳定使得农户不能形成稳定的预期收益，农民对土地难以形成长期拥有的意识，从而使得农民很难形成对土地的长期投资行为，反而可能在有限的承包期内，过度利用土地资源，以牺牲土地资源的地力和生态环境为代价，攫取现期的经济利益。结果加重土壤污染，土地荒漠化，耕地质量下降，引发农业生态环境破坏的恶性循环。

（二）农业结构政策的环境影响

农业结构政策的环境影响主要表现在三个方面：一是种植业结构调整政策使得化肥、农药、农膜施用量增加，对水环境、土壤环境造成影响；二是大力发展畜牧业的政策而没有配套的环境管理政策，使得畜禽养殖数量激增，畜禽粪便产生量增加，而种养分离加剧，使得畜禽粪便对环境的影响突出；三是由于农业结构的调整，林果业、畜牧业、渔业挤占耕地，使得耕地数量减少。

（三）农业财政政策的环境影响

我国“自下而上”的筹资机制和“自上而下”的用资机制导致与环境有关的公共服务供给不足、不当，使得农村公共服务主体缺位造成的首要后果就是规划滞后于发展，以致污染物难处理和污染源影响大；其次是基层政府提供环保基础设施等公共服务的能力非常薄弱，加之缺乏有效的公共服务投融资机制和政策，农村环保基础设施建设总体上处于空白状态，许多农村地区成为污染治理的盲区和死角。此外，农业补贴政策影响农业的种植结构与面积，缩小了其他物种的生存空间。如果长期实施这种补贴政策，可能破坏生物多样性，同时，农业补贴政策诱导农民盲目追求“石油农业”，从而恶化了生态环境。近几年的农资综合补贴是为了减少农民由于柴油、化肥、农药等农资价格上涨而引起的种粮成本上升，对农民进行的直接补贴。这就使得柴油、化肥、农药等农资大量使用，从而影响环境。

（四）农业生产资料政策的环境影响

国家农业生产资料政策主要是限制化肥、农药、农膜价格，对农民购买农业生产资料进行补贴等，这成为化肥、农药、农膜大量施用的导向性因素，加重了化肥、农药、农膜对环境的污染。

（五）农业环境政策的环境影响

中国农业环境政策存在综合性农业环境保护法规缺乏、农业环境政策与农业发展脱节、农业环境管理体制不完善、监督力度不足、政策执行力度不强等问题，导致农业环境问题日益严峻。

（六）城乡二元体制的环境影响

城乡二元结构体制下，加剧了农村人口与资源之间的紧张关系；而城乡差距持续扩大，很多农村居民处于贫困状态，面临巨大的生存和改善生活的压力，无力顾及污染控制；农村中的精英分子竭尽所能流向城市，导致农村中从业人员的素质较低，掌握环境知识的能力较弱，环境保护意识较差；劳动密集型的小规模农业生产加大了非点源污染控制的难度；农村环境保护长期受到忽视，环保政策、环保机构、环保人员以及环保基础设施均明显供给不足。

四、我国农业政策的环境优化建议

（一）农村基本经营制度及农业土地政策优化建议

明晰农地所有权主体；明晰农地产权内容；稳定土地承包权；规范农地流转；推广以农民专业合作社为环境保护抓手的农村规模经营体制。

（二）农业结构政策优化建议

打破原有产业体系划分，发展生态产业；发展生态农业，增加农业内部农、林、牧、渔业发展的协调性；发展农田生态保育业；调整财政支出结构，逐步实现城乡基本公共服务均等化。

（三）农业财政政策优化建议

将现行农资综合直补政策的经费用于对从事绿色生产的农民进行补贴；差别化征收化肥、农药、农膜税，减免有机肥及低毒低残留农药税；对化肥、农药的供应采用总量控制；对从事生态产业生产的企业和农民专业合作社给予贷款支持，并在利率上给予优惠。

（四）农业生产资料政策优化建议

通过调控农业生产资料价格和建立生态农业的补偿机制，使经营生态农业与常规农业相比，达到经营生态农业的生产成本更低，从而把生态农业生产的外部正效应纳入生态农业生产者和管理者的决策过程。

（五）农业环境政策优化建议

修订相应的农业和环境法规，建立健全农业可持续发展的法律实施保障体系，修订和完善农业环境标准体系，构建农业环境管理体系，严格依法行政，加强执法监督，切实保证可持续发展的各项法律制度得以实施。必要时可以出台单独的农业环境保护法及其实施办法。其中近期亟须的是修改《畜禽养殖污染防治管理办法》或将其升级为“畜禽养殖污染防治条例”，修改《畜禽养殖污染防治管理办法》中规模化畜禽养殖场的定义，增加畜禽粪便综合利用激励条款。加快建立畜禽养殖污染防治管理规范和技术标准体系，制定“畜禽养殖场排污收费标准”，补充修订《畜禽养殖业污染防治技术规范》和《畜禽养殖业污染物排放标准》，建立畜禽养殖场工厂化管理规定和管理人员技术规范。

（六）打破城乡二元体制，统筹城乡环境保护

实现城乡联动，使户籍制度、就业制度与农地产权制度的改革相适应；实行集体土地与国有土地的“同地、同价、同权”；积极接纳农民工及其家庭成员落户。

（2010年5月）

四、调研报告

我国工程环境监理资质管理调研报告

步青云　王辉民　蔡　梅　乔　皎

摘　要：工程环境监理制度是我国建设项目环境保护管理体系中的重要环节，其从业队伍的发展对于工程环境监理制度的建立和有效实施具有非常重要的影响。通过调研，分析了现阶段我国工程环境监理资质管理存在的主要问题，并初步提出推进我国工程环境监理资质管理有序实施的建议。

主题词：环保　工程环境监理　资质管理　调研　报告

随着我国建设项目环境影响评价制度和“三同时”制度逐步完善，如何通过加强建设项目施工阶段的环境管理逐步健全建设项目环境影响评价全过程管理已成为环境保护面临的重要课题。为此，我国开展了建设项目工程环境监理试点工作，经过多年探索，初步建立了工程环境监理市场运行环境，并培育了一支有实践经验的从业队伍。作为开展工程环境监理工作的载体，从业队伍的发展对工程环境监理制度的建立和有效实施具有非常重要的影响，为推进工程环境监理工作进一步开展，并为建立工程环境监理管理体系提供基础资料，2008 年 10—11 月，环境保护部环境工程评估中心资质管理与培训部组织开展了我国工程环境监理资质管理专题调研。期间，调研组赴辽宁、浙江两省，与当地从事工程环境监理工作的机构进行了交流，并现场踏勘。同时，依托全国环境影响评价管理人员培训班、水利水电环境影响评价培训班和生物多样性评价培训班，以座谈和问卷调查的形式与各地从事环境保护管理与技术工作的人员进行交流，较全面地了解了我国工程环境监理资质管理情况。现将调研情况总结如下。

一、我国工程环境监理概况

（一）试点工作陆续开展，行业发展初具雏形

1995 年 9 月，我国利用世行贷款的黄河小浪底工程首次开展了工程环境监理工作。此后，相继在深港联合治理深圳河工程、龙滩水电站、万家寨引黄工程、长江重要堤防隐蔽工程和河南驻马店白云纸业等项目中进行了工程环境监理。2002 年 10 月，国家环境保护总局会同有关行业主管部门对“青藏铁路”“西气东输管道工程”

"上海国际航运中心洋山深水港区一期工程"等13个建在生态敏感地区、生态环境影响突出的国家重点工程实施施工期工程环境监理试点，通过监理，落实了工程各项环保措施，在防止生态破坏和环境污染方面取得了很好的效果。在试点项目的带动下，除北京、天津、吉林和福建外，先后有27个省级行政区开展了建设项目工程环境监理的探索和实践。截至目前，已有辽宁、青海、陕西、浙江4省开始在全省范围内推行工程环境监理工作。广东省深圳市也起草了《深圳经济特区建设项目工程环境监理实施办法》，并于2008年6月公示了征求意见稿。此外，交通和水利行业根据本行业建设项目特点，在部分对生态环境影响较大的高速公路、铁路和水利、水电项目的施工过程中开展了工程环境监理工作，从而使我国工程环境监理形成了"四省、两行业、一经济特区"发展雏形。

（二）管理体系初步建立，从业队伍逐步壮大

经过多年探索和实践，一些省、市和行业结合自身需求分别制定出本地区、本行业的管理办法，并逐步培养出一批有经验的从业机构。2007年5月，辽宁省出台了《辽宁省建设项目环境监理管理暂行办法》，率先在全省范围内建立了工程环境监理管理制度，通过对全省50多个建设项目进行工程环境监理，培养起一支包括16家工程环境监理机构，200多名技术人员的专业队伍；陕西省经过5年的积极探索，于2008年3月下发了《关于进一步加强建设项目环境监理工作的通知》，在省会西安和省辖的10个地级市中确立了11家工程环境监理机构；同年7月，青海省也出台了《青海省建设项目环境监理管理办法（试行）》，着手对省内的工程环境监理队伍进行管理和培养。浙江省自2002年起先后发布多项关于开展工程环境监理的规定，省内的宁波、湖州和温州等地级市也相继下发了在全市推行建设项目工程环境监理制度的文件，为此，浙江省环境保护科学设计研究院成立了环境监理中心，组织起一支40余人的专业队伍，落实了近百个省内要求实施工程环境监理项目的环境监理工作。通过建设项目工程环境监理试点工作，交通和水利行业也逐步认识到工程环境监理的重要意义，2004年，原交通部发布《关于开展交通工程环境监理工作的通知》并制订了《开展交通工程环境监理工作实施方案》，对重点交通建设工程全面推广环境监理；水利行业也对大型水利、水电建设项目的施工期提出了环境监理要求，经过几年的努力，交通部天津水运工程科学研究所、中国水电顾问集团成都勘测设计研究院等多家行业机构成长为具有一定工程环境监理经验的专业机构。

二、工程环境监理资质管理面临诸多问题

调研情况表明，工程环境监理经过多年的摸索，逐步培养了一批经验较为丰富、具备一定专业技能的队伍，开始由试点、推广阶段进入制度建设的探索阶段，但是，与众多新兴行业一样，工程环境监理行业及其从业队伍的发展仍受到许多关键问题

的制约。

（一）工程环境监理缺乏法律支撑，从业队伍法律地位不明确

现阶段，我国对建设项目环境保护管理实行环境影响评价和“三同时”两项制度，建设项目的投资者能够按照相关法律法规要求进行落实，但从某种程度上看，工程环境监理的介入会增加建设方的投资，而且由于大多数建设方环保意识淡薄，要求他们主动落实工程环境监理有很大难度，如果强制推行又必须具备相应的法律依据。在现有国家层面的法律中，尚没有关于工程环境监理制度的法律法规，在地方立法中，也只有深圳市在《深圳经济特区建设项目环境保护条例》中提到了工程环境监理制度。目前，工程环境监理主要依靠试点项目带动并借助行政力量进行推广，通常由环境保护主管部门在建设项目环境影响评价文件批复中提出实施工程环境监理要求，以此推动工程环境监理工作的开展。但是，由于缺少上位法的支持，工程环境监理从业队伍的法律地位难以明确，使工程环境监理不能得到其他部门的有力支持，造成从业队伍在监理工作中处于弱势地位，这也是很多建设项目没有实施工程环境监理的主要原因。

（二）工程环境监理资质缺乏统一管理，准入条件有很大差异

对已开展工程环境监理的地区、行业现状进行分析，可把工程环境监理管理主体及其从业机构分为三种情况：① 辽宁省和青海省规定从业机构需具备建设项目环境影响评价资质，由省级环境保护行政主管部门对其工程环境监理资质统一审核认定，并进行工作指导和管理；② 陕西省和浙江省的从业机构具有建设行政主管部门颁发的工程监理资质证书，其工作由环保和建设行政主管部门共同组织管理；③ 交通行业要求业内从事工程环境监理的机构应具备工程监理资质并经过环境保护业务培训，其工作的组织管理由各级交通主管部门负责。从管理模式可以看出，在②和③中，工程环境监理工作由两个相互独立的主管部门分别实施，如果主管部门之间不能建立较为顺畅的沟通机制，在工程环境监理机构的管理中极易产生职责与权限划分不清等问题，而且很难将日常的监督考核与从业机构资质证书的升降级、吊销等管理行为进行挂钩。所以，现有的多头管理模式不利于工程环境监理的长远发展。

由于管理模式不同，各地区、行业对工程环境监理机构和人员的要求也有很大差异，①中要求从业机构类型为环境影响评价机构，在监理工作中要求配备一定数量的环评工程师；而②和③中则把工程监理机构作为从业机构，人员构成主要为监理工程师，陕西省还提出了配备注册环保工程师的要求。虽然这些准入条件可能比较适合本地区、行业的管理和业务开展需要，在一定时期内也可以对本地区、行业的工程环境监理工作起到推动作用，但从全国范围看，工程环境监理如果没有统一的准入条件，各地区、行业无法进行资质互认，不利于工程环境监理

机构跨区域开展业务，随着时间推移，缺乏统一的资质管理必然成为工程环境监理发展的瓶颈。

（三）缺少相应的技术规范和标准，业务开展受到制约

近年来，一些积累了实践经验的工程环境监理机构，如辽宁碧海环境保护工程监理有限公司、浙江省环境保护科学设计研究院环境监理中心和中国水电顾问集团成都勘测设计研究院等分别制定了工程环境监理工作规范和指南，但仅作为内部资料来指导本机构的监理工作。由于没有统一的规范，工程环境监理的工作内容、范围、程序、方法、深度以及组织模式等都不尽相同，统一的工作机制体系没有形成，使得新进入该行业的机构缺乏指导，严重制约了工程环境监理机构的发展。

目前，工程环境监理机构主要把环境影响评价文件及环境保护行政主管部门的批复和工程设计文件作为与建设单位签订工程环境监理合同的依据，并根据合同内容开展工作。但是，由于工程环境监理缺乏统一的标准，监理机构在签订合同时在收费标准、检验标准、验收标准以及监理过程中的职责和权限都无法明确，造成监理过程中工作被动和监理机构利益难以得到保障。另外，没有统一的标准和量化的指标，不同地区对于工程环境监理要求的尺度掌握也产生较大差异，如在一些地区的环境监理工作中发现优于环境影响评价文件要求的环境保护措施或在排放达标情况下可降低环境保护措施标准的情况，可以及时通知建设方，经过论证后，在不影响“三同时”验收的前提下对环境影响评价文件要求做出合理变更，从而减少建设方的投资；而另一些地区在监理工作中机械要求按照环境影响评价文件进行监理，不允许进行改动，偏离了工程环境监理的初衷。所以，由于缺乏技术规范和标准，不仅工作质量优劣没有评判依据，也很难进行责任追究，不利于责任意识和工作质量的提升。现在，虽然已有《危险废物安全填埋处置工程建设技术要求》《生活垃圾填埋场污染控制标准》等行业标准对工程环境监理做出较为具体的规定，但是，就工程环境监理的发展现状以及监理对象的复杂性，现有的技术标准远不能满足工程环境监理机构开展工作的需要。

三、对我国工程环境监理资质管理有序实施的对策建议

当前，在党中央深入学习实践科学发展观的号召下，在我国建设项目环境保护管理体系迫切需要完善的需求下，工程环境监理正面临着难得的发展机遇。随着金融危机影响下拉动内需的需要，我国又将掀起新一轮建设高潮，工程环境监理从业队伍势必成为保卫环境免受破坏的重要力量。为了使工程环境监理搭上发展的快车，加快资质管理制度的建设，建议从制定上位法、建立机构准入制度、加快技术规范与标准的制定、提高监理人员素质四方面推进工程环境监理资质管理工作。

（一）尽快制定上位法，确保工程环境监理资质管理开展有法可依

任何一项管理制度的确立都需要相应的法律法规作为牢固的基础，但目前我国法律体系内尚没有工程环境监理的具体规定，使得工程环境监理开展无法可依，对其实施资质管理也缺乏足够的依据。因此，为全面推进工程环境监理工作，应首先在法律及行政法规上确定工程环境监理的合法性，明确工程环境监理从业队伍的法律地位、合理性和必要性，为建立资质管理制度奠定基础。

工程环境监理法律体系的建立是一个渐进的过程，可先通过修订《建设项目环境保护管理条例》把工程环境监理制度及其实行资质管理在立法层次上提升到行政法规的高度，并出台有关工程环境监理的实施细则，使工程环境监理资质管理开展有法可依；逐步修订与工程环境监理相关的现行法律，如《建筑法》《环境保护法》等，或制定独立的工程环境监理相关法律，明确工程环境监理从业队伍的权利与义务和法律责任，使建设项目工程环境监理资质管理制度化，进而推动工程环境监理制度法律体系不断完善。

（二）制定工程环境监理机构准入制度，实现统一资质管理

目前，工程环境监理队伍存在类型多样、管理机构不统一等问题。随着工程环境监理逐步推广，从业机构逐渐增多，法律地位逐步确定，工程环境监理队伍的管理主体、管理内容和管理方法等问题迫切需要明确和解决。

从专业角度考虑，工程环境监理的定位应为环境保护管理中的一门新兴技术咨询行业，由于其工作对象主要为建设中的工程项目，与工程建设步骤和专业名词关系密切，因此借鉴了工程监理部分工作基础，但工程环境监理更注重的是建设项目的建设过程是否符合环境保护法律、法规和标准的要求，在技术支持层面偏重于环境保护相关知识，与工程监理联系相对较少，势必需要环境保护行政主管部门的指导和管理。因此，环境保护行政主管部门作为工程环境监理机构的管理主体是较为合适的，也是可行和必要的。

在明确法律地位、确定管理主体的基础上，应制定并发布工程环境监理资质管理规定，在监理机构的经济实力、开展业务能力、技术人员数量及专业构成、质量保障体系等方面提出行业准入条件，明确监理资质考核与监督内容，建立奖惩机制，引导监理机构合理竞争，提高行业整体水平，避免因恶性竞争造成行业整体素质及道德水准下降。工程环境监理资质管理可以参考环境影响评价资质管理模式，重视环境影响评价单位和工程监理单位各自优势的结合，对不同水平的监理机构实施资质分级管理。在资质申领初期可通过较高要求的准入条件适当控制进入工程环境监理行业的机构数量，在环境保护主管部门的重点监管和指导下，培育一批具备较高专业素质和行业道德规范的监理机构作为工程环境监理行业的标杆，为更多监理机

构的加入和发展提供良好的从业环境。

（三）制定技术规范，统一监理依据和收费标准

全面实行工程环境监理资质管理制度不仅要有法可依，在实施的过程中更要有"规"可循，完善的规范和标准是保证工程环境监理机构实施科学监理的主要依据，也是衡量监理机构业务能力的重要标杆。由于工程环境监理目前还没有相应的工作规范，也缺乏相关标准，使得监理机构主要依靠经验，在质量控制尺度的掌握上容易产生较大差异，不仅不利于环保要求的落实，也不利于监理机构资质的考核与监督。因此，迫切需要研究制订出工程环境监理工作规范，完善技术标准体系，确立考核与验收指标，既为工程环境监理机构提供工作依据，也为定量考核其工作成效提供标准，使得各项措施更加合理、可行、有效。另外，由于工程环境监理机构为第三方技术咨询机构，经济效益的好坏是影响其发展的重要因素，因此，必须尽快制定符合建设方和工程环境监理机构合法权益的收费标准，确保监理机构顺利发展，促进工程环境监理行业有序繁荣。

（四）加强工程环境监理技术交流与培训，提高从业人员业务水平

工程环境监理是一项综合性很强的工作，对从事该项工作的专业技术人员来说，不但要具备环境保护工程与技术方面的专业知识，还要具备工程技术方面的专业知识，更要熟悉环境保护的法律、法规。因此，建立工程环境监理制度，必须培养一批既有环境保护技能又懂工程监理的复合型专业技术人才。现阶段，我国工程环境监理仍处于发展的初级阶段，进行经验交流和技术培训无疑是提高从业人员业务水平的有效手段，而工程环境监理技术培训班又可以提供交流与培训的平台。因此，应大力举办工程环境监理技术培训班，充分借鉴环境影响评价技术人员培训的成功经验，开展工程环境监理上岗培训，并编写工程环境监理培训教材，推动工程环境监理技术人员数量满足行业需求；充分利用现有与工程环境监理工作相关的职业资格制度，通过对环评工程师、监理工程师、环保工程师等专业技术人员的培训，使其成为工程环境监理高级专业人才。在各层次人员数量有一定积累的基础上逐步实现工程环境监理技术人员与工程环境监理机构资质挂钩。

（2009年1月）

探索废水深度处理技术，推进造纸行业污染物减排
——制浆造纸废水处理达标可行性调研报告

童 莉 程立峰 姜 华

摘 要：2008 年 6 月颁布的《制浆造纸工业水污染物排放标准》（GB 3544—2008）与原 GB 3544—2001 标准相比，增加了控制排放的污染物项目，污染物排放控制要求也大幅提高，传统的废水二级深化处理工艺已不能满足新标准要求。通过梳理和分析调研及现场监测的资料和数据，提出目前制浆造纸行业通过有效的技术改造和升级，增加废水三级深度处理流程，可以实现废水稳定达标排放。但不可避免地会增加企业建设和运营成本，大中型企业尚可接受，小型制浆造纸企业相对受冲击较大。同时提出目前制浆造纸企业废水处理仍存在一些技术和管理方面的问题，尚需通过制定技术规范、强化环境监管、深入开展相关基础研究等多方面对策，优化制浆造纸行业结构调整，确保行业污染物减排。

主题词：造纸 废水处理 环保

2008 年 6 月，环境保护部和国家质量监督检验检疫总局联合颁布《制浆造纸工业水污染物排放标准》（GB 3544—2008）（以下简称“新标准”）替代了《造纸工业水污染物排放标准》（GB 3544—2001）（以下简称“原标准”）。新标准调整了排放标准体系，增加了控制排放的污染物项目，提高了污染物排放控制要求。造纸行业此前普遍采用的一级物化＋二级生化处理工艺已不能满足新标准要求，各种制浆造纸废水三级深度处理技术随之不断涌现。

为深入了解制浆造纸废水达标排放的技术可行性及经济合理性，为今后制浆造纸行业环境影响评价技术评估和审批提供依据，环境保护部环境工程评估中心石化轻纺评估部组织专家对我国制浆造纸行业废水处理和污染物排放情况进行了调研。

一、制浆造纸行业及废水深度处理概况

（一）制浆造纸行业概况

纸浆主要分为木浆、非木浆和废纸浆三大类，其中非木浆按原料不同又分为稻麦草浆、竹浆、苇（荻）浆和蔗渣浆等。随着国民经济的快速发展，我国纸浆生产与消费量也随之高速增长。据中国造纸协会调查资料，2010 年全国纸浆生产总

量 7 318 万 t，消耗总量 8 461 万 t，分别比 2009 年增长 8.70%、6.03%，其中木浆消耗 1 859 万 t，增长 2.82%；非木浆消耗 1 297 万 t，增长 10.38%；废纸浆消耗 5 305 万 t，增长 6.16%。全年进口木浆 1 151 万 t，占消耗木浆总量的 61.9%；进口废纸浆 2 052 万 t，占消耗废纸浆总量的 38.7%。我国木浆的对外依存度很高。

制浆造纸行业属于传统的污染行业。根据环境保护部发布数据，2009 年造纸工业废水排放量为 39.26 亿 t，占全国工业废水总排放量 209 亿 t 的 18.78%；化学需氧量（COD）排放量为 109.7 万 t，占全国工业总排放量 379.2 万 t 的 28.93%；氨氮排放量 2.73 万 t，挥发酚排放量 70.67 t。“十一五”期间造纸行业纸浆生产规模由 4 446 万 t 扩至 7 318 万 t，增幅达到 64.6%，与此同时，2009 年 COD 排放总量与 2005 年相比削减了 50 万 t，减排量达 31.3%，远高于全国 10%的减排目标。

“十一五”期间造纸工业主要污染物 COD 排放量虽得到大幅削减，但作为“COD 排放俱乐部”的头号会员，造纸行业在“十二五”仍将承担我国 COD 和氨氮减排的重要任务，减排压力很大。此外，根据《国务院关于加强环境保护重点工作的意见》（国发[2011]35 号），造纸等行业“十二五”还将实行 COD 和 NH_3-N 排放总量控制。据了解，造纸行业内部提出的“十二五”预期减排指标为 COD 排放减少 10.4%，在产量保持增长的同时，从 2010 年的 106 万 t 降至 2015 年的 95 万 t。“十二五”造纸行业主要通过结构减排和深度治理实现污染物削减目标。在结构减排方面，要求淘汰无碱回收的碱法（硫酸盐法）制浆生产线，单条产能 3.4 万 t/a 以下的非木浆生产线，单条产能 1 万 t/a 及以下、以废纸为原料的制浆生产线，5.1 万 t/a 以下的化学木浆生产线以及部分亚铵法制浆，据测算，大约需要淘汰造纸生产能力 800 万 t。在深度治理方面，主要通过加快节水技术改造，提高工业用水循环利用率，同时强化污染治理设施建设，到 2015 年，预计造纸及纸制品业新增日污水处理量 300 万 t。

（二）制浆造纸新标准的指标体系及重要意义

新标准改变了原标准中按原料、工艺类型确定排放限值的做法，统一了排放控制要求，并对排水量、COD、BOD_5、SS 及可吸附有机卤素（AOX）等指标提高了排放控制要求，以 COD 为例，单纯制浆企业排放浓度限值由 350 mg/L（木浆本色）提高到 100 mg/L，严格了 70%以上，以排水量为例，新标准明确了排水量包括厂区生活污水、冷却废水、厂区锅炉和电站废水，杜绝了企业通过稀释实现达标排放的可能。同时增加了二噁英、色度、氨氮、总氮、总磷等五个指标，AOX 和吨产品排水量由参考指标调整为执行指标。对在环境敏感地区制浆造纸企业污染物排放作出了特别规定。

环境标准不仅是环境容量与经济发展的调节器，也对整个行业的生产工艺和发展方向产生导向作用。新标准的实施，不仅提高了制浆造纸行业环保准入门槛，促进制浆造纸企业从生产全过程提高污染控制水平，而且加快了环保设施不健全造纸企业的淘汰进程，有力推进解决造纸行业结构性污染问题，形成了以环境保护促进产业结构升级、优化产业布局的倒逼机制。据资料报道，山东省利用环境标准倒逼造纸行业转方式、调结构，7 年来，山东省草浆造纸企业数量减少近 70%，化学需氧量排放量同比减少 64%，行业产量、利税分别增加了 1.5 倍和 3 倍多。

（三）主要废水深度处理技术简介

2008 年以前，制浆造纸企业废水普遍采用一级物化和二级生化相结合的处理方式。新标准颁布实施后，传统的废水二级处理已不能满足新标准的要求，这促使企业必须改进污水处理方案，增加三级深度处理。按作用原理，深度处理技术主要分为物理法、化学法、物理化学法、生态法。由于制浆造纸废水成分复杂、污染物种类较多，单独采用一种技术处理往往难以达到要求，通常需要几种技术联合使用。目前广泛应用于实际生产且取得较好效果的方法有物理化学法和生物法。

物理化学法是制浆废水深度处理最常用的方法，主要包括高级氧化法、絮凝沉淀法、膜分离法、吸附法等。高级氧化法是通过添加氧化剂，对废水中未降解的有机物（多为溶解性物质）进行氧化，最常用的氧化剂为 Fenton 试剂。Fenton 试剂由亚铁盐和过氧化氢组合而成，能有效氧化去除二级生化处理出水中难降解的木质素等有机物，同时 Fe^{2+}的絮凝特性能降低后续处理絮凝剂的投加量。Fenton 高级氧化法具有占地面积小、操作简单、易于控制、出水稳定达标等优点，但投资与运行费用相对较高。“磁化＋仿酶”法是新兴的一种高级氧化法，通过在过氧化氢环境中仿酶（金属离子螯合物）的催化作用，使水溶性有机物发生脱氢缩合生成水溶性较差的大分子聚合物，从而实现有机物的固液分离。“磁化＋仿酶”法投资和运行费用相对较低，但其工艺技术尚不成熟。絮凝沉淀法是向污水中加入絮凝剂，在水中发生水解和聚合反应，使水中污染物粒子聚集成大颗粒电中和或吸附脱稳沉降。絮凝沉淀法具有节省投资、操作简单、易于控制等优点，但处理效果有限、产生污泥量大等缺点严重制约了其应用范围。膜分离法和吸附法受成本、运行管理限制，运行实例极少。目前，高级氧化法占据了国内制浆造纸废水深度处理技术的主导地位。

生物法是指在自然条件下，通过环境生物的代谢作用净化废水的一种方法，其中氧化塘和人工湿地的研究与应用最多。生物法的特点是能耗低，管理简便，运行费用低，可实现多种生态系统的组合，有利于废水综合利用，但其治理效果有限。国内只有山东等地区的少数企业采用该方法。

二、调研情况

本次调研共选取了 13 家有代表性的制浆造纸企业，兼顾化机浆、化学浆等不同制浆工艺，以及木浆、草浆、竹浆等不同制浆原料。对其中的 8 家企业发放了调查表，5 家企业进行现场调研并同时发放调查表。同时，对山东泉林、博汇、太阳纸业公司 3 家企业还开展了现场监测。具体调研企业的基本情况见下表。

调研企业基本情况

序号	企业名称	生产规模	制浆种类	污水处理工艺		达标情况	调研方式
				一级＋二级	三级深度处理		
1	广西金桂浆纸业有限公司	30万t/a漂白化学热磨机械浆	化机浆	化机浆碱回收＋物化＋生化	高效浅层气浮	达到表2标准	现场调研发调查表
2	山东华泰纸业股份有限公司	10万t/a漂白化学热磨机械浆、120万t/a废纸浆及新闻纸	化机浆	物化＋厌氧/好氧	Fenton	达到表2标准	发调查表
3	河南濮阳龙丰纸业有限公司	10.8万t/a碱性过氧化氢机械浆、20万t/a文化纸	化机浆	物化＋厌氧/好氧	化学絮凝	达到表1，不能达到表2标准	发调查表
4	海南金海浆纸业有限公司	100万t/a漂白硫酸盐化学木浆	化学浆	物化＋厌氧/好氧	Fenton	达到表2标准	现场调研发调查表
5	山东泉林纸业有限责任公司	10万t/a化学草浆（亚铵法）、各种纸	化学浆	物化＋厌氧/好氧	Fenton＋人工湿地	达到表2标准	现场监测发调查表
6	山东亚太森博浆纸有限公司	31.5万t/a漂白硫酸盐化学浆、100万t/a漂白硫酸盐化学浆	化学浆	物化＋生化	气浮脱色	达到表2标准	发调查表
7	四川沐川永丰纸业股份有限公司	6万t/a漂白硫酸盐化学竹浆及8万t/a文化纸、12万t/a漂白硫酸盐化学竹浆	化学浆	物化＋厌氧/好氧	化学絮凝	除BOD_5外，可以达到表2标准	发调查表
8	贵州赤天化纸业股份有限公司	20.4万t/a漂白硫酸盐化学竹浆	化学浆	物化＋生化	化学脱色	达到表1，不能达到表2标准	发调查表
9	湖北武汉晨鸣汉阳纸业股份有限公司	14.5万t/a碱法化学浆、14万t/a废纸浆及造纸	化学浆	物化＋生化	磁化＋仿酶	达到表1，不能达到表2标准	发调查表
10	山东博汇纸业股份有限公司	10万t/a化学草浆(烧碱法)、20万t/a漂白化学热磨机械浆、9.5万t/a漂白硫酸盐化学木浆以及各种纸	化机浆＋化学浆	物化＋生化	磁化＋仿酶	达到表2标准	现场调研现场监测

序号	企业名称	生产规模	制浆种类	污水处理工艺		达标情况	调研方式
				一级＋二级	三级深度处理		
11	山东中冶纸业银河有限公司	10.5 万 t/a 化学草浆（烧碱法）、10 万 t/a 麦草/棉秆半化学浆、10 万 t/a 碱性过氧化氢机械浆、废纸浆及各种纸	化机浆＋化学浆	物化＋厌氧/好氧	Fenton＋V 型滤池	达到表 2 标准	现场调研发调查表
12	山东太阳纸业股份有限公司	10 万 t/a 漂白硫酸盐化学木浆、20 万 t/a 碱性过氧化氢机械浆、废纸浆及各种纸	化机浆＋化学浆	物化＋生化	Fenton ＋氧化塘/人工湿地	达到表 2 标准	现场调研现场监测
13	山东晨鸣纸业集团股份有限公司	10 万 t/a 烧碱法木浆、5.4 万 t/a 碱性过氧化氢机械木浆、25 万 t/a 漂白化学热磨机械浆、废纸浆及各种纸	化学浆＋化机浆	物化＋生化	磁化＋仿酶	达到表 2 标准	发调查表

调研内容包括企业污水处理系统各处理单元的处理效率、外排废水污染物浓度以及污水处理系统运行费用等情况，调研关注的污染因子主要包括 COD、NH_3-N、SS、色度、AOX 等，重点关注其中的 COD 指标。同时，为了解深度处理技术带来的无机盐次生污染问题，补充开展了氯化物和含盐量的监测工作。本次调研的各项污染因子浓度均为企业废水处理系统各单元的出水浓度，如果综合考虑全厂冷却废水、厂区锅炉和电站废水等其他外排废水，则各污染物因子的外排浓度将有不同程度的降低。现将不同制浆工艺的制浆造纸企业及废水深度处理技术分述如下。

（一）化机浆工艺

调研选取的单纯采用化机浆工艺的制浆企业，包括广西金桂浆纸业有限公司、山东华泰纸业股份有限公司和河南濮阳龙丰纸业有限公司，均为木浆。上述企业选用了不同的三级深度处理工艺。

1．采用碱回收＋废水深度处理的企业

广西金桂浆纸业有限公司是我国目前唯一正式投运的采用碱回收装置单纯处理化机浆废液的制浆企业，突破了传统的以厌氧为核心的化机浆废水处理工艺。该公司建有 2 条 15 万 t/a 漂白化学热磨机械浆生产线，化机浆废液采用多效蒸发，固形物含量由 1.5%提高到 65%后送 400 t 固形物/d 碱回收炉燃烧。化机浆废液采用碱回收处理后，进入污水处理系统的废水污染物浓度明显降低，其中 COD 浓度由 9 000 mg/L 左右降为

1 150 mg/L，更利于废水末端处理和实现达标排放。从调研情况来看，其外排废水中 COD 等主要污染物指标均可以满足新标准要求，且远低于同类未采用碱回收的化机浆企业，其中 COD、NH_3-N 浓度分别为 24 mg/L、0.57 mg/L。

根据企业提供的材料，公司碱回收装置投资约 4.3 亿元，占项目总投资的 5.28%。化机浆废液多效蒸发须消耗蒸汽 1.365 t/t 风干浆（折合 136.5 元/t 风干浆）。碱回收炉将回收碱 37.35 kg/t 风干浆（折合 102.3 元/t 风干浆），回收水 5.5 t/t 风干浆（折合 4.1 元/t 风干浆），副产蒸汽 0.4 t/t 风干浆（折合 40.0 元/t 风干浆）。在考虑碱回收车间回收蒸汽、碱、回用水的条件下，碱回收车间的运行成本为 50.8 元/t 风干浆，占生产总成本的 1.8%。考虑折旧等费用，碱回收设施的成本将达到约 130 元/t 风干浆。

2．采用Fenton高级氧化工艺的企业

山东华泰纸业股份有限公司废水三级深度处理采用了 Fenton 高级氧化工艺，取得了较为理想的处理效果，外排废水中 COD、NH_3-N 浓度分别为 55 mg/L、2 mg/L。

3. 采用絮凝沉淀工艺的企业

河南濮阳龙丰纸业有限公司废水三级深度处理采用化学絮凝沉淀工艺。根据其提供的资料，外排废水中 COD 达到 130 mg/L，不能满足新标准中表 2 要求。

（二）化学浆工艺

调研选取的采用化学浆工艺的制浆企业有 6 家，从制浆原料来分包含了木浆、草浆和竹浆 3 类，上述企业的污水处理系统在二级生化处理后分别采取了 Fenton 氧化法、絮凝法、生物法等不同的三级深度处理工艺。

化学浆企业基本都配备了黑液碱回收装置（泉林公司黑液用于制造有机肥）。采用 Fenton 氧化处理的两家企业，外排废水主要污染物 COD、氨氮浓度分别为 40～82 mg/L、1.42～7.17 mg/L，均能达标。采用絮凝、脱色等废水深度处理的三家企业，外排废水中 COD、氨氮等污染物浓度为 80～175 mg/L、5～15 mg/L，不能稳定达标。

海南金海浆纸业有限公司为制浆企业，其 Fenton 三级深度处理设施投资约为 7 000 万元。据企业统计，2010 年废水处理成本约为 6.31 元/t 废水，占生产总成本的 5.62%，其中废水深度处理成本 2.98 元/t 废水，占生产总成本的 2.65%。

山东泉林纸业有限责任公司为制浆和造纸联合生产企业，其 Fenton 三级深度处理设施投资约为 3 152 万元，据企业统计，2010 年废水处理成本为 3.33 元/t 废水，占生产总成本的 1.89%，其中废水深度处理成本为 1.19 元/t 废水，占生产总成本的 0.68%。

（三）化机浆、化学浆工艺并存

调研选取了 4 家化机浆、化学浆工艺并存的制浆企业，上述企业的污水处理系统分别采用了 Fenton 氧化法和“磁化＋仿酶”法两种深度处理工艺。其中山东太阳纸业股份有限公司先对化机浆废液进行蒸发处理，再与化学浆黑液混合蒸发至固形物含量达到 75%后送碱回收炉燃烧；其余 3 家企业的化机浆废水采用与化学浆废水混合处理的方案。这 4 家企业外排废水中 COD 浓度为 24～58.5 mg/L，氨氮浓度为 0.156～1.8 mg/L，均能达标。

山东太阳纸业股份有限公司采用 Fenton＋氧化塘深度处理工艺，建设投资约为 17 060 万元。据企业统计，2010 年废水处理成本为 3.18 元/t 废水，占生产总成本的 0.46%，其中废水深度处理成本为 1.15 元/t 废水，占生产总成本的 0.17%。

山东博汇纸业股份有限公司采用“磁化＋仿酶”深度处理工艺，建设投资约 4 000 万元。据企业统计，2010 年废水处理成本为 3.1 元/t 废水，占生产总成本的 0.86%，其中废水深度处理成本为 0.8 元/t 废水（采用附近企业含亚铁离子废酸作为药剂，降低了处理成本），占生产总成本的 0.23%。

三、制浆造纸废水处理达标可行性分析

（一）技术可行性分析

从废水排放控制指标分析，COD 是制浆造纸废水处理考核最重要的指标，受到企业、行业和环保部门的高度关注，也是目前三级深度处理主要解决的难题，根据调研资料收集和现场监测，通过选取合理的处理工艺，如高级氧化法，能够实现稳定的达标排放。在新增的指标中，氨氮、总氮、总磷主要来源于亚铵法制浆工艺过程中投加含氮化学药品和制浆造纸企业废水生化处理过程中添加的营养盐，通过对原辅材料、生产工艺、污水处理工艺的选择，以及污水处理药剂的使用控制，相对比较容易实现达标。制浆造纸废水中的色度主要来自生产过程中溶出的木质素及其衍生物，三级深度处理对色度的处理效率基本可达到 60%以上，可以实现达标排放。AOX 和二噁英指标只适用于含氯漂白工艺，监控点设置在车间或生产设施排水口，根据调研反馈信息来看，企业基本都未开展这两项指标的监测。本次调研 3 家企业现场监测结果表明，AOX 产生量与漂白工艺所用活性氯的量有直接关系。BOD_5、SS 等常规控制因子基本全部实现达标排放。

从废水处理工艺分析，单纯的化学絮凝沉淀和脱色等作为三级深度处理工艺已难以适应新标准表 2 限值的严格要求。氧化塘或人工湿地等生态处理工艺对 COD 等主要污染物的去除率有限，暂不宜单独用于深度处理，更适合作为三级深度处理后的一种保障措施。作为国内应用最广泛的三级深度处理工艺，高级氧化法能够适用于不同类型的制浆造纸企业，并且都取得了相对较好的处理效果，实现达标排放基本能够得到保证。为降低废水深度处理的难度，国内企业正在积极摸索完善各种不同的制浆工艺，特别是化机浆和化学浆并存条件下的碱回收技术，技术的突破将大幅降低污水处理站收水污染物浓度，减轻处理负荷，更有利于实现制浆造纸废水的

稳定达标排放。

（二）经济可行性分析

在保证废水达标排放的前提下，调研选取 5 家企业来初步了解不同废水深度处理工艺的投资、运行费用及对企业运营的影响。

从各企业提供的数据来看，建设废水三级深度处理设施的投资增加费用 3 000 万～7 000 万元，相对于十几亿元或几十亿元的项目建设总投资，可以接受。化机浆碱回收设施投资和运行费用相对较高，但废水深度处理设施投资和运营费用相对较低，废水达标可靠性高，并在一定程度上可实现资源的回收利用。

从调研企业反馈信息来看，三级深度处理即使采用费用相对较高的 Fenton 高级氧化法，以海南金海公司为例，其 100 万 t/a 漂白硫酸盐化学木浆生产线，进入污水处理系统的废水约 6 万 t/d，废水深度处理运行费用最高增加 2.98 元/t 废水，仅占生产总成本的 2.65%，所占比例较小，不足以影响到企业的正常运营。调研发现，虽然废水三级深度处理费用最高占到企业利润总额的 10.9%，但本次调研企业规模相对较大、工艺水平相对较高、运营经济状况相对较好，废水三级深度处理普遍得到了高度重视和广泛应用。据行业专家介绍，国内小型造纸企业占规模以上造纸生产企业的 88.69%，它们大多水平低、效益差，废水三级深度处理增加的建设和运营成本对这部分企业生存影响较大。

总之，根据本次调研情况及相关资料研究，目前制浆造纸行业通过有效的技术改造和升级，增加废水三级深度处理流程，可以实现废水稳定达标排放。废水三级深度处理不可避免地会增加企业的建设和运营成本，部分压缩企业利润空间，大中型企业尚可接受，小型制浆造纸企业受冲击相对较大。

四、对策建议

“十二五”期间，制浆造纸行业面临结构调整、技术改造升级及行业污染物总量削减等挑战，废水深度处理技术将大有用武之地。但通过调研，也发现目前制浆造纸企业废水处理仍存在一些技术和管理方面的问题，尚需通过制定技术规范、强化环境监管、深入开展相关基础研究等多方面对策，优化制浆造纸行业结构调整，确保行业污染物减排。

（一）制定行业废水处理技术规范，指导深度处理工艺发展

为适应新标准要求，近年来制浆造纸企业结合自身特点开展了各种废水深度处理技术的试验和应用，各种处理技术的适用条件、去除效果和运行成本存在明显差异。处理技术的不规范造成企业在选择工艺和设备、运行管理和维护上无所适从，同时，也给环境监管带来一定困难。为进一步推进制浆造纸废水排放标准的落实，

有关部门应组织力量，对各类废水处理工艺流程，尤其是深度处理技术的适用范围、选取方法、技术参数、经济成本等进行全面论证，加快制浆造纸行业废水深度处理技术规范的出台，指导和推动我国制浆造纸企业废水处理工艺和设备的升级改造，推动行业污染减排。

本次调研结果显示，制浆造纸废水深度处理是达到新排放标准的关键手段，应立足于扶持化机浆废液碱回收、推广高级氧化工艺、研究开发组合工艺，在有条件的地方将氧化塘或人工湿地作为三级深度处理的后续保障。

第一，应推动化机浆废液处理向碱回收方向发展。化机浆废液进行碱回收处理，可以大幅度降低废水处理负担、减轻环境污染。目前单纯化机浆废液碱回收装置建设和运行费用较高，非大型企业经济无法承受。而兼有化学浆和化机浆生产线的企业，化机浆废液在初步浓缩后可与化学浆黑液混合，再经蒸发浓缩后送碱回收炉燃烧，比单纯的化机浆黑液碱回收处理具有更好的经济性和更高的稳定性。如山东太阳公司将化机浆废液蒸发浓缩，固形物含量由1.6%提高到15%，蒸发后废液与化学浆黑液混合经六效蒸发使固形物含量增至75%后送碱回收炉燃烧，可实现化机浆车间废水不排放。因此，建议开展单纯化机浆企业废液碱回收的摸索试点，逐步强制兼有化学浆和化机浆生产线企业化机浆废液碱回收的应用实施。

第二，应推广高级氧化工艺，完善技术降低成本。高级氧化工艺COD去除效率较高、运行相对稳定，将是今后制浆造纸行业废水深度处理的发展方向。但Fenton工艺存在的处理费用较高、尾水含盐量高、产生含铁污泥等问题亟待解决，需要通过不断进行高级氧化工艺技术的完善，逐步降低运行成本；需要开展含盐尾水和含铁污泥处理处置研究，在充分发挥高级氧化工艺治污的同时，最大限度降低其二次污染的可能。“磁化＋仿酶”工艺近年才发展应用，技术并未完全成熟，在调研的3家企业中有1家未能实现达标，需提高其适用性和稳定性。

第三，应研究开发组合工艺，积极开展应用试点。制浆造纸废水成分复杂、污染物浓度较高，目前采用的Fenton、“磁化＋仿酶”等废水深度处理工艺还需进一步完善。国内研发的一些组合新工艺，如UV/Fenton技术、电化学与固定化微生物联合技术、臭氧＋固定床生物膜反应技术等在实验室或小试取得了不错的处理效果，但尚未在企业开展应用。应大力支持组合新工艺的试点应用，总结经验，不断完善。

第四，有条件的地方可将氧化塘或人工湿地作为后续保障。氧化塘及人工湿地等生态处理技术占地大，更适用于具有较多适宜土地资源或可以与政府规划湿地相结合的地区。目前，一些大型制浆造纸企业将氧化塘及人工湿地处理系统配置在三级深度处理后，作为三级深度处理的补充，可以进一步降低污染物浓度，并且可以起到一定的缓冲作用。同时，该人工湿地也可作为政府规划的湿地，一举两得，既改善了周边生态环境，又使废水得到进一步处理。

（二）强化全过程环境监管，推动行业污染物减排

本次调研的对象主要为大中型制浆造纸企业，技术较为先进，经济实力雄厚，大多数企业采用的废水三级深度处理水平较高，达标情况较好。但据了解，我国制浆造纸行业老企业较多且规模较小，总体技术较落后，污染治理措施并不完善。造纸废水执行新标准后，一来，不少企业对废水深度处理的技术经济可行性尚存疑问，存在等、看、靠的想法，不愿积极主动落实废水的深度处理；二来，部分地方环保部门日常监管有所缺失，造成企业抱有侥幸心理；三来，企业违法成本较低，也在一定程度上挫伤了守法企业升级改造废水深度处理技术的积极性。这些因素造成目前仍有为数不少的造纸企业的废水深度处理设施未能完成改造或完善。

为确保行业减排任务的实现，首先各级政府和环保部门应统一要求，以新标准的执行倒逼企业增加环保投入、强化环保措施。坚决淘汰生产规模小、原料结构不合理、生产工艺落后、污水处理设施不完善、不能实现达标排放的企业，推动落后产能淘汰，优化结构调整，加快行业技术升级，实现结构减排。同时，运用合理的政策、经济手段，制定完善的奖优惩劣体制，促进新标准的全面执行，以新标准的全面落实来保障“十二五”全国污染物减排目标的实现。

其次，新排放标准不仅对企业末端治理技术从严要求，也对企业生产全过程环境监管提出了要求。为此，环境保护相关部门应从项目立项、设计、建设、运营等全过程考虑，建立和完善全方位的、系统的制浆造纸行业环境管理考核体系，如行业准入、清洁生产审核、竣工环保验收、技术规范制定等，有效支撑新标准的落实，实现减排、改善环境。同时，根据废水深度处理工艺的特点，还应不断强化对制浆造纸企业环境保护的监控力度，不仅要在排污口设置与环保部门联网的在线监测系统，还要在企业排污口下游纳污水体设置常规监控断面，根据水环境变化趋势加强对企业排水的监控。

（三）深入开展基础研究，关注次生环境问题

从本次调研来看，新标准虽很大程度上提高了行业污染治理水平，但仍存在废水污染因子考核不足的问题。目前企业废水深度处理主要考虑去除 COD、BOD_5、SS 等常规因子，未充分考虑标准新增加的二噁英、AOX、色度等特征因子，环保部门对特征因子也缺乏直接有效的监控手段。而标准中增加的色度属于感观指标，AOX、二噁英具有致癌和致突变性，属于累积性影响，这些指标如不能严格控制，将有可能危害人群健康，引起环境纠纷。

调研还发现，在北方缺水地区如山东省、河北省，制浆造纸废水经三级处理后进入人工湿地或进入河道拦蓄系统，作为农业灌溉用水和城市景观用水。从调研情况来看，外排废水中 COD、BOD、SS、色度等常规因子已能达标，但这部分进入生

态系统的废水，无机盐含量较高（现场监测全盐量浓度 1 434～5 284 mg/L；氯化物浓度 373～755 mg/L），长期农灌可能改变土壤的理化性质；同时采用含氯漂白工艺的制浆造纸企业外排废水中可能含有 AOX、二噁英等特征污染物，若长期作为农灌用水，对农田、农作物可能产生的长期累积影响及对人体健康的影响，目前尚未开展有效的研究工作。另外，深度处理中产生的含盐污泥目前还没有很好的处理措施，现阶段企业主要通过焚烧或卫生填埋处理，技术可行性及可靠性还有待进一步论证。

为此，相关部门应组织专业科研单位和重点企业，开展废水深度处理的机理研究，加强环境质量、环境保护目标及人群健康的长期跟踪监测，在关注水质的同时还应关注对水生生态、受影响的农作物及人群健康可能产生的累积影响，逐步明确废水深度处理带来的次生环境问题，并提出有针对性的防范和减缓措施。

（2011 年 12 月）

五、“十一五”回顾展望

评估中心“十一五”期间火电行业技术评估工作回顾

莫　华　戴永立　李海生　苏　艺

“十一五”期间，我国电力工业发展迅速，评估中心在环境影响技术评估中，紧密配合国家产业结构调整，通过严格环境保护措施、“以新带老”、“上大压小”、区域削减等手段有效控制新建、改建、扩建项目的污染物排放总量，带动老污染治理和区域环境质量改善，实现了“增产减污”，促进了国家宏观经济调控、区域电源点优化布局和“十一五”总量减排目标的实现。同时，针对项目评估中发现的热点、难点问题，及时从宏观层面，分析项目建设对资源、环境的影响，提出经济发展与环境保护双赢的对策，为环境保护参与宏观决策提供有力支撑。

一、“十一五”火电行业发展概况

（一）装机容量快速增长，电源结构不断优化

“十一五”期间，随着我国国民经济的高速发展，电力工业尤其是火电装机规模快速增长（见图1）。2006年火电总装机4.83亿kW，2010年约为7.07亿kW，年均增长12.56%。

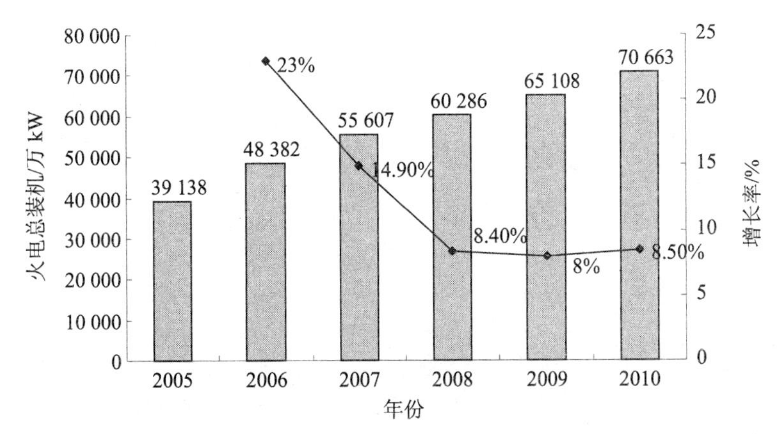

图1　我国“十一五”火电装机规模发展情况

从结构上看，火电仍是最主要的电力形式，约占总电力装机容量的3/4，但比重由2005年的75.7%下降为2010年的73.4%，清洁能源发电装机所占比重有所上升，电源结构不断优化。“十一五”末我国发电装机结构见图2。

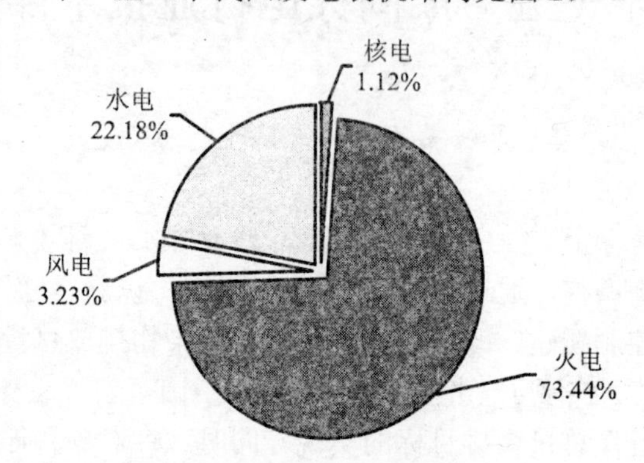

图2　2010年我国发电装机结构

（二）节能减排稳步推进，环保指标提前完成

《国民经济和社会发展第十一个五年规划纲要》中提出SO_2排放总量要实现10%的减排目标。火电行业通过“上大压小”、发展高效机组和热电联产、安装脱硫设施等措施，为全国完成“十一五”减排目标、改善大气环境作出了重要贡献。

截至2009年年底已累计关停小火电机组6 006万kW，提前一年半完成“十一五”关停5 000万kW的任务。随着“上大压小”政策实施，高参数、大容量机组占比提高，至2010年，全国平均单机容量由2005年的5.68万kW提高到10.50万kW，平均供电煤耗由2005年的370g标煤/（kW·h）下降到2010年的335g标煤/（kW·h），平均每年下降7g标煤/（kW·h），目前供电煤耗比美国低32g标煤/（kW·h）。

2009年年底火电行业SO_2排放量为948万t，提前完成《“十一五”期间全国主要污染物排放总量控制计划》中提出的2010年排放951.7万t的控制目标。

二、“十一五”火电行业评估工作回顾

（一）评估项目基本情况

“十一五”期间，评估中心共评估电力项目865个，包括火电、输变电、垃圾发电、水电4类项目，其中火电项目总计462个，呈逐年减少趋势。各年评估的电力项目构成情况具体见表1。

表 1 "十一五"期间评估中心评估的电力项目基本情况　　单位：个

项目类型	2006 年	2007 年	2008 年	2009 年	2010 年	"十一五"合计
火电	134	93	83	80	72	462
输变电	102	112	127	0	0	341
垃圾发电	7	7	4	0	0	18
水电	17	11	5	8	3	44
总计	260	223	219	88	75	865

上述火电总装机规模 36 225.7 万 kW，总计投资 13 357.799 亿元，其中环保投资 1 924.579 亿元，占总投资比例的 12.1%。

从项目分布来看，"十一五"期间新增火电项目主要分布在山西、内蒙古、安徽等煤产区和江苏、广东等用电区（见图 3）。新增项目 20 个以上的省份有山西（45 个）、内蒙古（36 个）、安徽（31 个）、江苏（30 个）、山东（29 个）、河北（27 个）、河南（26 个）、广东（23 个）、新疆（22 个）、吉林（22 个）、辽宁（22 个）11 个省区，占全部火电项目数的 67.53%。

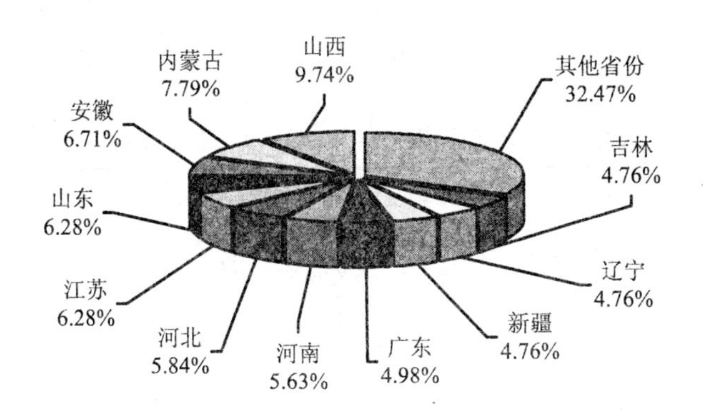

图 3 "十一五"新增火电项目地区分布

（二）评估项目特点分析

1. 装机构成情况

"十一五"期间 600MW 级的超临界、超超临界机组以及 1 000MW 级的超超临界机组成为我国新建火电装机的主力机组。300MW 级机组除个别小电网的纯发电机组外，均为热电联产机组或综合利用机组，成为供热机组主力。300MW、600MW 和 1 000MW 级别机组分别占装机总量的 32.2%、41.0%和 21.8%，详见表 2。

表 2 2006—2010 年各类新建机组装机容量及比例

机组类型	2006 年	2007 年	2008 年	2009 年	2010 年	“十一五”期间
总装机量/MW	118 158	63 940	53 729	65 930	60 500	362 257
135MW 以下级别	768（0.6%）	1 165（1.8%）	564（1.0%）	275（0.4%）	0	0.76%
135～300MW 级别	4 500（3.8%）	4 995（7.8%）	3 485（6.5%）	1 895（2.9%）	850（1.4%）	4.33%
300MW 级别	23 970（20.3%）	26 140（40.9%）	23 420（43.6%）	19 920（30.2%）	23 110（38.2%）	32.20%
600MW 级别	58 920（49.9%）	18 840（29.5%）	24 260（45.2%）	24 840（37.7%）	21 540（35.6%）	40.96%
1 000MW 级别	30 000（25.4%）	12 800（20.0%）	2 000（3.7%）	19 000（28.8%）	15 000（24.8%）	21.75%

2．清洁生产水平

为适应“十一五”节能减排的新形势，新增机组总体清洁生产水平得以提高，主要表现在单位发电量的煤耗、水耗降低和污染物排放量减少。热电机组和高参数、大容量机组的清洁生产水平较高。2010 年所评估项目在单位电量煤耗、水耗，SO_2、NO_x和烟尘排放量指标等方面明显优于 2005 年所评估项目，详见表 3。

表 3 2005 年和 2010 年主要清洁生产指标对比

指标	煤耗平均值/[g/（kW·h）]	水耗平均值/[m^3/（s·GW）]	SO_2排放平均值/[g/（kW·h）]	NO_x排放平均值/[g/（kW·h）]	烟尘排放平均值/[g/（kW·h）]
2005 年	296.0	0.690	0.826	1.652	0.219
2010 年	273.7	0.385	0.456	0.442	0.098

3．污染控制措施

（1）脱硫设施。自 2006 年起，新建项目已全部采取脱硫措施，所统计的 462 个项目中有 351 个采用石灰石-石膏湿法脱硫工艺。2010 年 6 月环保部《关于火电企业脱硫设施旁路烟道挡板实施铅封的通知》（环办[2010]91 号）发布前，采用该脱硫方式机组脱硫效率一般为 90%。该通知发布后，要求所有新建机组不得设置脱硫旁路烟道，由于脱硫系统投运率提高，其后评估项目脱硫效率相应提高至 93%；77 个资源综合利用项目采用循环流化床锅炉炉内添加石灰石粉脱硫或炉内炉外两级脱硫方式，炉内脱硫效率在 60%～90%，两级脱硫效率均大于 90%；采用海水法脱硫的机组占 1%，脱硫效率为 90%；采用氨法脱硫等其他工艺的机组占 6%，脱硫效率为 90%。

（2）脱硝设施。“十一五”期间评估工作逐年加大了对 NO_x 的控制力度。2006 年加装脱硝装置机组容量占总装机容量比例为 33.8%，主要集中于中东部地区，至

2010 年这一比例上升至 87.7%，除循环流化床锅炉外全部加装脱硝装置，脱硝工作率先在全国电力领域展开。所采取的脱硝工艺基本为 SCR 法，平均脱硝效率 60%～80%。

（3）除尘设施。"十一五"期间，新建项目全部加装了高效除尘装置，烟尘排放得到有效控制。静电除尘器的除尘效率一般为 99.5%～99.8%，布袋（含电袋）除尘器效率可达 99.9%以上。由于电袋除尘器对于高电阻率灰的除尘有优势，使其成为近年来国内电厂除尘技术发展的一个方向。

（4）节水措施。由于空气冷却方式较二次循环冷却方式可节水 3/4～4/5，因此，大型空冷机组成为我国北方缺水地区的首要选择，尤其在缺水富煤的西北地区及山西省得到了普遍应用，采用空冷方式的项目个数约占该地区项目总数的 80%。表 4 为"十一五"期间采用不同冷却方式的项目统计，采用空冷技术的项目数占总项目数的 26%，利用城市中水作为水源的项目数占总项目数的 42.9%，有效节约了水资源。

表 4　2006—2010 年冷却方式的统计情况

年份	主要冷却方式占比情况/%			使用中水项目比例/%
	循环冷却	直流冷却	直接空冷和间接空冷	其中使用中水或疏干水的项目
2006	55.2	19.4	25.4	41.0
2007	63.4	14.0	22.6	45.2
2008	50.6	13.3	30.1	43.4
2009	67.5	10.0	21.3	43.8
2010	58.3	9.7	31.9	41.7
"十一五"期间	58.7	14.1	26.0	42.9

（5）防尘措施。根据项目所处环境的敏感程度，分别可采用洒水抑尘措施、防风抑尘网、设置封闭煤场等。以 2010 年为例，评估项目中，36.8%的项目采用封闭煤场，其余设露天煤场的项目全部加装了防风抑尘网。

另外，随着对灰渣特性认识的深入，灰渣综合利用的优越性得到了充分认同。"十一五"期间新建燃煤电厂项目粉煤灰的综合利用率超过 90%，脱硫石膏则全部签订了综合利用协议，节约了大量土地资源。

总之，"十一五"期间，火电项目呈现大容量高参数占绝对主导地位、污染控制措施日益严格、节水技术广泛推行、清洁生产水平大幅提升等特点。

三、技术评估工作在火电环境保护中发挥的主要作用

（一）严格项目评估，促进节能减排

"十一五"期间，认真落实国家产业政策、清洁生产、达标排放和总量控制要求，

严格建设项目环境保护措施，最大限度地减轻对环境的影响。火电项目紧密配合国家产业结构调整，通过“以新带老”、“上大压小”、区域削减等手段严格控制新建、改建、扩建项目的污染物排放总量，SO_2实现“增产减污”，促进了国家宏观经济调控、区域电源点优化布局和“十一五”减排目标的实现。

1. 强化环保措施，有效控制排放总量

（1）新建项目全部安装脱硫装置，有效控制SO_2。据统计，“十一五”期间，新建火电项目总计排放SO_2 100.034 万 t，通过“以新带老”、“区域削减”和“上大压小”等手段削减 194.936 万 t，做到了“增产减污”。项目实施后，可实现减排量 94 万 t。火电行业为实现“十一五”减排目标作出了积极贡献。2006—2010 年评估项目的SO_2排放情况见表 5。

表 5　2006—2010 年评估项目 SO_2 排放情况　　单位：万 t

年份	SO_2排放量	SO_2削减量	SO_2增减量
2006	23.656	47.815	−24.159
2007	15.244	48.387	−33.143
2008	33.999	46.678	−12.679
2009	13.596	30.213	−16.617
2010	13.540	21.843	−8.303
合计	100.035	194.936	−94.901

（2）逐年加大 NO_x 控制力度，推进脱硝工作开展。据初步估算，“十一五”评估中心评估火电项目由于增加脱硝措施共计可少排NO_x 117.4 万 t，环境影响技术评估在推动NO_x减排方面成效显著。2006—2010 年评估项目的NO_x排放情况见表 6。

表 6　2006—2010 年评估项目 NO_x 排放情况

年份	2006	2007	2008	2009	2010
总装机容量/MW	118 158	63 940	53 729	65 930	60 500
脱硝机组容量/MW	39 885	29 010	30 580	49 200	53 040
脱硝机组比例/%	33.8	45.4	56.9	74.6	87.7
脱硝前排放量/万 t	33.90	24.65	26.0	41.8	45.08
NO_x减排量/万 t	22.33	18.19	16.05	29.27	31.56

（3）除尘技术多元发展，除尘效果不断优化。随着除尘工艺的改进和除尘效率的普遍提高，新增机组单位发电量的烟尘排放量大幅度下降，由 2005 年的 0.219 g/（kW·h）下降到 2010 年的 0.098 g/（kW·h）。此外，“以新带老”和“区域削减”也对烟尘减排作出了重要贡献。以 2010 年统计数据为例，这两项减排量约 4.39 万 t。

2．重视区域影响，推动规划环评

技术评估过程中，重视项目所在区域潜在的环境问题，提出开展规划环评的建议和要求。

"十一五"期间所评估的南京长江段电厂项目有南京大陆马渡电厂工程（2×600MW）、大唐南京电厂工程（下关电厂搬迁扩建2×600MW机组）、华能金陵电厂二期工程（2×1 000MW级）、南京热电厂"上大压小"（2×600MW）燃煤供热发电机组工程等，鉴于该区域电厂建设过于密集，周围敏感点较多，布局不尽合理。长江南京段码头密集，占用大量的岸线资源。评估建议南京市应尽快开展电厂及长江岸线码头的规划环评，统筹安排电厂建设，合理利用岸线资源，以解决目前电厂、码头建设无序的状况。

此后，南京市政府开展了长江南京段产业发展规划及其电源规划专题环境影响评价，从规划的角度统筹解决一系列问题。

3．不欠新账，多还旧账

国务院《落实科学发展观加强环境保护的决定》中明确要求，"不欠新账、多还旧账"。评估工作充分发挥"控制闸"的作用，要求改扩建项目必须优先解决遗留环境问题。

如二道江发电厂三期工程（第二台机组），由于现有工程存在 NO_x 排放浓度超标、未安装烟气连续监测设施和灰场灰水渗漏已影响地下水等问题，三期工程 SO_2 排放量净增且缺乏有效区域削减措施，评估提出暂缓审批建议，先期解决现有工程存在的环保问题。

再如南京新苏热电有限公司扩建项目，厂界外10 m处有居住区，且为高层建筑，环境敏感。现有工程厂界噪声超标并出现扰民现象，大气污染物、废水超标排放，报告书未结合周围建筑物高度论证本期工程拟建 50 m 高烟囱的合理性且总量指标不落实，评估提出暂缓批复建议，促其进行整改。

（二）重视宏观政策研究，加强基础能力建设

1．关注热点、难点问题，为环境保护参与宏观决策提供技术支撑

坚持从宏观把控着眼，从项目微观管理着手，针对项目评估工作中发现的热点问题、普遍问题和共性问题，从宏观角度，分析项目发展对资源、环境的影响，归纳存在的问题，寻求解决经济发展与环境保护双赢对策，为审批机关宏观决策提供技术支撑。

我国燃煤发电具有能耗高和污染物排放量大的特征，针对电力结构不合理，火电比重较大，电力建设过多地考虑煤炭成本，忽视资源与环境承载力；电力发展与区域环境承载力（包括水资源、环境容量、生态环境等）之间的矛盾日益突出，加剧了酸雨现象及温室效应等问题，评估中心提交了《我国电力行业节能减排与可持续发展宏

观研究》，提出以科学发展观为统领，在优化电力建设布局的同时，突出节能减排，促进电力建设与区域资源、环境的和谐发展成为电力可持续发展的重点和方向。

“十一五”期间，垃圾焚烧发电项目呈增加趋势，但此类项目存在现行环保法规与标准不尽完善、实际运行经验尚不丰富、缺乏对实际运行数据的积累、相关的基础研究工作尚待开展、公众对垃圾焚烧发电项目的环境影响特点了解不多、环保纠纷时有发生、环评与评估中存在较多的困难及不确定性等问题。评估中心提交了《垃圾焚烧发电项目环评存在的主要问题及对策建议》，为环保部修订《关于加强生物质发电项目环境影响评价管理工作的通知》（环发[2006]82 号）打下了良好基础，有力地促进了生物质发电项目的环境管理工作。

由于我国火电用煤已占到煤炭消费的50%以上，以煤为主的能源格局不会改变，如何实现电力行业的节能减排与可持续发展，探索高效清洁的煤发电技术成为有效途径，评估中心及时提交了《我国电力行业节能减排与可持续发展宏观研究——IGCC电站发展与探讨》。提出 IGCC 作为新型、高效的洁净煤发电技术之一，与燃煤火电站相比具有：提高了供电效率，节约了不可再生的煤炭资源；通过硫回收技术，提供单质硫磺，实现了煤中硫的资源化利用；节水 30%～50%等优势。在火电发展与区域环境承载力（包括水资源、环境容量、生态环境等）矛盾日益加剧的情况下，必须加快技术攻关，提高 IGCC 可用率，以优质煤炭资源保障 IGCC 发展，促进我国电力行业的节能减排与可持续发展。

我国燃煤发电机组容量、燃煤消耗量及灰渣产生量均居世界第一。如何最大限度地利用粉煤灰，使其资源化，是节约石灰石矿产资源、土地资源，改善环境、保护生态的重要内容，将成为继污染物总量控制之后的又一重要任务，评估中心提交了《我国燃煤电厂固体废物处置相关问题分析及对策建议》。在分析燃煤电厂固体废物综合利用存在地区不平衡、脱硫方式单一且缺乏相应鼓励政策、脱硫副产物处置现状不理想、相关贮存标准不尽合理、重环评审批轻过程和事后监管等问题后，提出应尽快制定综合利用相关优惠政策，加大技术创新，推动脱硫技术多元化，实施脱硫石膏重点示范工程，完善与修编相关标准和规范，提高火电厂环保准入门槛，加强固体废物处置全过程监管等意见。

针对火电装机容量持续增长给减排工作带来严峻挑战、产业结构和能源结构不合理导致节能目标实现难度较大、推进大气污染联防联控工作给火电行业节能减排带来新的挑战、CO_2 减排任务艰巨等问题，评估中心提交了《我国火电行业节能减排面临的挑战及对策建议》，提出必须大力发展清洁能源以优化电源结构、积极发展冷热电多联产、研究 CO_2 减排技术、尽快开展汞污染控制试点、严格执行环境影响评价和“三同时”制度等。

2．开展红线指标、评估要点等基础问题研究，统一评估尺度

为了更好地在火电厂建设项目环境评估中贯彻科学发展观，促进电力工业环境保护全面、协调和可持续发展，促进电力企业努力建设生态和谐项目和绿色环保电站，在多年火电厂技术评估工作的基础上，根据国家环境保护及相关法律及法规、电力产业政策及技术政策、环境保护政策及环境标准，以及现行的设计规程、规范，并结合火力发电工业的特点，评估中心编制了《火电行业建设项目环境影响评价红线指标》和《火电行业建设项目环境影响评估要点》。

针对“十一五”电力项目数量大，部分标准、规范或导则在执行过程中存在针对性不强、尺度难以把握等问题，在广泛调研及深入研讨基础上，评估中心起草了《火电项目评估存在问题及评估建议》《采用烟塔合一排烟方案火力发电项目环境影响评估难点及审批建议》《关于近三年来总局拒批火电机组及本年度关停火电机组减排 CO_2 的初步估算》《有关 GGH 的相关情况》《火电厂温排水环评中存在的问题以及对策建议》《输变电项目环境影响评价存在问题的分析及其对策建议》《热电联产发展存在问题及对策建议》《关于南京市周边电厂群建设区域环境影响的分析报告》等材料上报环评司，明确了评估要点，统一了评估尺度，提高了技术评估的水平和能力。

四、展望

电力行业能源转换效率的高低和污染物控制水平的高低，对促进我国能源节约型、环境友好型社会的建设具有重要作用，电力结构调整、技术进步、节能减排仍将是电力行业“十二五”重点工作。

（一）以服务“十二五”发展决策为着眼点，不断提高规划环评有效性

高度重视项目所在区域潜在的环境问题，完善规划环评与项目环评联动机制，推行火电行业在省级、重点区域及全国范围水平上开展规划环评工作，为实现火电项目优化布局奠定基础。

（二）SO_2 和烟尘控制设施需进一步强化运行管理

“十一五”期间我国在火电行业 SO_2、烟尘有效控制排放方面成效显著，确保火电厂脱硫和除尘设施的高效稳定运行以满足新的排放标准要求，将是“十二五”期间加强火电厂管理的重点工作之一。

（三）NO_x 减排将成为火电行业大气污染物控制重点

NO_x 已作为约束性指标纳入“十二五”总量控制目标，因此，“十二五”期间继续发挥技术评估优势，落实火电行业 NO_x 减排措施，实现减排目标，是火电行业技术评估工作的重中之重。

（2011 年 8 月）

评估中心“十一五”期间钢铁行业技术评估工作回顾

刘大钧　李时蓓　任洪岩　梁　鹏　苏　艺

钢铁工业是我国国民经济的重要支柱产业，事关经济社会稳定和可持续发展，国家一直高度重视钢铁行业的发展问题。自2003年下半年以来，国家出台了若干个指导性文件，旨在引导钢铁产业健康有序发展。但受到国内外宏观经济形势剧烈变化、经济体制改革过程中调控机制内在矛盾冲突加剧、经济社会转型期节能环保问题集中显现等因素的影响，我国钢铁行业无序发展问题一直没有得到根本性解决。当前，重复建设、产能过剩、铁矿石流通秩序混乱、资源环保压力加大等深层次矛盾和问题愈加突出，也愈加复杂化。

建设项目环境影响技术评估，依据环境保护法律法规和环境标准，在钢铁行业环境准入政策、宏观调控、优化产业布局、淘汰落后产能、节能减排、维护公众环境权益等方面起到了积极推动作用，以解决我国钢铁行业突出环境问题为出发点和落脚点，实现了促进我国钢铁行业整体环境保护水平不断提高的目标要求。

一、“十一五”期间钢铁行业项目评估概况

（一）钢铁行业发展概况

“十一五”期间，我国钢铁行业延续“十五”时期的迅猛发展势头，粗钢产量屡创新高，连续多年位居世界首位，但粗钢年增长率有所下降。2008年，由于金融危机影响，粗钢增长率为近十年来最低增速，2009—2010年粗钢产量保持增长，增长率回升（见图 1）。（注：中国钢铁工业协会会员企业统计值，约占全国粗钢总产能的80%，以下同。）

从企业分布角度来看，我国钢铁企业主要分布于中东部地区，产量排名前四位的省份分别为河北、江苏、山东、辽宁，2009年公开的粗钢产量数据分别为1.36亿t、0.55亿t、0.49亿t、0.48亿t（见图2）。

从资源、能源消耗角度来看，全国重点大中型钢铁企业2005—2009年新水耗量、吨钢综合能耗及吨钢可比能耗均呈现逐年下降趋势，钢铁企业在用水方面实现了水的串级利用，建立多种水质的不同循环系统，实行分级供水（见图3和图4）。

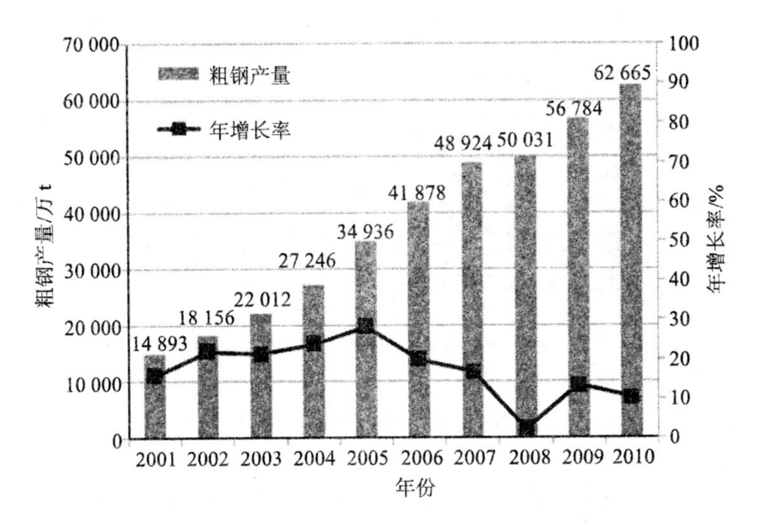

图 1　2001—2010 年我国粗钢产量与增长速率

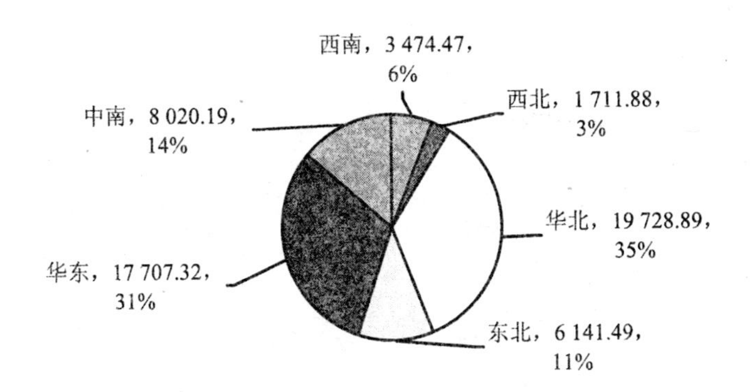

图 2　主要钢铁企业产能分布比例示意

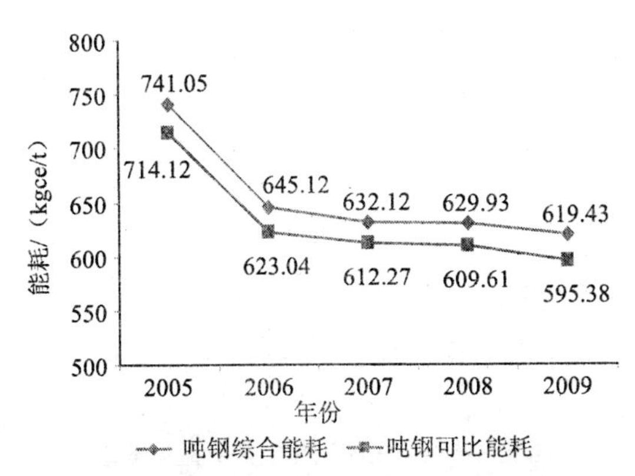

图 3　重点钢企吨钢综合能耗及可比能耗

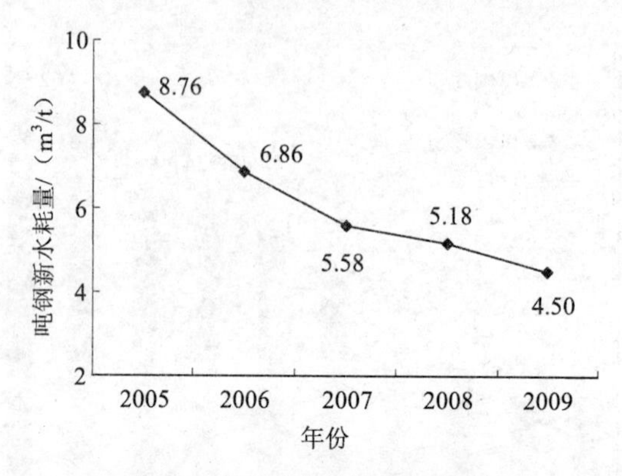

图 4 重点钢企吨钢新水耗量

“十一五”期间我国钢铁行业污染防治整体水平有一定程度的提高。吨钢外排废水量逐步减少，由 2005 年的 4.89 m^3/t 下降到 2009 年的 2.06 m^3/t，下降了 57.87%；吨钢化学需氧量等污染物也有明显下降，由 2005 年的 0.25 kg/t 下降到 2009 年的 0.09 kg/t（见图 5 和图 6）。

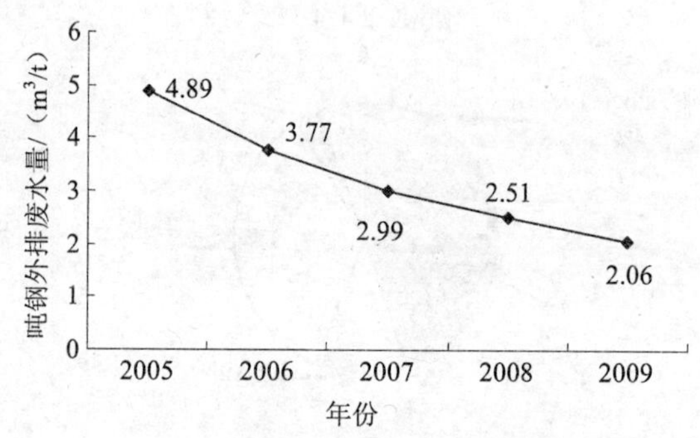

图 5 重点钢企吨钢废水排放量

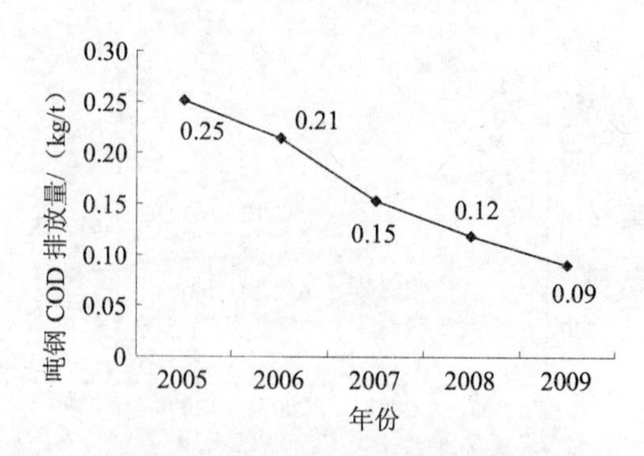

图 6 重点钢企吨钢化学需氧量排放量

全行业废气、吨钢二氧化硫、烟尘等污染物排放量大幅度下降，吨钢二氧化硫和烟尘排放量分别由 2005 年的 2.89 t、0.56 t 下降到 2009 年的 2.01 t 和 0.27 t（见图 7 和图 8）。

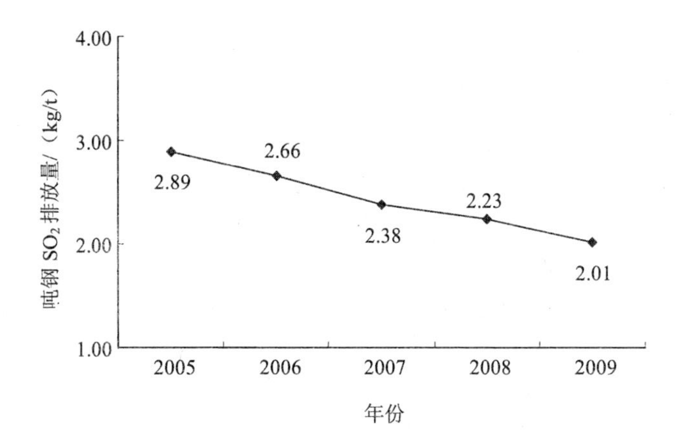

图 7　重点钢企吨钢二氧化硫排放量

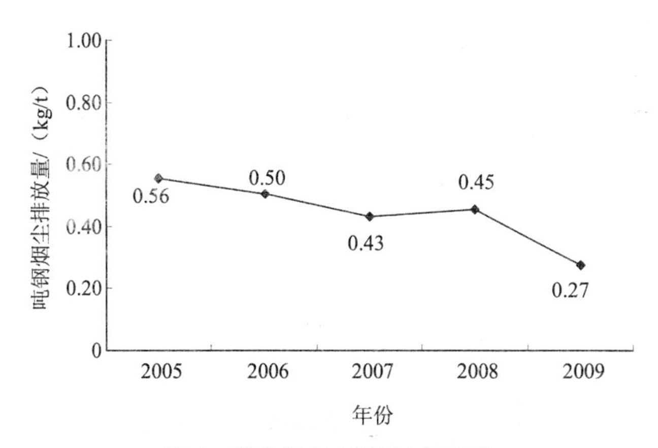

图 8　重点钢企吨钢烟尘排放量

“十一五”期间，随着环境保护工作力度的不断加大，工业尘泥、各类炉渣等主要固体废物回收与利用情况逐步趋好，尘泥回收量由 2005 年的 2 423.87 万 t 增加到 2009 年的 3 240.25 万 t，增长率为 133.68%；利用量由 2005 年的 2 409.11 万 t 增加到 2009 年的 3 223 万 t，增长率为 133.78%（见图 9 和图 10）。

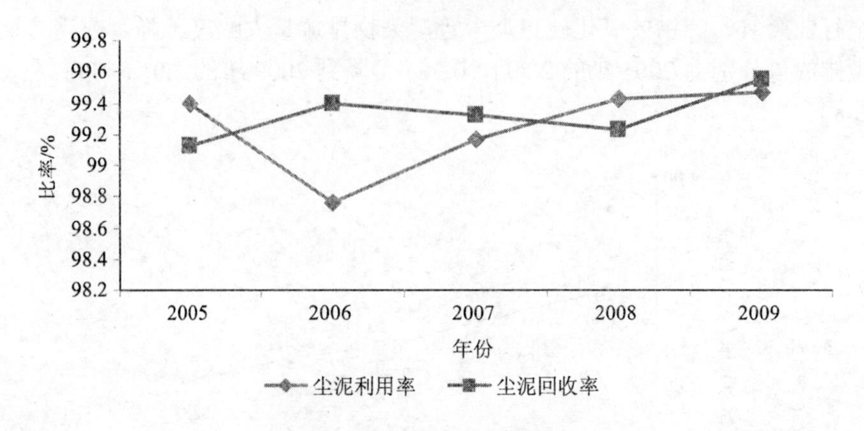

图 9 重点钢企尘泥回收利用情况

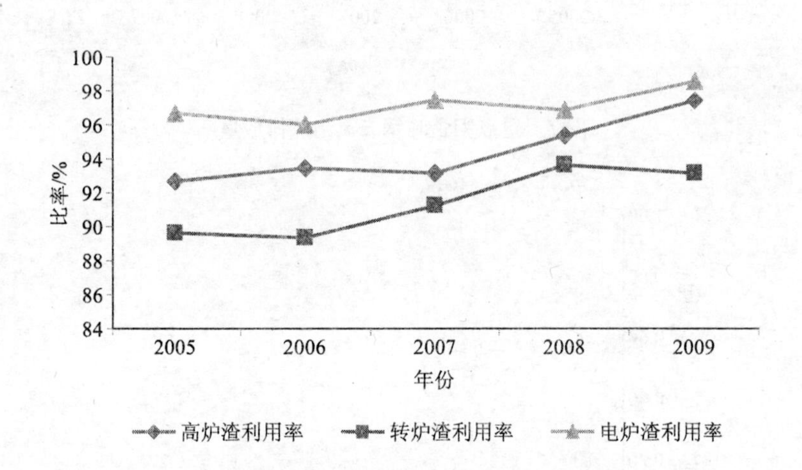

图 10 重点钢企炉渣利用情况

（二）钢铁行业发展存在的问题与技术评估的应对策略

自 2003 年下半年开始，以《国务院办公厅转发发展改革委等部门关于制止钢铁电解铝水泥行业盲目投资若干意见的通知》（国办发[2003]103 号）的出台为标志，国家逐步强化了对钢铁行业的调控。特别是“十一五”期间，更是密集出台了若干个指导性文件，调控政策日趋收紧，国家批准建设的钢铁项目屈指可数。但全国的实际情况是企业“遍地开花”、产能急剧增长，保守估计，“十一五”期间我国钢铁产能翻了一番，钢铁行业陷入“越调控越大、越调控越乱”的怪圈。国家现有调控政策目标过于关注“堵”而轻于“疏”，调控手段单一，同时缺乏对联合重组、淘汰落后、削减产能之后可能出现的各种问题的配套政策支持，从而影响调控政策真正落地生效。

在积极落实国家宏观调控政策的同时，环境影响评价管理及技术评估工作更加注重从实际出发，着眼于"疏堵结合"的综合整治，对有利于产业结构升级、淘汰落后、产业转移、联合重组的"优化"钢铁产能以及有利于节能减排的项目予以积极支持，纳入审批程序，力求从正面积极引导全国钢铁行业走上健康发展之路。从政策上，支持符合国家产业政策与行业规划、淘汰落后产能、联合重组、优化发展的企业，以及以解决城市区域污染为目标而实施的搬迁或者改造项目；从技术上，积极推广煤气发电、余压发电、余热发电等各项节能减排技术；从管理上，逐步实现精细化管理目标，对于重点省份和大企业集团，逐步实现规划先行、等量淘汰为前提的管理要求。

（三）"十一五"钢铁行业建设项目评估工作情况

"十一五"期间，国家对钢铁行业建设项目调控政策日益严格。尽管按照环评审批权限要求，涉及产能增加的钢铁建设项目均应报国家环境保护行政主管部门审批，但通过比较，国家审批的项目产能远小于实际增长。"十一五"期间上报国家并进行技术评估的钢铁行业建设项目数量为 53 项（含铸造及独立球团项目），总钢铁生产能力约为 2.03 亿 t，涉及总投资 4 500 亿元、环保投资 528 亿元（见图 11 和图 12）。钢铁行业未批先建现象十分普遍。根据公开的统计数据，"十一五"期间我国钢铁产能由 2005 年的 3.50 亿 t 急速增长至 2010 年的 6.27 亿 t，增长了约 3 亿 t，而通过评估中心评估项目（扣除铸造和独立球团及未实施项目）产能仅为 1 亿多 t。

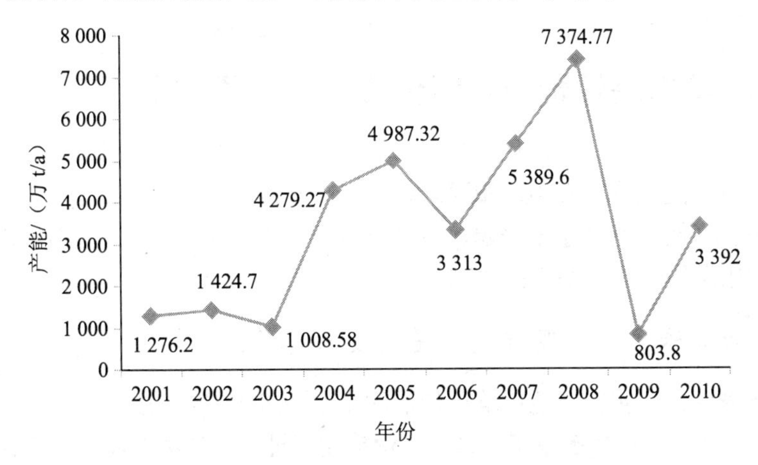

图 11　国家审批项目产能情况

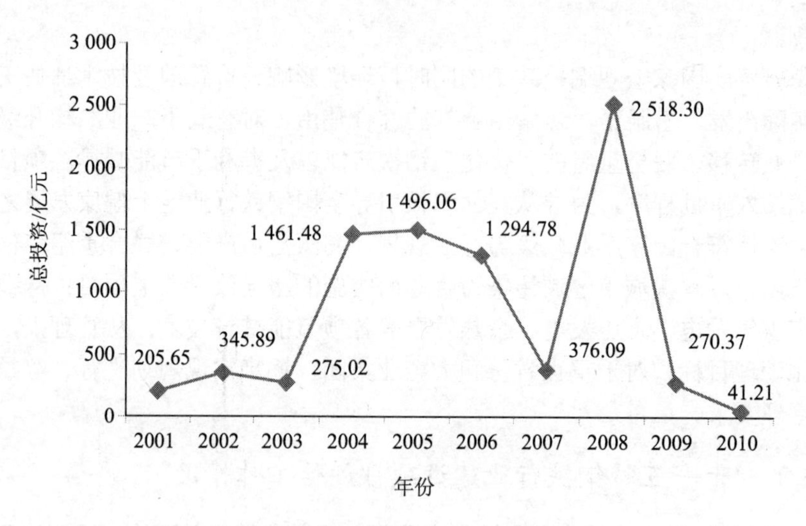

图 12 国家审批项目投资情况

尽管上报国家并进行技术评估的产能仅占 1/3，但技术评估对于全行业节能减排、污染防治整体水平的提高，仍起到了重要的推动作用和示范性作用。

2010 年评估项目的综合能耗平均为 606 kg 标煤左右，而同期全国行业平均水平为 619.43 kg 标煤。在全行业整体水耗均大幅度下降的前提下，评估中心评估的项目对于水耗的控制更为严格，多数项目实现了间接冷却循环排污水的零排放。在污染防治方面，2010 年经评估的项目吨产品二氧化硫、烟粉尘排放量分别为 0.33 kg 和 0.17 kg，而同期的全国平均水平分别为 2.01 kg 和 0.27 kg。

二、环境影响评价技术评估发挥的主要作用

通过环境影响评价技术评估工作的开展，严格执行国家关于淘汰落后产能、优化产业布局、节能减排等各项政策要求，在一定程度上遏制了钢铁行业产能相对过剩、产业集中度低、违规建设普遍、污染物排放量大等诸多问题，为推动我国钢铁行业整体健康发展作出了积极的贡献。

（一）为环保参与宏观调控，提供技术支撑

作为环境保护部实施环境影响评价法的主要技术支持部门之一，评估中心结合技术评估工作实际，先后起草了《钢铁工业节能减排与可持续发展对策建议》《钢铁行业建设项目环境影响评价审批原则》《河北省钢铁行业环境状况调研报告》《钢铁行业建设项目环评导则》等技术支持文件。

通过调研，深入了解当前我国钢铁行业重复建设、产能过剩现象严重、铁矿石流通秩序混乱、资源环保压力加大等深层次矛盾和问题实质，急需出台关于加快推

进钢铁行业淘汰落后、节能减排、兼并重组、促进产业结构调整、引导健康发展的环境管理对策与措施。根据环评司的要求，编制起草了《钢铁行业建设项目环境影响评价审批原则》，从产业政策、规划布局、优化选址、总量控制、污染防治、人群健康、日常监管、公众参与等多个方面，针对我国钢铁行业当前发展阶段的特点，明确了建设项目受理、审查的一系列要求。为进一步加强钢铁行业建设项目环境影响评价管理，积极推动钢铁产业结构调整、布局优化、淘汰落后和技术升级等各项国家政策要求的贯彻落实，提高全行业环境保护管理水平，指明了方向。

通过上述工作，真正体现了环境影响评价作为环保部门参与宏观调控的重要手段，是从源头减少环境污染和生态破坏的"控制闸"，是推动产业结构调整和经济发展方式转变的"调节器"。

（二）严把技术关口，强化环境准入

在技术评估过程中，在努力转变作风，做到热情服务的同时，还做到了坚持原则，为不符合法律法规的建设项目设置一道不可逾越的防火墙。对不符合环保准入条件和产业政策的建设项目坚决说不，绝不让低水平重复建设项目重新抬头。对于国家明令淘汰、禁止建设、不符合国家产业政策的项目，一律不批；对于环境污染严重，产品质量低劣，高能耗、高物耗、高水耗，污染物不能达标排放的项目，一律不批；对于环境质量不能满足环境功能区要求、没有总量指标的项目，一律不批；对于位于自然保护区核心区、缓冲区内的项目，一律不批。同时，严格限制审批涉及饮用水水源保护区、自然保护区、风景名胜区、重要生态功能区等环境敏感区的项目。

如郑州增奇钢铁有限责任公司百万吨炼钢（扩建）工程。该项目拟在河南省郑州市二七区侯寨乡毗邻原热轧厂实施100万t钢扩建工程，该项目属违法建设项目；主体生产设施属《产业结构调整指导目录（2005 年本）》限制类、新增钢铁产能的项目，不符合2004年以来国家发布的钢铁产业政策；部分清洁生产指标为三级及三级以下，不符合国家关于新建、改建、扩建项目清洁生产的相关要求。工程未配套建设烧结余热回收装置、高炉余压发电、高炉出铁场二次除尘、转炉二次除尘、高炉煤气和转炉煤气回收设施等，提出了不予审批该项目的意见。

（三）解决遗留问题，优化产业布局

我国钢铁行业基本上是按国内资源和靠近铁矿原料产地的原则布局，造成钢铁布局分散，大量内地钢铁企业通过铁路、公路运输进口矿石和煤炭焦炭等原材料，造成运力紧张和不必要的能源消耗。另外，还有相当数量的大型钢铁企业处于特大城市市区、风景名胜地区和严重缺水地区，这种不合理的钢铁布局已远不适应钢铁行业发展的要求。据统计，有26家钢铁企业建在直辖市和省会城市，如太钢、济钢、

石钢、武钢、杭钢、广钢等，34家建在百万人口以上大城市，如鞍钢、邯钢、青钢、攀钢等。由于城市规模的扩张和居民区的建设，城区与厂区已经没有缓冲空间，随着城市居民环境意识越来越强，城市对环保要求越来越高，钢铁企业面临巨大环保压力，一些企业不得不面临搬迁的境地。传统的布局方式没有将资源和环境禀赋在各地区的差异性作为重要因素来考量。近年来，受城市环境容量、资源的限制和钢材市场需求变化的影响，原有工业布局的局限性逐步显露出来，资源环境问题日益突出。《钢铁产业振兴和调整规划》要求，在减少或不增加产能的前提下，加快调整钢铁产业布局。一是建设沿海钢铁基地；二是推进城市钢厂搬迁，引导产业有序转移和集聚发展，减少城市环境污染。可以说，技术评估过程就是解决钢铁行业优化布局的过程。特别是各类城市钢厂的搬迁项目，有效地解决了城市环境污染问题。

如重庆钢铁（集团）有限责任公司节能减排、实施环保搬迁工程。重钢钢铁生产主要集中在重庆市大渡口区，由于历史原因，遗留的环境保护欠账较多，是重庆市排污最大的企业之一，存在着诸多环境问题，对重庆市主城区环境质量的改善构成很大压力。重钢节能减排、环保搬迁工程建设实施后，重钢公司主要废气污染物二氧化硫、烟（粉）尘分别削减 60.3%、64.85%，主要废水污染物化学需氧量、石油类、氨氮排放量分别削减92.07%、91.01%、98.46%，对改善重庆市主城区环境质量，优化城市功能，促进城乡统筹和谐发展，提高资源综合利用效率，实现可持续发展具有重要意义。

（四）提高装备水平，促进落后产能淘汰

《产业结构调整指导目录（2005年本）》中规定淘汰300 m^3以下的小高炉和20 t及以下的小转炉、小电炉等落后设备。据统计，在2004年年末形成的4.2亿t钢的产能中，300 m^3以下的小高炉产能1亿t，占总产能的27%；20 t以下的小转炉和小电炉产能5 500万t，占总产能的13.1%，落后产能总量较大。

“淘汰类”落后装备与“发展类”大型装备之间的差距主要表现在：落后装备资源、能源消耗量大，利用效率低；缺少环保设施，环境污染严重；二次能源回收利用率低，节能技术如TRT、转炉煤气回收等基本上无法应用。因此，淘汰落后势在必行。

“十一五”期间，评估工作严格按照《钢铁产业发展政策》等的要求，实行落后产能等量替代原则，要求在新增产能的同时，等量淘汰落后产能。如马钢（合肥）钢铁有限责任公司环保搬迁暨马鞍山钢铁股份有限公司结构调整项目，淘汰合肥公司200万t钢铁冶炼和热轧生产能力以及安徽省马鞍山市淘汰的落后钢铁产能83万t。通过上述工程的实施，马钢本部主要污染物排放总量进一步减少，二氧化硫削减288.8 t/a，化学需氧量削减886.4 t/a。合肥公司由于淘汰现有烧结、炼铁、炼钢及轧钢等主要生产设施，污染物排放量大幅度减少，二氧化硫削减3 967.7 t/a，

大大改善了厂区周围合肥市区环境质量。

再如太钢铁前系统升级改造项目。通过制铁系统升级置换工程的实施，为了实现产能平衡，淘汰的装备不仅包括当时产业政策中要求淘汰的 2 座 300 m^3 高炉，还包括 1 座 1 200 m^3 高炉等，淘汰力度较大。通过该工程的实施，全厂的各项污染防治水平提升至国内同类企业前列，淘汰清洁生产水平相对较低的落后生产装备后，全厂烟粉尘从 8 337 t/a 削减为 4 025.56 t/a，二氧化硫从 23 228.3 t/a 削减为 3 473.84 t/a，对区域环境污染贡献率明显下降。

（五）推广先进技术，加大节能减排力度

节能减排是我国"十一五"环保工作的重点工作之一，从钢铁行业整体发展情况来看，我国钢铁行业"十一五"期间在节能减排方面取得了长足的进步，能耗物耗、污染物排放指标等方面得到了较大幅度的改善。

在评估工作中，结合钢铁行业建设项目的特点，全面落实国家各项节能减排政策要求，大力推行节能减排技术，努力控制资源能源消耗水平，降低污染物排放水平。"十一五"期间评估的钢铁冶炼项目，均采用了如干熄焦、烧结环冷机余热回收、高炉富氧喷煤、TRT、高炉转炉煤气干式除尘、双预热加热炉等节能技术，提高了能源的一次使用效率和二次能源的回收利用率。

特别值得一提的是烧结机烟气脱硫工作的开展。2005 年年初，在对《攀枝花钢铁（集团）公司冶炼系统大修及改造工程环境影响报告书》进行技术评估的过程中，评估中心第一次提出了对烧结机机头烟气进行脱硫的要求，从而拉开了我国钢铁行业烧结烟气脱硫工作的序幕。相对于火电行业锅炉烟气而言，烧结机烟气存在烟气量、温度、湿度、二氧化硫浓度波动幅度大以及污染物成分复杂等特点，多数生产企业开展此项工作的积极性不高，观望气氛浓重。"十一五"期间，评估中心在促进钢铁行业二氧化硫减排方面不断加大力度，先后有太钢、马钢、宝钢、攀钢、莱钢、首钢曹妃甸等一大批骨干企业烧结机烟气脱硫设施投入运行。据不完全统计，我国现有烧结机 500 余台，总面积达到 53 820 m^2，截至 2009 年 5 月底，已建成烧结烟气脱硫装置 35 套，总面积 6 312 m^2，形成烧结烟气脱硫能力 8.2 万 t。

在总结烧结烟气脱硫工作的基础上，逐步要求新建球团项目配套建设脱硫设施，以进一步控制钢铁企业二氧化硫污染物的排放。如中钢集团滨海实业有限公司 2×240 万 t/a 球团项目，该项目选址位于河北省沧州市渤海新区黄骅港开发区，新建 2 条 240 万 t/a 链篦机-回转窑氧化球团生产线，外排烟气采用脱硫效率 80%的循环流化床干法脱硫，将外排烟气二氧化硫浓度控制在 50 mg/m^3 以下，吨产品二氧化硫排放量仅为 0.16 kg，远优于国内同类企业 1 kg 的水平，开创了我国钢铁行业球团生产设施烟气脱硫工作的先例。

（六）强化环评公开，维护公众环境权益

技术评估乃至环保工作的一项重要任务就是维护公众环境权益。在技术评估工作中，严格执行《环境影响评价公众参与暂行办法》（环发[2006]28号）的有关规定，强化环评公开，方便公众获取环评信息和交流沟通，主动接受社会监督，充分发挥群众、专家、社会团体等在环评中的作用，把群众满意不满意、高兴不高兴作为衡量环评工作的标准。同时，强化维护环境权益的机制，以确保饮水安全为重点，进一步完善环保准入机制，绝不允许少数人发财、人民群众受害、全社会埋单的项目上马。

如鞍钢化工总厂三期技术改造工程，该项目于2006年4月、2006年9月和2007年2月经历了3次技术评估。2006年4月技术评估意见认为该项目存在着“化工总厂的焦炉至城市居民区距离不能满足《焦化厂卫生防护距离标准》（GB 11661—89）的卫生防护距离1 000 m的要求。报告书未明确1 000 m范围内的居民户数、人数等实际情况，而是提出了500 m的卫生防护距离，且未说明理由，有一定的随意性”等问题，并提出退回报告书。2006年9月第二次评估意见认为修改后的报告书仍存在着“对总平面布置调整后，新建焦炉距最近居民区610 m，仍不能满足1 000 m卫生防护距离的要求。在新建焦炉卫生防护距离内仍有148栋居民楼、10 952户居民、33 029人。该部分居民是铁东区和立山区部分居民，属于鞍山市主城区，搬迁的可能性不大”等问题，并再次提出了“鞍钢应进一步采取措施，利用化工总厂技术改造的机会，调整焦化项目位置，使焦炉系统远离鞍山市主城区，进一步减轻苯并[a]芘对环境的污染影响。建议退回报告书”的意见。最终，鞍钢集团公司采纳了评估中心的意见，在2007年2月的报告书中同意将新5号、6号焦炉炉体位置向垂直于北建国路的西北方向平移100 m，使新5号、6号焦炉炉体距鞍山市居民区的距离增加到1 025 m；将新7号、8号焦炉及其配套系统布置于鞍钢厂区西侧的尾矿坝内，使新7号、8号焦炉炉体距鞍山市居民区的距离增加到约3 km，与周围最近的村庄小营盘村距离约1.3 km，从而解决了企业生产对周边居民生活环境影响问题，有效保护了公众环境权益。由于4座焦炉分两个区域建设，煤气回收、污水处理等配套设施增加投资8亿多元。虽然从当时看，企业建设成本大幅增加，但从长远看，鞍山市区的环境得到了进一步改善，公众的环境权益得到切实保护，企业的发展与社会、环境更加和谐。

三、“十二五”展望

我国钢铁行业存在的重复建设严重、产能过剩、铁矿石流通秩序混乱、资源环保压力加大等深层次矛盾和问题，既有生产企业盲目扩张、地方政府单纯追求GDP增长的原因，也有管理体系的不顺畅、法规机制的不健全等方面原因。如何协调现

行政策要求与行业发展实际情况之间的矛盾，在贯彻落实各项国家政策的同时将钢铁行业生产企业纳入现有环境管理体系，规范建设项目环境管理，是摆在我们面前的一道难题。

展望“十二五”，我国社会经济发展将迈入新的历史阶段，环境影响评价技术评估应当发挥更加重要的作用，以加快“三个历史性转变”为指引，遵循依法评估、科学评估的原则，进一步强化国家关于淘汰落后、优化布局的各项政策要求，充分发挥技术评估的技术优势，为实现我国钢铁工业由大到强、由乱到治而不懈努力。

（一）规划先行，优先解决产业布局问题

推动重点省区的规划及规划环评工作，为实现相关区域钢铁行业建设项目的优化布局奠定基础。重点省份及地区《钢铁行业发展规划》的出台，是各方合力推进其钢铁行业优化发展的必要前提。有关部门应在科学论证的基础上，尽快完成规划的编制工作及该规划的环境影响评价工作。明确产业转移布点方向和原则，细化落后产能淘汰计划，明确产能调控目标，确立企业联合重组目标和推荐方案，优化资源配置方案，体现特色优势。

继续鼓励钢铁企业的联合重组。在政策的实施上，应以点带面，先进行试点，鼓励搬迁改造部分企业，支持“异地减能迁建”项目实施。在试点的基础上逐渐扩大兼并重组的规模，解决好区域间整合利益分配的问题，逐步实现跨区域、跨所有制整合。

积极推动产业布局向合理化方向发展，坚决杜绝盲目扩张与城市发展之间矛盾的再次出现。在产业布局上需要将资源型布局、沿海型布局和市场型布局相结合。

（二）科学评估，鼓励企业纳入环境管理渠道

认真推行《钢铁行业建设项目环评导则》《钢铁行业建设项目环境影响评价审批原则》，为实现依法评估、科学评估创造有利条件。

科学界定落后产能。将综合能耗、资源利用率、污染物排放等指标作为综合考核筛选标准，从而实现合理淘汰。严格实行减量淘汰政策，确保淘汰落后工作在产业布局调整和企业重组的大背景之下进行，防止借“淘汰落后”之名，行“产能扩张”之实。同时严防落后产能转移，关注落后生产设备的去向，防止污染转移。

保持“十一五”期间的工作成效，着眼于“疏堵结合”的综合整治。对有利于产业结构优化、淘汰落后、产业转移、联合重组的“先进”钢铁产能以及有利于节能减排的项目予以积极支持，纳入审批程序，力求从正面积极引导全国钢铁行业走上健康发展之路。

（三）发挥优势，继续推进节能减排工作

充分发挥评估工作的技术优势，以技术要求带动节能减排工作。对于建设项目所在区域环境质量不能满足相应功能区划要求的，要按照地方钢铁产业发展规划要求，在规划时限内，结合淘汰落后、搬迁重组、升级改造等，实现区域环境质量达到功能区划目标要求；对于新增二氧化硫、氮氧化物、化学需氧量、氨氮等主要污染物排放量的建设项目，应有区域平衡方案，相应总量指标来源应从钢铁行业建设项目削减余量中调剂，实现区域及行业内污染物减排；推动各钢铁企业污染防治设施建设工作，建设项目配套烧结（球团）烟气脱硫、脱硝设施，以及副产物资源化、再利用技术；生产企业积极开展重金属防治、有机污染物控制、二噁英脱除、二氧化碳减排技术研究工作。

（2011 年 8 月）

评估中心"十一五"期间煤炭行业技术评估工作回顾

任小舟　曹晓红　李　佳　苏　艺

"十一五"期间，为了全面落实科学发展观，深入实施可持续发展战略，贯彻"坚持预防为主、综合治理，全面推进、重点突破，着力解决危害人民群众健康的突出环境问题"环境保护理念，评估中心积极协助环境影响评价司在加强大型煤炭基地建设、促进环境友好型绿色矿区建设、推广污染防治新技术、大力发展矿区循环经济、开展政策技术研究等方面发挥了积极作用等方面做了大量卓有成效的工作。

一、"十一五"期间煤炭工业发展概况

"十一五"期间，在我国宏观经济持续向好和相关政策支持下，通过以煤炭资源整合、有序开发为重点，优化了结构，基本建立起规范的煤炭资源开发秩序。

"十一五"期间，我国原煤总产量达 138.54 亿 t，较"十五"期间净增 55.99 亿 t，净增长 40.34%，各年度原煤产量见图 1。2010 年，我国煤炭年产量 32.4 亿 t，较 2005 年期净增 10.9 亿 t。神东、陕北、晋中等 13 个大型煤炭基地产量达到 21.5 亿 t，占全国煤炭产量的 66.4%。大型煤炭基地建设初见成效，小型煤矿调整和改造取得明显进展。全国煤矿数量由 2.48 万处减少到 1.5 万多处，平均单井规模由 9.6 万 t 提高到 20 万 t，有效扭转了"吃肥弃瘦、采厚丢薄、回采率低"的粗放型开采现状，全行业煤炭资源平均回采率由 30%提高到了 45%。

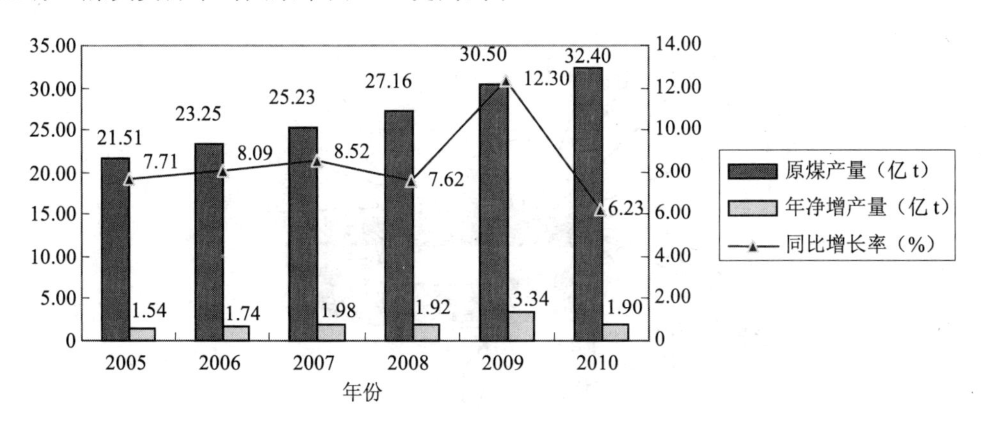

图 1　"十一五"期间我国原煤产量统计

“十一五”期间，强力推行原煤洗选，为完成节能减排目标提供了有力的保障。全国原煤入洗率由31.88%提高到50.93%，通过对煤炭的洗选加工，除去了煤炭中大部分灰分和一部分硫分，有效降低了燃煤烟粉尘、二氧化硫的排放量。2010年我国入洗原煤16.5亿吨，可节约煤炭铁路运力近1 800亿t·km，节能效果显著。

“十一五”期间，大力发展循环经济，全国煤矸石综合利用率由53.41%提高到60.94%，矿井水综合利用率由43.83%提高到66.67%，瓦斯抽采利用率由6.67%提高到11.47%，有效推进煤矸石、矿井水及瓦斯等伴生资源的综合利用。

二、“十一五”期间评估中心审查煤炭项目概况

“十一五”期间，评估中心共审核煤炭建设项目环评文件155个，其中新建项目102个，改扩建项目32个，变更项目8个，技术复核项目4个，退回项目报告书9个。

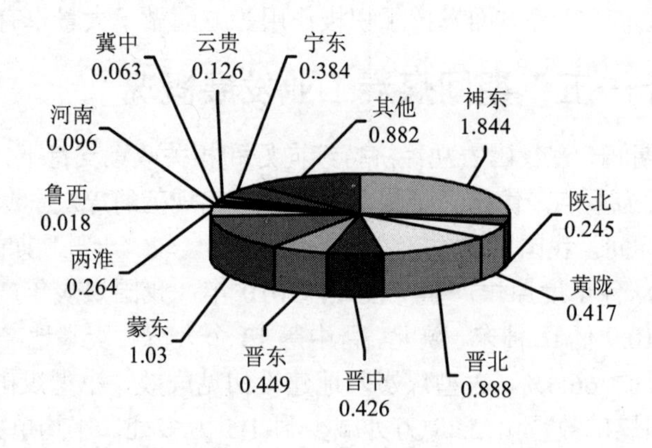

图2 “十一五”期间评估煤炭基地项目规模统计（单位：亿t/a）

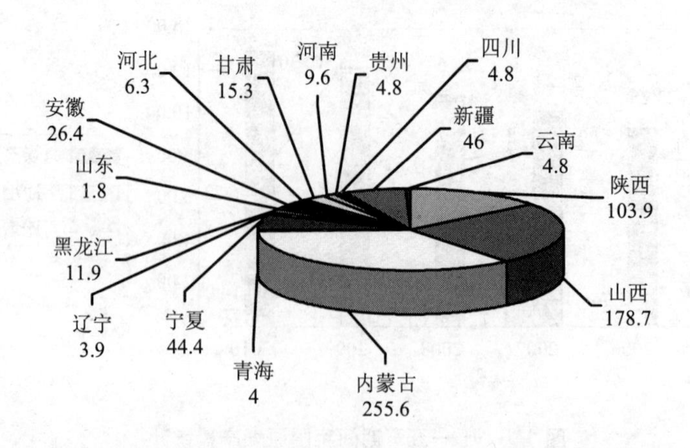

图3 “十一五”期间各省自治区煤炭项目规模统计（单位：Mt/a）

项目产能总规模为 8.18 亿 t/a，其中国家规划的大型煤炭基地的项目产能总规模为 6.25 亿 t/a，占总产能的 57.3%；内蒙古、山西、陕西等煤炭资源大省（区）评估项目总规模达到了 5.38 亿 t/a，占总产能的 75.46%。

三、坚持科学评估，为实现煤炭行业可持续发展作出贡献

（一）提高矿区生态保护要求，促进环境友好型绿色矿区建设

煤炭开采产生的生态问题，具有影响突出、地域分布集中和环境管理难度大等特点，随着开发强度的增大，存在的生态问题也日益突出，已成为近年来关注的焦点。因此，技术评估中以生态影响评价为重点，严格控制煤炭资源开发建设活动造成的生态破坏，提高矿区生态保护要求，维护自然生态系统功能，努力促进环境友好型绿色矿区建设。

评估过程中积极推动煤炭开采矿区生态环境恢复与治理，大力推行生态恢复保障金制度，运用政策加经济的双重杠杆切实保证煤炭生态环境恢复落到实处。据统计，评估中心受理的 155 个煤炭项目，全部达到了《矿山生态环境保护与污染防治技术政策》中规定的“历史遗留矿山开采破坏土地复垦率达到 20%以上、新建矿山应做到破坏土地复垦率达到 75%以上”的生态恢复目标。

在评估中心的带动下，各省级评估中心也严格要求煤炭开发项目重视生态恢复与治理，有效地促进了全国矿区生态恢复与治理。有资料显示，到 2010 年，全国因煤炭开采导致的土地沉陷面积约 6.3 万 hm^2，土地复垦面积约 2.2 万 hm^2，水土流失面积约 6.9 万 hm^2，治理面积约 2.6 万 hm^2，煤炭开采造成的生态破坏得到初步遏制。

通过技术评估，有效地促进了对自然保护区等公众生态权益突出的重点敏感区域的保护，促进了煤炭开发与公众生态权益的和谐。例如，内蒙古鄂尔多斯市泊江海子井田部分区域位于国际重要湿地和国家级遗鸥自然保护区范围内。为保护遗鸥的栖息环境，环境影响技术评估要求调整井田开采边界，将开采区域调出自然保护区外，并将开采规模从 500 万 t/a 降为 300 万 t/a，有效地保护了国际重要湿地和国家级遗鸥自然保护区，落实了公众生态权益的保护。

对原有煤矿开采造成的采空区生态环境治理欠账，按照“国家统筹管理，企业合理负担”的要求，结合《国务院关于促进煤炭工业健康发展的若干意见》要求，推动矿区环境治理步入良性循环。在技术评估过程中严格按照相关政策要求，对井田范围及周边的小煤矿开采形成的地表沉陷区的治理与生态恢复提出明确时间表，整合项目要求做到“不欠新账，多还旧账”。并将周边小煤矿整合及生态恢复措施纳入评估项目竣工验收中。通过上述措施有力地推动了小煤矿的整合，促进了遗留环境问题的解决，优化了煤炭产业结构，促进整个矿区生态环境的逐步改善。

（二）发挥评估技术导向作用，推广污染防治新技术

评估过程中严格执行相关环保政策，充分发挥评估作用，积极推行洁净煤技术开发，推广新型煤炭环保工艺，大力推行“出煤不见煤、用水不排水、产煤不烧煤、排矸不提矸”，一改烟尘蔽日、污水横流的旧面貌，有效促进了绿色矿区建设。

在技术评估过程中，优先在气候干燥、风大雨少的山西、内蒙古等产煤大省（区）大力推行防风抑尘网技术，减少了无组织排放；原煤及产品储煤场推广筒仓、封闭式储煤场堆放，做到原煤“不见天，不落地”。所有的山西、内蒙古共 72 个项目均采取在厂界设置防风抑尘网、场内设施封闭式储煤仓、半封闭储煤场等措施。在国家项目的示范下，内蒙古及山西许多地方煤矿也采取了防风抑尘网和原煤储煤仓等环保措施。

在技术评估过程中，大力推广矿井水处理回用工艺，所有的 155 个评估项目都建设了矿井水处理站和生活污水处理站，减少了污废水的排放。对高矿化度矿井水大力推广反渗透膜处理工艺、高硫矿酸性矿井水大力推广锰砂过滤处理工艺等。在缺水地区，推广矿井水深度处理工艺，要求处理达标的矿井水用于矿井生产生活，减少了地下水资源的抽排量。经统计，有 71 个项目的矿井水全部进行了回用不外排，切实做到“用水不排水”。

在技术评估过程中，要求后期掘进矸石全部回填井下不外排，做到“排矸不提矸”；要求高瓦斯矿井在瓦斯抽放稳定后，改用燃气锅炉供热，做到“产煤不烧煤”。

（三）严格环境准入，大力发展矿区循环经济

评估过程中，将资源综合利用作为整个矿区开发的准入条件，使煤炭企业打破单一煤炭生产的狭隘基础行业模式，实现煤炭企业对煤系地层中各种共伴生资源（矿井水、煤、气、固废等）的全面开发和加工利用，推动矿区煤炭行业循环经济发展，有效促进人与自然和谐相处、环境友好型矿区的建设，更好地满足科学发展的要求。

通过技术评估，完善矿井水综合利用途径，促进矿井水综合利用率不断提高，节约了地下水资源，更好地保护了矿区生态环境。“十一五”期间，评估项目矿井水总产生量 95.92 万 m^3/d，回用矿井水 75.73 万 m^3/d，矿井水综合利用率达到了 78.95%，减少了地表或地下水资源的取用量，同时也减少了矿井水的外排。

煤矸石的堆放，不仅占用耕地，而且在阳光和雨水的作用下，容易发生自燃和化学反应，严重污染环境空气、地表土壤及地下水体，给矿区环境保护造成很大压力。通过技术评估，促进煤矸石的综合利用，实现煤矸石的变废为宝，减少了煤矸石堆放占地，同时减少了煤矸石堆放产生的二次污染。“十一五”期间，评估项目矸石产生量约 8 062.97 万 t/a，综合利用量 4 349.18 万 t/a，平均综合利用率为 53.94%。

据联合国统计，我国每年因采煤向大气中排放的瓦斯达 190 亿 m^3，居世界第一。

开采利用煤矿瓦斯资源，不仅能够增加高效洁净能源供给，还可以减少煤矿甲烷的排放量，有效缓解温室效应。评估项目中所有的12个高瓦斯矿井全部对瓦斯进行了综合利用，综合利用量约为7.57亿m^3，减少了温室气体的排放。

（四）以项目环评为抓手，大力推进矿区规划环评工作

同一区域煤炭开发项目较多，在矿区规划环境影响评价未进行之前，各项目分别评价，缺乏整体性和累积性影响预测，对整个区域生态系统影响的宏观分析不足。如何从源头上防止煤炭开采对脆弱的区域生态环境所造成的破坏，需要加强矿区规划环评。要求站在战略高度，从区域资源环境承载能力等方面分析矿区总体规划的定位、规模及结构的环境合理性。

为此，评估中心在项目评审过程中，以煤矿项目为抓手，积极推行煤炭矿区规划环评。对未进行矿区总体规划及规划环评的矿区内的建设项目，建议首先开展矿区规划环评。例如，山西新元煤炭有限责任公司矿井及选煤厂二期工程项目位于娘子关泉域的西南边界，虽然环评报告书分析认为，其建设对娘子关泉域影响不大，但评估认为单个项目的影响结论不能反映整个矿区开发对娘子关泉域的影响，要求先行进行矿区规划环评，从区域资源承载力的角度分析矿区开发对娘子关泉域的影响。“十一五”期间，共审核煤炭矿区规划环评文件79个，是评估中心受理规划环评最多的行业。通过矿区规划环评，有效促进了矿区的合理布局和开发。

（五）积极深入开展政策技术研究，为管理部门提供技术支持

在煤炭行业持续快速发展的同时，评估中心始终关注煤炭行业发展动态，研究煤炭行业发展动向，先后向环境保护部提交了5份有关煤矿开发环境保护的调研资料，为行政主管部门建言献策，协助制定煤炭行业环保政策，为管理部门提供了坚实的技术支持。

2006年4月，评估中心配合环评司召开了《煤炭开发建设项目生态环境保护研讨会》，交流了煤炭开发建设中生态环境恢复治理、水资源保护、煤矸石及瓦斯（煤层气）等伴生资源综合利用方面的研究成果、工程设计和应用案例，讨论了当前煤炭开发中面临的主要环境问题，提出了煤炭行业环境保护政策建议，并提交了《我国煤炭资源开发的生态环境影响与对策报告》。

针对“十五”期间我国煤炭的生产、加工、利用方式不尽合理所造成的资源利用率低和环境污染等问题，评估中心提出从污染控制和生态安全的战略高度，开展煤炭战略环评，从决策源头对煤炭工业发展布局、结构、规模等进行优化调整，提交了《我国煤炭产业可持续发展形势分析和对策建议》。

针对“十一五”期间大型基地大批项目多头开发产生的环境问题，评估中心提交了《关于大型煤炭基地多头开发导致的环境问题及对策的报告》，进一步规范煤炭

行业规划环评和项目环评工作。

针对“十一五”期间煤矿资源整合过程中存在原有小煤矿工业场地、风井场地、矸石场的生态恢复不到位，小煤矿开采已形成的地表沉陷区的治理与生态恢复措施滞后等问题，提交了《小煤矿资源整合中的环境问题与对策建议》。

四、展望“十二五”煤炭行业环境影响技术评估工作

“十二五”时期，煤炭仍将是我国能源供应的主体，在保障我国能源安全中仍将起着基础性作用，为满足煤炭需求，原规划为后备区的新疆将作为第 14 个大型煤炭基地正式纳入大规模建设日程。未来 5 年，我国将按照“加快西部、稳定中部、优化东部”的原则，统筹东中西部煤炭资源开发，有序推进 14 个大型煤炭基地建设，加快推进煤矿企业兼并重组，重点打造山西、鄂尔多斯盆地、蒙东、西南、新疆五大国家能源战略基地。规划到 2015 年，煤炭产量达到 37.9 亿 t，比 2010 年增长 5.5 亿 t，增量比“十一五”的增量 8.9 亿 t 将大幅减少。

根据我国《国民经济和社会发展第十二个五年规划纲要》，未来五年，我国的煤炭开发项目将更多地集中在五大战略能源基地，评估中心煤炭项目技术评估工作将面临新的挑战：

（1）新疆、蒙东等地（区）生态脆弱区的项目将增多，如何更好地落实煤炭开采中水资源保护及生态环境保护，将直接制约着区域煤炭开发，也对评估中心在上述两个区域的煤炭资源开发项目的环境影响评估工作提出了更高的要求。

（2）“十一五”批复的项目多，产能规模大，煤炭开采导致的生态破坏、对地下水资源的影响将在“十二五”期间集中显现，保护措施能否很好落实、取得阶段成效、实现预期目标，迫切需要一套完整的监测、统计、评估体系，为完成好相关技术支撑，必须下大力气加强相关研究筹划工作。

（3）煤炭项目服务年限为 30 年甚至 100 年，按照《环境影响评价法》的要求，如何制定出符合行业实际情况的环境影响后评价机制或者阶段评估、审批机制，尚需要下大力气研究，为管理部门制订更加科学合理的煤炭行业环评技术规范提供技术支持。

“十二五”期间，以生态文明理念促进资源节约型、环境友好型绿色矿区建设，将成为我国煤炭行业环境保护领域的主旋律。随着公众环境权益意识的增强，以评估中心为技术导向的煤炭行业环评工作在促进绿色矿区建设、实现煤炭行业可持续发展方面更需加倍努力，力争进一步作出更多更大的贡献。

（2011 年 8 月）

评估中心“十一五”期间水电行业技术评估工作回顾

钟治国 曹晓红 李海生 苏 艺

“十一五”期间，我国水电行业快速发展。评估中心在技术评估工作中坚持“预防为主、保护优先、防治结合”和“在保护中开发、在开发中保护”的生态保护基本原则，严格项目把关，促进工程环保优化，强化环保措施创新，针对水电环评的热点和难点积极开展调研，为科学决策提供技术支撑，同时以技术评估为抓手，积极推动全过程环境管理体系的建设，为建设生态文明、构建和谐社会作出了积极的贡献。

一、“十一五”期间水电发展概况

（一）水电发展概况

我国水能资源丰富，居世界首位，根据2003年全国水力资源普查成果，水力资源理论蕴藏量6.9亿kW，技术可开发量5.4亿kW，经济技术可开发量4.0亿kW。随着我国水电技术发展及能源需求持续增长，水电开发近十年呈加速发展态势。1949—2000年50年水电装机容量总共0.8亿kW，“十五”期间新建水电装机容量0.4亿kW，“十一五”期间新建水电装机容量0.9亿kW，2010年年底总装机容量达2.1亿kW，其中小水电装机达到5 800万kW，均居世界第一位，我国已成为举世瞩目的水电大国，水电总装机容量占我国电力总装机容量的比重达到了21.8%。

“十一五”是我国水电建设规模和建成投产机组最多的五年，五年间我国水电建成投产装机容量年增长率达到1 800万kW/a，是“十五”期间的2.25倍，是1949—2000年间的11.25倍。

“十一五”期间，小湾、龙滩、溪洛渡、向家坝等一批水电站的建设，标志着我国水电建设已经逐步迈向世界先进水平。小湾水电站最大坝高294.5 m，为目前世界最高拱坝。龙滩水电站是我国已投产发电的第二大水电站，装机容量630万kW，总库容273亿m^3，仅次于三峡水电站。溪洛渡水电站、向家坝水电站装机容量分别为1 260万kW和640万kW，建成后将是我国第二和第三大水电站。通过自主创新，包括200 m级特高碾压混凝土重力坝技术、200 m级特高混凝土面板堆石坝技术、300 m级特高拱坝及100 m级特高碾压混凝土拱坝技术、坝工基础工程技术、高速水流的消能工程技术创新在内的重大关键技术得到全面突破。水电机组制造技术不断突破，单机容量由30万kW逐步向80万～100万kW级迈进。

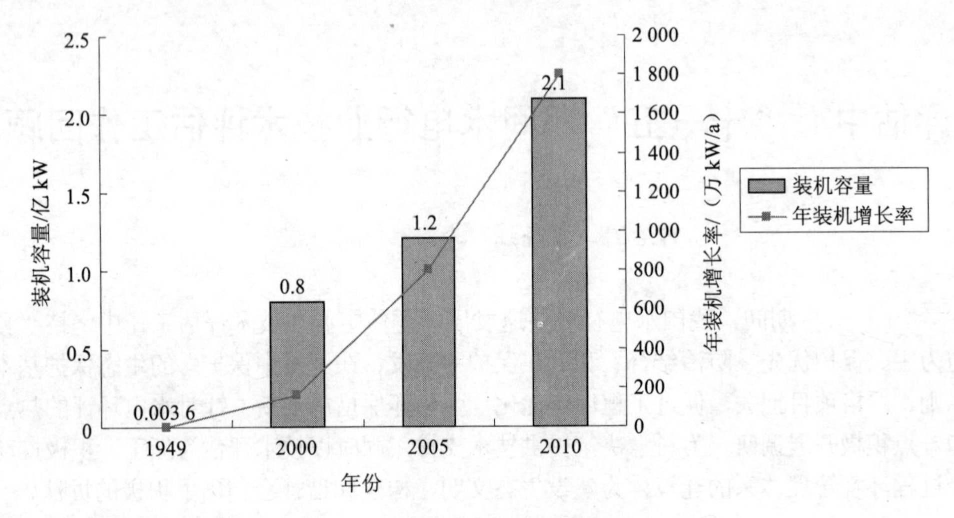

图 1　我国水电投产装机容量变化

水电开发对改善我国能源结构，促进流域和区域经济社会发展发挥了重要作用。然而水电迅猛发展过程中，也伴随着规划布局不合理、干支流开发缺乏统筹考虑，大水电、小水电“跑马圈水”、“遍地开花”等无序开发现象和问题，其生态影响日益引起各方面广泛关注。“十一五”期间国家水电发展政策由“十五”期间的“积极发展水电”，调整为“在保护生态的基础上有序开发水电”。“十一五”期间水电新建项目核准装机容量 2 000 万 kW，约为“十一五”规划核准装机容量的 30%。

从分布情况看，这些水电项目主要集中于西南地区。西南地区又是自然地理条件复杂、生物多样性丰富、地质灾害频繁的区域，也是我国江河流域重要的水源涵养区和生态屏障，生态环境敏感，水电开发应更要加强生态环境保护工作。

（二）水电行业环境保护发展情况

“十一五”期间，水电行业环境保护进入快车道，出台了一系列政策法规，环评管理、技术评估和环境评价得到进一步加强，建设单位环保意识逐步提高，环评技术水平有了较大飞跃，项目生态保护措施不断创新，环保投入不断加大。

1. 以规划环评为先导，优化流域水电布局

2003 年 9 月，《环境影响评价法》实施后，水电行业率先启动流域水电规划环评，先后开展了怒江中下游，大渡河，雅砻江，金沙江下游、中游等河流水电专项规划环评。规划环评逐步成为水电建设项目受理的前置条件。

通过开展流域水电开发规划环评，对梯级布局、装机规模和开发方式进行了优化，从源头上减缓了生态影响的程度和范围。通过大渡河流域水电规划环评，减少淹没人口 8.5 万人、减少淹没耕地 2.8 万亩；澜沧江中下游水电规划环境影响研究取

消了影响鱼类洄游的勐松梯级；金沙江中游水电规划环评后暂缓建设虎跳峡、两家人 2 个水电站。

2．环评工作更加深入，生态保护措施不断加强

随着评估工作的深入，环评技术手段不断丰富，各项生态保护措施不断应用并推广。锦屏二级等项目生态用水评价发挥重要示范作用，一大批项目优化了枢纽平面与结构布置，增加了生态泄水量和设施。糯扎渡、锦屏一级、光照、滩坑等项目开展低温水环境影响数值模拟和物理模型实验，开创了低温水物理模型研究之先河。光照、滩坑等在国内率先建成叠梁门取水口，并推广运用。泄放生态流量、栖息地保护、鱼类增殖放流、建设过鱼设施、高坝大库低温水减缓等措施已逐步成为水电行业环评中必须重点分析论证的内容。

3．出台“三通一平”环评审批规定

为解决水电项目环评未经审批，“三通一平”工程即开始实施的问题，2005 年 1 月，国家环保总局与国家发展改革委联合下发了《关于加强水电建设环境保护工作的通知》（环发[2005]13 号），要求开展水电“三通一平”环评，由地方环保部门负责审批。将水电项目前期工作纳入环境管理，填补了水电建设项目主体工程环境影响报告书批准之前环境管理方面的空白，规范了该阶段环境保护工作。

2010 年 7 月至 11 月，评估中心组织开展了“三通一平”环境保护专题调研，调研组现场考察了澜沧江、金沙江、大渡河流域部分水电建设项目，与地方环境保护主管部门、建设单位和环评单位进行了座谈、交流，进一步掌握了当前水电建设项目“三通一平”环境保护状况，提出了加强流域规划环评工作、优化水电工程环境管理节点设置等建议。

4．跟踪管理，丰富创新“三同时”

系统研究借鉴项目可研管理，推进落实环保设计，提出开展总体设计、招标设计和技施设计。在评估建议中明确环保监理要求，为开展施工期环境监理奠定基础。“十一五”期间组织编制工程环境监理指南和规范，水电项目普遍开展施工期工程环境监理，还提出蓄水阶段验收意见，初步实现对水电项目的全过程管理。

5．积极推进环境影响后评价

鉴于水电项目建设周期长、对生态影响的长期性等特点，评估要求适时开展后评价。2006 年完成西藏羊卓雍湖电站后评价，2008 年完成黄河龙羊峡—刘家峡河段后评价、乌江贵州河段后评价。2010 年启动了丰满水电站后评价工作。

二、“十一五”期间评估中心水电项目评估工作概况

“十一五”期间，评估中心共评估 33 个水电项目，其中，常规水电项目 28 个，抽水蓄能项目 5 个；新建项目 32 个，扩建项目 1 个。主要呈现以下特点。

（一）“十一五”之初项目集中

2006年评估水电项目个数最多，达到12个，之后4年基本维持在5～6个，项目数量的巨大变化主要是受到宏观政策调整影响。

从评估项目的规模看，“十一五”期间评估项目总装机容量3 820.74万kW，2006年及2009年评估装机容量超过1 000万kW，2007年、2008年、2010年评估装机容量相对较少，详见表1和图2。

表1　十一五”期间评估中心评估水电项目个数及装机容量统计

类别	项目	2006年	2007年	2008年	2009年	2010年	合计
常规水电站	电站个数/个	9	4	5	5	5	28
	装机总容量/万kW	1 027	286.4	187.34	1 154	466	3 120.74
抽水蓄能电站	电站个数/个	3	2	0	0	0	5
	装机总容量/万kW	340	360	0	0	0	700
合计	电站个数/个	12	6	5	5	5	33
	装机总容量/万kW	1 367	646.4	187.34	1 154	466	3 820.74

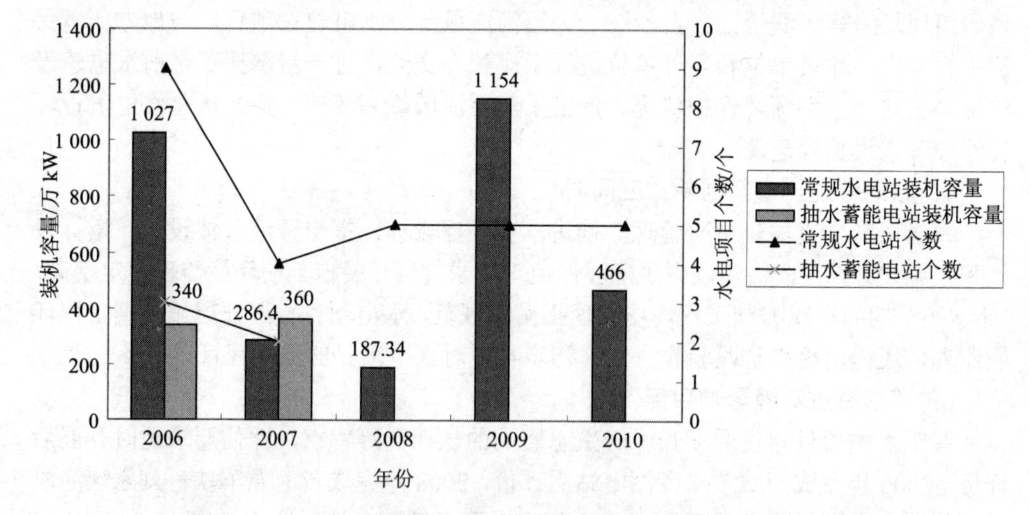

图2　“十一五”期间评估中心评估水电项目个数及装机容量统计

（二）项目主要位于国家规划的大型水电基地

“十一五”期间，评估常规水电项目总规模为31 207.4MW，其中十三大水电基地内项目规模30 157.4MW，占总规模的96.64%，基地外项目规模1 050MW。各水电基地项目依次为：大渡河（13 190MW）、金沙江（11 360MW）、澜沧江（1 320MW）、雅砻江（1 133.4MW）、乌江（1 120MW）、南盘江和红水河（990MW）、湘西（970MW）、黄河上游（74MW）。而长江上游、怒江、闽浙赣、东北河流、黄河北干流等五大水电基地没有新建项目分布。大渡河和金沙江两大水电基地项目总规模 24 550MW，占评估项目总规模的 78.67%。详见表 2 和图 3。

表 2 “十一五”期间评估中心评估水电项目分布统计 单位：MW

年份	水电基地								小计	基地外项目	合计
	金沙江	雅砻江	大渡河	乌江	南盘江和红水河	澜沧江	黄河上游	湘西			
2006	0	330	6 120	1 120	0	900	0	800	9 270	1 000	10 270
2007	1 800	0	0	0	990	0	74	0	2 864	0	2 864
2008	0	803.4	850	0	0	0	0	170	1 823.4	50	1 873.4
2009	7 160	0	4 380	0	0	0	0	0	11 540	0	11 540
2010	2 400	0	1 840	0	0	420	0	0	4 660	0	4 660
合计	11 360	1 133.4	13 190	1 120	990	1 320	74	970	30 157.4	1 050	31 207.4
占比/%	36.40	3.63	42.27	3.59	3.17	4.23	0.24	3.11	96.64	3.36	100

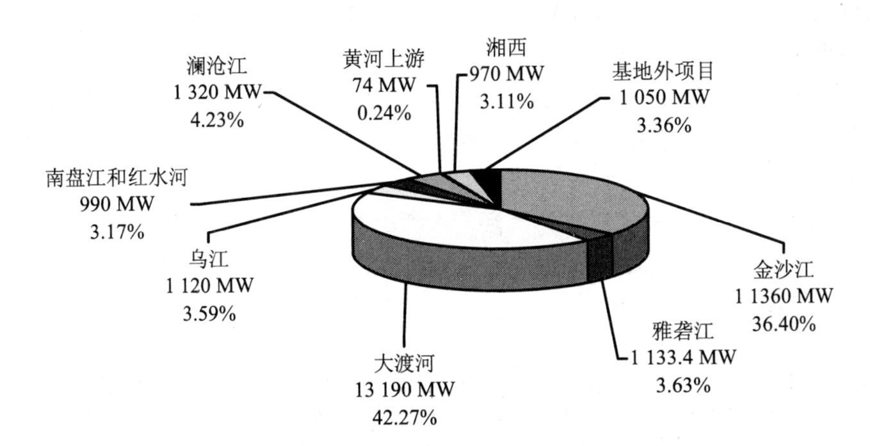

图 3 “十一五”期间评估中心评估水电项目按水电基地分布

（三）项目主要分布于四川和云南两省

受水电资源分布影响，“十一五”期间评估项目主要位于四川和云南两省，两省“十一五”期间项目总规模分别为 15 823.4MW 和 12 180MW，占评估总规模的 50.70%

和 39.03%（见图 4）。

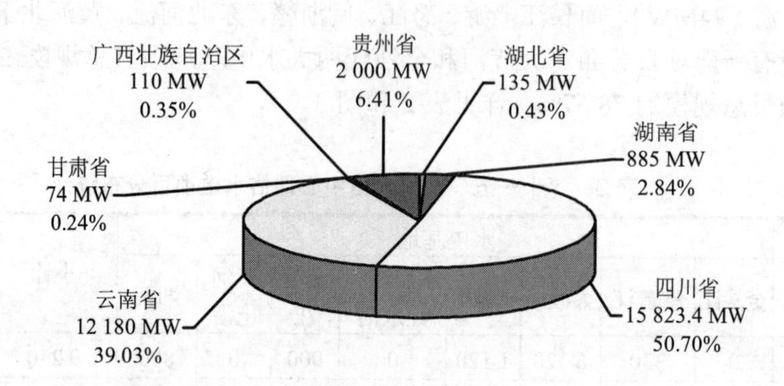

图 4 “十一五”期间评估中心评估水电项目按省份分布

三、环境影响技术评估发挥的作用

（一）严把技术评估关口，推动行业环保技术进步

水电项目技术评估工作坚持全面、协调、可持续的发展观，推动绿色水电建设。认真贯彻“预防为主、保护优先、防治结合”和“在保护中开发、在开发中保护”的生态保护基本原则，严格把关，促进工程设计优化，强化施工期的环境管理及环保措施，加强运营期的生态恢复和生态建设工作。特别是加强了河道生态用水、低温水和过鱼设施等环境保护措施。董箐水电站、双江口水电站及猴子岩水电站分别提出了前置挡墙、塔式进水口等方式，取表层水发电，提高下泄水水温。在评估的 33 个项目中，除与下游已建电站衔接，未考虑生态流量的项目外，均考虑采取了下泄生态流量的措施，主要采取的措施包括单独设置小机组，承担基荷发电任务等，详见表 3 和图 5。

表 3 “十一五”期间评估中心评估水电项目生态流量泄放措施情况统计

生态流量泄放措施	单独设置小机组	承担基荷发电任务	单独设置生态流量泄放设施	结合工程引水或泄流永久设施修建或改建生态流量泄放设施	其他（未采取生态流量泄放措施）
电站数/个	4	14	2	1	12

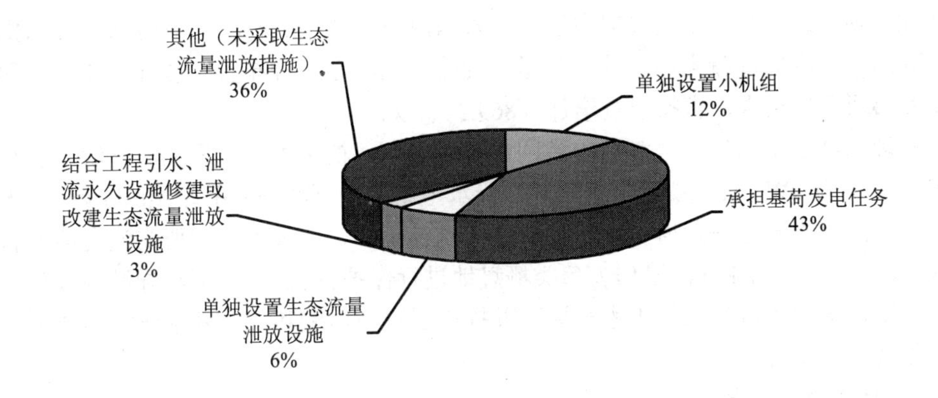

图 5 “十一五”期间评估中心评估水电项目生态流量泄放措施分布

评估的 29 个常规水电项目均采取建设鱼类增殖站的措施，部分电站还采取了支流保护、建设鱼道等措施（见表 4）。

表 4 “十一五”期间评估中心评估水电项目鱼类保护措施情况统计

鱼类保护措施	支流生境保护	建鱼类保护区或鱼类种质资源保护区	新建或合建鱼类增殖放流站	建设鱼道	集运鱼系统	网捕过坝	建升鱼机
电站数/个	4	4	29	4	0	0	0

“十一五”期间，评估中心对生态问题敏感、环境影响特别重大的水电项目从环保角度提出了优化调整工程设计、加强生态环境保护措施的具体意见。

1. 大渡河安谷水电站

工程位于四川省乐山市大渡河下游汇合口河网区域，装机容量 772MW，混合式开发。在 2009 年项目评估时，评估中心针对项目影响和报告书质量，提出了项目不可行的结论。根据评估意见，建设单位对工程设计进行了多项优化，并加强了环保措施。与原工程设计方案相比，减少弃渣占地 219.61 hm^2（为原弃渣总占地的 49%）。通过设置仿自然旁通道、河网连通工程等最大限度维持原河网形态和湿地生境。通过增设生态小机组、放水闸增设泄水槽等措施，使最小下泄生态流量由 70 m^3/s 增至 150 m^3/s。工程投资增加了 10.79 亿元，其中环保投资增加了 4.23 亿元，是原环保投资的 3.14 倍。通过技术评估，最大限度地保护了河网生态和湿地生境，切实做到了环境保护与开发并重。

2．枕头坝一级水电站、沙坪二级水电站

枕头坝一级坝址位于大渡河中游四川省乐山市，总装机容量 72 万 kW。评估提出，利用右岸纵向混凝土围堰改建鱼道，优化电站枢纽工程布置，加强过鱼监测和过鱼效果研究的要求，直接投资增加 6 869.34 万元。

沙坪二级水电站位于大渡河中游四川省乐山市，枕头坝一级坝址的下游，总装机容量 34.8 万 kW。评估提出，将沙坪二级水电站坝址下游—龚嘴库尾的 7 km 流水河段、大渡河深溪沟—龚嘴坝址河段的 6 条支流汇口、龚嘴库区主要支流龙池河和黑水河汇口以上各 2 km 河段作为鱼类栖息地进行保护。提出利用枢纽导漂闸改建鱼道的方案，优化了电站枢纽工程布置，并提出了过鱼监测和过鱼效果研究的要求，直接投资增加 4 872.4 万元。

3．乌江银盘水电站

工程位于重庆市武隆县境内乌江干流，电站装机容量 60 万 kW。电站采取堤坝式开发，具有日调节性能。评估要求在支流长溪河设立长溪河鱼类自然保护区进行生境保护，同时与彭水电站合建鱼类增殖站进行增殖放流。

4．江西洪屏抽水蓄能电站

工程位于江西省宜春市靖安县境内，装机容量 120 万 kW。工程下水库占地及水库淹没涉及南方红豆杉、樟树、永瓣藤和花榈木 4 种国家级保护植物共 3 027 棵、省级保护植物三尖杉和白玉兰共 5 株。评估提出，在下水库坝址附近结合业主营地建立珍稀植物园，进行保护植物移栽，增加环保投资 853.81 万元。另外，应结合当地的景观特色，利用弃渣对上水库西副坝、西南副坝后地形进行景观再塑造，改善大坝周围的景观，增加环保投资 500 万元。

5．四川省木里河立洲水电站

工程位于四川省凉山州木里县，电站总装机容量 35.1 万 kW，混合式开发，具有季调节性能。工程坝区石料场开挖对坝区植被及景观影响较大，特别是施工临时道路的开挖，将导致该区域大量植被破坏和水土流失。评估提出采用“地下粗碎＋皮带机传送半成品运输”方案，减少了土石方开挖和植被破坏，有效减缓了施工期的生态影响。

6．红河马堵山水电站工程

工程位于红河哈尼族彝族自治州的个旧市和金平县境内，电站装机容量 30 万 kW，按日调峰进行运行，采取堤坝式开发，具有不完全年调节性能。工程移民安置点距离自然保护区较近，同时水电站调峰运行，对下游水文情势影响较大。评估提出在移民安置点靠近保护区一侧设置保护区隔离网，在下游新街水库建成前，电站不可承担调峰任务。

（二）抓重点、克难点，为科学决策提供技术支撑

针对近年来水电开发中的重点、难点、热点问题，组织专家学者，深入开展专题研究，提出了建设性的意见和建议，有力推动了水电开发的环保工作，大大提高了环境保护在促进和优化水电中的建设性作用。

1．配合原国家环保总局协调怒江开发与“三江并流”世界遗产保护

为协调怒江开发与环境保护的关系，评估中心配合原国家环保总局开展前期工作，广泛征求社会各界对怒江中下游水电规划环评报告书的意见，对怒江中下游水电规划内的敏感项目进行环评听证。

2．对雅鲁藏布江水资源开发提出建设性意见

2007年年初，针对雅鲁藏布江流域已提出水电开发计划和设想、并已开展前期工作的实际状况，评估中心起草了《雅鲁藏布江流域水资源开发的一些思考》上报国家环保总局。提出环境保护工作应提前介入，组织开展必要的区域和流域环境本底的前期资料收集和现场调研工作等建议。

2007年年末，评估中心参加了“雅鲁藏布江中游水电开发规划及藏木水电站的专题调研”，并形成调研报告报环保部环评司。2008年3月，参加了西藏藏木水电站前期工作汇报会。通过前期的调研和相关工作，提出尽快完成雅鲁藏布江中游水电开发规划及规划环评；进一步优化，尽量减少梯级开发的数量及规模；在环评过程中要特别重视水文情势影响变化预测和鱼类保护问题；妥善处理好公众参与调查分析等建设性意见。

3．《西南水电对策与建议》得到温家宝总理和李克强副总理的批示

近十年来，水电开发迅猛发展，“跑马圈水”、“遍地开花”，大中小水电“齐头并进”，如火如荼的水电开发带来经济利益的同时，对生态造成的破坏也逐渐显现，引起社会各界的关注。尤其是水电开发集中的西南地区，同时又是生物多样性丰富、生态脆弱地区，对西南水电开发的争论尤为激烈且一直未断。汶川特大地震灾害后，社会、媒体更是对西南水电开发提出了质疑。为此，评估中心根据多年来在水电评估工作中积累的经验，在认真调查研究的基础上，会同环保部有关部门共同编制完成了《西南水电对策与建议》报告。报告分析了西南水电开发存在的问题及原因，提出了按流域分类管理等方向性的建议。部领导责成办公厅以此形成专题报告报送国务院，温家宝总理和李克强副总理分别作出了重要批示。

4．开展鱼类增殖放流调研

2009年11—12月，评估中心对四川、贵州等部分水力资源重点开发省区的金沙江、雅砻江和乌江等重点流域上的水电项目进行了调研，分析了鱼类增殖放流的现状、存在的主要问题，并提出了针对性的对策及建议，编制了《水电项目鱼类增殖放流保护措施实施情况的调研报告》。报告对进一步提高环评、评估、审批工作中

鱼类增殖放流措施的针对性起到了积极的指导作用。

（三）积极开展学术交流，促进行业环评水平提高

为贯彻党的十六届五中全会精神，落实中央提出的“在保护生态的基础上有序开发水电”的要求，评估中心配合国家环保总局于 2005 年 12 月 13—14 日在北京组织召开了水电水利建设项目水环境与水生生态保护技术政策研讨会。在此次会议成果的基础上，2006 年，国家环保总局颁布了《水电水利建设项目河道生态用水、低温水和过鱼设施环境影响评价技术指南（试行）》，指南对河道生态用水量的确定、水库水温预测方法和过鱼设施设计技术参数等进行了详细的说明和规定，成为水电项目环评的重要技术和管理依据。

2010 年 12 月 2—3 日，评估中心在浙江省绍兴市组织召开了建设项目环境影响评价鱼类保护（鱼道专题）高级技术研讨会。会议交流了水电、水利、航电等拦河工程水生生态保护工作经验，重点探讨了鱼道这类水生生态保护措施的应用、科研进展和存在的问题，对进一步做好拦河工程水生生态环境保护工作提出了技术要求和政策建议。并以此次研讨会内容编制教材，举办了注册环评工程师继续教育培训班，学员超过 400 人，极大地推动了鱼道的科研、设计及应用。

四、“十二五”展望

在看到“十一五”成绩的同时，我们也清醒地认识到水电行业生态保护形势依然十分严峻，面临许多困难和挑战。我国政府承诺到 2020 年实现单位 GDP 减排 40%～45%，非化石能源占一次能源消费的比重达到 15%左右。要实现上述目标，根据有关方面的研究，到 2020 年常规水电装机容量应达到约 3.3 亿 kW。根据目前装机和在建情况，考虑水电建设工期，初步推算“十二五”期间需要核准开工水电项目 1.2 亿 kW 左右。

为此，“十二五”期间水电评估应以科学发展观为指导，贯彻落实“生态优先、统筹考虑、适度开发、确保底线”的基本原则，着重抓好流域梯级开发规划环评、流域水电开发环境影响回顾评价，从流域层面统筹生态环保和移民安置，促进水电开发与经济社会的可持续协调发展，同时推进水电环境影响及保护措施的科技创新，探索水电生态保护的新方向，促进水电环保科学发展。

我们坚信，在部党组的坚强领导下，技术评估工作必将在水电发展中发挥更大的作用，为全面推进绿色水电、建设生态文明作出积极贡献。

（2011 年 9 月）

评估中心“十一五”期间公路、铁路技术评估工作回顾

赵海珍　杨　帆　苏　艺

“十一五”是我国交通运输发展速度最快的五年，在应对国际金融危机、扩大内需增加 4 万亿元投资的拉动情况下，国家加快了公路、铁路等交通基础设施的投资力度和建设速度。“十一五”期间，交通运输领域共完成投资 7.7 万亿元，比“十五”期间增长 175%。然而在交通事业迅猛发展，增加运输能力、促进地区经济迅速发展的同时，也在一定程度上加剧了交通运输与资源、环境、生态保护之间的矛盾。

五年来，评估中心坚持科学评估理念，在积极支持国家交通基础设施建设的同时，发挥环境评估前期介入的优势，大力保护生态环境，切实维护公众权益，认真提高为环境保护部审批决策服务的能力。在优化选址选线、避让环境敏感区、提高防治措施水平等方面作出了积极贡献。

一、“十一五”我国公路、铁路发展概况

（一）公路发展概况

1. 高速公路建设力度进一步加大

2010 年年底，我国公路总里程突破 400 万 km，达到 400.82 万 km，五年新增 66.30 万 km；全国公路密度为 41.75 km/100 km^2，比“十五”末提高 6.90 km/100 km^2。全国高速公路达 7.41 万 km，居世界第二位，比“十一五”规划目标增加 9 108 km，其中，国家高速公路 5.77 万 km。东部、中部地区 11 个省份的高速公路里程超过 3 000 km。

2. 公路网规划环评全面推进

“十一五”期间，国家相关行政主管部门相继颁布了一系列有关公路行业的环境保护法律法规、标准和技术规范。《关于加强公路规划和建设环境影响评价工作的通知》（环发[2007]184 号）中提出，未进行环境影响评价的公路网规划，规划审批机关不予审批，未进行环境影响评价的公路网规划所包含的建设项目，交通主管部门不予预审，环保主管部门不予审批其环境影响评价文件，使规划环评成为公路建设项目受理的前置条件，实现了环评从公路建设项目层次向公路网规划层次的跨越，对公路项目的合理选址、公路网的合理布局及生态破坏和污染综合防治起到指导作用。

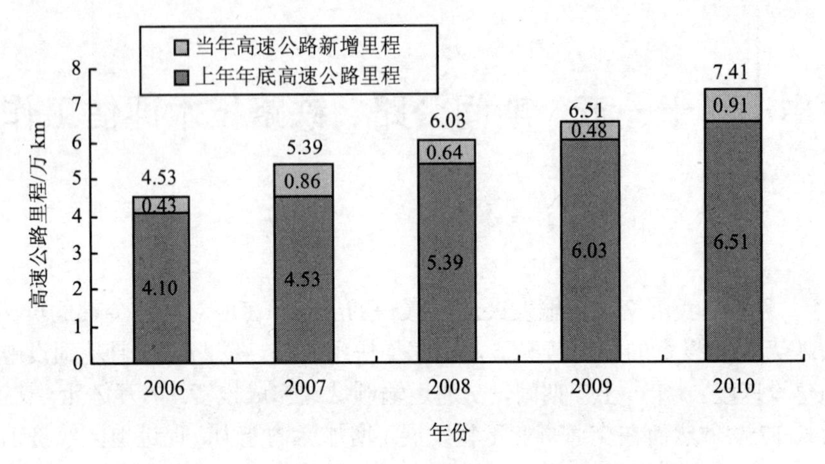

图 1 2006—2010 年全国高速公路里程

表 1 高速公路里程超过 3 000 km 的省份

省份	里程/km	省份	里程/km
河南	5 016	陕西	3 403
广东	4 839	浙江	3 383
河北	4 307	辽宁	3 056
山东	4 285	江西	3 051
江苏	4 059	山西	3 003
湖北	3 674		

（二）铁路发展概况

1. 高速铁路技术迅速发展

“十一五”期间，铁路路网规模和质量大幅提升，客货运量持续增长。五年合计投产新线 1.6 万公里，投产复线 1.1 万 km，投产电气化铁路 2.1 万 km。2010 年铁路营业里程达 9.1 万 km，复线率、电气化率分别达到 41%、46%。“十一五”期间，高速铁路建设全面推进，到 2010 年 12 月底我国高速铁路运营里程 8 358 公里，在建高速铁路 1 万多 km。

2008 年 8 月 1 日，我国第一条也是世界第一条运营时速 350 km 的高铁——京津城际高铁开通运营；同年，时速 250 km 的合宁、合武等 4 条高铁相继建成通车。2009 年 12 月 26 日，世界上一次建成运营里程最长的时速 350 km 的高铁—武广高铁开通运营。2010 年，时速 350 km 的郑西、沪宁、沪杭高铁和时速 250 km 的福厦、昌九、长吉、广珠、海南东环线高铁陆续建成通车，京沪高铁全线铺通。

2. 铁路环保技术不断提高

"十一五"期间铁路项目环境保护措施不断加强。在占用土地资源方面，普通铁路路基（6 m 高）平均 1 km 占用土地约 70 亩，而 1 km 桥梁占用土地仅为 27 亩，高速铁路大量采用"以桥代路"的方法，起到了节约土地资源的作用。

从控制源强着手降低噪声污染影响。以武广铁路为例，全线采用加大接触网张力，CRH3 型动车组采用低噪声的 SSS400 受电弓等先进设备减少弓网摩擦噪声；采用先进流线车型，减少空气动力学噪声；采用大体量的桥梁墩身和箱梁，有利于减少桥梁的二次结构噪声；优化设置隧道缓冲洞门结构，减少了空气动力学效应对隧道周围环境的影响等。

二、"十一五"期间公路、铁路评估工作基本情况

"十一五"期间，评估中心在线性工程技术评估工作中始终坚持环保选线，严格控制公路、铁路建设项目穿越自然保护区、饮用水水源保护区等环境敏感区，同时加强对公路、铁路噪声防护措施的优化力度，实现社会、经济与环境效益的统一。

（一）评估项目基本情况

1. 公路项目总体情况

"十一五"期间，评估中心评估公路建设项目 277 项，其中新建高速公路约 27 904.39 km，改扩建高速公路约 5 899.99 km，其他公路项目 7 171.98 km。277 个公路建设项目的总投资约为 15 970.54 亿元，环保投资约 388.37 亿元，环保投资占总投资的比例约为 2.4%。

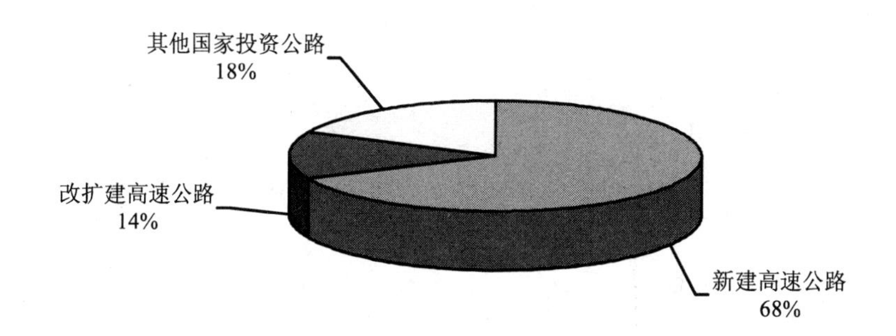

图 2 "十一五"期间公路项目分类

2. 铁路建设项目环境影响技术评估总体情况

"十一五"期间，评估中心评估铁路建设项目 147 项，其中新建改建高铁项目 64 项。新建铁路 37 300.95 km，其中新建高速铁路（设计速度大于 200 km/h）共

24 433.96 km；改扩建铁路 8 737.10 km，其中改扩建高速铁路（设计速度大于200 km/h）共 1 759.57 km。147 个铁路建设项目的总投资约为 33 469.46 亿元，其中总投资超过 500 亿元的项目有 16 个。环保投资约 746.08 亿元，环保投资占总投资的比例约为 2.2%。

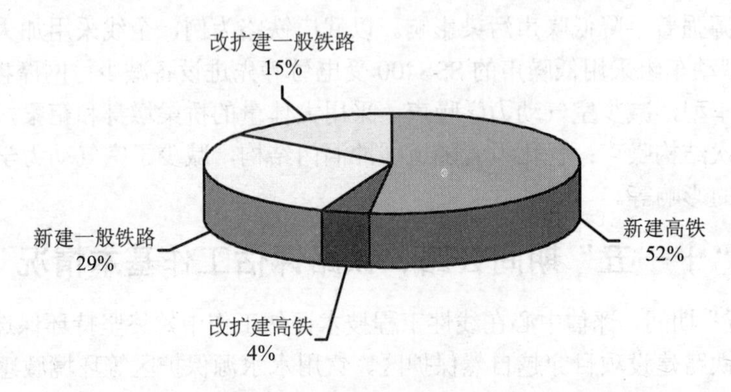

图 3 “十一五”期间铁路项目分类

（二）“十一五”期间公路、铁路建设项目的特点

1. 公路建设平稳发展，西部地区大力推进

从区域分布来看，“十一五”期间公路项目西部地区为 133 个，东部地区为 67 个，中部地区为 45 个，东北地区为 32 个。项目主要分布在西部地区，占公路项目总数的 48%。

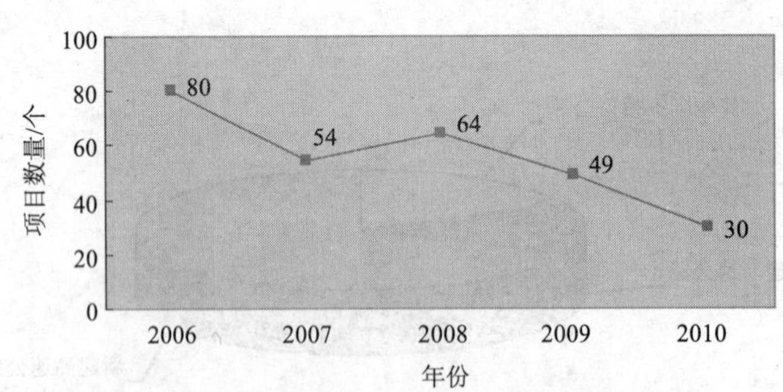

图 4 “十一五”各年度公路项目数量

2. 铁路跨越式发展，高速铁路快速推进

2006 年，评估中心评估铁路建设项目 32 个，其中新建、改扩建高速铁路项目 10 个，总长度 4 390 km；2007 年为 15 个，其中新建、改扩建高速铁路项目 5 个，总长度 2 486 km；2008 年为 35 个，其中新建、改扩建高速铁路项目 17 个，总长度

7 433 km；2009 年为 34 个，其中新建、改扩建高速铁路项目 16 个，总长度 7 007 km；2010 年为 31 个，其中新建、改扩建高速铁路项目 16 个，总长度 4 873 km。可以看出，2008—2010 年为高速铁路快速推进期。

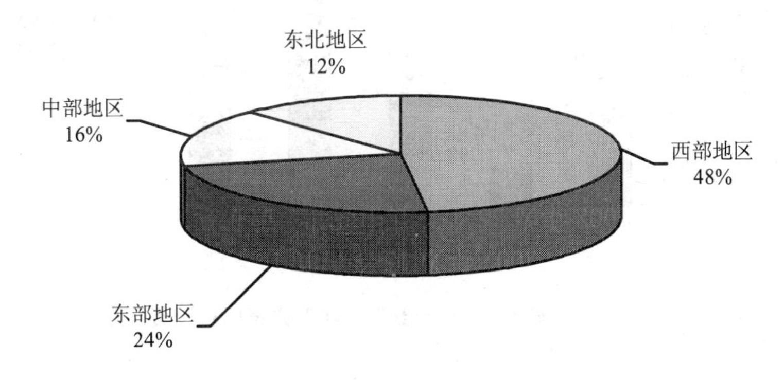

图 5 “十一五”期间公路项目空间分布

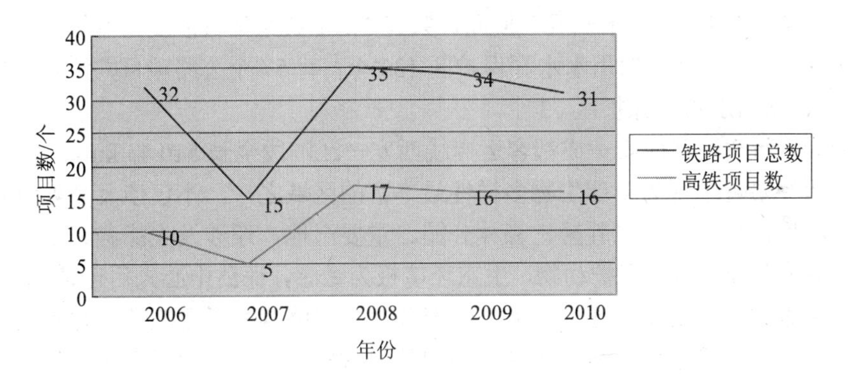

图 6 “十一五”各年度铁路项目数量

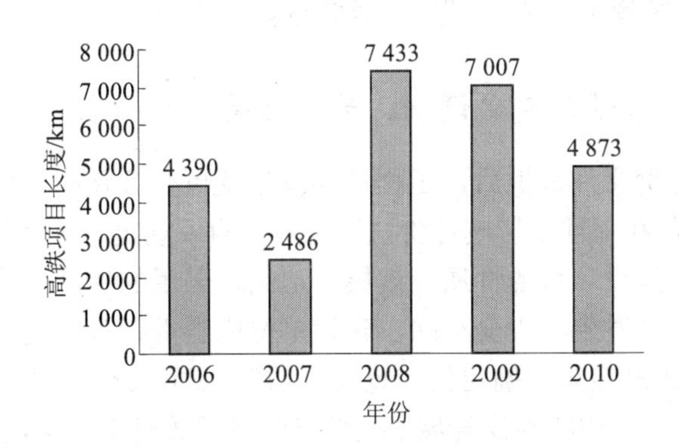

图 7 “十一五”各年度高铁项目长度

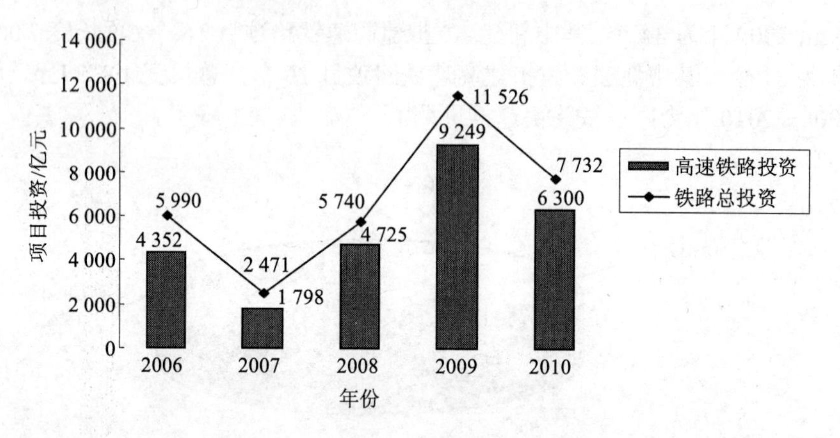

图 8 “十一五”各年度铁路项目投资

3. 涉及环境敏感区逐步增多，评估难度日益加大

公路、铁路项目建设区域的环境敏感性不断提高，评估难度日益加大，其中铁路项目表现尤为明显。“十一五”期间，共有 72 个铁路项目涉及环境敏感区，共涉及自然保护区 136 个、饮用水水源保护区 133 个；有 57 个公路项目共涉及自然保护区 63 个、饮用水水源保护区 73 个。

例如，新建铁路西安—成都客运专线西安—江油段全长 510.45 km，总投资 707 亿元。所经秦岭地区为全球生物多样性最丰富的区域之一，不仅涉及多处自然保护区、水源保护区、风景名胜区、森林公园、重要湿地，还涉及大熊猫、朱鹮、金丝猴、羚牛等多种国家级保护动物，生态环境极为敏感，评估中心先后邀请 32 位各专业权威专家进行了反复论证。可见，随着公路、铁路等交通运输项目逐步向西部偏远地区发展，不可避免地涉及越来越多的环境敏感区，交通项目建设与生态保护之间的矛盾越来越尖锐，评估难度也越来越大。

三、加强调查研究、为环保部建言献策

（一）开展公路设计变更调研，为加强管理提供技术支撑

在环境影响评价文件审批后，工程设计发生变更是公路建设项目中普遍存在的问题。《中华人民共和国环境影响评价法》第二十四条规定“建设项目的环境影响评价文件经批准后，建设项目的性质、规模、地点、采用的生产工艺或者防治污染、防止生态破坏的措施发生重大变动的，建设单位应当重新报批建设项目的环境影响评价文件”。但此条规定未明确何为“重大变动”，实际操作困难。

针对此问题，评估中心组织开展了公路建设项目设计变更情况的调研，对贵州、云南等 7 省的 18 个重点建设项目进行了深入调查，在对大量调研资料进行整理、统

计和分析的基础上，完成了《公路工程变动情况调研报告》和《公路项目环境敏感目标变化与对策建议》，并报送环境保护部。

环境保护部在此基础上出台了《关于加强公路规划和建设环境影响评价工作的通知》（环发[2007]184 号），明确规定"环境影响评价文件经批准后，公路项目的主要控制点发生重大变化、路线的长度调整 30%以上、服务区数量和选址调整，需要重新报批可行性研究报告，以及防止生态环境破坏的措施发生重大变动，可能造成环境影响向不利方面变化的，建设单位必须在开工建设前依法重新报批环境影响评价文件"。通知的发布使正确理解和认识公路建设项目的重大变化成为可能，为控制公路建设项目随意变更、预防和减缓后续相关环境问题，提高环境影响评价的有效性提供了保障。

（二）开展铁路环境噪声调查，为规范措施提供技术支撑

一直以来，环保部门和铁路部门在铁路噪声执行标准以及噪声治理措施等方面存在分歧。为解决分歧，评估中心与中国铁道科学研究院组成课题组，从铁路噪声现状调查着手，对环渤海、长三角和东南沿海区域内 7 条有代表性的提速、重载干线，1 座大型铁路枢纽和沿线 5 座大、中、小城市共计 21 个断面 66 个点位的铁路环境噪声开展现场测试工作，通过对实测数据的分析、整理和研究，提出了《我国铁路环境噪声影响现状调查以及管理对策研究》报告。

根据该研究成果，环保部调整了原来针对铁路项目 30 m 之内的噪声治理方案，要求对于铁路红线范围之外、30 m 之内的噪声敏感点，视情况采取功能置换、声屏障（10 户以上的集中居民点）和隔声窗等措施，确保减缓对于居民区等敏感点的噪声影响。

（三）规范公路项目环评工作，提高环评技术水平

2006 年，评估中心配合环境保护部召开了"公路建设项目环境保护研讨会"，会议上行业管理部门、建设单位、环评单位、设计单位及有关专家就公路建设项目在建设规划、生态保护、污染防治等方面的问题进行了广泛的交流与研讨，基本统一了对于公路降低路基高度、设置桥面径流收集系统等相关问题的认识，并以会议为基础出版了《公路建设项目生态环境保护研究与实践》一书。该研讨会的召开和相关技术书籍的出版，规范了公路行业的环境影响评价工作，提高了公路行业环境影响评价的技术水平。

（四）修订相关要素导则，为环境影响评价提供技术支撑

环境影响评价技术导则是环境影响评价及技术评估工作的准绳和基础，是环境影响评价或评估的重要技术支撑。

2005 年，评估中心承担了《环境影响评价技术导则　非污染生态影响》的修订工作，历经 6 年的反复修改与完善，《环境影响评价技术导则　生态影响》于 2011 年 9 月 1 日正式实施。此导则的实施将进一步规范公路、铁路等行业的生态现状调查和影响预测工作，确保生态保护措施的科学性和可操作性，从而提升环境影响评价或评估的技术水平。

（五）规范高铁设计目标值，提高环评有效性

评估中心在高速铁路项目评估中发现，铁路客运专线工程设计速度目标值出现了“设计速度 250 km/ h，基础工程预留提速条件”的提法，即部分客专环评报告书是按照 250 km/ h 的速度进行预测的，但工程设计目标值及实际运营速度可能是 300 km/ h 或 350 km/ h，这将直接造成实际噪声和振动影响大于预测结果的情况，导致对敏感点噪声、振动影响发生较大变化，从而降低降噪、减振措施及环保投资的有效性。在充分调研的基础上，评估中心以《关于铁路客运专线项目环境影响评价工作中预测速度值选取问题的报告》上报环保部，建议对于预测速度值与工程设计速度目标值和实际运营值有较大差异的项目，其工程性质已经发生变化，应按照《环境影响评价法》，要求建设单位重新报批环境影响评价报告书，从而提高了铁路环评工作的有效性。

四、坚持科学评估、发挥建设性作用

（一）优化选址选线、避绕敏感区

公路、铁路等线性工程由于受地形、线路走向、技术、投资等各种因素的限制，其建设往往会不可避免地影响到自然保护区、饮用水水源保护区、居民聚集区等环境敏感区。在项目建设与环境敏感区发生冲突时，评估中心坚持保护优先的原则，使公路、铁路建设与城市规划、区域环境功能相协调，保护生态环境，切实维护公众的环境权益，促进和谐社会建设。

新建铁路成都—重庆客运专线工程起点成都东站—成龙路桥段涉及蓝谷地小区等多处噪声敏感区，经多次评估论证，最终从 5 个比选方案中选择出工程和环境影响最小的优化方案，使工程与蓝谷地小区最近距离达到 88 m，同时增加生态型声屏障 750 延米，噪声治理投资较可行性研究方案投资增加 1 473 万元，切实将铁路建设对周围居民的噪声影响降到最低。改建铁路湘桂线衡阳—柳州段扩能改造工程改为既有线增建 1 条客车线，货车采取外绕方案，在桂林市区段采取客货分线，客内货外的布局，减轻铁路对桂林城区段的噪声影响，增加投资约 11 亿元。新建铁路宝鸡—兰州客运专线工程通过评估，优化选址选线 13.56 km，噪声影响人数减少 3 万人，减少拆迁 13 万 m^2。新建铁路重庆—利川线工程洞以隧道形式穿越张关—白岩风景区约 2.8 km，隧道通过灰岩地层，施工时可能引起线路两侧 7 km 范围地表水漏失，对该区域内生产和生活用水产生影响，经与建设单位多次协调和沟通，最后工程设计方案完全绕避了保护区和张关—白岩风景区，为此线路长度增加 3.1 km，投资增加 3.6 亿元。

包茂国家高速公路湖南省怀化—通道（湘桂界）公路项目，避开了万佛山自然保护区的缓冲区和主要保护对象。兰州—海口高速公路广元—南充段工程，在 5 km 长的局部路段将路基方案优化为长隧道方案，减少了工程对四川翠云廊古柏自然保护区、剑门蜀道遗址（国家级文物保护单位）、昭化古镇规划区和剑门蜀道国家级风景名胜区的影响。珲春—乌兰浩特高速公路吉林—沈阳联络线吉林—草市（省界）段工程，将位于吉林市生活饮用水水源地二级保护区内的东环工程项目部和兰旗松花江大桥施工营地调整至保护区外，避免了工程建设对水源保护区的影响。

（二）强化噪声防护措施、保障公众环境权益

"十一五"期间，铁路建设项目采取功能置换或环保搬迁措施约 42 759 户，设置声屏障约 317 万延米，安装隔声窗约 356 万 m^2。公路建设项目采取功能置换或环保搬迁措施约 3 310 户，设置声屏障约 96 万延米，安装隔声窗约 63 万 m^2。

从"十一五"期间我国公路、铁路项目主要环保措施分年度统计结果（见图 9 至图 14）可以看出，五年来公路、铁路设计中的环境保护理念显著提升，声屏障、功能置换（环保搬迁）等措施越来越多地应用于公路、铁路项目噪声防治中。以武广高铁为例，在环评报告书中提出要求设置声屏障共 49 995 延米，实际设置声屏障共约 95 000 延米，实际实施的声屏障长度多于环评时近 1 倍，大部分区段采用金属插板式声屏障，对于层数较高的敏感建筑在金属声屏障基础上加装通透隔声板。

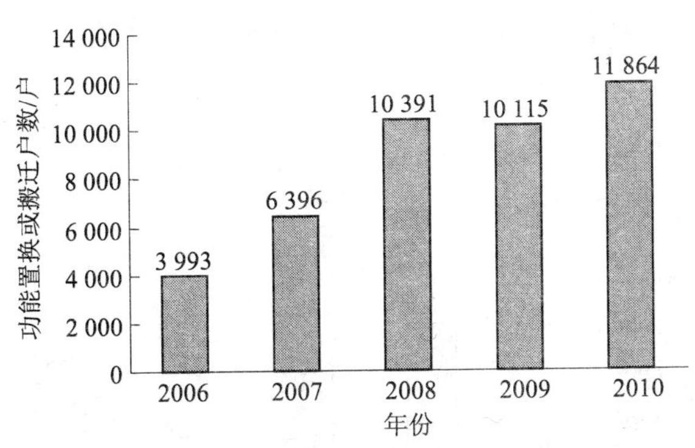

图 9 "十一五"各年度铁路功能置换或搬迁户数

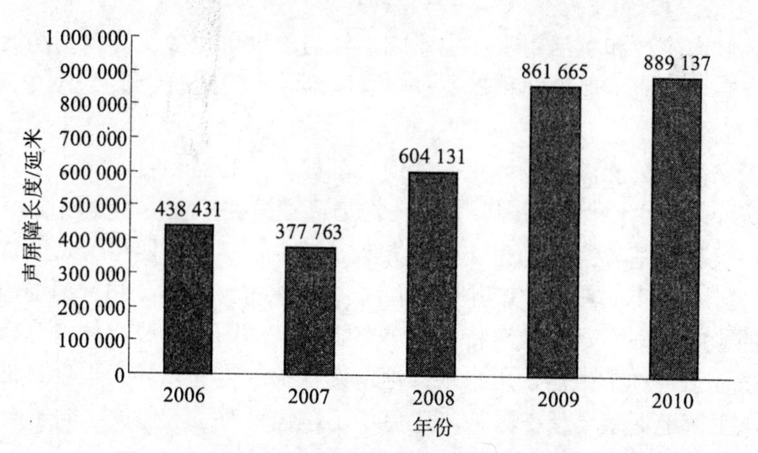

图 10 “十一五”各年度铁路设置声屏障延米数量

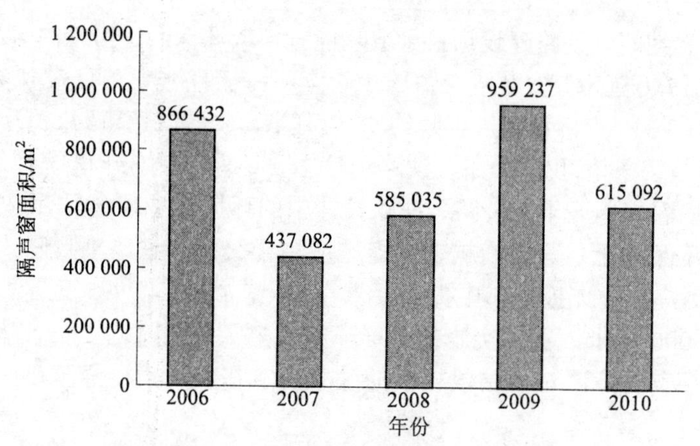

图 11 “十一五”各年度铁路安装隔声窗面积

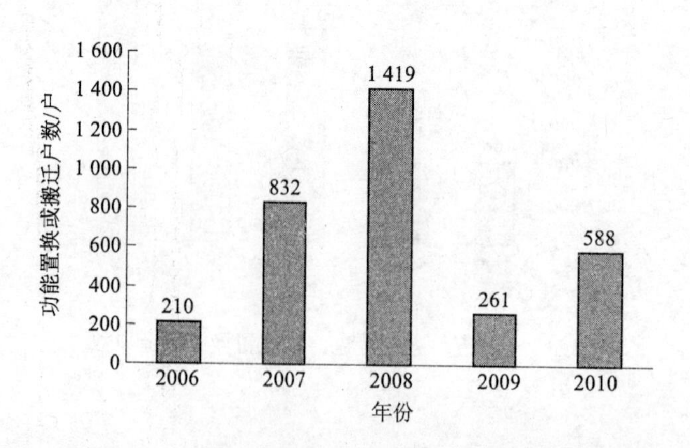

图 12 “十一五”各年度公路功能置换或搬迁户数

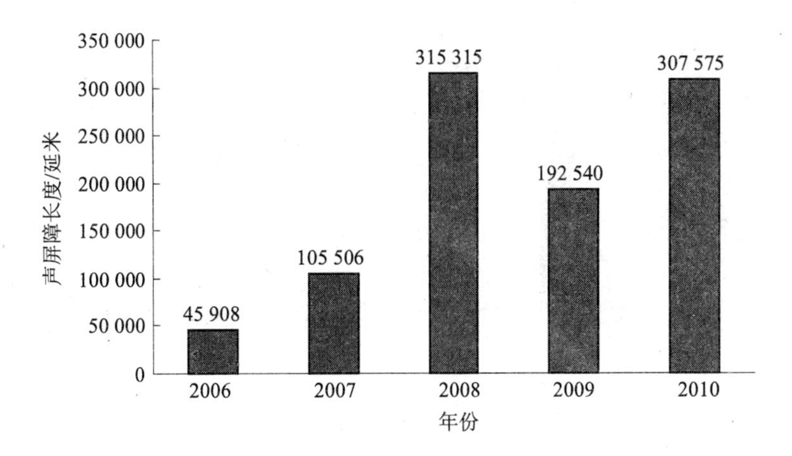

图 13 “十一五”各年度公路设置声屏障延米数量

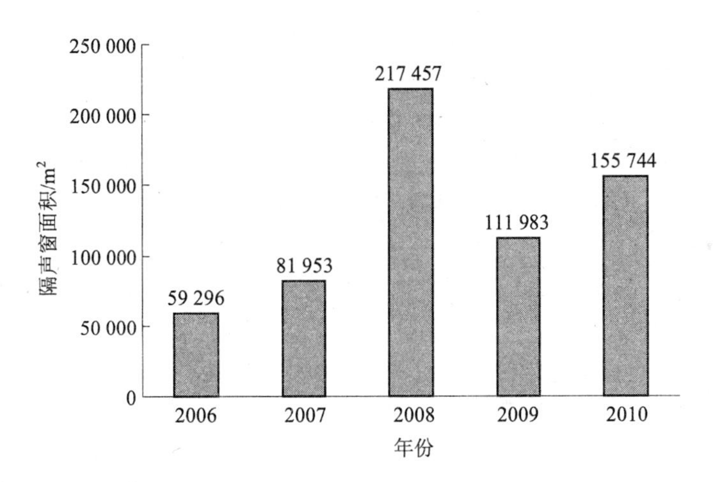

图 14 “十一五”各年度公路安装隔声窗面积

通过技术评估，对新建铁路荆州—岳阳线、黄陵—韩城—侯马铁路、新建铁路天津—保定等 27 条铁路的噪声振动治理措施进行了改进，增设声屏障 95 726 延米、隔声窗 98 600 m^2，增加搬迁或功能置换 4 412 户居民。此外，技术评估对京港澳高速公路涿州（京冀界）—石家庄段改扩建项目等 14 条公路的噪声治理措施进行了优化，共增设声屏障 58 893 延米、隔声窗 15 730 m^2。

（三）改进工程设计、加强生态保护

“十一五”期间，经技术评估共有 30 个公路项目通过设计参数的优化与调整、合理增加桥隧比例等措施从环保角度进行了工程设计的优化调整，加强了生态保护，增加环保投资共 13.1 亿元。

例如，绥满高速绥芬河（东宁）—牡丹江段工程局部路段可能对东北虎等大型野生保护动物产生阻隔影响，评估要求工程沿线增加大型野生动物通道措施，增加环保投资 4 000 万元；珲春—乌兰浩特高速公路松原—石头井子段工程在经过查干湖国家级自然保护区实验区外围路段增加 20 个过水涵管强化了生态敏感路段的环保措施；河南省商丘市任庄—小新庄（永亳淮）高速公路工程取消 9 处取土场，所需土方采用粉煤灰、煤矸石、废弃砖瓦场废料、河道整治废土等，对已启用的 40 处取土场进行回填，表层覆盖耕植土复耕，共节省占用耕地 30.0 hm^2，复垦耕地 100.7 hm^2。

（四）重视重大敏感项目、全面深入科学论证

评估中心高度重视涉及国家经济发展的重大、敏感项目的技术评估工作，组织各方面专家学者，全面深入科学论证，为环保部加强项目管理起到了把关作用。

新建铁路西安—成都客运专线西安—江油段工程所经的秦岭地区为全球生物多样性最丰富的区域之一，也是南水北调的源头区，生态系统极为敏感。工程线位涉及多处自然保护区、风景名胜区、水源保护区、森林公园、重要湿地、大熊猫走廊带等，包括朱鹮、大熊猫、金丝猴、羚牛等多种国家Ⅰ级、Ⅱ级保护动物栖息地。而且秦岭地质条件复杂，大型区域断裂发育。评估中心先后邀请 32 位各专业权威专家进行反复论证，评估要求对菜子坪大熊猫走廊带、朱鹮自然保护区段进行路由比选，对大熊猫保护区和走廊带工程方案、朱鹮保护区及其外围地带降低桥梁高度、强化防撞设施等关键问题进行深入论证，最终 12 处弃渣场调整到生态敏感区外，增加 36 处声屏障、增加 1 处学校和 4 处居民点共 100 户居民功能置换措施，仅环保投资就增加了 1.41 亿元，减缓了项目建设对生态环境的影响。

新建铁路成都—兰州线工程所经区域是国际上关注的 25 个生态极度敏感区之一。工程涉及 6 处省级自然保护区、2 处国家级风景名胜区、2 处省级风景名胜区、3 处国家森林公园和 1 处国家地质公园，经过大熊猫岷山 A、B、C 种群及栖息地，国家和省级保护动植物物种多，同时又是长江上游支流岷江和嘉陵江的源头，地质条件复杂。评估中心安排了多名项目负责人，特邀了 22 位各专业权威专家，克服种种困难，现场踏勘 4 天，会后就大熊猫保护等关键问题又专门请教有关专家，形成了近 50 页的评估报告，为环保部加强项目管理起到了把关作用。

（五）开辟“绿色通道”、切实提高评估效率

为贯彻落实国家应对国际金融危机、扩内需、保民生等一系列重要举措，评估中心在严格把关的同时，按照特事特办、急事速办的精神，开辟“绿色通道”，对符合中央政策要求和环境准入规定的基础设施建设等项目的环境影响评价文件开

辟"绿色通道"，加快办理进程，为国家拉动内需的基础设施项目尽快开工建设尽职尽责。

以2010年为例，新建铁路天津—保定铁路、新建呼和浩特—张家口快速铁路、西藏自治区拉萨—贡嘎机场公路新建工程、新建海南西环铁路、新建铁路哈尔滨—佳木斯工程等6个项目均在一周内完成了召开评估会到评估中心出文并上环保部汇报的全部流程。新建铁路拉萨—日喀则段全长253 km，总投资108亿元。评估中心同时派出多名项目负责人，克服高原反应，加班加点开展现场踏勘和技术评估工作，在一周内完成了技术评估工作，为拉日铁路开工建设创造了有利条件。

（六）结合环评工作实际，大胆进行机制创新

在应对国际金融危机、保持经济平稳较快发展的工作中，坚持解放思想、改革创新，紧密结合环评工作的实际需要，对铁路建设项目采取与铁道部联合审查的方式。

新建铁路云桂线为环保部和铁道部现场联合审查的试点项目，评估中心采取了分组看现场、分专业评估的评估方式，在会议结束1天后就现场完成了技术评估报告，为联合审查的顺利进行奠定了基础。

五、"十二五"加强交通项目技术评估工作展望

展望"十二五"，交通运输基础设施建设仍将是国家投资的重点领域之一。如何正确处理好交通运输行业发展与生态环境保护之间的矛盾，解决偏远地区交通问题的同时又保护好生态屏障，破解可持续发展的难题，将是摆在我们面前的紧迫任务。

评估中心将以环评基础数据库建设为基点，收集整理公路、铁路规划布局文件；建设我国各类环境敏感区资料库（自然保护区、风景名胜区、自然文化遗产、森林公园、地质公园、重要湿地、文物古迹、水源地等），建立地图和影像资料库，实现从宏观高度审查项目合理性，为环保优化选址选线打下坚实的技术基础。

（2011年9月）

评估中心“十一五”期间石油化工行业技术评估工作回顾

童　莉　刘　薇　姜　华　苏　艺

“十一五”期间，伴随着我国原油加工及乙烯生产能力的快速增长，行业布局性环境风险事件时有发生，评估中心在石油化工行业环境影响技术评估工作中面临的问题越来越复杂，评估难度日益加大，压力也与日俱增。评估中心始终坚持以科学发展观为统领，以改善环境质量和维护人民群众健康为根本，以总量减排为目标，坚持科学评估，服务石油化工行业的健康和可持续发展，在总量控制、环境风险防范等方面发挥了积极的建设性作用。

一、“十一五”石油化工行业发展概况及主要环境政策

（一）炼油乙烯能力稳步增长，多元化竞争格局形成

“十一五”期间，我国炼油能力稳步增长，原油加工量和三大类成品油产量不断提高。2005 年我国原油加工能力为 3.47 亿 t/a，加工量为 2.86 亿 t/a，三大类成品油产量约 1.75 亿 t/a，表观消费量约 1.68 亿 t/a。到 2010 年，我国原油加工能力达到 5.08 亿 t/a，较 2005 年增长 46.3%，原油加工量达到 4.23 亿 t/a，年增长 47.9%，稳居世界第二位，三大类成品油表观消费量达到 2.46 亿 t/a，增长 46.4%。

“十一五”期间，我国炼油工业已经形成了以中国石化和中国石油为主导，中国海油、陕西延长石油集团、地方炼油厂和外资积极参与的多元化市场竞争格局。2010 年年底，中石化炼油能力及加工量分别达到 2.24 亿 t/a、2.11 亿 t/a，中石油炼油能力及加工量分别达到 1.7 亿 t/a、1.22 亿 t/a，中海油约 2 000 万 t/a。

2005 年我国乙烯生产能力达 787.5 万 t，经过“十一五”期间高速发展，到 2010 年，我国乙烯生产能力突破 1 500 万 t/a，增长了 90%，乙烯产量达到 1 418.9 万 t/a。

（二）一体化、园区化趋势形成，石化产业布局改善

石化项目遵循靠近资源地、靠近市场、沿海、沿江建设的原则，“十一五”期间大力推进炼化一体化、园区化、集约化发展。目前，石化产业布局已逐步形成长江三角洲、珠江三角洲、环渤海地区三大石化集聚产业区和上海漕泾、南京扬子、广

东惠州等具有国际水平的大型石油和化工基地，并建成了上海化学工业区、宁波化工园区等一批具有国际化管理水平和地方产业特色的化工园区，以及青岛炼化、广西石化、中海油惠州炼油等三座大型炼化基地。

原油加工能力主要集中在华东、东北、华南地区，这三大地区分别约占全国炼油能力的 30%、21%、15%，炼油能力较大的省份分别是辽宁、山东、广东等沿海地区，炼油工业布局与区域经济更加协调。

截至 2010 年年底，我国炼油能力千万吨级规模以上的炼厂达到 18 家，共计 2.26 亿 t/a，占总能力的 45.16%。已投产的 27 套乙烯装置平均规模为 57.6 万 t/a，其中百万吨及以上规模的装置有 4 套。

（三）环境经济政策更加严格，相关要求更加全面

我国石化行业环境经济政策和相关规定在“十一五”期间日益完善。2009 年出台的《石化产业调整和振兴规划》中要求坚持保护生态环境、发展循环经济、立足现有企业、靠近消费市场、方便资源吞吐、淘汰落后产能的原则，按照一体化、园区化、集约化、产业联合的发展模式，统筹重大项目布局，严格控制炼油乙烯项目新布点。做好新建重大炼油乙烯项目论证和区域环境影响评价等工作。

针对石化项目环境风险突出的特点，环境保护部先后发布了《关于防范环境风险加强环境影响评价管理的通知》（环发[2005]152 号）、《关于进一步加强沿江沿河化工石化企业环境污染隐患排查整治工作的通知》（环办[2010]118 号）、《关于印发〈石油化工企业环境应急预案编制指南〉的通知》（环办[2010]10 号）等，上述政策及文件在石化项目的环境影响技术评估工作中得到了广泛的贯彻执行。

为进一步严格石化项目污染控制，环保部和国家质量监督检验检疫总局联合制定了《石油炼制工业污染物排放标准》，目前已完成征求意见稿。

二、“十一五”石油化工行业评估工作基本情况

“十一五”期间，评估中心共评估石化项目 22 个，主要包括炼油和乙烯两类项目，与“十五”评估的 68 个项目相比，数量上大幅度减少，但“十一五”期间的炼油项目均朝着炼化一体化的方向发展，规模及投资较“十五”相比均有很大提高。

通过技术评估，对 22 个项目中的 18 个出具了可行意见，包括炼油项目 16 个，乙烯项目 2 个，增加炼油产能 11 070 万 t/a，乙烯 180 万 t/a，总投资 3 233 亿元，环保投资 302 亿元，占总投资的 9.3%。

从新增产能分布来看，6 个炼油项目中新建炼油项目 4 个，增加产能 5 700 万 t/a；改扩建炼油项目 12 个，增加产能 5 370 万 t/a。涉及中石油项目 6 个，中石化 7 个，中海油 1 个，其他 2 个，分布数量及新增产能情况见表 1。2 个乙烯项目均属于中石

化公司。从规模来看，新建项目原油加工能力在 1 000 万 t/a 以上，乙烯项目规模在 80 万 t/a 以上，且新建项目都位于规划的化工园区内。

表 1 新增炼油项目数量分布及新增产能

公司	中石化	中石油	中海油	其他
出具许可项目数量/个	7	6	1	2
新增规模/（万 t/a）	3 900	4 570	1 000	1 600

从区域分布情况看，石化项目主要分布在广东（5 个）、江苏（2 个）、辽宁（2 个）、河北（2 个）等东部沿海省份和经济发达省份，上述四省新增石化项目占总数的 61.1%（见图 1）。新增产能的石化项目主要分布在沿海（9 个）、沿江（5 个）区域，占项目总数的 78%（见图 2）。

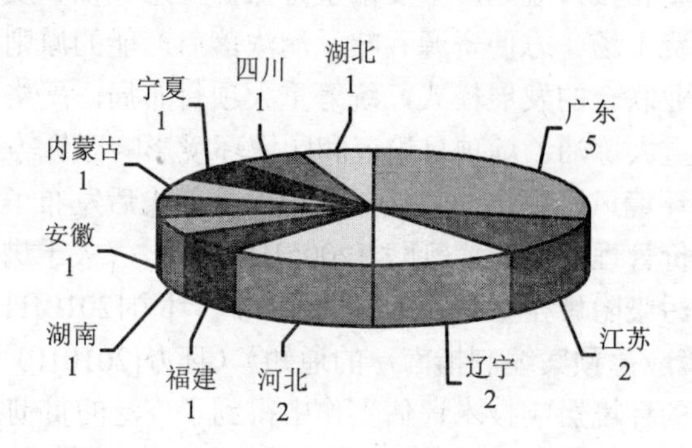

图 1 石化项目省（区）分布情况（单位：个）

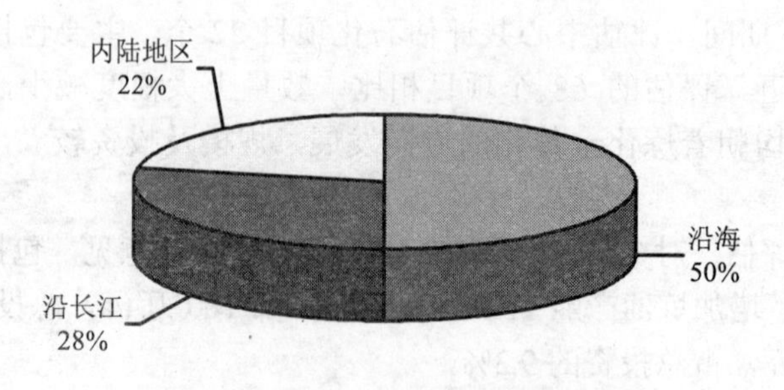

图 2 石化项目沿海沿江分布情况

从原油来源情况看，“十一五”期间新增的沿海、沿江炼油项目原油绝大部分依靠进口，且劣质化趋势明显。有13个项目原油硫含量大于1%，占项目总数的68%，加工规模占总规模的76%。其中5个项目原油硫含量大于2%，占项目总数的26%，加工规模占总规模的43%。以中委广东石化2 000万t/a重油加工工程为例，原料为单一委内瑞拉Merry16原油，属高密度、高含硫、高金属、低API的劣质原油，硫含量为2.49%，镍、钒含量分别为0.007%、0.029 5%。

三、评估工作在石油化工行业环境保护中发挥的作用

（一）强化风险管理，减缓石化行业布局性环境风险

我国石化行业沿江沿海分布密集，2005年松花江污染事件发生后，我国石化行业的布局性环境风险问题凸显出来。“十一五”期间，评估中心全面参与环保部组织的石化行业风险排查工作，强化石化项目风险评估，有效预防和减缓行业的布局性环境风险。

1. 全面参与风险排查工作

“十一五”初期，原国家环境保护总局对全国总投资近万亿元的7 555个化工石化建设项目开展了全面的环境风险排查，评估中心全程参与并做了大量技术支持工作。首先，评估中心对排查工作高度重视，协助制订工作方案，对每个项目的排查分为核对风险因素、项目厂址现场检查、交换意见并提出整改要求三个阶段，力争解决问题，排除隐患。其次，在排查阶段，对“十五”期间环保部审批的石化化工项目环境影响报告书逐个进行环境风险排查，对每个项目的每一风险因素逐条提出了整改要求。通过排查，增强了企业环境风险防范能力，提高了全国化工石化行业环境风险防范水平。

风险排查后，评估中心起草《关于石油化工行业环境风险问题及对策建议》，提出了完善法律体系建设，大力推进规划环境影响评价，加强石化企业环境风险的管理，提高环保门槛，实行更加严格的准入标准，强化环境风险管理的技术基础等多方面的措施建议。

2. 强化环境风险技术评估

评估中心从“十一五”初期，就着手强化石化项目技术评估的环境风险环节，把环境风险作为石化项目评估的重点内容和评估结论的主要依据之一。在技术评估中，明确要求在现有导则要求的基础上，考虑全过程风险节点，从水、气、危险废物、环境安全防护等多途径预测环境风险事故影响范围，评估事故对人群健康及环境的影响和损害，提出切实可行的环境风险应急预案和事故防范、减缓措施，特别要针对特征污染物提出有效的防止二次污染的应急措施。例如，重庆某化工项目紧邻三峡库区，环境十分敏感，评估认为该项目建设对三峡库区存在环境风险隐患，

提出项目建设不具环境可行性的结论。中国石油四川 1 000 万 t/a 炼油项目所在区域地下水及水环境敏感，环境风险较大，技术评估要求采取最严格的环境风险防控体系，并首次采用分区防渗方案，增加投资近 7 亿元，成为石化项目地下水防渗方案的首个范例。

环评管理与技术评估对石化行业环境风险问题的高度重视，也促使中石油、中石化两大行业集团在“十一五”期间相继发布了风险防控体系建设的行业标准，对其下属企业进行规范化要求和管理。

（二）推动规划环评，使石化项目与区域环境相协调

1．推动石化基地（园区）开展规划环评

“十一五”新布点的石化项目，出现基地化、园区化、炼化一体化发展趋势。为及时发现和解决大型石化基地建设潜在的区域环境问题，使基地（园区）建设与区域环境承载力相适应，评估中心在石化项目技术评估过程中，提出开展基地（园区）规划环评的建议和要求。如中国石油四川石化基地，规划建设炼油、乙烯及下游一系列产品，总投资达 370 多亿元，周边环境敏感，环境承载力不容乐观。评估中心在该基地第一个乙烯项目技术评估中提出，该石化基地的建设将对区域环境产生重大影响，应首先从区域环境及石化基地总体上判断本项目的环境可行性，要求开展石化基地规划环评。通过开展规划环评，基地项目建设做出了重大调整，炼油和乙烯规模分别由 1 200 万 t/a、180 万 t/a 压缩至 1 000 万 t/a 和 80 万 t/a，并取消下游产品。与此同时，成都市新增 3 座城镇污水处理厂，排污口末端设 30 万 m^3 氧化塘，以改善区域水环境质量。项目还设置卫生防护距离、环境安全防范区，边界设绿化隔离带。对基地采取地下水分区防渗处理等措施，增加环保投资约 11 亿元。这是我国石化基地建设中首个开展基地规划环评的案例，为我国“十一五”后期及“十二五”大型石化基地（园区）建设的规划环评起到了示范作用。

2．推动区域规划环评

2006 年，评估中心在对上海石化易地改造等工程项目的技术评估中发现，杭州湾区域分布的工业园区与规划城市建成区犬牙交错，上海石化（金山石化）的发展与周边居民区规划存在矛盾，建议该区域在协调城市发展与工业发展的基础上，开展区域规划环评。通过规划环评，对该区域工业园区布局进行了优化。这是通过大型石化项目环评倒逼区域规划环评工作开展的范例。在石化项目与城市发展密集分布的重点区域，如长江中下游的江苏沿江区域也开展了规划环评，对石化项目进行布局优化。

“十一五”期间，评估可行的石化项目基本都先期开展了所在区域的规划环评。尤其是 2009 年《规划环境影响评价条例》实施后，评估中心以石化项目为抓手，大力推动石化园区规划环评，使规划环评真正介入规划布局、资源配置等决策之中。

（三）严格环境准入，落实国家减排方针

1. 强化环保措施，实现工程减排

评估中心在"十一五"炼油项目评估中，科学论证硫磺回收装置规模的合理性和工艺选择的先进性。据统计，共增加硫磺回收能力 245 万 t/a。主要采用国际国内成熟的 Claus 硫磺回收工艺，除选用低硫原油的项目外，回收效率都在 99.8%以上。如中化泉州 1 200 万 t/a 炼油项目原设计硫磺回收装置 28 万 t/a，技术评估中发现硫磺回收装置负荷过高，且缺少备用装置，一旦发生故障，将造成事故性排放。最终该项目增加了一套 8 万 t/a 硫磺回收装置，以确保二氧化硫减排落实到位。

近两年，随着环保要求的提高及技术进步，对区域环境容量有限、原油含硫高的炼油项目，在评估中均要求对催化裂化烟气进行进一步治理。如 2010 年评估的茂名分公司油品质量升级改造工程、中海油惠州炼油二期工程和中科合资广东炼油化工等项目，已对催化裂化烟气进行脱硫脱硝治理，其中，中海油惠州炼油二期工程治理工艺最为先进，脱硫和脱硝效率均可达到 90%。

对改扩建石化项目，均要求对原有厂区进行管网改造，实现清污分流、增加污水回用系统，大幅减少全厂化学需氧量等废水污染物排放量。改扩建石化项目化学需氧量排放量较改扩建前平均削减 21.7%。

2. 提高标准要求，实现管理减排

评估中心对石化项目总量减排严格把关，确保国家重点控制的二氧化硫、化学需氧量指标及石化项目的特征污染物减排措施有效，减排经费可靠。同时，对环境敏感的区域，还通过技术评估，采取提高排放标准要求的方式，促使企业增加治污工程或改进治理工艺，最终实现污染物减排。如广西钦州炼化项目，通过技术评估，项目废水外排标准由《污水综合排放标准》（GB 8978—1996）二级排放标准提高至一级标准，废水污染物化学需氧量排放总量由 265.6t/a 减至 98.3t/a、石油类由 22.13t/a 减至 8.2t/a、氨氮由 55.4t/a 减至 25t/a。

3. 淘汰落后产能，实现结构减排

"十一五"期间，技术评估充分发挥污染减排倒逼机制作用，涉及淘汰或关停炼油装置 6 套，200 万 t/a 以上的 4 套，核减炼油装置 2 套，共计淘汰落后产能 1 700 万 t/a。

据统计，"十一五"评估可行的新建石化项目二氧化硫排放量 11 824t/a，化学需氧量排放量 676t/a，通过采取区域削减措施，实现二氧化硫区域减排 18 918t/a，化学需氧量减排 877t/a，做到了"增产减污"。改扩建项目通过采取"以新带老"措施，二氧化硫排放量由扩建前的 58 263t/a，减少至扩建后的 48 238t/a，削减 17.2%。化学需氧量排放量由扩建前的 6 614.8t/a，减少至扩建后的 5 177.9t/a，削减 21.7%，实现了"增产减污"。"十一五"期间共减排二氧化硫 17 117t/a、化学需氧量 1 637.9t/a，

为石化行业减排工作作出了贡献。

（四）促进清洁生产水平提升，从源头减少污染物产生

“十一五”期间，通过严格对比清洁生产标准，强化技术评估要求，实现从源头上削减污染物的产生。新建炼油项目均能满足《清洁生产标准　石油炼制业》（HJ/T 125—2003）一级标准要求，改扩建工程也可总体满足一级标准要求。鉴于石油炼制业清洁生产标准发布时间较早，评估过程中除了严格执行清洁生产标准外，还对标国际先进水平，提出了更高的清洁生产要求。据统计，评估可行的新建炼油项目平均综合能耗、加工吨原油取水量、污水回用率分别达到62.5 kg标油/t原油、0.47 t、85%。改扩建炼油项目上述指标分别达到64.7 kg标油/t原油、0.51 t、70.4%，大大优于清洁生产一级标准的80 kg标油/t原油、1.0 t、60%。

“十一五”期间，通过对现有炼油项目实施油品质量升级改造，加氢比例进一步提高，使得汽油、柴油产品普遍达到国Ⅳ标准，汽油、柴油中硫含量由0.08%降至0.005%。行业清洁生产水平也相应提高，平均炼油装置吨原油加工耗标准油由68 kg降至64 kg，加工吨原油取水量由0.7 t降至0.48 t，污水回用率由13%上升至64%。

（五）广泛开展公众参与，维护公众环境权益

“十一五”期间，随着《环境影响评价公众参与暂行办法》实施，在评估工作中强化对公众参与的审查工作，并采取电话回访的形式核实实际情况，确保公众参与的有效性。据统计，评估可行的18个石化项目，约有4 829位公众有效参与了项目环评的公众参与调查，平均每个项目达到268位。

众所周知，由于历史原因，现有石化企业周边往往人群密集，企业发展与环境保护矛盾较为突出。为保护公众健康，减少建设项目排放的大气污染物对居住区的环境影响，评估中心坚持科学评估，确定合理的防护距离，最大限度地维护公众环境权益。“十一五”期间，评估中心提出按从严原则划定防护距离，并要求防护距离内居民实施搬迁，并要求制定详细的搬迁计划和搬迁方案，明确搬迁费用，确保搬迁方案得到落实。这一控制原则环保部以环函[2009]224号予以明确。“十一五”期间，共提出搬迁卫生防护距离内居民22.7万人。

四、不断开拓进取，积极应对挑战

随着我国经济社会及城市化进程的快速发展，预计“十二五”期间炼油行业还将稳步增长，且原油外购占比将进一步扩大，原油劣质化的趋势难以扭转。如何在新的环保要求下做好石化行业环境评估工作，防范环境风险，促进行业健康发展，是我们面临的机遇和挑战。

（一）积极运用战略环评成果，大力推进规划环评

“十二五”期间，我国石化项目还应坚持遵循靠近资源地、靠近市场、靠近沿海沿江建设的原则，实现一体化、园区化、集约化发展。

针对各大集团、各省（市、区）“十二五”纷纷计划上马石化项目的趋势，评估中心将积极运用战略环评成果，以环境承载力为立足点，从大区域、大尺度优化石化产业的规模及布局，减缓布局性的环境风险。针对石化项目沿江沿海布局的特点，对重点流域还要开展流域规划环评，统筹考虑流域排污风险及水资源承载能力。各大行业集团要做好石化行业“十二五”规划及规划环评，从原料保障、工艺先进性及风险应急体系建设等方面入手，避免由于投资方向不当、风险防控体系不健全等引发新的环境风险。

（二）继续严把评估关口，为实现减排目标贡献力量

石化行业是“十二五”减排的重点行业之一。评估中心将坚持成功经验和做法，严把评估关口，为实现新的减排目标贡献力量。新建和现有催化裂化装置要设置烟气脱硫、脱硝装置，工艺加热炉应采用清洁燃料，燃烧高硫石油焦的锅炉应安装烟气脱硫设施，应以减排为契机，实现“关停并小”，对不符合产业政策，不具备改造条件的落后产能应通过技术评估加快淘汰，逐步解决石化行业结构性问题。

展望“十二五”，石化行业的布局性环境风险仍将对环境保护和环境风险防范带来一定压力，评估中心将按照温家宝总理在听取蓬莱 19-3 油田溢油事故处理情况和渤海环境保护汇报、研究部署加强环境保护的重点工作中的指示精神，深入开展调查研究，积极探索、大胆创新，为环境保护部环评管理决策做好技术支撑。

（2011 年 9 月）

评估中心“十一五”期间城市轨道交通行业技术评估工作回顾

邢文利 吕 巍 谢咏梅 张 蕾 曹 娜 乔 皎 刘 磊

通过对“十一五”期间我国城市轨道交通行业环境影响技术评估工作成绩的回顾，总结“十一五”期间我国城市轨道交通发展、行业环境保护的总体情况以及评估在轨道交通环境保护工作中发挥的重要作用，提出下阶段轨道交通行业评估工作重点。旨在总结工作经验、展望工作重点、开拓工作思路，为今后我国轨道交通行业环境保护及技术评估工作的不断进取夯实基础。

一、“十一五”我国城市轨道交通发展总体情况

“十一五”是我国城市轨道交通高速规划、建设与发展的关键时期，截至“十一五”末，我国共有30个城市的轨道交通近期建设规划获得国务院批准，其中第一批获得国务院批准的城市轨道交通近期建设规划共有15个城市，包括北京、上海、广州、深圳、天津、南京、武汉、重庆、成都、长春、杭州、沈阳、哈尔滨、西安、苏州；第二批获得国务院批准的城市轨道交通近期建设规划共有15个城市，包括宁波、无锡、郑州、长沙、大连、福州、昆明、东莞、南昌、青岛、南宁、合肥、贵阳、佛山、常州。已有北京、上海等12个城市共45条轨道交通线路建成开通运营（未含港澳台），运营里程约1 420 km。其中，“十一五”期间开通运营的24条线路共计约560 km，占目前我国运营线路的40%以上。随着“十一五”期间城市轨道交通大规模建设和发展，城市轨道交通技术水平也得到飞速发展。从最开始以北京地铁1号线为代表的单一旋转电机钢轮钢轨系统，发展到现在的以广州地铁4号线、5号线及北京地铁机场线为代表的直线电机系统以及以上海磁悬浮交通线为代表的磁悬浮系统。目前，以北京地铁S1线为代表的低速磁悬浮系统已通过环评审批。列车运行速度也从最初的最高时速60 km，发展到现在的时速120 km，磁悬浮系统的列车运行速度更是达到了300 km/ h以上。我国城市轨道交通不管是从建设规模和建设速度，还是从建设标准和技术水平方面来说，都已经达到了国际先进水平。

二、"十一五"我国城市轨道交通行业环境保护总体情况

（一）轨道交通行业环境保护相关法律法规进展情况

"十一五"期间，国家相关行政主管部门相继颁布了一系列有关城市轨道交通行业的环境保护法律、法规、导则、标准和技术规范，如《环境影响评价技术导则　城市轨道交通》（HJ 453—2008）、《城市轨道交通引起建筑物振动与二次辐射噪声限值及其测量方法标准》（JGJ/T 170—2009）等。轨道交通行业环境保护工作在"十一五"期间向着法制化、规范化、标准化的轨道大踏步跨越，为更加科学有效地加强我国城市轨道交通行业环境保护管理、环境影响评价、技术评估和竣工环保验收等工作提供了法律保障和技术支撑，充分体现了"十一五"期间我国在城市轨道交通环境保护法制化建设和标准化建设方面所做出的努力。

（二）轨道交通主要环境问题及目前常见对策措施

建设和运营规模庞大、复杂、综合的轨道交通线路，从建设到运营过程中产生的诸如振动、噪声、电磁辐射、地下水环境、景观等环境问题接踵而至，尤以振动和噪声影响最为突出，备受各界公众关注。目前，在城市轨道交通行业采取的主要环保对策措施如下：

噪声防治措施主要包括通过选用阻尼钢轨、弹性车轮、低噪制动系统等声源控制手段控制声源噪声以及设置声屏障、隔音罩等通过控制传播途径进行降噪。环境振动防治措施主要包括对于超标量小于 8 dB 的路段采用弹性短轨枕道床或其他减振扣件，对超标量在 8～15 dB 的路段采用先锋减振扣件或其他轨道结构形式，对于超标量在 15 dB 以上以及线路下穿敏感点（距线路中心线水平距离小于 10 m）的路段采用钢弹簧浮置板道床等高等级减振措施进行防治。在城市规划区，可以通过调整临路侧建筑物的使用功能、控制敏感建筑物与轨道交通线路间的距离、预留声屏障设置条件等措施减少轨道交通运营产生的噪声和振动影响。有关声源降噪措施、效果的研究成果，隔声屏降噪效果，部分轮轨减振措施和减振效果见表 1 至表 3。

表 1　有关声源降噪研究成果

类别	控制措施	降噪效果/dB	优缺点
车轮	弹性车轮	0～2	使用寿命长、有应用实例
	阻尼车轮	0～6	环状阻尼车轮阻尼器安装困难，易影响车轮使用寿命；共振阻尼车轮阻尼器不易老化，可重复使用；约束阻尼车轮，妨碍车辆检修
	弹性踏面车轮	5～10	成本昂贵
	车裙	0～3	妨碍车辆检修，有应用实例

类别	控制措施	降噪效果/dB	优缺点
制动	盘式制动	10～11	
	闸瓦制动	0～7	
轨道、扣件、道床	无缝钢轨	1～3	节能、降低轨道及车辆养护费用
	弹性钢轨扣件	2～4	
	弹性短枕道床	4～8	
	浮置板道床	10～20	工程造价高
	弹性阻尼车轮	4～6	
	磨整轨道	1～3	

表 2 隔声屏降噪效果统计

隔声屏类型	降噪效果/ dB	应用范围
T 型	3～7	各地城市轨道交通项目普遍应用
与 T 型等高直立型	4～7	
倒 L 型	3～7	
3 m 高直立型	3～8	
半封闭式声屏障	8～18	
全封闭式声屏障	20 以上	

表 3 轨道减振措施

减振措施	应用标准/dB	减振效果/dB	应用线路列举	投资/（万元/km）
钢弹簧浮置板整体道床	特殊减振地段（超＞15）	20～30	北京 13 号线、4 号线、5 号线、10 号线	1 500
橡胶浮置板道床		13～20	广州轨道交通	
梯形轨枕	高等减振地段（超 10～15）	15～20	北京 5 号线试铺	800
先锋扣件		15～20	北京 4 号线试铺	500
弹性短轨枕	中等减振地段（超 5～10）	8～12	北京轨道交通、深圳轨道交通	
减振器扣件			北京 5 号线高架线	160
弹性分开式扣件、无缝线路、钢轨打磨涂油	中等减振地段（超＜5）	＞5		

三、"十一五"期间中心轨道交通行业评估工作发挥的主要作用

（一）评估项目基本情况

"十一五"期间，评估中心承担我国城市轨道交通建设项目环境影响技术评估工作共计 91 项，占包括"十一五"前我国轨道交通项目总和（143 项）的 63.6%。91 个项目共涉及全国 16 省（自治区、直辖市）26 市，项目总投资约 10 091 亿元，其中环保投资约 117 亿元，项目平均环保投资占总投资的比例约为 1.2%。91 个项目总里程约 2 130 km，其中地下线约 1 610 km、地面及高架线约 520 km。根据对评估中心"十一五"期间评估的轨道交通项目公众参与调查结果统计，项目对个人进行公众参与调查总计约 2 万人次，公众参与支持率平均在 92%以上。

（二）评估把握的基本原则

评估工作中我们始终坚持"科学评估、廉洁评估、阳光评估"原则，从服务大局、严格把关、分清主次、统一要求的角度，对项目环评报告书进行把关，树立评估中心在环境影响评价、技术评估方面的科学性和权威性。具体原则包括：对照规划环评报告书及其审查意见，逐一核实项目环评的内容与规划环评报告书及其审查意见要求相符性；针对项目涉及的各级各类自然保护区、风景名胜区、饮用水水源保护区、文物保护单位等环境敏感区，严格把握全过程、全时段的环境影响；对各环境要素现状监测与评价、影响预测与评价和环保措施均给予全面、客观的评估；重点关注对敏感点的保护，根据减缓措施的实际效果，采取严格的降噪和减振措施；规划控制距离按《地铁设计规范》和相应预测达标距离经综合比较后，选择距离大者作为控制距离要求；特别重视公众参与工作，严格按照《环境影响评价公众参与暂行办法》规定的内容、方法和程序要求，以最大限度地满足公众知情权、监督权、参与权为原则，维护公众的环境权益。

（三）评估在轨道交通行业环保工作中发挥的作用

在党中央、国务院持续加大对环境保护工作关注力度的大形势下，在环境保护部的坚强领导下，评估队伍能力不断得到提升，轨道交通行业项目评估工作已经实现了规范化、专业化。在环评报告书审查过程中对规划环评落实情况、环境现状、影响预测模式、方法、结果以及措施进行严格把关，对不适宜的环保措施提出调整要求，能够尽量降低工程建设和运行可能产生的不利环境影响。以 2010 年为例，评估中心评估的轨道交通项目中有 11 项工程通过工程设计和评估将地上线改为地下线，总长约 64 km，有效减轻高架线路可能对周边敏感点产生的噪声、电磁、景观

等不利影响。总体而言，轨道交通行业技术评估工作在对工程施工期、涉及环境敏感区、振动、公众参与等重点环境问题上严格把关，评估在轨道交通行业的环境保护工作中的作用逐步提升，总结发挥的主要作用如下：

1．重视规划环评，狠抓源头控制

项目评估工作重视与规划环评的衔接，对照规划环评报告书及其审查意见，逐一核实项目环评的内容与规划环评报告书及其审查意见要求是否相符，对不满足规划环评要求的项目提出调整要求。对于规划批复较早、城市发展较快的项目提出更高的环保要求。大连市地铁 2 号线一期工程技术评估工作充分体现我们严格落实规划环评要求，优化线路敷设方式降低不利环境影响的原则。根据《大连市城市快速轨道交通建设及线网规划环境影响报告书》及环境保护部于 2008 年 3 月出具的《关于大连市城市快速轨道交通建设及线网规划环境影响报告书的审查意见》（环审[2008]95 号），要求 2 号线全线采用地下敷设的方式，避免对区域声环境造成不利影响。项目工程可行性研究报告未按规划环评及审查意见要求将 2 号线全部调整为地下敷设形式。评估过程中，我们对项目高架段的环境可行性进行了充分的分析和论证后认为，从进一步减小环境影响的角度和现场实际情况考虑，线路不宜按高架敷设方式建设，应严格按照线网规划环评审查意见要求将起点辛寨子站—张前路站约 1.5 km 高架线调整为地下线。工程经评估调整后全部改为地下线，调整后工程线路长度减少 154 m，工程占地由 41.8 hm^2 减少到 30.2 hm^2；减少原来地面及高架段噪声敏感点 9 处和振动敏感点 1 处。工程投资由原来的 799 330.7 万元增加到 895 743.6 万元，实际增加 96 412.9 万元。通过对大连地铁 2 号线一期工程的技术评估工作，保证了该项目建设方案的环境合理性，虽然增加了工程投资，但减少了噪声污染和占地拆迁、避免了电磁污染和景观影响，较好地指导了环境保护设计，保障了规划环评及其审查意见严格落实的严肃性，为管理部门科学决策、审批项目把住了技术关口。

2．关注环境敏感区，严格环境保护要求

涉及环境敏感区的建设项目一直是我国建设项目环境保护及环评管理工作的重中之重。作为城市轨道交通建设项目，虽然相对其他线性工程涉及环境敏感区相对较少，但项目也不免涉及饮用水水源保护区、各级文物保护单位等环境敏感区。根据统计，“十一五”期间评估中心评估的轨道交通项目中，有 54 个项目涉及各级各类环境敏感区，占项目总数的约 60%。在此类项目的评估工作中，我们坚持科学评估原则，以绕避优先、措施保证、严格管理、加强监测为原则，旨在尽量降低工程建设对各类环境敏感区可能造成的不利环境影响。例如，我们在郑州市轨道交通 2 号线一期工程技术评估工作中，严格把握涉及南水北调水源保护区、国家级文物保护单位郑州商代遗址的环保管理和要求以及各项措施的可行性，以求降低工程建设对环境敏感区可能产生的不利环境影响。评估过程中，我们要求穿越南水北调水源保护区的隧道须采取盾构法施工，弃渣及其处理设施须设置在南水北调水源保护区外，并加强施工期的监管，确保施工废水经沉淀处理后排入城市市政污水管网。要求工程下穿郑州商代遗址等文物保护单位线路隧道埋深必须大于 15 m，并严格落实下穿文物保护单位区域采用钢弹簧浮置板道床进行减振的措施。

3．抓住重点，强化环境保护措施

随着我国轨道交通环评工作及技术评估要求的提高，社会各界包括建设单位、设计单位及环评单位都对轨道交通的环境影响提高了重视程度，各条轨道交通线路环保措施等级得到逐步提高，先进的环保措施取代以往常规环保措施越来越多应用于噪声和振动防治措施中，起到了良好的环保效果。根据对“十一五”评估中心评估的 91 个项目采取的噪声和振动环保措施方面的统计结果，共采用声屏障措施总长约 260 km、采用超低噪声冷却塔措施约 350 个、增加消声器措施 790 处、采用浮置板整体道床措施约 200 km、减振扣件措施约 350 km、轨道减振器措施约 190 km。车站冷却塔普遍采用目前降噪效果最好的超低噪声冷却塔措施。浮置板整体道床减振措施作为当前减振效果最理想的措施，“十一五”期间被广泛应用于各条线路减振，并呈逐年增长态势，2010 年和 2009 年采用该措施的数量就分别占“十一五”期间总和的 40%和 30%以上。总体而言，随着我们环评及评估要求的提高，社会各界包括建设单位、设计单位及环评单位都对轨道交通的环境影响提高了重视程度，各条轨道交通线路环保措施等级得到逐步提高，高等级环保措施取代以往低等级环保措施越来越多地应用于噪声和振动防治措施中，起到了良好的环保效果。

4．严格环境监管，加强施工期环保要求

加强轨道交通施工期的环境保护要求，一直是我们技术评估工作的重点内容。尤其工程施工对重要环境保护目标存在潜在影响的项目，我们更是提出严格的工程措施、监管措施等要求，力求逐步实现施工期环境监理的制度化、规范化。现已开工建设的西安地铁项目评估工作就充分体现了我们对施工期环境保护的要求和重视程度，现已取得良好成效。为确保西安城墙、钟楼等重点文物建筑的安全，在项目技术评估过程中，聘请了相关振动、文物、地铁工程等方面的多位国内顶尖专家对《西安市城市快速轨道交通二号线通过钟楼及城墙文物保护方案》《西安地铁二号线对钟楼影响专题研究成果》《西安城墙南门、北门地铁二号线穿越区安全性评估及西安地铁二号线施工沉降与运行震动对城墙影响专题研究成果》进行了专题论证，并提出了严格的施工期环境监管要求。根据项目环评及评估要求，工程施工过程中充分考虑了工程建设对明城墙和钟楼等文物古迹的环境影响，采用严格保护措施，有效降低了工程建设对文物、古建筑及其保护区等敏感对象的环境影响；工程建设单位积极委托专业环境监理部门及时开展工程施工期环境监理工作，充分发挥环境监理在城市轨道建设环境管理中的作用。我们技术评估工作通过对施工期环境监管的严格要求，也切实在落实工程施工期环境保护措施和要求上起到了保驾护航的作用。

5．服务大局，支持国家重点项目建设

作为城市重要基础设施之一的轨道交通建设项目，评估中心在轨道交通行业技术评估工作中，能够充分做到服务大局、抓住重点、客观公正、保证效率。尤其是在2009—2010年期间，国家为有效应对国际金融危机冲击，出台了进一步扩大内需促进经济增长的十项措施，轨道交通作为城市基础设施建设成为拉动内需措施的“主力军”之一，此间评估中心轨道交通项目评估工作也进入高速期。为了保障和支持国家宏观政策措施的落实，评估中心将轨道交通作为重点行业划分到专业部门进行管理。在任务重、时间紧、人员少、要求高的情况下，为保证评估质量和效率，评估中心开通了轨道交通项目评估“绿色通道”，做到第一时间评估、第一时间出文、第一时间上会，简化评估程序、缩短评估周期、提高工作效率，为服务国家大政方针作出了应有的贡献。例如，在北京中低速磁浮交通S1号线技术评估工作中，评估中心接到该项目的技术评估任务后，项目负责人立刻组织熟悉或研究过此项技术、参与过类似工程评估的专家，前往唐山研发试验基地现场考察试验线路情况，亲身体验车内乘坐感受，并在车外近距离处感觉噪声和振动影响，了解相关试验测试结果和源强数据；实地踏勘线路经过地区，对沿线已建、规划和待拆迁的居民住宅、学校、保护文物谭鑫培墓地、石景山古建群、跨越的永定河段等环境保护目标进行了现场考察；在评估会上对污染防治措施从严要求，加强了对敏感目标的保护：将3处半封闭声屏障改为全封闭形式，2处3 m高内侧吸声屏障改为全封闭声屏障；要求进一步优化工程经过谭鑫培墓地路段的工程方案，尽量增大桥桩与谭鑫培墓地的距离等。评估中心对该项目评估开通“绿色通道”，在评估会后10个工作日内高效、保质地完成了包括评估报告的起草、向部司长专题会汇报的全部评估流程，全力支持了该国家重大项目的环评审批工作。

6．针对行业特点，重视公众参与工作

根据周生贤部长“以人为本”“环保为民”指示精神，针对轨道交通项目的社会公众关注度高的特点，评估中心在评估过程中特别重视公众参与工作，严格审查评价单位是否按照《环境影响评价公众参与暂行办法》规定的内容、方法和程序执行，对公众提出的合理环保诉求是否及时予以解决。对项目公众参与内容进行严格把关，对公众参与范围、对象、统计结果、意见反馈情况等进行严格把关，对受影响公众意见的采纳和落实情况予以认真核实，以最大限度地满足公众的知情权、监督权、参与权为原则，依法维护公众的环境权益。例如，我们在武汉市轨道交通4号线二期工程评估过程中，牢牢把握轨道交通主变电站这一公众关注的敏感问题，解决了公众对主变电站可能产生电磁辐射的疑虑。该工程环境影响报告书在审查阶段设置王家湾地面主变电站1座，根据电磁环境预测结果，该变电站产生的工频电场、磁场均符合相应标准限值要求。但我们在现场踏勘主变电站场址时了解到，周围居民对该主变电站的选址存在一定意见，关注度也很高。环评报告公众参与调查结果也反映有10名公众要求"主变电站改在其他位置"才支持工程建设的情况。评估要求将王家湾地面主变电站改为地下型式，以消除公众疑虑，建设单位和设计单位采纳了评估要求。另外，评估要求评价单位对10名有条件支持公众再次进行回访，各位公众在了解到其住处附近地铁主变电站已改为地下型式并根据城中村改造拆迁后，各回访公众均表示支持工程建设，问题得到圆满解决。在北京中低速磁浮交通 S1号线工程环评过程中，根据环评公众参与调查结果，该项目环境影响报告书面临的社会监督和舆论压力较大。该项目评估过程中，与会专家和代表对报告书公众参与的程序、工作过程、调查结果统计与分析、公众意见反馈等具体内容进行了详细的核实与论证，要求建设单位加强对本工程建设特点、采取的措施及可能产生的环境影响的宣传工作；在施工期、运营期加强与公众的沟通，对公众提出的合理环保诉求及时予以解决。同时，建议下阶段可以组织公众参观测试线路，并当场测试环境影响。以上实例均体现评估工作正确掌握了公众关注度高项目的公众参与问题的解决办法，与环保部对公众参与的总体要求保持高度一致，也为今后类似项目的公众参与评估工作打下了坚实的基础。

四、"十二五"轨道交通行业评估工作展望

截至目前，我国已有超过60个城市满足轨道交通或轻轨建设条件，除国务院已经批复30个城市的轨道交通近期建设规划外，我国正在开展轨道交通建设规划的城市还包括厦门、石家庄、兰州、济南、太原、温州、洛阳、乌鲁木齐等，且第一批获得国务院批准的城市随着城市总体规划的调整，正在开展城市轨道交通建设规划调整或进行新一轮城市轨道交通建设规划的编制。根据预测，"十二五"期间，我国将新建轨道交通线路95条，里程规模将达到约2 650 km，至2020年，我国规划建设线路将达到176条，里程规模将达到约6 000 km，我国已经进入真正意义上的轨道交通规划建设的高速时代。如此大规模的轨道交通规划建设，除存在以往环境保护问题以外，很多城市轨道交通建设都是刚刚起步，在轨道交通建设环境保护方面缺乏经验，按审批权限，几乎所有城市轨道项目都须国家审批，这就对我们的评估工作提出了极大挑战。放眼未来我国轨道交通行业建设与发展的环境保护工作，对我们的评估工作提出了更高的要求，这也是轨道交通行业评估工作得以进一步提升的不竭动力，我们将抓住这一发展的良好机遇，着力做好以下几方面工作。

（一）继续将规划环评摆在突出位置，实现与项目环评良好对接

规划环评及其审查意见对项目环评能够起到积极的先导作用，若轨道交通规划建设宏观规划层面上与相关规划的协调性、资源环境承载能力、环境制约因素、线路走向和站场选址合理性、线路敷设方式的合理性等问题未在规划环评阶段解决，这些问题在项目环评阶段将更难解决。这就要求规划环评阶段需加大审查力度，对

宏观层面上的环境制约问题在规划环评阶段予以解决，评估中心评估过程中继续以规划环评及其审查意见为指导，在落实规划环评对具体项目环评提出的各项要求前提下进行项目环境影响技术评估，为规划环评和项目环评实现良好对接打下基础。具体项目评估阶段，须明确要求项目环境影响报告书逐条对照规划环评审查意见，以专章（或专节）形式，阐述规划环评针对具体项目的选线、选址（站点、风亭、冷却塔、主变电站等）、涉及环境敏感区等重要环境问题所提出的意见或要求的落实情况。对未按照规划环评要求落实减缓或控制要求的、未采用比选或替代方案的，从工程的特殊性、环境的合理性进行深入分析和论证，明确其环境影响，同时提出相应保护措施。只有实现规划环评和项目环评的有效衔接，才能保证轨道交通行业环境保护工作的健康、有序、高效发展。

（二）突出重点，分区对待，提高评估工作效率

评估阶段应根据项目所在区域的地质条件、自然状况、区域环境特征等，区分并界定项目环评应关注的重点内容，不同区域评价重点和评价要求应有所区分。例如，对涉及饮用水保护区、地下水丰富地区或地层条件不稳定地区，除常规重点关注的环境振动和环境噪声影响外，应加强对环境地质和地下水评价深度；城市轨道交通通常穿越人口密集区，应在现有国家和地方公众参与管理办法要求的基础上，采取多种公众参与方式进行公众参与调查，并尽可能增加样本数量；对于像西安、郑州、南京、苏州等历史文化名城，地面、地下文物等十分丰富，应重点评价环境振动对文物古迹产生的影响，加强保护措施。对城市卫星城区轨道交通线路敷设方式给出更加细致的要求。另外，对于首条线路的项目环评更要充分吸纳规划环评有关意见和建议，严格把关。在具体评估工作中须认真贯彻落实评估中心《建设项目环境影响技术评估质量管理规定（试行）》，继续集中评估中心全体智慧，群策群力，严把评估工作质量关，简化程序，适时建立“绿色通道”，特事特办、专事专办，竭力提高评估效率，为建设项目环评审批提供优质高效的服务，为国家保增长扩内需的宏观政策贡献力量。

（三）严格全过程环境监管要求，逐步建立环境监理制度

我国轨道交通行业起步较晚，行业环境保护工作相对较为薄弱，目前轨道交通行业环评报告书缺乏关于全过程环保跟踪监测、环境影响后评价、环境监管等内容。当前环评主要对振动和噪声方面关注度较高，对工程可行性研究、初步设计、施工设计、实际施工、试运行和运行全过程环保跟踪监测、环境监管以及环境影响后评价等方面尚未建立完整体系。项目环评在可行性研究阶段开展，而环评提出的环保措施和环保要求在工程后续阶段具体设计和实施过程中，往往由于缺乏监管等种种原因而无法落实。2010 年前，轨道交通施工期环境监理基本都纳入工程监理的一部

分，没有单独的环境监理，以致整个环境监管环节薄弱。出现这一现象，一是环境监理缺少国家政策的支撑，没有建设项目环境监理的相关管理规定，没有收费的依据，环境监理很难落实；二是工程建设单位缺乏对环境监理重要性和必要性的认识，环境监测、监理经费不能按环评要求落实，造成监测设备受限，无法达到环评监测计划中监测项目、频次的要求，造成环保过程监测、控制不力等。鉴于此，环评及评估工作中应进一步完善项目全过程跟踪监测、环境监管与环境影响后评价内容并提出相关要求，有针对性地提出解决各阶段可能出现的环保问题的方案，避免环评报告及评估提出的环保措施和要求缺乏科学性和可操作性，避免工程设计阶段的环保真空现象，以更好地服务于轨道交通行业环境保护工作。工程建设环境检查、监管与竣工环保验收应按《环境保护部建设项目“三同时”监督检查和竣工环保验收管理规程（试行）》要求严格执行，并逐步建立工程施工期环境监理管理办法等具有法律约束力的政策法规，实现行业项目建设环境保护的全过程监管。

（四）加强基础研究，推进重点科研课题的开展

轨道交通行业评估工作涉及规划、工程、水、生态、噪声、大气、固体废物等诸多专业以及政策、法律法规、管理等多个领域。这就要求评估工作人员具有广阔的知识面和良好的理论和技术基础，这就要求在基础研究和重点科研课题的开展方面常抓不懈。“十二五”期间我们将首先推进以下几方面的基础研究工作：

第一，目前国内尚无轨道交通列车运行辐射噪声振动标准，不利于从源头有效控制其噪声振动影响。建议尽快开展关于轨道交通列车运行辐射噪声振动标准的研究工作。

第二，轨道减振措施还应综合考虑工程的可施工性、可维护性、可更换性及使用寿命等诸多因素影响，综合考虑各种轨道减振措施的投资。重视新减振技术的应用，加强已有减振措施的效果分析研究工作，为环评审批提供更全面、科学的技术依据。鉴于已经有多条轨道交通线路实际运营数据，建议组织专业院所列专题开展减振措施效果分析研究，指导该类项目建设。

第三，加紧建立我国城市轨道交通行业基础数据库。根据评估中心《环境影响评价基础数据库建设项目》统一工作部署，通过搜集和整理大量有关我国城市轨道交通发展和环保方面的基础资料，加紧完成轨道交通行业环评基础数据库建设工作，发挥数据库对环评和评估工作的支撑作用。

（2011年9月）

评估中心“十一五”期间制浆造纸行业技术评估工作回顾

童 莉 刘 薇 姜 华

“十一五”期间，评估中心在制浆造纸行业环境影响技术评估工作中，始终坚持科学、客观、公正的评估原则，以科学发展观为统领，以改善环境质量为根本，以总量减排为目标，服务审批决策。虽然“十一五”造纸项目总量不多，但在控制污染物排放总量、促进林纸项目保护生态环境等方面发挥了积极的建设性作用。

一、“十一五”造纸行业发展概况

“十一五”期间，我国造纸工业充分利用国内外两种资源，通过《全国林纸一体化工程建设“十五”及2010年专项规划》《造纸产业发展政策》等政策引导，大力推进林纸一体化工程建设，强化废纸回收利用和关停落后草浆生产线，提高国内木浆和废纸供给能力，使我国纸浆、纸及纸板生产量与消费量在“十一五”期间都得到了快速增长。据统计资料，2010年全国纸及纸板生产量9 270万t，较2005年5 600万t增长65.54%；消费量9 173万t，较2005年5 930万t增长54.69%；人均年消费量为68 kg，比2005年人均年消费量45 kg增加了23 kg。2010年全国纸浆生产总量7 318万t，较2005年4 446万t增长64.60%；纸浆消耗总量8 461万t，较2005年5 200万t增长62.71%。

传统造纸属于高耗能、重污染行业。“十一五”期间，为加强造纸行业污染治理，我国先后颁布了一系列标准。2008年6月修订颁布了《制浆造纸工业水污染物排放标准》（GB 3544—2008），从单位产品排水量、污染物排放等方面进一步严格了造纸行业的环境准入。制定了造纸工业“漂白碱法蔗渣浆”“漂白化学烧碱法麦草浆”“硫酸盐化学木浆”及“废纸制浆”等清洁生产标准，从生产工艺和设备、资源能源利用、污染物产生、废物回收利用、环境管理等方面，对行业生产、服务和产品使用的全过程进行指导和规范。

二、“十一五”评估中心评估造纸项目情况回顾

“十一五”期间，评估中心共受理制浆造纸及林纸一体化项目18个，其中出具可行意见的项目11个，涉及制浆规模353万t/a、造纸规模550万t/a、原料林基地

955 万亩，总投资 756.1 亿元，环保投资 54.1 亿元，占总投资的 7.2%。11 个项目中木浆造纸 7 个，废纸造纸 2 个，竹浆造纸和单纯造纸各 1 个，不同制浆原料及工艺的规模见表 1。

表 1　不同制浆原料及工艺的规模

制浆工艺	木浆			竹浆	废纸浆
	硫酸盐化学浆	碱性过氧化氢机械浆	漂白化学热磨机械浆	硫酸盐化学浆	—
制浆规模/万 t	120	85	54	20.4	74
项目数量/个	2	3	2	1	2

18 个制浆造纸项目涉及江苏、广西、山东、辽宁、重庆、浙江、海南、湖南、云南、贵州、湖北、四川、广东 13 个省区市，具体情况见表 2，涉及珠江、辽河、杭州湾、长江、黄河、淮河、海河、绥江及其他流域，具体情况见图 1。

表 2　制浆造纸项目分布情况

涉及省市	江苏	广西	山东	辽宁	重庆	浙江	海南	湖南	云南	贵州	湖北	四川	广东
受理项目数量	4	2	2	1	1	1	1	1	1	1	1	1	1
出具许可数量	3	2	0	1	1	1	0	1	1	1	0	0	0

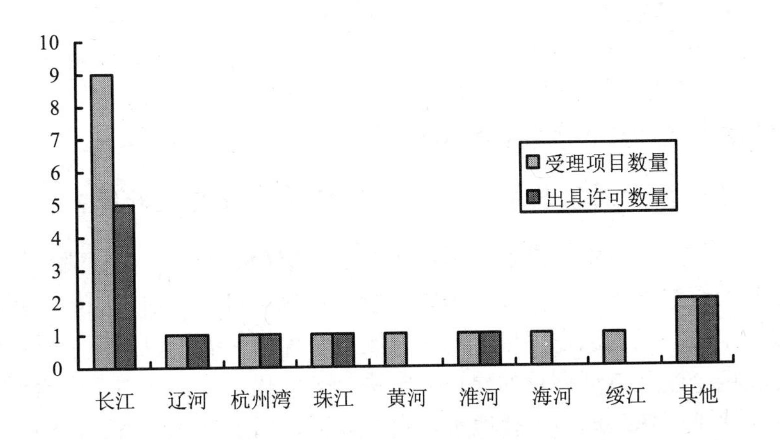

图 1　制浆造纸项目流域分布

三、发挥评估技术导向作用，促进造纸行业健康良性发展

“十一五”期间，评估中心围绕行业特点、技术革新和减排任务开展技术评估工作，为造纸行业建设项目的环评审批提供了强有力的技术支撑，努力促进造纸行业又好又快地发展。

（一）落实“增产减污”要求，促进污染物总量减排

造纸行业是当前我国水环境的主要污染来源之一，造纸行业的污染减排对于完成我国“十一五”主要污染物化学需氧量削减目标至关重要。

一方面，2008 年我国新修订了《制浆造纸工业水污染物排放标准》，对造纸行业污染物排放提出了更严格的要求。以制浆和造纸联合生产企业为例，行业化学需氧量排放标准从 400 mg/L 严格到 90 mg/L。仅以此后评估中心评估 4 个造纸项目计算，可减少化学需氧量排放量 13 237 t/a。评估中严格执行新的排放标准对减排的意义重大。

另一方面，通过技术评估，对废水处理工艺、改扩建项目“以新带老”措施等进行调整及优化，有效促进了污染物排放量的削减。例如，对云南天巍林（竹）浆一体化等 4 个项目优化了废水处理工艺，芬欧汇川（常熟）纸业有限公司二期扩建项目增加了车间节水措施，上述项目共减少废水排放量 1 739 万 t/a、化学需氧量 716 t/a。

据统计，“十一五”期间，技术评估可行的 11 个制浆造纸项目中，改扩建项目仅 2 个，化学需氧量排放总量为 1 099 t/a，“以新带老”削减量为 1 526 t/a，实现工程减排 427 t/a；新建项目有 9 个，化学需氧量排放总量为 12 794 t/a，区域削减量 17 351 t/a，实现结构减排 4 557 t/a。“十一五”期间 11 个制浆造纸项目造纸规模增加 550 万 t/a，实现化学需氧量不增加，还减排 4 984 t/a，为国家“十一五”化学需氧量总量减排任务的完成作出了积极的贡献。

（二）贯彻执行国家政策，推动造纸行业产业健康升级

“十一五”期间，《造纸产业发展政策》等国家相关产业政策、规范性文件陆续颁布，新建纸浆造纸项目逐渐发展为林浆纸一体化项目。评估中心始终坚持“以林定浆、以浆定纸、以资源定规模”的三原则，从保护生态、保护环境质量角度严格把关，促使两个制浆造纸项目的建设方案进行了优化调整。其中，中冶纸业黔东南林浆纸一体化工程林基地项目林地规模由 350 万亩增加到 400 万亩，但制浆规模由 50 万 t/a 减少到 30 万 t/a。江苏林浆纸产业园一期工程林基地项目林地经核实后由 209 万亩减少到 63 万亩，制浆规模也由 60 万 t/a 减少到 24 万 t/a，造纸规模相应由 150 万 t/a 减少到 60 万 t/a。通过优化调整，可进一步提高制浆原料供应的可靠性，

防止因原料不足、乱砍滥伐引发生态环境破坏等问题。

（三）严格执行新标准，推动行业污染治理水平大幅提高

“十一五”是造纸行业污染治理水平显著提高的时期，特别是随着新修订《制浆造纸工业水污染物排放标准》的实施，进一步提高了制浆造纸废水处理的要求。过去普遍采用的传统二级处理（物化＋生化）工艺，无法达到新的排放标准要求。2008 年后制浆造纸项目均增加了混凝沉淀、混凝气浮、强氧化等三级深度处理，推动了整个行业水污染治理水平的大幅提高。评估中心积极跟踪和关注国内外制浆造纸废水深度处理技术的进展，在考察沈阳博森纸业有限公司等 4 家造纸企业，并与沈阳市政府及有关部门交换意见的基础上，形成《关于沈阳金新浆纸业有限公司林浆纸一体化工程项目有关问题的调研报告》，重点探讨了从国外引进全无氯过氧化氢漂白技术和国内首例化机浆黑液碱回收技术实现造纸废水达标可靠性、经济合理性等，鼓励国内企业掌握行业先进的废水处理技术，推动行业水污染治理水平得到根本提高。

（四）跟踪行业发展动态，积极为行政主管部门提供技术支持

我国是纸制品的消费大国，由于造纸原料多以草浆为主，致使产品结构不够合理，对环境也造成了较大污染。《全国林纸一体化工程建设“十五”及 2010 年专项规划》颁布实施后，确定了走林纸一体化道路是我国发展造纸行业的必然选择。评估中心通过深入开展全国调研，形成了《林纸一体化项目环境影响分析及其对策建议》，从地方规划、环保审批、资源利用以及林基地建设等方面对发展林纸一体化从有利影响和不利影响两方面进行了分析，提出了有针对性的对策与建议，尤其在减缓林基地生态环境影响方面具有积极的建设性意义。

随着经济建设的高速发展，造纸行业发展结构不合理、资源紧缺、环境压力大等方面的问题日益突出。为此，评估中心组织开展了全国造纸行业的调研工作，编写了《我国造纸工业发展现状、存在问题及环境政策研究》，以科学发展观为统领，提出了存在的问题和解决问题的措施及建议，并提出了行业可持续发展的重点和方向，对优化行业建设布局、促进行业健康发展，以及贯彻循环经济与节约资源等起到积极促进作用，该研究报告上报到环境保护部，为环境保护部造纸项目审批决策提供了良好的技术支持。

（五）严格项目技术评估，规范技术评估要点

“十一五”期间，评估中心评估的制浆造纸项目虽然只有 18 个，仅为全国审批造纸项目总数的零头，但生产规模大，涉及的制浆规模占到“十一五”期间我国制浆增加规模的 50%，林基地占我国林基地增加规模的 100%。这些项目规模大，投资高，环境影响也较大。对于污染防治和生态保护存在问题的项目，评估中心坚持原

则不动摇，顶住压力不放松，对18个项目中的7个出具了不可行的评估意见，所占比例为各行业之首。如云南天巍项目由于林基地不落实、水环境容量不足、区域削减方案不可靠等，评估中心建议暂缓审批；黄冈晨鸣浆纸有限公司林浆一体化项目排水由于未论证项排污口设置的合理性、林基地规模与制浆规模不协调、废水处理方案不可靠等，评估中心建议退回报告书。

“十一五”期间，评估中心在总结技术评估经验的基础上，开展了造纸行业建设项目环境影响评价红线指标和技术评估要点的编制工作，并取得了初步成果，使技术评估工作的规范性得到了进一步提高。

四、围绕“十二五”减排目标，探索造纸行业减排新思路

从“十一五”造纸行业生产和消费形式分析，目前我国造纸消费处于快速增长期，预计“十二五”产能增长依然是主基调。造纸工业作为“十二五”水污染的重点减排行业，协调产能发展和污染减排的任务将更加繁重而艰巨。随着《产业结构调整指导目录（2011年本）》和建设项目环评文件分级审批规定的实施，“十二五”期间，环境保护部受理的造纸项目数量可能会有一定程度的增加，作为环境保护部审批决策技术服务部门，评估中心面临机遇和挑战，须严格要求，通过合理规划、优化原料和工艺、发展污染治理先进技术等手段来促进产业升级，淘汰落后产能，实现国家“十二五”节能减排目标。

（一）推进行业和区域规划环评，促进产业结构升级

为更好地实现资源优化配置、合理布局、淘汰落后产能、提高产业集聚程度，“十二五”期间，造纸行业技术评估工作将坚持以科学发展观为统领，通过推进行业和区域规划环评，优化产业空间布局，促进制浆造纸企业集中或入园建设。鼓励大型集团兼并重组，实现“上大压小”、淘汰落后产能。着力推进造纸行业布局合理、规模适当、资源匹配、清洁生产水平高、治理措施先进，实现造纸行业发展与环境质量相协调，落实可持续发展。

（二）推广先进污染治理技术，促进行业环境友好

目前造纸废水三级深度处理工艺的各类新技术、新设备还在试验阶段，评估中心将积极关注试验进展，深入调研，通过大量运行数据，论证造纸废水三级深度处理技术经济的可行性和长期稳定达标的可靠性，并在评估中及时从新建大型企业向全行业推广应用。积极引导学习借鉴国外废水处理研究成果，推动化学机械浆碱回收、黑液制取生物二甲醚等技术的试点和完善，为制浆废水处理及污染物减排提供更多空间。

（2011年9月）

评估中心"十一五"期间规划环评工作回顾

陈 帆 詹存卫 耿海清 姜 昀 蔡斌彬 王 萌 崔 青 仇昕昕

"十一五"期间，我国环境影响评价制度进一步完善，颁布实施了《规划环境影响评价条例》(以下简称《条例》)，极大地拓展了环境保护参与综合决策的深度和广度，成为环境保护优化经济发展的法律保障和重要抓手。但总体而言，规划环评尚处于起步阶段，法规体系建设和技术方法研究亟待加强。作为环境保护部的技术支撑单位，评估中心迎难而上，化挑战为机遇，在承担国家"十五"科技攻关课题"若干重要环境政策与环境科技发展战略研究"中的第5专题"规划环境影响评价技术方法研究"，与联合国环境署等国际组织联合出版战略环评培训教材，开展中国—加拿大、中国—瑞典战略环评高级培训的基础上，积极参与规划环评法规的制定，严格规划环境影响报告书的技术审核，深入开展规划环评理论和技术方法研究，承担了多项规划环评技术导则的制订，为环保部推进重点区域、流域和重点行业规划环评做了大量卓有成效的工作，为完善和丰富我国规划环评政策法规、理论和技术方法体系，推动规划环评队伍技术水平的提高，均发挥了举足轻重的作用。

一、参与法规制定，充分发挥技术智囊作用

我国实施规划环评制度不足十年，相应的法律法规体系尚需构建，配套的管理规章亟待完善。"十一五"期间，评估中心积极参与规划环评法规制定，先期开展有关研究，充分发挥技术智囊作用。

(一) 全程参与《规划环境影响评价条例》制定，为《条例》通过国务院审议提供系列技术支撑报告

2006年起，评估中心参与了《条例》的起草、征求意见、修改完善等全过程，编制了《规划环评正反案例研究报告》《我国环境承载能力评价研究综述》《应当开展规划环评的规划类型及其主要相关部门》《林业规划应当进行环评》《规划环评与建设项目环评的对比分析》等系列技术报告。

系列报告阐述了环境承载力的评价方法，提出了基于资源环境承载能力的区域开发规划、土地利用规划、工业规划、农业规划、能源规划、城市建设规划等的环境目标与评价指标表述范例，并通过部分区域没有考虑水资源承载力盲目规划煤化工产业，以及岷江上游水电建设"跑马圈水"使得川西平原生态保护屏障岌岌可危

等反面案例，论述了环境承载能力应是决策部门确定各类规划可行性、合理性的重要依据；阐述了林业开发活动不仅对区域生态系统质量、生物多样性和景观等可能产生重大影响，而且其森工产业专项规划的实施还将排放大量污染物，引发区域产业布局和产业结构变化，进而影响区域环境质量，论证了开展林业规划环评的必要性和重要意义；通过规划环评与建设项目环评在介入时间、评价对象、评价内容、评价重点等 8 个方面的对比分析，论述了规划环评处于决策链前端，具有建设项目环评所无法比拟的作用，能够从决策源头解决制约我国经济社会发展的全局性、系统性的资源、环境问题，更加有效地促进产业结构调整和发展方式转变，统筹协调总量削减、质量改善与风险防范的关系。

系列报告作为原国家环保总局答复国务院各部门针对《条例》（征求意见稿）提出的各类意见的支撑材料，上报了国务院法制办，为《条例》通过国务院的审议起到了关键的作用。

（二）开展先期研究，为《环境影响评价法》配套规章的完善进行技术储备

在国家颁布《编制环境影响报告书的规划的具体范围（试行）》和《编制环境影响篇章或说明的规划的具体范围（试行）》（环发[2004]98 号）后，因其仅规定了开展环评的规划类别，规划编制部门经常以其编制的规划名称与环发[2004]98 号文不对应来简化规划环评文件的形式，甚至不开展规划环评。为此，《条例》颁布实施后，评估中心在 2003—2004 年为环发[2004]98 号文发布所做技术工作的基础上，立即开展了该文件修订的前期研究。

本次研究，首先对“十一五”期间修订的和新颁布实施的法律、法规进行了梳理，分领域明确了法定规划的名称，并根据规划的属性、层级及环境影响程度，对环发[2004]98 号文中相应内容进行了调整和细化。其次，重点对法律、法规中没有要求，但国务院有关部门、设区的市级以上地方人民政府及其有关部门近年来相继编制的各类规划，通过对规划的性质、内容、编制及审批程序等进行归类和层级确定，分析其可能造成的环境影响，重新明确了此类规划应提交的环评文件的形式。

目前，评估中心已编制完成了《法律法规规定的规划应提交的环评文件形式的名录》，绘制了不同领域的规划体系图初稿。并通过各级政府网站，对 20 多个部委，东部、中部、西部 3 个典型省（自治区）和 6 个设区的市级以上地方人民政府及其有关部门编制的规划进行了收集、整理和研究，初步形成了法律法规规定之外的不同类别规划应提交的环评文件形式的名录。为环保部开展环发[2004]98 号文的修订进行了技术储备，对提高规划环评的执行率具有重要意义。

二、从严开展技术审核，认真守护资源环境

“十一五”期间，随着环保部将规划环评作为受理规划内建设项目环评的前置条件，加大对规划环评执行情况的监督检查，积极推动规划环评试点等一系列措施的实施，评估中心承担的规划环评文件技术审核任务涉及的规划类型，从“十五”期间以开发区区域规划为主，拓展到了土地利用、区域、流域开发规划，以及能源（煤炭矿区、电力）、城市建设（轨道交通）、交通（港口、航道）、农业等专项规划，技术审核任务数量达到了 289 项。

为做好规划环评文件审查的技术参谋，评估中心努力探索符合各类规划环境影响特点的评估方法和差别化的审核重点，把规划对区域、流域、海域生态系统的整体性、长期性影响作为技术审核的关键点，把保障资源开发区域的生态服务功能作为技术审核的落脚点，把协调好交通及重要基础设施规划布局与重要生态环境敏感区的关系作为技术审核的着力点，把各类开发区及工业园区布局、产业结构和重要环保基础设施建设方案的环境合理性作为技术审核的重中之重。充分发挥了技术审核对优化规划方案、提高规划科学性、保护资源环境的作用。

（一）严格审核规划对重要生态环境敏感区的影响，促进规划布局的优化调整

对规划布局进行优化调整，是避免或减轻规划实施对自然保护区、饮用水水源保护区、文物古迹等环境敏感区域影响的有效途径之一。在技术审核中，评估中心确立了规划布局和规划内的项目用地与依法设立的各级各类自然、文化保护地等敏感区域的保护要求相矛盾时，必须提出否定或调整规划方案建议的原则，努力从源头避免了各类开发建设对重要生态环境敏感区的破坏。

例如，内蒙古鄂尔多斯塔然高勒矿区规划的泊江海子井田的 1/3 位于国家级遗鸥自然保护区实验区内，油坊壕井田内也有小块保护区飞地。评估中心在搞清煤炭开采对遗鸥及其生境的影响途径的前提下，重点针对煤炭开采对保护区内湖泊水位的影响开展审核，认真核算与区域地表水、地下水汇水能力有关的各项影响预测数据，提出了泊江海子井田不仅应将其与保护区实验区重合区域划为禁采区，而且还应在开采区与实验区边界之间以及与保护区汇水通道之间留设 280 m 宽的保护煤柱；油坊壕井田与保护区飞地重合区域也应划为禁采区，并在其周边留设一定宽度缓冲煤柱的具体意见；同时提出，规划的西南部勘查区在开发前，必须重点论证和分析煤炭开采对保护区汇水通道的影响，并采取相应保护措施的要求。从煤炭开发源头避免了对国家级遗鸥自然保护区造成破坏。

根据“十一五”期间审核的 71 个煤炭矿区和 18 个港口的统计数据，通过调整规划布局，共避让了 81 个各级自然保护区，62 处风景名胜区、森林公园和地质公

园等，10 处海洋特别保护区，42 处水产种质资源和渔业资源保护区，最大限度地减轻了对约 200 个饮用水水源地造成的不利影响。

（二）严格审核规划实施的资源环境承载力，促进规划规模的优化调整和产业结构的升级

在技术审核中，评估中心严格审核规划实施对资源的消耗量和给区域、流域、海域生态系统带来的整体性、长期性影响，把规划实施的资源环境承载能力，作为论证规划定位、规模和产业结构环境合理性的重要依据，以优化规划方案的规模和产业结构。

例如，内蒙古锡林郭勒盟白音乌拉矿区总体规划拟立足煤炭开发发展下游火电和煤化工。评估中心根据矿区开发及大量工业用水将严重影响城镇和农牧业用水的审核结论，明确指出区域水资源难以承载煤、电、煤化工一体化的开发，使规划最终取消了建设火电和煤化工项目的方案，同时提出了矿井疏干水全部用于矿区开发和草原生态建设的具体节水措施。

又如，评估中心根据连云港总体规划中的部分港区建设和运输货种可能导致的生态风险，将对海洋特别保护区、养殖区和增殖区，以及多个海洋生物的产卵场、索饵场造成严重影响，且难以找到替代生境的审核结论，提出了规划应取消这些港区和拟设置的锚地、航道等生产设施，优化调整运输货种的要求，保护了海参、中国对虾等水产种质资源和国家级江苏连云港海州湾生态与自然遗迹海洋特别保护区。

根据“十一五”期间审核的 18 个港口的统计数据，共取消了 19 个生态环境无法承载的规划港区，调整了 9 个港区的运输货种。

（三）严格审核规划的清洁生产和循环经济水平，促进节能减排目标的实现

在技术审核中，评估中心确立了规划本身或规划内的项目属于国家明令禁止或不符合国家产业政策、节能减排要求时，必须提出否定或调整规划方案建议的原则，通过严把规划的清洁生产和循环经济水平关，促进了国家各项节能减排目标的实现。

例如，评估中心根据江苏沙钢集团“十五”期间存在的环境问题，调阅了各级环保部门对沙钢已建、在建项目的审批文件，明确要求沙钢集团“十一五”发展规划中，必须对烧结机采取脱硫措施，使 SO_2 排放总量满足总量控制目标；部分不符合城镇规划及江苏省厅要求的规划项目应重新选址；搬迁现有离水源地较近、环境风险大的焦化生产设施；立即淘汰不符合产业政策的落后生产设备；按“三同时”要求，将位于环境防护距离内的居民实施搬迁等。使业主、评价单位心服口服，并对照评估意见调整了“十一五”发展规划。

又如，贵州黑塘矿规划开采的部分煤层含硫量大于 3%，不符合国家有关准入政策，评估中心明确要求禁止开采此类煤层，最终使规划取消了 6.47 亿 t 高硫煤的开采计划，以燃烧过程中采用脱硫效率 95%的治理措施计算，仅此一项即可少排约 70 万 t SO_2。

通过对规划方案中各项规划指标的严格审核，极大地促进了各类"废物"的综合利用，节约了资源、能源。根据"十一五"期间审核的 71 个煤炭矿区的统计数据，每年将促使约 2.73 亿 t 煤矸石、11.1 亿 m^3 矿井水得以综合利用。将促使审核的 14 个经济技术开发区的约 1.52 亿 m^3/a 废水、2 690 万 t/a 固体废物得以综合利用。综合利用率高于"十一五"国家经济和社会发展规划纲要中确定的指标。

（四）严格审核规划实施的环境风险，促进布局性、结构性环境风险的防范及应急响应对策的制订

在技术审核中，评估中心坚持从区域社会、经济、环境角度统筹分析规划是否存在重大环境风险，要求报告书必须针对规划全面识别各类风险源、预测规划实施的风险概率、影响范围和程度，提出规划布局的调整建议和风险防范措施及应急响应对策。

例如，在上海杭州湾沿岸化工石化集中区区域环评的技术审核中，评估中心针对该区域已经形成的大规模化工石化产业带和周边城镇居民区、海湾旅游度假区及大学园区等环境敏感区交错分布的复杂格局，在充分收集国内外化工石化区域和产业发展有关资料，认真研究其存在的资源、环境制约因素的基础上，站在整个杭州湾及上海市社会、经济和环境协调发展的高度，根据环境容量、总量控制、环境影响及环境风险预测结果，提出了严格控制与环境敏感区较近的化工区的发展规模，严格控制各化工区内主要危险源（如光气、丙烯腈和氨等）的装置规模；禁止引入环境风险大、危及周边社区的项目，按照环境风险不得超过现状的原则，进一步调整现有各化工区内拟建项目的布局，避免对周边环境敏感目标造成影响；进一步完善产业链，集中区内建设合成氨装置，降低氨储运风险，发展资源再利用产业；调整集中区内能源结构，增加天然气等清洁能源消耗比重，降低燃料油消耗；补充环境风险防范与应急预案的专项规划、优化岸线利用规划和完善环保专项规划等具体建议。避免了上海杭州湾沿岸布局性、结构性环境风险的进一步增大，完善了区域风险防范体系和应急响应预案，促进了经济、社会和环境的协调发展。

（五）严格审核规划的环境保护方案，促进各类减缓措施取得实效

在技术审核中，评估中心确立了对规划实施造成的重大不良环境影响无法提出切实可行的减缓措施时，必须提出否定或调整规划方案建议的原则，坚持把协调好交通及重要基础设施规划布局与重要环境敏感区的关系作为技术审核的着力点，促进了各类减缓措施取得实效。

例如，青岛市城市快速轨道交通建设规划的线路涉及历史文化街区、文物古迹以及饮用水水源保护区。评估中心通过认真核算规划线路直接穿越或邻近上述区域所造成的振动影响与环境风险，明确要求报告书对涉及环境敏感目标线路的走向与敷设方式从环境合理性与技术经济可行性等方面进行多方案综合论证与比选，最终使规划调整了线路走向和敷设方式，避绕了文物古迹和饮用水水源保护区等重要环境敏感目标，补充了对历史文化街区景观影响的减缓措施。

根据“十一五”期间审核的28个轨道交通规划的统计数据，通过调整线路走向和敷设方式、采取设置声屏障、改进工艺设计等方式，共避让了10个各级自然保护区、55处风景名胜区和50个饮用水水源地，避让和减轻了对140处文物古迹和956个学校、医院、居民小区等噪声敏感点的影响。极大地维护了广大人民群众的环境权益。

三、提供决策咨询，主动参与国家重大战略制定

“十一五”期间，国家提出了西部大开发、振兴东北老工业基地等一系列战略部署，着力应对国际金融危机对我国国民经济的冲击，成功战胜了汶川地震等自然灾害，取得了举世瞩目的成就。评估中心积极参与国家重大战略的制定，承担了一系列急难险重的任务，努力服务于国民经济发展大局。

（一）创造性地提出“红线管理指标”，为振兴战略献计献策

东北等老工业基地为共和国经济腾飞作出了巨大贡献，如何继续发挥其重工业基础雄厚的优势，提升其参与国际竞争的能力，国务院发出了振兴东北地区等老工业基地的指导性意见。评估中心根据多年积累的经验，敏锐地意识到资源几近枯竭的东北老工业基地振兴，不仅是其调整产业结构、转变发展方式的最佳时期，而且是其补偿生态欠账、开展环境综合整治的重大机遇期。为此，立即牵头成立了由东三省评估机构和中国遥感应用协会环境遥感分会参加的“振兴东北老工业基地战略环境影响评价课题组”，利用自有资金开展研究。

在历时一年半的时间里，课题组先后11次赴东北进行实地调研，收集整理了大量第一手资料，结合近十年来东北三省生态环境变化趋势遥感影像分析，预测、评价了振兴战略对东北老工业基地社会、经济和资源环境的综合影响。通过研究，明确了水资源和环境承载力是振兴战略实施的制约因素。创造性地对资源环境要素、重点区域及其开发活动提出了“红线管理指标”及各类建设项目的准入条件，为避免振兴战略实施过程中，出现重复建设和小企业“遍地开花”而导致的资源浪费，以及新兴主导产业产生的新问题提供了系统的解决方案，并为其他资源型城市实现转型，开展生态修复和环境综合整治提供了理论和方法支撑。为国务院振兴东北老工业基地办公室及东北三省环保部门制定振兴规划及其环境管理对策提供了决策参考，得到了振兴办的好评。

（二）拓展规划环评理论及技术方法，为汶川地震灾后重建积极服务

“5·12”汶川特大地震造成了巨大的人员伤亡和财产损失。为了保障汶川地震灾后恢复重建工作有力、有序、有效地开展，促进灾区经济社会的恢复和发展，国务院抗震救灾总指挥部灾后重建规划组组织有关部委编制了《汶川地震灾后恢复重建总体规划》（以下简称“总体规划”）以及城镇体系规划等 9 个专项规划，以指导灾区灾后重建工作。

为落实国务院“规划环评与规划编制同时进行、同步完成”的具体要求，评估中心本着“积极介入，主动服务”的原则，在时间紧迫、资料获取困难，国内外均无开展此类应急性、大尺度和战略性规划环评先例的情况下，经过 50 天夜以继日的艰苦奋战，完成了总体规划和 3 个专项规划的环境影响评价技术指南（以环办函[2008]448 号发布），完成了总体规划和 3 个专项规划的环境影响评价文件，确保了环保部按时将报告报送国务院灾后重建领导小组及国家发展和改革委员会、住房和城乡建设部等规划编制单位。提出的规划优化调整建议和环境影响减缓对策已充分体现在国务院批准的《汶川地震灾后恢复重建总体规划》和各专项规划中，及时地指导了四川、陕西和甘肃等省灾后恢复重建规划及其环评的开展。

本次规划环评的成功实施，是我国首次对国务院主持编制的重大发展规划进行环评，堪称战略环评参与综合决策的典范。环评提出了新的技术规范，为环保部进一步完善规划环评法规体系，提供了有力的技术支撑；提出了针对大尺度、应急性战略规划环评的科学理念与可行思路；提出了将生态功能区划理论与战略决策灰色分析、叠图法、情景分析、趋势分析等方法相结合的评价方法；提出并实现了环评与规划编制全过程互动的技术路线；在核心期刊上发表了 5 篇论文，促成了灾后恢复重建规划环评工作成果和经验的大范围共享。获得了环境保护部科技进步三等奖。

（三）参与战略规划编制，为国家粮食安全提供环境保障

为保障国家粮食安全，根据国务院第 15 次常务会议的要求，国家发展和改革委员会牵头开展了《全国新增 1 000 亿斤粮食生产能力规划（2009—2020 年）》的编制工作。评估中心接受了环保部和发改委联合下达的规划环境影响专题研究任务，迅速开展了资料收集、编写技术要点、实地调研等工作，按要求于两个月内完成了专题研究及报告的编写。从土地资源、水资源开发、化肥、农药、农膜等粮食生产所需的资源及物资的开发与应用，以及粮食作物秸秆储存与使用等方面分析了规划实施对环境敏感区、水环境等的影响以及可能导致的生态环境风险，从政策、管理、工程等不同层面提出了环境保护对策建议。此专题研究报告的主要内容作为规划的环境影响评价篇章被国务院采纳，对于提高我国粮食保障的同时确保生态底线、预防环境污染发挥了重要作用。该项工作还被作为规划环评的亮点写入了 2008 年环保部的年度总结。

（四）关注全局性、系统性问题，为可持续发展提供决策参考

立足技术评估，开展重大经济政策与规划的环境影响研究，积极为解决制约经济社会可持续发展的全局性、系统性问题建言献策，一直是评估中心努力的方向。“十一五”期间，先后上报了《关于以资源、环境条件划分煤炭开发功能区，用于项目审批及环境管理的建议》《基于不同环境管理类型区的火电行业准入政策研究》《主体功能区环境政策初步研究报告》《韩国环评制度分析及对我国环评制度发展的思考》《关于提高煤炭矿区规划环评有效性的对策建议》《我国煤炭资源富集区现有开发模式存在的主要问题及其对策建议——以锡林郭勒盟为例》《我国公路交通发展面临的主要环境问题及其对策建议》《推进“市矿统筹”，促进煤炭资源富集区可持续发展》《资源型城市产业发展面临的主要资源环境问题及其对策建议——以广西百色市为例》《广西壮族自治区铝工业发展环境问题及对策建议》《我国煤化工产业发展现状、存在问题及对策建议》《我国水电行业可持续发展宏观对策建议》《我国纸业发展宏观环境影响分析及对策建议》《塑料制品业调查报告——塑料在经济和环境矛盾中兼容并存》专题研究报告14篇。其中，《关于以资源、环境条件划分煤炭开发功能区，用于项目审批及环境管理的建议》被国办专报信息采纳；《基于不同环境管理类型区的火电行业准入政策研究》被评为环保部组织的“我为环保献一策”主题征文活动第一名；《韩国环评制度分析及对我国环评制度发展的思考》受到了环保部体制改革与人事管理司的充分肯定。使环境影响评价真正成为了经济发展的晴雨表，发挥了环境保护进入宏观决策主渠道的作用。

四、加强规范编制和研讨，全面指导我国规划环评开展

缺少相关的技术导则和规范，一直是制约规划环境影响评价技术水平提高，发挥其指导当前、谋划长远重要作用的因素之一。“十一五”期间，评估中心从环境影响评价和技术审核两方面强化了各类规范的修制订工作，积极组织战略环评技术交流和研讨会，全方位指导全国规划环境影响评价的深入开展。

（一）研究技术导则，提高规划环评的整体水平

继承担“十五”科技攻关课题“若干重要环境政策与环境科技发展战略研究”中的第五专题“规划环境影响评价技术方法研究”之后，评估中心积极申请了《规划环境影响评价技术导则　总纲》《规划环境影响评价技术导则　土地利用总体规划》《规划环境影响评价技术导则　城市总体规划》《规划环境影响评价技术导则　陆上油气田总体开发规划》和《规划环境影响评价技术导则　石油化工基地规划》的修制订任务。与合作单位一起，多次征集各地方环保部门、环评单位、规划审批部门和规划编制单位对技术导则的修制订意见，精心编制了开题报告，确定了工作方案和技术路线。通过认真总结近年来评估中心开展的规划环评案例研究，以及在重点区域、流域和重

点行业规划环评试点取得的经验的基础上，结合289项规划环评报告书技术审核中发现的问题，根据《规划环境影响评价条例》的要求，编制完成了各项技术导则的征求意见稿及其编制说明。并在充分研阅国家发展和改革委员会等8个国务院有关部门，环境保护部有关业务司局，各省（自治区、直辖市）环境保护厅（局），以及部分环境影响评价机构、科研院所等245个单位的463条反馈意见的情况下，对上述4个技术导则征求意见稿进行了修改完善，最终完成了导则的送审稿及其编制说明。

目前，虽然各项导则由于审查程序的问题，尚没有发布实施。但征求意见稿中的工作原则、主要内容、工作程序、方法和要求，已经对相关领域规划环评的开展起到了一定的指导作用，特别是总纲更是成为其他专项规划环评技术导则、技术规范编制的重要依据。

（二）制订技术审核要点，规范和统一技术评估尺度

“十一五”期间，评估中心除努力开展规划环评的理论和技术方法研究外，还将建立审核的技术规范体系作为自身能力建设的重中之重。自2006年起，先后4次改进与完善了《规划环境影响报告书技术审核意见编制规范》，编制完成了《企业类规划环境影响报告书技术评估规范》《煤炭矿区规划环境影响报告书技术审核要点》《流域开发总体规划环境影响报告书技术审核要点》《港口总体规划环境影响报告书技术审核要点》，以逐步统一重点领域规划环评文件的审核内容、深度和要求，提高评估中心技术把关的水平和效率，为环保部推进规划环评参与综合决策提供了强有力的技术保障。同时，也为全国各级评估中心开展规划环评技术审核提供了技术指导，为环评机构指明了规划环评的工作重点及努力方向。

（三）开展学术交流与研讨，推进规划环评技术进步

评估中心积极开展国内外学术交流活动，配合环保部策划了第一届、第二届战略环评国际研讨会，编辑出版了《第二届环境影响评价国际论坛论文集——战略环评在中国》，取得了全书31篇论文均被ISTP检索的佳绩；与中国环境科学学会、南开大学战略环境评价中心联合举办了三届“全国规划环境影响评价技术与管理交流会”；组织召开了全国煤炭矿区规划和城市轨道交通规划、港口规划环评专题研讨暨《条例》宣贯会议。多次派人参加了有关生物多样性保护的国际研讨会，参加了在香港举办的“中国战略环境评价学术论坛——环评法实施五周年的回顾与展望”研讨会，并在会上作了主题报告；成功组织实施了对柬埔寨的环境影响评价技术援助项目。据不完全统计，“十一五”期间，评估中心在国内外各类期刊上共发表战略环评领域的学术论文100多篇，其中不乏被SCI、EI、ISTP检索的文章。向国内外宣示了我国环境影响评价的先进理念和负责任大国的形象，展现了评估中心引领规划环评的学术水平和参与前瞻性战略议题的能力，带动了全国规划环评技术水平的提高。

五、拓展研究领域，深化政策、理论和技术方法研究

“求木之长者，必固其根本；欲流之远者，必浚其源泉”，环保事业的长远发展，离不开扎实的基础工作。“十一五”期间，评估中心致力于开展环境管理政策研究，创新与完善环境影响评价理论和技术方法，从国家宏观战略层面切入解决环境问题，努力提高自身的核心竞争力，一系列国家环保公益性行业科研专项课题、国际合作课题相继开展，取得了众多有价值的研究成果。

（一）探索依据资源环境承载力划分环境管理类型区，研究分区准入政策

评估中心首次承担并完成的国家环保公益性行业科研专项课题“基于资源环境承载能力的重点行业类型区划及其准入方案研究”（200809072），是依据不同区域的资源环境承载能力制定环境管理政策，倒逼经济结构、生产方式、消费模式和发展道路转变，从最顶层的经济社会发展规划和国家宏观战略布局入手，探索环境保护新道路的一次有益尝试。

课题以可持续发展和生态经济系统平衡理论等为指导，深入剖析了行业、资源和生态环境三个子系统特征，构建了基于资源环境承载力的行业发展概念模型；提出了在国民经济中占有重要地位、环境影响相对突出的 7 个重点行业——煤炭、火电、水电、钢铁、水泥、铝工业和造纸行业的环境管理类型分区指标体系及其评价标准；采用基于 GIS 的空间分析、关联分析、PSR 模型（压力→状态→响应）、层次分析、灰色聚类和组合分区等方法，根据构建的行业发展概念模型，分行业划分了环境管理类型区。并在全面梳理 20 世纪 90 年代以来发布的各行业环境管理（特别是环境准入）相关政策的基础上，结合各行业环境影响特征和国家战略需求，综合考虑不同行业产业布局、规模现状、发展趋势和环境保护技术装备水平、清洁生产水平等因素，最终提出了 7 个行业在不同环境管理类型区的环境准入政策和技术要点。

目前，课题已经完成了总报告和 7 个行业的分报告，并向环保部提交了 5 篇环境影响评价专题报告。课题的研究思路和技术方法已经在我国环境功能区划研究、国家水污染重点源排放许可证管理制度研究等重大研究课题中得到应用。提出的分区域、差别化的行业环境管理对策，为制订我国“十二五”环境保护规划、造纸工业发展“十二五”规划、煤炭工业开发利用及环境保护战略，以及相关行业分区域、差别化的环境影响评价管理政策提供了重要参考。同时，课题组还在各类核心期刊上发表了 12 篇学术论文，实现了研究成果的大范围共享。

（二）应对温室气体减排压力，研究我国重点行业温室气体减排途径

为应对全球气候变化，探索环境影响评价制度对控制温室气体排放的可行性，

研究将温室气体减排纳入环境准入管理，为实现我国向国际社会承诺的"到2020年单位国内生产总值二氧化碳排放比2005年下降40%～45%"的温室气体减排目标，评估中心承担了国家环保公益性行业科研专项课题"基于温室气体控制的环境影响评价技术研究"（200909021）中的"我国重点行业温室气体排放控制现状与可行途径研究"专题。

专题在全面梳理火电、钢铁和水泥3个行业温室气体排放控制技术与管理现状的基础上，分析了各行业温室气体控制面临的困境与制约因素，提出了控制温室气体的可行途径，重点评价了用环境影响评价手段控制温室气体的可行性，提出了完善环境影响评价内容的对策和建议。目前，专题研究尚在进一步完善中。

（三）依托中国—欧盟生物多样性示范项目，开展规划环评中的生物多样性评价方法研究与实践

随着人类开发活动加剧，生物多样性日益受到严重威胁，维护生态系统健康、保护生物多样性已经成为各国政府和科学家的共识。为充分发挥环境影响评价对提升中国生物多样性保护水平的作用，探索规划环境影响评价中的生物多样性评价方法，评估中心承担并完成了中国—欧盟生物多样性示范项目"矿产资源开发和旅游发展规划战略环境影响评价中的生物多样性保护"课题。

课题通过开展典型区域矿产资源总体开发规划和旅游发展规划环境影响评价，重点研究与实践了从物种多样性、生态系统多样性和景观多样性3个层次开展生物多样性评价的技术方法，完成了《四川省甘孜藏族自治州矿产资源总体开发规划环境影响报告书》和《四川省甘孜藏族自治州旅游发展规划环境影响报告书》，完成了《矿产资源总体规划环境影响评价技术指南（以生物多样性评价为重点）》和《旅游发展规划环境影响评价技术指南（以生物多样性评价为重点）》，编著出版了《生物多样性影响评价方法与实践》书籍，完成了课题设置的各项研究任务。欧盟对评估中心课题组织、课题研究的深度和广度均给予了高度评价。

（四）梳理我国城市化进程中的热点问题，研究环境管理对策

我国已经进入快速城市化发展阶段，城市化率每年以0.8%～1.0%的速度增长，正在形成以特大城市为依托的城市群。为应对我国城市化进程中对自然资源、城市生态与环境带来的挑战，评估中心承担并完成了住房和城乡建设部与美国能源基金会联合开展的"中国低碳生态城市发展战略"研究中的子课题"中国城市化进程中的环境问题及环境管理研究"。

子课题以大量数据资料为支撑，通过分析我国城市化进程中存在的水资源短缺与水环境污染、土地资源浪费与生态破坏、能源结构不合理及环境空气污染、城市交通布局混乱与噪声污染、城市固体废物处置与利用等一系列问题产生的原因，研

究建立了我国不同地区城市化发展水平、发展速度等与自然资源禀赋、生态环境承载力的对应关系，按照规划、建设、运行全过程管理的思路，提出了加强可持续导向的生态城市规划、推动城市规划环境影响评价、严格城市建设中的环境管理、强化城市环境保护基础设施建设 4 个保障我国城市可持续发展的环保优先领域，明确了相应的政策保障策略和技术措施。

子课题的主要研究成果得到了课题主持方的充分肯定，研究报告的主要内容已由总课题正式出版。课题组在“2007 城市可持续发展国际市长高层论坛”上所作的《规划环评与城市的可持续发展》的报告，受到了来自世界各国的市长、政府官员和城市问题专家的广泛关注，科技日报等媒体还对此进行了报道。

六、“十二五”规划环评展望

为《环境影响评价法》的贯彻实施当好技术参谋，是评估中心的职责所在，为尽早适应从微观层面（建设项目环评文件评估）进入宏观层面（规划环评文件技术审核）的跨越式转变，评估中心于 2006 年年初，成立了全中心组成人员学历最高的评估三部（2008 年下半年更名为规划环境影响评估部），专门为规划环评提供技术支撑。发展至今，在规划环评的理论、技术方法和案例研究的实践中，在完成一系列急难险重的任务中，逐步锻炼出了一支政治素质过硬、具有一定技术水平、团结向上的科研团队，在规划环评领域占领了一席之地，也为今后的发展壮大打下了坚实的基础。

“十二五”是举国上下落实科学发展观，加快转变经济发展方式，提高生态文明水平的关键时期，规划环评迎来了全面发展的机遇期。然而，受法规体系不配套、管理体制不完善、技术瓶颈亟待突破等因素的制约，做好规划环评工作也面临不少严峻挑战。

为此，评估中心将在部党组的坚强领导下，继续为推进规划环评配套规章的完善做好技术支撑，促进规划环评从目前开展的领域拓展到法律规定的“一地三域”“十个专项”。将评估中心对规划环评文件的技术审核作为环保部加强对规划环评技术指导的重要抓手，努力实现技术审核的专业化、规范化和标准化，推进寓管理于服务之中的管理体制创新。开展规划环评数据库建设，建立完善的数据查询系统，为规划环评的管理、技术研究和实践搭建科学的数据平台。组织开展资源环境承载力、累积影响和人群健康影响等评价关键技术的研究，加快针对不同领域、行业规划环评技术导则的制定，从理论和技术方法上解决制约评价质量提高的瓶颈。加强对从事规划环评人员的业务培训，全面提升规划环评队伍的整体水平。为使规划环评真正成为保障经济与环境协调发展，实现人与自然和谐相处的重要制度而努力奋斗。

（2011 年 10 月）